锂离子与钠离子电池负极材料的制备与改性

李　雪　著

北　京
冶　金　工　业　出　版　社
2023

内容提要

本书共8章，分别为：第1章锂离子电池材料的研究进展；第2章钠离子电池材料的研究进展；第3章锂离子与钠离子电池负极材料的研究进展；第4章Ti基电极材料的制备与电化学性能；第5章铜硫化合物材料的制备与电化学性能；第6章过渡金属氧化物材料的制备与电化学性能；第7章生物质衍生硬碳负极材料的制备与电化学性能；第8章合金负极材料的制备与电化学性能。本书总结了过渡金属基材料与碳基材料的制备与改性方法，详述了不同制备方法对上述电极材料储能过程的影响与作用。

本书适合表面处理、能源化学、电化学工程等领域的工程技术人员及技术工人使用。

图书在版编目(CIP)数据

锂离子与钠离子电池负极材料的制备与改性/李雪著. —北京：冶金工业出版社，2020. 3（2023. 8重印）

ISBN 978-7-5024-8434-7

Ⅰ. ①锂…　Ⅱ. ①李…　Ⅲ. ①锂离子电池—阴极—材料—制备—研究 ②锂离子电池—阴极—材料—改性—研究 ③钠离子—电池—阴极—材料—制备—研究 ④钠离子—电池—阴极—材料—改性—研究 Ⅳ. ①TM912

中国版本图书馆CIP数据核字（2020）第027905号

锂离子与钠离子电池负极材料的制备与改性

出版发行 冶金工业出版社　**电　话** (010)64027926

地　址 北京市东城区嵩祝院北巷39号　**邮　编** 100009

网　址 www.mip1953.com　**电子信箱** service@mip1953.com

责任编辑 杨盈园　美术编辑 彭子赫　版式设计 禹 蕊

责任校对 李 娜　责任印制 窦 唯

北京建宏印刷有限公司印刷

2020年3月第1版，2023年8月第3次印刷

710mm×1000mm　1/16；26印张；504千字；403页

定价 118.00元

投稿电话 (010)64027932　投稿信箱 tougao@cnmip.com.cn

营销中心电话 (010)64044283

冶金工业出版社天猫旗舰店 yjgycbs.tmall.com

（本书如有印装质量问题，本社营销中心负责退换）

前　　言

我国能源经济正处于快速发展阶段，钠离子电池及锂离子电池是目前能量密度较高的最新一代二次电池，广泛应用于民用及军用移动通信和数码科技领域中，我国未来对这两大电池材料的需求难以估量。负极材料是锂离子电池与钠离子电池的核心关键材料，但目前生产技术水平及产品性能与美国、日本、韩国等国家相比还有较大差距。

本书作者结合多年来的教学、科研和技术实践，查阅了国内外大量参考文献，结合国内外锂、钠离子电池用过渡金属基与碳基材料的制备与改性研究技术的新发展撰写了此书。本书描述了过渡金属基材料与碳基材料在锂离子及钠离子电池中的应用，同时总结了过渡金属基与碳基材料的制备与改性方法，详述了不同改性方法对上述电极材料储能过程的影响与作用。

本书共有8章，其中第1章至第3章系统介绍了锂离子、钠离子电池常用电极材料的研究进展，第4章介绍了氧化钛薄膜电极的制备与改性，第5章介绍了铜硫化合物材料的制备与储能行为，第6章介绍了过渡金属氧化物的制备与储能行为，第7章介绍了生物质碳材料的制备与电化学行为，第8章介绍了合金材料的改性制备与电化学行为。

本书适合表面处理、能源化学、电化学工程等领域的工程技术人员及技术工人使用，也可供有关科研人员和大专院校师生参考。

作　者

2019年10月

目 录

1 锂离子电池材料的研究进展

能源是社会进步的驱动力和人类文明的基石，煤炭的燃烧孕育了深厚的农耕文明，石油的开发成就了辉煌的工业文明。伴随着社会的高速发展和人口的急剧增长，传统的煤炭、石油、天然气等化石能源逐渐枯竭，能源危机制约着时代前进的步伐，而新型的清洁可再生能源，如太阳能、风能、潮汐能、核能、水力发电等，成为解决能源危机的新希望和推动科技进步的重要力量。但由于新能源的利用受到自然环境的间歇性制约，发展储能技术成为能源利用中的重中之重。

化学电源，作为一种高效清洁的能源转化和储存体系，包括一次电池、二次电池、超级电容器、液流电池、燃料电池等，因与生活密切相关而备受关注。其中，锂离子电池因具有比能量高、工作电压高、循环寿命长、环境友好等优点而被青睐，其技术的成熟与应用也催化了便携式可移动设备的飞跃式发展，但由于锂资源的匮乏和生产成本高昂，传统的钴酸锂/石墨体系的锂离子电池很难应用于大功率储能系统中。因此，发展新型的锂离子电池体系，进一步提升电池性能成为科研工作者的研究目标和方向。与此同时，钠作为与锂相邻的碱金属，具有与锂类似的物理化学性质，且储量丰富、廉价易得，因此开发新型的钠离子电池体系具有巨大的现实意义，期待钠离子电池体系能在大型储能设备，如航空航天、智能电网负荷等领域中承担重任。

1.1 锂离子电池简介

1.1.1 锂离子电池的发展概况

20 世纪 60 年代出现的能源危机迫使人们寻找新的代替能源，从而促进了锂电池的发展。锂电池使用单质锂作为负极，一般分为锂一次电池（锂原电池）和锂二次电池（二次锂电池）。Li 是最轻的（相对原子质量为 6.94g/mol，密度为 0.53g/cm^3）和最负的金属（相对于标准氢电极为-3.04V），在 20 世纪 70 年代，锂电池以其高容量和可变放电速率的优势用作手表、计算器和可植入医疗设备的电源。锂离子电池是在锂电池的基础上逐渐发展起来的。1972 年，“电化学嵌入”的概念及其潜在的应用在会议记录中报道出来。同年，美国 Exxon 公司开创了以 TiS_2 为正极，Li 金属为负极，二氧戊环为电解液，高氯酸锂为电解质盐的锂离子电池体系，但该体系存在 Li 枝晶可能引发爆炸的安全隐患。直到 1991

年，日本Sony公司基于早期发现的高度可逆的低电压Li嵌入/脱出的碳材料，和Goodenough等人发现的Li_xMO_2（其中M = Co，Ni等）层状富锂化合物，以$LiCoO_2$为正极，C材料为负极，开发出$LiCoO_2/C$电池体系，Li在该体系中以离子状态而非金属状态存在，才在一定程度上抑制了Li枝晶的产生，理论上新体系比锂金属电池更安全。该电池电压高于3.6V，是碱电池的3倍，能量密度高达120~150W·h/kg，是镍镉电池的2~3倍，因而在高性能便携式电子设备中大放异彩。1999年，聚合物电解质被引用到锂离子电池体系中，开发出了薄膜电池技术，聚合物锂离子电解池被称为塑料锂离子（PLiON）电池，进入市场。自此，各式各样不同体系的锂离子电池在市场的需求下应运而生。在过去的30年内，锂离子电池在可移动便携电子设备技术市场的销售额中独占鳌头。

1.1.2　锂离子电池的工作原理

锂离子电池，作为一种电化学储能装置，其工作过程本质上是电能和化学能相互转化的过程。以商业化钴酸锂（$LiCoO_2$）/中间相碳微球石墨（MCMB）电池为例，在电池的充电期间，外部施加的电压差导致Li^+从正极材料中脱出，经过电解液穿过隔膜嵌入到负极材料中；同时，电子通过外部电路从正极流向负极。在这期间，当锂离子从正极脱出时，正极的电化学电位（对Li/Li^+）增加，负极的电化学电势随着Li^+嵌入而减少，从而使正极和负极之间电化学电位差，即电池电压，不断增加至充电截止电压（当正极$LiCoO_2$材料达到4.2V vs. C）。

当对电池施加外部负载进行放电时，由于电极之间的电化学电位差，Li^+从负极扩散到正极，电子通过外部负载从负极流到正极，这个过程中电池电压和电极电势的变化情况随着电池放电的进行，Li^+嵌入正极材料时，正极相对Li/Li^+的电化学电势降低，而负极的电化学电势随着Li^+的脱出而增加，结果使电池电压不断降低，直到在截止电压（当正极$LiCoO_2$材料达到3.0V vs. C）时停止放电。

综上所述，锂离子电池的充放电过程是通过锂离子在正负极之间的穿梭来实现的，故锂离子电池又称“摇椅电池”。以$LiCoO_2$为正极材料，石墨为负极材料的锂离子电池体系为例，说明电池材料在充放电过程中发生的反应。充电时，Li^+从$LiCoO_2$材料中脱出，并释放电子，Co^{3+}被氧化为Co^{4+}，而石墨在Li^+插入其层间时也得到电子。因此在充电过程中，正极处于贫锂状态，负极石墨处于富锂状态。相应地，放电时，Li^+从石墨层中脱出，嵌入到正极材料中，同时正极材料得到电子，Co^{4+}被还原为Co^{3+}，正极变成富锂状态，石墨负极回到贫锂状态。正负极在充放电过程中的反应方程式如下所示：

正极反应：　$LiCoO_2 \rightleftharpoons Li_{1-x}CoO_2 + xLi^+ + xe$

负极反应：　$C_n + xLi^+ + xe \rightleftharpoons Li_xC_n$

电池总反应： $LiCoO_2 + C_n \rightleftharpoons Li_{1-x}CoO_2 + Li_xC_n$

在锂离子电池体系中，锂离子在正负两电极之间的转移，本质上是浓差扩散，在 Li^+嵌入和脱出理论上不会造成对电极材料的晶体结构的破坏，从这种意义上来看，锂离子电池反应可被视为是一种理想的可逆反应。

1.1.3 锂离子电池的特点

目前，商业化的二次电池种类主要包括镍镉（Ni/Cd）电池、镍氢（Ni/MH）电池、铅酸电池、锂离子电池等，其技术应用范围主要取决于电池的性能特点。数据显示，2001 年，在电池消费市场中，锂离子电池已远远超过镍镉（Ni/Cd）电池和镍氢（Ni/MH）电池，占据全球销售份额的 63%，铅酸电池主要限于汽车等动力机动车中的启动点火和照明设备，或者通信、储能系统的备用电源；镍镉电池仍然是大功率设备技术应用中的最佳选择。表 1.1 列出了各种商业化电池的性能参数。

表 1.1 各主要商业化电池的参数对比

参 数	镍镉电池	镍氢电池	铅酸电池	锂离子电池	聚合物锂离子电池
能量密度 /W·h·kg^{-1}	45~80	60~120	30~50	110~160	100~130
额定电压/V	1.25	1.25	2	3.6	3.6
循环寿命/循环次数	1500	300~500	200~300	500~2000	300~500
内阻/mΩ	100~150	200~300	<50	150~250	<35
工作温度/℃	-20~60	-40~50	-40~60	-20~60	-20~70
过充能力	中等	低	高	非常低	低
月自放电率（室温）	20%	30%	5%	5%	约 5%
记忆效应	有	略有	无	无	无
污染程度	镉污染	无污染	铅污染	污染小，主要来自 Co	
其他不足	有记忆效应	有记忆效应	成本每瓦每小时 4~5 元	成本较高，每瓦每小时 6 元	安全性一般

通过对比可以发现，锂离子电池主要具有以下优点。

(1) 工作电压高。单体锂离子电池工作电压高达 3.6V，是镍镉、镍氢电池的 3 倍，铅酸电池的 2 倍。

(2) 能量密度大。锂离子电池的工作电压高，且锂是密度最小的金属，因此，锂离子电池的体积和重量能量密度都较大，通常重量能量密度是镍氢电池的 2 倍，铅酸电池的 4 倍；体积能量密度为铅酸电池的 2~3 倍，更轻巧便携。

(3) 自放电率低。自放电是指电池在不与外电路相连时，内部自发反应引起电池容量衰减的现象。锂离子电池的自放电率远小于镍镉和镍氢电池，更易于存储。

(4) 循环寿命长。锂离子电池基于嵌入-脱出的反应机理，理论上充放电过程中正负极材料结构不变，反应可逆，实际应用中，循环可达1000次以上，可长期使用，资源利用率高，经济性好。

(5) 无记忆效应。锂离子电池可以随时进行充放电，不会出现像镍镉和镍氢电池那样因记忆效应而引起的容量降低现象。

此外，锂离子电池的工作温度范围较宽（-20~60℃），并且不含镉、铅、汞等重金属元素，是一种较为理想的“绿色”环保型化学电源。

但是，锂离子电池也存在一些不容忽视的问题，最突出的是安全性问题，这是其比能量高、材料稳定性差导致的；另外，锂资源的匮乏和生产价格较高，相同电压和相同容量的锂离子电池价格是铅酸电池的3~4倍，导致其在大规模智能电网技术中的应用受到限制。

1.2 锂离子电池的结构组成

目前，商业化的锂离子电池在不同设备应用中，在外形和内部体系有很大差别。就外部形态而言，主要有圆柱形、铝壳方形、纽扣式和薄膜聚合物锂离子电池四种。其内部结构主要包括正极、负极、隔膜、电解液四大部分。常见的正极材料有钴酸锂（$LiCoO_2$）、镍酸锂（$LiNiO_2$）、锰酸锂（$LiMn_2O_4$）、三元材料（$LiNi_xCo_yMn_zO_2$，$x+y+z=1$）、磷酸铁锂（$LiFePO_4$）等，一般用铝箔做集流体；商业化的负极材料为可嵌锂的碳材料，用铜箔做集流体；隔膜的作用是将正负极材料隔开，通常为聚乙烯（PE）、聚丙烯（PP）等具有微孔的有机高分子膜；电解液一般为溶有锂盐（$LiPF_6$、$LiClO_4$、$LiAsF_6$等）的有机溶液，其中常用的溶剂为碳酸乙烯酯（EC）和碳酸二乙酯（DEC）的混合溶液。对电池性能影响较大的是正极、负极和电解液，各部分材料在电池成本中，正极材料占40%，负极材料占5%，电解液占16%，正极材料是提高锂离子电池性能的瓶颈。

1.2.1 正极材料

已经商业化的锂离子电池正极材料为嵌入化合物，其结构主要包括尖晶石结构的$LiMn_2O_4$，层状结构的$LiMO_2$（M=Co、Mn、Ni、V等）、三元材料（$LiNi_xCo_yMn_zO_2$，$x+y+z=1$）以及橄榄石结构的$LiFePO_4$等，其晶体结构图如图1.1所示。其中，$LiCoO_2$是现阶段商业化应用最成功最广泛的材料，因制备简单，结构稳定，工作电压高，电化学性能好，寿命长等优势，占据正极材料70%以上的市场。各种商业化的锂离子电池正极材料的性能对比见表1.2。

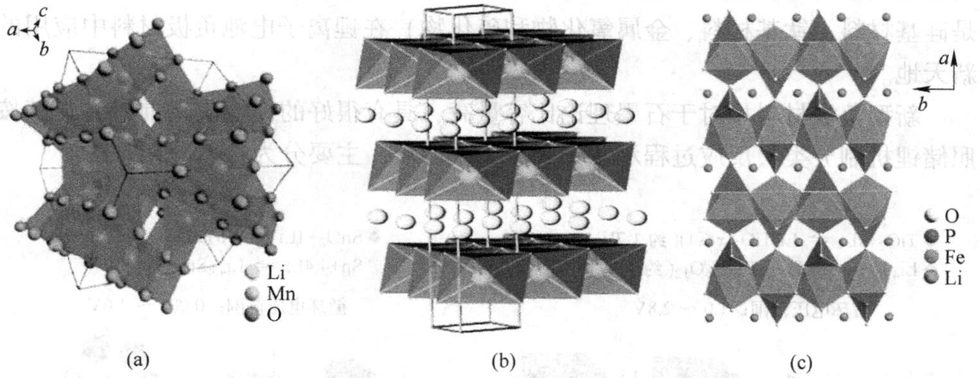
a
c
b
Li
Mn
O
(a)
(b)
a
b
O
P
Fe
Li
(c)

图 1.1 正极材料的三种晶体结构图
(a) 尖晶石结构的 $LiMn_2O_4$；(b) 层状结构的 $LiCoO_2$、$LiNiO_2$、$LiNi_yMn_yCo_{1-2y}O_2$；(c) 橄榄石结构的 $LiFePO_4$

表 1.2 几种商业化锂离子电池正极材料的性能对比

性能	$LiMn_2O_4$	$LiMnO_2$	$LiCoO_2$	$LiNiO_2$	$LiNi_xMn_yCo_zO_2$	$LiFePO_4$
理论容量 /mA·h·g^{-1}	148	286	274	274	278	170
实际容量 /mA·h·g^{-1}	100~120	200	135~140	190~210	155~165	130~140
电压/V	3.8~3.9	3.4~4.3	3.6	2.5~4.1	3.0~4.5	3.2~3.7
循环圈数	>500	差	>300	差	>800	>2000
安全性能	良好	良好	差	差	良好	好
金属含量	丰富	丰富	贫乏	丰富	贫乏	非常丰富
价格	中	中	高	中	高	低
环保性	无污染	无污染	Co 污染	Ni 污染	Co，Ni 污染	无污染

1.2.2 负极材料

在锂离子电池商业化负极材料中，由于石墨的理论比容量是 372mA·h/g（最终化合物为 LiC_6），实际容量可达 350mA·h/g，并且具有电化学性能优异、导电性卓越、热稳定性高、机械性能好、无毒环保、廉价易得等优势，因此在产业界一枝独秀。但在大功率设备，如电动汽车（EVs）和混合动力电动汽车（HEVs）中应用时，却存在成本高、功率不足以及安全性不高等问题。目前，科研工作人员正在寻找石墨的替代品，以期实现锂离子电池在大功率设备技术中的应用。2005 年，索尼公司推出了技术安全且低成本的 Sn/Co/C 的非晶/纳米晶体复合物负极材料，稳定可逆容量可高达 450mA·h/g，开启了许多新材料（特别是硅基材料、钛基材料、金属氧化物和硫化物）在锂离子电池负极材料中应用的新天地。

新型负极材料相对于石墨理论比容量高，具有很好的商业应用前景，将其按照储锂机制分类，反应过程示意图如图 1.2 所示，主要分为：

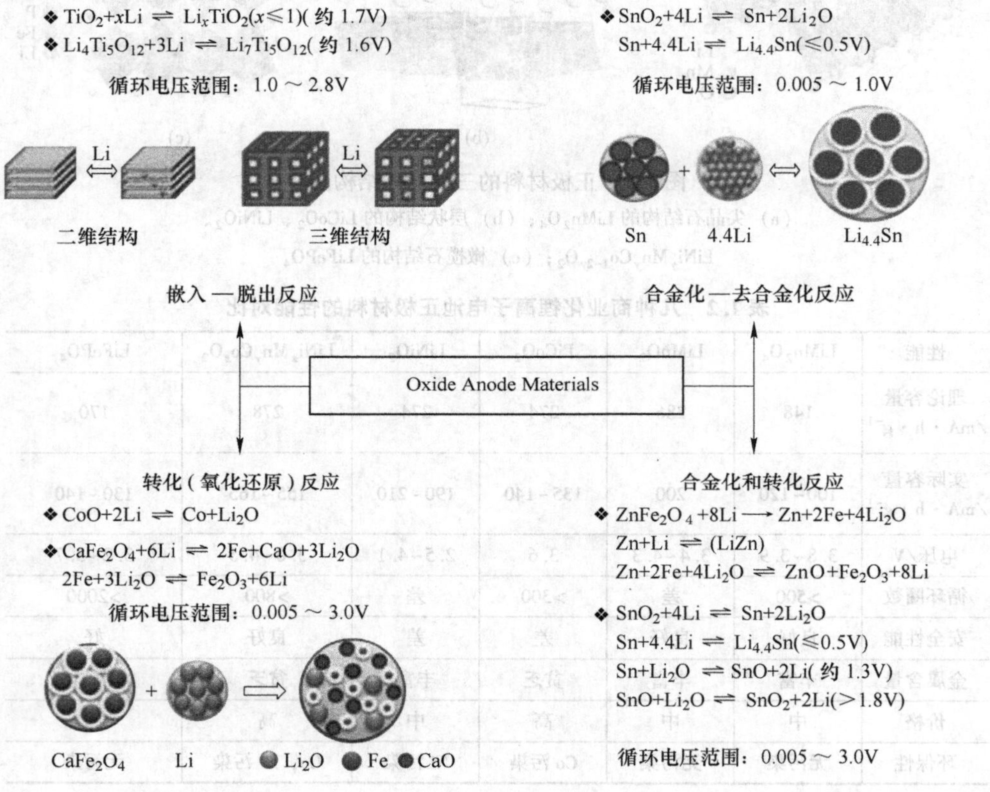

❖ $TiO_2+xLi \rightleftharpoons Li_xTiO_2(x\leqslant 1)$(约 1.7V)
❖ $Li_4Ti_5O_{12}+3Li \rightleftharpoons Li_7Ti_5O_{12}$(约 1.6V)
循环电压范围：1.0 ~ 2.8V
❖ $SnO_2+4Li \rightleftharpoons Sn+2Li_2O$
$Sn+4.4Li \rightleftharpoons Li_{4.4}Sn(\leqslant 0.5V)$
循环电压范围：0.005 ~ 1.0V
Li
Li
二维结构
三维结构
Sn
4.4Li
$Li_{4.4}Sn$
嵌入—脱出反应
合金化—去合金化反应
Oxide Anode Materials
转化（氧化还原）反应
❖ $CoO+2Li \rightleftharpoons Co+Li_2O$
❖ $CaFe_2O_4+6Li \rightleftharpoons 2Fe+CaO+3Li_2O$
$2Fe+3Li_2O \rightleftharpoons Fe_2O_3+6Li$
循环电压范围：0.005 ~ 3.0V
$CaFe_2O_4$
Li
Li_2O
Fe
CaO
合金化和转化反应
❖ $ZnFe_2O_4+8Li \longrightarrow Zn+2Fe+4Li_2O$
$Zn+Li \rightleftharpoons (LiZn)$
$Zn+2Fe+4Li_2O \rightleftharpoons ZnO+Fe_2O_3+8Li$
❖ $SnO_2+4Li \rightleftharpoons Sn+2Li_2O$
$Sn+4.4Li \rightleftharpoons Li_{4.4}Sn(\leqslant 0.5V)$
$Sn+Li_2O \rightleftharpoons SnO+2Li$(约 1.3V)
$SnO+Li_2O \rightleftharpoons SnO_2+2Li(>1.8V)$
循环电压范围：0.005 ~ 3.0V

图 1.2 金属氧化物负极材料反应过程示意图（按照机理举例说明进行分类：嵌入—脱出反应、合金—去合金反应、转化或氧化还原反应以及后两个过程协同作用过程；所示示例以 Li 金属为对电极）

（1）嵌入—脱出机理。以具有二维（2D）层状结构和三维（3D）网络结构的材料为主，如 $Li_4Ti_5O_{12}$、TiO_2 和 Li_3VO_4 等，这些材料发生的反应过程与石墨碳材料相类似，同时具有结构稳定、体积膨胀小、可快速充放电的优势。

（2）合金—去合金机理。如 Si、Sb、Sn、Zn、In、Cd 等，通常在低电位（≤1.0V(vs. Li/Li^+)）下与 Li 合金化，如：$Si+4.4Li^++4.4e^-\rightarrow Li_{4.4}Si$；在合金化

时会产生巨大的体积膨胀效应，并且在去合金时会产生不可逆容量。

（3）转化或氧化还原机理。以金属氧化物为主，在放电过程中，与 Li^+ 发生转化反应，生成相应的金属单质和 Li_2O，如 $CoO+2Li^++2e^-\rightarrow Co+Li_2O$，由于 Li_2O 是电化学惰性的，使得首圈不可逆容量较大。图 1.2 列举了金属氧化物负极反应过程。

还有一些金属氧化物，如 SnO_2 等，反应过程协同合金—去合金与转化两种机理，同样无法避免容量的不可逆衰减。

1.2.3 隔膜

隔膜在电池中主要有两个作用：（1）电子绝缘体。隔开正负极材料，防止电池短路。（2）离子导通体。其固有的离子通道能够让电解质液中的离子自由通过，保证电池在工作时内部形成正常的电流回路。

目前锂离子电池中使用的隔膜多为聚乙烯（PE）、聚丙烯（PP）或者两种成分复合的微孔膜，一般厚度小于 30μm，孔径为 0.03～0.1μm，孔隙率为 30%～50%，制备工艺分为干法和湿法。PE 膜在 135℃ 发生热缩，PP 膜的热缩温度为 165℃，为进一步提高锂离子电池的安全性能，科研人员致力于隔膜的改性研究和技术开发，如无机陶瓷隔膜、聚合物功能性隔膜以及其他功能性隔膜等相继问世。陶瓷隔膜的热关闭防短路原理示意图如图 1.3 所示。

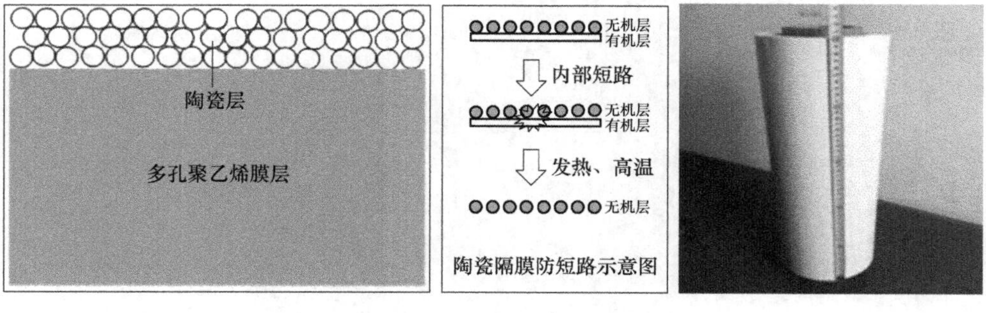
陶瓷层
多孔聚乙烯膜层
无机层
有机层
内部短路
无机层
有机层
发热、高温
无机层
陶瓷隔膜防短路示意图

图 1.3 功能隔膜防短路原理示意图和隔膜

1.2.4 电解液

电解液是溶解锂盐的有机溶液，其选择是影响锂离子电池性能的又一关键因素。约 20 年前，科研人员发现碳酸烷基酯是锂离子电池的最佳溶剂。环状酯普遍具有较高的沸点、介电常数、黏度和极性，考虑到黏度和极性，实际能应用的环状酯类只有碳酸乙烯酯（EC）与碳酸丙烯酯（PC）；链状酯普遍具有较低的介电常数、黏度、沸点和闪点，容易引发安全性问题；再考虑到加入锂盐后 Li^+

的电导率以及电化学窗口稳定性等因素，商业化电解液通常选择环状酯和链状酯的二元溶剂混合液，如碳酸亚乙酯（EC）和碳酸二甲酯（DMC）、碳酸甲乙酯（EMC）或碳酸二乙酯（DEC）的混合溶剂，而对于锂盐，则选择六氟磷酸锂（$LiPF_6$）。

2 钠离子电池材料的研究进展

世界人口的迅速增长和全球经济的高速发展，导致化石燃料的生产面临着资源枯竭和环境污染等严峻问题。多年来，随着科学技术的进步和可持续发展观念的建立，太阳能、地热能、风能、海洋能和核聚变能等可再生能源的出现逐渐改变了全球能源的消费结构。为了将可再生能源整合到电网中，研发和生产可以快速充/放电、价格低廉以及能量密度高的大型储能系统势在必行。

自20世纪90年代早期日本索尼公司将锂离子电池最先实现商业化生产，伴随着几十年的不断发展，锂离子电池已成为人类生活中不可或缺的储能装置，并成为大型储能系统的主要候选者之一。近年来，通过将锂离子电池引入汽车市场作为混合动力电动车辆（HEVs）、插电式混合动力电动车辆（PHEVs）和电动车辆（EVs）的动力，使人类减少了对化石燃料的依赖。但是，锂不是一种自然丰富的元素，存在储量有限和分布不均匀等问题，难以满足锂离子电池产业的巨大市场需求。目前，全球锂资源的行业集中度高，资源垄断格局十分明显，且可开采资源有限，这导致锂离子电池的价格大幅度提升，发展变得更加困难。

钠是地壳中含量丰度第六的元素，主要以盐的形式广泛分布于陆地和海洋中。含钠材料的供应量较大，价格较低，为钠离子电池的商业化生产提供了廉价的原料。表2.1对比了钠和锂的性质，从表中可以看出，金属钠和金属锂的物化性质非常相似，且研究发现钠离子电池与锂离子电池的电化学反应行为类似，使得钠离子电池同样可以成为新一代综合效能优异的大型储能系统。

表2.1 钠和锂的性质对比

金属	离子半径/nm	相对原子质量/$g \cdot mol^{-1}$	熔点/℃	标准电极电势(vs·SHE)/V	比容量/$mA \cdot h \cdot g^{-1}$	价格/美元·t^{-1}
钠	0.102	22.99	97.81	-2.71	1166	150
锂	0.076	6.94	180.5	-3.04	3862	5000

2.1 钠离子电池概述

钠离子电池最早于20世纪80年代前后开始研究，在锂离子电池尚未商业化之前，一些美国和日本的公司就已经研发出全电池结构的钠离子电池，尽管在300次循环中具有显著的可循环性，但其平均放电电压低于3.0V，相比于平均放电电压为3.7V的$LiCoO_2$电池而言，并没有展现出任何优势，因而未能引起研究者们的足够重视。由于早期设计研发出来的电极材料的性能不理想，加上锂离子电池的成功商业化应用，钠离子电池在很大程度上被研究者们放弃。

近年来，随着科技的不断发展，研究者们对钠离子电池的研究更加深入和全面。研究表明，钠离子电池的结构、部件、系统和电荷储存机制与锂离子电池基本相同，只是离子载体由锂离子变为钠离子，这使得在两个体系中运用相似的化合物作为电极材料成为可能。不同的是，钠离子的半径（0.102nm）比锂离子的（0.076nm）大，对电极材料结构的稳定性、离子传输性质以及相间的形成具有较大的影响，使得钠离子电池的电极材料在选取时需要更多地考虑。同时，钠的原子量（22.99g/mol）比锂的（6.94g/mol）高，且相对于标准氢电极（SHE），Na^+/Na电对的氧化还原电位比Li^+/Li电对的高约0.33V，因此，钠离子电池的能量密度要普遍低于相应的锂离子电池。但是，钠的重量只占电池组分质量的小部分，且容量主要是由电极材料的主体结构的特性决定。因此，从原理上讲，锂离子电池到钠离子电池的转换应该不受能量密度的影响。

与锂离子电池相比，钠离子电池具有以下优势：（1）由于钠盐的电导率较高，可以选用低浓度电解液，从而降低生产成本；（2）钠资源丰富，价格低廉，原料成本优于锂离子电池；（3）钠离子电池无过放电特性，可以放电至0V；（4）锂离子与铝离子在低于0.1V（vs. Li^+/Li）时会发生合金反应，而钠离子不会，因此铝箔可以取代铜箔用作负极的集流体，不仅能降低成本，还能减轻重量。钠离子电池具有稳定性强、安全性高、成本低廉、废品回收工艺简单以及无污染等特点，有望在大型储能系统中取代锂离子电池。

2.2　钠离子电池工作原理

钠离子电池工作原理如图2.1所示。充电过程中，钠离子在外部电场的作用下从正极的活性材料中脱出，经过电解液和隔膜，进一步嵌入负极的活性材料中，此时正极处于贫钠状态，负极处于富钠状态，而电子则由外电路从正极流向负极进行电荷补偿，引起正极的电势升高，负极的电势降低，使得正/负极之间电压差升高而实现钠离子电池的充电。放电过程则与之相反，钠离子从负极的活性材料中脱出，经电解液和隔膜后重新嵌入正极的活性材料中，此时正极处于富钠状态，负极处于贫钠状态，而电子则由外电路从负极流向正极进行电荷补偿，为外电路连接的用电设备提供能量做功，实现钠离子电池的放电与能量释放。

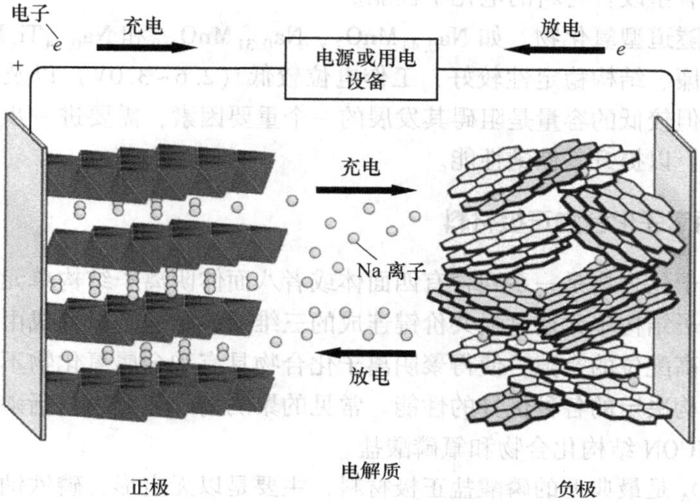
电子
e
充电
放电
e
+
电源或用电
设备
−
充电
Na 离子
放电
电解质
正极
负极

图 2.1 钠离子电池工作原理

2.3 钠离子电池正极材料

基于锂离子电池研究技术的成功经验，用于钠离子电池的高性能电极材料的研发已取得了突破性进展。这些正极材料在充/放电过程中都表现出相对较小的结构变化，确保了钠离子的可逆嵌/脱，并影响电极材料的循环寿命。

2.3.1 金属氧化物 Na_xMO_2 正极材料

锂离子电池金属氧化物 Li_xMO_2（M=Co、Mn、Fe 和 Ni 等）正极材料的商业化应用为钠离子电池正极材料的研发带来启发，经过研究者们的不懈努力，已经成功合成出类似的 Na_xMO_2 正极材料应用于钠离子电池。研究显示，Na_xMO_2 具有成本低廉、合成工艺可控、毒性较小以及电化学活性较高等优点，被认为是一类非常有前景的钠离子电池正极材料。钠的含量与合成条件对 Na_xMO_2 的结构影响很大，一般可分为层状氧化物和隧道型氧化物。

层状氧化物 Na_xMO_2（M=Co、Ni、Fe、Mn 和 V 等）是由共边的 MO_6 八面体形成的过渡金属层状结构和位于过渡金属层间的碱金属离子组成的，其理论容量达到 240mA·h/g，是目前研究较多的钠离子电池正极材料之一。但是，单金属 Na_xMO_2 在深度充电状态下容易发生不可逆的结构变化，导致库仑效率下降，不可逆容量提高。虽然通过限制充电截止电位，可以防止电池深度充电状态的发生，提高 Na_xMO_2 正极材料的循环稳定性，但却会导致其可逆容量降低至 100~120mA·h/g。最近，利用金属与金属之间的协同作用，研发的多元金属 Na_xMO_2

正极材料，有望改善材料的电化学性能。

常见的隧道型氧化物，如 $Na_{0.44}MnO_2$、$Na_{0.31}MnO_{1.9}$ 和 $Na_{0.44}Ti_xMn_{1-x}O_2$ 等，具有成本低廉、结构稳定性较好、工作电位较低（2.6~3.0V）以及循环性能较好的特点，但较低的容量是阻碍其发展的一个重要因素，需要进一步对组成和结构加以优化，以提升其储钠性能。

2.3.2 聚阴离子化合物正极材料

聚阴离子化合物是一系列含有四面体或者八面体阴离子结构单元的化合物的总称。阴离子结构单元通过强共价键连成的三维网络结构，以形成由其他金属离子占据的更高配位的空隙，使得聚阴离子化合物具有和金属氧化物不同的晶相结构以及由结构决定的各种优异的性能。常见的聚阴离子化合物包括磷酸盐、焦磷酸盐、NASICON 结构化合物和氟磷酸盐。

$NaFePO_4$ 是最典型的磷酸盐正极材料，主要是以无定形、磷铁钠矿型和橄榄石型三种结构形态存在，不同结构形态的 $NaFePO_4$ 的电化学性能差异较大。无定形 $NaFePO_4$ 的可逆容量达到 150mA · h/g，300 次循环后的容量保持率高达 95%。磷铁钠矿型 $NaFePO_4$ 是热力学稳定相，但该结构缺少钠离子迁移通道，没有明显的电化学储钠活性，不能直接作为钠离子电池正极材料。橄榄石型 $NaFePO_4$ 通常采用化学或电化学法制备，可逆容量为 125mA · h/g，50 次循环后的容量保持率为 90%。相比之下，无定形 $NaFePO_4$ 展现出更为优异的储钠性能，具有较好的应用前景。

焦磷酸盐 $Na_2MP_2O_7$（M=Co、Mn 和 Fe 等）正极材料具有结构和离子迁移通道多样性的特点，正交晶系的 $Na_2CoP_2O_7$ 为二维钠离子迁移通道，三斜晶系的 $NaMnP_2O_7$ 和 $Na_2FeP_2O_7$ 呈现三维钠离子迁移通道，这些特点为钠离子的传输提供了可能。但是，这些正极材料在 2~4V 电压范围内的比容量只有 80mA · h/g，较差的动力学性能和较低的能量密度在一定程度上限制了其大规模使用。

NASICON 结构化合物是一种具有三维开放结构的离子迁移通道和较高的离子扩散速率的快离子导体材料。作为典型的 NASICON 结构化合物，$Na_3V_2(PO_4)_3$ 材料具有较好的热力学稳定性和较高的能量密度，且充/放电曲线存在 2 个电压平台（3.4V 和 1.6V），分别对应于 V^{3+}/V^{4+} 和 V^{2+}/V^{3+} 氧化还原电对，这个独特的双电势性质使得 $Na_3V_2(PO_4)_3$ 材料可以应用于钠离子电池正极和负极。但不足的是，$Na_3V_2(PO_4)_3$ 材料的电子传导性较低，极化较为严重，以至于它的循环性能较差、库仑效率不高。针对这种情况，一般采用颗粒纳米化、表面碳包覆以及设计独特的结构等方法来提高材料的电化学性能。虽然 NASICON 结构化合物正极材料具有优异的电化学性能，但五价钒源的毒性较大，不适用于大规模商业化生产。研发使用无毒且地球储量丰富的元素（Ni、Fe 和 Mn

等）制备 NASICON 结构化合物，具有非常重要的意义。

氟磷酸盐正极材料是一类能量密度较高、结构框架较稳定、工作电位较高的聚阴离子化合物。层状 Na_2FePO_4F 和 $Na_2CoPO_4F_4$ 同属于正交晶系，以 Na_2FePO_4F 为例，FeO_4F_2 八面体以共棱和共顶点方式交替相连，钠离子主要在二维路径中的 $FePO_4F$ 层之间迁移。而 Na_2MnPO_4F 的晶体结构不同于上述情况，是一种由 MnO_4F_2 八面体共顶点连接形成一维 $Mn_2F_2O_8$ 链，并通过 PO_4 四面体的共顶点而形成较低密度的三维框架结构。但它们在相变过程中的晶胞体积变化相对较小，都体现出较好的循环稳定性。尽管氟磷酸盐正极材料的电化学性能良好，但其加工工艺复杂，且产生的含氟气体对环境的污染较大。

2.3.3 其他正极材料

除了上述研究较多的正极材料，有文献报道普鲁士蓝类化合物、金属氟化物、有机化合物等也可作为储钠正极材料。普鲁士蓝类化合物是一种具有三维开放框架结构的典型过渡金属铁氰化物。Goodenough 等在室温下合成了 $KMeFe(CN)_6$（M=Ni、Fe、Mn、Co 和 Zn 等）材料，电化学性能测试结果显示，$KFe_2(CN)_6$ 正极材料的可逆容量约为 100mA · h/g，30 次循环后容量几乎没有损失。但是，普鲁士蓝类化合物在合成过程中需要严格控制水含量，且使用的 CN^- 可能污染环境。金属氟化物是一种近年来发展起来的新型钠离子电池正极材料，Gocheva 等首次采用机械化学的方法合成了金属氟化物 $NaMF_3$（M=Ni、Fe 和 Mn 等）材料，并验证了在低温条件下以 NaF 和 MF_2 制备的 $NaMF_3$ 具有电化学储钠活性。$NaFeF_3$ 正极材料在 1.5~4V 电压范围内的可逆容量达到 120mA · h/g，而 $NaMnF_3$ 和 $NaNiF_3$ 的性能表现不佳。这类正极材料具有较高的电压平台，但金属卤素键的能带隙较大，以至于材料的电子导电性较差，对此需要进一步深入研究。在原料丰度的基础上，有机化合物也是可应用于钠离子电池正极材料的有利候选者。阳离子嵌入型的二羟基对苯二甲酸钠（$Na_4C_8H_2O_6$）在 1.6~2.8V 电压范围内的可逆容量达到 183mA · h/g，100 次循环后的容量保持率为 84%。而阴离子嵌入型的苯胺-硝基苯胺共聚物［P(AN-NA)］的可逆容量也达到 180mA · h/g，50 次循环后仍可保持 173mA · h/g。针对有机化合物正极材料存在电子导电性较差和易溶于有机电解液等问题，通常会在电极材料中添加导电碳或者对电解液进行优化。

2.4 钠离子电池负极材料

负极材料主要是负责提供可以储存钠离子的位点和较低电位的氧化还原电对，对钠离子电池的性能影响很大。目前，可用的钠离子电池负极材料主要有碳基材料、钛基化合物、合金材料和金属化合物等，如图 2.2 所示。

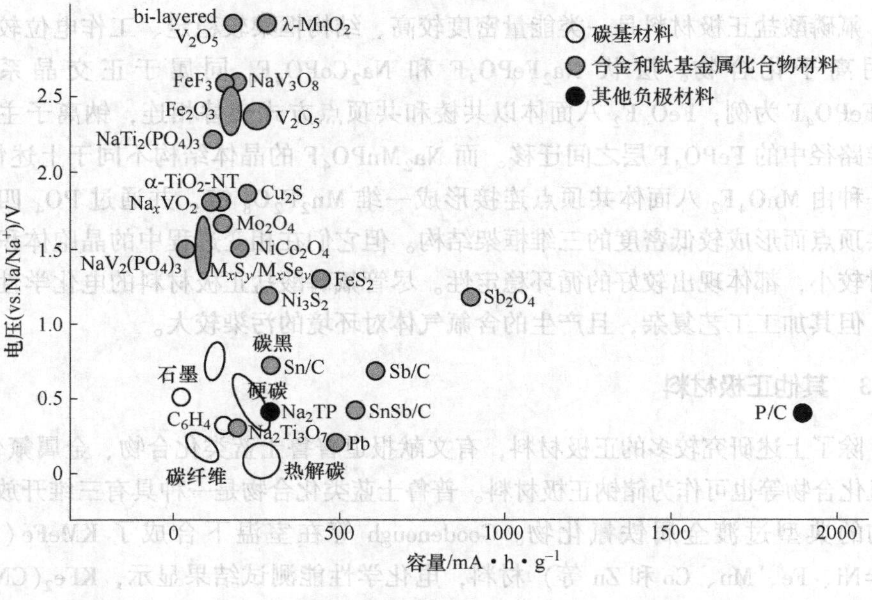
bi-layered V2O5
λ-MnO2
碳基材料
合金和钛基金属化合物材料
其他负极材料
FeF3
NaV3O8
Fe2O3
V2O5
NaTi2(PO4)3
α-TiO2-NT
Cu2S
NaxVO2
Mo2O4
NiCo2O4
NaV2(PO4)3
MxSy/MxSey
FeS2
Ni3S2
Sb2O4
碳黑
石墨
Sn/C
Sb/C
硬碳
Na2TP
SnSb/C
P/C
C6H4
Na2Ti3O7
Pb
碳纤维
热解碳
电压(vs.Na/Na+)/V
容量/mA · h · g−1
2.5
2.0
1.5
1.0
0.5
0
500
1000
1500
2000

图 2.2　钠离子电池负极材料

2.4.1　碳基负极材料

碳基负极材料具有资源丰富、加工工艺简单、可逆容量较大及倍率性能良好等优点，备受研究者们的关注。碳基负极材料可分为石墨碳和非石墨碳两大类。石墨是锂离子电池体系中最常见的负极材料，但钠离子与石墨难以形成插层石墨化合物，且石墨碳层间距（0.335nm）小于钠离子嵌入的最小层间距（0.37nm），以至于石墨作为钠离子电池负极材料的理论容量只有 35mA · h/g。直到最近，研究者们通过增大石墨碳层间距和选取合适的电解质体系（如醚基电解质）等途径，才有效地提高了石墨的储钠能力。此外，石墨烯是一种具有较大的比表面积和优异的电子导电性的新型碳材料，被认为可在钠离子电池领域中广泛运用。非石墨碳类负极材料属于无定形碳，主要是由宽度和厚度较小的类石墨微晶构成，但排布相比石墨更为紊乱，具有碳层间距相对较大的特点。根据石墨化程度难易和石墨微晶的排列方式的不同，非石墨碳类负极材料可分为软碳和硬碳两大类。一方面，软碳内部的石墨微晶的排布相对有序，且微晶片层的宽度和厚度较大；而硬碳内部的石墨微晶排列较软碳无序、杂乱，且含有一部分的微纳孔区域，具有更高的储钠容量，被认为是最理想的储钠碳基负极材料。另一方面，元素掺杂（主要是 N 和 S）是一种有效提高碳基负极材料电化学性能的方法，是近来研究的一个新方向。研究表明，元素的掺杂可以提高材料的电子传导率和表面亲水性，有利于电子的传输和界面反应的发生。

2.4.2 钛基化合物负极材料

钛基化合物是一系列具有 Ti^{4+}/Ti^{3+}低电位氧化还原电对材料的总称，钠离子可以在这些材料的层间进行可逆的嵌/脱，具有结构稳定、循环性能优异以及倍率性能良好等特点，也是一类有前景的钠离子电池负极材料。钛基化合物主要有 TiO_2、$Li[Li_{1/3}Ti_{5/3}]O_4$、$Na_2Ti_3O_7$、$Na_{0.66}[Li_{0.22}Ti_{0.78}]O_2$和 NASICON 型$NaTi_2(PO_4)_3$等。$TiO_2$ 由四价钛离子的 TiO_6 八面体组成，八面体的连接差异使得 TiO_2 存在多种形态，目前，锐钛矿型 TiO_2 被认为是最适合碱金属离子嵌/脱的宿主结构。研究显示，纳米尺寸（<30nm）的锐钛矿 TiO_2 在钠离子电池中具有电化学储钠活性，尽管较大的比表面积不可避免地导致较低的电压，但其在0~2V 电压范围内的可逆容量大于 150mA · h/g。尖晶石型 $Li[Li_{1/3}Ti_{5/3}]O_4$ 的可逆容量约为 155mA · h/g，嵌/脱钠的电位相对较低，放电时的平台电位为 0.7V，展现出良好的循环性能。但有文献报道，$Li[Li_{1/3}Ti_{5/3}]O_4$的还原产物为$Li_2[Li_{1/3}Ti_{5/3}]O_4$和$Na_2[Li_{1/3}Ti_{5/3}]O_4$的混合物，钠离子在尖晶石骨架结构的狭窄隧道中扩散的阻碍较大，表现为倍率性能不佳。$Na_2Ti_3O_7$ 是一种层状结构非常稳定的负极材料，具有超低的电压平台、较为优异的循环性能和倍率性能等特点。同时，研究者们发现，纳米级 $Na_2Ti_3O_7$ 的放电比容量比微米级 $Na_2Ti_3O_7$ 的更高，但循环稳定性相对较差。Li/Na 混合钛酸盐 $Na_{0.66}[Li_{0.22}Ti_{0.78}]O_2$ 属于 P2 型分层结构，理论容量值为 104mA · h/g，平均工作电位为 0.75V，且在充/放电过程中的体积变化小于 1.0%，具有良好的循环性能和倍率性能。当 NASICON 型 $NaTi_2(PO_4)_3$ 用作钠离子电池负极材料，基于 Ti^{3+}/Ti^{4+} 氧化还原电对，可以允许 2mol 钠离子的可逆嵌/脱，形成 $Na_3Ti_2(PO_4)_3$，理论容量值为 133mA · h/g，但存在工作电位较高的问题。

2.4.3 合金类负极材料

合金材料因具有较高比容量、较低工作电压、加工工艺简单以及无污染等特点，受到研究者们的广泛关注。可以与钠形成合金的元素主要集中在第Ⅳ和Ⅴ主族，如 Si（NaSi：954mA · h/g）、Ge（Na_3Ge：1108mA · h/g）、Sn（$Na_{15}Sn_4$：847mA · h/g）、Pb（$Na_{15}Pb_4$：484mA · h/g）、P（Na_3P：2596mA · h/g）以及 Sb（Na_3Sb：660mA · h/g）等。但是，研究发现，在充/放电过程中合金材料的体积膨胀非常严重，这主要是由于大半径的钠离子从材料中脱出会留下较大的空穴，从而导致性能的衰减。Mortazavi 等深入研究了充/放电过程中钠合金负极材料的弹性性质，实验结果表明，随着材料中钠浓度的增加，合金会逐渐发生软化，导致其弹性模量呈线性下降。目前，克服合金材料体积变化的方法有很多种，其中将材料纳米化并与惰性材料或体积变化较小的材料进行多元复合的效果表现最佳。

2.4.4 金属化合物负极材料

金属化合物同样是高性能钠离子电池负极材料的研究热点之一，主要分为氧化物（Fe_2O_3、Sb_2O_4、α-MoO_3）、硫化物（MoS_2、SnS_2）、硒化物（$FeSe_2$）和磷化物（SnP_3、Sn_4P_3）。在放电过程中，氧化物一般发生氧化还原反应；硫化物和硒化物是先发生嵌脱反应，后进行氧化还原反应；磷化物将发生氧化还原反应和合金化反应。Zhang 等采用喷雾热解技术制备的三维多孔 γ-Fe_2O_3/C 具有良好的倍率性能和循环性能，在 0.2A/g 和 8A/g 电流密度下的可逆容量分别达到 740mA · h/g 和 317mA · h/g，即使在 2A/g 大电流密度下循环 1400 次，可逆容量仍可达到 358mA · h/g。Sb_2O_4 能与 14 个钠离子发生反应，理论容量值达到 1227mA · h/g，也是一类具有研究前景的高比容量钠离子电池负极材料。锡硫化合物与钠反应转化为 Sn-Na 与 S-Na 纳米复合物，具有较高的理论比容量。Sn_4P_3 的理论容量值为 1132mA · h/g，平台电压低于 0.5V，但 Sn_4P_3 在充/放电过程中不能完全转化为 Na_3P 和 $Na_{15}Sn_4$，导致其容量达不到理论值。同样地，单纯的金属化合物负极材料展现出较大的可逆容量，但严重的体积变化会导致其循环性能较差，尤其是初始库仑效率较低。研究者们为此进行了很多探索，诸如设计独特的结构和碳材料的引入。

2.4.5 其他负极材料

此外，金属/非金属单质和有机化合物也被证实可作为钠离子电池负极材料。金属/非金属单质材料具有比容量较高和工作电位较低的特点，电化学储钠机理表现为发生合金化反应，研究较多的有 Sn 和 P 两种。金属单质 Sn 的成本低廉，工作电位在 0.3V 左右，比容量可达 847mA · h/g。与 Sn 相比，尽管非金属单质 P 的电子传导性更差，且在循环过程中容易粉化脱落，但却是理论容量最高的钠离子电池负极材料（2594mA · h/g），是非常具有发展前景的。通常，研究者们会引入多孔结构的导电碳，以改善金属/非金属单质材料的不足。由于含有羰基的有机化合物的柔软性优异，使得氧化还原反应受碱金离子半径尺寸的影响较小，用于钠离子电池负极时可以展现出较好的电化学性能。但有机化合物的电子电导率低，钠离子嵌/脱过程中的体积变化会引起颗粒破碎，而循环过程中电解质有机溶剂的化学稳定性较差，因此都需要进一步详细研究。

2.5 钠离子电池电解质和黏合剂

电解质和黏合剂也是钠离子电池的重要组成部分，对安全性能和电化学性能有较为显著的影响。因此，确定合适的电解质和黏合剂对于研发高性能钠离子电池是不可或缺的。

2.5.1 电解质

理想的钠离子电池电解质应该具备优异的化学稳定性、电化学稳定性、热稳定性、离子导电性和电子绝缘性，低毒性和低生产成本等特点，这些特征从本质上取决于选用的钠盐和有机溶剂的性质以及添加剂的种类。通常选用的钠盐有高氯酸钠（$NaClO_4$）、六氟磷酸钠（$NaPF_6$）和三氟甲基磺酸钠（$NaCF_3SO_3$）。常见的有机溶剂包括酯类化合物（如碳酸丙烯酯（PC）、碳酸乙烯酯（EC）、碳酸二乙酯（DEC）、碳酸二甲酯（DMC）和甲基磺酸乙酯（EMS）等）、醚类化合物（如四氢呋喃（THF）、乙二醇二甲醚（DME）和四甘醇二甲醚（TGM）等）。根据有机溶剂的类型不同，可以将电解质分为酯基电解质和醚基电解质两部分。

Alcántara 等分别研究了 $NaPF_6$ 和 $NaClO_4$ 在 EC：DMC（V/V 为 1：1）混合溶剂中对碳负极材料的电化学性质的影响，结果显示，选用 $NaClO_4$ 作为电解质的钠盐，材料表现出更高的比容量和库仑效率。此外，他们还报道了使用含有 1mol/L $NaClO_4$ 的 EC：DMC、DME 和 EC：THF 溶剂的电解质对碳负极材料的电化学性质的影响，实验结果表明，与只有酯类或醚类溶剂的电解质相比，酯类和醚类混合溶剂的电解质可以改善材料的电化学性能。Ponrouch 等评估了电解质溶液的基本性质，如黏度、离子电导率以及在不同溶剂的热稳定性和电化学稳定性。尤其是在安全问题上，他们通过采用热分析法对 $NaClO_4$/PC、$NaClO_4$/EC：PC、$NaClO_4$/EC：DEC 和 $NaPF_6$/EC：PC 进行了热稳定性测试。其中，$NaPF_6$/EC：PC 电解质表现出最优的热稳定性，其可使材料在循环过程中形成的固体电解质界面（Solid Electrolyte Interface，SEI）膜更加稳定。Bhide 等对 EC 和 DMC 的二元混合物中以 $NaPF_6$、$NaClO_4$ 和 $NaCF_3SO_3$ 为基础的非水性液体电解质的理化性质进行了对比研究，基于 $NaPF_6$ 的电解质显示出更高的离子电导率，且更有利于形成稳定的 SEI 膜和提升 $Na_{0.7}CoO_2$ 正极材料的可逆容量。此外，为了改善钠离子的储存性能，研究者们对醚基电解质进行了深入的研究。特别是对石墨负极，研究发现通过使用醚基电解质，可以成功实现溶剂和钠离子的共嵌入。Kim 和 Zhu 等研究了石墨作为钠离子电池负极材料在某些醚基电解质中应用和储钠机理。对于过渡金属硫族化合物，醚基电解质显示出比酯基电解质更高的稳定性和更低的反应能垒，一些研究小组通过优化醚基电解质和电压窗口，提升了过渡金属硫化物的高倍率性能和循环稳定性能。

值得关注的是，添加剂的加入是一种优化电解质的方法。通常，添加剂不参与电极反应，但可以改善电解质体系的电化学性能，影响离子的放电条件，使充/放电过程处于更佳的状态。同时，添加剂可以使电极材料表面形成的 SEI 膜更加稳定，提升电池的电化学稳定性，并降低可燃性和防止过充现象的发生。常见的添加剂包括无机添加剂（如二氧化硫（SO_2）和二氧化碳（CO_2）等）、有机添加剂（如氟代碳酸乙烯酯（FEC）、1，3-丙磺酸内酯（PS）、亚硫酸乙烯酯（ES）和碳酸亚乙烯酯（VC）等）。

2.5.2 黏合剂

粉末状活性材料的黏合剂的选择对改善钠离子电池性能具有重要作用。特别是在负极材料中，黏合剂对储钠性能的影响非常明显；同时，为了稳定电极表面，抑制钠离子嵌/脱过程中造成的材料体积变化，也需要研究合适的黏合剂。一般而言，商业和科学研究的大多数电极材料都有良好的化学稳定性和电化学稳定性，常使用聚偏氟乙烯（PVDF）作为黏合剂。但是，在制备电极浆料方面还存在一些问题，如生产成本相对较高以及需要使用具有挥发性和有毒的有机溶剂N-甲基吡咯烷酮（NMP）。最近，在钠离子电池研究中，替代的水溶性黏合剂（如羧甲基纤维素钠（CMC）、聚丙烯酸（PAA）和海藻酸钠（Na-Alg））已经引入并使用。通常，水性黏合剂用于合金化反应材料中，可以有效地抑制电化学反应过程中材料的大体积变化，防止材料晶体结构坍塌，从而提高循环性能。

CMC 黏合剂是一种从纤维素衍生的天然聚合物材料，环保且廉价。在电化学反应过程中，CMC 黏合剂对电极材料表面形成的稳定的 SEI 膜起着重要作用，它可以降低不可逆容量，从而使电池的循环性能提高。海藻酸钠是从褐藻中提取出的一种天然高分子多糖，有利于提升钠离子电池负极材料的循环稳定性。特别的是，海藻酸钠比 CMC 聚合物链的极性高得多，可以使聚合物黏合剂和活性物质颗粒之间的界面相互作用更好，以及电极层和集流体之间的黏合更强。比较 PAA 和 PVDF 的化学特性，一般认为 PAA 黏结剂与复合材料电极之间具有更好的黏结均匀性和柔性，这是由于 PAA 是无定形高分子且呈链状交联结构。PAA 黏合剂的优异柔性可以防止循环过程中 SEI 膜的破裂，链状交联结构可以调节复合电极中大体积膨胀导致的机械/化学应力。此外，PAA 黏合剂可以促进材料表面 SEI 膜的形成，从而减少电解质的分解。

Dahbi 等人在硬碳负极材料电极中对 CMC 和 PVDF 黏合剂进行了比较和检测。实验结果表明，在初始循环过程中，CMC 黏合剂可以抑制电解质的分解，从而提升电极的初始库仑效率。同时，他们还注意到 CMC 黏合剂的均匀覆盖有利于稳定电化学性能，与 PVDF 黏合剂相比具有更优异的容量保持率和更高的效率。最近，Zhao 等将 CMC 和海藻酸钠黏合剂代替 PVDF 黏合剂引入钠离子掺杂的 $Li_4Ti_5O_{12}$ 电极，这些黏合剂均表现出比 PVDF 黏合剂略高的库仑效率和更优异的可循环性。当用于钠离子电池的合金采用转换反应的负极材料时，黏合剂对电化学性能的影响更为明显。Kim 等人通过使用 PAA 黏合剂实现了红磷/碳复合负极的优异的循环性能。经过钠离子的嵌/脱过程，PAA 黏合剂与 PVDF 黏合剂相比更能有效地抑制磷电极的大体积变化。

3 锂离子与钠离子电池负极材料的研究进展

3.1 钛基负极材料研究进展

Ti 基负极材料由于其具有体积效应小、工作电压高，可有效避免产生锂枝晶而引发安全问题，安全性高、循环性好、无毒无污染等优点，而备受关注，如 $Li_4Ti_5O_{12}$、$Li_2Ti_3O_7$、TiO_2-B 和 $H_2Ti_3O_7$ 等。目前，Ti 基负极材料主要可分为 Li-Ti-O、Na-Ti-O 和 H-Ti-O 三个体系（见图 3.1）。然而，Ti 基负极材料的电子导电率低，在高倍率充放电下，高密度 Li^+ 的潜入和 Li^+ 的慢速传输导致主体材料中 Li^+ 的浓度极化增大，严重影响材料的充放电容量，从而导致 Ti 基负极材料的倍率性能较差，限制其在动力电池中的应用。针对这一问题，目前研究者主要通过采用离子掺杂、表面包覆和形貌调控的方法改善 Ti 基负极材料的电子导电率，从而提高 Ti 基负极材料的快速充放电能力。

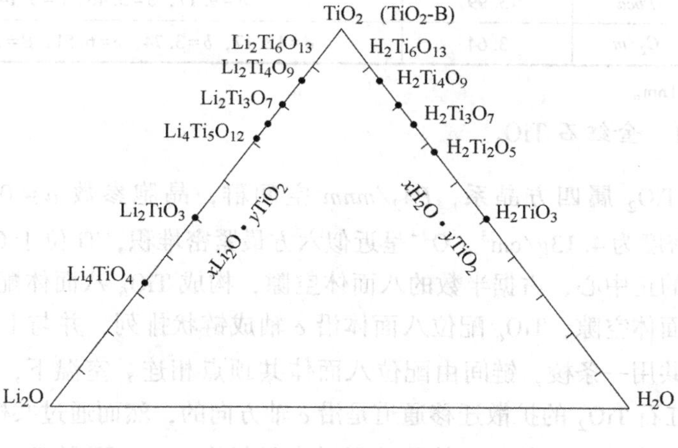

TiO2 (TiO2-B)
Li2Ti6O13
Li2Ti4O9
Li2Ti3O7
Li4Ti5O12
Li2TiO3
Li4TiO4
Li2O
H2Ti6O13
H2Ti4O9
H2Ti3O7
H2Ti2O5
H2TiO3
H2O
xLi2O·yTiO2
xH2O·yTiO2

图 3.1 Li-Ti-O 和 H-Ti-O 体系的相图

3.1.1 TiO_2 负极材料的概述

TiO_2 拥有开放的晶体结构和 Ti^{4+} 灵活的电子结构，有利于外来粒子的电子进入 TiO_2 晶体结构中，同时还可接受外来阳离子（Li^+、H^+ 和 Na^+ 等）的嵌入。研究表明，TiO_2 的嵌脱锂电化学性能随着其晶型的不同而有所差异，板钛矿和金红石相 TiO_2 的嵌锂量极少，仅锐钛矿相 TiO_2 和 TiO_2（B）的 Li^+嵌入量较大。TiO_2 的嵌脱锂反应可用下式表示，此反应反映出了 xLi^+的嵌脱过程，并且该反应的可逆性与电池材料的循环性能有密切的联系。

$$xLi^+ + TiO_2 + xe = Li_xTiO_2$$

TiO_2 充放电平台电位比碳高，约为 1.75V（vs. Li^+/Li），可避免 Li^+在负极表面沉积形成枝晶引发的电池安全问题；TiO_2 在有机电解液的溶解度较小，使得电解液可与其有很好的兼容性，同时充放电过程中的体积膨胀/收缩效应小（<3%），可有效地保持材料的形貌和主体结构，从而提高 TiO_2 的循环稳定性和容量保持，因此 TiO_2 被认为是极具潜力的可替换碳材料的锂离子负极材料。常见的 TiO_2 晶型有金红石、锐钛矿、板钛矿和 TiO_2(B) 四种（图 3.2），它们的晶体结构稳定性强弱顺序为：金红石>锐钛矿>板钛矿>TiO_2(B)。详细的晶体结构参数见表 3.1。

表 3.1　不同晶型 TiO_2 的晶体参数

晶型	空间群	密度/$g \cdot cm^{-3}$	晶胞参数/Å
金红石	$P4_2/mnm$	4.13	a=4.59，c=2.96
锐钛矿	$I4_1/amd$	3.79	a=3.79，c=9.51
板钛矿	$Pbca$	3.99	a=9.17，b=5.46，c=5.14
TiO_2（B）	C_2/m	3.64	a=12.17，b=3.74，c=6.51，β=107.29°

注：1Å=0.1nm。

3.1.1.1　金红石 TiO_2

金红石 TiO_2 属四方晶系，$P4_2/mnm$ 空间群，晶胞参数 a = 0.459nm，c = 0.296nm，密度为 4.13g/cm³，O^{2-}呈近似六方最紧密堆积，Ti 位于 O 原子构成的空间八面体的正中心，占据半数的八面体空隙，构成 TiO_6 八面体配位，Li^+可进入剩余的八面体空隙，TiO_6 配位八面体沿 c 轴成链状排列，并与上下的 TiO_6 配位八面体各共用一条棱，链间由配位八面体共顶点相连。室温下，Li^+（半径为 6nm）在金红石 TiO_2 的扩散迁移通道是沿 c 轴方向的，然而通过共棱联结形成的 TiO_6 八面体，其沿 c 轴的八面体孔隙通道半径仅为 4nm，不利于 Li^+的大量扩散与可逆嵌脱，导致其低温嵌脱锂性能较差。高温下，Li^+在金红石相 TiO_2 晶格中有良好的嵌脱反应可逆性，并且嵌脱锂反应过程不会破坏材料的主体结构，首圈放电过程中每个 TiO_2 单元可嵌入 0.5~1 个 Li^+，并在后续的充放电循环中基本趋于稳定，高温充放电性能要明显比锐钛矿 TiO_2 更优异。

金红石 TiO_2 高温充放电性能比较优异，而室温下的可逆充放电容量较低。

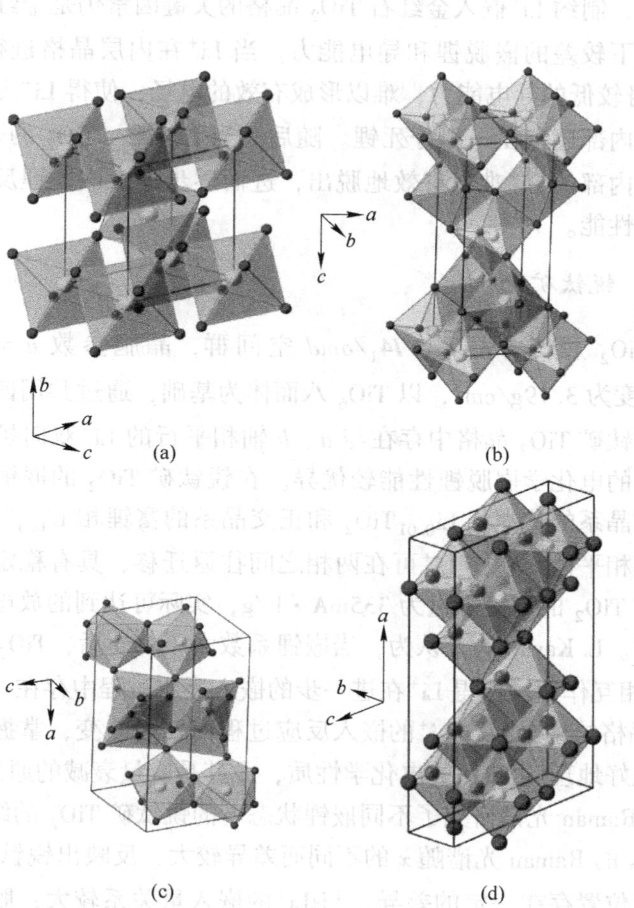
a
b
c
(a)
(b)
(c)
(d)

图 3.2 TiO_2 的晶体结构

(a) 金红石；(b) 锐钛矿；(c) 板钛矿；(d) TiO_2(B)

Murphy 等认为这主要是由于金红石自身独特的近六方紧密堆积方式使其具有较高的密度，从而使 Li^+ 在金红石 TiO_2 晶格中的扩散过程受到制约。然而金红石 RuO_2 具有相似的近六方紧密堆积方式和密度，却拥有比较优异的充放电循环性能，使得这种解释存在着局限性。M. V. Koudriachova 等认为，Li^+ 在金红石 TiO_2 晶格中的嵌脱反应是扩散控制反应类型，受堆积方式的影响不明显。研究表明，Li^+ 在金红石 TiO_2 晶格中的扩散迁移通道与 c 轴方向相平行，但在 ab 面上存在大量的晶格缺陷，导致各个方向的 Li^+ 扩散差异很大，会严重影响 Li^+ 的嵌脱反应。此外，金红石 TiO_2 晶格的嵌锂位置与主通道的 a、b 方向相距较远，扩散过程存在一定的阻碍，使其充放电循环性能变差。

总体而言，制约 Li^+ 嵌入金红石 TiO_2 晶格的关键因素仍是金红石较窄的空间通道以及室温下较差的嵌脱锂和导电能力。当 Li^+ 在内层晶格进行嵌入反应后，由于 TiO_2 自身较低的导电能力，难以形成有效的电场，使得 Li^+ 无法完全可逆地脱出，在晶格内部还存在一部分死锂。随后，当 Li^+ 嵌入 TiO_2 的表面层晶格时，更多嵌入晶格内部的 Li^+ 难以有效地脱出，进而逐步失去嵌脱锂反应活性，降低了材料的循环性能。

3.1.1.2 锐钛矿 TiO_2

锐钛矿 TiO_2 属四方晶系，$I4_1/amd$ 空间群，晶胞参数 $a = 0.379$nm，$b = 0.951$nm，密度为 3.79g/cm^3，以 TiO_6 八面体为基础，通过共用四条边和共顶点联结而成。锐钛矿 TiO_2 晶格中存在与 a、b 轴相平行的 Li^+ 双向扩散迁移的孔隙通道，室温下的电化学嵌脱锂性能较优异。在锐钛矿 TiO_2 的嵌锂反应过程中逐渐形成了四方晶系的贫锂相 $Li_{0.01}TiO_2$ 和正交晶系的富锂相 $Li_{0.5}TiO_2$，在电极材料中形成了两相平衡，使得 Li^+ 可在两相之间往返迁移，具有稳定的充放电平台电位。锐钛矿 TiO_2 的理论容量为 335mA · h/g，实际可达到的放电容量通常仅为理论值的一半。L. Kavan 等人认为，当嵌锂系数大于 0.5 后，TiO_2 晶格中会发生强烈的 Li-Li 相互作用，使得 Li^+ 在进一步的嵌入反应过程中存在一定的阻碍。

TiO_2 的晶格结构会随着 Li^+ 的嵌入反应过程而发生改变，掌握这种结构转变机制有利于很好地理解 TiO_2 的电化学性质，尤其是容量衰减的原因。R. Baddour-Hadjean 等用 Raman 光谱研究了不同嵌锂状态下的锐钛矿 TiO_2 的结构信息，结果表明，Li_xTiO_2 的 Raman 光谱随 x 的不同而差异较大，反映出锐钛矿 TiO_2 晶格中的八面体嵌锂位置存在一定的差异，与 Li^+ 的嵌入量关系较大；脱锂反应后，材料中仍存在 Li—O 键的吸收峰，表明了 Li^+ 无法完全在锐钛矿 TiO_2 晶格中可逆地脱出，在晶格内部还存在一部分死锂，这也是导致该材料首圈充放电容量损失较大的原因。

综上所述，锐钛矿 TiO_2 的嵌锂反应过程总体可分为 3 个阶段：（1）在开路电压至 1.75V（vs. Li^+/Li）电压区间内，少量的 Li^+（嵌锂系数约为 0.01）嵌入 $I4_1/amd$ 四方晶系锐钛矿 TiO_2 晶格中，不同尺寸的材料其嵌锂系数 x 有所差异，纳米级材料在首圈放电过程中的嵌锂系数 x 可达 0.22，后续的循环中充放电容量会逐渐趋于稳定。在首圈充放电过程中存在的不可逆容量损失的原因，P. G. Bruce 等人认为这是由于在首圈充电过程（脱锂过程）中晶格结构中的 Li^+ 无法完全脱出，内部还存在一部分死锂以及在首次充放电过程中电极表面形成 SEI 膜，是两者共同作用结果。（2）在 1.75V 附近处一段较为平坦的电压平台区域，Li^+ 嵌入锐钛矿 TiO_2 晶格的八面体空隙中，该区域对应的是四方晶系的贫锂

相 Li_xTiO_2（$x<0.5$）和正交晶系的富锂相 $Li_{0.5}TiO_2$ 之间的两相反应过程。（3）从 1.75V 至截止电压处的电压平缓降低区间段，该区间段主要是由于纳米级 TiO_2 材料的表面发生赝电容嵌锂反应，使得 Li^+ 在材料表面进一步嵌入，生成 $Li_{0.5+x}TiO_2$（$0<x\leqslant0.5$）引起的。材料的粒径大小与电极的电池性能有着密切的关系，过小的尺寸会使得表面的悬空原子增加，晶格中的嵌锂空位减少，从而导致材料在放电平台处的曲线长度变短；而增大尺寸会影响锂离子的扩散迁移速度，使材料的放电容量降低。此外，材料的纳米化、具有特殊形貌的材料的制备，可缩短锂离子的扩散路径，提高 TiO_2 的导锂能力，从而改善 TiO_2 的嵌脱锂容量和快速充放电能力。H. Huang 等人采用碳纳米管（CNTs）包覆 TiO_2 材料，显著地改善了 TiO_2 的电子导电能力，提高了其循环性能。Oh S W 等人合成了纳米级的锐钛矿相 TiO_2 粉末，其首圈放电容量为 180mA · h/g，循环 100 圈后容量保持率高达 95%。

3.1.1.3 板钛矿 TiO_2

板钛矿 TiO_2 属于斜方晶系、*Pbca* 空间群，晶胞参数 $a=0.917$nm，$b=0.546$nm，$c=0.514$nm，密度为 3.99g/cm³。尽管 TiO_2 的晶体结构均是由 TiO_6 八面体共棱、共顶点构成，但其配位体的棱和角的排列方式因晶型的不同而有所差异。与金红石型 TiO_2 的嵌脱锂机制相似，锂离子在板钛矿 TiO_2 晶格中的嵌入反应过程与其晶体结构有着密切的关系，平行于晶体 c 轴［001］方向的锂离子扩散阻力较小，孔隙通道的半径约为 5.8nm，有利于锂离子的扩散迁移；而 a[100]、b[010] 方向的孔隙较小，锂离子扩散过程受到的阻力较大，使得板钛矿 TiO_2 仅具有一维 Li^+ 扩散通道，严重降低了其嵌锂容量。M. A. Reddy 等研究了板钛矿 TiO_2 的嵌锂反应过程，材料的放电曲线结果显示，放电容量达 0.9 个 Li^+。板钛矿 TiO_2 具有稳定的晶体结构，在 Li^+ 的嵌入/脱出过程中仍能保持原始的结构而未发生明显的损坏，与锐钛矿 TiO_2 相比而言，尽管首圈循环过程中存在较大的不可逆容量损失，但在随后的循环过程中库仑效率趋于 100%，显示了良好的循环性能和容量保持率。此外，Li^+ 在板钛矿 TiO_2 晶格内部的扩散受较窄的空间通道的限制，因此材料的纳米化，可极大地缩短 Li^+ 在晶格内部的扩散路径，显著地提高板钛矿 TiO_2 的循环性能和可逆容量。

3.1.1.4 TiO_2(B)

TiO_2(B) 是一种不同于锐钛矿 TiO_2、金红石 TiO_2 和板钛矿 TiO_2 的晶型，属单斜晶系、*C2/m* 空间群，晶胞参数 $a=1.217$nm，$b=0.374$nm，$c=0.651$nm，$B=107.29°$。TiO_2(B) 的密度为 3.64g/cm³，其晶体的结构是以 TiO_6 八面体为基

础骨架，通过共用边和共顶点的方式连接形成的。此外，TiO_2(B) 晶体具有更开放的三维锂离子扩散迁移通道和晶体结构，有利于大量锂离子的可逆嵌入/脱出，其电化学性能要明显优于其他晶型的 TiO_2。

K. M. Abraham 等人以金红石 TiO_2 粉末为前驱体，采用碱性水热合成法成功制得 TiO_2(B) 纳米管，实验结果表明，浓碱处理后形成了片状的纳米粒子，再经后续的水洗和酸洗，片状粒子发生卷曲形成纳米管，其认为水洗和酸洗是形成 TiO_2 (B) 纳米管必不可少的一步。A. R. Armstrong 等合成了一维 TiO_2(B) 纳米线，长几微米、直径为 20~40nm，该 TiO_2(B) 纳米线材料具有较高充放电容量和优良的循环稳定性，嵌锂系数 x 高达 0.91，然而该材料的首圈库仑效率仍不理想，不可逆容量损失的问题仍需解决。TiO_2(B) 纳米管和纳米线的嵌脱锂电化学行为有所差异：(1) 在充放电过程中，TiO_2 (B) 纳米线平台电位较为稳定，约为 1.5~1.75V(vs. Li^+/Li)。(2) TiO_2(B) 纳米管的嵌锂容量比纳米线的高，嵌锂系数 x 高达 0.98，然而存在的明显的电位滞后、严重的电极极化等缺陷制约了材料后续的电化学性能，使得 TiO_2(B) 纳米管材料的循环稳定性要明显差于纳米线。Wang 等人认为引起这一差异的原因可能是因为空心结构的纳米管拥有较大的比面积，易吸收空气中的 H_2O，而附着于纳米管内壁上的 H_2O 无法有效地除去，在锂离子嵌入/脱出反应过程中存在着较多的副反应。因此，与其他晶型的 TiO_2 相比较而言，TiO_2(B) 具有较大的比表面积、较短的 Li^+的扩散路径，以及较低的密度和更加开放的三维锂离子扩散通道等优势，有利于 Li^+的快速迁移，使得其具有较高的嵌脱锂容量和较优异的电化学性能。

3.1.2 钛基负极材料发展现状

3.1.2.1 钛基材料的合成方法总结

钛基材料的合成方法丰富多样，主要有固态合成法、溶胶凝胶法、水热法和溶液燃烧法等。

(1) 固态合成法。固态合成法是无机材料合成中常用的方法，两种或者多种固态混合物在高温下发生离子扩散重排，形成新的化合物，反应速度与相界面间离子扩散速度有关，一般需要长时间高温煅烧。

Pier Paolo Prosini 课题组用固态合成法制备出尖晶石 $Li_4Ti_5O_{12}$，并测试其在全固态电池、锂离子电池、聚合物锂离子电池中的电化学性能。

新型钠离子负极材料，如 $Na_{2.65}Ti_{3.35}Fe_{0.65}O_9$、$Na_{0.66}[Li_{0.22}Ti_{0.78}]O_2$、$NaTi_3FeO_8$等也是通过固态合成法制备出来的。

(2) 溶胶凝胶法。溶胶凝胶法是用含高化学活性组分的化合物作前驱体，在液相下将原料均匀混合，形成稳定的透明溶胶体系，溶胶经陈化胶粒间缓慢聚合，形成三维网络结构的凝胶，然后经过干燥、烧结固化制备出具有纳米结构的材料。在电池电极材料应用中，纳米级颗粒可缩短离子扩散路径，有利于提高材料的电化学性能。

Huang Xingkang 等人制备了 $LiCoMnO_4$ 和 $Li_4Ti_5O_{12}$，并将其组装成全电池，电压为 3.2V，并表现出优异的倍率性能，在 1700mA/g 的电流密度下具有 4.70kW/kg 的高功率密度。

Zhou Xiaoling 等人以乙酰丙酮（ACAC）为螯合剂、聚乙二醇（PEG）为分散剂，采用溶胶-凝胶法合成了尖晶石型 $Li_4Ti_5O_{12}$/TiN 材料，在 5C 倍率下，放电比容量为 111mA · h/g。

Lafont 等人用溶胶凝胶法制备出粒径为 5~10nm 的 TiO_2 颗粒，并探究了其界面储锂机理。Usui Hiroyuki 等人用溶胶-凝胶法制备了 Nb 掺杂的金红石 TiO_2 材料，将其用作钠离子电池负极，发现 $Ti_{0.94}Nb_{0.06}O_2$ 表现出最好的循环性能，50 圈循环后仍具有 160mA · h/g 的可逆容量。

（3）水热法。水热法是指在密封的压力容器中，利用反应介质水在超临界状态下的性质和反应物质在高温高压水热条件下的特殊性质进行合成反应，可以合成出形貌可控的高纯度且分散均匀无团聚的纳米级材料。

Lin Zhiya 等人用水热法一步合成 $Li_4Ti_5O_{12}$@C 纳米片，比原始 $Li_4Ti_5O_{12}$ 材料表现出更好的电化学性能。

Yan Jingdan 等人通过水热法制备 $Ti_xSn_{1-x}O_3$ 固溶体，作为锂离子电池负极材料，其具有稳定的循环性能，循环 30 圈后，放电比容量高达 506mA · h/g。

Kalubarme 等人用水热法合成了 3~5nm 的 $NiTiO_3$ 铁钛矿结构纳米颗粒，用于钠离子电池负极材料，首圈放电具有 521mA · h/g 的可逆容量，在 4000mA/g 的高电流密度下，仍保持 192mA · h/g 的容量。

Li Zhihong 等人通过一步水热法在碳布基板上长出长度大于 100mm、宽度为 100~200nm 的超长 $Na_2Ti_3O_7$ 纳米线，这种独特的 3D 架构作为钠离子电池的无黏合剂柔性电极，在 3C 的电流密度下循环 300 圈后的仍保持 100.6mA · h/g 的放电容量。

（4）溶液燃烧法。溶液燃烧法指大量的有机组成反应物在短时间内迅速发生氧化还原反应燃烧，并释放出气体，从而形成比表面积高、孔洞多的超细纳米级粉末。它既具有湿化学法中成分均匀混合的优势，又利用反应体系自身的氧化还原反应放热促进离子扩散，使得反应在数分钟内完成，相对于传统固态合成而言，溶液燃烧法具有反应温度低、反应时间短、可大大节省能源的优势。

溶液燃烧法在易结晶的钛基材料，如 $Li_4Ti_5O_{12}$、$Li_2MTi_3O_8$ 等，以及 $LiFePO_4$ 的合成中得到很好的应用。如 A. S. Prakash 等人通过单步溶液燃烧法在不到 1min 内合成纳米 $Li_4Ti_5O_{12}$ 材料，该材料的一次颗粒在 20~50nm 之间，比表

面积为 $12m^2/g$。在 0.5C 倍率下，具有接近 175mA · h/g 的比容量，循环 100 圈后，容量几乎没损失，且在 10C 和 100C 的大倍率下仍能保持 140mA · h/g 和 70mA · h/g 的放电容量。

3.1.2.2 钛基材料在锂离子电池中的应用

采用石墨为负极的锂离子电池作为便携式电子设备的动力电源时，因为石墨在充放电过程中的体积变化较大，以及锂枝晶引发的安全隐患，使得其在混合动力电动车和大规模储能电网技术方面的应用受到限制。而基于嵌脱机理的 Ti 基化合物，特别是具有零结构变化的 $Li_4Ti_5O_{12}$，因其优异的循环可逆性和高工作电压的安全性，已经被证明是最有希望应用于大尺寸锂离子电池的负极材料。以下介绍几种主要的钛基材料。

A $Li_4Ti_5O_{12}$

$Li_4Ti_5O_{12}$(LTO) 具有尖晶石结构，空间点阵为 $Fd3m$，O^{2-}为密堆积，位于 32e 的位置，3/4 的 Li^+位于 8a 的四面体中心，1/4 的 Li^+和所有的 Ti^{4+}位于 16d 的八面体中心，结构式可表示为 $[Li]^{8a}[Li_{1/3}Ti_{5/3}]^{16d}[O_4]^{32e}$。主要性质有：(1) 1mol 的 LTO ($a$=0.83595nm) 可嵌入 3mol Li^+，形成尖晶石结构 $Li_7Ti_5O_{12}$ (a=0.83538nm)，是“零应变”材料，理论比容量为 175mA · h/g，电压平台高 (≈1.55V)，可避免锂枝晶的产生，安全性能好；(2) Li^+扩散系数 (D_{Li^+}) 相当高 (在 300K 下，约为 $1\times10^{-8}cm^2/s$)，可大倍率充放电，并维持结构不变；(3) Li^+电导率和电子电导率较小 (在 300K 下，$\sigma_{dc}\approx3\times10^{-10}S/cm$，$\sigma_{elec}\approx1\times10^{-12}\sim10^{-13}S/cm$)，在高倍率下会引起较大的电极极化。

为了提高原始 LTO 材料的导电性，改善电极材料性能，一般采用：(1) 通过形貌和粒径控制，制备各种形态的 LTO 纳米粒子，缩短 Li^+扩散路径；(2) 进行表面结构修饰，如制备 TiN-LTO 等；(3) 与碳材料、杂化 C、金属等复合；(4) 在 Ti 位点引入异价离子掺杂 LTO 等方法以提高电子导电性，由 LTO 材料引申出来的材料，如 $MLi_2Ti_6O_{14}$(M=2Na、Ba、Sr)、$Li_2MTi_3O_8$(M=Cu、Zn、Co 和 Mn 等)。

在大型储能电源和电动车辆 (EV/HEV/PHEV) 的实际应用领域，Altair 工程公司开发的以 LTO 为负极、$LiMn_2O_4$ 作为正极的“纳米安全”锂离子电池可通过提供超高电压来平滑电网波动；EnerDel 和 Think Nordic 公司共同开发了一种以 LTO 作为负极的 HEV 电动系统，应用于诸如减少发动机空转、收集由减速车辆产生的剩余能量和电动机辅助功能；对于高倍率充放电应用，东芝公司开发了一种名为“SCiB”的电池，其使用 LTO 作为负极，$LiCoO_2$ 作为正极，其在 12C 的倍率下循环 3000 次，容量损失小于 10%，具有优异的循环稳定性。

B TiO_2

TiO_2 在自然界中结构多样，主要有金红石（四方晶系，$P4_2/mnm$）、锐钛矿（四方晶系，$I4_1/amd$）和板钛矿（斜方晶系，$Pbca$）等，在颜料、紫外线吸收、防晒、光催化剂和电子数据存储等领域研究广泛。如果 1mol TiO_2 嵌入 1mol Li^+，嵌锂电位约 1.75V，理论比容量为 330mA·h/g。但不同结构的 TiO_2，嵌锂量不同。

Dambournet 等人采用了配对分布函数（PDF）技术计算发现了板钛矿 TiO_2 可嵌入 0.75mol 的 Li^+，形成 $Li_{0.75}TiO_2$(B)，Armstrong 等人报道了在 Li_xTiO_2(B) 中，当 $x<0.25$ 时，Li^+优先占据 4g 位点；当 $0.25<x<0.5$ 时，4g 位点上的 Li^+与嵌入的 Li^+迁移到五配位位点；当$0.5\leqslant x\leqslant 1$ 时，Li^+ 占据了所有的四配位位点。

金红石 TiO_2 在 Li^+嵌入过程中发生相变，对于 Li_xTiO_2，当 $0<x<0.5$ 时，金红石 TiO_2 晶体逐渐从四方对称（$P4_2/mnm$）转化为单斜晶系（$P2/m$）；当 $0.5\leqslant x\leqslant 0.85$ 时，单斜晶体 $P2/m$ 结构转化为层状 $P2/m$ 结构，这导致金红石 TiO_2 的不可逆容量损失，所以当嵌锂量较少时（即 $x<0.5$），电化学循环性能较稳定，但可逆容量也较少，一般小于 165mA·h/g。

Borghols 等人研究了锐钛矿 TiO_2 的锂嵌入机理，发现 $Li_xTiO_2(x>0.5)$ 锂离子迁移率低，仅能在表层（<4nm）中嵌锂；因此，相当多研究致力于 TiO_2 的结构纳米化合成，试图通过更高程度的锂嵌入来提高电化学性能。

C M-Ti-O

TiO_2 具有稳定的结构，但理论比容量较低（理论容量为 335mA·h/g，实际容量不到一半），而基于氧化还原机理的过渡金属氧化物材料具有高理论比容量，但在循环过程中结构不稳定，容量衰减迅速。因此研究者集 TiO_2 的结构稳定性和金属氧化物（MO）高容量的两种优势于一身，制备了二元金属钛氧化物材料，电化学性能见表 3.2。

表 3.2 各种 M-Ti-O 系列材料在锂离子电池负极中电化学性能的对比

化合物	合成方法	循环区间电压平台/V		性能（n：圈数；C：容量）/$mA\cdot h\cdot g^{-1}$
$TiNb_2O_7$	溶胶-凝胶法	1.0~2.5	1.6	0.2 C：$n=1$，$C=285$ $n=20$，$C=270$ 4C：$C=100$
$LiTiNbO_5$	离子交换法	1.0~3.0	1.67	0.1 C：$n=1$，$C=115$ $n=40$，$C=90$

续表 3.2

化合物	合成方法	循环区间电压平台/V		性能（n：圈数；C：容量）/mA · h · g^{-1}
$MgTi_2O_5$	固相合成法	1.0~3.0	约 1.3	0.1C：$n=1$，$C=50$ $n=40$，$C=130$
$Na_2Ti_6O_{13}$	水热法	1.1~1.37	1.0~2.0	17.5mA/g：$n=1$，$C=300$ $n=15$，$C=240$
$Li_2Ti_6O_{13}$	离子交换法	1.7	1.0~2.7	90mA/g：$n=1$，$C=170$ $n=20$，$C=150$
$Zn_2Ti_3O_8$	固相合成法	0.05~3.0	0.1~1.5	0.3A/g：$n=1$，$C=1050$ $n=50$，$C=343$
$SnTi_2O_6$	水解燃烧法	0.05~3.0	0.1~1.5	0.05 C：$n=1$，$C=890$ $n=100$，$C=278$
$SrTiO_3$	凝胶水热法	0.05~2.0	0.7	0.15A/g：$n=1$，$C=189$ $n=35$，$C=47$

3.2　金属硫化物负极材料研究进展

3.2.1　金属硫化物的化学结构

过渡金属硫化物依靠金属和硫之间的强化学键作用力把硫元素固定在电极材料中，这是一种非常有效的固硫策略。金属硫化物作为锂离子电池电极材料的研究曾经得到广泛的关注。金属硫化物是第一代锂二次电池正极材料。早在 20 世纪 70 年代，人们就认为金属硫化物是有着广泛应用前景的锂电池正极材料，并展开了很多研究。1975 年美国 Exxon 公司的 M. S. Whittingham 采用硫化钛 TiS_2 作为正极材料，金属锂作为负极材料，$LiClO_4$/二恶戊烷为电解液的电池体系，制成首个锂二次电池（Li/TiS_2）；20 世纪 80 年代，加拿大 Moli 能源公司设计出 Li/MoS_2 电池。金属硫化物作为正极材料一般具有较大的理论比容量、较高的能量密度，并且导电性能良好，在功率密度方面有独特优势，价格低廉，对环境友好。由于只含两种元素，其合成方法较为简单，主要有机械研磨、高温固相合成、电化学沉积和液相合成等方法。铜、铁、锡等金属的硫化物近年内受到较多关注。作为锂离子电极材料，这类材料在放电时生成嵌锂化合物，或者金属单质和 Li_2S，有的还可以生成嵌锂合金。

金属硫化物在早期就被作为锂二次电池的正极材料，以下简单介绍一些金属硫化物的理化性质。

（1）Li_2S。白色至黄色晶体，在空气中吸收水分并水解，放出硫化氢气体。易溶于水，能溶于乙醇。具有反萤石型结构。可被酸分解放出硫化氢；可与硝酸剧烈反应，但氢溴酸与氢碘酸只有在加热的情况下才能将其分解。与浓硫酸反应很缓慢，但同稀硫酸剧烈反应。300℃时被氧气氧化，生成硫酸锂但不生成二氧化硫。

晶体结构：立方晶系，*Fm*-3*m* 面心立方，$a=b=c=0.571$nm。

（2）FeS_2。黄铁矿：浅黄铜色，表面带有黄褐的锖色，颇似黄金。等轴晶系或立方晶系，通常呈立方体、五角十二面体，较少呈八面体。

白铁矿：与黄铁矿同是同质多象相变体，晶体常呈板状，集合体为矛头状或鸡冠状。

有两种晶体结构：立方晶系 *Pa*-3（205），晶胞参数：$a=b=c=0.543$nm，$\alpha=\beta=\gamma=90°$；正交晶系 *Pnnm*，晶胞参数：$a=0.444$nm，$b=0.542$nm，$c=0.339$nm，$\alpha=\beta=\gamma=90°$。

（3）Fe_3S_4。蓝黑色（有时是粉红色）铁和硫的化合物，化学式为 Fe_3S_4 或 $FeS \cdot Fe_2S_3$，与四氧化三铁类似。自然界中存在于硫矿物胶黄铁矿，具有顺磁性。它是一种由趋磁细菌制造的生物矿。它是一种混合价态化合物，其中 Fe^{2+} 与 Fe^{3+} 的比例为 1：2。

主要有两种晶体结构：立方晶系 *Fd*-3*m*（122），晶胞参数：$a=b=c=0.988$nm，$\alpha=\beta=\gamma=90°$；三方晶系 *R*-3*m h*（166），晶胞参数：$a=b=0.347$nm，$c=3.451$nm，$\alpha=\beta=90°$，$\gamma=120°$。

（4）CuS。CuS 是一种铜和硫的化合物，化学式 CuS，在自然界中以深蓝色的靛铜矿形式存在。它是一种中等导电性的导体。硫化铜晶胞包含 6 个 CuS（12 个原子），其中 4 个铜原子成四面体结构，2 个铜原子成平面三角形结构。2 对硫原子的距离仅 207.1pm，证明了 S—S 键（二硫键）的存在。剩下的两个硫原子形成围绕铜原子的三角形结构，并且这两个硫原子也被 5 个构成五角双锥结构的铜原子围绕。二硫键中的两个硫原子中的一个与 3 个四面体构型的铜原子配位。

目前对于 Cu 的价态仍存在争议，相关讨论如下。

硫化铜若为二价（不含二硫键）与晶体结构不相符合，与观测到的抗磁性也不吻合，因为 Cu(Ⅱ) 化合物具 d9 排布，应为顺磁性物质。使用 XPS 技术的研究表明所有的铜原子均具有+1 的氧化态。这与许多书中的八隅律相违背。通常认为 CuS 同时具有 $Cu^{Ⅰ}$ 和 $Cu^{Ⅱ}$，也就是 $(Cu^+)_2Cu^{2+}(S_2)^{2-}S^{2-}$。另外一种化学式 $(Cu^+)_3$ (S^{2-}) $(S_2)^-$则受到了计算数据的支持。这种化学式不应被认为是含有自由离子，而是存在价“空洞”。对 Cu(Ⅱ) 盐沉淀的电子顺磁共振研究也显示出溶液中 Cu(Ⅱ) 被还原至 Cu(Ⅰ) 的过程的存在。

主要有两种晶体结构：六方晶系 *P63/mmc*，晶胞参数：$a=b=0.379$nm，$c=1.633$nm；单斜晶系 *CMCM*，晶胞参数：$a=0.381$nm，$b=0.661$nm，$c=1.648$nm。

（5）Cu_2S。Cu_2S 有两种形式，其中一种低温单斜形的结构复杂，称为低辉铜矿，在一个晶格中有 96 个铜原子，有着六边形结构，超过 140℃ 也稳定。在这种结构中，有 24 个晶体学上单独的铜原子，而且这种结构近似一个被铜原子和硫原子紧紧挤满的六边形结构。这种结构起初被指定为斜方晶系，因为其有成对的晶体。硫化亚铜的另一种形式为立方晶系。以下主要对这种晶型进行介绍。

晶体结构：与硫化锂一致，为 *Fm-3m* 面心立方，晶胞参数：$a=b=c=0.558$nm。

（6）$CuFeS_2$。$CuFeS_2$ 也被称为黄铜矿，颜色为铜黄色，但往往带有暗黄或斑状锖色，条痕绿黑色。金属光泽，不透明，硬度 3~4，相对密度 4.1~4.3，性脆，能导电。通常为致密块状或分散粒状集合体，偶尔出现隐晶质肾状形态。晶体常见单形有四方四面体、四方双锥，但单晶较少见。其中铜铁都为正二价，硫为负二价。

晶体结构：四方晶系 *I-42d*(122)，晶胞参数：$a=b=0.529$nm，$c=1.042$nm，$\alpha=\beta=\gamma=90°$。

（7）MoS_2。铅灰色，金属光泽，不透明。单晶呈六方板状、片状，通常以片状、鳞片状。集合体产出。通常为六方晶系及三方晶系，被视为层状化合物。

主要有两种晶体结构：六方晶系 *P63/mmc*（194），晶胞参数：$a=b=0.314$nm，$c=1.253$nm，$\alpha=\beta=90°$，$\gamma=120°$；三方晶系（*R-3m h*），晶胞参数：$a=b=0.317$nm，$c=1.841$nm，$\alpha=\beta=90°$，$\gamma=120°$。

3.2.2 金属硫化物的电化学行为

很多研究者认为金属硫化物及金属氧化物的电化学反应具有相似之处，总的化学反应如下：

$$M^{n+} + (X) + ne + nLi^{+} \rightleftharpoons M^{0} + nLi(X)\ (X = S,\ O)$$

按照以上反应，结合能斯特方程可以计算出不同金属氧化物及金属硫化物的反应电位，见表 3.3。

表 3.3　由反应 $M_aY_b+2bLi^0 \rightarrow bLi_2X$ 计算出的不同材料的吉布斯自由能（$\Delta_r G$）和电动势（E）

化合物	$\Delta_r G$/kJ · mol^{-1}	E/V	化合物	$\Delta_r G$/kJ · mol^{-1}	E/V
TiO_2	−233.53	0.605	NiS	−341.43	1.769
MnO	−199.17	1.032	NiS_2	−717.23	1.858

续表 3.3

化合物	$\Delta_r G$/kJ · mol^{-1}	E/V	化合物	$\Delta_r G$/kJ · mol^{-1}	E/V
FeO	−317.10	1.643	MnS	−202.50	1.049
NiO	−346.24	1.794	CoS_2	−146.00	1.890
CoO	−347.01	1.798	$CoS_{0.98}$	−196.65	1.727
Cu_2O	−414.18	2.146	Fe_3O_4	−1229.40	1.592
CuO	−428.26	2.219	FeS	−320.53	1.661
Fe_2O_3	−941.40	1.625	FeS_2	−674.95	1.749

Tarascon 对不同过渡金属硫化物进行研究，研究发现对于过渡金属，当原子序数增加，4s 能带降低，电位平台升高，电化学可逆性提高。Goodenough 也对不同过渡金属硫化物进行了机理推测，经过试验发现，不同硫化物的机理不同：比如，Co_9S_8 及 NiS 只有一个放电平台，而 CuS 则有两个电位平台。表 3.4 列出了几种金属硫化物的电化学特点。

表 3.4 金属硫化物的电化学性能

电极材料	晶胞参数				点阵群	电压/V		实际比容量/mA · h · g^{-1}	循环性能
	a，b/nm	c/nm	α，β /(°)	γ /(°)		工作电压	平台电压		
TiS_2	0.3408	0.5701	90	120	P-3ml（164）	1.5~2.8	2.3	220	70%（0.02mA/cm^2 循环 1100 次）
VS_2	0.3220	0.5750	90	120	P-3ml（164）	0.05~1.20 0.8~2.3	0.5 1.7	190 160	一般
NbS_2	0.3324 0.3330	1.1960 1.7891	90 90	120 120	$P6_3/mmc$(194) R-3m h（160）	1.0~3.0 1.0~3.0	2.5 2.2	169.5 169	91%（1C 循环 200 次） 86%（1C 循环 200 次）
MoS_2	0.3150	1.2390	90	120	$P6_3/mmc$（194）	0.01~3.00	1.3	1214	83%（100mA/g 循环 60 次）
FeS	0.3768	0.5039	90	90	$P4/nmm$ $O1$（129）	0.8~2.5	1.6	533	79%（0.1C 循环 55 次）
FeS_2	a=0.4443 b=0.5424	0.3387	90	90	$Pnn2$（34）	1.2~2.6	2.3 及 1.6	894	79%（0.05C 循环 50 次）
NiS	0.5640	0.5640	116.6	116.6	R-3m h（160）	1.0~3.0	1.4	580	65%（100mA/g 循环 100 次）
Ni_3S_2	0.9450	0.9450	90	90	Fd-3m $O2$(227)	1.0~3.0	2	492	40%（50mA/g 循环 20 次）
WS_2	0.3164	1.235	90	120	$P6_3/mmc$(194)	0.01~3.00	2	871	92%（100mA/g 循环 100 次）
SnS_2	0.3640	5.3000	90	120	R-3mh（166）	0.3~1.1	0.5	634	96%（100mA/g 循环 50 次）

续表 3.4

电极材料	晶胞参数				点阵群	电压/V		实际比容量/mA · h · g⁻¹	循环性能
	a, b/nm	c/nm	α, β /(°)	γ /(°)		工作电压	平台电压		
SnS	a=0.4136 b=1.1488	0.4172	90	90	*Cmcm*（63）	0.01~3.00	1.25	1028	66%（40mA/g 循环 40 次）
ZrS_2	0.3650	0.5820	90	120	*P*-3*ml*（164）	0.05~1.25	0.45	650	86%（69mA/g 循环 50 次）

3.2.3　金属硫化物的研究进展

3.2.3.1　硫化钛

目前，应用于锂离子电池的硫化钛主要有两种：TiS_2 和 TiS_3。其中，TiS_2 是最早应用于锂离子电池的无机硫化物。M. S. Whittingham 等发现，在充放电过程中，Li^+能够可逆地在层状 Li_xTiS_2 中嵌脱，同时伴随着 Ti(Ⅲ)/Ti(Ⅳ) 可逆电对的还原氧化。常温下，该材料嵌脱锂的反应速度非常快，但不会改变 Li_xTiS_2 主体的层状结构；循环 1100 次后，能够至少保持理论容量的 70%。为了提高硫化物电池的安全性能，人们尝试用其他液态电解质或全固态电解质取代传统易燃、易爆的有机溶剂组成的液态电解质。S. I. Moon 等采用浇铸涂膜法制备了 PEO 与 $LiClO_4$ 混合的固体聚合物电解质（SPE）膜，组装成 TiS_2/SPE/Li 结构的电池，TiS_2 本体电阻及界面电阻之和为 96Ωm²。含 40% SPE 的 TiS_2 电池以 0.02mA/cm² 的电流密度在 1.6~2.6V 放电，比容量达 173mA · h/g，仅含 TiS_2 的电池，放电比容量只有 146mA · h/g；同时，电池的循环性能得到了提高。TiS_2 虽具有较高的理论容量及初始放电容量，但在循环过程中会发生结构破坏，导致容量锐减，因此在锂离子电池中的应用受到限制。

3.2.3.2　硫化钼

MoS_2 和 MoS_3 是在锂离子电池中应用较广泛的两种硫化钼。特别是 Moli 公司推出 Li/MoS_2 锂离子电池后，硫化钼的研究得到了广泛关注。作为负极储锂材料，MoS_2 的比容量是目前报道的硫化物中最高的，循环性能也较理想。X. Fang 等将商品化 MoS_2 作为研究对象，分析了不同电压区间的储锂机理。MoS_2 以 0.10mA/cm² 的电流密度在 1.00~3.00V 循环时，可逆比容量约为 150mA · h/g；在 0.01~3.00V 循环时，可逆比容量为 800mA · h/g。在两个电压区间的循环性能都比较好，但在首次放电时，结构会发生不可逆的转变。1.00~3.00V 的嵌脱锂产物可以立即溶解与析出；深度放电至 0.01V 时，MoS_2 还原成 Li_2S 及金属

Mo，金属 Mo 充电至 3.00V 时仍不能氧化，因此 Li_2S/S 作为唯一的氧化还原电对进行循环，而非 Li_xMoS_2。此时，嵌脱锂反应的主体变为纳米金属钼及锂硫化合物（Mo/Li_2S_x，$1<x<8$）。纳米颗粒状的金属钼被认为是提高电池循环稳定性的主要原因。因为钼在 Mo/Li_2S 二纳米组分的界面或者晶界部分储存能量的过程中起了电子导电相的作用，同时，抑制了氧化还原电对在电解液中的溶解。

3.2.3.3 硫化钴

作为锂离子电池电极材料的钴的硫化物主要有 CoS_2、$CoS_{0.98}$、Co_9S_8、$Co_{0.92}S$。其中 CoS_2 有较好的高温性能，但是在室温下 CoS_2 的循环稳定性较差。虽然人们认为反应机理主要是钴硫化合物最终生成 Co 和 Li_2S，但是对于不同的钴硫化合物而言，其具体反应机制存在一定的差异。Yan 等人研究了不同充放电压范围内的 CoS_2 与锂离子的反应机制，发现在 1.6~3.0V 时生成 Li_xCoS_2 相；在 0.02~3.0V 时 CoS_2 有较优的循环性能。Wang 等人研究了 CoS_2 及 CoS 的电化学机理，发现两者均含有两个电位平台：一个在 1.5~1.9V，属于嵌锂反应；另一个平台在 1.3~1.5V，属于转化为 Li_2S 与 Co。CV 测试结果表明，对于 CoS_2，在 0.8~1.1V 有还原峰，在 2.1~2.4V 有氧化峰。对于 CoS，在 0.9~1.2V 有还原峰，2.1~2.3V 有氧化峰。Shi 课题组主要研究了 Co_9S_8 的电化学性能，实验结果表明，1V 时有很强的还原峰属于 $Co_9S_8+16Li=9Co+8Li_2S$，在后面循环中放电电位平台移向高电位，氧化峰为 1.5V 和 2.1V。其中推断 1.5V 属于 SEI 氧化，2.1V 可能是 S 的溶解造成。

3.2.3.4 硫化铁

铁硫化合物主要分为 FeS 及 FeS_2，FeS 理论容量为 609mA·h/g，电位平台位于 1.6V 处。FeS_2 理论容量为 894mA·h/g，电位平台位于 1.3V 和 1.6V 处。Fe 本身虽然没有容量，但是转化为 Li_2FeS_2 具有可逆容量。该种材料缺点是：形成的 Li-S 化合物溶于电解液，FeS 还原为 Fe 与 Li_2S 时会引起 200%体积变化。Wu 等研究了 FeS 的电化学过程，实验结果证明：放电至 1.3V 形成 Fe 的 Li_2S 的富锂相，1.9~2.0V 时 Fe 氧化为 Li_2FeS_2，2.2~2.5V 时形成了 $Li_{2-x}FeS_2$（$0<x<0.8$）。CV 结果显示 1.3V、1.0V 和 0.35V 有三个还原峰，1.9V 和 2.3V 有两个氧化峰。其中 0.3V 时碳形成了 SEI，1.9V 和 2.3V 时形成了 Li_2FeS_2 与 $Li_{2-x}FeS_2$（$0<x<0.8$），而 1.4V 时 Li 与 $Li_{2-x}FeS_2$ 发生反应。S. Kostov 课题组对 FeS_2 进行了电化学过程的分析，分析结果显示，还原反应是多步反应，首先为 Li_2FeS_2，最后变为 Fe，首次放电有两个平台，电位平台随循环变化，说明 FeS_2 没有在充电时形成。当电压为 1.1~2.25V 时总反应为：

1.75V：$$Fe + Li_2S - 2e \longrightarrow FeS + 2Li^+ \quad (3.1)$$

1.90V： $FeS + Li_2S \longrightarrow Li_2FeS_2$（化学转化） (3.2)

2.30V： $Li_2FeS_2 - 0.5Li^+ - 0.5e \longrightarrow Li_{1.5}FeS_2(Fe^{2+}, Fe^{3+})$ (3.3)

Li_2FeS_2 的形成过程也可能如下：

1.75V： $Fe + 2Li_2S - 2e \longrightarrow Li_2FeS_2 + 2Li^+$ (3.4)

1.96V 时发生了可逆反应（3.3），1.75V 平台与反应（3.1）或反应（3.4）相关。

3.2.3.5 硫化铜

Chuang 课题组研究了 CuS 电化学性能，XRD 显示，从开路电压放电到 1.8V 没有相转变，对于第一个平台很有可能发生的反应是部分 Li 嵌入到 CuS 晶格中，1.68V 进入第二个电位平台，XRD 显示 $Cu_{1.96}S$、Li_2S 及金属铜。当电压低于 1.5V 时主要显示的是 Li_2S 与 Cu 的峰，少部分 $Cu_{1.96}S$、Li_2S 和 Cu，它们大多转化为 Li_2S 与 Cu。XRD 显示在 1.8~2.6V 充放电会获得更好的可逆性，说明反应具有较好的可逆性。

Wang 课题组使用醚类电解液对 CuS 正极材料进行电化学性能测试，实验结果表明，有两个放电平台，对应的电化学过程如下：

第一个平台（2.0~2.2V）对应：

$$CuS + xLi + xe \longrightarrow Li_xCuS \tag{3.5}$$

第二个平台 1.7V 左右对应：

$$Li_xCuS + (2-x)Li^+ + (2-x)e \longrightarrow Li_2S + Cu \tag{3.6}$$

第一个平台随着循环逐渐消失，说明第一个反应可逆性差。第二个平台稳定性很好，说明第二个电化学反应可逆。很多人把 Cu-S 电池循环差归结到 Li_2S 的溶解，但是显示在这种情况电化学可逆性良好。

Cu_2S 与 Li_2S 有相似的立方晶体结构，S 元素的排列相同。Cu^+ 离子半径（77pm）接近于 Li^+ 离子半径（76pm），并且 Li_2S 的摩尔体积（28.0mol/cm^3）和 Cu_2S 摩尔体积（28.8mol/cm^3）相似，所以这种材料电化学可逆性好，并且属于低体积应变的负极材料。另外，Cu_2S 材料有较高的质量比容量（335mA·h/g）及 V/V 容量（1876A·h/L），良好的电导率（10^4S/cm），平坦稳定的放电平台（1.7V），丰富的自然储量。这些特点都说明 Cu_2S 是非常有前景的锂离子电极材料。目前已经有较多文献报道了 Cu_2S 作为锂离子电极材料的研究，并指出 Cu_2S 优异的循环性与倍率性能。

Ni 等人研究了在铜箔上直接在生长 Cu_2S 薄膜，该薄膜电极具有良好的电化学性能，电池循环 500 圈依然具有 0.34mA·h/cm^2 的容量，循环性能良好。

Lai 等人在铜衬底上直接生长 Cu_2S 纳米线，这种具有整齐纳米线阵列的电极材料首圈放电比容量达到470mA·h/g，循环100圈容量保持率约50%，且在20C的高倍率循环下，比容量能达到145mA·h/g，从20C直接恢复到0.05C，容量能保持到初始比容量的79%，说明Cu_2S具有优异的倍率性能。

Han等人将封装到管状介孔碳里的硫直接涂覆在铜集流体上，随着充放电的深入进行逐渐获得Cu_xS材料，即采用充放电的电化学方法原位合成Cu_2S/C复合材料。该复合材料具有优良的电化学性能，电池循环300次后容量保持270mA·h/g，10C的倍率下能具有225mA·h/g的比容量。

Cai等人报道称使用合成的Cu纳米线，然后用经过硫腐蚀，形成Cu_xS/Cu纳米管结构的纳米材料，在5A/g的电流密度下充放电循环5个周期还具有282mA·h/g的比容量，是一种很好的电化学储能材料。

Wang等人报道了在Cu集流体上原位制备的纳米片状的CuS材料具有相对稳定的循环性能，然而该材料在充放电过程中相应的反应机理有待进一步研究。

金属硫铜化合物具有良好的导电性、高的比容量，是一种非常具有研究前景的二次电池电极活性材料。并且，金属硫铜化合物是一种非常丰富的矿产资源，意味着它作为电池材料广泛应用时具有较低的成本效益以及较少的环境负担。发展基于Cu_2S的正极材料对于提高锂离子电池的能量密度和功率密度很重要的，同时非常具有挑战性。

铜硫属化合物，化学式为Cu_xS，常以多种化学计量成分存在，铜硫属化合物在室温条件下能够稳定存在的至少有五种形态，即靛铜矿（CuS）、假蓝靛矿（$Cu_{1.75}S$）、蓝辉铜矿（$Cu_{1.8}S$）、辉铜矿（Cu_2S）、$Cu_{1.95}S$和非化学计量成分（$Cu_{2-x}S$）。由于它们在化学组成计量比、结构、晶体形貌以及价态等方面的多样性，使得这些化合物在半导体、太阳能电池电极、快速离子导体、热光电互感器、高温热敏电阻以及超导等领域具有特殊的应用，这引起人们探索Cu_xS化合物复杂构效关系的兴趣。

R. Nagarajan等人根据反应：$Cu_2S+x/2I_2 \rightarrow Cu_{2-x}S+xCuI$，通过控制其不同的氧化反应程度，用碘单质（$I_2$）和$Cu_2S$反应生成更稳定的碘化铜（CuI），从$Cu_2S$晶体中移除不同计量的铜元素得到了$Cu_9S_5$、$Cu_9S_8$和CuS晶体。然后依次进行了$Cu_2S$、$Cu_9S_5$、$Cu_9S_8$和CuS材料的拉曼光谱测试，发现在465cm^{-1}、466cm^{-1}、470cm^{-1}和474cm^{-1}位置处有四个强度较大的峰，在257cm^{-1}、259cm^{-1}、262cm^{-1}和266cm^{-1}位置处有4个强度较小的峰，表明不同硫铜比例的Cu_xS化合物中，都存在类似的二硫键（—S_2—），化学键的强度依次递变。

很多报道中指出硫化铜（CuS）的晶体结构很“特别”，与氧化铜（CuO）的晶体结构不相同，而与硒化铜（CuSe）的结构很相似。

Wells指出硫化铜（CuS）晶胞包含6个CuS（12个原子）结构单元，其中4个铜原子形成四面体的结构，2个铜原子形成平面三角形的结构，剩下2个硫原子则形成围绕着铜原子的三角形结构，同时这两个硫原子被构成五角双锥结构的5个铜原子围绕着，二硫键（—S_2—）中的一个硫（S）原子与3个四面体构型的铜（Cu）原子配位。

通常认为靛铜矿（CuS）中铜是正2价，即Cu(Ⅱ)S；也有部分认为在铜矿中一部分是正二价铜离子，一部分是正一价铜离子。后者的观点是基于立体结构化学和分子磁性的角度，认为靛铜矿（CuS）晶体结构中有两种不同化学环境的S原子，靛铜矿结构式应该表达为Cu_2S+CuS_2。Berry等通过理论计算表明硫化铜（CuS）的化学式应该表达为$(Cu^+)_3(S^{2-})(S_2)^-$。Luther等观测到硫化铜（CuS）具有抗磁性，而如果它是正二价，则具d9排布，理应为顺磁性物质，而实际上不是，表明其中的铜应该是正一价的。

在靛铜矿（CuS）晶体结构中两个硫原子间距为0.207nm，更接近于CuS_2（0.203nm），比FeS_2(0.218nm）的数值稍小一些，说明靛铜矿（CuS）晶体结构中存在二硫键（—S_2—）。

许多报道中使用了XPS技术研究了不同硫铜矿（包括$CuFeS_2$、$CuFe_2S_3$、CuS_2、CuS、Cu_7S_4和Cu_2S）中Cu的2p轨道光电子能谱峰，观测到主要的$Cu2p_{3/2}$键能峰位接近金属铜的$Cu2p_{3/2}$键能数值（932.6eV），在未被氧化的硫铜矿表面没有发现正二价的Cu，表明所有的硫铜矿中铜原子均具有正一价的化合价，而观测到S元素有161.9eV（负二价）和162.6eV（负一价）两种键能数值，表明有两种不同价态的S原子。

Goh等对靛铜矿（CuS）进行Cu的L2，3NEXAFS（X射线吸收精细结构近边谱）测试分析和从头计算理论方法分析，结果表明扣除之前的XPS数据，靛铜矿（CuS）不应视为Cu(Ⅱ)S，也不应该视为有部分Cu(Ⅱ)化合价，而与靛铜矿（CuS）中Cu(Ⅰ)化合价结果相一致。其他的Cu和Cu/Fe硫化物矿物情况与此类似。

从上面的研究中可以看得到，所有的硫铜矿物质中，Cu原子均为正一价，而S存在着负1/2，负1和负2不同化合价和化学环境。

3.2.4 铜硫化合物材料存在的问题

金属硫铜化合物具有的高V/V容量、优异的循环性能和倍率性能，表明此类材料是一种非常具有研究价值的锂离子电极材料。但实验发现该材料依然存在一些问题，导致该材料的应用受到了阻碍。其中最关键的问题是硫铜化合物与电解液的匹配问题，硫铜化合物在初期研究时，多使用酯类电解液，电池的性能都不佳，后期采用锂硫电池所用的醚类电解液后，硫铜化合物的电化学性能得到迅速提高。Jache等首次指出硫铜化合物在酯类与醚类电解液中截然不同的电化学性能，CuS与Cu_2S材料在LiTFSi/DME+DOL电解中具有良好的循环性能，而在

$LiPF_6$/EC+DMC 中仅循环 10 圈则没有容量了。表 3.5 为铜硫化合物在酯类与醚类电解液中的不同电化学性能。

表 3.5 硫铜化合物在酯类与醚类电解液中性能对比

参考文献	样品	电解液组分	放电平台	电压区间电流密度集流体	半电池电化学性能
J-S Chung	CuS Aldrich 购买	$LiPF_6$/EC+EMC 1∶2 体积分数比	1.68V 2.0V	1.5~2.6V 0.02mA·h/cm^2 镍集流体	5 圈后容量迅速衰减为 0
Birte Jache	CuS Aldrich 购买	$LiPF_6$/EC+DMC 1∶1 质量分数比	1.78V 2.1V	0.8~3.0V 1C 铜集流体	10 圈后容量衰减为 0
	Cu_2S Aldrich 购买	$LiPF_6$/EC+DMC 1∶1 质量分数比	1.68V	0.8~3.0V 1C 铜集流体	10 圈后容量衰减为 0
Yan Han	板栗状 CuS 微米级球	$LiPF_6$/EC+DMC 1∶1 体积分数比	1.6V	0~3.0V 100mA/g 铜集流体	10 圈容量由 600mA·h/g 降为 100mA·h/g
Chen-Ho Lai	Cu_2S 纳米阵列	$LiPF_6$/EC+DEC 1∶2 体积分数比	无平坦平台	0~2.5V 2C 铜集流体	100 圈容量保持率为 50%
Shibing Ni	100nm-1μm Cu_2S 纳米片	$LiPF_6$/EC+DMC+DEC+VC 1∶1∶1∶x 体积分数比	无平台	0~3.3V 0.1mA/cm^2 铜集流体	500 圈电池容量由 0.27mA·h/cm^2 升至 0.34mA·h/cm^2
Ren Cai	Cu_xS 纳米管	$LiPF_6$/EC+DMC 1∶1 质量分数比	无平台	0.001~3V 200mA/g 铜集流体	50 圈容量保持 68.6%
Yourong Wang	CuS 纳米片	$LiClO_4$/DME+DOL 2∶1 体积分数比	2.1V, 1.7V	1.2~3.0V 0.2C 铜集流体	2C 循环 100 圈，容量保持 389.5mA·h/g
Birte Jache	Cu_2S Aldrich 购买	LiTFSI/DME+DOL 1∶1 质量分数比	1.68V	0.8~3.0V 1C 铜集流体	150 圈，容量保持 200mA·h/g
Xue Li	纳米棒 Cu_xS	LiTFSI/DME+DOL 1∶1 体积分数比	CuS∶1.68V, 2.05V Cu_2S∶1.68V	1.0~3.0V 100mA/g 铜集流体	100 圈容量保持率 92%；100 圈容量保持率 96%
Xuxiang Wang	纳米针状 Cu_xS	LiTFSI/DME+DOL 1∶1 体积分数比	Cu_2S 不纯，初期存在两平台，后期消失	1.0~3.0V 1C 铜集流体	100 圈容量保持率 92%；100 圈容量保持率 91%

续表 3.5

参考文献	样品	电解液组分	放电平台	电压区间电流密度集流体	半电池电化学性能
Fei Han	Cu_2S/C 复合材料	LiTFSI/DME+DOL 1∶1 体积分数比	30 圈后，仅 1.7V 放电平台	1.0~3.0V 0.2C 铜集流体	300 圈保持 270mA · h/g 可逆容量

表 3.5 中列举了不同文献中提到的 CuS 或是 Cu_2S 材料在不同电解液中的电化学性能。分析数据可以看出，具有典型铜硫化物放电平台的材料，在酯类电解液中，容量衰减极快，10 圈内容量即衰减为 0；而在醚类电解液中，则具有优异的循环性能和倍率性能。Chen-Ho Lai、Shibing Ni 及 Ren Cai 三位作者合成的纳米 Cu_2S 材料在 0~3V 电压区间内充放电无明显 2.1V 及 1.7V 平台，材料在酯类电解液中循环的性能较有明显平台的铜硫化合物有一定程度提高（可能是由于材料的纳米结构以及充放电区间的影响），但与醚类电解液中铜硫化合物的优异电化学性能相差甚远。其中 J-S Chung 提出 CuS 材料在酯类电解液的不稳定主要受电压区间影响，他指出在电压区间为 1.5~2.6V 时，CuS 材料在酯类电解液中容量 5 圈衰减为 0，但控制在 1.8~2.6V 时，可以取得稳定的循环性能，认为是在 1.8V 以下存在 CuS 转变为 Li_2S 和铜的反应，该反应的可逆性较差，电位提高至 1.8V 以上可以避免该反应的发生，从而取得好的循环性，但文献中仅给出了电池前 20 圈的循环性能。整体而言，硫化亚铜在醚类电解液中循环性稳定，而在酯类电解液中循环性很差。

醚类与酯类电解液对材料的电化学性能差异性影响在锂硫电池中得到了较为广泛的关注。但针对铜硫化合物适配电解液的研究极少，Jache 等虽然提到了此现象，但并没有对此现象的原因进行分析，铜硫化合物材料要想进一步发展，必须首先解决材料与电解液的匹配问题。醚类电解液中的有机电解液质对铝集流体的腐蚀，使得该材料使用醚类电解液时必须使用铜集流体，铜集流体的使用及较低的电位平台迫使材料只能作为负极使用。而这种循环性能良好、放电平台平坦、具有高 V/V 容量的优异性能的负极材料的实用性怎样，仍需要进一步探索。

3.3　金属氧化物负极材料研究进展

早在锂离子电池材料出现以前，人们就开始研究金属氧化物材料。1957 年，金属氧化物被发现具有可逆的充放电能力，但起初只被作为正极材料研究。1997 年，Fuji 公司在《Science》上发表了有关二氧化锡储锂材料，其可逆容量可达 600mA · h/g。通过对金属氧化物负极材料的不断研究，人们已经清楚了该材料的充放电反应机理：

$$MO + 2Li^{+} + 2e^{-} \rightleftharpoons Li_2O + M$$

首次放电时，MO 颗粒表面发生电解液分解的副反应，形成一层有机固态电解质（SEI）膜，将颗粒包裹起来。进一步放电时，M 颗粒与 Li 发生反应并被完全分解，生成高活性纳米过渡金属 M(2~8nm）以及分散这些纳米金属的非晶态 Li_2O 基质。之后的充电过程是一逆反应过程，放电时产生的纳米过渡金属 M 同 Li_2O 反应，生成纳米过渡金属氧化物 MO，同时伴有 SEI 膜的部分分解。这个逆反应过程的发生归因于放电时产生的过渡金属纳米粒子的高反应活性。整个反应过程是可逆进行的，这个可逆反应是由金属的氧化态与还原态之间热力学自由能的差别所驱动的。

以下介绍主要金属氧化物作为锂电池负极材料的特点。

3.3.1 锡的氧化物

富士照片电影公司首先发现二氧化锡可以作为锂电池负极材料，其材料具有较高的理论容量和较低的工作电压（0.6V/(vs. Li/Li^{+})）。电化学锂化反应可以总结为：第一部分不可逆过程，SnO_2 被还原成 Sn 和 Li 的氧化物（$SnO_2+4Li \rightarrow Sn+2Li_2O$），之后是可逆的合金化过程（$Sn+4.4Li^{+} \rightleftharpoons Li_{4.4}Sn$），整个过程有 8.4 个 Li 与一个化学式的 SnO_2 结合。对应的首次放电理论容量达到 1491mA · h/g，但是在之后的循环过程中只有第二部分反应，所以理论容量下降至 783mA · h/g。通常将 783mA · h/g 作为实际容量。同时，SnO_2 由于在循环过程中存在较大的体积变化（约 200%），因此存在严重的电极失效问题。大部分的研究都集中在如何提升 SnO_2 的循环寿命，同时减少由于体积变化造成的不可逆容量方面。多孔纳米结构、纳米复合材料和纳米空洞结构被应用于克服以上问题。特别是，多孔纳米结构的 SnO_2 能够平衡 Li 嵌入/脱出造成的体积膨胀和收缩，这些孔洞扮演了缓存空间的角色。

3.3.2 铁氧化物

铁基氧化物具有成本低廉、无毒性和原料来源广泛等优点，作为锂电池负极材料得到了大量的研究。铁氧化物负极材料包括赤铁矿（α-Fe_2O_3）和磁铁矿（Fe_3O_4），两者的理论容量分别为 1007mA · h/g 和 926mA · h/g。但是铁氧化物在充放电过程中存在循环寿命低的问题，这归结于其较低的电导率和锂扩散速率、较大的体积变化以及铁聚合现象。因此，研究者为了解决以上问题，提出一些新的合法方法制备纳米铁氧化物材料，包括改变颗粒尺寸、形状和多孔性。还有一些研究者将目光集中在如何稳定材料结构和改进电化学动力过程及功率容量方面，主要是采用碳包覆或者将铁氧化物与碳材料组成复合材料两种手段。

比如，Wang 等报道了应用于锂电负极材料的 α-Fe_2O_3 空心球体。此材料采用快速简单的乳液模板法制备而成，在制备过程中将水和甘油混合得到乳液滴，由此作为形成空心球体的 α-Fe_2O_3 软模板。在 0.005~3V 的电化学窗口内，电池在循环 100 圈后的可逆容量仍有 700mA · h/g，由此可见，纳米尺寸 Fe_2O_3 的形貌在与 Li 的反应过程中扮演了一个重要的角色。Sohn 等通过气溶胶协同过程，伴随蒸汽包覆，合成出以 Fe_3O_4 为核心，以多孔碳-硅酸盐材料为壳的纳米复合材料，选用碳材料因为它具有良好的导电性，在充放电过程还能缓解铁氧化物的团聚现象并减少机械应力。这些纳米复合材料在 50 次循环展现了相当稳定的容量（约 900mA · h/g），库仑效率也接近 100%。

3.3.3 钴氧化物

以下介绍近年来钴氧化物作为锂电池负极材料的研究进展，钴氧化物通常有 Co_3O_4 和 CoO，它们的理论容量分别是 890mA · h/g 和 719mA · h/g。与其他材料一样，各式各样的钴氧化物材料被研究者制备和研究，包括多孔纳米结构、纳米片、纳米块、纳米线和纳米管，制备方法也各式各样，如化学湿法、固相法、水热法和微波法，因此所得电化学性能也各不相同。比如，Guan 等简单运用 NH_3—为配合侵蚀剂，以无模板法合成出纯相八面体纳米笼结构 CoO，所得纳米笼结构 CoO 尺寸均匀，分布在 100~200nm 的范围内。在锂电池负极材料电化学测试时，此材料展示出良好的循环寿命和优秀的倍率性能，即使在 5C 的高倍率下这些八面体纳米笼仍能有 474mA · h/g 的可逆容量。此材料具有的大比容量和高的倍率性能可能是来源于结构中存在大量的空位，能够缓解充放电过程中的体积膨胀问题。最近，Wang 等报道了介孔晶体 Co_3O_4 纳米碟，此方法是将 $Co(OH)_2$ 纳米片通过固相重结晶而成，所得材料具有多孔结构。电化学测试发现材料具有非常好的性能、较低的首次不可逆容量和稳定的循环表现。在 0.2C 下循环 30 次后容量仍能高于 1015mA · h/g，这一独特的性能来源于二维的纳米碟堆叠在一起，而多孔结构使得充放电过程中的体积变化得到缓解。

目前，对钴氧化物的复合材料也进行了大量研究，以解决锂嵌入/脱嵌过程引起的体积变化和钴氧化物团聚问题。由之前对其他材料的介绍可以发现，碳材料复合是非常有效的一种方案，钴氧化物中与碳材料复合也是常见的改性方法。比如由 Haung 提出的将约 5nm 的超细 CoO 密集固定在石墨烯纳米薄片上的方法。CoO/石墨烯复合材料在锂存储方面展现了非常优秀的性能，并具有几乎 100% 的库仑效率和超长循环寿命，循环 502 圈后容量维持在 1025mA · h/g。事实上，通过透射电镜分析发现 CoO 纳米复合材料的原始形貌在循环过程中得到很好的保存，说明它具有极高的结构稳定性，从而可获得长的循环寿命。Wu 等人在相似的研究中，将 15nm 左右的 Co_3O_4 颗粒锚定在石墨烯纳米薄片上，此方法是利用 Co^{2+} 的无机盐水溶液与石墨烯混合而成。

其他的过渡金属氧化物，如 NiO、MnO_x、CuO_x、MoO_x、Cr_xO 等，目前也已广为研究，它们具有其独特的物理性质和约 500mA · h/g 的可逆容量。

3.4 铁酸盐类负极材料的研究进展

铁酸盐含有两种或两种以上的过渡金属元素，这类多元金属氧化物通过转换机制能够同时与多个锂离子作用，因此是锂离子电池体系中相当重要的一种负极材料。和传统单一的过渡金属氧化物比较，其具有以下优点：（1）其他过渡金属元素具有和铁元素不同的体积膨胀系数，在充放电过程中可以产生协调效应，某些元素（如 Zn 元素）可以与 Li 发生合金—脱合金化反应，缓解材料的体积膨胀，图 3.3 所示是铁酸盐负极材料电化学过程示意图；（2）铁酸盐中金属元素之间的电子转移活化能较低，因此比一些金属氧化物具有更高的电子传导率；（3）铁酸盐和一些金属氧化物相比具有原料廉价且对环境友好的优点。

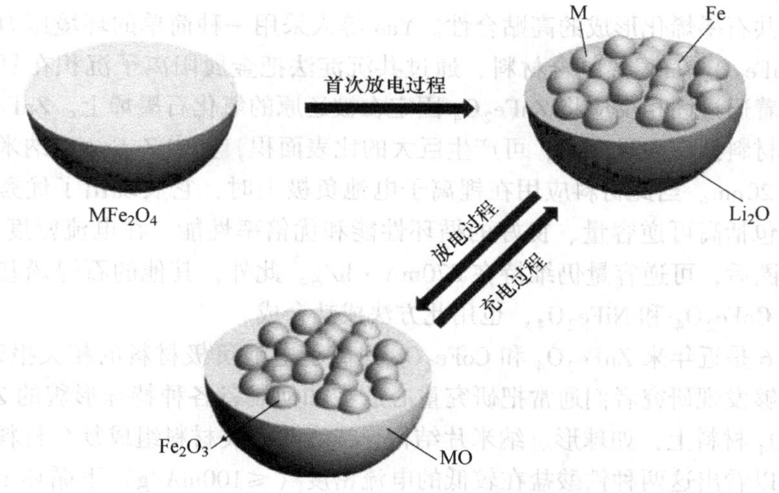
M
Fe
首次放电过程
MFe_2O_4
Li_2O
放电过程
充电过程
Fe_2O_3
MO

图 3.3 铁酸盐的主要的电化学过程

常见的铁酸盐制备方法包括水/溶剂热法、共沉淀法、固相法、静电纺丝法和模板法等。不同的过渡金属铁酸盐类材料具有不同的理论容量，其中 $ZnFe_2O_4$ 的理论容量较为出色，一个化学式的 $ZnFe_2O_4$ 可以与 9 个 Li 反应，因为还原反应得到的 Zn 可以与 Li 发生合金化反应进一步生产 Zn-Li。东北林业大学的廖丽霞以氯化盐为原料，通过溶剂热法制备出纳微分级多孔尖晶石型 $ZnFe_2O_4$ 锂离子电池负极材料，材料具有较高的结晶度并且内部含有较多孔道，在 50mA/g 的电流密度下循环 100 次放电容量为 813mA · h/g。岳红云以新溶剂热法制备出 $ZnFe_2O_4$ 和 $CoFe_2O_4$ 微纳复合空心球和实心球形材料，研究表明空心结构的铁酸盐在电化学测试表现更优秀，因为此结构有助于缓解循环过程中的材料体积膨胀问题，在 60mA/g 的电流密度下恒电流充放电 60 次后，$ZnFe_2O_4$ 和 $CoFe_2O_4$ 空心球的放电容量分别为 655mA·h/g 和 1180.2mA·h/g。Pan 等用溶胶凝胶法制备 $MgFe_2O_4$ 纳米颗粒并用 XRD、SEM 和 TEM 进行表征。用恒电流充放电和循环伏安测试其作为锂离子电池负极材料的电化学性能。纳米颗粒的平均粒径约为 11nm。$MgFe_2O_4$ 展现出相对于传统碳材料更有效的性能，在 180mA/g 电流密度下首次放电比容量达到 1404mA·h/g。在 90mA/g 下循环 50 圈后，充电电容量分别为 493mA·h/g 和 473.6mA·h/g，不可逆容量低于 5.2%。

与碳材料复合能够解决铁酸盐材料导电性能差的问题，增强材料的电化学性能。Liu 等人通过共石墨烯化法将 $ZnFe_2O_4$ 与氧化还原石墨烯复合。在合成过程中，使用联胺作为碱源和还原剂，将氧化石墨烯还原。在与纯 $ZnFe_2O_4$ 的对比试验中，经过 100 圈循环后，复合材料容量维持在 1025mA·h/g，纯 $ZnFe_2O_4$ 只有 166mA·h/g，在 1000mA/g 的高电流密度下，复合材料放电容量仍有 805mA·h/g。良好的电化学性能归功于氧化还原石墨良好导电性和它与 $ZnFe_2O_4$ 之间通过共石墨烯化形成的高贴合性。Yao 等人采用一种简单的环境压力方法合成介孔 $ZnFe_2O_4$/石墨烯复合材料，通过共沉淀法把金属阳离子沉积在氧化石墨烯上，接着通过固相反应将 $ZnFe_2O_4$ 固定在被还原的氧化石墨烯上。$ZnFe_2O_4$/石墨烯复合材料拥有大量介孔，可产生巨大的比表面积，其中 $ZnFe_2O_4$ 纳米颗粒的尺寸低于 20nm。当此材料应用在锂离子电池负极上时，它展现出了优秀的电化学性能，包括高可逆容量、良好的循环性能和优倍率性能。在电流密度 1.0A/g 循环 100 圈后，可逆容量仍维持在 870mA·h/g。此外，其他的石墨烯基底铁酸盐，比如 $CoFe_2O_4$ 和 $NiFe_2O_4$，也用此方法成功合成。

表 3.6 是近年来 $ZnFe_2O_4$ 和 $CoFe_2O_4$ 锂离子电池负极材料的相关报道汇总，从表中能够发现研究者们通常把研究重心放在如何制备各种特殊形貌的 $ZnFe_2O_4$ 和 $CoFe_2O_4$ 材料上，如球形、纳米片结构，或者与各类材料组成复合材料。从性能结果可以看出这两种铁酸盐在较低的电流密度（≤100mA/g）下循环 100 次以内，放电容量普遍低于 1000mA·h/g。

表 3.6 近几年 $ZnFe_2O_4$ 和 $CoFe_2O_4$ 锂离子电池负极的报道

各种 $CoFe_2O_4$ 和 $ZnFe_2O_4$ 负极	放电容量（mA·h/g）、循环次数（圈）和电流密度（mA/g）
多孔 $CoFe_2O_4$ 纳米片	806，200，100
立方聚合 $CoFe_2O_4$ 纳米颗粒	1133.5，120，100
多孔八面体 $CoFe_2O_4$	698，50，100
镧离子掺杂 $CoFe_2O_4$	784，50，100
$CoFe_2O_4$ 颗粒	600，100，100
球形 $CoFe_2O_4$	720，50，100

续表 3.6

各种 $CoFe_2O_4$ 和 $ZnFe_2O_4$ 负极	放电容量（mA·h/g）、循环次数（圈）和电流密度（mA/g）
$Co_3O_4/CoFe_2O_4$ 纳米复合材料	896.4，60，100
$CoO/CoFe_2O_4$ 纳米复合材料	735，30，100
类花型微球 $CoFe_2O_4$	733.5，50，200
$CoFe_2O_4$ 纳米管	693.9，150，200
$CoFe_2O_4$ 碳纳米管复合材料	910，50，150
硫化 $CoFe_2O_4$ 纳米复合材料	800，25，100
C@ $CoFe_2O_4$ 石墨烯复合材料	925.6，50，100
异质结构 $ZnFe_2O_4$/C 复合材料	1078，50，100
Mg，Cu 掺杂 $ZnFe_2O_4$ 纳米颗粒	888，80，150
$ZnFe_2O_4$ 纳米棒	620，100，60
$ZnFe_2O_4$ 石墨烯复合材料	1020，100，100
$ZnFe_2O_4$ 纳米颗粒	800，50，116
介孔 $ZnFe_2O_4$/C 复合材料	1162，50，50
分层 $ZnFe_2O_4$ 石墨烯复合材料	881，85，200
$ZnFe_2O_4$ 片状石墨烯复合材料	730，100，100
多孔 $ZnFe_2O_4$ 纳米纤维	900，95，100
超细 $ZnFe_2O_4$ 石墨烯复合材料	800，80，100

铁酸盐作为钠离子电池负极材料的研究鲜有报道，2015 年 Wu 用共沉淀法制备了棒状 $CuFe_2O_4$ 钠离子电池负极材料，此材料在 100mA/g 下循环 20 次后容量为 281mA·h/g，容量保持率为 70.5%。Zhang 用微波法制备了 $MgFe_2O_4$/还原氧化石墨烯负极材料，在 50mA/g 下循环 70 次后容量仍有 347.5mA·h/g。2016 年 Liu 等人报道了 $MnFe_2O_4$ 作为钠离子负极材料的研究，采用静电纺丝法将约为 3.3nm 的 $MnFe_2O_4$ 负载在经过 N 掺杂的多孔碳纳米纤维上。此材料的电化学性能非常优秀，循环寿命和倍率性都十分惊人，在 100mA/g 和 10000mA/g 下容量分别为 504mA·h/g 和 305mA·h/g，循环 4200 圈后容量保持率高达 92%。不仅如此，研究者还利用非原位 XRD 和 HRTEM 技术对 $MnFe_2O_4$ 的储钠机理进行了探讨。

3.5　生物质衍生硬碳材料的研究进展

Stevens 等人于 2001 年首次研究了硬碳作为电化学储钠的负极材料，获得了 300mA·h/g 的可逆容量，引起了研究者们对这种类型碳质材料的关注。作为硬碳材料的一种，生物质衍生硬碳材料不仅具有改善钠基储能技术性能的真正潜力，而且还有助于减少每年产生的大量生物废弃物，值得进一步深入研究。

3.5.1 材料的制备

根据已有的文献报道，可作为生物质衍生硬碳前驱体的材料集中在糖类（蔗糖和葡萄糖）、大量生产和消费的水果果皮（苹果皮、香蕉皮、柚子皮和花生壳）以及丰富的天然聚合物（纤维素源和木质素源），还有一些不是很明显的前驱体材料，如丝蛋白和藻华。从经济和生态的角度来看，以资源丰富的生物质废弃物作为前驱体材料，是制备高性能硬碳材料的最理想选择。

选择前驱体材料的另一个要素是生物质的化学成分，不同的化学成分在加工过程中的转化会使材料形成不同的结构或形态，最终影响材料的性能。许多生物质废弃物含有生物聚合物：木质素、游离糖、果胶和半纤维素。木质素的热解通常导致生物质转化为多孔碳；游离糖在热解条件下会形成黏性液体，其中石墨微晶会在结构完全碳化之前以沥青样方式的有序排列形成类似于石墨的结构。而香蕉皮中均衡地分布着木质素和果胶，可以阻止平衡石墨的结晶，仅使石墨微晶的部分排序。柚子皮含有大量的高度交联和非晶的半纤维素，使得衍生获得的碳材料属于非石墨类。由此看出，不同化学成分的前驱体材料将产生具有不同结构特征的硬碳。此外，前驱体材料中含有大量生物质固有的杂质，如 K、Ca、P、Si、Mg 等，一般会在加工过程中通过碱性或酸性溶液处理加以去除，避免这些金属杂质对电池带来负面的影响。

前驱体材料热解后得到的碳产率也是另一个必须考虑的事情。通常认为生物质是一种便宜的碳源，但在大多数情况下，前驱体材料的碳含量并不高。一般而言，前驱体材料可分为三类：（1）生物质废弃物，如香蕉皮、花生壳，非常便宜但储存难度较大，加工工艺复杂；（2）纤维素和木质素，得益于完善的萃取工艺，是低成本的可再生资源，碳产率稍微高一些；（3）诸如蔗糖、葡萄糖等糖类，但它们不是直接作物，不适用于商业化生产。因此，选择合适的前驱体材料对于制备高性能钠离子电池生物质衍生硬碳材料也是一个重大的挑战。

3.5.2 材料的理化特性和电化学性能

3.5.2.1 理化特性

生物质衍生硬碳材料在宏观形貌上表现出相当广泛的多样性。以糖源获得的大多数生物质衍生硬碳材料通常是具有光滑表面的球形形态，也有来自纤维素或木质素和聚丙烯腈（PAN）混合制备的碳纳米纤维，还有一些片状形态的生物质衍生硬碳材料。迄今为止报道的性能表现较好的生物质衍生硬碳材料的特征在于层状或泡沫状分层结构，这可归因于材料的开放性片状结构更有利于钠离子的扩散。但是，也有研究证实，这一特征不是唯一完全影响材料电化学性能的因素。例如，通过热解柚子皮获得的衍生硬碳材料表现出与由花生壳衍生的硬碳材料相似的性能。前者的形貌结构可以描述为具有大腔和薄壁的蜂窝状，而后者则为平坦的片状，虽然两者计算出的石墨微晶片层间距很接近，但对应的比表面积则相差较大，柚子皮衍生的硬碳材料基本上是无孔的，花生壳衍生的硬碳材料经过KOH的活化而高度多孔。由此可知，生物质衍生硬碳材料的性能不仅与宏观形貌有关，其微观结构的特性也是不可忽视的。

生物质衍生硬碳是一种由无序石墨微晶和少量堆叠石墨微晶片组成的典型无定形碳材料。通常使用XRD以获得材料的形态和石墨微晶之间片层间距的信息，其基于在平衡石墨 $2\theta=26°$ 处的（002）衍射峰的位置来确定。当（002）衍射峰表现为峰强较弱的宽衍射峰时，表明材料是无定形结构的碳材料。而当衍射峰位置向较低的 2θ 角偏移时，说明 $d_{(002)}$ 间距变大，因此表明生物质衍生硬碳材料中存在扭曲的石墨平面。同样地，以（002）衍射峰高度与背景高度之比可以计算堆积的石墨微晶的数量。石墨化度的估算可以基于拉曼光谱来完成，其中生物质衍生硬碳材料在约 $1350cm^{-1}$ 处的D带对应于类金刚石碳 sp^3 电子结构的 A_{1g} 联合振动模式，在约 $1580cm^{-1}$ 处的G带对应于 sp^2 电子结构的 E_{2g} 联合振动模式，I_D 与 I_G 的强度比值通常表示石墨化的程度。前驱体材料在热解后会向多孔结构发展，归因于热解过程中自身产生的气体溢出。氮气吸附/脱附测试通常用于获得有关生物质衍生硬碳材料孔隙率的信息，包括比表面积、微孔体积和孔径分布。

3.5.2.2 电化学性能

许多文献报道显示，生物质衍生硬碳材料的形貌、微观结构和石墨化程度差异较大，电化学性能也因此各不相同。Cao等以油菜籽壳为原料，采用水热和高温热解工艺制备了一种由多孔纳米颗粒组成的新型片状硬碳材料（RSS），研究了热解温度对负极材料性能的影响。实验结果表明，随着热解温度的升高，RSS纳米片的比表面积和孔体积逐渐减小，孔径慢慢变大。当热解温度持续升高，变化呈相反趋势，其中以700℃热解的RSS纳米片（RSS-700）性能最好。在25mA/g电流密度下的初始可逆容量为237mA·h/g，100mA/g下循环200次后的可逆容量仍然保持在143mA·h/g，显示出良好的循环稳定性。优异的性能归因于RSS-700纳米片具有较大的层间距离（0.39nm）和含有大量孔隙的片状结构，可以促进钠离子的嵌/脱和储存。Liu等通过碳化玉米棒获得了硬碳材料（HCC）。研究表明HCC的钠离子储存性能良好，在0.1C倍率下的可逆容量为298mA·h/g，1C倍率下为230mA·h/g，100次循环后的容量保持率达到97%，显示出较高的可逆容量、优异的倍率性能和良好的循环性能。通过采用O3型 $Na_{0.9}[Cu_{0.22}Fe_{0.30}Mn_{0.48}]O_2$ 作为正极材料和1300℃热解获得的HCC作为负极材料构建全电池，能量密度高达207W·h/kg，在2C倍率下的可逆容量为220mA·h/g。Hong等通过热解 H_3PO_4 预处理过的柚子皮获得了多孔硬碳材料。

这种材料具有三维连接的多孔结构，比表面积高达 $1272m^2/g$，且 XPS 分析显示硬碳材料表面有较多含 O 和含 P 官能团。用作钠离子电池的负极材料时，表现出良好的循环稳定性和倍率性能，在 200mA/g 的电流密度下进行 220 次循环后的可逆容量为 181mA·h/g，并且在 5A/g 大电流密度下的可逆容量仍然可以达到 71mA·h/g，优异的电化学性能是由独特的三维多孔结构和材料表面的含 O 官能团引起的。但是，多孔硬碳材料的初始库仑效率低至 27%，这主要归因于材料表面 SEI 膜的形成和来自含 P 官能团的副反应。Wang 等人以花生壳为原料制备了一种具有较高比表面积（$>1400m^2/g$）的分层级多孔片状硬碳材料。在 0.1A/g 电流密度下的初始可逆容量高达 431mA·h/g，200 次循环后的容量保持率为 83%~86%，而在 10A/g 大电流密度时也可保持 47mA·h/g 的可逆容量，展现出的卓越电化学性能主要归因于与片状形态相关的协同效应，较大的比表面积、明确的孔隙率以及扩大的石墨微晶片层间距有利于钠离子的可逆累积。

3.5.3 材料的储钠机理

钠离子在硬碳材料中的嵌/脱行为与锂离子相似，表现为高于 0.1V 的斜坡电位区和低于 0.1V 的平台电位区，但对于其储钠机理的描述却颇具争议。目前有关硬碳材料储钠机理的观点主要有两种：一种是“嵌入/吸附”机理，即高电位斜坡区对应于钠离子在石墨微晶片层间的嵌/脱行为，而低电位平台区对应于钠离子在微孔中的填充和沉积行为；另一种是“吸附/嵌入”机理，与第一种观点基本相反，即高电位斜坡区对应于钠离子在碳表面上的吸附（包括表面的活性位点、官能团以及缺陷位点等）行为，而低电位平台区对应于钠离子在石墨微晶片层间的嵌/脱行为。

3.5.3.1 “嵌入/吸附”机理

Dahn 等人最早提出了“嵌入/吸附”机理，他们通过研究热解葡萄糖获得了硬碳材料的电化学储锂性质和储钠性质，实验结果显示两者的恒电流充/放电曲线非常相似，因此认为在硬碳材料中锂离子和钠离子有着相似的嵌/脱机理。Komaba 等人使用非原位 XRD 研究了硬碳材料的石墨微晶片层间距与反应电位之间的相互关系。研究发现，当硬碳材料放电至 0.2V 时，其（002）衍射峰的位置会向小角度偏移，说明 $d_{(002)}$ 间距变大，他们认为是由于钠离子嵌入进石墨微晶片层中以致使层间距增大，而当硬碳材料再次充电至 2.0V 时，衍射峰的位置又回到初始值，说明钠离子在高电位斜坡区可以从石墨微晶片层中可逆地嵌/脱。同时，SAXS 测试结果显示，当硬碳材料从 0.2V 放电至 0V 时，0.003~0.007nm^{-1} 范围内微孔电子密度的明显下降，说明低电位平台区的容量来源于钠离子在微孔中的填充和沉积。虽然上述研究结果支持“嵌入/吸附”机理，但存在一些实验现象无法说明，例如对于同种前驱体材料，低温热解产生的硬碳材料会存在大量微孔，但几乎没有低电位平台的出现，而随着热解温度的上升，硬碳材料的微孔体积会逐渐减少，但低电位平台容量却会增大。对此，硬碳材料储钠机理的研究需要进一步深入探讨。

3.5.3.2 “吸附/嵌入”机理

Cao 等人于 2012 年首次提出了“吸附/嵌入”机理。他们将聚苯胺热解管状碳储钠行为和储锂行为与石墨的储锂行为进行对比，推测出聚苯胺热解碳管在低电位平台的储钠机理与石墨储锂相似，都反映了碱金属离子在石墨微晶片层间的可逆嵌/脱并形成插层石墨化合物，并通过理论计算验证了这个猜想。随后，David 等人采用泥煤苔作为前驱体，在不同温度的热解条件下制备了一系列的硬碳材料，并通过 XRD、Raman、TEM、BET 等测试手段研究了储钠机理，实验结果与“吸附/嵌入”机理相符。Ji 等人利用 GITT 测试了钠离子在不同电压范围内的扩散系数，结果显示高电位斜坡区的钠离子扩散系数会大于低电位平台区的，主要是由于钠离子在石墨微晶片层间的嵌/脱需要克服电荷梯度导致的静电斥力，而石墨微晶片层边缘及表面缺陷等位点更容易优先发生钠离子的嵌/脱。最近，Xiao 等人也通过电化学阻抗计算了钠离子扩散系数在低电位平台区的变化规律，实验结果与锂离子在石墨中的类似，由此说明钠离子在低电位平台区的存储行为是在石墨微晶片层间的嵌/脱而不是在微孔区中的填充和沉积。Li 等人通过采用 XPS 测试方法，分别研究了天然棉和无烟煤热解硬碳的储钠机理，结果显示与“吸附/嵌入”机理相符。

3.6 锡基负极材料研究进展

锡基负极材料可以与 Li^+ 发生嵌入与脱出的可逆反应，形成 $Li_xSn(x \leqslant 4.4)$，相当于 1 个锡原子可以与 4.4 个锂原子形成合金，因此锡具有较大的储锂容量，约为 990mA · h/g，相当于石墨材料的 3 倍，这使得锡基材料从一开始被发现就被人们视为是最具潜力开发的锂离子的负极材料之一。但是锡基合金材料同时也面临着两个严重的问题：一是首次不可逆容量大，即首次充放电效率低；二是循环性能不理想。其中首次不可逆容量较大的原因是：（1）电解液电极表面分解形成 SEI 膜，特别是纳米合金，由于其比表面积很大，因此形成 SEI 膜损失的锂较多，但是通过选择合适的电解液可以尽量减少这一部分损失；（2）电极表面存在的少量氧化物在首次嵌锂过程中与锂发生了不可逆的反应，生成 Li_2O，从而造成容量的损失；（3）热力学与动力学方面的原因，一部分锂在嵌入反应中被固定在某些间隙位置无法再脱出，或者锂在主体材料中的扩散速度比较慢，都会造成锂的损失。锡基合金性能较差主要是因为其在脱嵌锂过程中体积变化较大，结构稳定性较差，从而导致其循环性能较差。

目前，解决的主要方法有：（1）粒径纳米化，通过减小材料颗粒晶粒尺寸可以得到较好的循环性能，原因在于纳米颗粒晶粒单个粒子的绝对体积变化相对较小，从而产生的机械应力较小，使材料在循环过程中能够保持结构稳定性；（2）与碳等材料复合，这种方式一方面可以缓冲体积的变化，另一方面可以增加材料的导电性；（3）采用多孔金属作为集流体可以缓解体积膨胀，且减小极化，提高循环性能，通过将锡钴合金镀到PS球模板和多孔铜上，得到三维多孔锡钴合金，极大地改善了循环性能；（4）加入惰性组分，可以缓解体积变化效应，从而提高循环性能。目前的研究主要致力于锡基氧化物、锡基合金、锡基复合物等负极材料的研究。同时，作为一种新的探索，锡基硫化物材料也逐渐显示出较大的研究潜力和价值。

3.6.1 锡基氧化物

锡基氧化物负极材料包括SnO、SnO_2 以及二者的复合氧化物，SnO 和 SnO_2 的理论容量分别为875mA·h/g 和782mA·h/g。目前常见的制备锡基氧化物的方法有电沉积法、溶胶-凝胶法、化学合成法、模板法、室温固相化学反应法和微波加热法等。Wang 等人通过高能机械球磨法（HEMM）合成了由 Sn 及 Li_2O 组成的化合物，经物相分析发现所得化合物呈层状分布，尺寸为均匀的纳米级，合成物的首次库仑效率为67%，100 次循环之后充电效率保持在700mA·h/g 以上，循环性能良好。黄峰等人采用溶胶-凝胶法合成前驱物 $Sn(OH)_4$ 胶体，在不同温度下加热分解，可得到一系列纳米 SnO_2 试样。

目前，锡基氧化物研究的主要问题为：材料结构不稳定，首次循环库仑效率低，以至于在用作电池负极材料时循环性能较差。材料的纳米化可使问题有所缓解，但其较大的比表面积使得材料在制备过程中容易产生团聚，需要进一步深入研究。

3.6.2 锡基合金

锂由于化学性质比较活泼，故在常温条件下能与许多金属形成合金，而且大部分形成合金的反应都是可逆的。然而锂与单一金属形成合金 Li_xM 时，体积膨胀很大，循环性能差，因此一般是以两种金属 MM′作为锂嵌入的电极基体。该体系的显著特点是活性粒子 M 均匀地分布在惰性基体 M′上，惰性组分缓冲锂嵌脱反应时引起的体积变形，在一定程度上改善合金负极材料的循环性能，其中 Sn-Cu、Sn-Co 等合金是目前研究的热点。

（1）Sn-Cu 合金。Fei Wang 等人用共沉淀还原法与传统的水浴法相结合，生成了纳米级的 $SnSbCu_x$ 合金颗粒。所得颗粒的平均粒径较小、循环性能好，首次循环的库仑效率达到74%，充放电循环20周后可逆容量为490mA·h/g。Wolfenstine等人在有机溶剂中还原出了纳米Cu_6Sn_5合金，颗粒尺寸为30~40nm，100次循环后可逆容量为1450mA·h/mL。任建国等人利用反相微乳液工艺，成功地制备了具有非晶结构的Cu-Sn合金纳米颗粒，避免了电极的粉化问题，改善了合金负极的循环性能，除首次之外，循环效率保持在98%~99%，电极反应具有很高的可逆性。

（2）Sn-Co合金。钴作为稳定的非金属，与锡结合形成的合金也适合用作锂离子电池的负极材料。机械球磨法在合金材料的制备过程中具有化学方法所不具备的一些优点，是降低材料尺寸常用的方法。P. P. Ferguson等人采用高能球磨、垂直超微球磨和共溅射相结合的方法合成了$Sn_{30}Co_{30}C_{40}$和$Sn_{36}Co_{41}C_{23}$，并通过调节球磨条件最终获得了纳米级的合金颗粒，该材料的理论容量为661mA·h/g，其实际容量达到了610mA·h/g，并且循环100次后容量变化不大。Fu-Sheng Ke等人将胶质晶体模板法与电镀法相结合制备了大孔Sn-Co合金薄膜，所得材料在75个充放电循环之后可逆容量保持在610mA·h/g，其大孔结构优化了材料性能，除了提高材料容量之外，也缓解了锡基材料在应用过程中的体积变化问题。

（3）Sn-Ni合金。Sn-Ni合金主要由电沉积方法制得。穆道斌等人采用电沉积法制备的锡镍合金最大放电容量为517mA·h/g，前20次充放电效率基本在92%以上。J. Hassoun等人在不同的电流及时间条件下通过电沉积合成了锡镍合金材料，其电化学性能很大程度上依赖于电沉积时的试验条件，即与合成材料的形貌密切相关。

（4）Sn-Sb合金。Sn和Sb形成的合金材料具有多种相结构。Sn和Sb原子沿c轴方向交替排列，随锂的嵌入其晶体结构逐渐转变为Li_3Sb与Li_2Sn合金多相共存，随锂的脱出又重新恢复到SnSb相。Chen等在$SnCl_2$、$SbCl_3$溶液中以KBH_4作为还原剂，在碳纳米管上沉积得到Sn_2Sb-CNTs纳米复合物。SEM和TEM结果显示Sn-Sb合金沉积在碳纳米管内和外表面，具有很好的分散性。以此复合物作为负极材料具有高的质量比容量（580mA·h/g），比纯碳纳米管和Sn-Sb合金具有更好的循环性能（80圈循环后容量仍保持372mA·h/g），其循环性能改善的主要原因是Sn-Sb合金在碳纳米管上具有很好的分散性，可以缓解体积膨胀。

3.6.3 锡基复合物

锡基复合物中的惰性材料在一定程度上能解决材料在锂离子的嵌入和脱出过程中的体积膨胀问题，提高材料的循环性能。近年来对锡基复合物的研究主要集中在锡基与碳材料的结合方面，碳材料作为一种稳定的基体或包覆剂，能使材料的循环性能有较大程度的提高。Bingkun Guo等人将纳米颗粒的锡与无定形碳球

(HCS) 结合形成的化合物用作锂离子电池负极材料，结果表明该材料不仅具有较高的储锂性能，同时首次充放电效率也有所提高。Jae Hyun Lee 等人利用共抽滤法、电化学还原与真空抽滤结合这两种方法制得了 SWNT/Sn 纳米粒子的复合材料，并将其用作锂离子电池负极材料。电化学测试结果表明，材料的功率高达 1.75mA/cm^2，经 50 次循环后，材料的容量保持率仍在 80%，可逆容量为 535mA·h/g。从以上研究中可以看出，锡基复合物结构稳定、循环性能较好，是具有发展前途的锂离子电池负极材料，其中锡基硫化物具备了发展成为高性能锂离子电池负极材料的条件，但目前仅在日本和韩国等地有一定程度的研究，我国在这方面的研究开发尚处在初级阶段，还具有很大潜力。

综上所述，锡基材料的高容量特性使其非常有希望成为新型高性能锂离子电池负极材料，但在商业化的应用中还存在一些问题。首先，锡基材料在锂离子嵌入与脱出的可逆过程中伴随着较大的体积变化，这是制约该材料发展与应用的最根本问题；其次，锡基材料在纳米化过程中的团聚问题尚未得到很好解决；最后，锡基材料在用作锂离子电池负极材料时活性物质与导电剂、电解液等之间的相互作用也需要进行进一步改进。

4 Ti 基电极材料的制备与电化学性能

4.1 TiO_2 薄膜电极材料在锂离子电池中的应用

二氧化钛是一种重要的无机功能材料，也是一种经典的半导体材料，它在太阳能的储存与利用、光电转换、光致变色及光催化降解大气和水中的污染物等方面有广阔的应用前景，并在锂离子储能嵌入材料方面也有广泛的研究，是重点研究的课题之一。TiO_2 材料的嵌锂电化学性能随着材料制备方法的不同，制备的 TiO_2 材料的晶体结构、尺寸和形貌不同而改变。因此，掌握其制备方法对材料的电化学性能研究非常重要。

近年来，具有高形貌特性的一维纳米 TiO_2（如纳米线、纳米管、纳米带等）由于其比表面积大、Li^+浓度极化小和扩散距离短等特点而显示出较好的储锂性能，使其因具有优异的电化学嵌锂性能而受到广泛的关注。目前水热合成技术较为成熟，人们采用水热合成法制备出各种一维形貌的 TiO_2 纳米材料。如，Peng 等人以金属 Ti 为钛源，采用碱性水热合成法直接在金属 Ti 板上合成出由大量纳米片、纳米线构成的网状 TiO_2 材料；Liao 等人采用两步水热合成法得到锐钛矿相 TiO_2 纳米线阵列材料。

本节主要采用水热合成法制备具有纳米级 3D 网状结构的 TiO_2 纳米线薄膜电极（TiO_2-NWs）。通过对前人工作的借鉴以及在水热合成中对材料形貌、结合力影响较大的几个参数（如 NaOH 浓度、反应温度、反应时间等）的考察，对制备参数进行优化，从而制备出结构规整有序的、尺寸均一的 TiO_2-NWs 薄膜电极材料，并对 TiO_2-NWs 薄膜电极材料进行相关的形貌测试、结构表征及电化学性能研究。

4.1.1 TiO_2-NWs 薄膜电极材料的制备

在样品前期合成过程中，研究了 NaOH 浓度、反应温度、反应时间这三个因素对 TiO_2 纳米线材料的形貌、结合力的影响，确定了合成具有纳米级 3D 网状结构的 TiO_2 纳米线薄膜电极的最佳制备条件，本节研究工作的实验合成路线如图 4.1 所示。

4.1.1.1 NaOH 浓度的影响

水热合成中通常选择碱性环境，主要是由于在水热反应过程中产生的大量

Ti 箔
(1) 水热反应
(2) 稀酸浸泡
$H_2Ti_3O_7$
高温煅烧
TiO_2
薄膜电极

图 4.1　TiO_2 薄膜电极合成图

OH^- 易于吸附在前驱体上，与之形成配位体，进而生成片状、管状物。而 OH^- 的影响实际上就是 pH 值的影响，改变溶液的 pH 值，不但可以影响溶液的溶解度和晶体的生长速率，更重要的是改变了溶液中生长基元的结构，最终影响晶体的结构、形状、大小和开始结晶的温度。图 4.2 所示为在不同 NaOH 浓度下进行水热合成得到的 TiO_2 材料的扫描电镜照片。从图中可以看到，随着 NaOH 浓度的逐渐增大，TiO_2 的形貌由一维纳米线向纳米片转变，材料尺寸变大，因此，材料的微观形貌与碱溶液的浓度有着密切关系，低浓度的碱溶液更有利于一维纳米线的制备。另外，在实验中还发现，碱的浓度越高得到的产物越多，材料与基底的结合力反而越差，在充放电过程中材料越易脱落，影响其的电池性能。

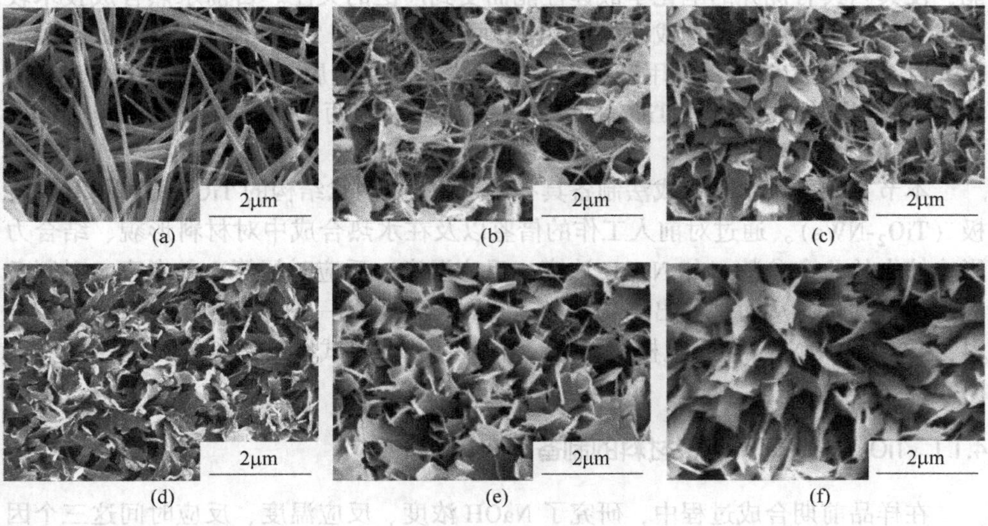
2μm
(a)
2μm
(b)
2μm
(c)
2μm
(d)
2μm
(e)
2μm
(f)

图 4.2　在反应温度为 190℃、反应时间 16h 时，不同 NaOH 浓度制备得到的 TiO_2 材料 SEM 图
(a) 0.5mol/L；(b) 1mol/L；(c) 2mol/L；(d) 3mol/L；(e) 4mol/L；(f) 5mol/L

4.1.1.2　反应温度的影响

温度在水热反应中也起着举足轻重的作用。温度越高形成的蒸汽压越大，使

得溶质溶解度提高，加快溶质的传输，提高晶体的生长速率，对水热反应的进行越有利。Dong-Seek Seo 等在用水热法制备 TiO_2 纳米管时发现，TiO_2 纳米管的数量和长度随着反应温度的升高而增加。温度为 100℃时开始形成纳米管，150℃时纳米管长度可达 100～150nm；200℃时有大量的纳米管生成，长度可达 200～250nm。图 4.3 所示为在 2mol/L NaOH 溶液、不同反应温度下进行水热合成得到的 TiO_2 材料的扫描电镜照片。结果显示，反应温度越高，材料的形貌越容易形成一维纳米线，且纳米线的数量和长度均增加，这与 Dong-Seek Seo 等人的研究结果相符合。

2μm
2μm
2μm
(a)
(b)
(c)

图 4.3 在 NaOH 浓度为 2mol/L、反应时间 16h 时，不同反应温度制备得到的 TiO_2 材料 SEM 图
（a）190℃；（b）210℃；（c）220℃

4.1.1.3 反应时间的影响

通常情况下，随着反应时间的增长，水热反应越充分，纳米线的长度也越长。Qun Tang 等人分别采用反应时间 4h、12h、24h 制备氧化钇纳米线，发现反应 4h 片状颗粒与纳米线、棒同时存在，纳米线直径 30nm，长 50～120nm 左右；反应 12h 后生成部分纳米线，直径 50～100nm，长约 1μm，同时存在部分片状颗粒与纳米棒；反应 24h 后，片状颗粒消失，棒状颗粒全部转变成纳米管。图 4.4 所示为在不同反应时间下进行水热合成得到的 TiO_2 材料的扫描电镜照片。从图中可以看到，反应时间低于 10h 时花状颗粒与纳米线同时存在；而反应 16h 后花状颗粒消失，全部转变为一维纳米线；随着反应时间的进一步增加，材料的数量增加但一维纳米线的形貌并未发生明显改变。

总体而言，碱溶液浓度越低，反应温度越高，越有利于形成一维形貌的 TiO_2 纳米线，而反应时间主要影响纳米线的含量。因此，通过总结前期的实验合成条件探索，本节在后续的样品合成中主要采用的水热合成条件为：NaOH 浓度为 0.5mol/L，反应温度为 220℃，反应时间为 16h。实验结果表明，在该条件下得到的样品与基底钛箔具有良好的结合力，并且具有稳定的、由纳米线构成的 3D 网状结构，该结构具有良好的稳定性，在经过后续的稀酸浸泡和高温煅烧处理后仍能得到很好的保持。具体的 TiO_2-NWs 薄膜电极材料的合成工艺（图 4.5）如下：先将 3.5cm×7.0cm 大小的钛箔分别在乙醇、丙酮中超声处理 30min，烘干；

再将钛箔垂直放入100mL水热釜中，并依次加入10mL乙醇和80mL 0.5mol/L NaOH溶液，随后将水热釜密封处理后置于220℃（升温速率：3℃/min）的恒温鼓风箱中反应16h；待反应结束，温度降至室温后，取出钛箔，再分别用去离子水、乙醇对其进行清洗，随后烘干处理。然后再将钛箔放入100mL 0.1mol/L HCl溶液中室温下浸泡6h，实现H^+与Na^+的离子交换过程，得到$H_2Ti_3O_7$；最后在马弗炉中将钛箔置于400℃（升温速率：3℃/min）煅烧4h，得到TiO_2-NWs薄膜电极材料。

5μm
(a)
5μm
(b)
5μm
(c)
5μm
(d)

图4.4　在NaOH浓度为2mol/L、反应温度为220℃时，反应时间分别为5h（a）、10h（b）、16h（c）及24h（d）制备得到的TiO_2材料SEM图

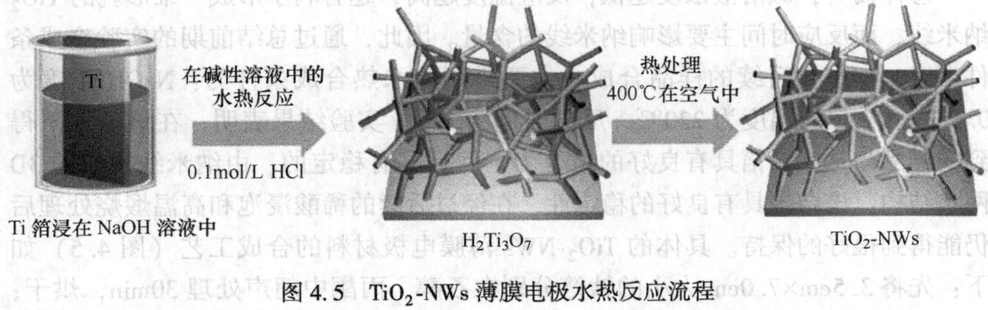
Ti
在碱性溶液中的
水热反应
0.1mol/L HCl
热处理
400℃在空气中
Ti箔浸在NaOH溶液中
H₂Ti₃O₇
TiO₂-NWs

图4.5　TiO_2-NWs薄膜电极水热反应流程

4.1.2 结果与讨论

4.1.2.1 材料的形貌与结构表征结果

图4.6给出由Ti箔、80mL 0.5mol/L氢氧化钠和10mL无水乙醇，恒温220℃水热反应16h时产物的扫描电镜图和经过后续100mL 0.1mol/L稀HCl浸泡6h、400℃高温煅烧4h得到的TiO_2-NWs电极材料的扫描电镜图。从图4.6（a）~（c）可以看出，水热反应后样品的形貌呈3D网状结构，孔径几十纳米至几百纳米，形成的一维纳米线大小均一、形貌均匀，直径50~70nm，长度在几微米至十几微米之间。经过后续的酸浸泡和高温煅烧处理后，材料的结构仍能得到很好的保持（图4.6（d）~（f）），材料并未发生烧结、坍塌现象，说明该材料的结构稳定。此外，实验中还发现，在水热反应时加入少量的乙醇有利于一维纳米线和3D网状结构的形成。据Wen B M等人研究认为，高浓度的乙醇不但能使溶剂的极化发生改变，而且还强有力地影响反应物颗粒的Zeta势和增加溶剂的黏度，从而影响产物的形貌和结构。目前，水热合成法制备一维TiO_2纳米线（纳米管）的形成机理一直受到了研究者广泛的关注，其形成机理比较繁杂，不同研究者提出了很多关于TiO_2纳米线（纳米管）的形成机理，至今为止仍存在较多的争论。Kasuga等人采用商业化Rutile TiO_2和NaOH溶液在110℃条件下水热处理20h，然后对材料进行水洗和酸洗，最终得到规整有序的纳米管。他们认为在TiO_2纳

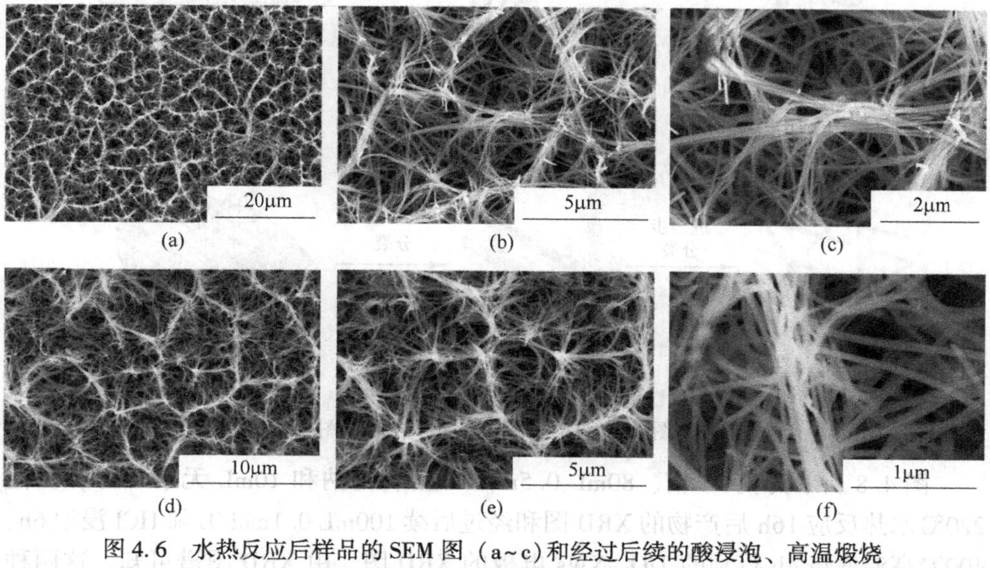
20μm
5μm
2μm
(a)
(b)
(c)
10μm
5μm
1μm
(d)
(e)
(f)

图4.6 水热反应后样品的SEM图（a~c）和经过后续的酸浸泡、高温煅烧处理得到的TiO_2电极的SEM图（d~f）

米管的形成过程中水洗和酸洗这一步是不可或缺的。但是，Du 等在 130℃条件下采用同样的水热过程，没有经过水洗和酸洗处理同样也得到了纳米线，他们认为纳米线的组成不是 TiO_2 而是 $H_2Ti_3O_7$。王芹等人采用水热法成功制备得到 TiO_2 纳米管，其结果表明纳米管是在 NaOH 水热处理过程中形成的，而后续的水洗和酸洗过程对纳米管的形成并无影响，仅仅起到洗涤和离子交换的作用，并且其形貌与清洗时水溶液的 pH 值无关。Wang 等人用水热合成法制得具有高比表面积的 TiO_2 纳米线，详细分析了 TiO_2 纳米线的形成机理。他们认为 TiO_2 纳米线的形成主要分为溶解、生长、增厚、裂解四个过程（图 4.7），其形成机理为：(1) TiO_2 颗粒在碱溶液中发生溶解，并在 TiO_2 颗粒边缘逐渐有薄片状结构形成；(2) 这些薄片沿着［001］方向生长或吸附，同时以（010）面作为上（或下）表面，然后随着反应的进行，薄片状结构会逐渐变大；(3) 大的薄片结构沿着（100）和（010）面之间的方向发生裂解，随着反应时间的延续形成厚的 $K_2Ti_6O_{13}$ 层或线；(4) 这些厚的 $K_2Ti_6O_{13}$ 层或线在（100）和（010）面之间进一步发生裂解，从而得到这些具有高比表面积的薄纳米线。此外，他们还认为，纳米线的长度取决于反应过程中形成的薄片状结构的大小。然而，在本节的合成实验中，一维纳米线是在 NaOH 水热处理过程中形成的，与后续的稀酸浸泡处理和水洗过程无关，材料的形貌主要受 NaOH 浓度和乙醇浓度的影响。

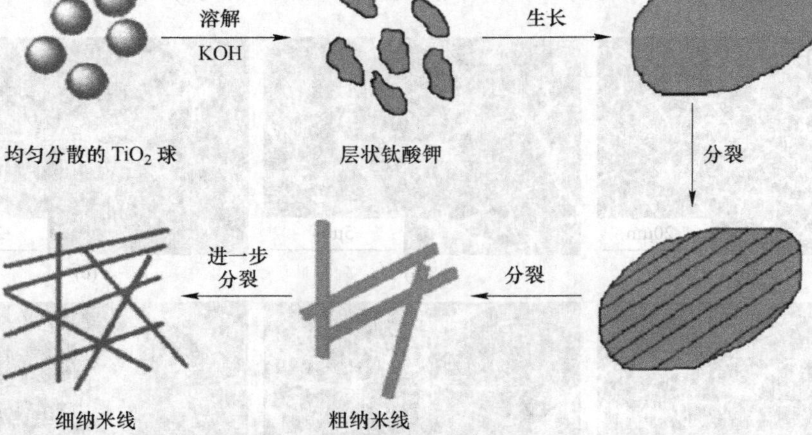
溶解
KOH
生长
均匀分散的 TiO_2 球
层状钛酸钾
分裂
进一步
分裂
分裂
细纳米线
粗纳米线

图 4.7　TiO_2 纳米线的形成示意图

图 4.8 所示为由 Ti 箔、80mL 0.5mol/L 氢氧化钠和 10mL 无水乙醇，恒温 220℃水热反应 16h 后产物的 XRD 图和经过后续 100mL 0.1mol/L 稀 HCl 浸泡 6h、400℃高温煅烧 4h 得到的 TiO_2-NWs 电极的 XRD 图。由 XRD 图谱可知，这两种材料在 $2\theta = 40.2°$、$53.0°$、$70.6°$ 处均存在电流集流体 Ti 箔（metal tatinium,

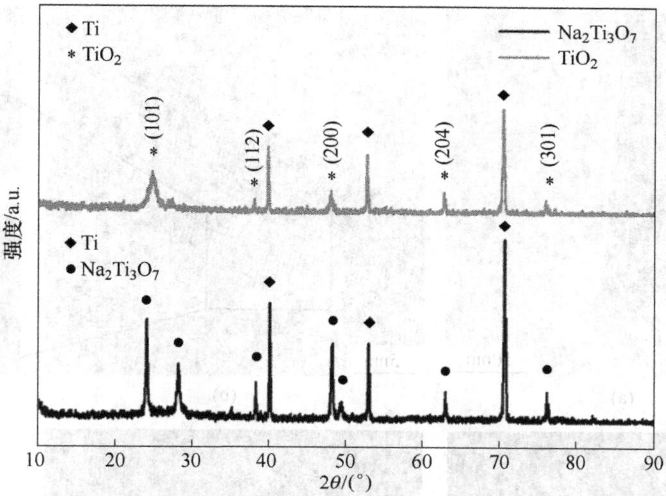

◆ Ti
* TiO_2
$Na_2Ti_3O_7$
TiO_2
* (101)
* (112)
* (200)
* (204)
* (301)
强度/a.u.
◆ Ti
● $Na_2Ti_3O_7$
10 20 30 40 50 60 70 80 90
2θ/(°)

图 4.8 水热反应后的样品和经过后续的酸浸泡、高温煅烧处理得到的 TiO_2-NWs 电极的 XRD 图谱

JCPDS No. 89-2762）的衍射峰；水热反应后的样品的衍射峰与 $Na_2Ti_3O_7$（sodium titanium oxide，JCPDS No. 31-1329）的衍射峰相对应，而经过后续的稀酸浸泡、高温煅烧处理后，位于 $2\theta=28.4°$、$49.5°$处的 $Na_2Ti_3O_7$ 的衍射峰消失，位于 $2\theta=38.4°$、$48.3°$、$63.0°$、$76.3°$处的衍射峰则轻微向低角度偏移转变为锐钛矿型 TiO_2（Anatase，JCPDS No. 89-4921）的衍射峰，并未有其他杂质相的生成，表明了在稀酸浸泡过程中，Na^+可完全被 H^+取代形成 $H_2Ti_3O_7$。

为进一步掌握制备得到的 TiO_2-NWs 材料的微区域形貌、粒径、晶格条纹、晶体生长方向等信息，对其进行了 TEM 相关的表征与分析，结果如图 4.9 所示。从图 4.9（a）的低倍 TEM 结果可知，TiO_2 纳米线的表面粗糙，直径为 50～70nm，这与 SEM 观测到的结果相一致。TiO_2-NWs 材料的高倍透射图（图 4.9（b））表明，该纳米线是高度结晶的，此外，采用 Gatan Digital Micrograph 软件对材料的晶格条纹分析发现，$d=0.352$nm（图 4.9（e））与 TiO_2（Ref. Pattern：Anatase，syn，01-089-4921）的（101）晶面间距（$d_{(101)}=0.351$nm）相符合，进一步表明该 TiO_2 纳米线的结晶相为锐钛矿相。从材料的 SAED 图（图 4.9（c）和（d））可知，该纳米线为单晶结构，并且对 SAED 图中的透射斑分析发现，TiO_2 纳米线所产生的晶面有（101）、（200），这些均与 XRD 结果相吻合（图 4.8）。从图 4.9（e）可以看到，纳米线的生长方向与（101）面的夹角约为 71.5°，这一角度值与文献报道的锐钛矿型 TiO_2（101）面和［100］方向所呈的夹角相一致，这也表明了该水热反应法制备得到的 TiO_2 纳米线的生长方向为［100］方向。由 TiO_2 纳米线局部的 SAED 分析图（图 4.9（f））结果进一步证明了该纳米

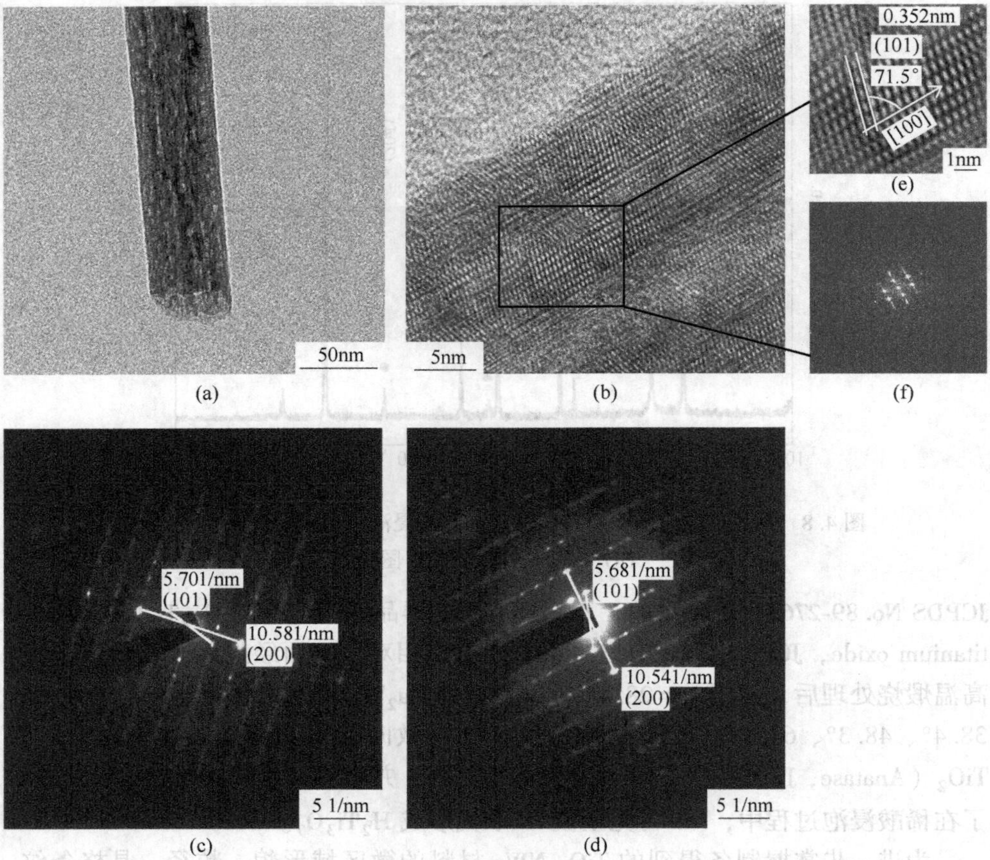
0.352nm
(101)
71.5°
[100]
1nm
(e)
50nm
(a)
5nm
(b)
(f)
5.701/nm
(101)
10.581/nm
(200)
5 1/nm
(c)
5.681/nm
(101)
10.541/nm
(200)
5 1/nm
(d)

图 4.9　TiO_2-NWs 材料的低倍（a）和高倍 TEM 图（b），图（c）、（d）分别对应于图（a）、（b）中材料的电子选区衍射图（SAED），图（e）、（f）分别为图（b）中黑色矩形框区域的高倍 TEM 图和电子选区衍射图

线是单晶结构的。

4.1.2.2　材料的电化学性能测试结果

TiO_2-NWs 材料的电池性能采用恒电流充放电法进行测试表征，充放电电压区间为 1.0~3.0V。从图 4.10（a）可以得到，在电流密度 200mA/g 充放循环下，TiO_2-NWs 电极的首圈和第 2 圈放电容量分别为 324.5mA·h/g 和 246.6mA·h/g，首圈库仑效率为 66.3%；充放循环 500 圈后，放电容量衰减为 174.9mA·h/g，容量保持率仅为 70.9%。当电流密度增大至 1000mA/g 时，TiO_2-NWs 材料的充放电平台逐渐变短，其首圈放电容量和首圈库仑效率分别为 279.7mA·h/g 和 73.6%。从图 4.10（b）可以得到，在电流密度 1000mA/g 充放循环下，TiO_2-

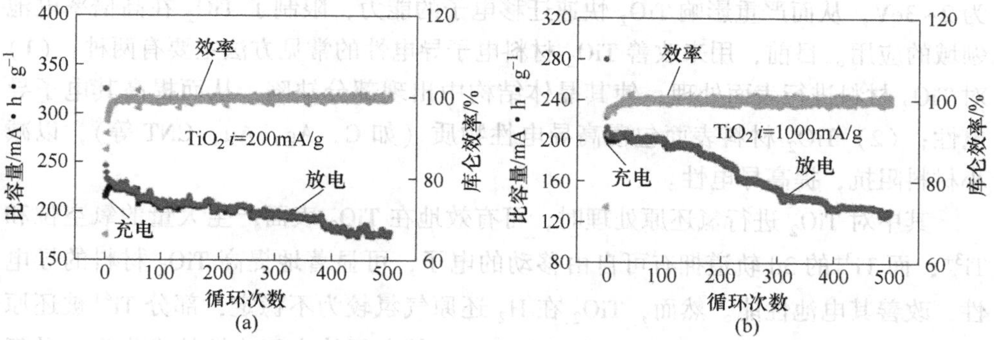

400
350
300
250
200
150
效率
TiO_2 i=200mA/g
放电
充电
0 100 200 300 400 500
循环次数
(a)
120
100
80
60
比容量/mA·h·g^{-1}
库仑效率/%
320
280
240
200
160
120
80
效率
TiO_2 i=1000mA/g
充电
放电
0 100 200 300 400 500
循环次数
(b)

图 4.10 电流密度为 200mA/g 时，TiO_2-NWs 材料的循环性能（a）及电流密度为 1000mA/g 时，TiO_2-NWs 材料的循环性能（b）

NWs 电极第 2 圈的放电容量为 223.6mA · h/g，充放循环 500 圈后，放电容量衰减为 130.5mA · h/g，容量保持率较低，仅为 58.4%。以上电池测试数据表明，TiO_2-NWs 材料存在着首圈库仑效率较低、循环稳定性及容量保持率差等缺点，特别是在大电流密度下，材料的循环性能更不理想，严重影响了其在锂离子电池中的应用。因此，在实际应用中，有必要对 TiO_2-NWs 材料进行电化学改性研究，以提高 TiO_2-NWs 材料的循环稳定性和高倍率性能。

本节采用水热合成法制备得到具有纳米级 3D 网状结构的 $Na_2Ti_3O_7$ 纳米线电极材料，对其进行后续的酸浸泡、高温煅烧处理，可得到形貌完好的 TiO_2-NWs 薄膜电极材料。该纳米级 3D 网状结构使得 TiO_2-NWs 材料不仅具有较大的比表面积，有利于 Li^+的快速迁移和电解液的快速浸润，同时亦可缩短锂离子的扩散路径，提高材料的电池性能。XRD 及 TEM 结果表明，制备的 TiO_2-NWs 材料为高度结晶的，其晶型为锐钛矿型 TiO_2；一维 TiO_2 纳米线的生长方向为［100］，直径为 50~70nm。恒电流充放电结果显示，在电流密度 200mA/g 充放循环 500 圈后，TiO_2-NWs 电极的放电容量为 174.9mA · h/g，容量保持率仅为 70.9%；当电流密度增大至 1000mA/g 时，TiO_2-NWs 电极的放电容量衰减较快，充放循环 500 圈后，放电容量为 130.5mA · h/g，容量保持率仅为 58.4%。

4.2 氢等离子体改性 TiO_2 薄膜电极的制备与电化学性能

二氧化钛材料因具有诸多优点，目前被广泛应用于不同领域。其作为锂离子电池负极材料的主要优点有：具有很高的嵌脱锂电位平台（>1.0V（vs. Li/Li^+）），电位平台要高于石墨电极的，因此不易产生锂枝晶，减少一定安全隐患。此外，由于晶体结构稳定，二氧化钛在嵌脱锂过程中具有很好的电化学可逆性，同时体积膨胀较小。然而，它也具有一定的局限性：由于 TiO_2 中的 Ti 呈正四价，其 3d 轨道为满电状态的，没有可自由移动的电子，导致其能带间隙很宽，为 2~3eV，从而严重影响 TiO_2 快速迁移电子的能力，限制了 TiO_2 在高倍率电池领域的应用。目前，用来改善 TiO_2 材料电子导电性的常见方法主要有两种：(1) 对 TiO_2 材料进行表面处理，使其晶体结构中出现部分缺陷，从而提高其电子导电性；(2) TiO_2 材料表面包覆高导电性物质（如 C，Ag，Au，CNT 等），以减小材料阻抗，提高导电性。

其中对 TiO_2 进行氢还原处理时，可有效地在 TiO_2 表面产生大量的氧空位和 Ti^{3+}，而 Ti^{3+} 的 3d 轨道拥有可自由移动的电子，可显著地提高 TiO_2 材料的导电性，改善其电池性能。然而，TiO_2 在 H_2 还原气氛较为不稳定，部分 Ti^{4+} 被还原为 Ti^{3+}。与传统的氢化还原处理方法相比，氢等离子体表面改性技术作为一种新型技术，具有产物稳定、无结构损坏、无杂质产生、优质、环保等特点，具有广阔的应用前景。然而，该技术目前仅仅应用在隔膜改性研究中，而在锂离子电极材料的改性研究中并未有相关的报道。等离子体作为物质的第四态，是指部分或完全电离的气体。而氢等离子体指的是，H_2 在电场作用下发生高度解离，产生等量的正负带电粒子体系。该体系中具有高度化学反应活性的氢自由团簇，在低温下可快速与材料发生反应，达到高效的表面改性效果。

4.2.1　工作内容

实验中发现，三价钛的引入可以很好地提高钛系材料的导电性，而氢等离子处理技术可以造成氧空位，故而引入三价钛。由于等离子技术常用于表面改性研究，对于粉状材料改性则常存在不均匀、且不能大规模合成等缺点，故在这将钛系材料做成薄膜电极形式。

钛系材料中，TiO_2 比较容易制备成纳米线薄膜电极，并且含有多孔-3D 网络结构，这样有利于等离子体改性高效进行。所以在本节采用氢等离子体表面改性技术，对 TiO_2 纳米线薄膜电极材料进行氢化还原处理，以在 TiO_2 材料表面产生 Ti^{3+} 和氧空位，提高材料的电子导电性，从而使其电池循环性能和倍率性能得到改善。

4.2.2　实验部分

4.2.2.1　材料合成

(1) TiO_2 纳米线薄膜电极（TiO_2-NWs）的制备。具体的 TiO_2-NWs 薄膜电极材料的合成工艺如下：先将 3.5cm×7.0cm 大小的钛箔分别在乙醇、丙酮中超声处理 30min，烘干；再将钛箔垂直放入 100mL 水热釜中，并依次加入 10mL 乙醇和 80mL 0.5mol/L NaOH 溶液，随后将水热釜密封处理后置于 220℃（升温速率：3℃/min）的恒温鼓风箱中反应 16h；待反应结束、温度降至室温后，取出钛箔，再分别用去离子水、乙醇对其进行清洗，随后烘干处理。然后再将钛箔放入100mL 0.1mol/L HCl溶液中室温下浸泡 6h，实现 H^+ 与 Na^+ 的离子交换过程，得到 $H_2Ti_3O_7$；最后在马弗炉中将钛箔置于 400℃（升温速率：3℃/min）煅烧 4h，得到 TiO_2-NWs 薄膜电极材料。

（2）氢化等离子体改性的 TiO_2 纳米线薄膜电极（H-TiO_2-NWs）的制备。氢化等离子体装置如图 4.11 所示，先将制备得到的 TiO_2 纳米线薄膜电极材料（TiO_2-NWs）置于石英管中部，通入 H_2/Ar 混合气体，以 6℃/min 的升温速率对其进行加热至 400℃；随后，在 400℃下对材料进行氢化等离子体处理 30min（氢化等离子体处理条件：管内压强为 177Pa；H_2 与 Ar 的流速分别为 3cm/s、97cm/s；自放电频率为 13.56MHz）；最后，待炉体温度降低室温后，取出样品，得到氢化等离子体改性的 TiO_2 纳米线薄膜电极材料（H-TiO_2-NWs）。

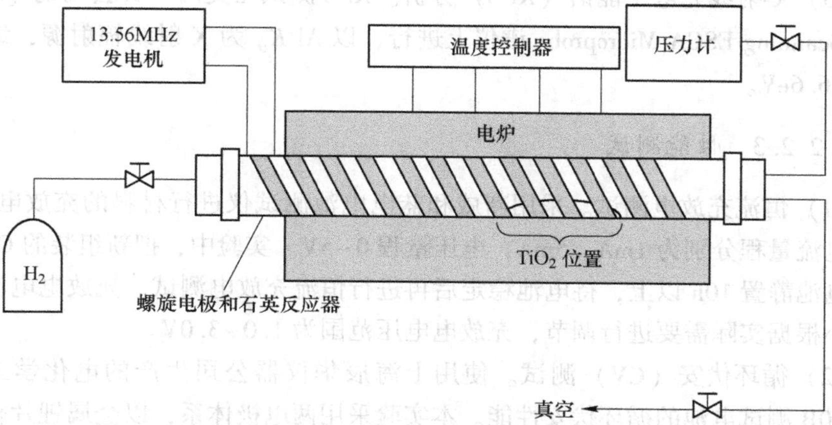
13.56MHz
发电机
温度控制器
压力计
电炉
TiO_2 位置
H_2
螺旋电极和石英反应器
真空

图 4.11 等离子体处理 TiO_2 的装置示意图

4.2.2.2 材料表征

（1）X-射线粉末衍射（XRD）测试。本节用日本 Rigaku MiniFlex600 X'pert 型 X 射线衍射仪（XRD）对粉末样品进行物相分析，辐射源为 Cu 靶 K_α 线（λ=0.15405nm），Ni 滤光片，管电流 30.0mA，管电压 40kV。使用步进扫描方式，扫描速度为 2°~10°/min，扫描角度 2θ 从 10°~90°。采用的方法是将电极片用导电胶固定于玻璃样品台的凹槽中，使电极片上表面与玻璃样品台表面相齐平，随后对样品极片进行测试。

（2）扫描电子显微镜（SEM）及电子能谱（EDS）测试。采用的扫描电镜设备是英国 Oxford Instrument 公司生产的 LEO 1530 型场发射电子显微镜和日本日立公司生产的 Hitachi S-4800 型场发射扫描电子显微镜，联用 X-ray 能量散射分析仪（EDS），对样品材料进行形貌的测试表征和元素的能谱定性定量分析。实验时，利用导电碳胶布将少量样品极片黏附在样品台上，必要时对极片表面进行喷铂处理后再观测。操作电压为20kV。

（3）透射电子显微镜（TEM）测试。采用日本电子株式会社生产的JEM-2100透射电子显微镜（加速电压为200kV）观察材料的微观形貌。制备样品时，首先将Ti箔上生长的TiO_2样品刮落，所得的粉末样品置于离心管中，在无水乙醇中经充分超声分散后，再用铜网在溶液中反复捞取6次左右，干燥后便可进行观测。

（4）拉曼（Raman）光谱分析。采用法国Jobin Yvon公司的激光拉曼光谱仪（model HR800）对样品进行测试分析，其中氩离子激光为发射光源（发射功率为10mW），激光波长为514. 5nm，分辨率为$1cm^{-1}$。

（5）X-射线光电子能谱（XPS）分析。XPS测试在美国P-E公司的Quantum 2000 Scanning ESCA Microprobe谱仪上进行，以Al K_α 为X射线辐射源，结合能为1486. 6eV。

4. 2. 2. 3 性能测试

（1）恒流充放电测试。采用新威和蓝电电池测试仪进行材料的充放电实验，仪器电流量程分别为1mA、5mA，电压量程0~5V。实验中，把新组装的CR2016扣式电池静置10h以上，待电池稳定后再进行恒流充放电测试。充放电电流密度的大小根据实际需要进行调节，充放电电压范围为1. 0~3. 0V。

（2）循环伏安（CV）测试。使用上海辰华仪器公司生产的电化学工作站CHI660B测试电池的循环伏安性能。本实验采用两电极体系，以金属锂片作为对电极和参比电极，扫描速度：0. 1~10mV/s，电压范围：1. 0~3. 0V。

（3）交流阻抗（EIS）测试。交流阻抗测试实验在PAR2263-1电化学综合测试仪（Princeton applied researcher）上进行，实验中采用两电极体系，以金属锂片作为对电极和参比电极，频率范围10^{-2}~10^5Hz，交流振动振幅为5mV。交流阻抗谱的解析在Solartron Zview软件上完成。

（4）四探针电阻测试。四探针法测试阻抗采用的仪器为SX1934（SZ-82），测试时，直接将制备好的薄膜电极裁剪成一定大小，随后对极片进行测试。

4. 2. 2. 4 理论计算

所有计算过程使用VASP计算法（Vienna ab initio simulation package），理论依据为DFT（First-principles density-functional theory）。计算一个孤立O_2分子的能量时，通过将一个孤立O_2分子置于10Å×10Å×10Å的真空盒子中，以避免与近邻单胞其他分子之间的相互作用。实验中所有计算使用CASTEP软件完成，采用GGA-PW91计算方法，截断能选择大于或等于340mV。

4.2.3 结果与讨论

4.2.3.1 材料形貌表征

图 4.12 所示为未改性的 TiO_2-NWs 和氢化等离子体改性的 H-TiO_2-NWs 材料的 XRD 谱图。对比这两种材料的 XRD 谱图可以看出，经氢化等离子体处理后，H-TiO_2-NWs 材料无其他相的生成，仍保持着原始的锐钛矿相 TiO_2 晶型，这也表明了氢化等离子体处理不会使材料产生其他杂相。但是仔细比较会发现，氢化处理后的 TiO_2 整体峰强度变弱，这可能是由于氧空位的引入带来了部分晶体结构的无序化，最终降低了材料的结晶度。

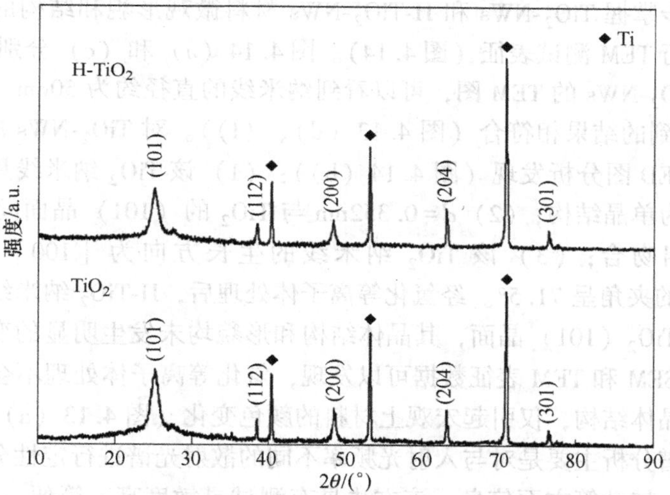
◆ Ti
H-TiO2
TiO2
(101)
(112)
(200)
(204)
(301)
强度/a.u.
10
20
30
40
50
60
70
80
90
2θ/(°)

图 4.12 TiO_2-NWs 和氢化等离子体改性的 H-TiO_2-NWs 极片的 XRD 图

通过上述得到的 XRD 数据，利用 CELREF 软件对晶体结构进行拟合，得到的相关数据列于表 4.1。从表 4.1 可以看出，氢化改性后晶格常数有所增加，晶胞体积有所加大，导致 Ti—O 及 O—O 键的键长加大，有利于 TiO_2 进行嵌脱锂及锂扩散的化学反应。

表 4.1 TiO_2-NWs 和氢化等离子体改性的 H-TiO_2-NWs 晶体结构变化

样品	细胞参数 $a=b$/Å	细胞参数 c/Å	晶粒大小 /Å
TiO_2	3.77	9.41	83.9
H-TiO_2	3.78	9.47	104.8

注：1Å=0.1nm。

从图 4.13（a）可以看出，原始的 TiO_2-NWs 极片呈浅色，经氢化等离子体处理后，极片颜色变深（图 4. 13（b））。文献中报道认为，这一颜色变化是由 TiO_2 表面的部分 Ti^{4+} 被还原为 Ti^{3+} 引起的，表明氢化等离子体处理可有效地在 TiO_2 纳米线表面生成 Ti^{3+}，从而使材料的电子导电性得到显著地提高。随后，对 TiO_2-NWs 和 H-TiO_2-NWs 材料的微观形貌进行表征，通过分析发现（图 4. 13（c）~（f））：（1）这两种材料均具有稳定的 3D 网状结构，较大的比表面积有利于 Li^+ 的快速迁移和电解液的浸润，同时也可缩短锂离子的扩散路径，最终提高材料的电化学性能；（2）该种 3D 网状结构是由大小均一，长几微米，直径为 50~70nm 的 TiO_2 纳米线构成的；（3）氢化等离子体处理后，TiO_2-NWs 材料的微观形貌并未发生明显地变化，材料的主体 3D 网状结构得到了很好的保持，这与得到的 XRD 结果（图 4. 12）相一致。

为进一步掌握 TiO_2-NWs 和 H-TiO_2-NWs 材料微观形貌和结构的信息，对这两种材料进行 TEM 测试表征（图 4. 14）。图 4. 14（a）和（c）分别是单根 TiO_2-NWs 和 H-TiO_2-NWs 的 TEM 图，可以看到纳米线的直径约为 50nm，这一数值也与 SEM 观测到的结果相符合（图 4. 13（d）、（f））。对 TiO_2-NWs 的 HRTEM 图及相关的 SAED 图分析发现（图 4. 14（b））：（1）该 TiO_2 纳米线具有高度的结晶相，并且为单晶结构；（2）d = 0. 352nm 与 TiO_2 的（101）晶面间距（$d_{(101)}$ = 0. 351nm）相吻合；（3）该 TiO_2 纳米线的生长方向为［100］方向，其与（101）晶面的夹角呈 71. 5°。经氢化等离子体处理后，H-TiO_2 纳米线表面仍为暴露的锐钛矿 TiO_2（101）晶面，其晶体结构和形貌均未发生明显的变化。通过上述的 XRD、SEM 和 TEM 表征数据可以发现，氢化等离子体处理不会影响材料的微观形貌和晶体结构，仅引起宏观上材料的颜色变化（图 4. 13（a）、（b））。

拉曼光谱分析主要是对与入射光频率不同的散射光谱进行定性分析，从而得到分子振动、转动等方面信息，该方法具有测试灵敏度高、简便、高效等优点，可用来精确地研究 TiO_2 的结构变化信息。图 4. 15 所示为 TiO_2-NWs 和 H-TiO_2-NWs 材料的 Raman 光谱分析图，由拉曼光谱（图 4. 15（a））可看出，TiO_2-NWs 和 H-TiO_2-NWs 样品在波数 $198cm^{-1}$ 和 $248cm^{-1}$ 处存在 $Na_2Ti_3O_7$ 杂质相的拉曼峰，它们的出现是源自合成过程中钠离子没有完全被氢离子替换产生的。而在波数 $144cm^{-1}$（E_g）、$403cm^{-1}$（B_{1g}）、$521cm^{-1}$（A_{1g}）和 $639cm^{-1}$（E_g）附近出现的拉曼峰，则与文献报道的锐钛矿相 TiO_2 的拉曼峰很好地对应。然而，对位于波数 $144cm^{-1}$ 出的拉曼峰进一步对比分析，发现 H-TiO_2-NWs 材料的拉曼峰峰宽变大，且往高频区迁移至 $150cm^{-1}$ 处（图 4. 15（b））。这一现象归因于在氢化等离子体处理过程中，H-TiO_2-NWs 材料表面有氧空位和 Ti^{3+} 的生成，导致了 TiO_2 晶体内部结构出现无序排列。此外，H-TiO_2-NWs 材料拉曼峰的强度比原始 TiO_2-NWs 材料弱，类似的现象曾被 Wang 等人报道过，但是引起该变化的具体原因目前还未有明确的解释，在该实验中认为这可能是由于等离子体改性后，氧空位的

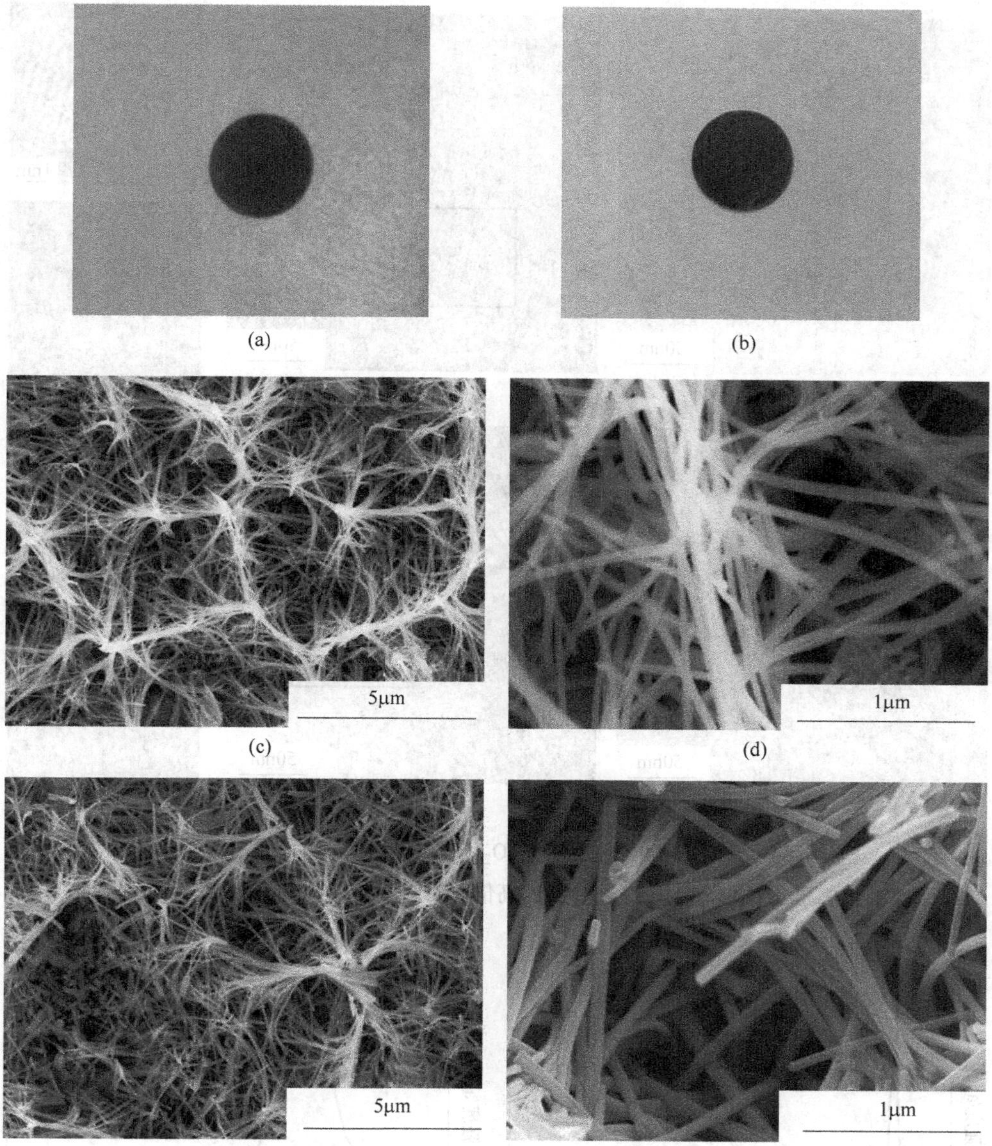
(a)
(b)
5μm
(c)
1μm
(d)
5μm
(e)
1μm
(f)

图 4.13 TiO_2-NWs（a）和氢化等离子体改性的 H-TiO_2-NWs 极片（b）的对比图、TiO_2-NWs 极片的 SEM 图（c，d）和 H-TiO_2-NWs 极片的 SEM 图（e，f）

产生导致部分二氧化钛结构无序化，降低了二氧化钛材料的结晶度，最终导致拉曼峰的强度变弱，这与 XRD 结果是相符合的。

为进一步研究 H-TiO_2-NWs 材料的元素组成及元素价态信息，对其做了 XPS 表征测试，分析 Ti2p 和 O1s 的 XPS 谱图特征。从图 4.16（a）可以看出，Ti2p

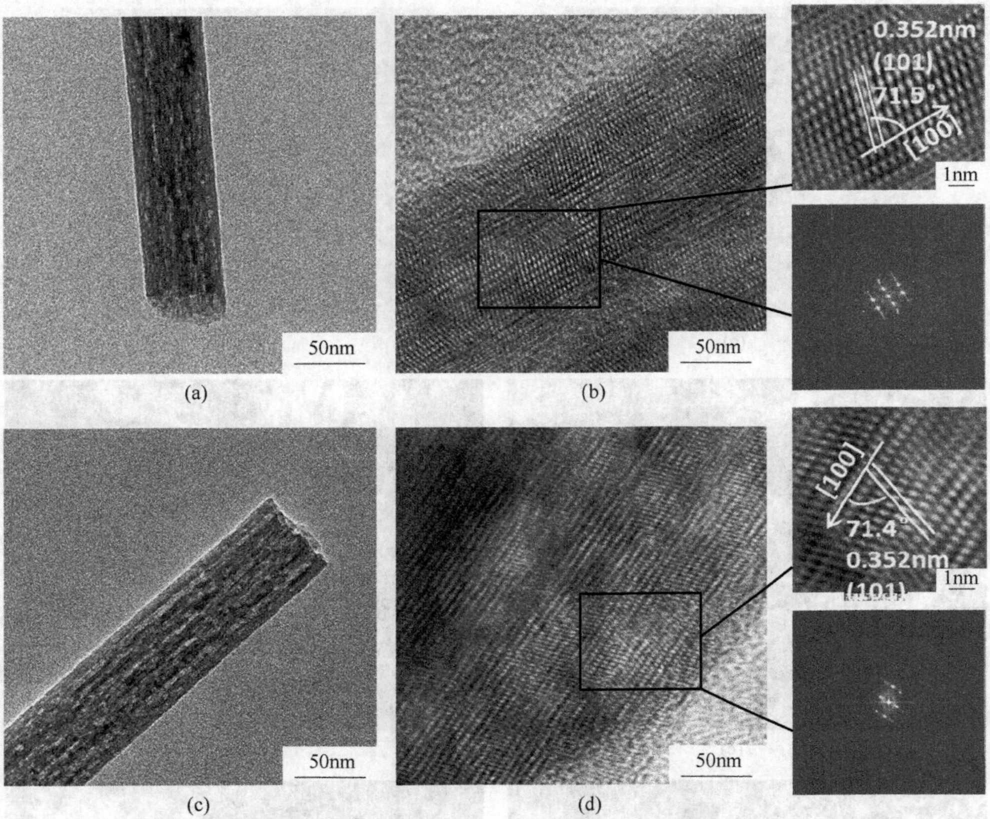

50nm
50nm
0.352nm
(101)
71.5°
[100]
1nm
(a)
(b)
50nm
50nm
[100]
71.4°
0.352nm
(101)
1nm
(c)
(d)

图 4.14　TiO_2-NWs（a）和 H-TiO_2-NWs（b）材料的低倍透射图及 TiO_2-NWs（c）和 H-TiO_2-NWs（d）材料的高倍透射图及相关选定区域的 SAED 分析结果图

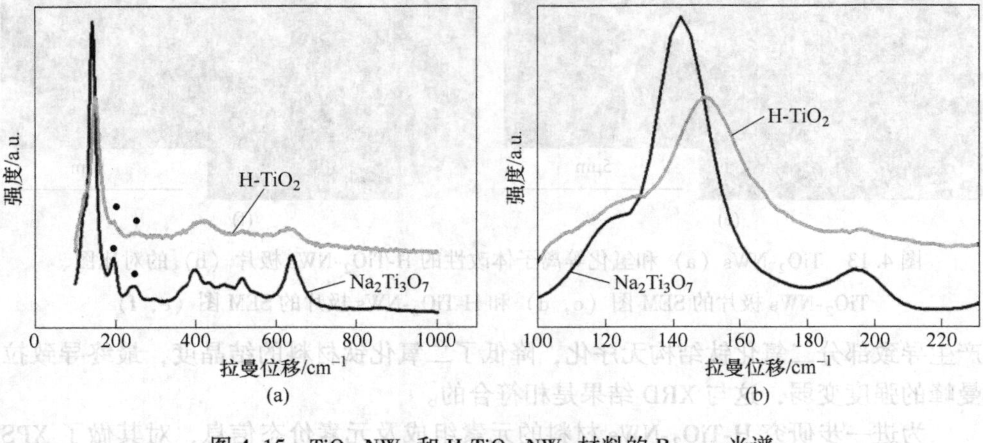

强度/a.u.
H-TiO2
Na2Ti3O7
0
200
400
600
800
1000
拉曼位移/cm⁻¹
(a)
强度/a.u.
H-TiO2
Na2Ti3O7
100
120
140
160
180
200
220
拉曼位移/cm⁻¹
(b)

图 4.15　TiO_2-NWs 和 H-TiO_2-NWs 材料的 Raman 光谱

的XPS谱图主要由位于458.8eV和464.4eV处的强度峰组成，这两个强度峰是由TiO_2中的Ti^{4+}引起的。另外，采用XPS PEAK软件对H-TiO_2-NWs材料Ti2p的XPS谱图进行分峰处理，发现在较低能带处（455.8~461.9eV）存在一个较弱的强度峰，这一强度峰的出现与在氢化等离子体处理过程中，材料表面部分的Ti^{4+}被还原为Ti^{3+}有关。同理可知，H-TiO_2-NWs材料O1s的XPS谱图除了在530.4eV处出现强度峰外，还在532eV处存在一个较弱的强度峰，这一强度峰的出现是因为H-TiO_2-NWs材料表面吸收了少量的水分子。通过Raman和XPS的表征结果可以看出，氢化等离子体技术可有效地将TiO_2材料表面部分的Ti^{4+}还原为Ti^{3+}，提高TiO_2的电子导电性，从而达到改善TiO_2材料电化学性能的目的。

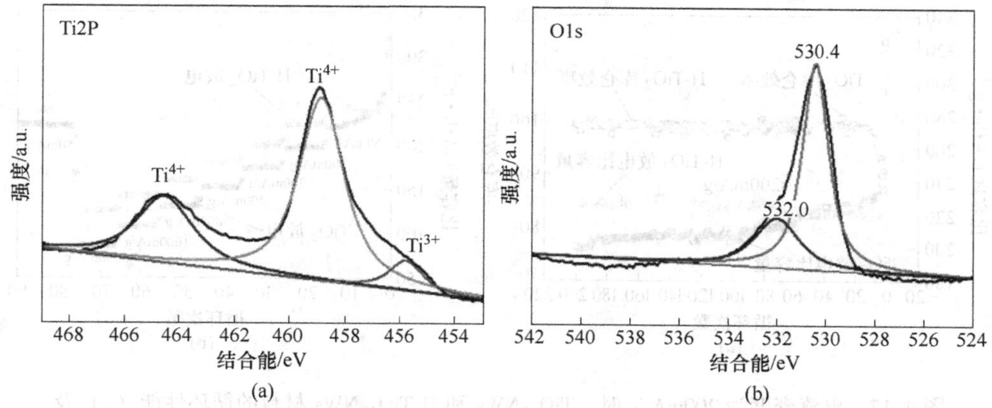
Ti2P
Ti4+
Ti4+
Ti3+
强度/a.u.
468 466 464 462 460 458 456 454
结合能/eV
(a)
O1s
530.4
532.0
强度/a.u.
542 540 538 536 534 532 530 528 526 524
结合能/eV
(b)

图4.16 H-TiO_2-NWs材料的Ti2p（a）和O1s的XPS谱图（b）

4.2.3.2 材料性能测试

采用恒流充放电对材料进行电池性能测试，充放电电压范围为1.0~3.0V。图4.17所示分别为TiO_2-NWs和TiO_2@Ag-NWs电极在充放电电流密度为200mA/g时的充放电循环性能及不同电流密度下的倍率性能。由图4.17（a）的结果可知，TiO_2-NWs电极在第2圈的放电容量为246mA·h/g，循环200圈后放电容量衰减为199mA·h/g，容量保持率为80.8%；而H-TiO_2-NWs电极在第2圈的放电容量为226.1mA·h/g，循环200圈后放电容量为231.6mA·h/g，容量保持率高达99.8%，表明H-TiO_2-NWs电极具有更良好的循环稳定性。此外，H-TiO_2-NWs电极的容量保持率比TiO_2-NWs电极的高，表明H-TiO_2-NWs电极具有更高的嵌脱锂反应可逆性和充放电容量。图4.17（b）给出TiO_2-NWs和H-TiO_2-NWs电极在不同电流密度下（i=50~3350mA/g）的倍率性能。从图中结果可知，TiO_2-NWs电极的放电容量随着充放电电流密度的增大而急剧衰减；而H-TiO_2-

NWs 电极的放电容量衰减较缓慢，表现出更优异的倍率性能，特别是在大电流密度下具有更高的放电容量。例如，在电流密度为 3350mA/g（10C，1C＝335mA/g）时，TiO_2-NWs 电极的放电容量仅为 86mA · h/g，而 H-TiO_2-NWs 电极的放电容量高达 129. 5mA · h/g。氢化等离子体处理前后材料的倍率性能得到显著地改善，这可能是由于在大电流密度下，高密度 Li^+的嵌入和 Li^+的慢速传输导致 TiO_2-NWs 材料中 Li^+的浓度极化增大，从而严重影响了 TiO_2-NWs 材料的充放电容量；而对于 H-TiO_2-NWs 材料而言，在氢化等离子体处理过程中，TiO_2 纳米线表面部分的 Ti^{4+}被还原为 Ti^{3+}，提高了材料的电子导电性，加快了 Li^+的传输，从而降低了大电流密度下 Li^+的浓度极化。

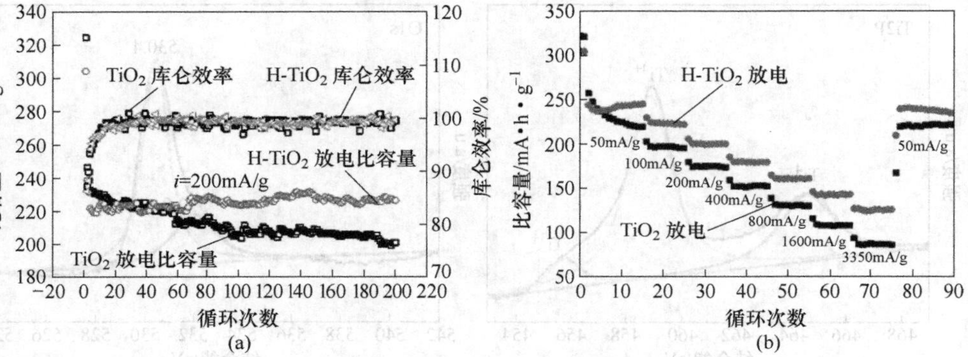
比容量/mA·h·g⁻¹
库仑效率/%
TiO₂ 库仑效率
H-TiO₂ 库仑效率
H-TiO₂ 放电比容量
i=200mA/g
TiO₂ 放电比容量
循环次数
(a)
H-TiO₂ 放电
50mA/g
100mA/g
200mA/g
400mA/g
800mA/g
1600mA/g
3350mA/g
TiO₂ 放电
循环次数
(b)

图 4. 17　电流密度为 200mA/g 时，TiO_2-NWs 和 H-TiO_2-NWs 材料的循环性能（a）及 TiO_2-NWs 和 H-TiO_2-NWs 材料的倍率性能（b）

为进一步证明氢化等离子体改性的优越性，了解改性前后 TiO_2-NWs 和 H-TiO_2-NWs 电极电化学动力学过程的差异，对这两种电极分别进行了 EIS 及四探针电阻测试分析。

对 TiO_2-NWs 和 H-TiO_2-NWs 电极进行了不同扫描速度下的 CV 曲线测试，结果如图 4. 18（a）、（b）所示。从图主要可以得出以下结论：（1）TiO_2-NWs 和 H-TiO_2-NWs 电极的 CV 曲线面积与扫描速度有密切的关系；（2）随着扫描速度的降低，材料的总存储电荷量反而增加，其原因是，快速扫描过程中，受 Li^+的扩散迁移能限制，Li^+在 TiO_2 晶格内部无法完全参与反应，导致了反应产生的总电荷量降低；（3）随着扫描速度的增加，TiO_2-NWs 和 H-TiO_2-NWs 电极的 A 峰的峰面积逐渐减小，此时材料的容量主要为材料表面赝电容嵌脱锂反应贡献的容量；（4）峰电流 i 与扫速 $v^{1/2}$ 成正比，扫描速度越大，峰电流密度越大，电极的极化现象越严重；（5）对比两图结果，发现 H-TiO_2-NWs 电极的 S 峰峰形在不同扫描速度下都比未改性的更加尖锐、峰电流密度更大，特别是在高扫描速度

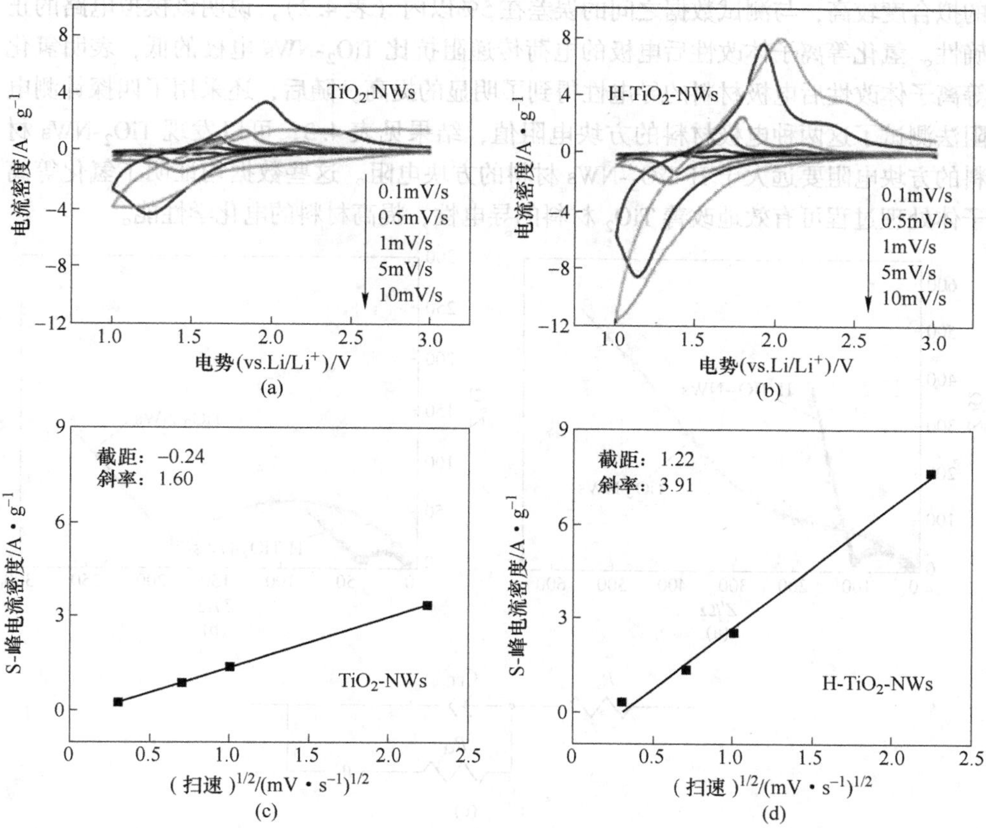

TiO2-NWs
H-TiO2-NWs
电流密度/A·g⁻¹
0.1mV/s
0.5mV/s
1mV/s
5mV/s
10mV/s
电势(vs.Li/Li⁺)/V
(a)
(b)
截距：-0.24
斜率：1.60
截距：1.22
斜率：3.91
S-峰电流密度/A·g⁻¹
(扫速)^1/2/(mV·s⁻¹)^1/2
(c)
(d)

图 4.18 在不同扫描速度下，TiO_2-NWs (a) 和 H-TiO_2-NWs (b) 电极的循环伏安 (CV) 曲线，(c) 与 (d) 分别是 TiO_2-NWs 和 H-TiO_2-NWs 电极的 S 峰电流密度与扫描速度均方根的线性拟合关系

下，两者的 S 峰峰形及峰电流密度的差异更明显，这也进一步表明了氢化等离子体处理过程中，Ti^{3+}的形成可显著提高 TiO_2-NWs 材料的快速嵌脱锂性能，这与前面测得的倍率性能结果相一致（图 4.17（b））。

图 4.19 所示为未改性的和氢化等离子体改性的 TiO_2-NWs 电极在不同条件下得到的 EIS 测试结果。其中，拟合的等效电路图中 R_s 与 R_{ct}分别代表溶液欧姆阻抗与材料界面的电荷传递阻抗，C_{PE}代表界面处钝化膜形成的双层电容，W_s 代表的是 Warburg 阻抗。从图 4.19（a）和（b）可以看出，这两种材料的阻抗谱图都是由一个半圆与一条斜线组成，而位于高频区域的半圆代表电荷传递阻抗，位于低频区域的斜线代表的是 Warburg 阻抗与锂离子扩散阻抗。此外，根据图 4.19（c）中的等效电路对 EIS 测试数据进行拟合，拟合数据见表 4.2，发现拟合数据

的拟合度较高，与测试数据之间的误差在5%以内（表4.2），说明该模拟电路的正确性。氢化等离子体改性后电极的电荷传递阻抗比 TiO_2-NWs 电极的低，表明氢化等离子体改性后电极材料的导电性得到了明显的提高。随后，还采用了四探针测电阻法测试了这两种电极材料的方块电阻值，结果见表4.3，可以发现 TiO_2-NWs 材料的方块电阻要远大于 H-TiO_2-NWs 材料的方块电阻。这些数据均证明了氢化等离子体处理过程可有效地改善 TiO_2 材料的导电性，提高材料的电化学性能。

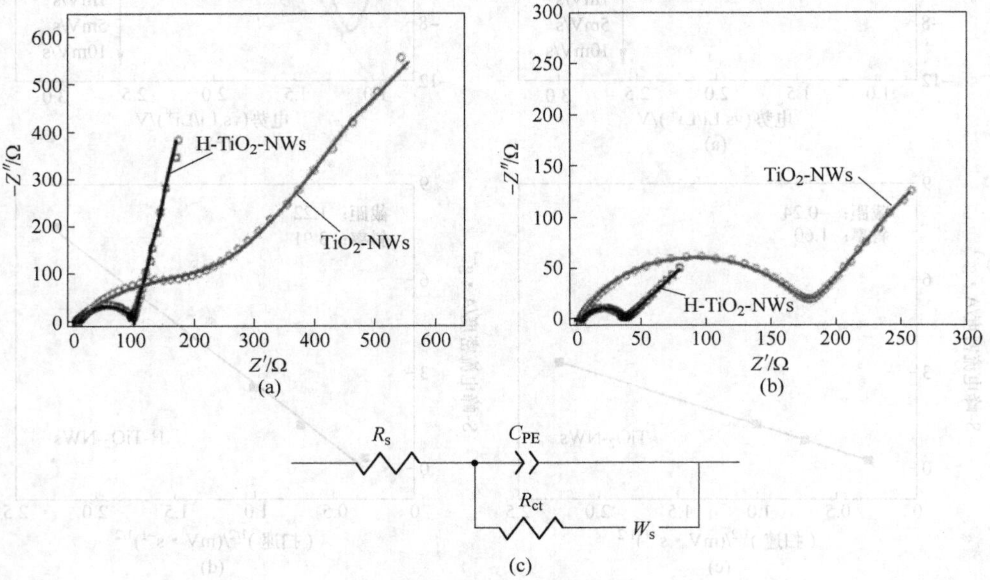

600
500
400
300
200
100
0
$-Z''/\Omega$
H-TiO2-NWs
TiO2-NWs
0 100 200 300 400 500 600
Z'/Ω
(a)
300
250
200
150
100
50
0
$-Z''/\Omega$
TiO2-NWs
H-TiO2-NWs
0 50 100 150 200 250 300
Z'/Ω
(b)
R_S
C_{PE}
R_{ct}
W_s
(c)

图4.19　在开路电压（约为3.0V）下，TiO_2-NWs 和 H-TiO_2-NWs 材料电极的交流阻抗（a）；在首圈放电平台（约为1.75V）下，TiO_2-NWs 和 H-TiO_2-NWs 材料电极的交流阻抗（b）；交流阻抗（EIS）测试的等效电路（c）

表4.2　拟合后阻抗的数值列表

样品	R_S/Ω	误差/%	R_{ct}/Ω	误差/%
TiO_2-NWs（OCP）	7.81	2.87	326.8	1.25
H-TiO_2-NWs（OCP）	4.00	1.51	91.7	0.23
TiO_2-NWs（1.75V）	2.95	1.00	175.0	0.62
H-TiO_2-NWs（1.75V）	2.30	0.76	33.2	0.46

表4.3　根据四探针电阻测试法得到的 TiO_2-NWs 和 H-TiO_2-NWs 电极的方块电阻值

项　　目	TiO_2	H-TiO_2
方块电阻/Ω · □$^{-1}$	1.0×10^5	3.2 ± 0.6

为了进一步从理论上验证 H-TiO_2 电化学性能提高的原因，采用理论计算方法，通过缺陷形成能、Ti—O 键键长、荷电分布、能带间隙等方面比较了其与未改性材料间理化性质的区别。

首先介绍本实验中 TiO_2 晶体结构的相关信息（计算方法为 VASP 方法），它属于四方晶系（$I4_1/amd$），晶胞参数为 $a=b=0.378$nm，$c=0.951$nm，晶胞体积通常为 13.625nm^3。主要的晶面分为两种：一种是活性较高的（001）晶面，另一种是可以大量稳定存在的（101）晶面。

根据透射电镜分析可知制备的 TiO_2 纳米线主体暴露晶面为结构、化学性质更稳定的（101）晶面。所以有必要针对该晶面的氧空位分布进行模拟（其中计算一个孤立 O_2 分子的能量时，通过将一个孤立 O_2 分子置于 1.0nm×1.0nm×1.0nm 的真空盒子中，来避免与近邻单胞其他分子之间的相互作用。实验中所有计算使用 CASTEP 软件完成，采用 GGA-PW91 计算方法，截断能选择大于或等于 340mV）。

研究证明 TiO_2(101) 面应终止于二配位的 O 原子，次层为五配位的 Ti 原子。其中 2C-O 为最表层的 O 原子，3C-O 为第三层的 O 原子。5C-Ti 为第二层的 Ti 原子，6C-Ti 为第四层的 Ti 原子。

实验中对表面模型进行计算，需构建 Slab 模型，在计算时构建 2×2 表面超晶胞，为保证上下表面对称共构建了 12 层原子，其中表面原子设置为 3 层。真空层厚度设置为 15Å，通过在表面移去氧原子的方法构建氧原子缺陷，分别考虑了 O_{2C}空位（V_{O2c}），O_{3C}空位（V_{O3c}）；并且在计算时采取了固定晶胞常数的方法，对表面上所有原子进行了弛豫。

为了表征实验中氧缺陷形成的难易程度，需要提出缺陷形成能的概念，并利用如下公式：

$$E_f = E_{total}(D^q) - E_{total}(0) + \sum n_x\mu_x + qE_f$$

式中 E_{total}（D^q）——晶胞形成氧缺陷导致有价态时的能量；

E_{total}（0）——晶胞没有缺陷时的能量；

μ——原子的化学势。

TiO_2 晶体中 Ti 原子和 O 原子的化学势与 TiO_2 实际生长氛围有关（富 Ti 或富 O）。虽然化学势是一个变量，但是，每个原子的化学势都有其边界条件。Ti 的化学势 μ_{Ti} 在富钛条件下满足上限 $\mu_{Ti}{}^{max}=\mu_{Ti}{}^{bulk}$。实际上在热力学平衡条件下，化学势 μ_{Ti} 是不能高于单晶金属中 Ti 原子能量 Ti^{bulk} 的。假如把 μ_{Ti} 增大则不会得到 TiO_2 晶体，而会生长成单晶 Ti。同样在富 O 条件下，μ_O 不能高于 O_2 分子中 O 原子的能量 $\mu_O{}^{bulk}$，满足上限 $\mu_O{}^{max}=\mu_O{}^{bulk}$。除了满足上面定义的上限，也必须满足下面定义的下限。μ_{Ti} 和 μ_O 不是两个单独的物理量，而在晶体热力学中存在如下关系：$\mu_{Ti}+\mu_{O}=E_{TiO_2}$。

表面的稳定态是由 Ti 或 O 元素真实的化学势与 Ti 晶体或者 O_2 分子的化学势的偏差来决定的：在此条件下 TiO_2 晶体缓慢平衡生长。

根据上述方程就能计算出 TiO_2 在富氧和富钛情况下，不同位置的缺陷形成能，从而判断出缺陷形成的难易程度，相关结果见表 4.4。

表 4.4　富钛及富氧条件下缺陷能的计算　(eV)

状态	2C-O	3C-O
富钛	−1.81	−1.02
富氧	4.96	5.76

分析结果可以发现，在不同的生长氛围下，各种表面缺陷形成能大小是明显不同的：

(1) 相对于富 O 增长条件，富 Ti 增长条件更有利于表面能量的稳定。这是因为在富 O 增长条件下，表面不同氧空位的形成能均是正值，即氧空位形成过程需要吸收热量；而在富 Ti 增长条件下，表面不同氧空位的形成能均为负值，即氧空位形成过程释放出热量。从热力学角度来说，富 Ti 增长条件更有利于表面氧空位的形成。

(2) 无论是在富 O 增长条件下还是富 Ti 增长条件下，表面不同的氧空位的形成由难到易的顺序为 $V_{O-3C}>V_{O-2C}$。即表面桥氧空位最容易形成，这主要是因为二配位的桥氧比表面原子层中的其他三配位氧原子少一个键，并且暴露在最外面，因此较少的能量即可形成桥氧空位。

以下选取两种状况进行计算：一种是富钛的情况，另一种是富氧的情况，在本节实验中通过 H_2-Ar 等离子气体处理 TiO_2，即将 TiO_2 置于富钛的条件下。结果显示，这种情况下氧空位的形成能要比富氧条件需要的缺陷能 E_f 更低，说明更容易发生氧空位这种缺陷。

本节也利用计算预测了氧空位形成时 Ti—O 键键长的变化情况，详见表 4.5。通过比较发现，在有氧缺陷的情况下 Ti—O 键的平均键长是有所增长的。由于 TiO_2 是基于嵌脱锂机制进行电化学反应，所以 Ti—O 键键长的增大将有利于锂离子的嵌入脱出及扩散，利于提高材料的倍率性能。这也进一步说明了改性后，XRD 晶格常数变大，材料倍率性能得到改善的原因。

表 4.5　Ti—O 键键长比较

项　目	无缺陷	2C-O	3C-O
Ti—O 键长/Å	1.968	1.972	1.969

还可以通过计算原子表面荷电分布及能带间隙来从理论上验证氢化处理后材

料导电性是否提高，相关的数据列于下述表格中。通过表4.6、表4.7的数据比较，可以发现形成氧缺陷后，TiO_2 表面电荷分布变得不均匀，并且电荷从O原子向Ti元素转移，使Ti的正电性明显减弱，Ti^{3+} 比例变高，材料导电性提高。通过对其电子特性（能带、态密度）的计算进行分析，可以发现当发生氧缺陷后，带隙明显减小，表面桥氧（O_{2C}）空位使得带隙明显减小，这非常有利于电子从价带直接跃迁到导带。而对于 O_{3C} 的氧空位，禁带中间都出现了一条有氧空位引入的占据态的施主能级。由于距离导带底较远，属于深施主能级，可以起到"垫脚石"作用，有利于电子的二次激发跃迁。而这些均会导致电子更容易跃迁到导带，从而提高材料的导电性。

表4.6　表面原子静电荷分布变化

项目	2C-O	3C-O	5C-Ti	3C-Ti
完整表面	−0.600	−0.730	1.360	1.320
2C-O 缺陷	−0.600	−0.740	1.290	1.225
3C-O 缺陷	−0.600	−0.720	1.140	1.195

表4.7　能带间隙变化

项目	无缺陷	2C-O	3C-O
带隙/eV	3.019	2.829	2.805

本节首次应用氢化等离子体改性技术，得到表面 Ti^{3+} 改性的 TiO_2-NWs 薄膜电极材料。对 H-TiO_2-NWs 电极材料进行电化学性能测试分析发现：H-TiO_2-NWs 材料不仅具有稳定的循环性能，还具有良好的倍率性能，在 3350mA/h（10C）下循环时，H-TiO_2-NWs 材料的放电容量高达 129.5mA · h/g，这一容量值要远远高于未改性的 TiO_2-NWs 材料的放电容量（86mA · h/g）。此外，在电流密度为 200mA/g 下循环 200 圈后，H-TiO_2-NWs 材料的放电容量为 225.6mA · h/g，容量保持率高达 99.8%，而 TiO_2-NWs 材料的放电容量为 204.0mA · h/g，容量保持率仅为 82.1%。XPS、Raman 和电化学交流阻抗谱图 EIS 等结果表明，引起 H-TiO_2-NWs 材料电化学性能明显改善的主要原因为：在氢化等离子体处理过程中，TiO_2 纳米线表面生成 Ti^{3+} 和氧空位，导致 TiO_2 晶体内部部分结构出现无序排列，不但提高了材料的导电性，还增大了 Ti—O 的键长，有利于加快锂离子的迁移和电子的传输，从而改善了材料的循环稳定性和快速充放电性能。

4.3　TiO_2@Ag 薄膜电极材料的制备与电化学性能

作为锂离子电池负极材料之一，TiO_2 由于其具有较高的理论比容量（335mA · h/g）、循环稳定性好、价格低廉、无毒无污染等优点，而受到了众多研究者的关注。TiO_2 作为锂离子电池负极材料，在锂离子嵌入/脱出过程中，体积膨胀小（约 3%），循环可逆性好，嵌入/脱出深度小、行程短，放电平台电位高（约为 1.75V（vs. Li^+/Li）），其电压平台明显要高于碳电极，可以避免 SEI 膜的形成和金属锂的析出，从而提高锂离子电池的安全性能。这些优点使得 TiO_2 负极材料在高功率、长循环寿命的储能电池领域具有广阔的应用前景。然而，TiO_2 自身的缺陷也不容忽视，其电子导电性很差，仅为 10^{-10}S/cm，这是因为 Ti^{4+} 的 3d 轨道是满电状态的，没有可自由移动的电子，因此其能带间隙很宽，约为 3eV，这将导致其导电性较低，类似于绝缘体；另外，TiO_2 的实际比容量只有 168mA · h/g，仅为理论值的一半。

目前，许多用于提高材料导电性的改性方法被广泛应用于改善 TiO_2 材料电化学性能的研究。如：Rahman 等利用传统的银镜法，成功在 TiO_2 纳米带/纳米管表面包覆上 Ag 粒子，显著地改善了材料的倍率性能和循环稳定性；Park 等用碳包覆 TiO_2 材料，降低材料嵌脱锂反应的活化能，有利于 Li^+ 的快速嵌入/脱出；He 等利用银镜反应成功在 TiO_2 纳米管表面附载上 Ag 粒子，而 Ag 粒子的附载降低了电极的极化现象，显著地提高了 TiO_2 纳米管的高倍率性能和循环稳定性。

因此，本节主要致力于改善 TiO_2-NWs 薄膜电极材料的导电性。实验中，利用传统的银镜反应在 TiO_2-NWs 薄膜电极材料表面附载纳米 Ag 粒子，而纳米 Ag 粒子的附载，可有效地加快离子的迁移和提高材料的电子导电性，从而提高 TiO_2@ Ag-NWs 材料的倍率性能和循环稳定性。

4.3.1 实验部分

4.3.1.1 TiO_2-NWs 薄膜电极材料的制备

具有纳米级 3D 网状结构的 TiO_2-NWs 薄膜电极的制备流程见 4.2.3.1 节的材料制备部分。如不加特别说明，本节 TiO_2-NWs 薄膜电极的合成条件均与 4.2.1.1 节的合成条件一致。

4.3.1.2 TiO_2@ Ag-NWs 薄膜电极材料的制备

利用传统的银镜反应制备纳米 Ag 粒子附载改性的 TiO_2-NWs 薄膜电极（图 4.20）的具体实验步骤如下：直接将上述制得的 TiO_2-NWs 薄膜电极固定于 1L 烧杯底部，先加入 100mL 5mmol $AgNO_3$ 溶液；在超声分散机搅拌下缓慢滴入 100mL 5mmol NaOH 溶液，此时溶液开始变浑浊并生产棕色沉淀；随后利用移液枪逐滴滴入 10mol 氨水溶液直至沉淀恰好消失，形成稳定的银氨溶液，此时发生的反应为：$Ag^+ + NH_3 \rightleftharpoons Ag(NH_3)^+$ 与 $Ag(NH_3)^+ + NH_3 \rightleftharpoons Ag(NH_3)_2{}^+$；最后，缓慢滴入

100mL 10mmol 葡萄糖溶液，室温下反应 3h，此时对应的反应为：$2[Ag(NH_3)_2]^+ + 2OH^- + R\text{-}CHO = 2Ag\downarrow + 3NH_3\uparrow + R\text{-}COO^- + H_2O + NH_4^+$。待反应完成后取出该极片，分别用去乙醇、离子水清洗干净，再在干燥箱中 60℃ 真空干燥 12h，最终得到纳米 Ag 粒子附载的 TiO_2-NWs 薄膜电极（TiO_2@Ag-NWs）。

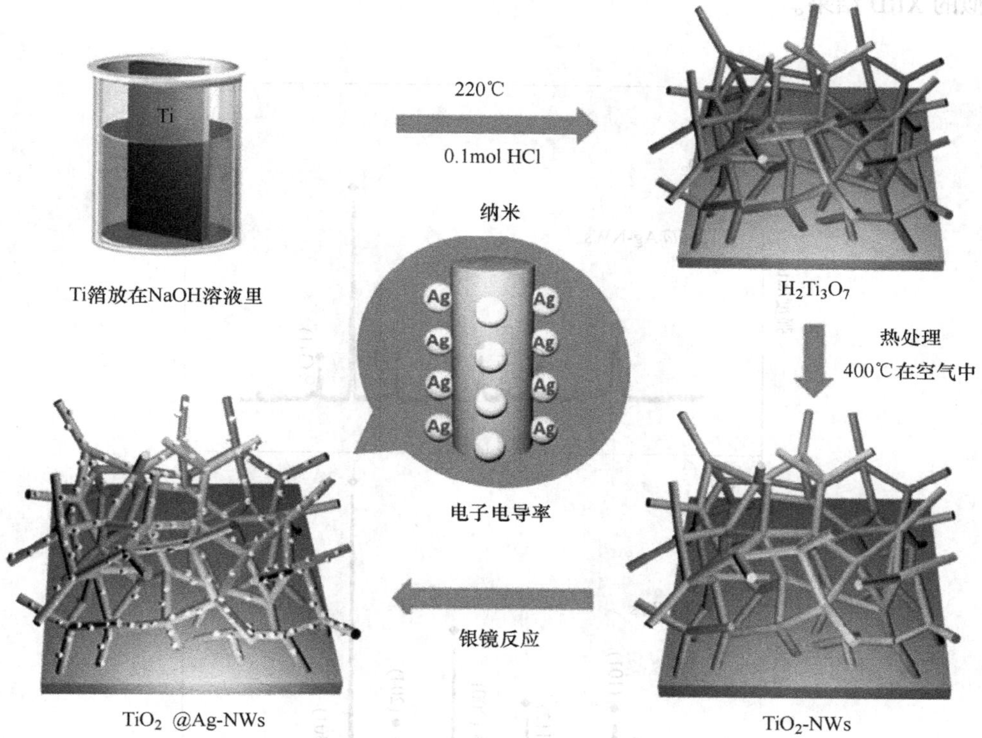
Ti
220℃
0.1mol HCl
Ti箔放在NaOH溶液里
$H_2Ti_3O_7$
热处理
400℃在空气中
纳米
Ag
电子电导率
银镜反应
TiO_2 @Ag-NWs
TiO_2-NWs

图 4.20 TiO_2@Ag-NWs 材料的制备流程

4.3.2 结果与讨论

4.3.2.1 材料的形貌与结构表征结果

图 4.21 所示为未附载改性和纳米 Ag 粒子附载改性的 TiO_2-NWs 材料的 XRD 图谱。从未附载改性的 TiO_2-NWs 材料的 XRD 图谱可以看出，除了在 $2\theta=40.2°$、53.0°、70.6°处存在电流集流体 Ti 箔（metal tatinium JCPDS No. 89-2762）的衍射峰外，位于 $2\theta=25.4°$、37.8°、48.1°、62.8°、76.2°的衍射峰与锐钛矿型 TiO_2（JCPDS No. 89-4921）的衍射峰相对应，并无其他杂质相的生成。经过银镜反应后，材料的 XRD 图谱在 2θ 等于 38.1°、44.3°、64.4°、77.4°处可明显地观测到

不同于 TiO_2-NWs 材料的衍射峰，分析发现，这些新相衍射峰与立方晶系的单质银（JCPDS No. 87-0717）的衍射峰相符合，并无氧化银相的生成，这也表明了室温下利用银镜反应法可成功在 TiO_2-NWs 电极材料表面成功附载上纳米 Ag 粒子。B. L. He 和 M. M. Rahman 等人在之前的研究工作中都曾采用此方法得到过类似的 XRD 结果。

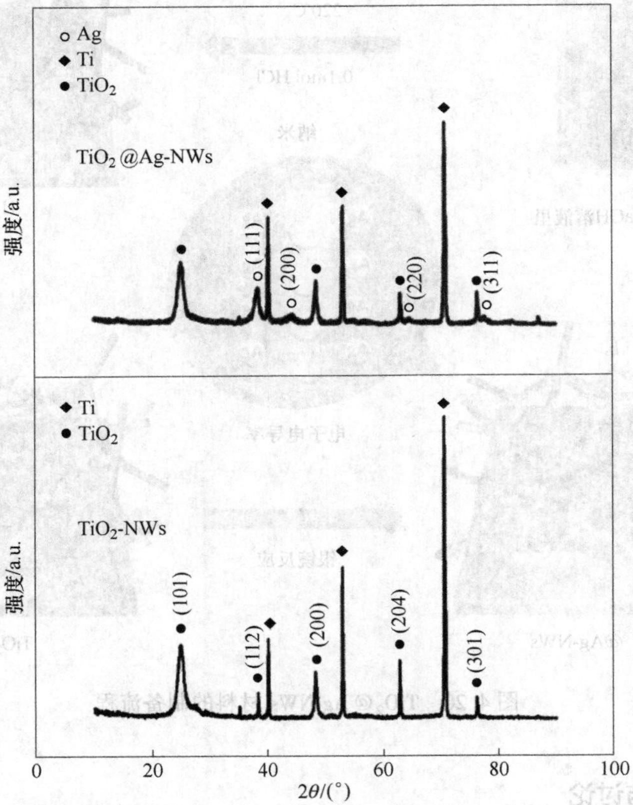
○ Ag
◆ Ti
● TiO_2
TiO_2@Ag-NWs
强度/a.u.
(111)
(200)
(220)
(311)
◆ Ti
● TiO_2
TiO_2-NWs
强度/a.u.
(101)
(112)
(200)
(204)
(301)
0
20
40
60
80
100
2θ/(°)

图 4.21　TiO_2-NWs 和 TiO_2@ Ag-NWs 材料的 XRD 图谱

图 4.22 所示为 TiO_2-NWs 和 TiO_2@ Ag-NWs 材料的 SEM 图以及 TiO_2@ Ag-NWs 材料相关的元素分布图和 EDS 分析结果。通过图 4.22（a）~（c）可以看出：（1）利用水热法制得的 TiO_2-NWs 薄膜电极材料具有稳定的 3D 网状结构；（2）形成的 TiO_2 纳米线大小均匀，长几微米，直径 50~70nm；（3）这种纳米线构成的 3D 网状结构不仅使材料具有较大的比表面积，利于 Li^+ 的快速迁移和电解液的快速浸润，同时亦可缩短锂离子的扩散路径，有利于提高材料的电化学性

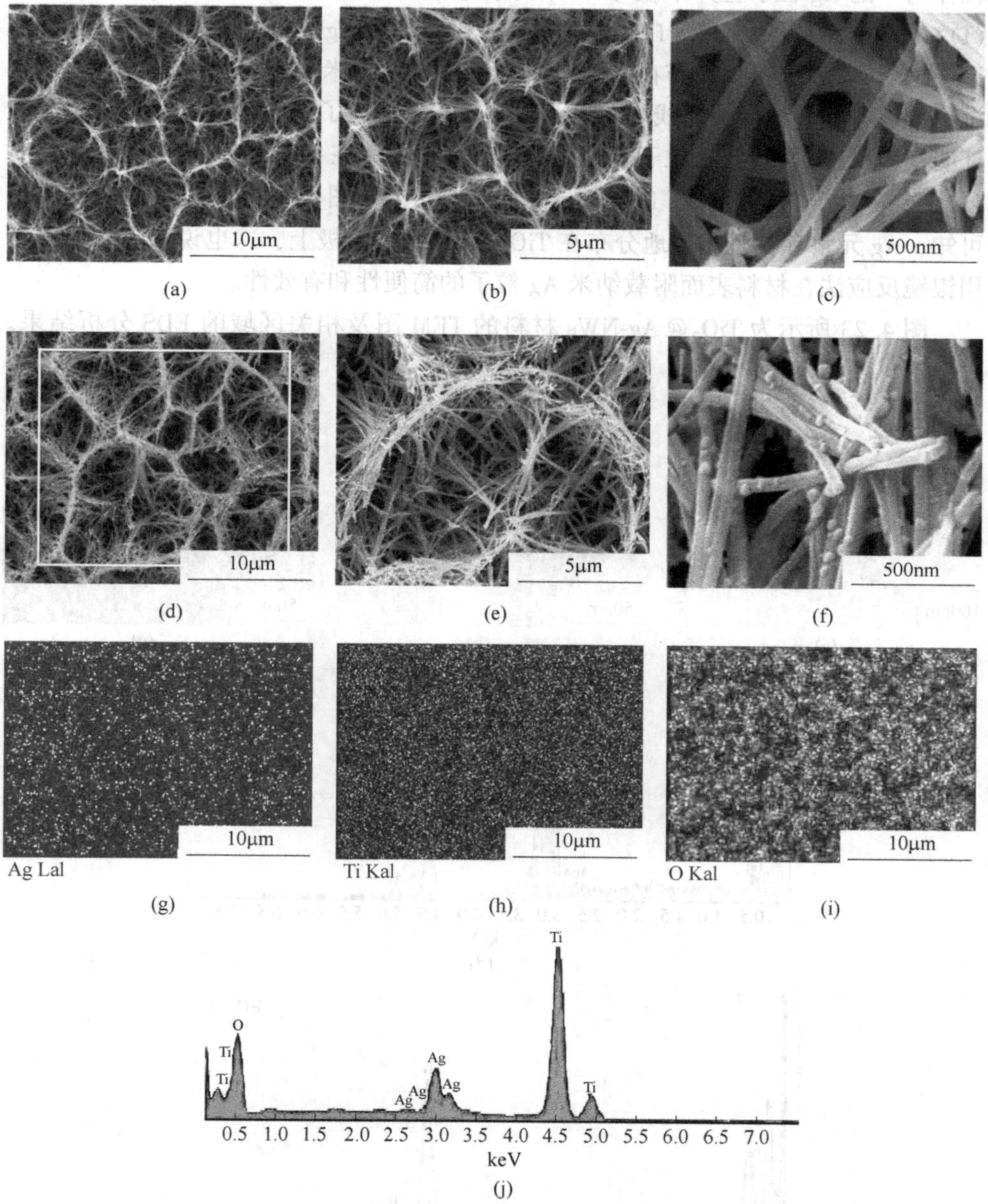
10μm
(a)
5μm
(b)
500nm
(c)
10μm
(d)
5μm
(e)
500nm
(f)
10μm
Ag Lal
(g)
10μm
Ti Kal
(h)
10μm
O Kal
(i)
O
Ti
Ti
Ag
Ag
Ag
Ag
Ti
Ti
0.5 1.0 1.5 2.0 2.5 3.0 3.5 4.0 4.5 5.0 5.5 6.0 6.5 7.0
keV
(j)

图 4.22 TiO_2-NWs（a~c）和 TiO_2@Ag-NWs（d~f）的 SEM 图片；
图（d）矩形框区域中 TiO_2@Ag-NWs 材料的元素分析结果：Ag 的元素分布图（g），
Ti 的元素分布图（h），O 的元素分布图（i），EDS 分析结果图（j）

能。经过银镜反应后，可以看到 TiO_2@ Ag-NWs 材料的纳米线表面均匀地附载上粒径均一的 Ag 粒子且并未破坏 TiO_2 薄膜电极的 3D 网状结构（图 4.22（d）~（f））。此外，从图 4.22（f）还可以观察到，纳米 Ag 粒子的粒径为 10~30nm，这些纳米 Ag 粒子不仅分布在纳米线表面，同时在纳米线与线之间的交界处也有沉积，这有利于纳米线与线之间电子的传输，可提高了材料的导电性。为进一步证明银镜反应后纳米 Ag 粒子是否成功且均匀地附载在 TiO_2-NWs 薄膜电极上，对 TiO_2@ Ag-NWs 材料进行了 Mapping 和 EDS 分析。由图 4.22（g）和（j）的结果可知，Ag 元素存在且均匀地分布在 TiO_2-NWs 薄膜电极上，这也说明了室温下利用银镜反应法在材料表面附载纳米 Ag 粒子的简便性和有效性。

图 4.23 所示为 TiO_2@ Ag-NWs 材料的 TEM 图及相关区域的 EDS 分析结果。

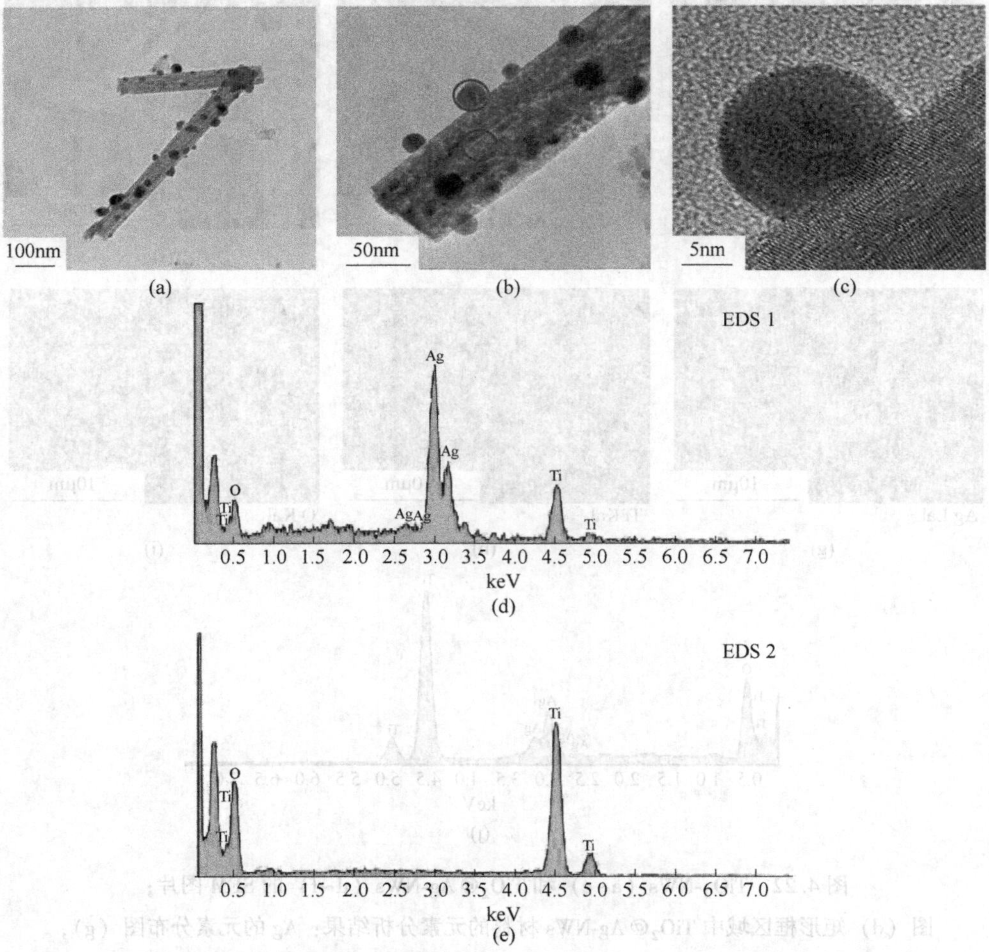
100nm
50nm
5nm
(a)
(b)
(c)
EDS 1
Ag
Ag
O
Ti
Ti
AgAg
Ti
Ti
0.5 1.0 1.5 2.0 2.5 3.0 3.5 4.0 4.5 5.0 5.5 6.0 6.5 7.0
keV
(d)
EDS 2
Ti
O
Ti
Ti
Ti
0.5 1.0 1.5 2.0 2.5 3.0 3.5 4.0 4.5 5.0 5.5 6.0 6.5 7.0
keV
(e)

图 4.23　TiO_2@ Ag-NWs 材料的低倍（a、b）和高倍透射图（c）；（d）、（e）分别为（b）中两个指定区域的 EDS 分析结果

从低倍 TEM 结果（图 4.23（a）和（b））可知，纳米 Ag 粒子均匀附载在 TiO_2 纳米线表面，并未进入 TiO_2 纳米线的晶体内部，其粒径为 10~30nm，这与图 4.22（f）的 SEM 结果一致。TiO_2@Ag-NWs 材料的高倍透射图（图 4.23（c））表明，Ag 粒子和 TiO_2 纳米线均具有高度的结晶相；采用 Gatan Digital Micrograph 软件对材料的晶格条纹分析发现，$d=0.236nm$、$d=0.352nm$ 分别与 Ag（Ref. Pattern：Silver 3C，01-087-0717）的（111）晶面间距（$d_{(111)}=0.236nm$）和 TiO_2（Ref. Pattern：Anatase，syn，01-089-4921）的（101）晶面间距（$d_{(101)}=0.351nm$）相符合，这也与图 4.21 的 XRD 结果相符合。随后，分别对图 4.23（b）中的 EDS1 和 EDS2 区域进行能谱分析发现，TiO_2@Ag-NWs 材料的元素主要为 Ti、O、Ag 三种；纳米粒子区域（EDS1 区域）的元素主要为 Ag，而 Ti 与 O 的含量则很小（图 4.23（d））；纳米线区域（EDS2 区域）的元素为 Ti 与 O，并未探测到 Ag 元素的存在（图 4.23（e））。这一结果也进一步证明了纳米粒子是以单质 Ag 形式存在的且 Ag 仅附载在纳米线表面，并未进入到纳米线的晶体内部。另外，对 TiO_2@Ag-NWs 材料的 Ag 含量采用电感耦合等离子体原子发射光谱仪（ICP-AES）进行测试分析，结果见表 4.8，可以看到银镜反应后极片上 Ag 的附载含量为 5.20%(质量分数)。

表 4.8 通过电感耦合等离子体原子发射光谱法（ICP-AES）测得的 TiO_2@Ag-NWs 材料中 Ag 和 Ti 的含量（质量百分比）

元素	测试结果/g·mL^{-1}	计算结果/%
Ti	3.94	56.88
Ag	0.36	5.20

4.3.2.2 材料的电化学性能测试结果

为进一步证明纳米 Ag 粒子在充放电过程中不会对锂离子的嵌入/脱出过程和嵌锂化合物 $Li_{0.5}TiO_2$ 的结构造成明显的影响，分析了原始的和处于第 4 圈放电状态的 TiO_2@Ag-NWs 极片的 XRD 图谱（图 4.24）。从图中可以看到，嵌锂反应后，锐钛矿 TiO_2 的衍射峰轻微向其角度偏移形成正交晶系的 $Li_{0.5}TiO_2$，然而这两种电极材料的纳米 Ag 单质的衍射峰无明显的改变，也表明了纳米 Ag 粒子在 TiO_2 充放电过程中具有良好的化学稳定性，不会影响 TiO_2 的电化学嵌脱锂特性。

与此同时，TiO_2-NWs 和 TiO_2@Ag-NWs 电极材料的首圈库仑效率较低，均有较大的首次不可逆容量损失，分别高达 109.4mA·h/g 和 126.8mA·h/g。Shu 等人认为首次不可逆容量损失是由于有机电解液的不可逆分解造成的；A. R. Armstrong 等人认为，对于 TiO_2 电极而言，在其充放电过程中，并未在电极表面形成固体电解质界面膜（solid electrolyte interface film，简称 SEI 膜），其首

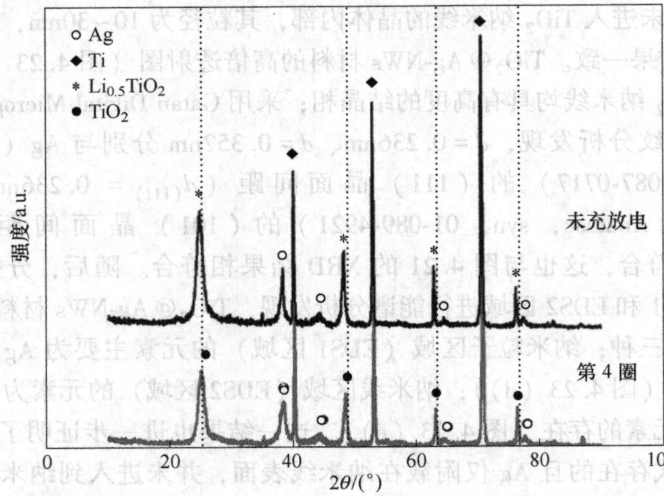

○ Ag
◆ Ti
* Li0.5TiO2
● TiO2
强度/a.u.
未充放电
第 4 圈
0
20
40
60
80
100
2θ/(°)

图 4.24　未充放电的和处于第 4 圈放电状态下的 TiO_2@ Ag-NWs 电极的 XRD 图谱

次不可逆容量损失并不是由于 SEI 膜的形成引起的；G. Sudant 等人把首次循环过程中的不可逆容量损失归因于在 TiO_2 和 Li_xTiO_2 两相固溶区形成的“贫锂相”；而 P. G. Bruce 等人则认为，TiO_2 电极的首次不可逆容量是由于在首次充电过程（脱锂过程）中，晶格结构中的 Li^+无法完全脱出，内部还存在一部分死锂，以及在首次充放电过程中电极表面形成 SEI 膜。本节的 TiO_2-NWs 和 TiO_2@ Ag-NWs 这两种电极材料首次不可逆容量损失可能是由以下原因造成的：一是由于纳米线具有较大的比表面积，故而易吸收微量水分子，导致副反应的发生；二是纳米线具有较丰富的表面缺陷；三是由于 TiO_2 是半导体材料，其较差的电子导电性会导致部分 Li^+无法可逆脱出。此外，附载纳米 Ag 粒子改性后，尽管 TiO_2@ Ag-NWs 材料的首圈库仑效率比 TiO_2-NWs 的低，但是在后续的充放电测试中发现，TiO_2@ Ag-NWs 材料具有较好的循环可逆性、容量保持率和倍率性能（图 4.25（a）和（b）），这一现象可能是由于 TiO_2@ Ag-NWs 材料具有更大的比表面积，以及其在前几圈循环中需要预活化过程。对比发现，附载上高导电性的纳米 Ag 粒子后，TiO_2@ Ag-NWs 电极材料的比容量及容量保持率均得到了改善，表明纳米 Ag 粒子的附载有利于加快锂离子和电子的传输，增强了材料的可逆嵌脱锂能力，从而提高了材料的充放电容量。

图 4.25（a）所示为 TiO_2-NWs 和 TiO_2@ Ag-NWs 电极在充放电电流密度为 200mA/g 时的充放电循环性能。对于 TiO_2-NWs 电极而言，在第 2 圈的放电容量为 248.6mA · h/g，循环 120 圈后放电容量为 204.0mA · h/g，容量保持率为 82.1%；而 TiO_2@ Ag-NWs 在第 2 圈的放电容量为 233.7mA · h/g（这一比容量值

是以 TiO_2 和 Ag 为极片总活性物质质量计算得到的)，循环 120 圈后放电容量为 231.6mA·h/g，容量保持率高达 99.1%，这也表明了 TiO_2@Ag-NWs 电极具有更好的循环稳定性和容量保持率。图 4.25（b）所示为 TiO_2-NWs 和 TiO_2@Ag-NWs 电极的倍率性能。从图中可以看到，TiO_2-NWs 电极随着充放电电流密度的增大，其充放电容量急剧衰减；而 TiO_2@Ag-NWs 电极则表现出更优异的倍率性能和更高的充放电容量，特别是在大电流密度下性能改善的效果更明显（具体的电化学性能对比见表 4.9 和表 4.10）。例如，在电流密度为 3350mA/g（10C，1C = 335mA/g）时，TiO_2-NWs 电极的放电容量仅为 86mA·h/g，而 TiO_2@Ag-NWs 电极的放电容量则高达 120mA·h/g，容量的损失要比 TiO_2-NWs 电极的小。纳米 Ag 粒子附载后，TiO_2@Ag-NWs 材料的倍率性能得到了显著提高，这一现象可能是由于在大电流密度下，高密度 Li^+ 的潜入和 Li^+ 的慢速传输导致 TiO_2-NWs 材料中 Li^+ 的浓度极化增大，从而严重影响了 TiO_2-NWs 材料充放电容量；而对于 TiO_2@Ag-NWs 材料，纳米 Ag 粒子提高了材料的导电性，加快了 Li^+ 传输，降低了在大电流密度下的 Li^+ 的浓度极化，进而改善了材料高倍率的充放电性能。因此，这些电池性能结果充分地表明了，纳米 Ag 粒子的附载改性不仅有利于提高 TiO_2-NWs 材料的电子导电性，也有利于改善 TiO_2-NWs 材料的循环稳定性和倍率性能。

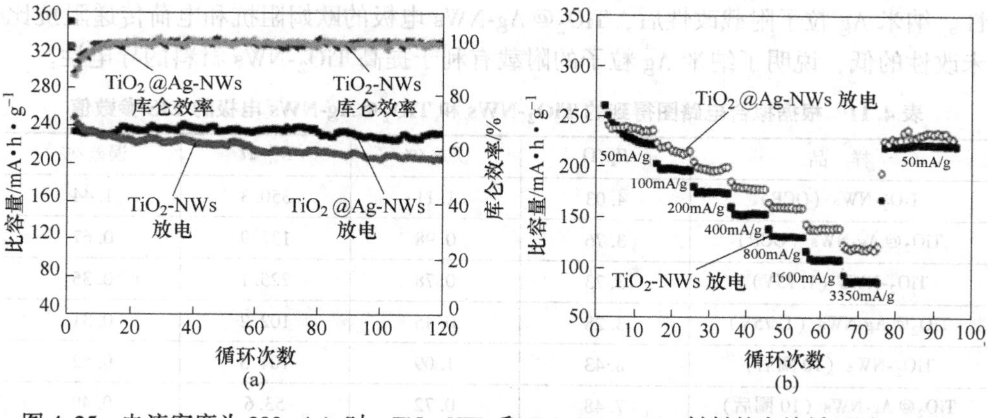
比容量/mA·h·g⁻¹
库仑效率/%
TiO₂@Ag-NWs 库仑效率
TiO₂-NWs 库仑效率
TiO₂-NWs 放电
TiO₂@Ag-NWs 放电
循环次数
(a)
TiO₂@Ag-NWs 放电
50mA/g
100mA/g
200mA/g
400mA/g
800mA/g
1600mA/g
3350mA/g
TiO₂-NWs 放电
循环次数
(b)

图 4.25 电流密度为 200mA/g 时，TiO_2-NWs 和 TiO_2@Ag-NWs 材料的充放循环图（a）及 TiO_2-NWs 和 TiO_2@Ag-NWs 材料的倍率性能（b）

表 4.9 在 200mA/g 下，TiO_2-NWs 和 TiO_2@Ag-NWs 电极的电池性能对比

放电比容量	第 2 圈/mA·h·g^{-1}	120 圈/mA·h·g^{-1}	容量保持率/%
TiO_2-NWs	248.6	204.0	82.1
TiO_2@Ag-NWs	233.7	231.6	99.1

表 4.10　在 3350mA/g 下，TiO_2-NWs 和 TiO_2@Ag-NWs 电极的电池性能对比

放电比容量	66 圈/mA · h · g^{-1}	75 圈/mA · h · g^{-1}	容量保持率/%
TiO_2-NWs	93.1	85.7	92.1
TiO_2@ Ag-NWs	122.3	121.4	99.3

为进一步证明在 TiO_2-NWs 材料表面附载纳米 Ag 粒子改性的优越性，了解附载改性前后 TiO_2-NWs 和 TiO_2@ Ag-NWs 电极电化学动力学过程的差异，对这两种电极材料分别进行了 EIS、CV 及四探针电阻测试分析。电化学阻抗谱（EIS）是研究电极/电解质界面发生的电化学过程的最有力工具之一，在过去的 10 多年里，EIS 被广泛应用于研究碳材料和过渡金属氧化物材料中锂离子的嵌入和脱出反应过程。表 4.11 给出的是未附载改性的和纳米 Ag 粒子附载改性的 TiO_2-NWs 电极在不同条件下得到的 EIS 测试结果及其拟合结果，R_s 与 R_{ct} 分别代表的是欧姆阻抗与材料界面的电荷传递阻抗，C_{PE} 代表的是界面处钝化膜形成的双层电容，W_s 代表的是 Warburg 阻抗。从图 4.26（a）~（c）可以看出，这两种材料的阻抗谱图都是由一个半圆与一条斜线组成，其中位于高频区域的半圆代表电荷传递阻抗，位于低频区域的斜线代表的是 Warburg 阻抗与锂离子扩散阻抗。此外，根据图 4.26（d）中的等效电路对 EIS 测试数据进行拟合，发现拟合数据的拟合度较高，与测试数据之间的误差均在 5%以内（表 4.11），说明了该模拟电路的正确性。纳米 Ag 粒子附载改性后，TiO_2@ Ag-NWs 电极的欧姆阻抗和电荷传递阻抗比未改性的低，说明了纳米 Ag 粒子的附载有利于提高 TiO_2-NWs 材料的导电性。

表 4.11　根据拟合电路图得到的 TiO_2-NWs 和 TiO_2@Ag-NWs 电极的 EIS 参数值

样　品	R_s/Ω	误差/%	R_{ct}/Ω	误差/%
TiO_2-NWs（OCP）	4.03	1.11	350.3	1.44
TiO_2@ Ag-NWs（OCP）	3.76	0.98	137.9	0.67
TiO_2-NWs（1.75V）	3.73	0.78	225.1	0.35
TiO_2@ Ag-NWs（1.75V）	3.28	0.45	102.2	0.31
TiO_2-NWs（10 圈后）	8.43	1.09	104.3	0.52
TiO_2@ Ag-NWs（10 圈后）	7.48	0.72	53.6	0.40

为区别 TiO_2-NWs 和 TiO_2@ Ag-NWs 材料导电性的差异，采用四探针测电阻法测试了这两种材料的方块电阻值，结果见表 4.12。TiO_2-NWs 材料的方块电阻要远大于 TiO_2@ Ag-NWs 材料的方块电阻。这些数据均证明了附载纳米 Ag 粒子改性的优越性，有利于改善材料的导电性，提高材料的电化学性能。

对 TiO_2-NWs 和 TiO_2@ Ag-NWs 电极进行了不同扫描速度下的 CV 曲线测试，结果如图 4.26（a）、（b）所示。从图中主要可以得出以下的信息：（1）TiO_2-

表4.12 根据四探针电阻仪测得的TiO_2-NWs和TiO_2@Ag-NWs电极的方块电阻值

项 目	TiO_2-NWs	TiO_2@Ag-NWs
方块电阻/$\Omega\cdot m^{-2}$	$>1.0\times10^5$	$(1.8\pm0.4)\times10^2$

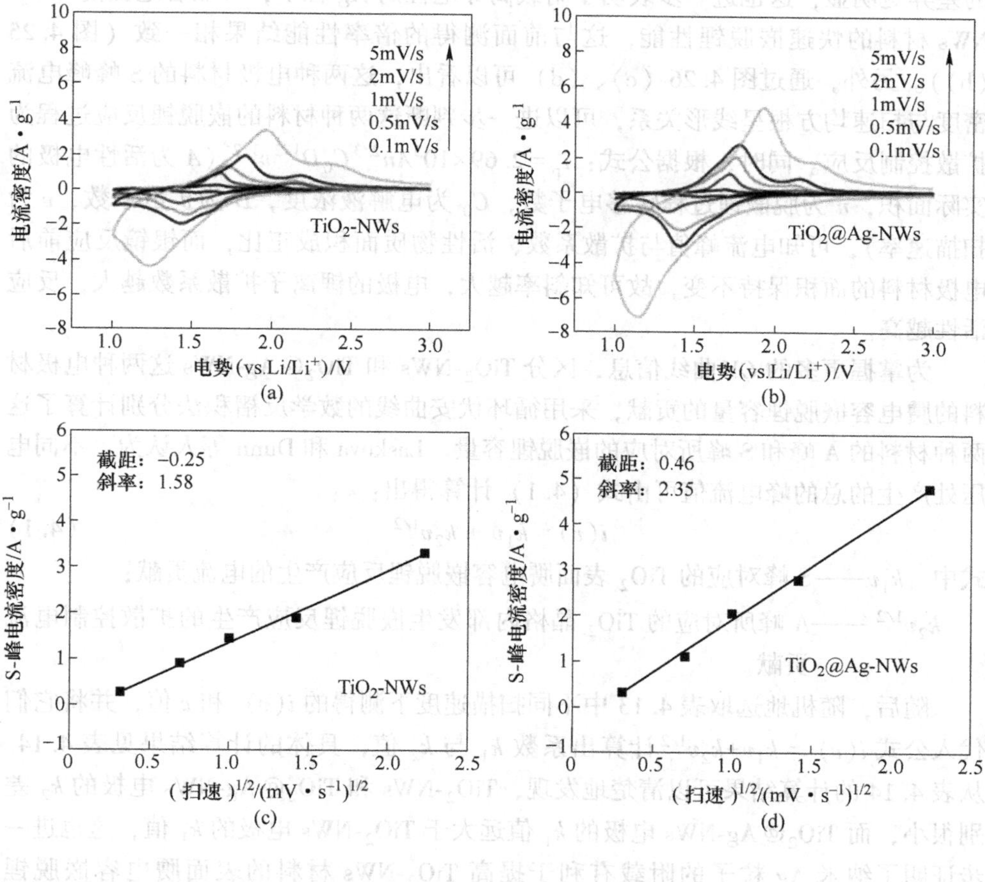

5mV/s
2mV/s
1mV/s
0.5mV/s
0.1mV/s
电流密度/A·g⁻¹
TiO₂-NWs
电势(vs.Li/Li⁺)/V
(a)
TiO₂@Ag-NWs
(b)
截距: −0.25
斜率: 1.58
S-峰电流密度/A·g⁻¹
(扫速)^1/2/(mV·s⁻¹)^1/2
(c)
截距: 0.46
斜率: 2.35
(d)

图4.26 在不同扫描速度下，TiO_2-NWs（a）和TiO_2@Ag-NWs（b）电极的循环伏安（CV）曲线；（c）与（d）分别是TiO_2-NWs和TiO_2@Ag-NWs电极的S峰电流密度与扫描速度均方根的线性拟合关系图

NWs和TiO_2@Ag-NWs电极的CV曲线面积与扫描速度有密切的关系；（2）随着扫描速度的降低，材料的总存储电荷量反而增加，产生这一现象的原因可能是由于在快速扫描过程中，受Li^+的扩散迁移能限制，Li^+在TiO_2晶格内部无法完全参与反应，导致了反应产生的总电荷量降低；（3）随着扫描速度的增加，TiO_2-NWs和TiO_2@Ag-NWs电极的A峰面积逐渐减小，此时材料的容量主要为材料表

面赝电容嵌脱锂反应贡献的容量；(4) 峰电流 i 与扫速 $v^{1/2}$ 成正比，扫描速度越大，峰电流密度越大，电极的极化现象越严重；(5) 对比两图结果，发现 TiO_2@Ag-NWs 电极的 S 峰峰形在不同扫描速度下都比未附载改性的更加尖锐、峰电流密度更大，特别是在高扫描速度下 (5mV/s)，两者的 S 峰峰形及峰电流密度的差异更明显，这也进一步表明了附载高导电性的 Ag 粒子，可显著地提高 TiO_2-NWs 材料的快速嵌脱锂性能，这与前面测得的倍率性能结果相一致 (图 4.25 (b))。另外，通过图 4.26 (c)、(d) 可以看出，这两种电极材料的 S 峰峰电流密度与扫速均方根呈线形关系，可以进一步判断这两种材料的嵌脱锂反应过程为扩散控制反应。同时，根据公式：$i_p = 2.69 \times 10^5 A n^{2/3} C_0 D^{1/2} v^{1/2}$ (A 为活性电极的实际面积，n 为脱嵌锂过程转移电子数，C_0 为电解液浓度，D 为扩散系数，v 为扫描速率)，可知电流峰值与扩散系数、活性物质面积成正比，而银镜反应前后电极材料的面积保持不变，故可知斜率越大，电极的锂离子扩散系数越大，反应活性越高。

为掌握更多的 CV 曲线信息，区分 TiO_2-NWs 和 TiO_2@Ag-NWs 这两种电极材料的赝电容嵌脱锂容量的贡献，采用循环伏安曲线的数学反褶积法分别计算了这两种材料的 A 峰和 S 峰所对应的嵌脱锂容量。Laskova 和 Dunn 等人认为，不同电压处产生的总的峰电流值可由式 (4.1) 计算得出：

$$i(v) = k_1 v + k_2 v^{1/2} \tag{4.1}$$

式中　$k_1 v$——S 峰对应的 TiO_2 表面赝电容嵌脱锂反应产生的电流贡献；

$k_2 v^{1/2}$——A 峰所对应的 TiO_2 晶格内部发生嵌脱锂反应产生的扩散控制电流贡献。

随后，随机地选取表 4.13 中不同扫描速度下测得的 $i(v)$ 和 v 值，并将它们代入公式 $i(v) = k_1 v + k_2 v^{1/2}$ 计算出系数 k_1 与 k_2 值，具体的计算结果见表 4.14。从表 4.14 的计算结果可以清楚地发现，TiO_2-NWs 和 TiO_2@Ag-NWs 电极的 k_2 差别很小，而 TiO_2@Ag-NWs 电极的 k_1 值远大于 TiO_2-NWs 电极的 k_1 值，这也进一步证明了纳米 Ag 粒子的附载有利于提高 TiO_2-NWs 材料的表面赝电容嵌脱锂容量。

表 4.13　在不同扫描速度下，根据图 4.26 (c) 和 (d) 结果得到的 TiO_2-NWs 和 TiO_2@Ag-NWs 电极的 CV 测试参数

点	扫描速率/mV · s^{-1}	峰值电流密度/A · g^{-1}	
		TiO_2-NWs	TiO_2@Ag-NWs
a	0.1	0.24	0.29
b	0.5	0.90	1.11
c	1	1.40	2.05

续表 4.13

点	扫描速率/mV · s^{-1}	峰值电流密度/A · g^{-1}	
		TiO_2-NWs	TiO_2@ Ag-NWs
d	2	1.89	2.79
e	5	3.33	4.81

表 4.14 根据表 4.13 的电极 CV 测试参数和公式 $i(v)=k_1v+k_2v^{1/2}$ 计算得到的 k_1 与 k_2 值

点 *a* 和点 *e*	k_1	k_2	点 *b* 和点 *d*	k_1	k_2
TiO_2-NWs	0.38	0.64	TiO_2-NWs	0.09	1.21
TiO_2@ Ag-NWs	0.64	0.71	TiO_2@ Ag-NWs	0.57	1.17
点 *a* 和点 *d*	k_1	k_2	点 *b* 和点 *e*	k_1	k_2
TiO_2-NWs	0.74	0.59	TiO_2-NWs	0.14	1.17
TiO_2@ Ag-NWs	0.96	0.61	TiO_2@ Ag-NWs	0.38	1.30

随后，对不同状态下的 TiO_2@ Ag-NWs 电极进行 XPS 和 SEM 表征分析，进一步研究纳米 Ag 粒子对电极反应及材料结构的影响。图 4.27 所示为处于不同首圈放电状态下的 TiO_2 @ Ag-NWs 电极的 XPS 元素分析结果。从 C1s（图 4.27（a））和 O1s（图 4.27（b））的 XPS 谱图可以看到，在首圈放电至 1.5V 时，有少量的 R—OCO_2^-、CO_3^{2-}、C—O—C、C＝O 和 C—O—H/Li 等基团形成；而由 1.5V 放电至 0.8V 过程中，电极上这些基团的量逐渐增加。Pfanzelt 等人认为引起这一现象的原因是因为在首圈放电过程中，TiO_2 电极表面形成了 SEI 层，尤其是当首圈放电至 0.8V 时，有较为明显的 SEI 层形成。从 Ag3d（图 4.27（c））的 XPS 谱图可以看到，随着放电的不断进行，纳米 Ag 粒子的 XPS 峰强度逐渐减弱，而 Ag 的价态仍呈零价，这也表明了纳米 Ag 粒子在充放电过程中不会参与 TiO_2@ Ag-NWs 电极表面 SEI 层形成和具有良好的化学稳定性。

图 4.28 所示为充放循环 20 圈后 TiO_2@ Ag-NWs 电极的 SEM 图。从图中可以看到，循环后 TiO_2@ Ag-NWs 电极仍保持着纳米级 3D 网状结构，纳米 Ag 粒子并未发生脱落现象，这也表明这种 3D 网状结构具有很好的稳定性，有利于提高电极材料的循环稳定性。

本节采用传统的银镜反应法成功地制备出纳米 Ag 粒子附载的 TiO_2-NWs 薄膜电极材料。对 TiO_2@ Ag-NWs 电极材料进行电化学测试时发现：TiO_2@ Ag-NWs 材料不仅具有稳定的循环性能，还具有良好的倍率性能，在 10C 下充放循环，TiO_2@ Ag-NWs 材料的放电容量高达 120mA · h/g，这一容量值要远远高于未附载

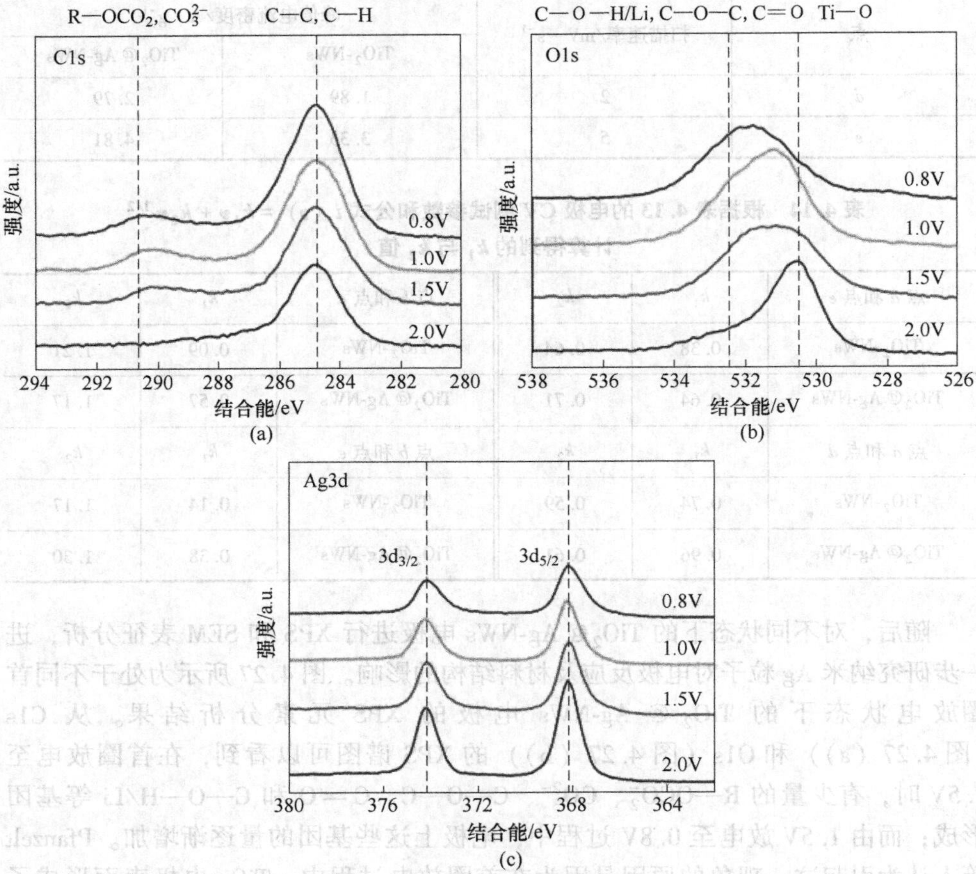
R—OCO2, CO3 2−
C—C, C—H
C1s
强度/a.u.
0.8V
1.0V
1.5V
2.0V
294 292 290 288 286 284 282 280
结合能/eV
(a)
C—O—H/Li, C—O—C, C=O
Ti—O
O1s
强度/a.u.
0.8V
1.0V
1.5V
2.0V
538 536 534 532 530 528 526
结合能/eV
(b)
Ag3d
3d3/2
3d5/2
强度/a.u.
0.8V
1.0V
1.5V
2.0V
380 376 372 368 364
结合能/eV
(c)

图 4.27　首圈分别放电至 2.0V、1.5V、1.0V 和 0.8V 状态下的 TiO_2@Ag-NWs 电极材料的 C1s（a）、O1s（b）和 Ag3d（c）的 XPS 测试结果

改性的 TiO_2-NWs 材料的放电容量（86mA·h/g）。此外，在电流密度 200mA/g 下循环 120 圈后，TiO_2@Ag-NWs 材料的放电容量为 231.6mA·h/g，容量保持率高达 99.1%，而 TiO_2-NWs 放电容量为 204.0mA·h/g，容量保持率仅为 82.1%。通过分析 SEM、CV、EIS 和电池性能等结果，可将引起 TiO_2@Ag-NWs 材料电化学性能得到改善的原因归结为：（1）TiO_2@Ag-NWs 材料具有稳定的纳米级 3D 网状结构，可为 Li^+的嵌入和电解液的浸润提供开放的晶体结构，从而提高材料的嵌脱锂容量和循环稳定性；（2）纳米 Ag 粒子的附载，可有效地加快锂离子的迁移，提高材料的电子导电性，从而提高材料的循环稳定性和快速充放电性能；（3）纳米 Ag 粒子的附载，加快了锂离子的扩散，提高了电极的电化学反应活性。

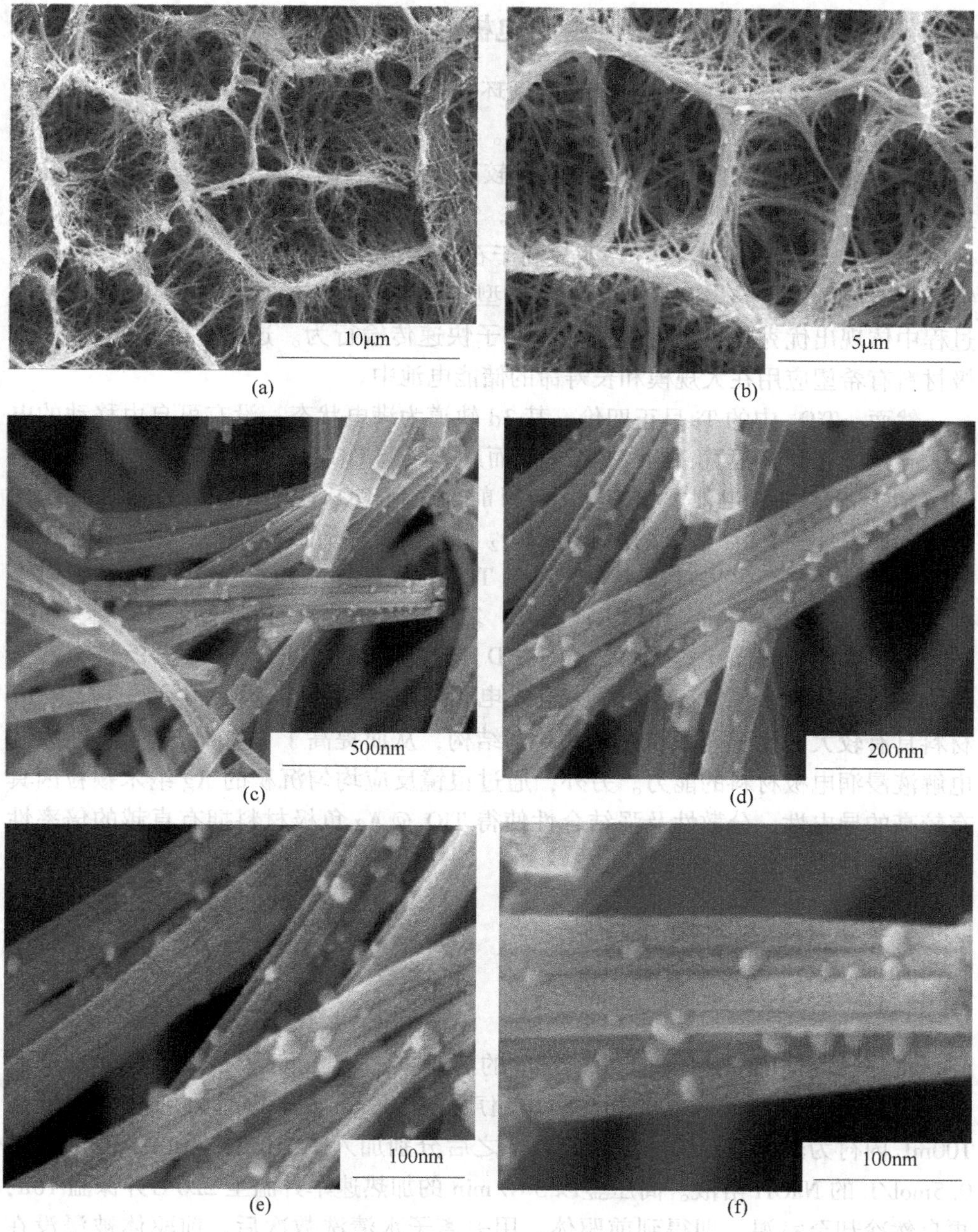
10μm
(a)
5μm
(b)
500nm
(c)
200nm
(d)
100nm
(e)
100nm
(f)

图 4.28 在 200mA/g 下，充放循环 20 圈后 TiO_2@Ag-NWs 电极的 SEM 图

此外，本节的研究方法既简便又高效，有助于解决材料导电性低的缺陷和达到提高材料倍率性能的目的，在其他材料的改性研究领域中亦具有较好的应用前景。

4.4　银负载量对 TiO_2@Ag 薄膜电极材料的储锂性能影响

锂离子电池因具有能量密度高、循环寿命长和无记忆性等优点，最近 10 年呈爆炸式发展，在人们生活中广泛应用。其中 TiO_2 锂离子电池负极是一种低成本、无毒性和环境友好的材料，它具备较高的电解液化学兼容性和安全性，被认为是一种石墨碳负极的替代材料。此外，锐钛矿型 TiO_2 材料中锂离子的嵌入/脱嵌电压（>1.0V（vs. Li/Li^+））明显高于石墨碳负极的工作电压，可以有效避免锂沉积造成的安全隐患。得益于锐钛矿型 TiO_2 材料稳定的结构，因此在充放电过程中体现出优秀的容量可逆性和锂离子快速传输行为。这些优点说明 TiO_2 负极材料有希望应用在大规模和长寿命的储能电池中。

然而，TiO_2 中的 Ti 呈正四价，其 3d 轨道为满电状态，没有可自由移动的电子，导致能带间隙很宽，约为 3eV，从而严重影响 TiO_2 快速转移电子的能力，限制了 TiO_2 在高能量电池领域的应用。目前，提高 TiO_2 材料电化学性能通常采用以下几种方法：（1）合成纳米结构 TiO_2 材料，以缩短锂离子的扩散距离；（2）进行结构掺杂，产生大量氧空位及三价 Ti，以提高导电性；（3）与某些导电率高的材料（C，Ag，Au，CNT，PPy 等）复合，从而降低材料阻抗。

本节介绍一种简单、无模板合成 3D 纳米网状结构 TiO_2 薄膜电极材料的方法，并通过传统银镜反应均匀负载高导电相纳米 Ag 颗粒。最终得到的 TiO_2@Ag 材料具有较大的比表面积和充分的孔洞结构，从而提高了 Li^+ 的快速转移能力和电解液浸润电极材料的能力。另外，通过银镜反应均匀沉积的 Ag 纳米颗粒因具有较高的导电性、分散性及强结合性使得 TiO_2@Ag 负极材料拥有卓越的倍率性能和循环性能。

4.4.1　实验部分

4.4.1.1　TiO_2 柔性电极的合成

水热过程选用一片厚度为 0.05mm 的商业 Ti 箔（纯度 99.5%）作为 Ti 源和基底，将 Ti 箔先后放入乙醇和丙酮中超声洗涤 30min，干燥后的 Ti 箔竖直放入 100mL 内衬为聚四氟乙烯的高压釜内，之后分别加入 10mL 乙醇和 80mL 浓度为 0.5mol/L 的 NaOH 溶液。高压釜以 3℃/min 的加热速率升温至 220℃并保温 16h，再自然冷却至室温，即得到前驱体。用去离子水清洗数次后，前驱体被浸没在 100mL 浓度为 0.1mol/L 的 HCl 中 6h，以便将 Na^+ 替换为 H^+。再次用去离子水清洗数次后，让前驱体在室温下干燥。最后，将已制得的前驱体放入马弗炉内，在空气气氛下以 3℃/min 的加热速率升温至 400℃，并保温 4h。当样品在室温下冷却后，可获得 TiO_2 柔性电极。

4.4.1.2 TiO_2@Ag 柔性薄膜电极的制备

Ag 纳米颗粒可通过传统的银镜反应沉积到 TiO_2 电极表面。将之前获得的 TiO_2 电极放入 1L 的烧杯底部，分别加入 35mg、70mg 和 105mg 的 $AgNO_3$ 及 100mL 去离子水；之后在超声分散下逐滴加入 100mL 浓度为 5mmol/L 的 NaOH 溶液，待生成棕色沉淀后再逐滴加入 10mol/L 的浓氨水，直至棕色沉淀完全溶解。根据反应式（4.1）和式（4.2），所得溶液变为无色状态。紧接着将 100mL 浓度为 10mmol/L 的葡萄糖溶液在强力超声分散下逐滴滴入上述溶液，并在室温下反应 3h，发生反应（4.3）。等待反应结束后，将产物取出并用去离子水和乙醇轮流清洗数次，60℃真空干燥 12h 后即可获得 TiO_2@Ag 柔性薄膜电极。

$$Ag^+ + NH_3 \longrightarrow Ag(NH_3)^+ \tag{4.2}$$

$$Ag(NH_3)^+ + NH_3 \longrightarrow Ag(NH_3)_2^+ \tag{4.3}$$

$$2[Ag(NH_3)_2]^+ + 2OH^- + R-CHO \longrightarrow 2Ag\downarrow + 3NH_3\uparrow + R\text{-}COO^- + H_2O + NH_4^+ \tag{4.4}$$

4.4.1.3 样品的表征

采用 Rigaku MiniFlex600 X'pert 型 X 射线衍射仪（XRD，Cu 靶，λ = 0.15405nm）进行物相分析，用 HITACHI S-4800 型场发射扫描电子显微镜（FESEM）和 JEM-2100 型高分辨率透射电镜（HRTEM）观察样品的形貌和结构，利用 HITACHI S-4800 型扫描电镜附带的 X 射线能谱分析仪（EDX）分析元素含量及分布情况，通过电感耦合等离子体技术（ICP）测定 TiO_2@Ag 材料中的 Ti、Ag 元素含量。

4.4.1.4 电池组装和性能表征

将 TiO_2 和 TiO_2@Ag 柔性电极作为研究电极，以金属锂片为对电极，Celgard 2400 聚丙烯微孔膜为隔膜，以浓度为 1mol/L 的 $LiPF_6$EC+DMC+DEC（1∶1∶1，V/V）为电解液，在氩气氛手套箱里组装成 CR2016 型扣式电池。在 LAND-V34 电池性能测试系统上进行恒电流充放电实验，电压范围为 1.0~3.0V。在 Metro-hmAutolabPGSTAT302N 型电化学工作站上进行循环伏安（CVs）和交流阻抗（EIS）测试。在 SX1934（SZ-82）型四探针电阻测试仪上测试 TiO_2 和 TiO_2@Ag 电极的薄层电阻。

4.4.2 结果与讨论

通过 ICP 分析改性产物中银的质量分数（表 4.15），将改性后的材料分别记

为 TiO_2@ Ag2. 2、TiO_2@ Ag4. 0 和 TiO_2@ Ag6. 4。银改性后的 TiO_2 纳米线 XRD 图谱如图 4. 29 所示。由图 4. 29 可知，TiO_2@ Ag 纳米线衍射峰的 $2\theta = 25.4°$、37. 8°、48. 1°、62. 8°和 76. 2°，与锐钛矿型 TiO_2（JCPDS No. 89-4921）相吻合，而 $2\theta = 40.2°$、53. 0°和 70. 6°，与金属 Ti（JCPDS No. 89-2762）相吻合，Ag（JCPDS No. 87-0717）的特征峰在 38. 1°、44. 3°、64. 4°和 77. 4°出现，并随着银含量的增加而逐渐加强。这说明通过银镜反应，Ag 成功负载在 TiO_2 纳米线上并且没有对其晶体结构造成负面的影响。

表 4. 15　ICP 测试获得的 TiO_2@Ag 纳米材料中元素 Ag 的含量

样品	测量结果/$\mu g \cdot mL^{-1}$	计算结果（质量分数）/%
1	0. 15	2. 2
2	0. 28	4. 0
3	0. 44	6. 4

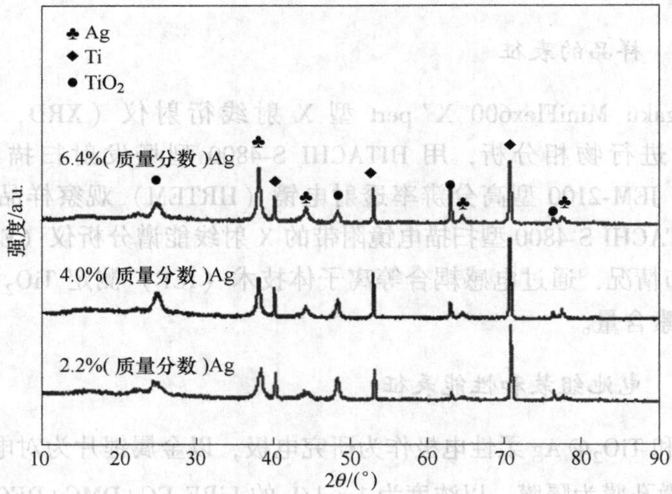
♣ Ag
◆ Ti
● TiO_2
6.4%(质量分数)Ag
4.0%(质量分数)Ag
2.2%(质量分数)Ag
强度/a.u.
10
20
30
40
50
60
70
80
90
2θ/(°)

图 4. 29　不同 Ag 含量的 TiO_2@ Ag 纳米材料 XRD 图

图 4. 30 所示为 TiO_2 和 Ag 改性后 TiO_2 样品的 SEM 图以及 TiO_2@ Ag4. 0 样品的 EDX 元素分布图谱。由图 4. 30（a）和（b）可知，所得样品由大量无序分布、大小均匀的 1D 纳米线组成，最终呈现 3D 纳米网状结构。薄膜电极这种特殊的 3D 纳米网状结构优势明显，不仅可以缩短 Li^+ 离子的扩散途径，而且大的比表面积有利于电解液的浸润和提高 Li^+ 离子的传输速度。从图 4. 30（c）~（e）可知，改性后的 TiO_2 仍保持 3D 纳米网状结构，纳米 Ag 颗粒粒径在 10~30nm 范围

内，且均匀地负载在 TiO_2 纳米线表面。而且发现随着其含量的增加，Ag 纳米颗粒逐渐增大，Ag 颗粒的分散性也随 Ag 含量的增加而变化：其中含 Ag 量为 2.2%（质量分数）时，Ag 颗粒较小，因此具有较大的表面活性能，这个较高的表面活性能不但使 Ag 颗粒易于团聚，同时也导致负载 Ag 粒子的 TiO_2 纳米线易于产生团聚。而 Ag 负载量增加到 6.4%（质量分数）时 Ag 粒子粒径发生了急速增长，导致它的分散性较差。整体说来，含 Ag 量适中的 TiO_2@Ag4.0 电极具有最佳的 Ag 粒子分散性，同时 TiO_2 纳米线也不容易发生团聚。因此，可以认为 TiO_2@Ag4.0 电极在不牺牲 TiO_2 纳米网多孔结构的情况下，将获得最佳的导电性能。高分散的 Ag 粒子与 TiO_2 三维多孔的纳米网状结构不但可以提高材料的导电性，也利于电解液的浸润与离子、电子的传导，最终可以整体提高 TiO_2 复合电极的电化学性能。在之后的电化学测试中，TiO_2@Ag4.0 样品的电化学性能最佳，因此后续实验着重对它进行了结构表征及电化学性能测试。其中 EDX 测试（图 4.30（f））测试结果（见表 4.16）与 ICP 分析结果一致，进一步证明 Ag 已有效地均匀覆盖在 TiO_2 柔性电极表面。

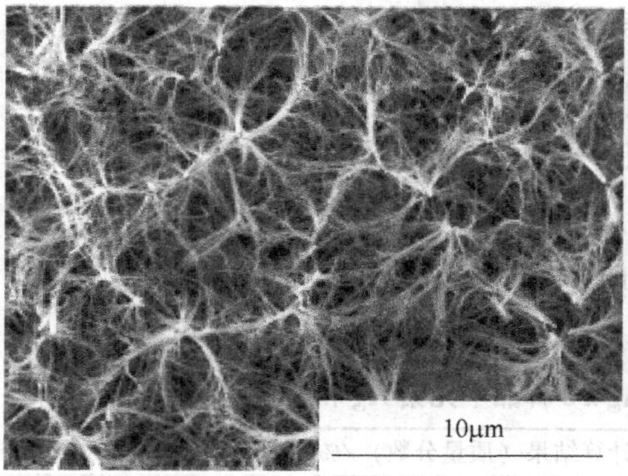
10μm
(a)

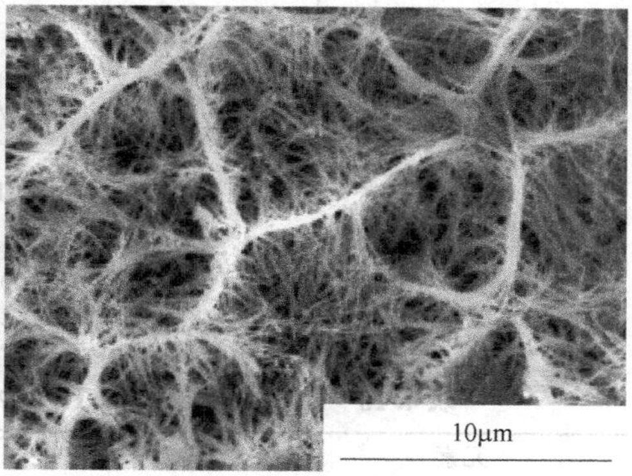
10μm
(b)

1μm
(c)

1μm
(d)

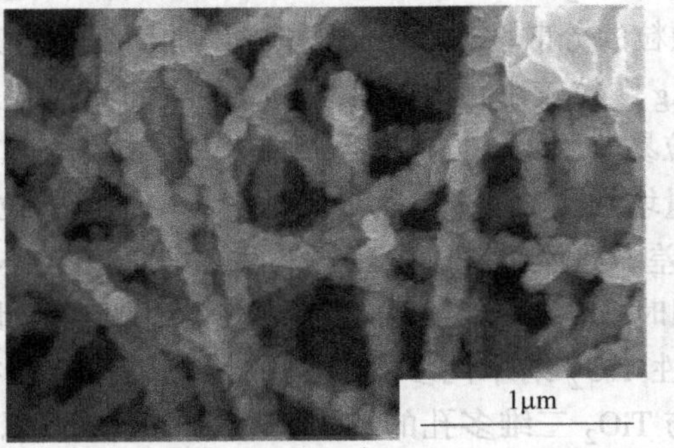
1μm

(e)

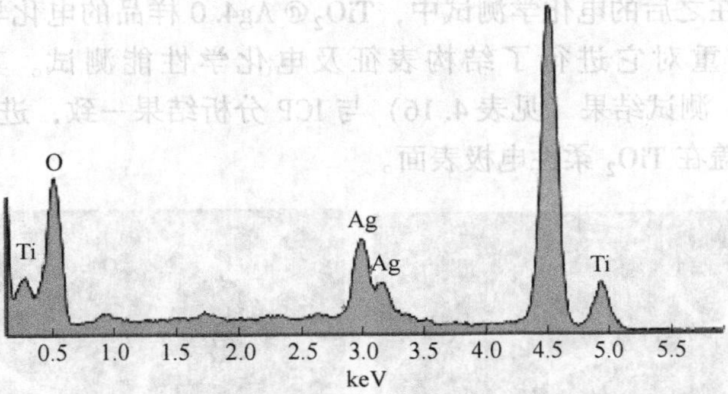
Ti
O
Ti
Ag
Ag
Ti
0.5
1.0
1.5
2.0
2.5
3.0
3.5
4.0
4.5
5.0
5.5
keV

(f)

图 4.30 TiO_2（a）和 TiO_2@Ag4.0（b）的放大 SEM 图及对应的 EDX 图谱（f），TiO_2@Ag2.2（c）、TiO_2@Ag4.0（d）和 TiO_2@Ag6.4（e）的 SEM 图

表 4.16 EDX 测试获得的 TiO_2@Ag4.0 样品中元素 Ag 和 Ti 的含量

元素	计算结果（质量分数）/%
Ti	56.98
Ag	4.50

图 4.31 所示为 Ag 纳米颗粒在 TiO_2@Ag4.0 纳米线中分布的 TEM 图。从图 4.31（a）可知，Ag 纳米颗粒不仅负载在单一的纳米线上，也成功负载在纳米线的连接处，从而形成完整均匀的导电网络。这些 Ag 纳米颗粒的尺寸约为 5～50nm，与 SEM 图结果一致。图 4.31（c）和（d）分别为 TiO_2@Ag4.0 纳米线的高分辨透射电镜（HRTEM）图和选区电子衍射（SAED）图，由图可知该纳米线是高度结晶的，此外，采用 Gatan Digital Micrograph 软件对材料的晶格条纹分析发现，d=0.352nm 与 TiO_2 的（101）晶面间距（$d_{(101)}$=0.351nm）相符合，进一步表明该 TiO_2 纳米线的结晶相为锐钛矿相。从材料的 SAED 图可知，该纳米线为单晶结构，并且对 SAED 图中的透射斑分析发现，TiO_2 纳米线产生的晶面有

(101)、(200)，这些均与 XRD 结果相吻合。纳米线的生长方向与（101）面的夹角约为 71.5°，这一角度值与文献报道的锐钛矿型 TiO_2（101）面和［100］方向所呈的夹角相一致，这也表明了该水热反应法制备得到的 TiO_2 纳米线的生长方向为［100］方向。

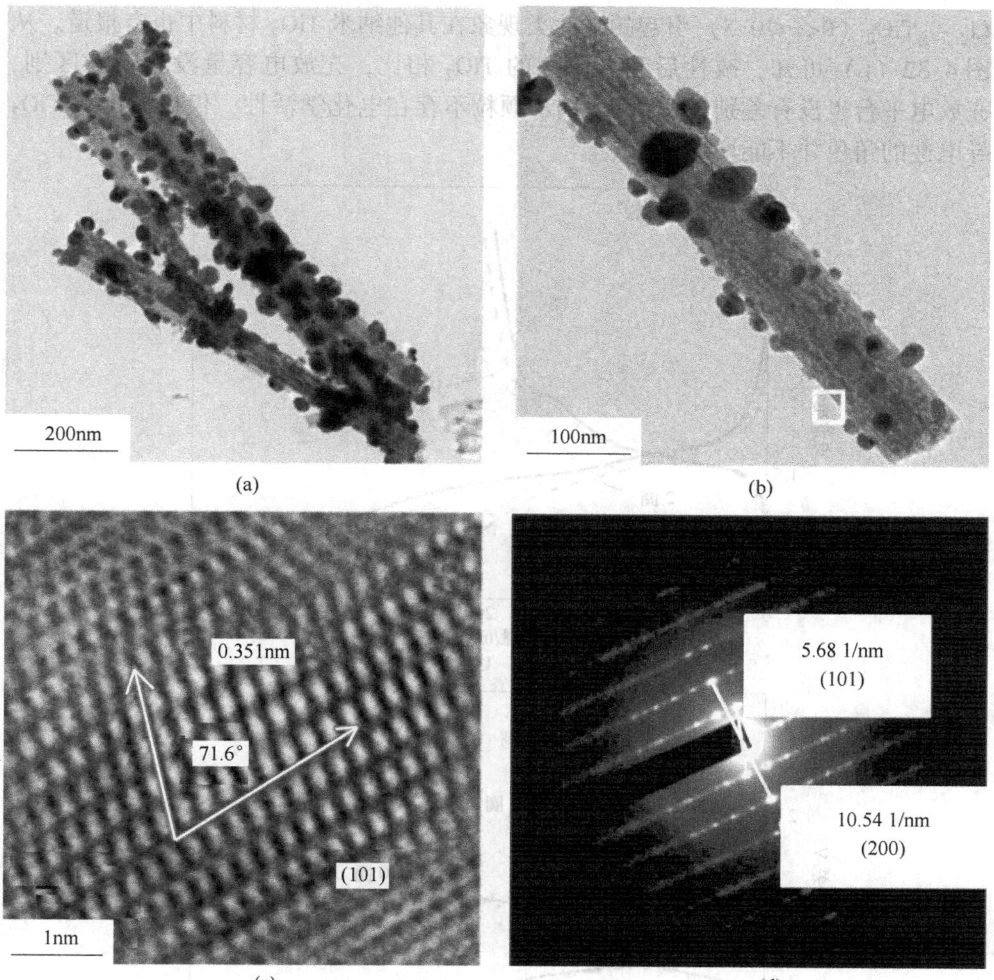
200nm
(a)
100nm
(b)
0.351nm
71.6°
(101)
1nm
(c)
5.68 1/nm
(101)
10.54 1/nm
(200)
(d)

图 4.31 TiO_2@Ag4.0 的 TEM 图（a、b），HRTEM 图（c）和图（b）对应的 SAED 图（d）

图 4.32 所示为 TiO_2 和 TiO_2@Ag4.0 电极在电流密度为 200mA/g 下的充放电曲线。从图中可以观察到充放电平台大约在 2.0V 和 1.75V（vs Li^+/Li），TiO_2 电极的放电曲线可以被分为 3 个连续的区域，区域 1 是从开路电压迅速降低至放电平台（约 1.75V）处的电压区间段，该区间段是由于少量 Li^+ 嵌入至 $I4_1/amd$ 四

方晶系锐钛矿相 TiO_2 晶格中，生成 Li_xTiO_2（$I4_1/amd$，$x<0.5$）的固溶相反应过程；区域 2 对应的是 1.75V（vs Li/Li^+）的放电平台，该区域对应的是贫锂相 Li_xTiO_2（$x<0.5$）和富锂相 $Li_{0.5}TiO_2$ 之间的两相反应过程；区域 3 是从放电平台至截止电压 1.0V 处的电压平缓降低区间段，该区间段主要是由于纳米级 TiO_2 材料的表面发生赝电容嵌锂反应，使得 Li^+ 在材料表面进一步嵌入，生成 $Li_{0.5+x}TiO_2$（$0<x\leq0.5$）引起的，此类现象在其他纳米 TiO_2 材料中也有报道。从图 4.32（b）可知，改性后和未改性的 TiO_2 相比，充放电容量没有较大区别，充放电平台也没有差别，说明 Ag 纳米颗粒不存在电化学活性，仅扮演提高 TiO_2 导电性的角色并不能增加其容量。

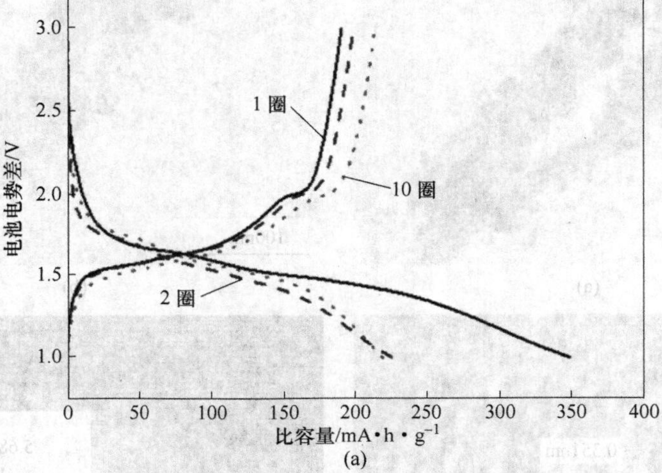
3.0
2.5
2.0
1.5
1.0
电池电势差/V
1 圈
10 圈
2 圈
0
50
100
150
200
250
300
350
400
比容量/mA·h·g⁻¹

(a)

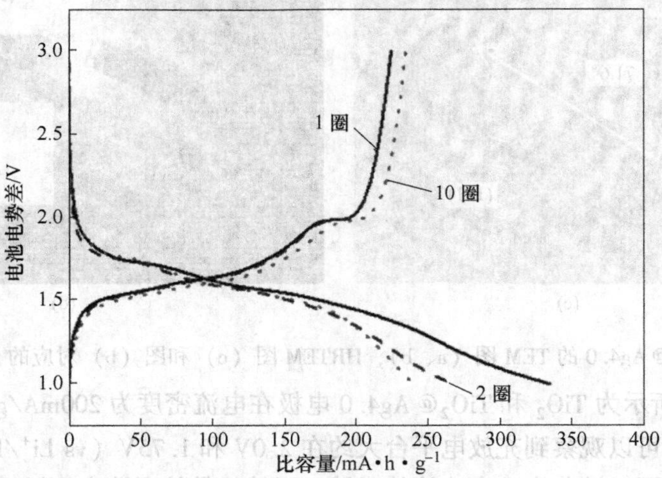
3.0
2.5
2.0
1.5
1.0
电池电势差/V
1 圈
10 圈
2 圈
0
50
100
150
200
250
300
350
400
比容量/mA·h·g⁻¹

(b)

图 4.32　TiO_2（a）和 TiO_2@Ag4.0（b）电极的充放电曲线

（电流密度为 200mA/g）

图 4.33 所示为 TiO_2 与 TiO_2@ Ag4.0 电极在扫描速度 0.1mV/s、2mV/s 时的循环伏安曲线。图中循环伏安曲线围成的面积代表法拉第和非法拉第反应过程产生的总的存储电荷量。从图中 CV 曲线可以看到，两种电极材料在 2.0V/1.75V 和 1.65V/1.55V 处都出现了氧化/还原电对峰。根据 Kubiaka 和 Armstrong 等人的研究报道认为，位于 2.0V/1.75V 处的氧化/还原峰（简写为 A 峰）对应的是 Li^+ 在 TiO_2 晶格中的固溶相嵌入和脱出反应过程，而位于 1.65V/1.55V 处的氧化/还原峰（简写为 S 峰）对应的是 Li^+ 在 TiO_2 表面的赝电容嵌入和脱出反应过程。其中，S 峰对应的赝电容嵌脱锂容量与锐钛矿 TiO_2 材料的比表面积成正比关系，而与材料的尺寸大小成反比关系。另外，一些研究者认为 CV 中出现的 S 峰属于单斜晶系 TiO_2（B）的特征峰，然而 XRD 的分析结果表明 TiO_2 材料并无 TiO_2（B）相的存在，可认为出现这一现象的原因可能是由更加开放的纳米级 3D 网状结构和具有较大比表面积的一维纳米线共同导致的。相比未改性的电极材料，改性电

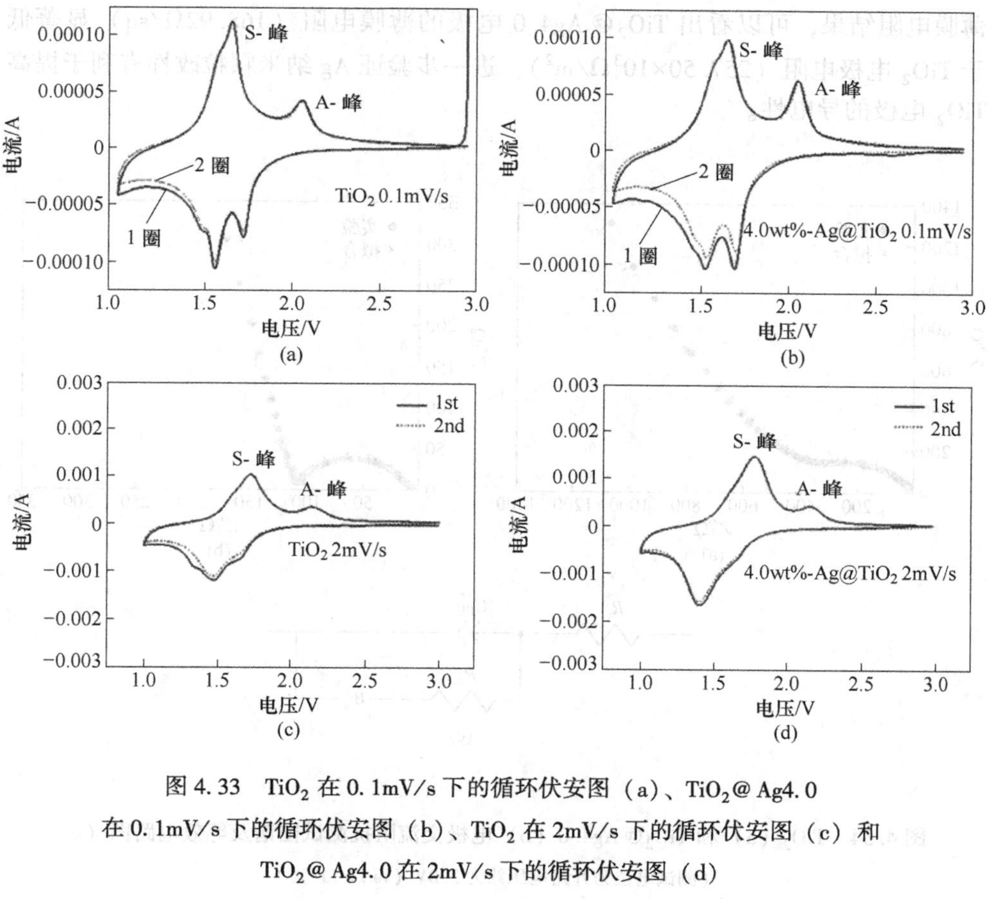
S- 峰
A- 峰
2 圈
1 圈
TiO2 0.1mV/s
4.0wt%-Ag@TiO2 0.1mV/s
1st
2nd
TiO2 2mV/s
4.0wt%-Ag@TiO2 2mV/s
电流/A
电压/V
(a)
(b)
(c)
(d)

图 4.33 TiO_2 在 0.1mV/s 下的循环伏安图（a）、TiO_2@ Ag4.0 在 0.1mV/s 下的循环伏安图（b）、TiO_2 在 2mV/s 下的循环伏安图（c）和 TiO_2@ Ag4.0 在 2mV/s 下的循环伏安图（d）

极 TiO_2@ Ag4.0 在更快的扫描速度下具有更多的存储电荷量，说明其电化学可逆性更好。

通过交流阻抗测试和四点探针测试，可以进一步了解材料的电化学性能。交流阻抗被认为是了解电极动力学过程最有效的测试之一，图 4.34 所示是 TiO_2 和 TiO_2@ Ag4.0 电极的交流阻抗测试图、拟合后的数据图以及等效电路图，测试电位的开路电压约为 3.0V（vs Li/Li^+）。图中每条曲线都由高频区的半圆和低频区的直线部分组成，高频半圆与电荷转移阻抗相关，而低频直线区则与长程锂离子扩散的 Warburg 阻抗相关。图 4.34（c）的等效电路拟合误差小于 6%，符合分析要求，在此等效电路中，R_s 代表电池中的欧姆阻抗，包括电极、隔膜、导体、活性物质等的电阻，R_{ct} 代表活性物质表面的电荷转移阻抗，C_{PE} 代表双电层电容和钝化膜电容，W_s 代表 Warburg 阻抗。表 4.17 是等效电路拟合的参数数据，可以看出，TiO_2@ Ag4.0 电极的阻抗明显低于未改性的 TiO_2 电极，说明采用 Ag 纳米颗粒负载在 TiO_2 材料表面能够切实有效地提高导电率。表 4.18 是四点探针的薄膜电阻结果，可以看出 TiO_2@ Ag4.0 电极的薄膜电阻（168.92Ω/sq）显著低于 TiO_2 电极电阻（257.50×10^{3}Ω/m^2），进一步验证 Ag 纳米颗粒改性有利于提高 TiO_2 电极的导电性。

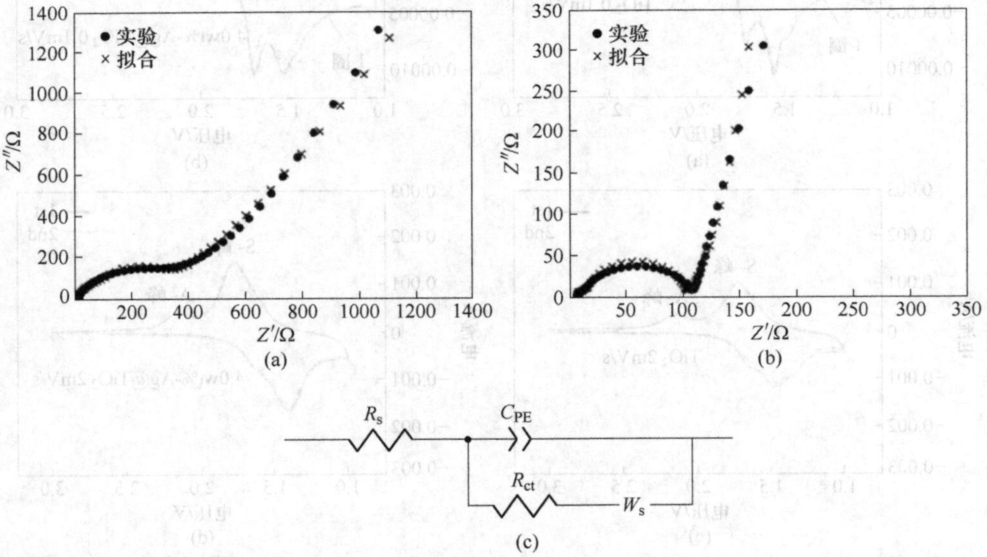
实验
拟合
Z″/Ω
Z′/Ω
(a)
(b)
R_s
C_{PE}
R_{ct}
W_s
(c)

图 4.34 TiO_2（a）和 TiO_2@ Ag4.0（b）电极交流阻抗测试图谱及等效电路图（c）

（测试电位为开路电压约为 3.0V（vs Li/Li^+））

表 4.17 TiO_2 和 TiO_2@Ag4.0 电极在开路电压约为 3.0V（vs. Li/Li^+）时的交流阻抗参数

样品	R_s/Ω	误差/%	R_{ct}/Ω	误差/%
TiO_2	5.60	4.11	215.50	3.32
TiO_2@Ag4.0	3.21	3.32	83.46	2.01

表 4.18 TiO_2 和 TiO_2@Ag4.0 电极通过四探针测试所得薄膜电阻结果

电　极	TiO_2	TiO_2@Ag4.0
电阻值/$\Omega\cdot m^{-2}$	257.50×10^3	168.92

本节通过水热法结合传统银镜反应制备了 Ag 负载改性的 TiO_2 薄膜电极材料。在电化学测试中，TiO_2@Ag 薄膜电极作为锂电池负极展示出高倍率和高稳定性能。在倍率测试中电流密度为 1200mA/g 的条件下，TiO_2@Ag4.0 电极的放电容量为 194.2mA·h/g，容量保持率为 71.5%。不仅如此，在较高电流密度 200mA/g 下 80 次循环后容量基本没有衰减，容量保持率高达 99.8%，明显优于其他 Ag 负载量的 TiO_2 电极。TiO_2@Ag4.0 电极优良的电化学性能来源于独特的 3D 纳米网状结构和 Ag 改性带来的更快的离子转移速度和更高的导电率。此改性方法是解决 TiO_2 电极低导电率和倍率性能问题的有效途径，相信它具有更广阔的应用空间，TiO_2@Ag 是一种有前景的高倍率锂离子电池负极材料。

4.5 MoS_2-TiO_2 电极材料的制备、表征及其电化学性能

发展能源存储技术是一个长期的科研项目，在全球范围内都具有影响力。现阶段，电动汽车和固定的设备等都需要一种体积小、容量大、便于携带的锂离子电池。在电池的组成部分中，负极材料的好坏直接决定了电池整体的性能优劣。纳米负极材料具有超薄结构，从而具有量子尺寸效应，进而表现出了非比寻常的物理性质。比如石墨烯材料——一种具有蜂窝晶格结构的二维单层结构碳材料，能够表现出优异的电学、光学、热学、力学性能。过渡金属硫化物（如 MX_2（M=Ti、Nb、Mo、Ta，X=S、Se、Te））在催化、储能、电化学方面同样得到了广泛研究。这些材料共同的特点就是具有层状结构，并且层与层之间具有很强的共价键和很弱的范德华力。

目前，石墨材料被广泛用于作负极材料，可是石墨的理论容量较低（372mA·h/g），不能满足未来大容量电池的需求。与石墨相比，过渡金属硫化

物 MX_2 却很适合用于锂离子电池材料，因为它具有独特的物理化学性质，比如能量密度高、寿命长等。二硫化钼的结构和石墨烯很相似，同样是层状结构，并且钼原子夹在两层硫原子之间，这是一种稳定和灵活的层状材料。MoS_2 层状结构具有相当高的理论比容量（670mA · h/g），允许简单的锂离子插入/提取，因此，二硫化钼已被视为锂二次电池的电极材料的潜在替代品。MoS_2 纳米管、纳米球和纳米片等都已被科研工作者深入探讨。尽管 MoS_2 有这些优点，但因为循环性能太差，严重阻碍了它在锂离子电池中的应用。Wei 等人制备的 MoS_2 初始容量可以达到 756mA · h/g，循环 80 圈后容量只有 251mA · h/g，只有初始容量的 33%；Rui 等人制备的 MoS_2 初始容量可以达到 791mA · h/g，循环 20 圈后容量只有 83mA · h/g，只有初始容量的 10.5%，说明 MoS_2 很容易从集流体上脱落下来，进而严重影响它的循环性能。

二氧化钛因为具有较高的可逆容量和较好的倍率性能，充放电过程中具有较低的体积变化（<4%），所以如果将它与二硫化钼复合在一起，就很有可能优点互补，制出比容量、循环性能、倍率性能都很好的材料。

4.5.1　材料的制备方法

MoS_2-TiO_2 材料制备工艺（图 4.35）：首先根据第 4.2.3.1 节确定的最优方法制备 TiO_2 薄膜电极材料，然后将制得的 TiO_2 薄膜电极固定于 100mL 反应釜内衬中，与此同时，将 0.36g 钼酸钠和 0.72g 硫脲依次溶于 60mL 去离子水中，再将该溶液加到反应釜内衬中，将内衬放入反应釜中，拧紧，将其放入 120℃ 的鼓风炉中，以 3℃/min 的升温速率升温至 180℃，反应 24h；待反应完成后，自然冷却至室温，取出该薄膜电极，用去离子水清洗干净，80℃ 真空干燥 12h，就得到 MoS_2-TiO_2（未煅烧）。

将未煅烧的 MoS_2-TiO_2 置于管式炉中间，将一个装有碳黑（用来和保护气中少量的氧气反应）的石英舟放在通气侧的管口位置，用 Ar（99.99%）作为保护气，先通气 30min，在以 3℃/min 的升温速率升温到 500℃，煅烧 4h，再自然冷却，就会得到 MoS_2-TiO_2（煅烧）。

4.5.2　结果与讨论

图 4.36 所示为 TiO_2、未煅烧和煅烧的 MoS_2-TiO_2 的 XRD 图谱。TiO_2 电极材料只显示出锐钛矿晶型 TiO_2 的衍射峰（JCPDS No. 89-4921）和集流体金属钛的衍射峰（JCPDS No. 89-2762）。2θ = 25.4°、37.8°、48.1°、62.8°、76.2°属于 TiO_2 的衍射峰，2θ = 40.2°、53.0°、70.6°属于集流体金属钛。未煅烧和煅烧的 MoS_2-TiO_2 除

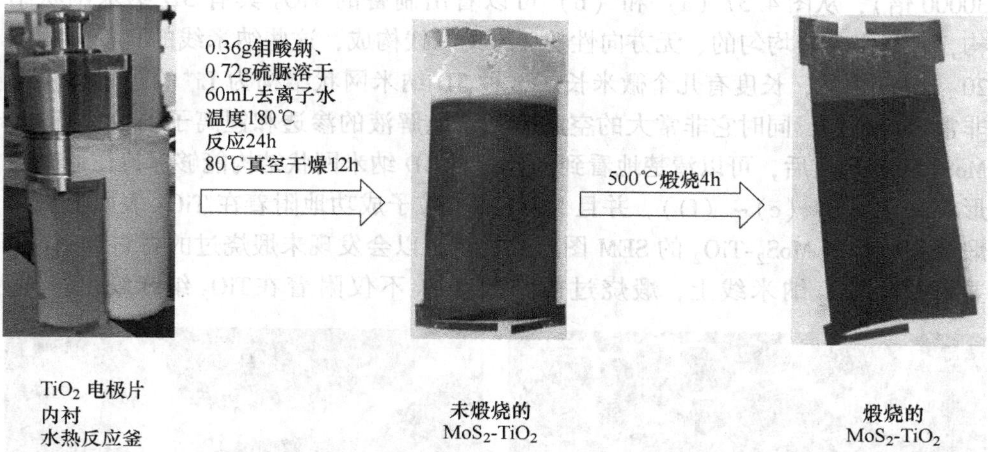
0.36g钼酸钠、
0.72g硫脲溶于
60mL去离子水
温度180℃
反应24h
80℃真空干燥12h
500℃煅烧4h
TiO2 电极片
内衬
水热反应釜
未煅烧的
MoS2-TiO2
煅烧的
MoS2-TiO2

图 4.35 MoS_2-TiO_2 材料的制备流程

了以上衍射峰以外，在 14°、33°、59°也存在 3 个较宽的衍射峰，根据文献，它们属于（002）、（100）和（110）晶面，是 MoS_2 的峰。显然，通过水热法能够成功地将 MoS_2 附着在 TiO_2 上，并且 MoS_2 附着在 TiO_2 上后不会对 TiO_2 的晶相造成任何负面影响。从图中可以看出，煅烧后的 MoS_2-TiO_2 要比未煅烧的 MoS_2-TiO_2 在 MoS_2 上峰强更强，说明经过煅烧，可以有效提高 MoS_2 的结晶度。

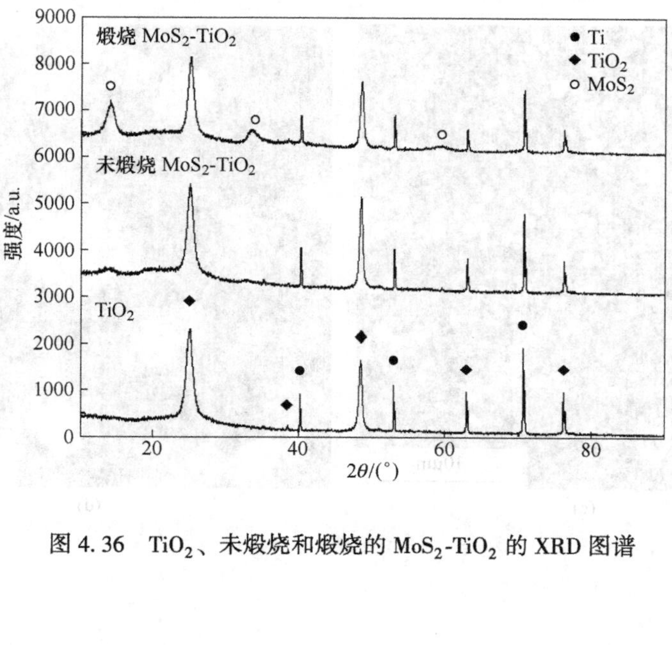
煅烧 MoS2-TiO2
未煅烧 MoS2-TiO2
TiO2
Ti
TiO2
MoS2
强度/a.u.
2θ/(°)
0
1000
2000
3000
4000
5000
6000
7000
8000
9000
20
40
60
80

图 4.36 TiO_2、未煅烧和煅烧的 MoS_2-TiO_2 的 XRD 图谱

图 4.37 所示为 TiO_2、未煅烧和煅烧的 MoS_2-TiO_2 的扫描电镜图（5000 倍和 30000 倍），从图 4.37（a）和（b）可以看出制备的 TiO_2 具有 3D 纳米网状结构，它是由大量均匀的、无方向性的一维纳米线构成，这些纳米线的直径大约在 20~30nm 之间，长度有几个微米长。这种 3D 纳米网状结构为 Li^+ 的扩散提供了非常短的路径，同时它非常大的空间有利于电解液的渗透和锂离子的快速迁移。MoS_2 沉积反应后，可以清楚地看到，TiO_2 的 3D 纳米网状结构能够保持住原来的形貌（图 4.37（c）~（f）），并且 MoS_2 纳米粒子成功地附着在 TiO_2 表面上。未煅烧和煅烧的 MoS_2-TiO_2 的 SEM 图对比后，所以会发现未煅烧过的材料 MoS_2 主要附着在 TiO_2 纳米线上，煅烧过的材料 MoS_2 不仅附着在 TiO_2 纳米线上，而

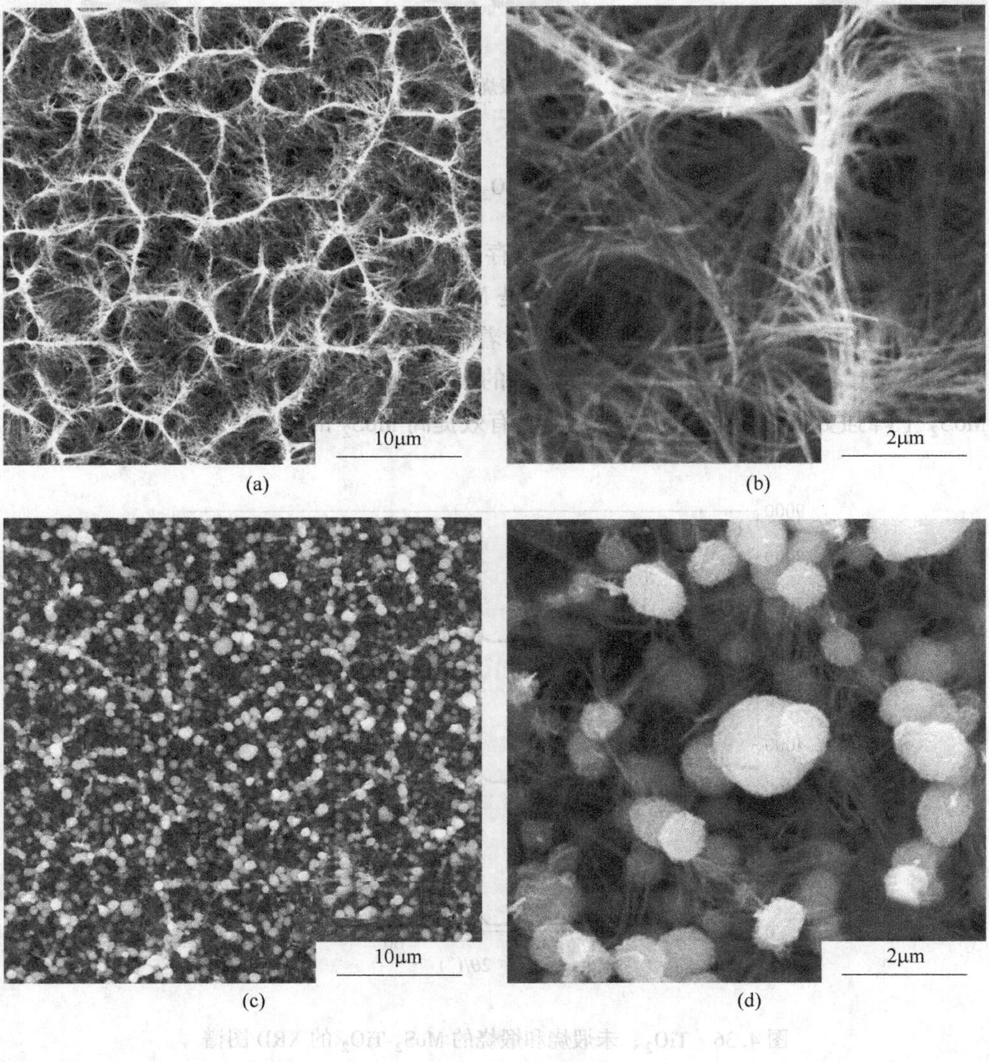
10μm
2μm
10μm
2μm
(a)　(b)
(c)　(d)

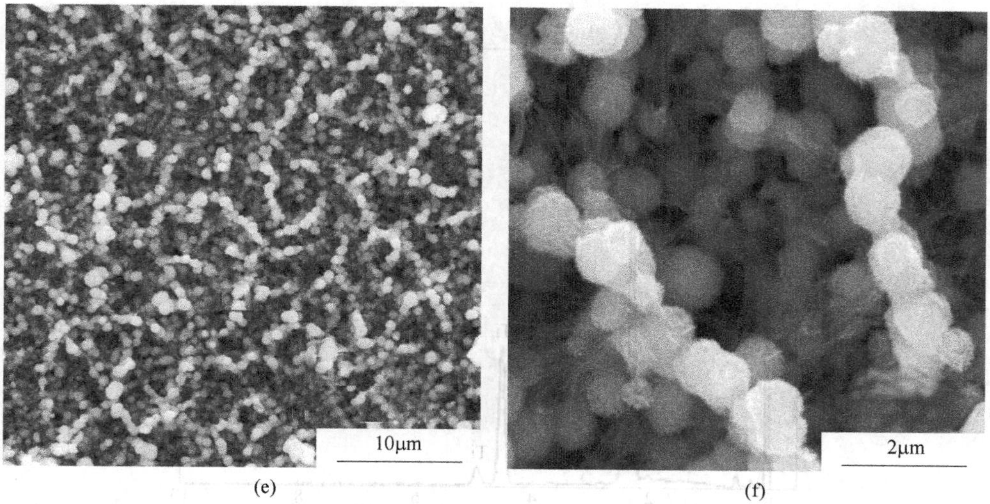
10μm
(e)
2μm
(f)

图 4.37 TiO_2（a、b），未煅烧（c、d）和煅烧（e、f）的 MoS_2-TiO_2 的 SEM 图

且也附着在 TiO_2 纳米线的接口处，所以煅烧过的材料 MoS_2 显得附着得更加均匀。未煅烧材料的 MoS_2 球大小不一，一般在 1～2μm 之间，煅烧过之后，MoS_2 球整体来看直径变小了，并且更加均匀，基本都为 1μm，相互之间连接显得更加紧密。综上所述，煅烧过的 MoS_2-TiO_2 更能形成完整均匀的导电网状结构。

通过对图 4.38（a）和（b）展示的能谱图进行分析，可以发现这些纳米颗粒和纳米线中主要含有的元素就是 Mo、Ti、O、S。根据表 4.19 的测定结果，可知材料中 S 和 Mo 的摩尔比未煅烧的是 2.70，煅烧过的是 2.15，通过与未煅烧过的 MoS_2-TiO_2 比较，可以发现煅烧过的材料 S 和 Mo 的摩尔比更加接近化学式中 2：1 的比值，说明通过煅烧可以除去不必要的硫，提升 MoS_2 的纯度。

为了进一步研究纳米材料 TiO_2 上 MoS_2 的负载量，将钛基上的活性物质刮下溶解在酸性溶液中，用电感耦合等离子体法测定活性物质的含量，测试结果见表 4.20。TiO_2 的理论比容量为 335mA · h/g，MoS_2 的理论比容量为 669mA · h/g，按照表中所示的元素比计算得到 MoS_2-TiO_2 复合材料的理论容量，未煅烧材料是 569mA · h/g，煅烧材料是 571mA · h/g。考虑到刮下活性材料的过程中会存在误差，而且煅烧过程不应该影响到 Ti 和 Mo 的比例，所以可以认为煅烧前后 Ti 和 Mo 的比例均为 1：1.19，理论比容量均为 570mA · h/g。因为 S 和 Mo 的摩尔比高于化学式中的 2：1，存在多余的 S 会放电，所以理论比容量为 570mA · h/g 应该为最低的理论比容量。

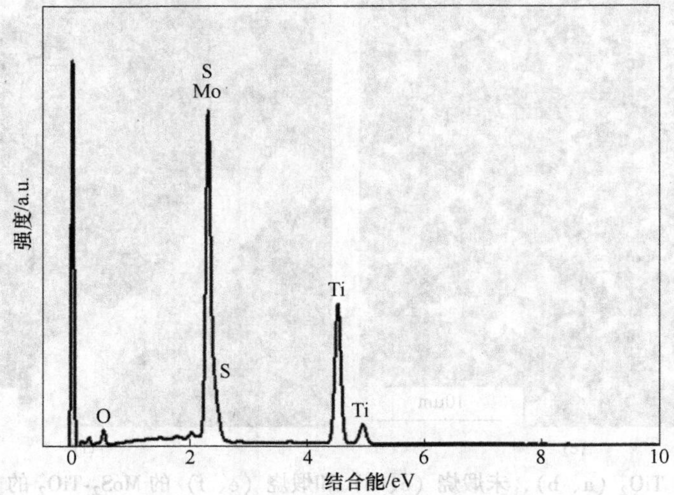
S
Mo
S
O
Ti
Ti
强度/a.u.
0
2
4
6
8
10
结合能/eV

(a)

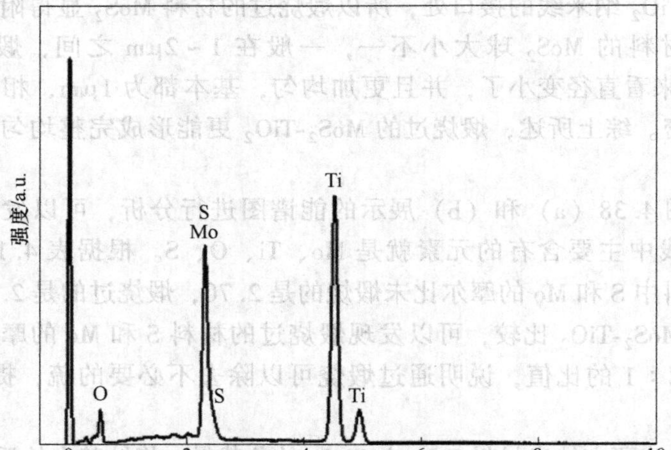
Ti
S
Mo
O
S
Ti
强度/a.u.
0
2
4
6
8
10
结合能/eV

(b)

图 4.38　未煅烧（a）和煅烧（b）过的 MoS_2-TiO_2 的 EDS 谱图

表 4.19　通过 EDS 分析得到的 MoS_2-TiO_2 中的 S 和 Mo 的摩尔比

元　素	未煅烧材料	煅烧材料
S	2.70	2.15
Mo	1.00	1.00

表 4.20 通过 ICP 测试得到的 MoS_2-TiO_2 中的 Ti 和 Mo 元素的摩尔比

元 素	未煅烧材料	煅烧材料
Ti	1.00	1.00
Mo	1.17	1.21

为了研究 MoS_2-TiO_2 样品的元素组成和结合能，采用高分辨率的 XPS 检测材料表面的 Ti 2p 和 Mo 3d 的核心水平（图 4.39 和表 4.21）。未煅烧 MoS_2-TiO_2

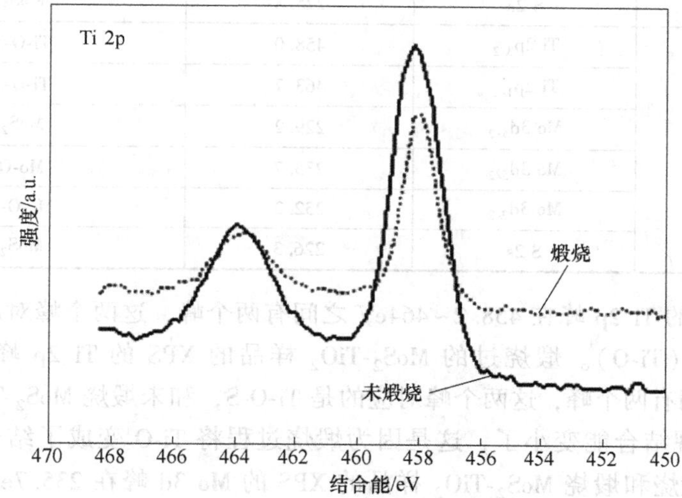
Ti 2p
强度/a.u.
煅烧
未煅烧
470
468
466
464
462
460
458
456
454
452
450
结合能/eV
(a)

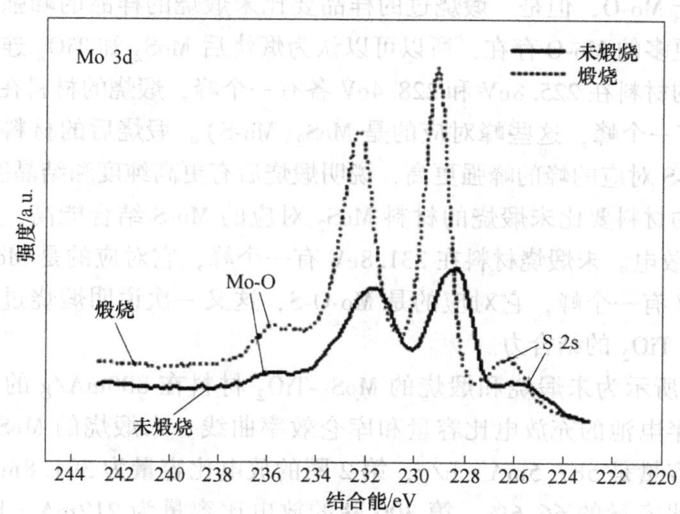
Mo 3d
未煅烧
煅烧
强度/a.u.
Mo-O
煅烧
S 2s
未煅烧
244
242
240
238
236
234
232
230
228
226
224
222
220
结合能/eV
(b)

图 4.39 MoS_2-TiO_2 样品 Ti $2p_{3/2-1/2}$ 的 XPS 分析（a）和 MoS_2-TiO_2 样品 Mo 3d 的 XPS 分析（b）

表 4.21　MoS_2-TiO_2 样品不同成分的结合能和分配归属的 XPS 分析

样品	类别	结合能/eV	结合能对应的成分
未煅烧	Ti $2p_{3/2}$	458.2	TiO_2
	Ti $2p_{1/2}$	464.0	TiO_2
	Mo $3d_{5/2}$	228.4	MoS_2
	Mo $3d_{5/2}$	231.8	MoS_3
	Mo $3d_{3/2}$	235.7	Mo-O
	S 2s	225.8	MoS_2
煅烧	Ti $2p_{3/2}$	458.0	Ti-O-S
	Ti $2p_{1/2}$	463.7	Ti-O-S
	Mo $3d_{5/2}$	229.2	MoS_2
	Mo $3d_{5/2}$	235.7	Mo-O
	Mo $3d_{3/2}$	232.3	Mo-O-S
	S 2s	226.3	MoS_2

样品的 XPS 的 Ti 2p 峰在 458.2～464eV 之间有两个峰，这两个峰对应的是 TiO_2 中四价的钛（Ti-O）。煅烧过的 MoS_2-TiO_2 样品的 XPS 的 Ti 2p 峰在 458.0～463.7eV 之间有两个峰，这两个峰对应的是 Ti-O-S，和未煅烧 MoS_2-TiO_2 样品相比，可以发现结合能变小了，这是因为煅烧过程将 Ti-O 变成了结合能更小的 Ti-O-S。未煅烧和煅烧 MoS_2-TiO_2 样品的 XPS 的 Mo 3d 峰在 235.7eV 处有一个峰，这个属于 Mo-O，但是，煅烧过的样品要比未煅烧的样品的峰强更高，这表明煅烧后有更多的 Mo-O 存在，所以可以认为煅烧后 MoS_2 和 TiO_2 连接得更加紧密。未煅烧的材料在 225.8eV 和 228.4eV 各有一个峰，煅烧的材料在 226.3eV 和 229.2eV 各有一个峰，这些峰对应的是 MoS_2(Mo-S)。煅烧后的材料要比未煅烧的材料的 Mo-S 对应的峰的峰强更高，说明煅烧后有更高纯度和结晶度的 MoS_2 生成，煅烧后的材料要比未煅烧的材料 MoS_2 对应的 Mo-S 结合能高，说明煅烧后 MoS_2 更容易放电。未煅烧材料在 231.8eV 有一个峰，它对应的是 MoS_3，煅烧材料在 232.3eV 有一个峰，它对应的是 Mo-O-S，这又一次说明煅烧过程可以有效增加 MoS_2 与 TiO_2 的结合力。

图 4.40 所示为未煅烧和煅烧的 MoS_2-TiO_2 材料在 800mA/g 的大电流密度下，组装成半电池的充放电比容量和库仑效率曲线。未煅烧的 MoS_2-TiO_2 材料初始放电比容量是 587.5mA · h/g，第 2 圈的放电比容量为 391.8mA · h/g，是第 1 圈放电比容量的 66.6%，第 300 圈的放电比容量为 212mA · h/g，是第 1 圈放电比容量的 36.1%，是第 2 圈放电比容量的 54.1%。煅烧的 MoS_2-TiO_2 材料初始放电比容量是 628.2mA · h/g，第 2 圈的放电比容量为 414.5mAh/g，是

第 1 圈放电比容量的 65.99%，第 300 圈的放电比容量为 361mA · h/g，是第 1 圈放电比容量的 57.46%，是第 2 圈放电比容量的 87.07%。综上可知，MoS_2-TiO_2 材料经过煅烧之后，初始容量得到提升，循环性能显著提高。正是因为煅烧后 MoS_2 所对应的 Mo-S 结合能增大，导致 MoS_2 更容易放电，煅烧后形成的 Ti-O-S、Mo-O-S 使得 MoS_2 与 TiO_2 连接更加紧密，才造成了较高的容量保持率。

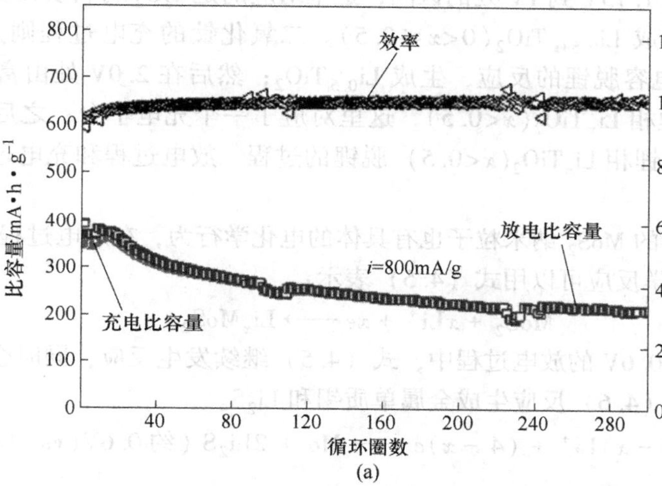

效率
放电比容量
i=800mA/g
充电比容量
比容量/mA · h · g^-1
效率/%
循环圈数
(a)
效率
放电比容量
i=800mA/g
充电比容量
比容量/mA · h · g^-1
库仑效率/%
循环圈数
(b)

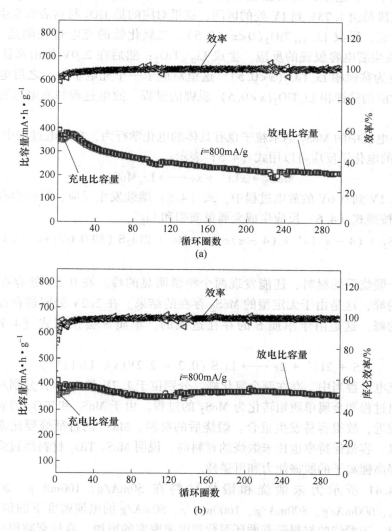

图 4.40 未煅烧(a) 和煅烧 (b) 的 MoS_2-TiO_2 材料在 800mA/g 时的循环性能

TiO_2 材料在 2.0V/1.75V 和 1.65V/1.55V 处分别有一对氧化还原峰。有文献报道，2.0V/1.75V 处的氧化/还原峰（A 峰）对应的是锂离子在二氧化钛晶格中嵌入和脱出的反应过程。1.65V/1.55V 处的氧化/还原峰（S 峰）对应的是锂离子在二氧化钛表面赝电容嵌入脱出的过程。对于二氧化钛材料，可以分出三段放电电压区间。第一个是电压从开路电压迅速下降到 1.75V 的区间，这一段是锂离子嵌入 TiO_2 的过程，只不过嵌入量较少，形成贫锂相 $Li_xTiO_2(x<0.5)$；第二段是电压处于 1.75V 左右时的区间，它对应的是 CV 曲线中的 A 峰，这里有一个放电平台，这里是由贫锂相 $Li_xTiO_2(x<0.5)$ 转变为富锂相 $Li_{0.5}TiO_2$ 的过程；第三段是由 1.75V 到 1V 处的区间，这里对应的是 TiO_2 材料表面发生赝电容嵌锂的反应，形成 $Li_{0.5+x}TiO_2(0<x\leqslant 0.5)$。二氧化钛的充电过程则是，在 1~2.0V 处发生赝电容脱锂的反应，生成 $Li_{0.5}TiO_2$；然后在 2.0V 处由富锂相 $Li_{0.5}TiO_2$ 转变为贫锂相 $Li_xTiO_2(x<0.5)$，这里对应了一个充电平台；之后电压迅速上升，对应的贫锂相 $Li_xTiO_2(x<0.5)$ 脱锂的过程，放电过程和充电过程是一一对应的。

复合电极中的 MoS_2 纳米粒子也有具体的电化学行为，在放电过程中，从 3V 到 1.1V 的电化学反应可以用式（4.5）表示：

$$MoS_2 + xLi^+ + xe \longrightarrow Li_xMoS_2 \tag{4.5}$$

从 1.1V 到 0.6V 的放电过程中，式（4.5）继续发生反应，同时会有生成的 Li_xMoS_2 按照式（4.6）反应生成金属单质钼和 Li_2S。

$$Li_xMoS_2 + (4-x)Li^+ + (4-x)e \longrightarrow Mo + 2Li_2S \text{（约 0.6V(vs. Li/Li}^+\text{)）} \tag{4.6}$$

对于煅烧后的材料，还能发现两个稍微明显的峰。在 0.2V 处存在一个较为平缓的峰，这是由于无定型的 MoS_2 存在的结果。在 2.2V 处同样存在一个非常平缓的峰，这是由于单质 S 的存在造成的。单质 S 会按照式（4.7）发生反应。

$$S + 2Li^+ + 2e \longrightarrow Li_2S \text{（0.2 ~ 2.2V(vs. Li/Li}^+\text{)）} \tag{4.7}$$

在充电过程当中，存在两个氧化峰，分别位于 1.7V 和 2.3V，分别对应锂离子的脱出过程和金属单质钼转化为 MoS_2 的过程。由于 MoS_2 和 TiO_2 的氧化峰所处位置较近，故很容易发生重合。煅烧后的材料，MoS_2 的特征峰要比未煅烧的材料明显，容量保持率也比未煅烧的材料高，说明 MoS_2-TiO_2 材料经过煅烧，可以有效提高锂离子的脱嵌能力和可逆性。

图 4.41 所示为未煅烧和煅烧材料在 50mA/g、100mA/g、200mA/g、400mA/g、600mA/g、800mA/g、1600mA/g、50mA/g 的电流密度下的倍率性能。可以看出，未煅烧的材料随着循环圈数和电流密度的增加，容量衰减很快；但是煅烧后的材料却有着非常好的倍率性能，特别是在大电流密度下，煅烧后的材料要比未煅烧的材料比容量高出很多。比如，在首次 50mA/g 的电流密度下，煅烧和未煅烧的 MoS_2-TiO_2 材料比容量基本上都为 580mA · h/g；但是当电流密度为

1600mA/g 时，煅烧的 MoS_2-TiO_2 材料比容量基本上为 390mA·h/g，而未煅烧的 MoS_2-TiO_2 材料比容量却只有 300mA·h/g，相差 90mA·h/g。

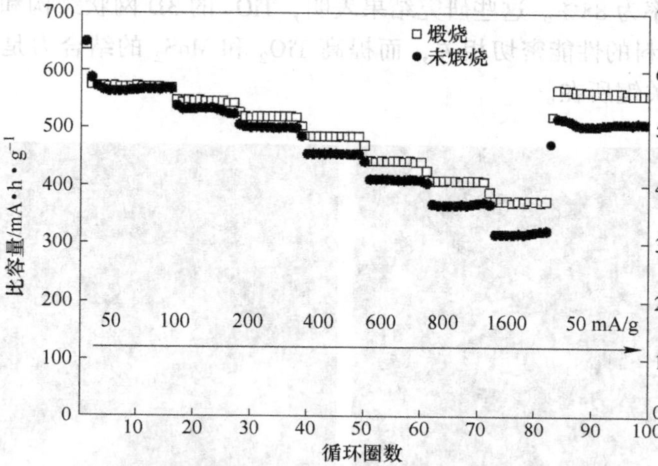
□煅烧
●未煅烧
比容量/mA·h·g⁻¹
循环圈数
50 100 200 400 600 800 1600 50 mA/g

图 4.41 煅烧和未煅烧的 MoS_2-TiO_2 材料在不同电流密度下的倍率性能

为了说明煅烧条件的优越性，本节对循环 20 圈后未煅烧和煅烧的 MoS_2-TiO_2 材料进行了 SEM 和 EDS 表征。由图 4.42 可以看出未煅烧的 MoS_2-TiO_2 材料循环 20 圈后，它的二氧化钛纳米线变得杂乱，网状结构有损毁，二硫化钼颗粒分布不均匀，不能维持原来的球形形貌，颗粒直径变小；与此相反，煅烧的 MoS_2-TiO_2 材料循环 20 圈后，看不到二氧化钛纳米线的变化，网状结构维持得很好，而且更加清晰，二硫化钼颗粒分布依然很均匀，能够很好地维持原来的球形形貌，颗粒直径没有变化，颗粒表面变得光滑，能够清楚地看到颗粒与颗粒之间是紧密连接在一起的。通过材料循环后扫描电镜的图像对比可以看出煅烧过的 MoS_2-TiO_2 材料因为具有非常稳定的结构，所以具有良好的循环可逆性。

图 4.43 和表 4.22 所示为 MoS_2-TiO_2 材料在 800mA/g 的电流密度下循环 20 圈后通过 EDS 得到的数据。经对比可知，未煅烧 MoS_2-TiO_2 材料 S 和 Mo 的摩尔比值循环前是 2.70，循环 20 圈后是 1.51；煅烧 MoS_2-TiO_2 材料 S 和 Mo 的摩尔比值循环前是 2.15，循环 20 圈后是 1.90。通过比较可知，煅烧后的材料循环 20 圈后 S 和 Mo 的摩尔比值更接近 MoS_2 的化学计量比，未煅烧的材料在 20 圈的循环过程当中有很多 S 被消耗掉。这些数据表明，很有必要通过煅烧的方法提高二硫化钼的结晶度，除去多余的硫，并促进二氧化钛和二硫化钼之间的良好连接。

本节提供了一种有效的制备 MoS_2-TiO_2 材料的方法，这种方法通过水热合成法得到具有 3D 网状结构的复合材料，通过高温煅烧的方式提高 MoS_2 和 TiO_2 的结合能力。这种复合材料具有较高的放电比容量和优异的循环稳定性，在 800mA/g 的电流密度下循环 300 圈之后，它依然具有 361.5mA · h/g 的放电比容量，容量保持率为 88%。这些研究结果表明，TiO_2 的 3D 网状结构和均匀分布的 MoS_2 与复合材料的性能密切相关，而提高 TiO_2 和 MoS_2 的结合力是决定复合材料性能好坏的关键所在。

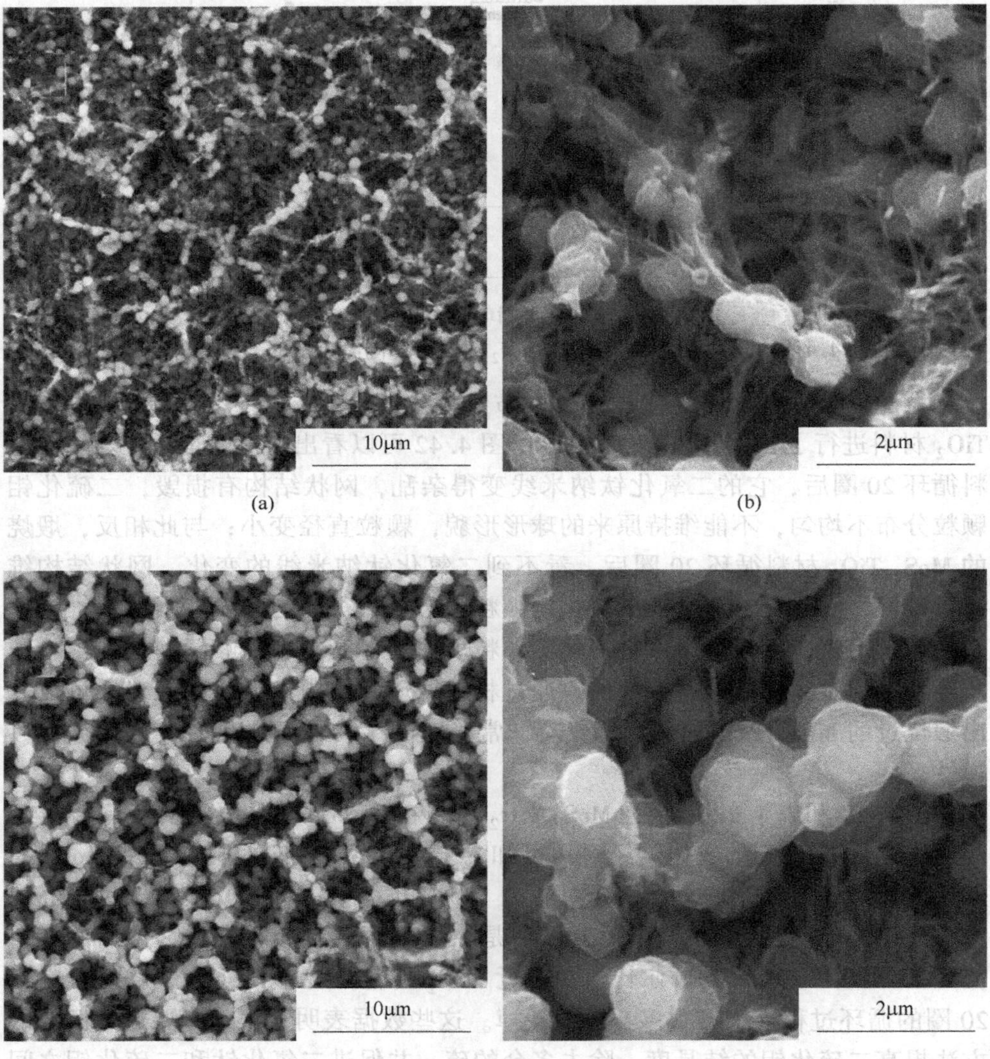
10μm
2μm
(a)
(b)
10μm
2μm
(c)
(d)

图 4.42　未煅烧（a、b）和煅烧（c、d）的 MoS_2-TiO_2 材料在 800mA/g 的电流密度下循环 20 圈后的扫描电镜图

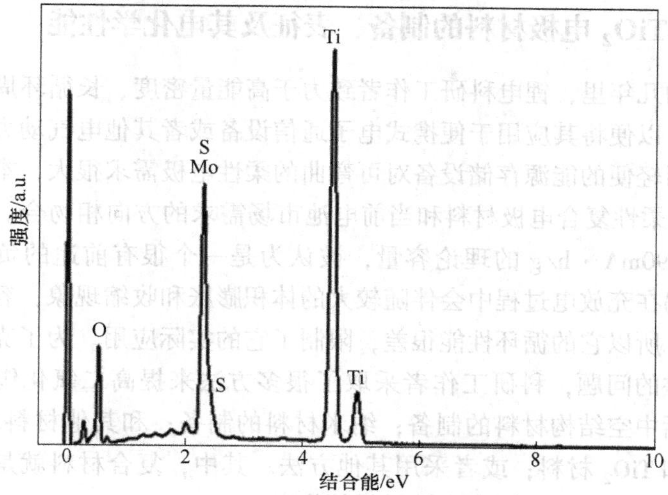

Ti
S
Mo
O
S
Ti
强度/a.u.
0
2
4
6
8
10
结合能/eV

(a)

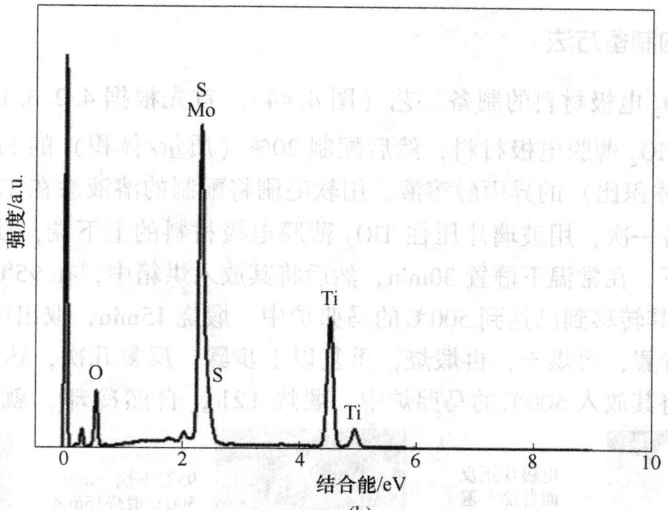

S
Mo
Ti
O
S
Ti
强度/a.u.
0
2
4
6
8
10
结合能/eV

(b)

图 4.43 未煅烧（a）和煅烧（b）的 MoS_2-TiO_2 材料在 800mA/g 的电流密度下循环 20 圈后的 EDS 图

表 4.22 MoS_2-TiO_2 材料在 800mA/g 的电流密度下循环 20 圈后通过 EDS 得到的 S 和 Mo 的元素摩尔比

元素	未煅烧材料	煅烧材料
S	1.51	1.90
Mo	1.00	1.00

4.6　SnO_2-TiO_2 电极材料的制备、表征及其电化学性能

在过去的几年里，锂电科研工作者致力于高能量密度、长循环周期的锂离子电池的研究，以便将其应用于便携式电子通信设备或者其他电气动力设备。特别是目前，灵活轻便的能源存储设备对可弯曲的柔性电极需求很大，本节研究制备的 SnO_2-TiO_2 柔性复合电极材料和当前电池市场需求的方向相吻合。二氧化锡由于具有高达 790mA · h/g 的理论容量，被认为是一个很有前途的负极材料。但是，二氧化锡在充放电过程中会伴随较大的体积膨胀和收缩现象，容易从集流体上脱落下来，所以它的循环性能很差，限制了它的实际应用。为了克服二氧化锡循环稳定性差的问题，科研工作者采取了很多方法来提高二氧化锡的电化学性能，其中包括中空结构材料的制备；纳米材料的制备；和其他材料复合在一起，比如碳材料和 TiO_2 材料；或者采用其他方法。其中，复合材料就是很有前途的锂离子电池，因为它可以综合多种材料的优点。

4.6.1　材料的制备方法

SnO_2-TiO_2 电极材料的制备工艺（图 4.44）。首先根据 4.2.3.1 节确定的最优方法制备 TiO_2 薄膜电极材料，然后配制 20%（质量/体积）的 $SnCl_4 \cdot 5H_2O$，含 8%HCl（体积比）的异丙醇溶液。用软毛刷将配制的溶液涂在 TiO_2 薄膜电极材料正反面各一次，用玻璃片压住 TiO_2 薄膜电极材料的上下端，使它处在一个水平的状态下，在常温下静置 30min，然后将其放入烘箱中，在 95℃ 的条件下烘 15min，再将其转移到已达到 500℃ 的马弗炉中，煅烧 15min，取出冷却。然后再涂溶液，再静置，再烘干，再煅烧，重复以上步骤，反复几次，达到所需遍数。涂完之后，将其放入 500℃ 的马弗炉中，煅烧 12h，自然冷却，就得到最终的

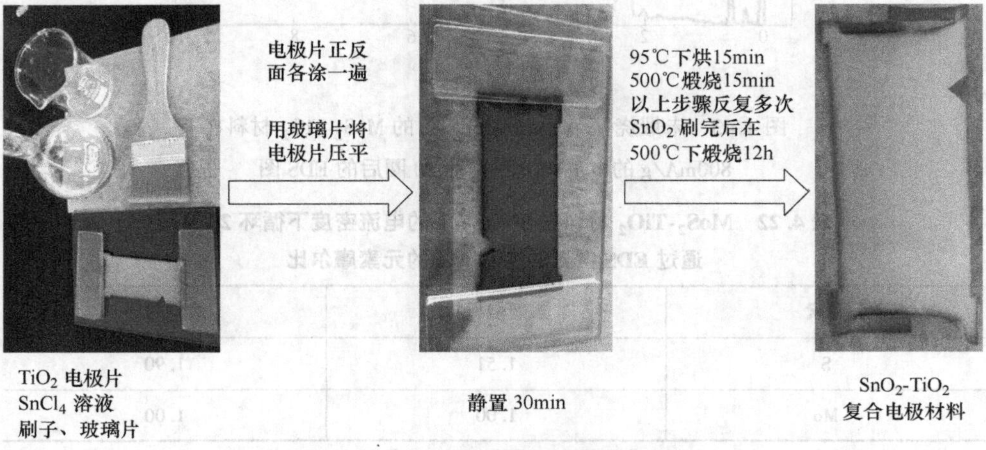
电极片正反
面各涂一遍
用玻璃片将
电极片压平
95℃下烘15min
500℃煅烧15min
以上步骤反复多次
SnO_2 刷完后在
500℃下煅烧12h
TiO_2 电极片
$SnCl_4$ 溶液
刷子、玻璃片
静置 30min
SnO_2-TiO_2
复合电极材料

图 4.44　SnO_2-TiO_2 复合材料制备流程

SnO_2-TiO_2 复合电极材料。

取 3 张 TiO_2 薄膜电极，分别反复涂 2 次、4 次、6 次，得到 3 张 SnO_2 附着含量不一样的 SnO_2-TiO_2 复合电极材料。

4.6.2 结果与讨论

图 4.45 所示为刷 2 遍（a、b）、4 遍（c、d）、6 遍（e、f）$SnCl_4$ 溶液的 SnO_2-TiO_2 复合电极材料的 SEM 图，其中（a）、（c）、（e）为 10000 倍，（b）、（d）、（f）为 5000 倍。从图中可以看出所有的 SnO_2-TiO_2 复合电极材料都把 TiO_2 材料的网状结构完整地凸显出来，这些 3D 网状结构将继续为 Li^+的扩散提供非常短的路径，同时它非常大的空间有利于电解液的渗透和锂离子的快速迁移。SnO_2 均匀地覆盖在 TiO_2 纳米线上，并且和纳米线结合得很紧密。由于三种材料刷 $SnCl_4$ 溶液的遍数不同，所以能够明显看出三种材料附着 SnO_2 的量是不同的。刷 2 遍时，能够清楚地看到附着了 SnO_2 的二氧化钛纳米线，二氧化锡的厚度很薄；刷 4 遍时，能看到的纳米线已经减少了，二氧化锡的厚度再增加；刷 6 遍时，几乎看不到二氧化钛纳米线的存在，二氧化锡的厚度很厚，可以看到结块的二氧化锡附着在二氧化钛的网状结构中。由图可知，通过刷 $SnCl_4$ 溶液并煅烧的方式能够成功地将 SnO_2 均匀地附着在 TiO_2 上，从而制备出结构很好的复合材料。

图 4.46 所示为刷 2 遍、4 遍、6 遍 $SnCl_4$ 溶液的 SnO_2-TiO_2 复合电极材料的 XRD 图。$2\theta = 25.4°$、$37.8°$、$48.1°$、$62.8°$，$76.2°$ 的峰属于 TiO_2 的衍射峰（JCPDS No. 89-4921），$2\theta=40.2°$、$53.0°$、$70.6°$的峰属于集流体金属钛（JCPDS No. 89-2762）。除了以上衍射峰以外，在 26.6°、33.9°、51.8°也存在 3 个明显的衍射峰，它们属于四方相 SnO_2 的衍射峰（JCPDS No. 41-1445），分别对应（110）、（101）和（211）晶面。显然，通过高温煅烧 $SnCl_4$ 溶液的方式能够成功制备出 SnO_2，并且 SnO_2 附着在 TiO_2 上后不会对 TiO_2 的晶相造成任何负面影响。对比 3 种材料的峰强高低关系，可以发现 TiO_2 的峰强，刷 2 遍时最高，刷 4 遍时其次，刷 6 遍时最低；SnO_2 的峰强刷 2 遍时最低，刷 4 遍时其次，刷 6 遍时最高。这些峰强的高低直接说明了 SnO_2 含量的多少。

图 4.47 所示为 3 种材料在 400mA/g 的电流密度下组装成半电池的充放电比容量。刷 2 遍的复合材料，首圈放电 739.6mA · h/g，第 2 圈放电454.1mA · h/g，容量保持率为 61.4%，循环 100 圈后，放电比容量为 356.4mA · h/g，是第 2 圈放电比容量的 78.5%；刷 4 遍的复合材料，首圈放电 1120.9mA · h/g，第 2 圈放电 605.3mA · h/g，容量保持率为 54%，循环 100 圈后，放电比容量为 449.4mA · h/g，是第 2 圈放电比容量的 74.2%；刷 6 遍的复合材料，首圈放电 1665.6mA · h/g，第 2 圈放电 799.5mA · h/g，容量保持率为 48%，循环 100 圈

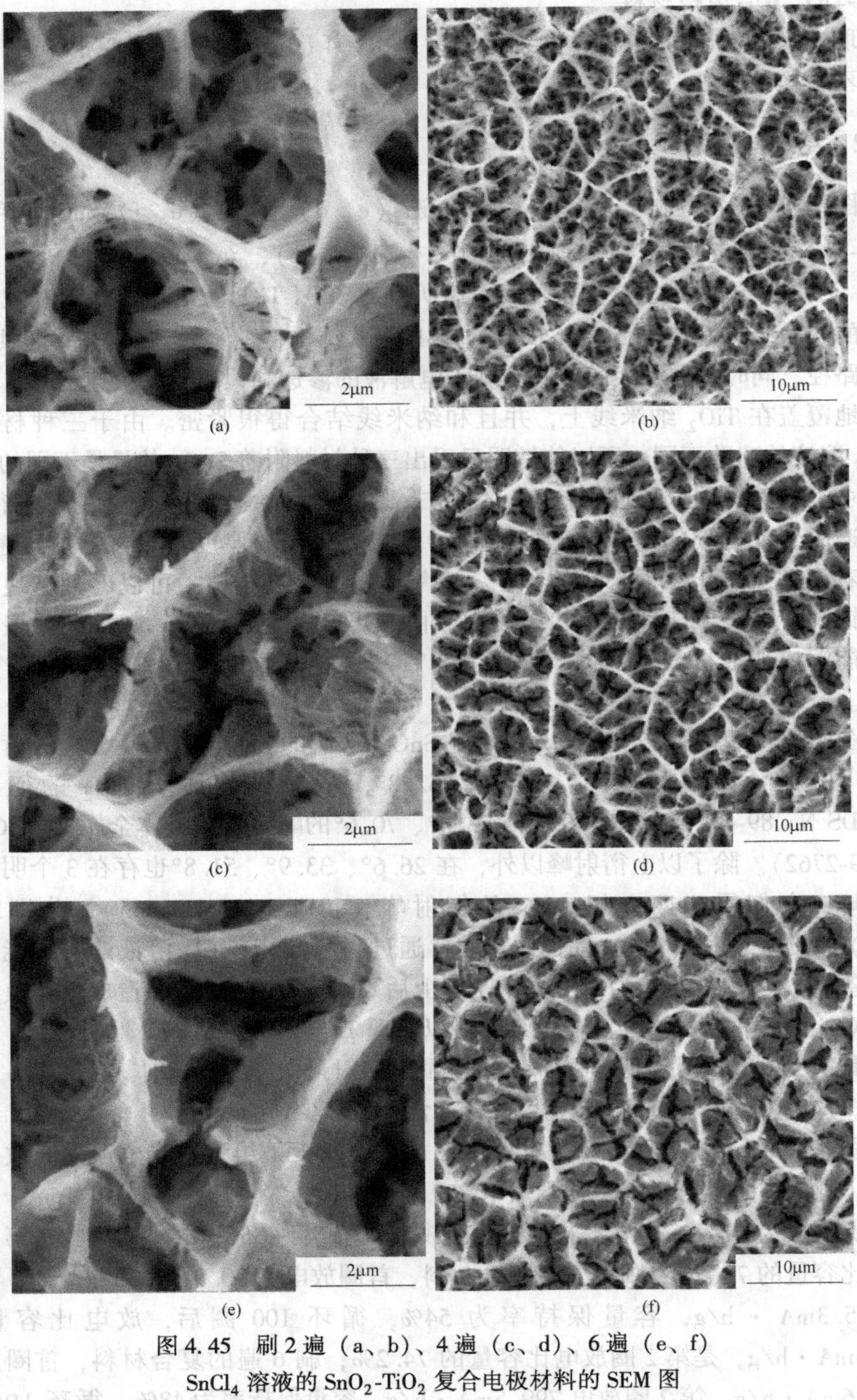
2μm
(a)
10μm
(b)
2μm
(c)
10μm
(d)
2μm
(e)
10μm
(f)

图 4.45　刷 2 遍（a、b）、4 遍（c、d）、6 遍（e、f）$SnCl_4$ 溶液的 SnO_2-TiO_2 复合电极材料的 SEM 图

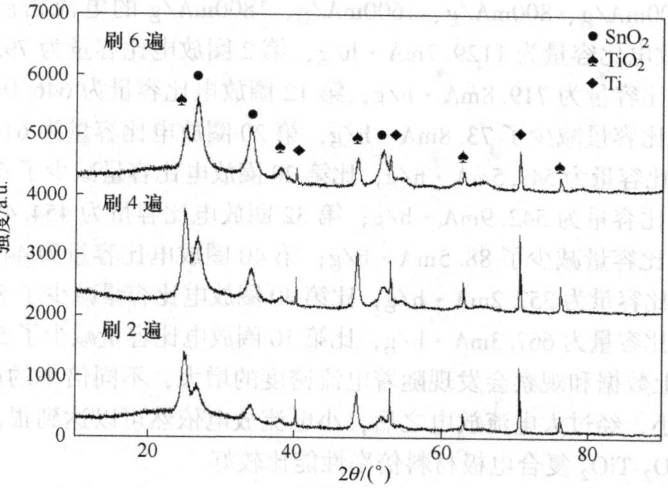
刷 6 遍
刷 4 遍
刷 2 遍
SnO2
TiO2
Ti
强度/a.u.
2θ/(°)

图 4.46 刷 2 遍、4 遍、6 遍 $SnCl_4$ 溶液的 SnO_2-TiO_2 复合电极材料的 XRD 图

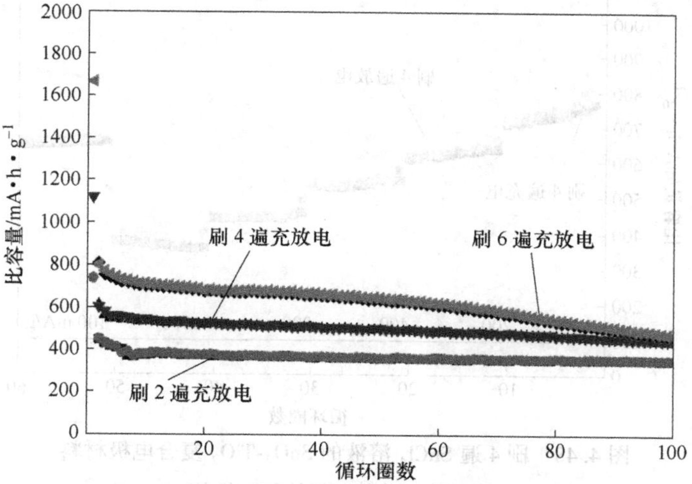
刷 4 遍充放电
刷 6 遍充放电
刷 2 遍充放电
比容量/mA·h·g-1
循环圈数

图 4.47 刷 2 遍、4 遍、6 遍 $SnCl_4$ 溶液的 SnO_2-TiO_2 复合电极材料在 400mA/g 的循环性能

后，放电比容量为 478.3mA·h/g，是第二圈放电比容量的 59.8%。通过以上数据对比能够发现，刷 2 遍的材料，初始放电比容量最小，但是循环性能最好；刷 6 遍的材料，初始放电比容量最大，但是循环性能最差。综合来看，刷 4 遍的材料电化学性能最好，因为它的放电比容量和循环性能在这三种材料中都处于中等水平，综合电化学性能最好，根据图像可以判断，如果循环圈数继续增大，那么在很长一段时间里刷 4 遍的材料放电比容量会是最高的。

图 4.48 所示为刷 4 遍 $SnCl_4$ 溶液的 SnO_2-TiO_2 复合电极材料在 100mA/g、

200mA/g、400mA/g、800mA/g、1600mA/g、1800mA/g 的电流密度下的倍率性能。第 1 圈放电比容量为 1129.7mA · h/g，第 2 圈放电比容量为 793.3mA · h/g，第 10 圈放电比容量为 719.8mA · h/g；第 12 圈放电比容量为 646.0mA · h/g，比第 10 圈放电比容量减少了 73.8mA · h/g，第 20 圈放电比容量为 614.6mA · h/g；第 22 圈放电比容量为 549.5mA · h/g，比第 20 圈放电比容量减少了 65.1mA · h/g；第 30 圈放电比容量为 542.9mA · h/g；第 32 圈放电比容量为 454.4mA · h/g，比第 30 圈放电比容量减少了 88.5mA · h/g；第 40 圈放电比容量为 443.9mA · h/g；第 42 圈放电比容量为 357.2mA · h/g，比第 40 圈放电比容量减少了 86.7mA · h/g；第 52 圈放电比容量为 667.3mA · h/g，比第 10 圈放电比容量减少了 52.5mA · h/g。通过比较以上数据和观察会发现随着电流密度的增大，不同倍率的放电比容量之间的差距缩小，经过大电流放电之后，小电流放电依然可以达到很高的放电比容量，说明 SnO_2-TiO_2 复合电极材料倍率性能比较好。

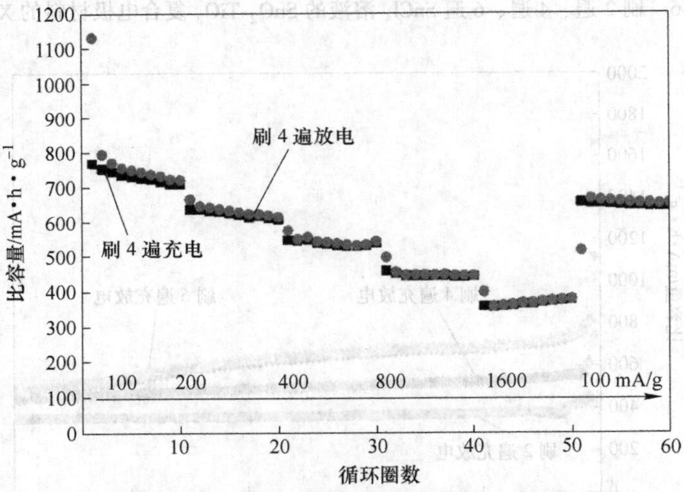
比容量/mA·h·g⁻¹
循环圈数
刷 4 遍放电
刷 4 遍充电
100
200
400
800
1600
100 mA/g

图 4.48　刷 4 遍 $SnCl_4$ 溶液的 SnO_2-TiO_2 复合电极材料在不同电流密度下的倍率性能

图 4.49 所示为刷 4 遍 $SnCl_4$ 溶液的 SnO_2-TiO_2 复合电极材料的充放电曲线，由图 4.49 可以看出 TiO_2 和 SnO_2 的电化学过程。

图 4.50 所示为刷 4 遍 $SnCl_4$ 溶液的 SnO_2-TiO_2 复合电极材料在 400mA/g 的电流密度下循环 20 圈后的 SEM 图。当二氧化锡单独作为负极材料时，在充放电过程中会出现团聚现象，由于 SnO_2 颗粒存在巨大的体积变化，进而在材料间会产生较大的应力，如果这种应力过大，相互拥挤的二氧化锡就会破裂粉化，脱离集流体，造成较高的不可逆容量损失。当采用 SnO_2-TiO_2 复合电极材料作为负极时，反应前和 TiO_2 紧紧连在一起的 SnO_2 变成了一个个膨胀的颗粒，这些颗粒已经发生了轻微

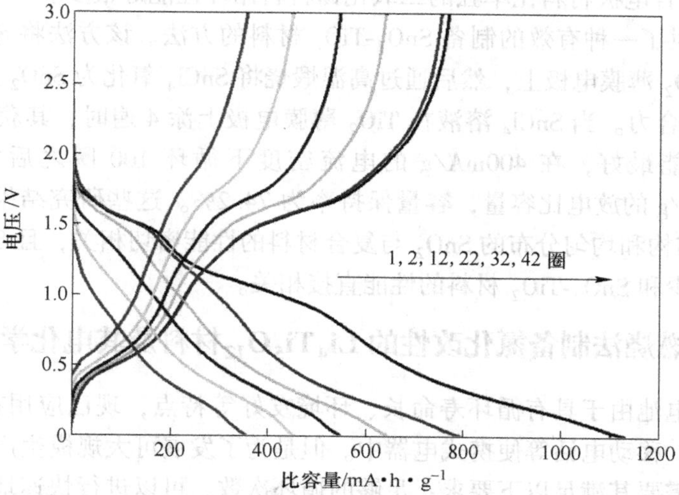
3.0
2.5
2.0
1.5
1.0
0.5
0
电压/V
200
400
600
800
1000
1200
比容量/mA·h·g^{-1}
1, 2, 12, 22, 32, 42 圈

图 4.49 刷 4 遍 $SnCl_4$ 溶液的 SnO_2-TiO_2 复合电极材料倍率充放电测试时不同圈数的充放电曲线

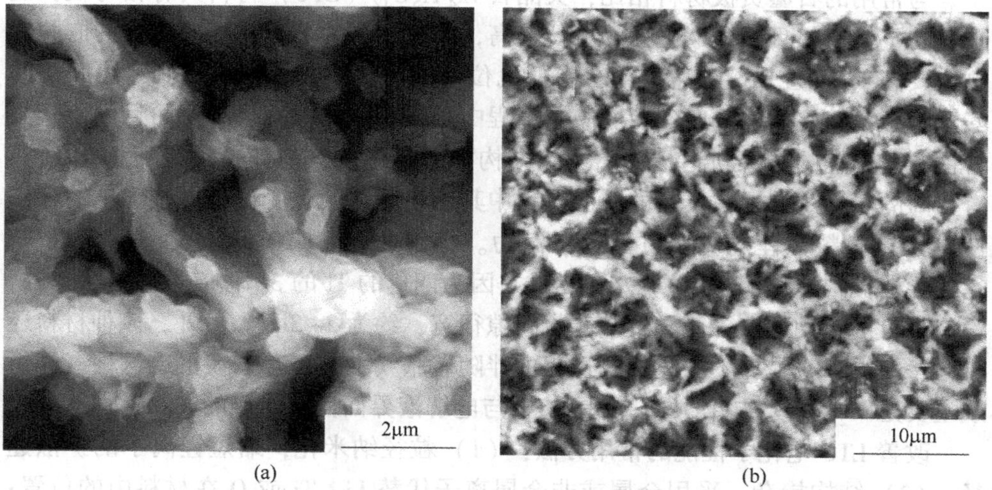
2μm
10μm
(a)
(b)

图 4.50 刷 4 遍 $SnCl_4$ 溶液的 SnO_2-TiO_2 复合电极材料在 400mA/g 的电流密度下循环 20 圈后的 SEM 图

的团聚，说明复合材料和单独的二氧化锡材料发生的反应是一样的。由图 4.50（b）可知，反应后的复合材料二氧化锡分布依然很均匀，由于二氧化钛在充放电过程中体积变化量很小，所以 TiO_2 的网状结构被完整地保存下来。空间很大的网状结构使 SnO_2 没有过度地团聚，并且网状结构为 SnO_2 的膨胀提供了充足的缓冲空间，二氧化锡颗粒间不存在很大的应力，自然不会破裂粉化。正因为如此，

SnO_2-TiO_2 复合电极材料比单独的二氧化锡材料循环性能好很多。

本节提供了一种有效的制备 SnO_2-TiO_2 材料的方法。该方法将 $SnCl_4$ 溶液均匀地涂在 TiO_2 薄膜电极上，然后通过高温煅烧将 $SnCl_4$ 氧化为 SnO_2 并增强 SnO_2 与 TiO_2 的结合力。当 $SnCl_4$ 溶液在 TiO_2 薄膜电极上涂 4 遍时，其获得的复合材料电化学性能最好，在 400mA/g 的电流密度下循环 100 圈之后它依然具有 449.4mA · h/g 的放电比容量，容量保持率为 74.2%。这些研究结果表明，TiO_2 的 3D 网状结构和均匀分布的 SnO_2 与复合材料的性能密切相关，且 $SnCl_4$ 溶液所涂遍数的多少和 SnO_2-TiO_2 材料的性能直接相关。

4.7　一步燃烧法制备氮化改性的 $Li_4Ti_5O_{12}$ 材料及其电化学性能

锂离子电池由于具有循环寿命长、环境友好等特点，现已应用在电动汽车、笔记本电脑、移动电话等便携式电器中。但是为了发展可大规模生产及使用的锂电材料，还需要其满足以下要求：足够的循环次数，可以进行快速地充放电，以及一定的安全性。这些要求对于锂电研究工作者来说是具有挑战性的，但是对于锂电的发展是至关重要的。

与常用的石墨负极材料相比，尖晶石 $Li_4Ti_5O_{12}$（LTO）材料具有相对较长且平稳的平台；并且因为嵌脱锂的电位较高，为 1.55V 左右，比石墨电极的嵌脱锂电位要高 1.3V 左右，使它在不会在低电位下形成锂枝晶，也没有刺穿隔膜等的安全隐患。除此之外，LTO 在嵌脱锂过程中是近于零体积变化的，而且由于其具有锂离子传输的三维轨道，锂离子在结构中的传导极其快速。尖晶石 LTO 还具有很高的热稳定性，在不断的升温过程中其结构基本没有变化。这些优良的特点使得 LTO 材料在锂电应用方面很有潜力。尽管如此，LTO 的缺点也不容忽视，比如导电性很差，仅为 10^{-13}S/cm，这是因为四价的 Ti 的 3d 轨道是满电状态的，没有可自由移动的电子，导致其能带间隙很宽，约为 2~3eV。另外，该种材料还有另一缺点，就是在不断充放电过程中伴随着胀气反应，有文献报道这种气体组成主要是 H_2、CO_2 与 CO，它们是 LTO 与电解液界面反应生成的产物。

改善 LTO 电化学性能的常用方法：（1）粒径纳米化，缩短锂离子的扩散途径；（2）结构掺杂，采用金属或非金属离子代替 Li、Ti 或 O 在材料中的位置；（3）表面包覆一层高导电性的物质，减少材料阻抗，提高导电性。其中，表面包覆改性可以在材料表面形成一个保护层以抑制 LTO 发生胀气反应，而前两种方法则无法在表面形成保护层，因此无法缓解胀气效应。此外，一些结构上的改性（比如结构掺杂）将会增加材料的结构缺陷，这将是不利的。如八面体的 16d 位置缺陷将会降低材料容量，而四面体 8a 位置的缺陷将会导致不可逆嵌锂，从而造成容量损失。

因此，在材料表面形成高导电相被认为是最佳优化 LTO 的方法。一些关于

LTO 氮化改性的文章证实氮化处理会较好地提高材料的导电性，同时提高材料的电化学性能。Hu、Meng、Li 与 Zhang 等人利用氮掺杂的炭包覆物对 LTO 进行改性，实验结果显示，改性后电极的电化学性能得到了很大改善。文献解释电化学改性是因为这些氮掺杂的炭拥有很多活性缺陷，这些缺陷有利于锂离子的扩散。Park 等介绍了一种利用 NH_3 热解 LTO 进行氮化改性的方法，文中将电化学改善的原因归结为混合价态中间相 $Li_{4+\delta}Ti_5O_{12}$ 的存在，还有表面生成了高导电性物质 TiN。

4.7.1 工作内容

针对钛酸锂导电性、倍率性能差等问题，现有的改性方法多是涉及多步、耗时的烦琐反应，有时还需要一些特定的物质，比如掺氮的炭。本节主要致力于研究一种可以快速合成 LTO，同时对其进行氮化改性的制备方法；以及氮元素在钛酸锂中的存在形式及氮化改性提高电化学性能的原理。与传统方法相比，该方法具有如下优势：（1）一步加热合成反应（30min）可生成氮化改性好的钛酸锂，缩短反应时间、减少能量损耗；（2）液相燃烧反应得到的产物将具有较大的比表面积（现有的技术都是需要先合成钛酸锂再对其进行改性，需要两步加热），从而提高材料的反应活性；（3）作为一种氮源，尿素价格低廉并且安全、易于操作（现有的氮源都是比较稀缺及不易取得的，如等离子体液体制备的含氮的碳，或是安全性较低的 NH_3）；（4）在材料表面生成的薄层 TiN 可以提高电子导电性，这将提高材料的循环及倍率特性。

4.7.2 实验部分

制备未改性的 LTO：利用钛酸四丁酯在氨水中水解的方法制备白色粉末 $TiO(OH)_2$，再向其内加入一定量的硝酸形成透明澄清的硝酸氧钛前驱液（0.0362mol）；向硝酸氧钛溶液中加入燃剂：3.0g（0.40mol）甘氨酸、2.1g（0.03mol）硝酸锂；搅拌均匀后，在通入氮气的管式炉中，以 5℃/min 升温至 800℃，并在此温度下加热 30min，当温度降至室温后即可收集。

制备氮化的 LTO：与上述方法类似，只是将装有尿素的瓷舟放于装有上述溶液瓷舟的前方，通过调节尿素的使用量来调节材料的氮含量。尿素用量分别为 2.64g、3.96g、5.35g。

4.7.2.1 材料表征

本节中材料的物相分析是在荷兰 Philip 公司生产的 Panalytical X′pert PRO X-射线衍射仪上进行，Cu 靶的 K_α 为辐射源，$\lambda=1.5406Å$，管电压为 40kV，管电流 30.0mA。电极片用双面胶粘在样品架上，使电极表面与样品架表面齐平。使用步进扫描方式，2θ 步长是 0.0167°，每步所需时间是 15s。

形貌表征实验使用荷兰 FEI 公司的 Tecnai F-30 高分辨透射电子显微镜（HR-TEM，加速电压为 300kV）和日本电子株式会社生产的 JEM-2100 透射电子显微镜（加速电压为 200kV）。并通过 Gatan Digital Micrograph 软件对所得数据进行粒径和晶面间距分析。实验样品分散在无水乙醇中，再用铜网格在溶液中反复捞 20 次左右。

采用的扫描电镜设备是英国 Oxford Instrument 公司生产的 LEO 1530 型场发射电子显微镜和日本日立公司生产的 Hitachi S-4800 型场发射扫描电子显微镜，对所制备样品的形貌进行了观察和比较。实验时，将少量样品黏附在导电碳胶布上。

元素分析测试：选用 Vario Elemental Ⅲ instrument（Elementar Co.，Germany）仪器测试。

XPS（X-ray photoelectron spectroscopy）测试：选用 QUANTUM 2000 SCANNING ESCA MICROPROBE 仪器，该仪器使用的是 Al 靶（1486.6 eV），检测光谱的通过能量为 60 eV，对于某些特定的元素能量设定为 20eV。

BET（Brunauer-Emmett-Teller）测试：测试方法为氮气吸附，使用的仪器型号为 Tristar3000 system。

TG 测试：选用 STA 449 F3 Jupiter 仪器，空气气氛，测试温度为 100~900℃。

4.7.2.2　电化学性能测试

装配的电池型号为 CR2016 型扣式电池，活性物质浆料的调配：将质重比为 80%的活性物质、10%乙炔黑及 10%PVDF 溶解于 NMP 中；将调配好的浆料通过涂膜仪涂敷在铝箔上，在真空烘箱里 110℃下烘烤 12h。按照前述配电池工序组装电池，其中所用的电解液体系为酯类电解液，其中电解质为 1M$LiPF_6$盐，溶剂为体积比 1∶1∶1 的 EC、EDC、DMC 混合的溶液。

本节充放电实验在新威和蓝电电池测试仪上完成，电流量程分别为 1mA、5mA、10mA，电压量程 0~5V。用恒电流方式对电池进行充放电，充放电的电流密度视实验需要不同而定。把新组装的扣式电池放置 8h 以上，待电池稳定后再进行充放电测试。充放电电压区间为 1.0~3V。

阻抗测试在 Autolab PGSTAT 101 仪器上进行，采用扣式电池两电极体系测试，测试条件为 10mHz~100kHz。阻抗测试选用的是同一个扣式电池在首次放电中不同电压下的状态。

四探针法测试阻抗采用的仪器为 SX1934（SZ-82），测试材料均在 20MPa 下被压制成厚度约为 1mm 的片状材料。

4.7.3 结果与讨论

4.7.3.1 材料形貌表征

图 4.51 所示为氮化改性后与未改性的 LTO 的 XRD 图谱，其中将氮化改性的材料简写为 Nx-LTO（其中 x 代表材料中的含氮量，即质量百分数，这个量以元素分析测试的结果为准）。由图可以看出材料的峰型很尖锐，并且归属于立方尖晶石相，JCPDF 卡片编号为 No. 49-0207。其中未改性的 LTO 没有任何杂相，随着氮化程度的加深，改性后的材料逐渐出现了二氧化钛的杂相峰，这种现象在相关氮化改性的文献中有过报道，但是具体原因还不清楚。将这些杂相峰用一些符号标记，其中 TiO_2 anatase 相（2θ=25. 2°、32. 7°，JCPDS：00-021-1272）以菱形符号表示，TiO_2 rutile 相（2θ=27. 5°、54. 2°，JCPDS：00-021-1276）以圆形符号表示。

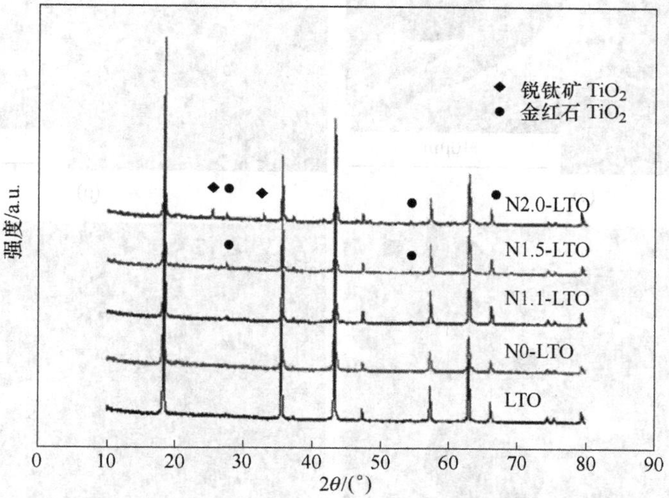

◆ 锐钛矿 TiO_2
● 金红石 TiO_2
N2.0-LTO
N1.5-LTO
N1.1-LTO
N0-LTO
LTO
强度/a.u.
0
10
20
30
40
50
60
70
80
90
2θ/(°)

图 4.51 氮化改性后与未改性的 LTO 的 XRD 图谱

通过图 4.52（a）可以观察到未进行氮化处理的 LTO 为纯白色，经过氮化处理后颜色会逐步加深，首先变成棕黄色然后逐渐变为黑色，这种颜色的变化预示着氮化程度的加深。液相燃烧反应后得到所有材料的 SEM 如图 4.52（b）~（f）所示，由图可以看出，材料均为微纳结构的片状材料，即微米粒径的材料是由纳米级的小颗粒组成；这些材料的表面还布满了微米大小的孔洞，这些孔洞是由液相燃烧反应时放出的氮的氧化物、水蒸气等气体造成。通过高分辨的电镜图（图 4.52（f））可以看出，N1. 1-LTO 的二次粒子形状不规则，但是大小均匀，粒径一般在 50~100nm。

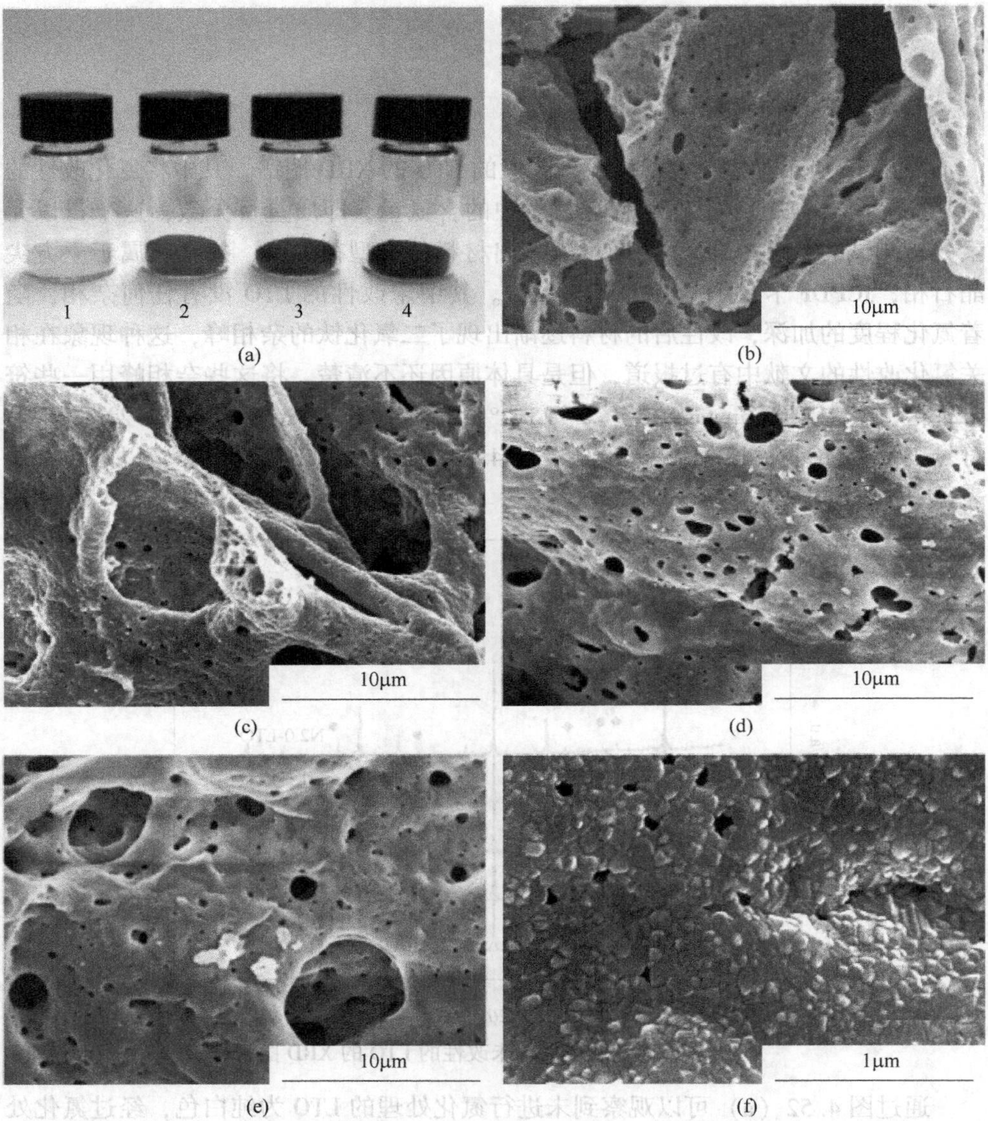
1
2
3
4
(a)
10μm
(b)
10μm
(c)
10μm
(d)
10μm
(e)
1μm
(f)

图 4.52 氮化前后材料的颜色变化（样品 1：N0-LTO，样品 2：N1.1-LTO，样品 3：N1.5-LTO，样品 4：N2.0-LTO）(a) 以及高倍数的扫描电镜图：N0-LTO (b)，N1.1-LTO (c)，N1.5-LTO (d)，N2.0-LTO (e)，N1.1-LTO (f)

为了了解 N-LTO 材料中氮元素的存在形式与分布特点，本节还对电化学性能最佳的材料 N1.1-LTO 进行了 EDS 分析，如图 4.53 所示。通过 TEM 图可以看到 N1.1-LTO 材料的粒径约为 100nm 左右，EDS 结果显示其氮含量为 1.1%（质重比）这与元素分析测试的结果是一致的。

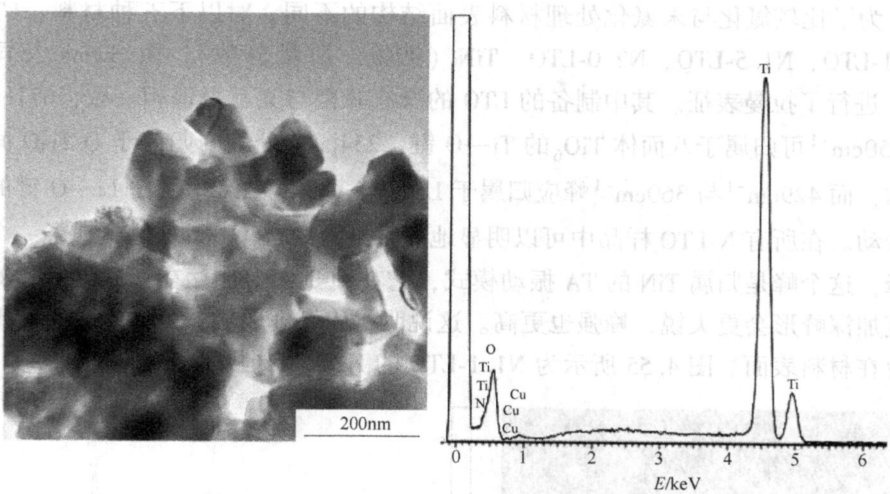
200nm
Ti
O
Ti
Ti
N
Cu
Cu
Cu
Ti
0
1
2
3
4
5
6
E/keV

(a) (b)

图 4.53 N1.1-LTO 的透射电镜图（a）及与图（a）相对应的 EDS 能谱分析（b）

为了进一步了解电化学性能最优的 N1.1-LTO 的表面结构，单独对该材料进行了高分辨 TEM 分析。从图 4.54 中可以看到该材料的表面上有一层 5nm 厚的壳层，这个壳层是无定型结构，而核层具有十分清晰的晶格条纹。为了验证壳层是否为氮化层，对壳层区域进行了 EDS 分析。分析结果显示，该壳层是富含氮元素的，氮含量为 8.5%（质量分数），明显高于材料的平均氮含量 1.1%。由图 4.54（a）、（b）可以看出壳层基本厚度是 5nm 左右，对壳层 EDS 分析结果显示氮含量（质量分数）分别为 10.8%与 7.9%。

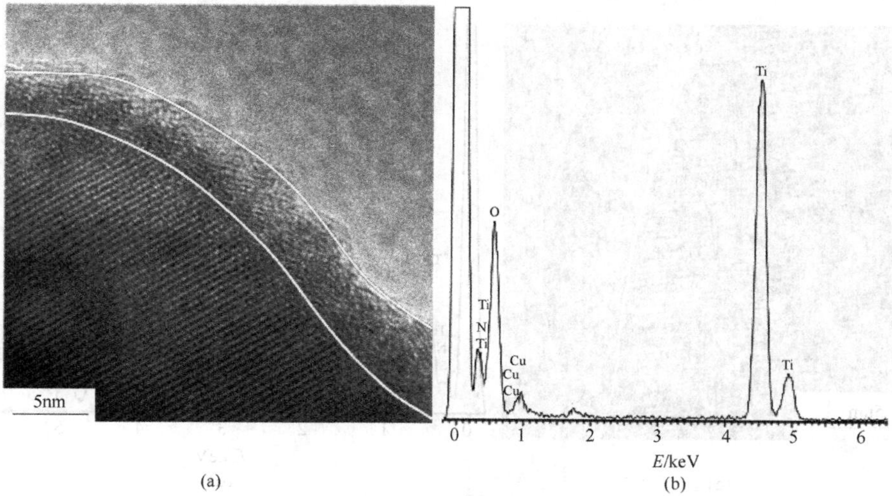
5nm
Ti
O
Ti
N
Ti
Cu
Cu
Cu
Ti
0
1
2
3
4
5
6
E/keV

(a) (b)

图 4.54 N1.1-LTO 材料的 HR-TEM（a）与相应的 EDS 能谱（b）

为了比较氮化与未氮化处理材料表面结构的不同，对以下五种材料：LTO、N1. 1-LTO、N1. 5-LTO、N2. 0-LTO、TiN（99%（质量分数），由 Sigma 公司购买）进行了拉曼表征。其中制备的 LTO 的所有峰都与文献报道相一致，$671cm^{-1}$ 与 $750cm^{-1}$ 可归属于八面体 TiO_6 的 Ti—O 键，$234cm^{-1}$ 处的峰归属于 O-Ti-O 间的振动，而 $429cm^{-1}$ 与 $360cm^{-1}$ 峰应归属于 LiO_4 与多面体 LiO_6 结构中 Li—O 键的伸缩振动。在所有 N-LTO 样品中可以明显地观察到大约在 $146cm^{-1}$ 处出现了一个小包峰，这个峰是归属 TiN 的 TA 振动模式，它在纯 TiN 中也存在，并且随着氮化程度加深峰形会更尖锐，峰强也更高。这说明氮化处理成功，氮元素以 TiN 形式附着在材料表面。图 4. 55 所示为 N1. 1-LTO 的 HR-TEM 图及 EDS 谱图。

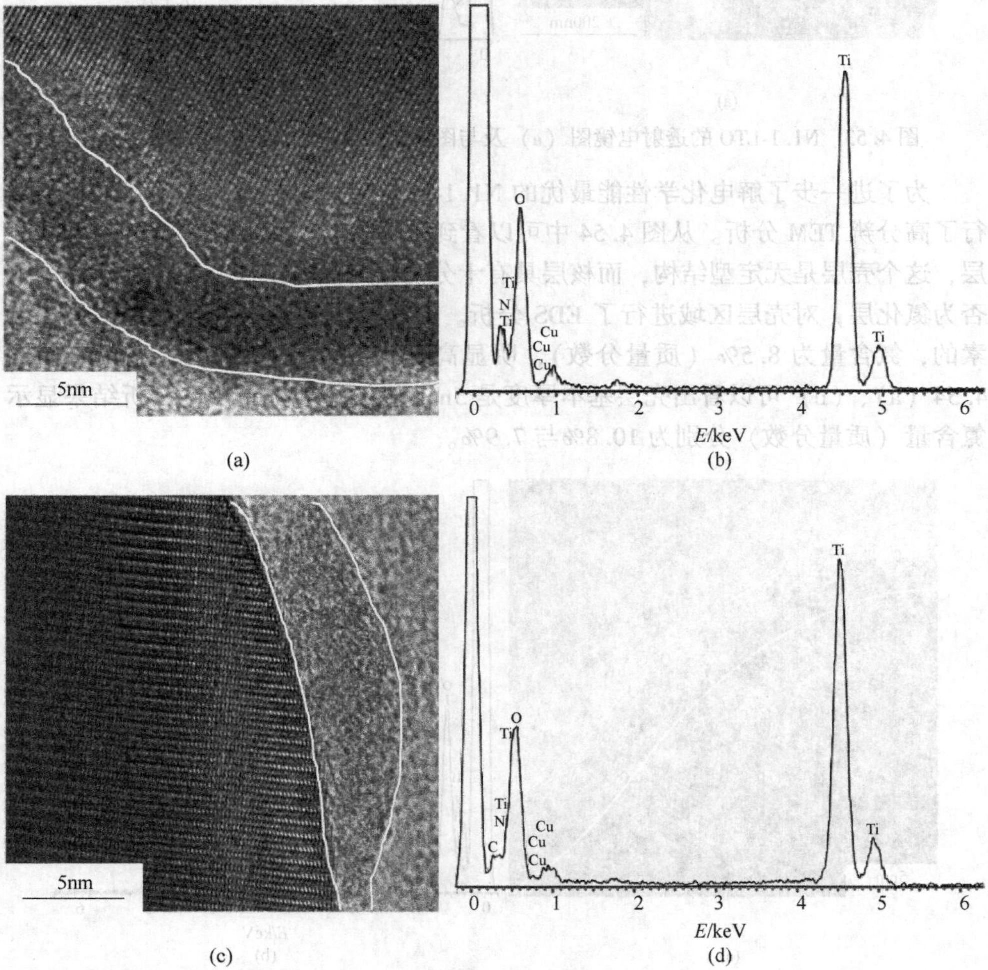
5nm
Ti
O
N
Cu
C
0
1
2
3
4
5
6
E/keV
(a)
(b)
(c)
(d)

图 4. 55　N1. 1-LTO 的 HR-TEM 图（a、c）和相对应的 EDS 谱图（b、d）

图 4.56 所示为未经氮化处理的 LTO 与 N-LTO 的 XPS 谱图，可以清楚地看到在所有 N-LTO 材料中的 394eV 附近出现了一个新的小峰，这个峰应归属于 N1s。其峰强随着氮化程度的加深而增大，这进一步证实了这种方法可以有效地对材料进行氮化，并且可以通过改变尿素用量来调节材料的含氮量。一般来说，LTO 在 458.8~464.4eV 处会出现 Ti 2p 的峰，它与 TiO_2 中的正四价 Ti 相关。与未氮化的 LTO 相比，我们发现 N1.1-LTO 材料在较低的结合能处（455.8~461.9eV）出现了一对关于 Ti 2p 的峰，这个新峰是与 $Ti^{3+}N$ 中三价 Ti 相关的。通过严格的分峰及峰面积计算，得到该材料是由 TiN 与 LTO 共同组成，其中 TiN 质重比含量为 5.4%，而 LTO 质重比含量为 94.6%。

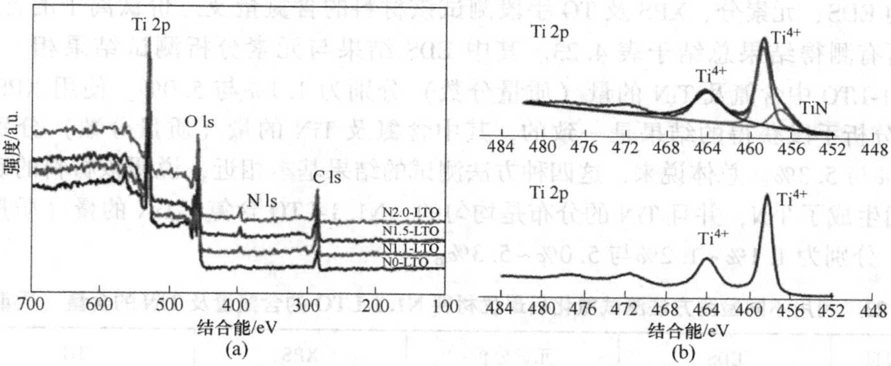
Ti 2p
O ls
N ls
C ls
N2.0-LTO
N1.5-LTO
N1.1-LTO
N0-LTO
强度/a.u.
700 600 500 400 300 200 100
结合能/eV
(a)
Ti 2p
Ti4+
Ti4+
TiN
484 480 476 472 468 464 460 456 452 448
Ti 2p
Ti4+
Ti4+
484 480 476 472 468 464 460 456 452 448
结合能/eV
(b)

图 4.56 未经氮化处理的 LTO 与 N-LTO 的 XPS 图谱（a）和 N1.1-LTO 与 N0-LTO 的 Ti 2p 图（b）

为了进一步证实材料是由 TiN 及 LTO 组成，对改性材料进行了热重分析实验。图 4.57 所示为 N0-LTO、N1.1-LTO 与 TiN 在空气气氛下的 TG 曲线。众所周

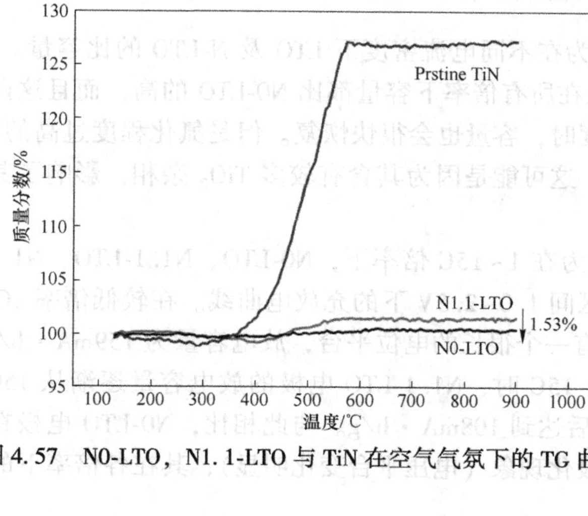
130
125
120
115
110
105
100
95
Prstine TiN
N1.1-LTO
1.53%
N0-LTO
质量分数/%
100 200 300 400 500 600 700 800 900 1000
温度/℃

图 4.57 N0-LTO，N1.1-LTO 与 TiN 在空气气氛下的 TG 曲线

知，在空气中很大的一个温度范围内 TiN 会被氧化成 TiO_2，故可以根据以下的公式计算氮化后生成了多少 TiN：

$$TiN + O_2 \longrightarrow TiO_2 + 1/2N_2$$

通过上述 TG 图可以看到，未经氮化的 LTO 在空气氛下质量没有变化，因为 LTO 上 Ti 的价态都是最高价态，为正四价。而对于氮化的 LTO 是有一定质量增加的，这是因为发生了上述氮化钛的分解反应。热重结果显示总体质量增加 1.53%，通过上述公式计算含氮量为 1.17%，这与利用其他方法测试 N1.1-LTO 的含氮量的结果相一致。

为了证实氮化改性的成功与均匀性，并确定性能最优的 N1.1-LTO 含氮量。利用 EDS、元素分、XPS 及 TG 手段测试该材料的含氮量及三价钛离子的含量，将所有测得结果总结于表 4.23。其中 EDS 结果与元素分析测试结果相一致：N1.1-LTO 中含氮及 TiN 的量（质量分数）分别为 1.1%与 5.0%。使用 XPS 与 TG 分析手段获得的结果是一致的，其中含氮及 TiN 的量（质量分数）分别为 1.2%与 5.3%。总体说来，这四种方法测试的结果基本相近，说明该材料的确在表面生成了 TiN，并且 TiN 的分布是均匀的，N1.1-LTO 含氮、TiN 的量（质量分数）分别为 1.1%~1.2%与 5.0%~5.3%。

表 4.23 利用不同检测方法测试氮化后最优材料 N1.1-LTO 的含氮量及 TiN 的含量（质重比）

项目	EDS		元素分析		XPS		TG	
N0-LTO	N	TiN	N	TiN	N	TiN	N	TiN
N1.1-LTO	1.1	5.0	1.1	5.0	1.2	5.3	1.2	5.3

4.7.3.2 材料性能测试

图 4.58 所示为在不同电流密度下 LTO 及 N-LTO 的比容量。其中 N1.1-LTO 与 N1.5-LTO 电极在所有倍率下容量都比 N0-LTO 的高，而且这两种电极循环若干圈至低电流密度时，容量也会很快恢复。但是氮化程度过高的 N2.0-LTO 的倍率性能提高不多，这可能是因为其含有较多 TiO_2 杂相，影响了其电化学性能的提高。

图 4.59 所示为在 1~15C 倍率下，N0-LTO、N1.1-LTO、N1.5-LTO 与 N2.0-LTO 电极在电位区间 1.0~2.5V 下的充放电曲线。在较低倍率 1C 时，N1.1-LTO 电极在 1.55V 处有一个很长的电位平台，放电容量为 159mA · h/g；当电流密度由 2C 增加到 8C、15C 时，N1.1-LTO 电极的放电容量逐渐从 150mA · h/g 降到 128mA · h/g，最后达到 108mA · h/g。与此相比，N0-LTO 电极在测试倍率时不但出现了明显的极化现象（电压平台变化明显），其在各倍率下的可逆容量也较

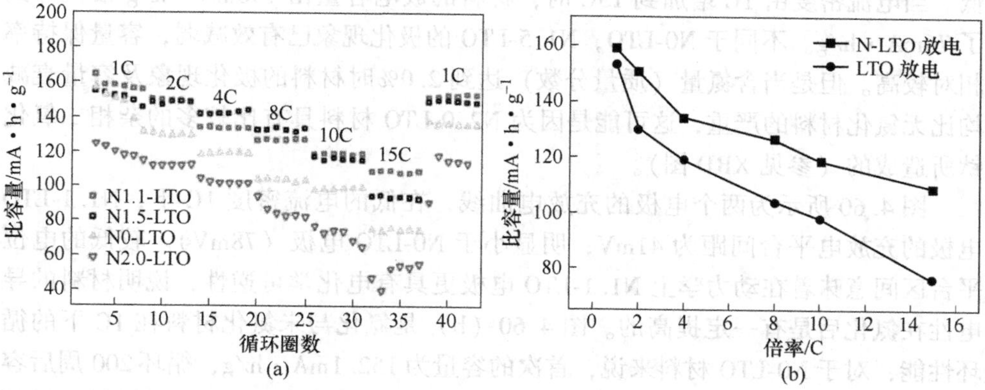
比容量/mA·h·g^{-1}
1C
2C
4C
8C
10C
15C
1C
N1.1-LTO
N1.5-LTO
N0-LTO
N2.0-LTO
循环圈数
(a)
N-LTO 放电
LTO 放电
倍率/C
(b)

图 4.58 不同电流密度下 LTO 及 N-LTO 的比容量(a) 及 LTO 及 N-LTO 倍率性能比较（b）

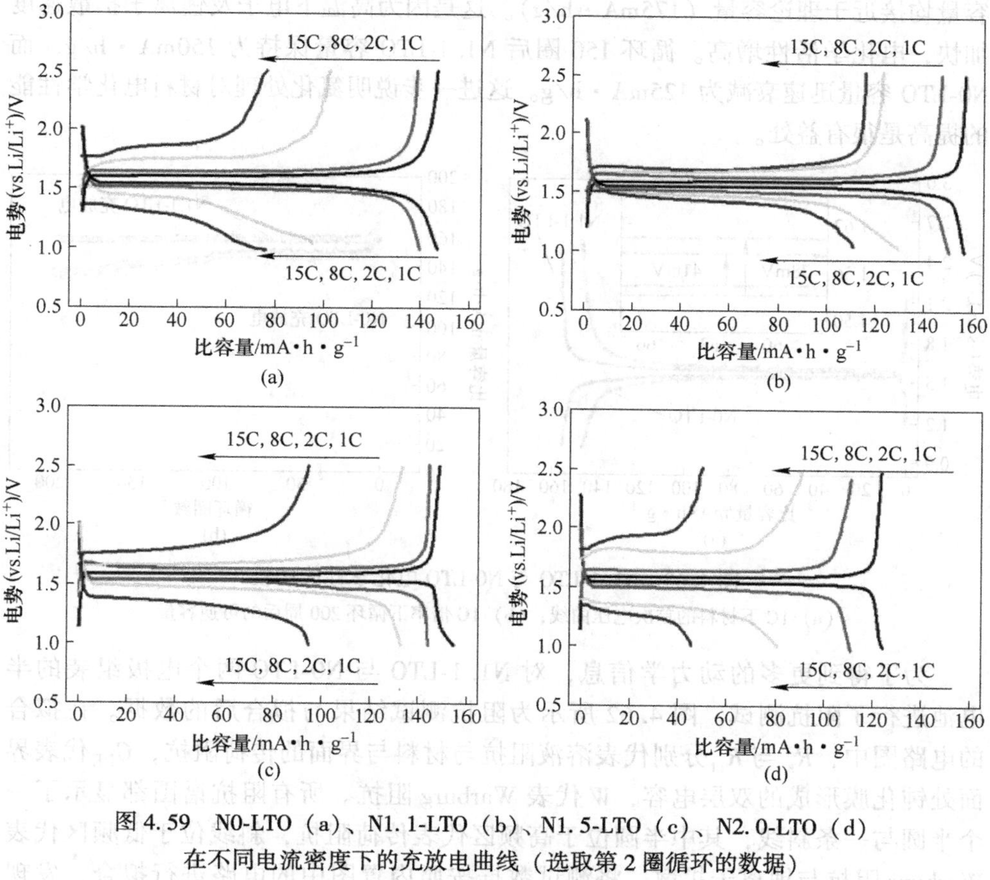
电势 (vs.Li/Li$^+$)/V
15C, 8C, 2C, 1C
15C, 8C, 2C, 1C
比容量/mA·h·g^{-1}
(a)
(b)
(c)
(d)

图 4.59 N0-LTO（a）、N1.1-LTO（b）、N1.5-LTO（c）、N2.0-LTO（d）在不同电流密度下的充放电曲线（选取第 2 圈循环的数据）

低。当电流密度由1C增加到15C时，材料的放电容量由150mA · h/g很快降到了76mA · h/g。不同于N0-LTO，N1. 5-LTO的极化现象已有效减弱，容量保持率相对较高。但是当含氮量（质量分数）达到2. 0%时材料的极化现象及容量衰减均比无氮化材料的严重，这可能是因为N2. 0-LTO材料具有比较多的杂相二氧化钛所造成的（参见XRD图）。

图4. 60所示为两个电极的充放电曲线，在低的电流密度1C下，N1. 1-LTO电极的充放电平台间距为41mV，明显小于N0-LTO电极（78mV）。较低的电位平台区间意味着在动力学上N1. 1-LTO电极更具有电化学可逆性，说明材料的导电性在氮化后是有一定提高的。图4. 60（b）是氮化与未氮化材料在1C下的循环性能，对于N0-LTO材料来说，首次的容量为152. 1mA · h/g，循环200周后容量降低为134. 6mA · h/g，容量保持率为88. 5%。而对于N1. 1-LTO材料，循环200周后容量仍可保持在159. 1mA · h/g，容量保持率为98. 5%。在高温试验中（图4. 61），1C电流密度下循环150周后，N0-LTO与N1. 1-LTO材料的首次放电容量均接近于理论容量（175mA · h/g）。这是因为高温下电子及锂离子扩散速度加快，电化学活性增高。循环150圈后N1. 1-LTO容量保持为150mA · h/g，而N0-LTO容量迅速衰减为125mA · h/g。这进一步说明氮化处理对材料电化学性能的提高是很有益处。

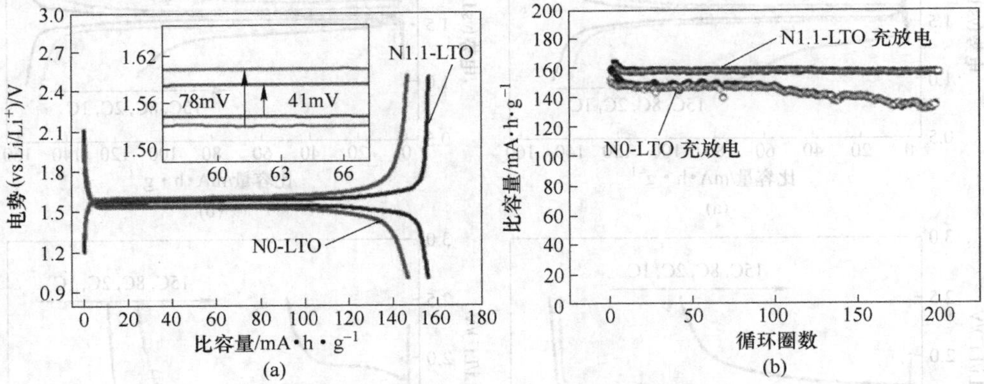
3.0
2.7
2.4
2.1
1.8
1.5
1.2
0.9
1.62
1.56
1.50
60
63
66
78mV
41mV
N1.1-LTO
N0-LTO
电势(vs.Li/Li$^+$)/V
0
20
40
60
80
100
120
140
160
180
比容量/mA·h·g^{-1}
(a)
200
180
160
140
120
100
80
60
40
20
0
N1.1-LTO 充放电
N0-LTO 充放电
比容量/mA·h·g^{-1}
0
50
100
150
200
循环圈数
(b)

图4. 60　N1. 1-LTO与N0-LTO电化学性能比较

（a）1C下材料的首次电压曲线；（b）1C倍率下循环200周后的可逆容量

为了得到更多的动力学信息，对N1. 1-LTO与N0-LTO两个电极组装的半电池进行了阻抗测试。图4. 62所示为阻抗测试结果与拟合后的数据。在拟合的电路图中，R_s与R_{ct}分别代表溶液阻抗与材料与界面的传荷阻抗，C_{PE}代表界面处钝化膜形成的双层电容，W代表Warburg阻抗。所有阻抗谱图都显示了一个半圆与一条斜线，其中半圆位于高频区代表传荷阻抗，斜线位于低频区代表Warburg阻抗与锂离子扩散。将测试数据按照内置图中的电路进行拟合，发现

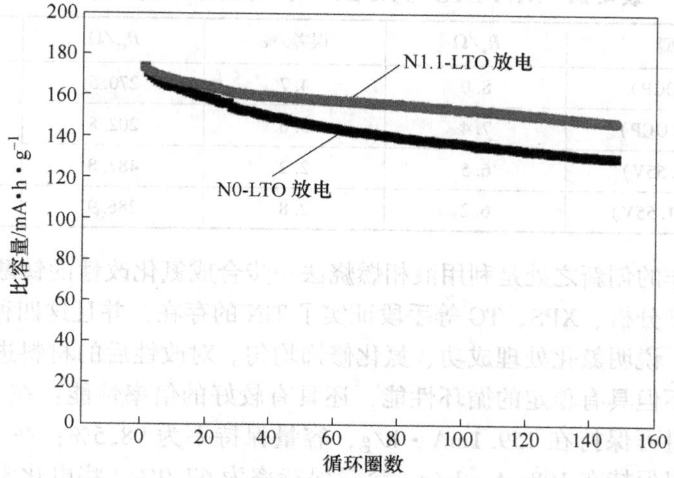
N1.1-LTO 放电
N0-LTO 放电
比容量/mA·h·g^{-1}
循环圈数

图 4.61 N1.1-LTO 及 N0-LTO 材料在 60℃，1C 电流密度下的循环测试

误差都在 5%以内，说明这个模拟电路的设计是正确的。为了更准确地估量两种材料的导电性，又使用了四探针测电阻法测试了两个电极材料的导电性：N1.1-LTO 电子导电率为 2.1×10^{-6}S/cm，而 N0-LTO 电子导电率为 7.9×10^{-8}S/cm。这些数据进一步证实了材料氮化后，导电性提高，因此电化学性能有所改善。

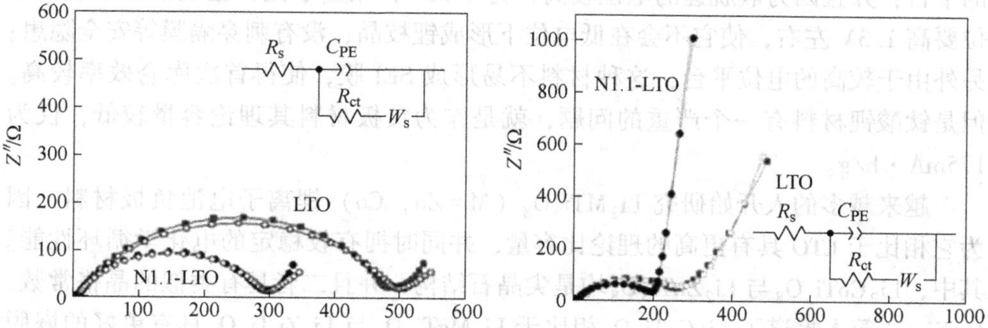
R_s
C_{PE}
R_{ct}
W_s
LTO
N1.1-LTO
Z''/Ω
(a)
N1.1-LTO
LTO
(b)

图 4.62 在3.0V 的开路电压下测试 N1.1-LTO 与 N0-LTO 两个电极的阻抗（a）及在 1.55V 放电平台中心处测试电池的阻抗（b）（内置图是等效电路）

表 4.24 为 N1.1-LTO 与 N0-LTO 电极的阻抗测试的拟合结果，从图表中可以明显看到，N1.1-LTO 相比于 N0-LTO 电极具有更低的传荷阻抗，说明氮化以后材料的导电性已有效提高。

表 4.24 N1.1-LTO 与 N0-LTO 电极阻抗测试的拟合结果

电极类型	R_s/Ω	误差/%	R_{ct}/Ω	误差/%
N0-LTO（OCP）	8.0	4.7	270.5	2.2
N1.1-LTO（OCP）	7.4	3.6	202.8	2.2
N0-LTO（1.55V）	6.5	2.2	487.8	1.2
N1.1-LTO（1.55V）	6.2	2.8	286.9	1.0

本节工作的创新之处是利用液相燃烧法一步合成氮化改性的钛酸锂。先后利用 EDS、元素分析、XPS、TG 等手段证实了 TiN 的存在，并且这四种手段测试的含氮量相近，说明氮化处理成功、氮化修饰均匀。对改性后的材料进行电化学测试发现，它不但具有稳定的循环性能，还具有较好的倍率性能：在 1C 倍率下循环 200 周容量可保持在 159.1mA · h/g，容量保持率为 98.5%；在 15C 倍率下，可逆容量可以保持在 108mA · h/g，容量保持率为 67.9%。将电化学性能的提高归结为：钛酸锂氮化后表面形成了一层高导电物质 TiN。另外，这种方法制备的材料是二维多孔的片状材料，该结构利于材料更好地传输电子与锂离子，从而进一步提高材料的电化学性能。

4.8 燃烧法制备片状 $Li_2MTi_3O_8$ 材料及其电化学性能

与常用的石墨负极相比，尖晶石 $Li_4Ti_5O_{12}$（LTO）材料具有相对较长且平稳的平台；并且因为嵌脱锂的电位较高，为 1.55V，相当于比石墨电极的嵌脱锂电位要高 1.3V 左右，使它不会在低电位下形成锂枝晶，没有刺穿隔膜等安全隐患；另外由于较高的电位平台，这种材料不易形成 SEI 膜，使得首次库仑效率较高。但是钛酸锂材料有一个严重的问题，就是作为负极材料其理论容量较低，仅为 175mA · h/g。

越来越多的人开始研究 $Li_2MTi_3O_8$（M = Zn，Co）锂离子电池负极材料，因为它相比于 LTO 具有更高的理论比容量，并同时拥有较稳定的电化学循环性能。其中，$Li_2CoTi_3O_8$ 与 $Li_2ZnTi_3O_8$ 均是尖晶石结构，并且二者具有类似的晶格常数。H. Kawai 等人报道了 $Li_2CoTi_3O_8$ 相比于 $Li_2MgTi_3O_8$ 与 $Li_2ZnTi_3O_8$ 具有更好的嵌脱锂活性。Hong 等人使用 TiO_2 纳米线作为前驱体制备了具有较好电化学活性的多组分混合物 $Li_2MTi_3O_8$（M = Co，Zn）电极。Wang 等人采用静电纺丝的方法制备了纤维状的 $Li_2CoTi_3O_8$ 材料。为了提高材料的导电性，Xu 等人利用溶胶凝胶法合成了 $Li_2ZnTi_3O_8$/C 复合材料。

4.8.1 工作内容

通过对 4.7 节实验结果进行分析，发现液相燃烧法制备的材料多为多孔片状结构，与无定型结构的微米材料相比，其具有更好的电化学特性。与固相合成法制得的材料相比，燃烧法制备的产物结晶度好，不易产生杂相且耗时少、产量高。为了利用这一合成法的优势，并证明其可广泛应用于钛系材料的制备，拟利用燃烧法制备 $Li_2MTi_3O_8$（M = Co，Zn）多孔材料，并比较其与无定型微米结构材料的电化学性能，验证该种形貌是否可以优化材料的电化学性能；同时调节制备条件，以探究这种多孔、片状形貌产生的原理。

4.8.2 实验部分

4.8.2.1 材料合成

f-$Li_2ZnTi_3O_8$的合成：利用钛酸四丁酯在氨水中水解的方法制备白色粉末 $TiO(OH)_2$，再向其内加入一定量的硝酸形成透明澄清的硝酸氧钛前驱液（0.0362mol）。然后上述前驱液中加入 1.67g $LiNO_3$（0.0241mol）与 3.57g 的 $Zn(NO_3)_2 \cdot 6H_2O$（0.012mol）作为氧化剂，加入 3.00g（0.400mol）甘氨酸作为燃烧助剂（燃料的化学计量是按照金属离子的价态计算的，借鉴了已发表工作的用量比）。最后将该混合液在马弗炉中空气气氛 800℃下加热 10min，然后迅速转移到室温下进行冷却，即得到材料。

f-$Li_2CoTi_3O_8$的合成：合成方法与上述方法类似，只是将硝酸锌改换成等物质的量的硝酸钴。

b-$Li_2ZnTi_3O_8$的合成：与 f-$Li_2ZnTi_3O_8$的合成类似，只是合成过程中没有加入助燃剂甘氨酸。

b-$Li_2CoTi_3O_8$的合成：与 f-$Li_2CoTi_3O_8$的合成类似，只是合成过程中没有加入助燃剂甘氨酸。

4.8.2.2 材料表征

本节材料的物相分析是在荷兰 Philip 公司生产的 Panalytical X'pert PRO X-射线衍射仪上进行，Cu 靶的 K_α 为辐射源，$\lambda = 1.5406Å$，管电压为 40kV，管电流 30.0mA。电极片是用双面胶粘在样品架上，使电极表面与样品架表面齐平。使用步进扫描方式，2θ 步长是 0.0167°，每步所需时间是 15s。

形貌表征实验使用的是荷兰 FEI 公司的 Tecnai F-30 高分辨透射电子显微镜（HRTEM，加速电压为 300kV）和日本电子株式会社生产的 JEM-2100 透射电子显微镜（加速电压为 200kV）。通过 Gatan Digital Micrograph 软件对所得数据进行粒径和晶面间距分析。实验样品分散在无水乙醇中，再用铜网格在溶液中反复捞 20 次左右。

采用的扫描电镜设备是英国 Oxford Instrument 公司生产的 LEO 1530 型场发射

电子显微镜和日本日立公司生产的 Hitachi S-4800 型场发射扫描电子显微镜，对制备的样品的形貌进行了观察和比较。实验时，将少量样品黏附在导电碳胶布上。

XPS（X-ray photoelectron spectroscopy）测试：选用 QUANTUM 2000 SCANNING ESCA MICROPROBE 仪器，该仪器使用的是 Al 靶（1486.6eV），检测光谱的通过能量为 60eV，对于某些特定的元素能量设定为 20eV。

BET（Brunauer-Emmett-Teller）测试：测试方法为氮气吸附，使用的仪器型号为 Tristar3000 system。

4.8.2.3　电化学性能测试

装配的电池型号为 CR2016 型扣式电池，活性物质浆料的调配：将质重比为 80%的活性物质、10%乙炔黑及 10% PVDF 溶解于 NMP 中。将调配好的浆料通过涂膜仪涂敷在铜箔上，在真空烘箱里 80℃下烘烤 12h。按照前述的装配电池工序组装电池，其中所用的电解液体系为酯类电解液，其中电解质为 1mol $LiPF_6$ 盐，溶剂为体积比 1：1：1 的 EC、EDC、DMC 混合的溶液。

本节充放电实验在新威和蓝电电池测试仪上完成，电流量程分别为 1mA、5mA、10mA，电压量程 0~5V。用恒电流方式对电池进行充放电，充放电的电流密度视实验需要不同而定。把新组装的扣式电池放置 8h 以上，待电池稳定后再进行充放电测试。充放电电压区间为 0.02~3V。

阻抗测试在 Autolab PGSTAT 101 仪器上进行，采用扣式电池两电极体系测试，测试条件为 10mHz~100kHz。阻抗测试选用的是同一个扣式电池在首次放电中不同电压下的状态。

4.8.3　结果与讨论

4.8.3.1　材料形貌表征

图 4.63 所示为制备材料 f-$Li_2MTi_3O_8$(M=Zn，Co) 的 XRD 图谱。图 4.63（a）所有的 XRD 衍射峰都能与 $Li_2ZnTi_3O_8$(JCPDS No. 86-1512) 的标准卡片相对应。因为两个样品都是尖晶石结构，并且具有非常相近的晶格常数，所以图 4.63（b）显示的衍射峰与图 4.63（a）极为相似，只是相比于图 4.63（a）来说具有更高的衍射峰强度，说明具有更好的结晶度。其所有的衍射峰与 $Li_2CoTi_3O_8$一一对应，属于 $P4_332$ 族群，对应的卡片编号为 JCPDS No. 89-1309。

f-$Li_2ZnTi_3O_8$与 f-$Li_2CoTi_3O_8$的 SEM 图如图 4.64 所示。通过燃烧法制备的两个样品均是具有微纳结构的片状材料（微米粒径的材料是由纳米级粒子组成），这些材料的表面还布满了微米大小的孔洞，这些孔洞可能形成于液相燃烧反应时

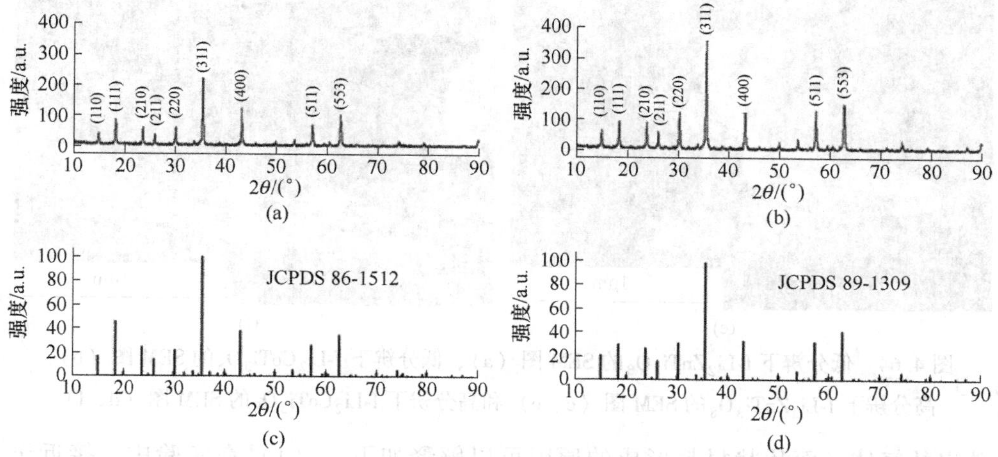
强度/a.u.
2θ/(°)
(110)
(111)
(210)
(211)
(220)
(311)
(400)
(511)
(553)
(a)
(b)
JCPDS 86-1512
JCPDS 89-1309
(c)
(d)

图 4.63 f-$Li_2ZnTi_3O_8$（a）、f-$Li_2CoTi_3O_8$（b）的 XRD 图谱及 JCPDS 86-1512 标准卡片（c）、JCPDS 89-1309 标准卡片（d）

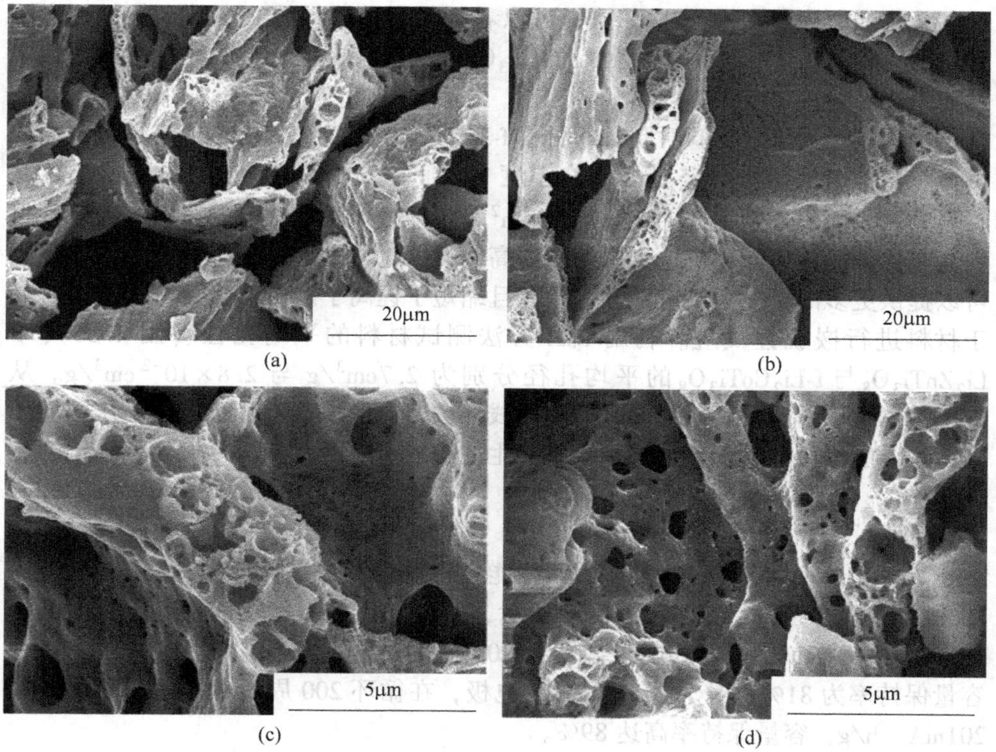
20μm
(a)
20μm
(b)
5μm
(c)
5μm
(d)

1μm
(e)

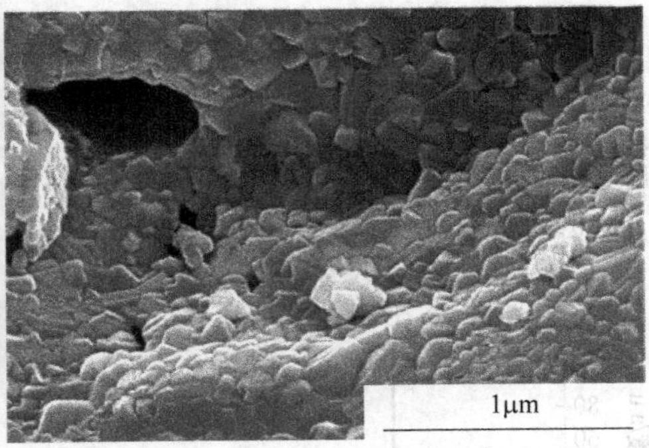
1μm
(f)

图 4.64　低分辨下 f-$Li_2ZnTi_3O_8$的 SEM 图（a）、低分辨下 f-$Li_2CoTi_3O_8$的 SEM 图（b）、高分辨下 f-$Li_2ZnTi_3O_8$的 SEM 图（c、e）和高分辨下 f-$Li_2CoTi_3O_8$的 SEM 图（d、f）

放出的气体。而片状材料形成的原因可以解释如下：（1）在实验中，接近于250℃时会发生类似爆炸的反应（甘氨酸的分解温度为248℃）。这说明晶体形成是迅速的并伴有快速的体积膨胀。因此，更容易形成无规则的片状，而不容易形成具有特定形貌的材料。（2）理论上讲，金属盐与甘氨酸发生氧化还原反应的同时还要发生络合反应，因此推测片状形貌与该反应的络合方式也是相关的。通过高分辨的电镜图 4.64（e）、（f）可以看到，两种材料的二次纳米粒径是大小均匀的。相比于 f-$Li_2ZnTi_3O_8$，f-$Li_2CoTi_3O_8$材料具有更小的二次粒径，粒径大小约为 100nm 左右。

采用氮气吸脱附实验对制备的材料 f-$Li_2MTi_3O_8$（M=Zn，Co）进行比表面积测试。测试结果如图 4.65 所示，在温度 77K 下 f-$Li_2ZnTi_3O_8$与 f-$Li_2CoTi_3O_8$片状材料的比表面积分别为 8.1m^2/g 与 8.4m^2/g。相对于微米结构的材料，这两种材料具有更大的比表面积，这将有助于提高材料的电化学特性。因为较大的比表面可以提供更多的电化学反应活性点，并且缩短了锂离子的传输途径，因此更有利于材料进行嵌脱锂反应。利用 BJH 方法测试材料的平均孔径（图 4.66），f-$Li_2ZnTi_3O_8$与 f-$Li_2CoTi_3O_8$ 的平均孔径分别为 2.7cm^3/g 与 2.8×10^{-2} cm^3/g。从 BET 数据可以看到两种材料的吸脱附曲线在中、低区域不闭合，但在高压区域闭合，这可能是由片状材料无规则堆积产生的狭缝引起的。

4.8.3.2　材料性能测试

为了测试两种电极材料的循环性能，将两种材料制备的电极在电流密度 100mA/g 下循环 200 周。如图 4.67 所示，两种电极均展示了较好的电化学循环稳定性。对于 f-$Li_2ZnTi_3O_8$电极，在循环 200 周后可逆容量仍可保持在 192mA · h/g，容量保持率为 81%；对于 f-$Li_2CoTi_3O_8$电极，在循环 200 周后可逆容量可保持在 201mA · h/g，容量保持率高达 89%。

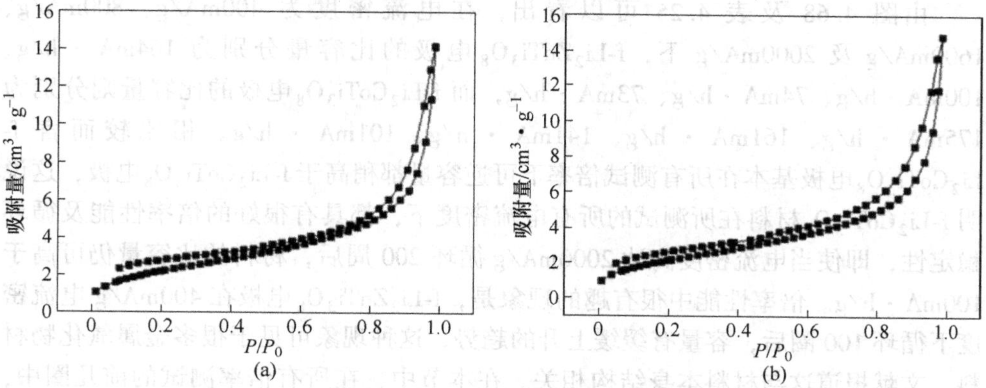

吸附量/cm³·g⁻¹
P/P₀
(a)
(b)

图 4.65　f-$Li_2ZnTi_3O_8$ 在 77K 下的氮气吸脱附图（a）和 f-$Li_2CoTi_3O_8$ 在 77K 下的氮气吸脱附图（b）

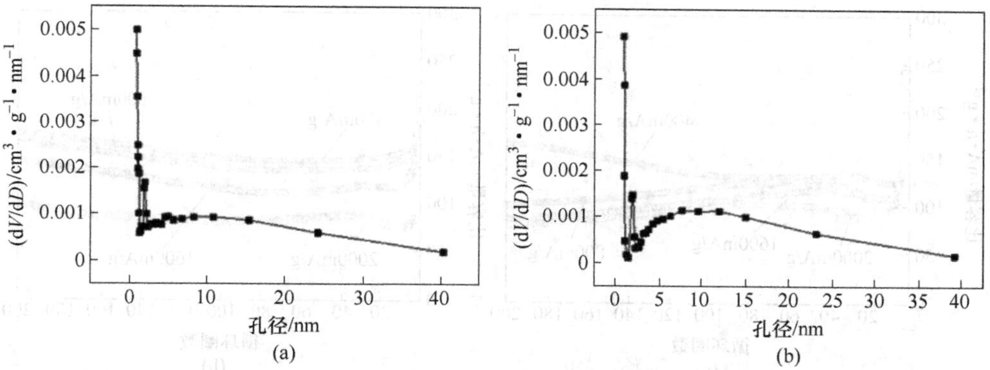

(dV/dD)/cm³·g⁻¹·nm⁻¹
孔径/nm
(a)
(b)

图 4.66　f-$Li_2ZnTi_3O_8$ 在 77K 下的 BJH 数据（a）和 f-$Li_2CoTi_3O_8$ 在 77K 下的 BJH 数据（b）

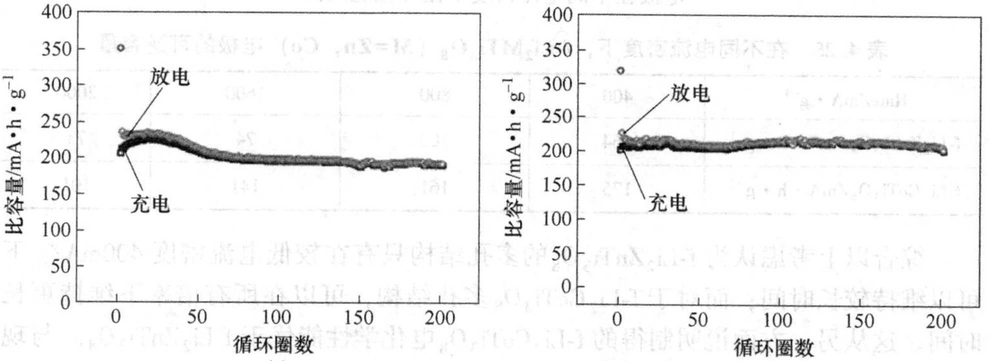

比容量/mA·h·g⁻¹
放电
充电
循环圈数
(a)
(b)

图 4.67　在电流密度 100mA/g 下 f-$Li_2ZnTi_3O_8$（a）与 f-$Li_2CoTi_3O_8$ 电极循环性能测试（b）

由图 4.68 及表 4.25 可以看出，在电流密度为 400mA/g、800mA/g、1600mA/g 及 2000mA/g 下，f-$Li_2ZnTi_3O_8$ 电极的比容量分别为 164mA · h/g、100mA · h/g、74mA · h/g、73mA · h/g，而 f-$Li_2CoTi_3O_8$电极的比容量则分别为 175mA · h/g、161mA · h/g、141mA · h/g、101mA · h/g。相比较而言 f-$Li_2CoTi_3O_8$电极基本在所有测试倍率下可逆容量都稍高于 f-$Li_2CoTi_3O_8$电极，这说明 f-$Li_2CoTi_3O_8$材料在所测试的所有电流密度下，都具有很好的倍率性能及循环稳定性，即使当电流密度高达 2000mA/g 循环 200 周后，材料的比容量仍可高于 100mA · h/g。倍率性能中很有趣的现象是，f-$Li_2ZnTi_3O_8$电极在 400mA/g 电流密度下循环 100 圈后，容量有缓缓上升的趋势，这种现象可见于很多金属氧化物材料，文献报道这与材料本身结构相关。在本节中，在所有倍率测试的前几圈中，都会有容量慢慢上升的趋势，这可能是由于材料的多孔结构对电解液的缓慢浸润造成的。这个现象通常不能维持很久，因为多孔结构在循环过程中会被破坏。

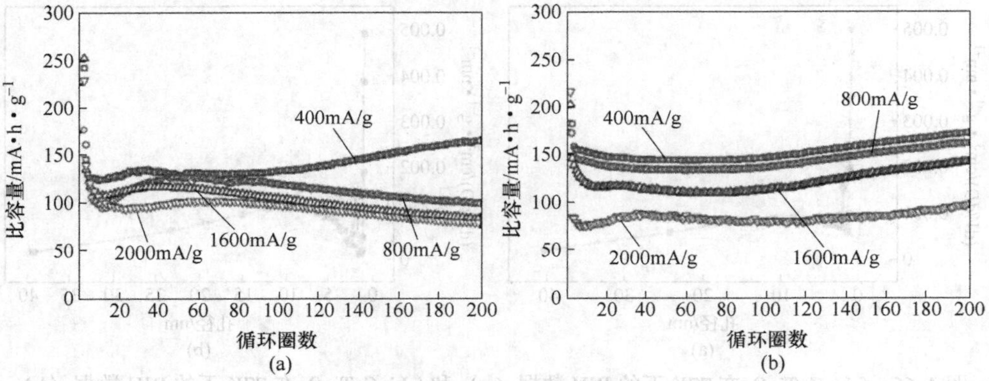
300
250
200
150
100
50
0
比容量/mA·h·g⁻¹
400mA/g
1600mA/g
2000mA/g
800mA/g
20 40 60 80 100 120 140 160 180 200
循环圈数
(a)
800mA/g
400mA/g
2000mA/g
1600mA/g
(b)

图 4.68　f-$Li_2ZnTi_3O_8$（a）与 f-$Li_2CoTi_3O_8$（b）
电极在不同电流密度下循环性能测试

表 4.25　在不同电流密度下，f-$Li_2MTi_3O_8$（M=Zn，Co）电极的可逆容量

Rate/mA · g^{-1}	400	800	1600	2000
f-$Li_2ZnTi_3O_8$/mA · h · g^{-1}	164	100	74	73
f-$Li_2CoTi_3O_8$/mA · h · g^{-1}	175	161	141	101

综合以上考虑认为 f-$Li_2ZnTi_3O_8$的多孔结构只有在较低电流密度 400mA/g 下可以维持较长时间；而对于 f-$Li_2CoTi_3O_8$ 多孔结构，可以在所有倍率下维持更长时间。这从另一方面说明制得的 f-$Li_2CoTi_3O_8$ 电化学性能优于 f-$Li_2ZnTi_3O_8$。与现有的文献报道相比，这种多孔结构维持的时间更久（>50 圈），这可能得益于表面较大的孔洞结构。

为了进一步研究材料的电化学性能，图 4.69 给出了 CV 的测试结果。在 f-

$Li_2ZnTi_3O_8$ 电极的首圈循环中，在 0.4V 及 1.1V 处出现了两个阴极峰，随着循环的进行这两个峰又移向了较高的电位 0.6V 与 1.3V（图 4.69（a）），其归属为 spinel 与 roc-salts 两相间的相转变。在第二圈及随后的循环中可以看到在 0.4～0.5V 间有一个明显的还原峰，它代表多个 Ti^{4+} 发生了价态的恢复。另外，在 1.5V 处出现了一个明显的阳极峰，这可能与 Ti^{4+}/Ti^{3+} 的化学反应相关，而且这个峰在随后的循环中将会移向较高的电位处，该峰的峰强也在不断循环中变弱。但是峰面积基本上没有太大的变化，说明这个电极材料在循环中出现了极化现象。

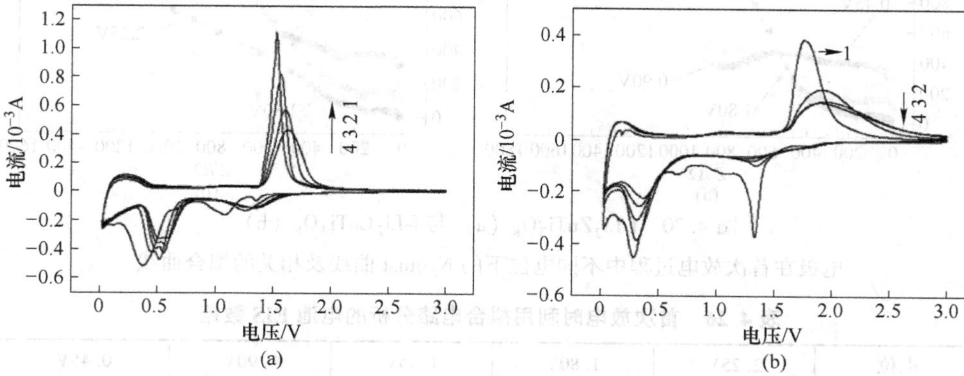

电流/10^{-3}A
电压/V
4 3 2 1
(a)
电流/10^{-3}A
电压/V
1
4 3 2
(b)

图 4.69 f-$Li_2ZnTi_3O_8$（a）与 f-$Li_2CoTi_3O_8$（b）电极的 CV 性能表征
（测试条件：扫描电位区间为 0.05～3.0V，扫描速度为 0.2mV/s）

对于 f-$Li_2CoTi_3O_8$ 电极来说，从第二圈到随后的循环中，所有的氧化还原电对峰集中在 0.5/1.5V 附近，这个电压对应的是 Ti^{4+}/Ti^{3+} 的氧化还原反应。相比之下，f-$Li_2CoTi_3O_8$ 电极的氧化还原峰的电位基本保持稳定，说明这个电极材料具有更好的电化学可逆性。

为了获得两种电极更多的动力学信息，对电池进行了 EIS 阻抗分析测试，如图 4.70 所示。Nyquist 图显示在首次放电电位为 2.25V 时，f-$Li_2ZnTi_3O_8$ 负极的阻抗图主要是由高频的半圆和一个低频区的斜线组成。该电极一旦放电到 1.80V 以下，除了高频区有一个半圆外，在中频区新出现了一个新的半圆，而且这个半圆随着放电过程的进行不断变大，类似的现象在钛酸锂负极中也有报道。对于 f-$Li_2CoTi_3O_8$ 负极材料，在放电至 1.35V 时 Nyquist 图的高频区中只有一个半圆出现。一旦放电低到 1.35V 以下，EIS 图中也会在中频区域出现一个半圆，并且该半圆随着循环的进行，半径在不断变大。对于两个电极来说，它们的 EIS 变化规律是一致的，即在初始放电时只在高频区出现一个半圆，在低频区有一条斜线。随着放电进行，两者都会在中频区增加一个半圆，并且这个半圆的直径随着放电进行在不断变大。通过查阅文献可以知道，锂金属在循环中在表面形成了钝化膜；而中频区的半圆与低频区的斜线可以归属为材料在嵌锂过程中的传荷阻抗。相比于 f-$Li_2ZnTi_3O_8$电极，f-$Li_2CoTi_3O_8$电极的阻抗是大大降低了，特别是中低频区的传荷阻抗，这与上述的电化学循环及倍率性能的比较结果是相呼应的。相关的拟合阻抗结果列于表 4. 26。

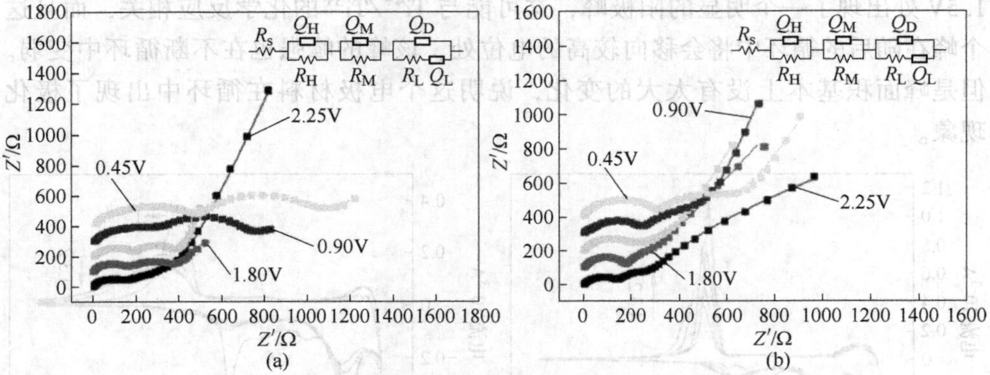

Z''/Ω
Z'/Ω
0.45V
2.25V
0.90V
1.80V
(a)
(b)

图 4. 70　f-$Li_2ZnTi_3O_8$（a）与 f-$Li_2CoTi_3O_8$（b）

电极在首次放电过程中不同电位下的 Nyquist 曲线及相关的拟合曲线

表 4. 26　首次放电时利用拟合电路分析的电池 EIS 数据

电位	2. 25V	1. 80V	1. 35V	0. 90V	0. 45V
R_S	1. 1	1. 4	8. 6	79. 5	176. 0
R_H	102. 8	139. 0	21. 8	325. 4	446. 4
Q_H	7.2×10^{-6}	5.4×10^{-6}	3.1×10^{-6}	1.7×10^{-6}	7.2×10^{-6}
R_M	24. 4	233. 3	217. 0	205. 2	496. 8
Q_M	8.8×10^{-7}	5.4×10^{-4}	5.3×10^{-4}	4.7×10^{-4}	5.6×10^{-4}
R_L	313. 0	256. 0	161. 6	376. 1	364. 5
Q_D	4.7×10^{-4}	2.2×10^{-4}	2.7×10^{-4}	4.6×10^{-4}	6.2×10^{-4}
Q_L	1.4×10^{-4}	1.9×10^{-8}	1.1×10^{-5}	2.6×10^{-6}	1.8×10^{-5}
R_S	1. 2	100. 6	305. 4	107. 8	144. 5
R_H	9. 2	174	186. 2	283. 6	304. 4
Q_H	1.90×10^{-11}	7.30×10^{-6}	1.20×10^{-5}	3.80×10^{-5}	5.50×10^{-6}
R_M	99. 1	66	176	215. 2	344. 4
Q_M	1.80×10^{-5}	9.70×10^{-4}	1.20×10^{-3}	9.20×10^{-4}	8.10×10^{-4}
R_L	1. 1	2. 6	1. 7	1. 2	2. 6
Q_D	8.3×10^{-4}	2.9×10^{-3}	3.5×10^{-3}	3.7×10^{-6}	9.8×10^{-3}
Q_L	2.9×10^{-4}	7.2×10^{-7}	8.8×10^{-5}	4.0×10^{-3}	1.1×10^{-5}

为了进一步了解f-$Li_2ZnTi_3O_8$与f-$Li_2CoTi_3O_8$电极的电化学过程，对两种电极在首次放电到不同电位下的极片进行了非原位的XRD测试。如图4.71所示，整个测试过程中尖晶石f-$Li_2MTi_3O_8$（M=Zn，Co）结构都没有破坏，也没有任何杂相生成。但是可以发现，在放电程度越高时两种材料的（311）峰都会稍稍向低角度移动，这是由于材料的嵌锂过程导致的。相关的晶面间距变化列于表4.27。所有这些结果显示f-$Li_2MTi_3O_8$（M=Zn，Co）电极在嵌脱锂过程中具有稳定的可逆性。

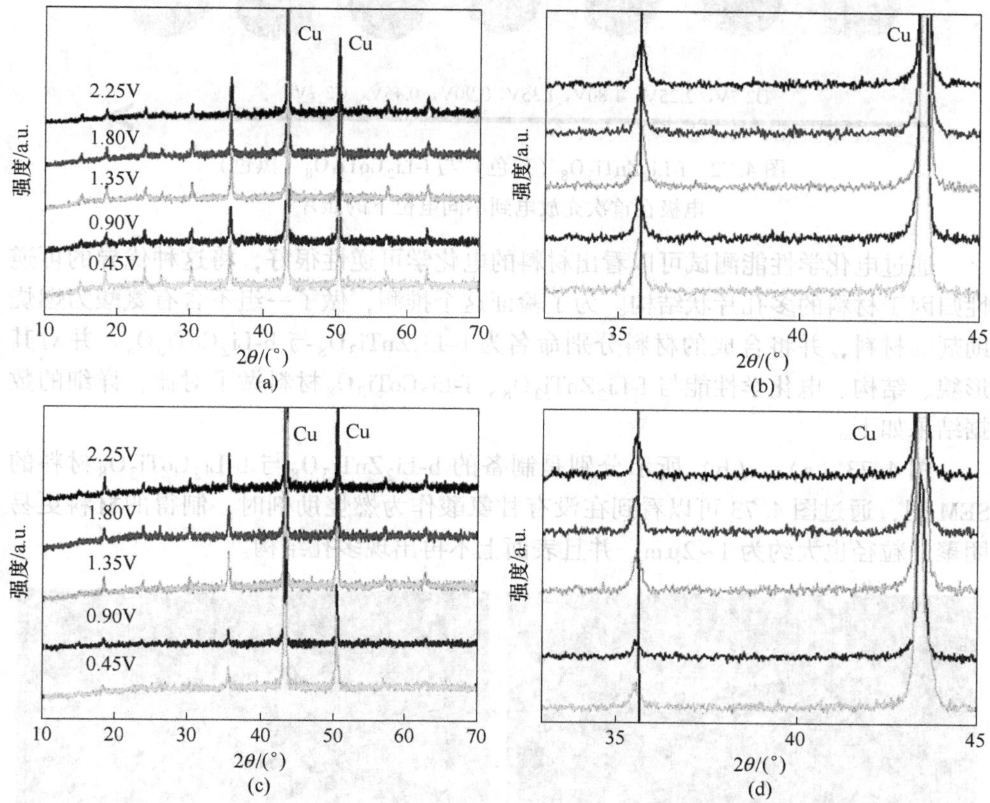
Cu
Cu
2.25V
1.80V
1.35V
0.90V
0.45V
强度/a.u.
10
20
30
40
50
60
70
2θ/(°)
(a)
Cu
强度/a.u.
35
40
45
2θ/(°)
(b)
Cu
Cu
2.25V
1.80V
1.35V
0.90V
0.45V
强度/a.u.
10
20
30
40
50
60
70
2θ/(°)
(c)
Cu
强度/a.u.
35
40
45
2θ/(°)
(d)

图4.71 f-$Li_2ZnTi_3O_8$（a）与f-$Li_2CoTi_3O_8$（c）电极在首次放电过程中非原位的XRD测试，f-$Li_2ZnTi_3O_8$（b）与f-$Li_2CoTi_3O_8$（d）电极在（311）峰的放大图示

表4.27 （311）晶面在首次放电过程中晶面间距的变化

电极	*d*（2.25V）	*d*（1.80V）	*d*（1.35V）	*d*（0.90V）	*d*（0.45V）
f-$Li_2ZnTi_3O_8$/Å	2.5172	2.5168	2.5189	2.5207	2.5318
f-$Li_2CoTi_3O_8$/Å	2.5177	2.5178	2.5183	2.5213	2.5337

如图4.72所示，两种电极在首次放电过程中，材料都发生了轻微的颜色变

化，都变成了稍深的颜色，这说明锂离子嵌入到了材料的结构中。并且当电极恢复原始状态时，电极材料的颜色又会恢复，说明该材料嵌脱锂可逆性很好。

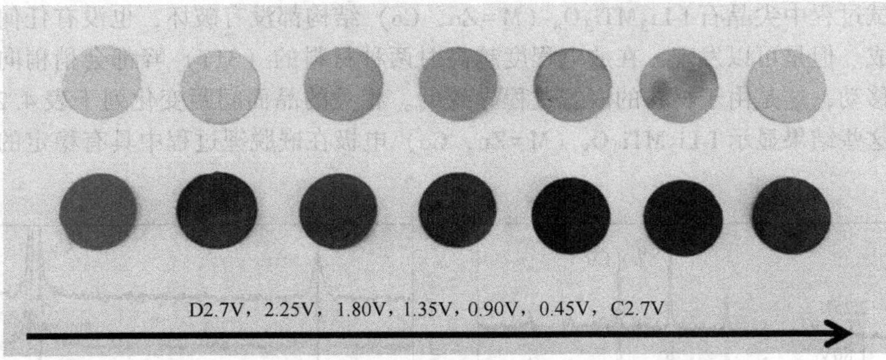
D2.7V，2.25V，1.80V，1.35V，0.90V，0.45V，C2.7V

图 4.72　f-$Li_2ZnTi_3O_8$（灰色）与 f-$Li_2CoTi_3O_8$（黑色）电极在首次充放电到不同电位下的照片

通过电化学性能测试可以看出材料的电化学可逆性很好，将这种优异的可逆性归因于材料的多孔片状结构。为了验证这个推测，做了一组不含有氨酸为燃烧助剂的材料，并将合成的材料分别命名为 b-$Li_2ZnTi_3O_8$ 与 b-$Li_2CoTi_3O_8$。并对其形貌、结构、电化学性能与 f-$Li_2ZnTi_3O_8$、f-$Li_2CoTi_3O_8$ 材料做了对比，详细的数据结果如下。

图 4.73（a）、（b）所示分别是制备的 b-$Li_2ZnTi_3O_8$ 与 b-$Li_2CoTi_3O_8$ 材料的 SEM 图，通过图 4.73 可以看到在没有甘氨酸作为燃烧助剂时，制得的材料更易团聚，粒径也大约为 1~2μm，并且表面上不再出现多孔结构。

10μm
(a)
10μm
(b)

图 4.73　制备的 b-$Li_2ZnTi_3O_8$（a）与 b-$Li_2CoTi_3O_8$（b）材料的 SEM

对材料进行 XRD 表征，如图 4.74 所示，虽然没有助燃剂，材料的结晶度很好，并且也没有杂质产生。说明助燃剂的加入并没有改善材料的结晶度及纯度，只是改善了粒径大小，形成了多孔的片状结构。

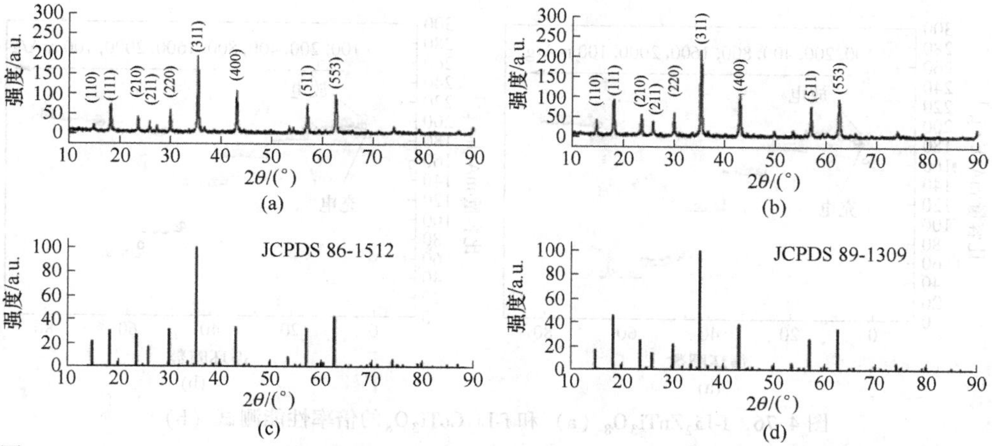

强度/a.u.
2θ/(°)
(a)
(b)
(c)
(d)
JCPDS 86-1512
JCPDS 89-1309

图 4.74 f-$Li_2ZnTi_3O_8$（a）和 f-$Li_2CoTi_3O_8$ 的 XRD 图谱（b）及 JCPDS 86-1512 标准卡片（c）、JCPDS 89-1309 标准卡片（d）

为了测试 b-$Li_2MTi_3O_8$ 的电化学性能，以低电流密度循环及倍率性能测试的结果作为参照，由图 4.75 可以看出 b-$Li_2MTi_3O_8$ 的循环稳定性要远低于 f-$Li_2MTi_3O_8$ 的，在循环 200 周后容量只能维持在 170mA · h/g 及 172mA · h/g。在倍率性能测试中（图 4.76），可以发现 b-$Li_2CoTi_3O_8$ 的性能略好于 b-$Li_2ZnTi_3O_8$。这个规律类似于 f-$Li_2MTi_3O_8$ 材料，说明在相同的合成条件下，$Li_2CoTi_3O_8$ 的性能都略好于 $Li_2ZnTi_3O_8$，这可能与这两种材料的本身晶体结构相关，因为Co(58.9)相比于 Zn(65.3) 原子量及大小更接近于 Ti(47.9)，从而整个晶体结构更稳定。为了进一步比较多孔片状结构对电化学可逆性的重要，将 4 种材料的倍率性能总结于表 4.28。

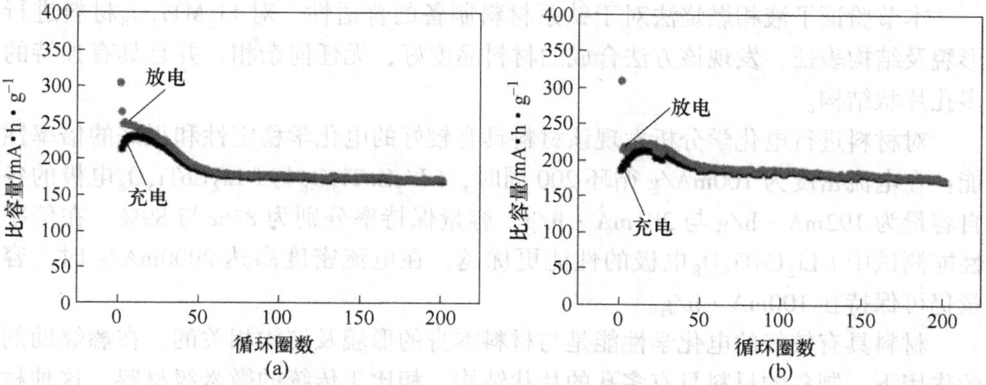

比容量/mA·h·g⁻¹
放电
充电
循环圈数
(a)
(b)

图 4.75 b-$Li_2ZnTi_3O_8$（a）与 b-$Li_2CoTi_3O_8$（b）电极在电流密度 100mA/g 下循环 200 圈的比容量图

从表 4.28 可以看到，f-$Li_2MTi_3O_8$(M=Zn，Co) 材料整体的倍率性能好于 b-

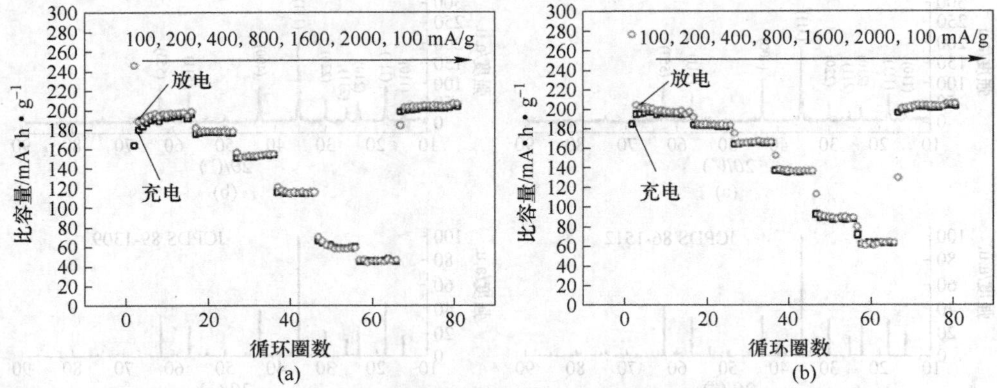
100, 200, 400, 800, 1600, 2000, 100 mA/g
放电
充电
比容量/mA·h·g^{-1}
循环圈数
(a)
100, 200, 400, 800, 1600, 2000, 100 mA/g
放电
充电
比容量/mA·h·g^{-1}
循环圈数
(b)

图 4.76　f-$Li_2ZnTi_3O_8$（a）和 f-$Li_2CoTi_3O_8$的倍率性能测试（b）

$Li_2MTi_3O_8$，说明助燃剂使材料倾向于生成多孔片状结构，而这种结构利于锂离子、电子扩散，利于电解液浸润从而提高材料整体的电化学性能。

表 4.28　在不同电流密度下 f-$Li_2MTi_3O_8$（M=Zn，Co）与 b-$Li_2MTi_3O_8$（M=Zn，Co）材料的倍率性能比较

倍率 /mA·h·g^{-1}	400	800	1600	2000
f-$Li_2ZnTi_3O_8$	164	100	74	73
f-$Li_2CoTi_3O_8$	175	161	141	101
b-$Li_2ZnTi_3O_8$	152	115	58	45
b-$Li_2CoTi_3O_8$	166	137	90	64

本节验证了液相燃烧法对于钛系材料制备的普适性。对 $Li_2MTi_3O_8$材料进行形貌及结构表征，发现该方法合成的材料晶度好，无任何杂相，并且具有独特的多孔片状结构。

对材料进行电化学分析发现该材料具有较好的电化学稳定性和很好的倍率性能：在电流密度为 100mA/g 循环 200 周时，f-$Li_2ZnTi_3O_8$与 f-$Li_2CoTi_3O_8$电极的各自容量为 192mA·h/g 与 201mA·h/g，容量保持率分别为 81%与 89%。在倍率性能测试中 f-$Li_2CoTi_3O_8$电极的性能更优越，在电流密度高达 2000mA/g 时，容量仍可保持在 100mA·h/g。

材料具有较好的电化学性能是与材料本身的形貌及结构相关的。在燃烧助剂的作用下，制备的材料具有多孔的片状结构，相比于传统的微米级材料，这种材料具有纳米尺度的二次粒径。这些小粒径与材料表面上的微孔利于电解液的浸润，也利于锂离子的嵌脱。此外，这种方法合成的材料具有较高结晶度。这些特点都是对其电化学可逆性有利的。所以认为，液相燃烧法可广泛应用于 $Li_2MTi_3O_8$

材料的合成，而制备的f-$Li_2MTi_3O_8$(M=Zn，Co）可作为具有优异电化学循环性的锂离子电池负极材料。

4.9 燃烧法制备锂离子电池负极材料Fe_2TiO_5及其电化学性能

锂离子电池负极材料钛基材料，如TiO_2（理论容量为335mA·h/g，实际容量不到一半），基于嵌脱机理具有稳定的结构，但理论比容量较低；而基于氧化还原机理的材料，如Fe_2O_3、Fe_3O_4等，具有高理论比容量，但在循环过程中结构不稳定，容量衰减迅速。因此研究者们将TiO_2的结构稳定性和金属氧化物高容量的两种优势集于一身，制备出了$TiNb_2O_7$、$MnTiO_3$、$Zn_2Ti_3O_8$、$SrTiO_3$等材料。

Luo Yongsong用水热模板法先制备了高度有序的TiO_2纳米线，再通过水热煅烧包覆Fe_2O_3，这种复合材料具有两种氧化物的协同作用，在120mA/g的电流密度下的首圈放电容量达487mA·h/g，充电容量为422mA·h/g，且150圈循环后仍有480mA·h/g的放电容量。Luo Jingshan等人用原子层沉积和牺牲模板水解法制备了层状中空的TiO_2@Fe_2O_3纳米结构复合材料，这种中空结构的材料首圈可逆比容量高达840mA·h/g，在200mA/g的电流密度下200次循环后仍有530mA·h/g。2012年，Kyung-Mi Min等人用球磨法和水热法将TiO_2和Fe_2O_3两种氧化物完全化合成Fe_2TiO_5，用于锂离子电池负极材料时，容量衰减较快。随后Shimei Guo等人用溶剂热法合成出具有空心结构的Fe_2TiO_5@C材料，一定程度上改善了其电化学性能，但对其容量衰减原因和电化学行为并没有探讨。

因Fe源廉价易得，Fe_2TiO_5带隙能较低（2.1eV），导电性比TiO_2（带隙能为3.1eV）较好，因此本节工作通过溶液燃烧法一步合成的Fe_2TiO_5多孔网状材料更经济节能，适合大批量生产。对其进行电化学循环测试，发现这种多孔网状材料循环稳定、倍率性能优异；同时，用半原位XRD和半原位EIS方法对该材料的首圈容量衰减原因作出初步探索。

4.9.1 实验部分

4.9.1.1 Fe_2TiO_5材料的制备

用钛酸酯$Ti(C_4H_9O)_4$(6mmol)为原料，将其在室温下加入氨水（pH=10，10mL）搅拌，水解成$TiO(OH)_2$，再加入2mL浓HNO_3超声分散，以制备$TiO(NO_3)_2$前驱体，同时按计量比加入相应量的$Fe(NO_3)_3$，以及助燃剂甘氨酸(2.00g)，搅拌均匀后将混合溶液倾倒在氧化铝瓷舟中，在马弗炉中一定温度下焙烧一定时间，马弗炉的升温速度为5℃/min，自然冷却至室温即可得到Fe_2TiO_5材料。

同时，采用相同的方法，在 700℃、800℃和 900℃下分别焙烧 30min，和在 800℃下分别焙烧 30min、2h、5h，对比焙烧温度和时间对材料的结晶性的影响。制备的样品分别标记为 Fe_2TiO_5-temp-time，例如 Fe_2TiO_5在 800℃焙烧 30min 到的样品标记为 Fe_2TiO_5-800℃-30min。

4.9.1.2　*表征和测试*

材料分别用 XRD、SEM、TEM 进行物相表征，材料电极的电化学性能通过 CR2016 扣式电池的形式进行恒流充放电、倍率性能、CV、不同电位下电极材料的 Raman、XPS、EIS 等测试。如无特别说明，测试的相关参数与本章前面相关参数一致。

4.9.2　结果与讨论

4.9.2.1　*结构与形貌分析*

由 XRD 衍射图（图 4.77）可以看出，在 700℃下燃烧 30min 得到的 Fe_2TiO_5 产物中出现杂质 Fe_2O_3 的衍射峰，即图中 * 标记，且 Fe_2TiO_5晶体的特征峰强度较弱，说明 Fe_2TiO_5晶体还没有完全形成；而 800℃下燃烧得到的 Fe_2TiO_5产物杂质较少，晶体完整，属于斜方晶系，其晶面指数在图中标出；但是 900℃下燃烧得到产物中又出现了 Fe_2O_3 的杂质峰，原因可能与 Fe_2TiO_5的热稳定性有关，当温度过高，反应物在淬热条件下，Fe_2O_3 的相更稳定。由此确定燃烧温度为 800℃是反应的最佳温度。

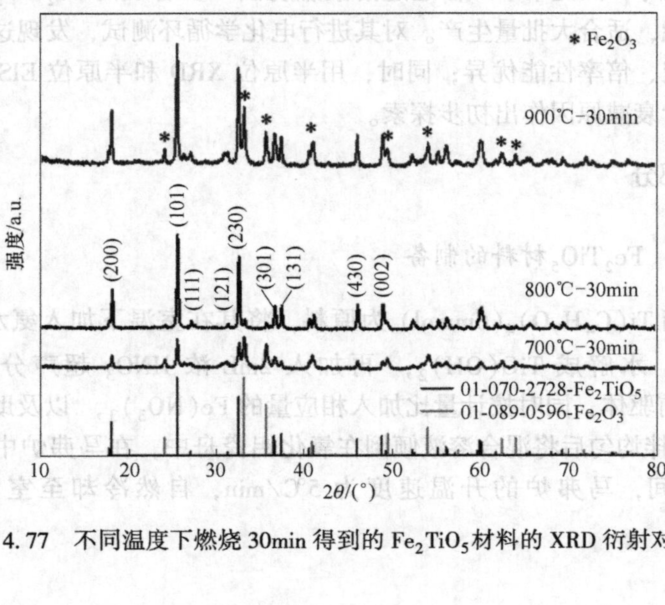

* Fe2O3
900℃-30min
800℃-30min
700℃-30min
(200)
(101)
(111)
(121)
(230)
(301)
(131)
(430)
(002)
01-070-2728-Fe2TiO5
01-089-0596-Fe2O3
强度/a.u.
2θ/(°)
10
20
30
40
50
60
70
80

图 4.77　不同温度下燃烧 30min 得到的 Fe_2TiO_5材料的 XRD 衍射对比

由图 4.78 中 SEM 图可以看出，在 700℃下燃烧 30min 得到的 Fe_2TiO_5材料呈现块状，没有明显的网状多孔结构；在 800℃下燃烧得到的 Fe_2TiO_5材料呈现出由直径约为 100~200nm 的一次粒子堆积黏结而成的三维网状孔状结构；900℃下燃烧得到的 Fe_2TiO_5材料的一次粒子颗粒更大。

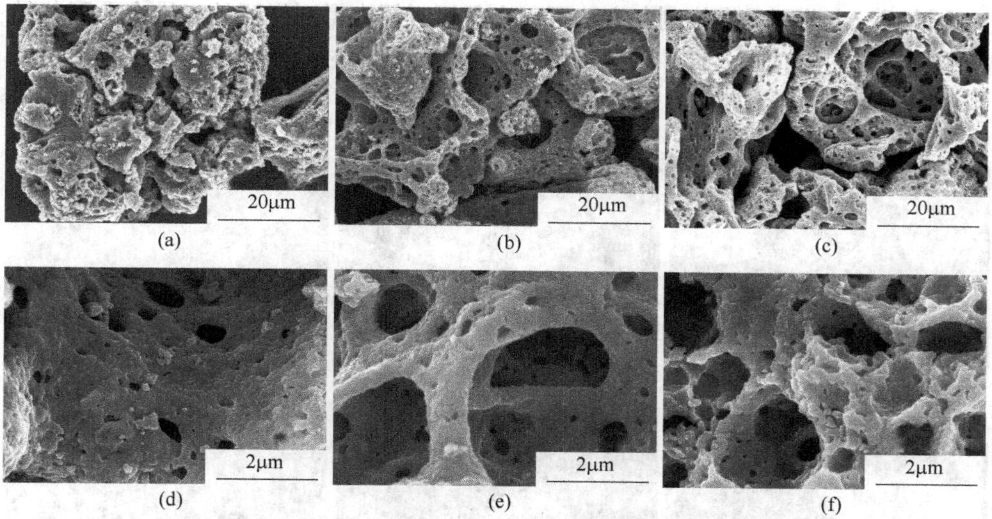
20μm
20μm
20μm
(a)
(b)
(c)
2μm
2μm
2μm
(d)
(e)
(f)

图 4.78 不同温度下燃烧 30min 得到的 Fe_2TiO_5材料的 SEM 图

(a)，(d) 700℃；(b)，(e) 800℃；(c)，(f) 900℃

同时，图 4.79 的 XRD 数据表明，当燃烧时间加长，产物中出现 Fe_2O_3 的衍射峰强度也会增强（图中用 * 标出）。这是由于 Fe_2O_3 的结构热力学稳定性更好，长时间处于高温下 Fe_2TiO_5晶体会转化成更稳当的 Fe_2O_3 晶体。

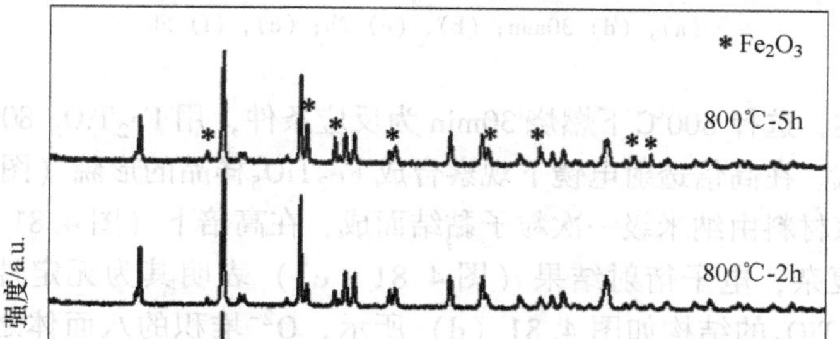
* Fe2O3
800℃-5h
800℃-2h
800℃-30min
01-070-2728-Fe2TiO5
01-089-0596-Fe2O3
强度/a.u.
10
20
30
40
50
60
70
80
2θ/(°)

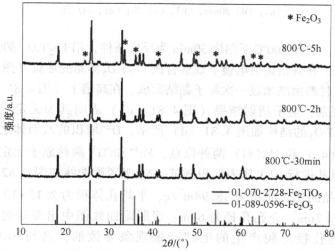

图 4.79 800℃下燃烧不同时间得到的 Fe_2TiO_5材料的 XRD 衍射对比图

从图4.80的SEM图可以看出，在800℃下焙烧不同时间得到的Fe_2TiO_5材料形貌不同，燃烧30min得到的Fe_2TiO_5材料呈现出直径约为100~200nm的一次粒子堆积黏结而成的三维网状孔状结构；燃烧2h得到的材料三维多孔网状结构开始散落并结块；燃烧5h后则只有直径为200~400nm的一次粒子，网状多孔结构完全散开。由此可见燃烧制备方法可以在很短时间内得到想要的三维多孔网状结构的材料，如果时间太长，网状结构会散落坍塌，同时晶体会慢慢长大，不利于制备纳米一次粒子。

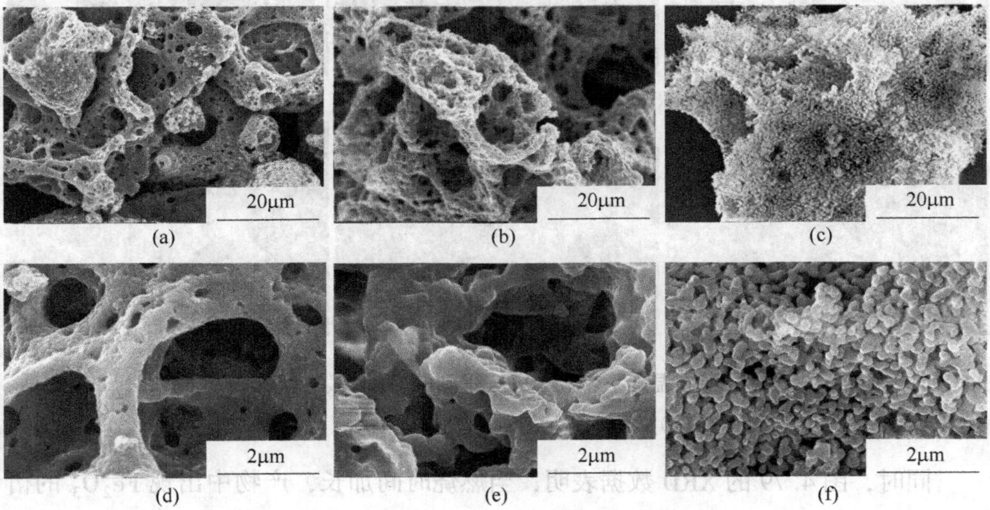
20μm
(a)
20μm
(b)
20μm
(c)
2μm
(d)
2μm
(e)
2μm
(f)

图4.80　800℃下燃烧不同时间得到的Fe_2TiO_5材料的SEM图

(a)，(d) 30min；(b)，(e) 2h；(c)，(f) 5h

综上所述，选择800℃下燃烧30min为反应条件，用Fe_2TiO_5-800℃-30min样品做后续测试。在高倍透射电镜下观察合成Fe_2TiO_5样品的形貌（图4.81（a）），进一步证明该材料由纳米级一次粒子黏结而成，在高倍下（图4.81（b）），晶体的晶格条纹复杂，电子衍射结果（图4.81（c））表明其为无定性晶态。查阅文献可知Fe_2TiO_5的结构如图4.81（d）所示，O^{2-}堆积的八面体之间边与边相连，形成M1(4c）和M2(8f）两种位点，Fe^{3+}和Ti^{4+}两种原子无定型排布在这种位点中。对其进行BET比表面积测试，N_2吸脱附曲线如图4.82所示，得到该Fe_2TiO_5样品的比表面积为18.94m^2/g，平均孔体积为2.15×$10^{-2}cm^3/g$，粒子直径为316.7nm，介孔孔径为6nm。吸脱附曲线图中出现的迟滞环是由三维网状不规则孔径形貌产生的毛细凝聚现象导致的，这与SEM图像结果一致。

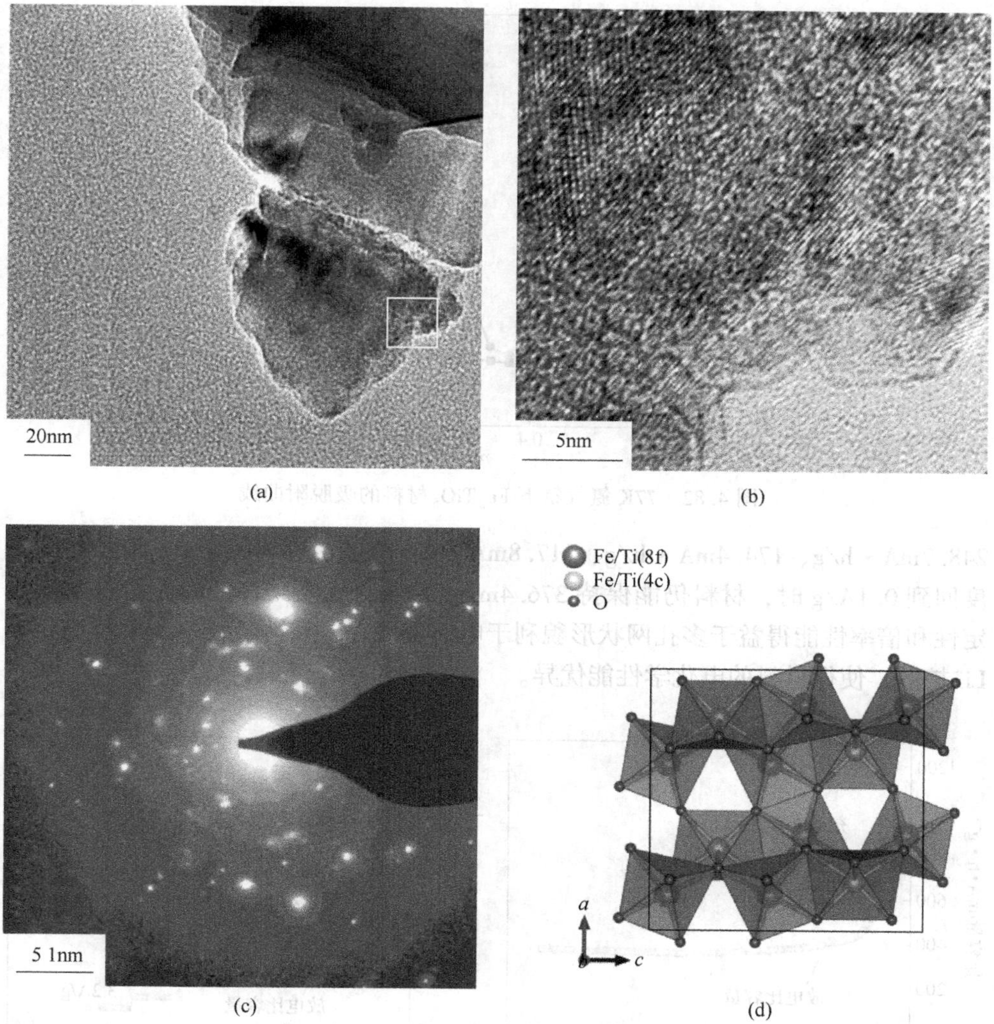
20nm
5nm
5 1nm
Fe/Ti(8f)
Fe/Ti(4c)
O
a
c
(a)
(b)
(c)
(d)

图 4.81　Fe_2TiO_5一次粒子 HR-TEM 图像（a、b）、
相应区域的电子衍射图（c）和 Fe_2TiO_5结构图（沿晶胞 *b* 轴）（d）

4.9.2.2　电化学性能分析

Fe_2TiO_5材料电极的恒电流循环性能如图 4.83（a）所示，在 0.1A/g 的电流密度下，首圈放电比容量高达 1249mA·h/g，库仑效率为 53.4%，前几圈容量会有衰减，5 圈之后便保持稳定，100 圈循环后仍能保持 371.4mA·h/g 的容量。图 4.83（b）所示倍率性能测试结果，在电流密度分别为 0.1A/g、0.2A/g、0.4A/g、0.8A/g、1.6A/g 和 3.2A/g 时，容量分别为 406.2mA·h/g、318.7mA·h/g、

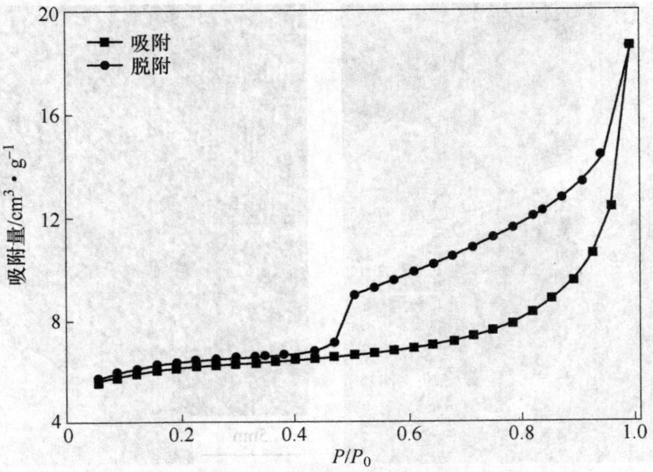

吸附
脱附
吸附量/$cm^3 \cdot g^{-1}$
P/P_0

图 4.82　77K 氮气氛下 Fe_2TiO_5 材料的吸脱附曲线

248.7mA·h/g、174.4mA·h/g、117.8mA·h/g 和 76.6mA·h/g，且当电流密度回到 0.1A/g 时，材料仍能保持 376.4mA·h/g 的放电比容量。优异的循环稳定性和倍率性能得益于多孔网状形貌利于电解液浸润，且纳米级的一次粒子利于 Li^+ 扩散，使得材料的电化学性能优异。

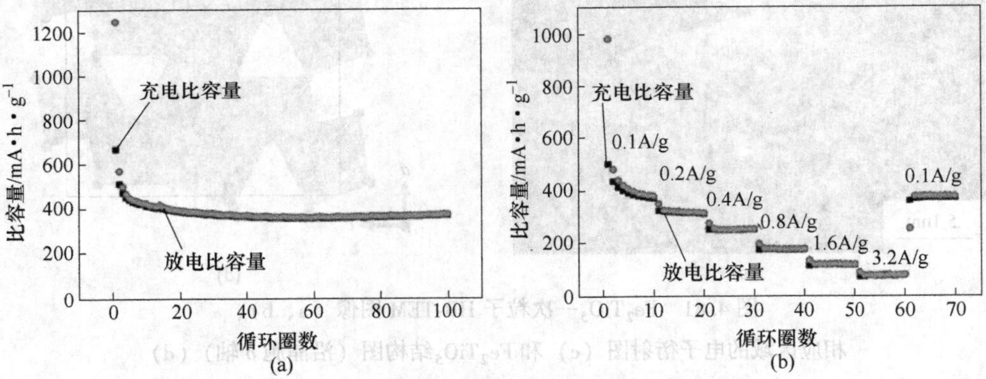

充电比容量
放电比容量
比容量/mA·h·g^{-1}
循环圈数
(a)
0.1A/g
0.2A/g
0.4A/g
0.8A/g
1.6A/g
3.2A/g
0.1A/g
(b)

图 4.83　Fe_2TiO_5 电化学循环性能图（电流密度：0.1A/g；电压区间 0.01~3.00V）（a）和倍率性能图（b）

由此可见，首圈的容量衰减主要是由于 Li^+ 在 1.9V 的不可逆嵌入和在低电位下电解液的分解和形成 SEI 膜。

4.9.2.3　非原位 Raman 分析

为探究在充放电过程中 Fe_2TiO_5 电极材料的结构变化，针对首圈充放电到不同电位下（OCP、D-1.8V、D-0.9V、D-0.5V）的极片做半原位 Raman 测试，结果如图 4.84 所示，以分析 Fe_2TiO_5电极材料的结构变化，由此推测在不同电位下，Fe_2TiO_5电极材料可能发生的反应。

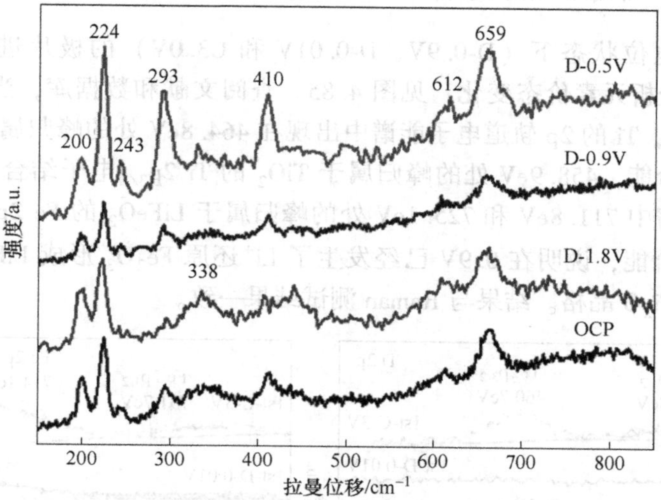
224
659
293
410
612
D-0.5V
200
243
D-0.9V
强度/a.u.
D-1.8V
338
OCP
200
300
400
500
600
700
800
拉曼位移/cm⁻¹

图 4.84 Fe_2TiO_5电极首圈不同放电电位下的非原位 Raman 曲线

查阅文献得知在电极初始电压 OCP 下，出现在 $200cm^{-1}$和 $224cm^{-1}$处的峰归属于 O—Ti—O 角振动；$659cm^{-1}$处归属于 TiO_6八面体中 Ti—O 键的振动峰；$293cm^{-1}$和 $612cm^{-1}$处的峰归属于 Fe_2O_3 的 E_g对称振动。放电到 1.8V 后的电极（D-1.8V）在 $338cm^{-1}$处出现 Li—O—Ti 键的伸缩振动，说明在 1.8V 处开始发生 Li^+的嵌入反应，反应见式（4.8），由 CV 曲线中 1.8V 处的还原峰的不可逆，说明 Li^+的嵌入 Fe_2TiO_5晶格的反应是不可逆的，会引起晶体结构的破坏。由 Fe_2O_3 的 E_g对称振动可以判断，Li^+以嵌入 Fe_2O_3 晶格的反应为主，见反应式（4.9）：

$$Fe_2TiO_5 + xLi^+ + xe \longrightarrow Li_xFe_2TiO_5 \tag{4.8}$$

$$Fe_2O_3 + 2Li^+ + 2e \longrightarrow Li_2(Fe_2O_3) \tag{4.9}$$

当电极放电到 0.9V 后的电极（D-0.9V），归属于 Fe_2O_3 的 $293cm^{-1}$ 和 $612cm^{-1}$处的峰消失，说明继续发生反应式（4.9）中 Fe^{3+}的还原；同时归属于 TiO_2 的振动峰减弱，可能是由于 Li^+ 的嵌入 TiO_2 的晶格中的缘故，如反应式（4.10）所示：

$$TiO_2 + x\,Li^+ + xe \longrightarrow Li_xTiO_2 \tag{4.10}$$

当电极充电到 0.5V 时，在 $243cm^{-1}$和 $410cm^{-1}$处出现新的峰，归属于 Fe_2O_3 的 A_{1g}对称振动；可能是发生了 Fe_2O_3 的转化反应，如反应式（4.11）所示；

$$Li_2(Fe_2O_3) + 4Li^+ + 4e \longrightarrow 2Fe + 3Li_2O \tag{4.11}$$

以上结果和 CV 推论结果（0.9V 的还原峰归属于 Fe^{3+} 的还原反应，0.7V 的还原峰归属为 Ti^{4+} 的还原峰）一致，具有合理性。

4.9.2.4　非原位 XPS 分析

对不同电位状态下（D-0.9V、D-0.01V 和 C3.0V）的极片进行了非原位 XPS 测试，分析元素价态变化，见图 4.85。查阅文献和数据库，当电极极片放电到 0.9V 时，Ti 的 2p 轨道电子能谱中出现在 464.8eV 处的峰归属于 TiO_2 的 Ti $2p_{1/2}$ 电子结合能，458.9eV 处的峰归属于 TiO_2 的 Ti $2p_{3/2}$ 电子结合能，Fe 的 2p 轨道电子能谱中 711.8eV 和 725.1eV 处的峰归属于 $LiFeO_2$ 的 Fe $2p_{3/2}$ 电子和 Fe $2p_{1/2}$ 电子结合能，说明在 0.9V 已经发生了 Li^+ 还原 Fe_2O_3 形成 $LiFeO_2$ 的反应，而还未进入 Ti_2O 晶格。结果与 Raman 测试结果一致。

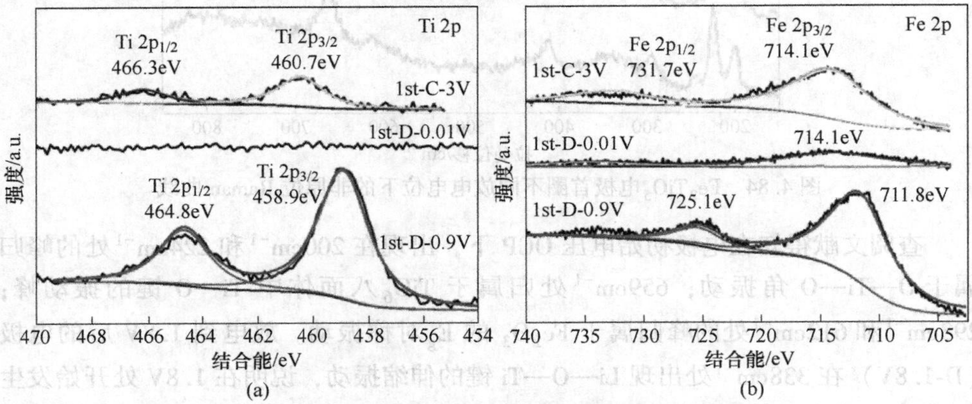

Ti 2p
Ti $2p_{1/2}$
466.3eV
Ti $2p_{3/2}$
460.7eV
1st-C-3V
1st-D-0.01V
Ti $2p_{1/2}$
464.8eV
Ti $2p_{3/2}$
458.9eV
1st-D-0.9V
强度/a.u.
470 468 466 464 462 460 458 456 454
结合能/eV
(a)
Fe 2p
Fe $2p_{3/2}$
714.1eV
Fe $2p_{1/2}$
731.7eV
1st-C-3V
1st-D-0.01V
714.1eV
1st-D-0.9V
725.1eV
711.8eV
强度/a.u.
740 735 730 725 720 715 710 705
结合能/eV
(b)

图 4.85　Fe_2TiO_5 电极首圈不同电位下的非原位 XPS 图

当完全放电后，电极不稳定，只测到极小的 714.1eV 处归属于 FeF_3 的 Fe $2p_{3/2}$ 电子结合能的峰。

当完全充电后，460.7eV 和 466.3eV 处的峰归属于 TiF_4 的 Ti $2p_{3/2}$ 电子和 Ti $2p_{1/2}$ 电子结合能。归属于 FeF_3 的 Fe $2p_{3/2}$ 电子结合能和 731.7eV 归属于 FeF_3 的 Fe $2p_{1/2}$ 电子结合能的峰非常明显，说明在充电过程中 Ti 元素被氧化为 Ti^{4+}，少量 Ti^{4+} 与电解液中的 F^- 结合，而 Fe 元素可以被氧化为 Fe^{3+}，但是不能回到 Fe_2O_3 结构，而是和电解液中电负性的 F^- 结合，在后续的循环中，发生 Fe^{3+}/Fe^{2+} 的氧化还原反应。

4.9.2.5　非原位 EIS 谱图分析

用电化学阻抗谱（EIS）对材料首圈充放电过程进行半原位分析，获得首圈电极反应的动力学信息，结果如图 4.86 所示。测试条件统一为将电池放电或充电到某一电位后，恒压30min，然后进行EIS测试。

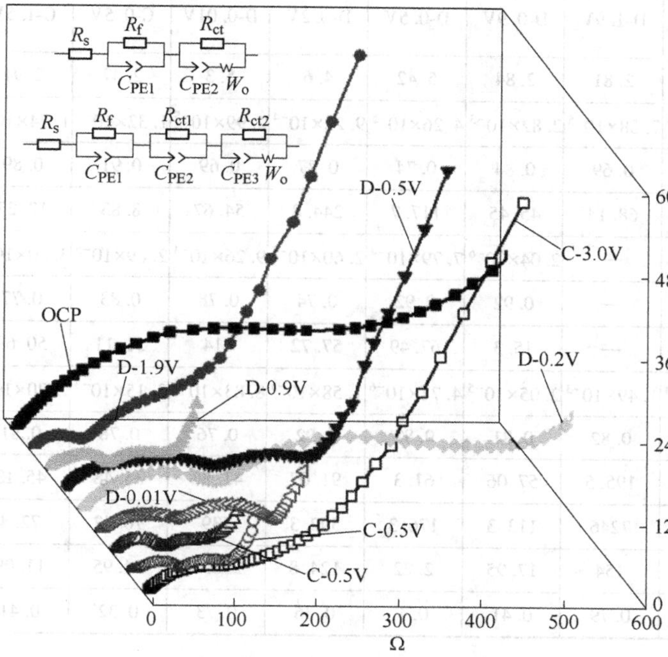
R_s
R_f
R_{ct}
C_{PE1}
C_{PE2} W_o
R_s
R_f
R_{ct1}
R_{ct2}
C_{PE1}
C_{PE2}
C_{PE3} W_o
OCP
D-1.9V
D-0.9V
D-0.5V
D-0.2V
D-0.01V
C-0.5V
C-0.5V
C-3.0V
0
100
200
300
400
500
600
Ω
0
120
240
360
480
600
Ω

图4.86 Fe_2TiO_5电极首圈不同电位下的非原位EIS图

由图4.86可以看出，电池在开路电位（OCP）下，阻抗曲线在高频区出现较小的半圆，在中频区出现半径较大半圆的曲线，低频区近似一条直线；放电到1.9V（D-1.9V），中频区的半圆半径变小；进一步放电（D-0.9V），中频区的半圆分裂成两个半圆，半径不断减小。根据文献和专著报道，一般认为高频区电阻是由电极表面形成的SEI膜引起的，中频区的电阻为电荷转移电阻，低频区是Li^+在电极材料内部扩散的过程。联系CV曲线和Raman分析结果，在D-0.9V状态下，材料同时发生了Fe^{3+}/Fe^{2+}的还原反应和Li^+嵌入TiO_2晶格内的反应，因此中频区的两个半圆与这两个反应相对应。随着放电程度的加深，中频的半圆半径也在增大，说明Fe^{2+}和Ti^{4+}的还原反应阻力增加，直到完全放电后（D-0.01V），可能是晶型转化的缘故，中频电荷转移电阻减小。在充电过程中，中频的两个半圆分别代表Fe^{2+}和Ti^{3+}的还原反应，并且传荷电阻不断减小。充电到3.0V后，中频的传荷电阻回到和开路电位相同的状态。EIS图体现的电化学反应过程与CV曲线和Raman结果相符合，由此可见以上反应过程推测的合理性。

Fe_2TiO_5电极阻抗谱拟合的等效电路参数见表4.29。

表 4.29　Fe_2TiO_5电极阻抗谱拟合的等效电路参数

等效电路参数	OCP	D-1.9V	D-0.9V	D-0.5V	D-0.2V	D-0.01V	C-0.5V	C-1.5V	C-3.0V
R_s/Ω	2.82	2.81	2.84	5.42	4.6	5.3	2.47	2.91	1.73
C_{PE1}-T	3.39×10^{-5}	7.08×10^{-5}	2.82×10^{-3}	4.26×10^{-5}	9.22×10^{-4}	2.99×10^{-5}	1.32×10^{-5}	1.74×10^{-6}	7.72×10^{-5}
C_{PE1}-P	0.68	0.69	0.84	0.74	0.77	0.69	0.91	0.89	0.66
R_f/Ω	446.8	68.14	45.45	117.7	244.8	54.67	8.83	12.27	108.2
C_{PE2}-T	—	—	2.04×10^{-6}	7.79×10^{-4}	2.60×10^{-5}	9.26×10^{-4}	2.89×10^{-5}	3.20×10^{-7}	—
C_{PE2}-P	—	—	0.92	0.92	0.74	0.78	0.83	0.77	—
R_{ct1}/Ω	—	—	15.3	67.49	57.72	114	51.11	50.69	—
C_{PE3}-T	3.13×10^{-4}	1.49×10^{-3}	2.05×10^{-5}	4.71×10^{-6}	1.58×10^{-5}	8.83×10^{-5}	3.15×10^{-3}	2.20×10^{-3}	9.00×10^{-4}
C_{PE3}-P	0.89	0.82	0.81	0.82	0.92	0.76	0.78	0.81	0.64
R_{ct2}/Ω	438.7	195.5	57.06	61.3	91.07	41.86	35.48	45.13	257.7
W_o-R	102900	7246	113.3	176.3	592.3	739	76.42	72.4	21265
W_o-T	154.7	154	17.95	2.22	124.8	250.5	14.95	11.09	65.92
W_o-P	0.86	0.79	0.41	0.4	0.36	0.73	0.32	0.41	0.79

本节采用简单快速的溶液燃烧法，制备出 Fe_2TiO_5 材料。探究燃烧温度和焙烧时间对 Fe_2TiO_5产物的影响，发现 800℃下焙烧 30min 是合成的最佳条件，该条件下合成的 Fe_2TiO_5为无定型晶体，材料呈现出由一次纳米级粒子黏结而成的具有不规则孔道的三维多孔网状结构，比表面积大。对该材料进行电化学性能测试，在 0.1A/g 的电流密度下，首圈放电容量高达 1249mA·h/g，库仑效率为 53.4%，经过 100 圈循环后仍能保持 371.4mA·h/g 的容量，相对于第 3 圈，容量保持率为 86%；且该材料进行大电流（3.2A/g）放电时，仍具有 76.6mA·h/g 的容量。优异的循环稳定性和倍率性能得益于多孔网状形貌，利于电解液浸润，且纳米级的一次粒子利于 Li^+扩散，从而提高材料的电化学性能。非原位的 Raman、XPS 和 EIS 测试推断出合理的 Fe_2TiO_5的电化学反应过程可能为：

$$Fe_2TiO_5 + xLi^+ + xe \longrightarrow Li_xFe_2TiO_5 \quad (D\text{-}1.9V)$$

$$Fe_2O_3 + 2Li^+ + 2e \longrightarrow Li_2(Fe_2O_3) \quad (D\text{-}1.9 \sim 0.9V)$$

$$TiO_2 + xLi^+ + xe \longrightarrow Li_xTiO_2 \quad (D\text{-}0.9V\text{之后})$$

$$Li_2(Fe_2O_3) + 4Li^+ + 4e \longrightarrow 2Fe + 3Li_2O \quad (D\text{-}0.9V\text{之后})$$

在以上反应过程中，由于 Fe_2TiO_5发生了晶体转化，引起了首圈的不可逆容量。

4.10　燃烧法制备钠离子电池负极材料 $NaFeTi_3O_8$ 及其电化学性能

锂离子电池作为最成功的能量存储技术，已经广泛用于移动设备和便携式电子设备中。然而，锂资源的缺乏和成本高昂问题限制了它的进一步应用。因为 Na^+ 半径约 0.102nm，比 Li^+ 半径 0.076nm 稍大，工作电压低（-2.71V，Li/Li^+ 工作电压为-3.04V），具有与 Li^+ 相似的物理化学性质和电化学行为，且具有存储丰富、廉价环保等优势，因此钠离子电池备受关注，预计会在大规模储能装置中得到应用。

钠离子电池要想得到发展与应用，必须寻找具有良好电化学性能的新型正负极材料。目前已经报道的钠离子电池的负极材料中，基于嵌入/脱出机理的 Ti 系材料因具有循环稳定性高、安全性好、可快速充放电等优势备受关注，已发现的材料，如 $Li_4Ti_5O_{12}$（理论比容量 175mA · h/g）首圈库仑效率低，TiO_2（理论比容量 168mA · h/g）首圈库仑效率较低，$Na_2Ti_3O_7$（理论比容量 235mA · h/g）容量衰减快，$Na_2Ti_6O_{13}$（理论比容量 75mA · h/g）容量低，鲜有材料能在高倍率和长循环的钠离子电池中应用。

$NaFeTi_3O_8$ 具有单斜结构，由 Hou Junke 等人采用固相合成法制备，并将其用作钠离子电池负极材料，但是性能不甚理想，在 20mA/g 的电流密度下只有 170.7mA · h/g 的容量。考虑到溶液燃烧法的诸多优势，但这种方法还没有被用于钠离子电池 Na-Ti-O 系列负极材料的合成中，我们用溶液燃烧法成功合成出结晶性完好且没有杂质的 $NaFeTi_3O_8$ 材料，同时探究了助燃剂甘氨酸在制备过程中的造孔作用，使产物形貌呈现三维多孔网状结构。电化学数据表明通过甘氨酸造孔的 $NaFeTi_3O_8$ 多孔材料具有优异的循环稳定性和倍率性能。值得一提的是，在高电流密度下（500mA/g）循环 1000 圈之后仍具有 91mA · h/g 的放电比容量，有希望在高倍率和长循环的钠离子电池中得到应用。

4.10.1　实验部分

4.10.1.1　$NaFeTi_3O_8$ 材料的制备

以钛酸酯（$Ti(C_4H_9O)_4$）(18mmol) 为原料，将其在冰浴中滴加 pH≈10 的氨水（10mL）搅拌以水解成 $TiO(OH)_2$，再在超声分散仪的超声作用下加入浓 HNO_3(2.0mL) 以制备 $TiO(NO_3)_2$ 前驱体，然后在搅拌中按计量比加入相应量的 $NaNO_3$ 和 Fe（NO_3）$_3$，以及 2.00g 的助燃剂甘氨酸，搅拌均匀后将混合溶液倾倒在氧化铝瓷舟中，在马弗炉中一定温度下焙烧一定时间，马弗炉的升温速度为 5℃/min，自然冷却至室温，得到 $NaFeTi_3O_8$ 材料。

同时探究焙烧温度和时间对 $NaFeTi_3O_8$ 材料结晶性的影响，燃烧温度分别选择700℃、800℃和900℃，分别选择焙烧时间，制备的产物分别标记为$NaFeTi_3O_8$-temp-time，如：在800℃焙烧30min得到的样品标记为$NaFeTi_3O_8$-800℃-0.5h。

为探究助燃剂甘氨酸的作用，用相同方法，将加甘氨酸在选定温度下制备的材料标记为$NaFeTi_3O_8$-glycine，不加甘氨酸制备的材料标记为$NaFeTi_3O_8$-none。

4.10.1.2 表征和测试

分别用XRD、SEM、TEM进行材料的物相表征，电化学性能通过CR2032扣式电池的形式进行恒流充放电、倍率性能、CV、不同电位下电极材料的XRD、EIS等测试。如无特别说明，测试的相关参数与前面章节相关参数一致。

4.10.2 结果与讨论

4.10.2.1 结构与形貌分析

探索$NaFeTi_3O_8$材料的合成条件，由图4.87的XRD谱图可以看出，在700℃下$NaFeTi_3O_8$晶体开始形成，但是还有TiO_2杂质；在800℃时，$NaFeTi_3O_8$晶体完整，且几乎没有杂质，随着焙烧时间的延长，晶体衍射峰的强度并没有增强，说明$NaFeTi_3O_8$能迅速结晶，结晶性不随焙烧时间的增长而增加；但在900℃时燃烧0.5h得到的$NaFeTi_3O_8$产物有少许Fe_2O_3杂质，这可能是由于$NaFeTi_3O_8$的热稳定性不如Fe_2O_3，在高温下焙烧会有部分晶体转化。

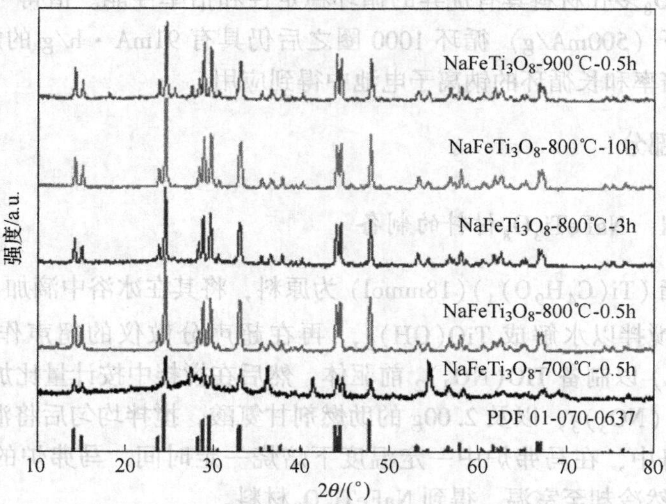
NaFeTi3O8-900℃-0.5h
NaFeTi3O8-800℃-10h
NaFeTi3O8-800℃-3h
NaFeTi3O8-800℃-0.5h
NaFeTi3O8-700℃-0.5h
PDF 01-070-0637
强度/a.u.
10
20
30
40
50
60
70
80
2θ/(°)

图4.87 不同条件下制备的$NaFeTi_3O_8$材料的XRD谱图

观察不同合成条件下 $NaFeTi_3O_8$ 产物的 SEM 图（图 4.88），很明显，没有助燃剂甘氨酸的条件下，得到的产物呈现块状，没有明显的孔洞；而在助燃剂的作用下，材料的形貌都是呈现由一次粒子黏结而成三维多孔网状结构的形貌，并且随着燃烧温度和时间的增加，一次粒子粒径增加，且温度太高（900℃）时材料开始板结，时间太长（10h）时孔道开始塌陷。所以选择最佳的合成条件是在 800℃ 下燃烧 0.5h，后续的电化学测试也是采用这个条件下合成的 $NaFeTi_3O_8$ 材料。

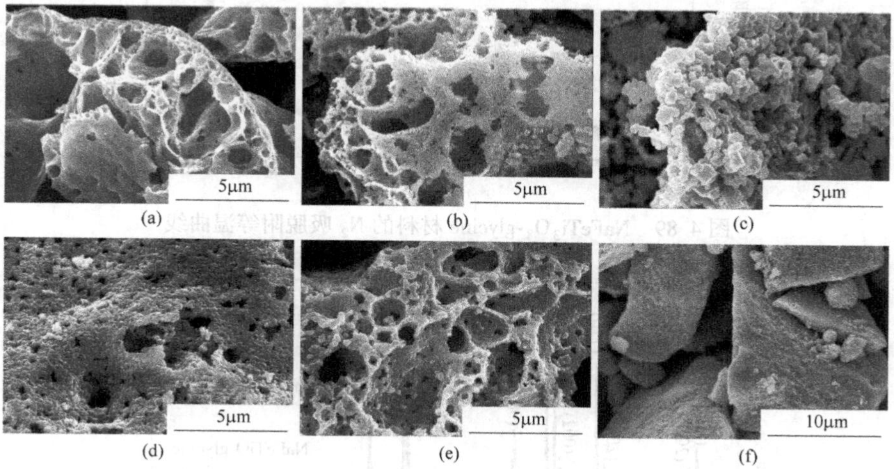
5μm
(a)
5μm
(b)
5μm
(c)
5μm
(d)
5μm
(e)
10μm
(f)

图 4.88 不同条件下合成的 $NaFeTi_3O_8$ 材料 SEM 电镜图

（a）700℃-0.5h（有助燃剂）；（b）800℃-0.5h-glycine（有助燃剂）；（c）900℃-0.5h（有助燃剂）；（d）800℃-3h（有助燃剂），（e）800℃-10h（有助燃剂）；（f）800℃-0.5h-none（无助燃剂）

采用 BET 法测量氮气吸脱附等温曲线（图 4.89），计算得到多孔材料 $NaFeTi_3O_8$ 的比表面积为 $4.35m^2/g$。图中不太明显的迟滞环是由于材料的不规则介孔造成的。这种多孔材料的比表面积，相对于固相法合成的材料，是相当可观的，利于电解液的浸润，可提高电化学性能。

对比有助燃剂和没有助燃剂合成的 $NaFeTi_3O_8$-glycine 和 $NaFeTi_3O_8$-none 材料 XRD 图（图 4.90（a））可以看出，不管有没有甘氨酸助燃剂，制得的 $NaFeTi_3O_8$ 材料衍射峰和 PDF 标准卡片（JCPDS No. 70-0637）全部吻合，属于单斜晶系，主要特征峰（001）、（200）、（110）、（002）、（111）、（310）、（003）对应的 2θ 峰位分别在 14.3°、15.1°、24.5°、28.8°、29.6°、32.7°、43.8°。根据 Ishiguro 等人的文献报道的晶体衍射数据画出结构模型，如图 4.90（b）所示，O 原子按照密堆积成八面体结构，Ti/Fe 原子不规则排布在八面体中心，8 个八面体按照边对边排列，并在 b 轴形成 Na^+ 通道。观察晶胞结构，一个 $NaFeTi_3O_8$ 晶胞有两个嵌钠位点，由此可以计算 $NaFeTi_3O_8$ 的理论比容量为 153mA · h/g，这和文献中介绍的不太一致。

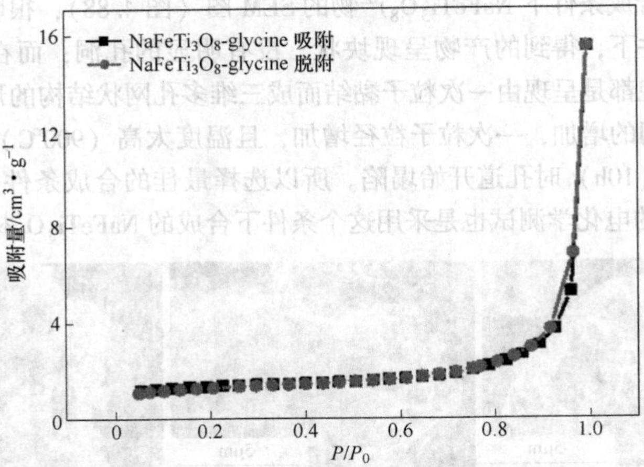

NaFeTi$_3$O$_8$-glycine 吸附
NaFeTi$_3$O$_8$-glycine 脱附
吸附量/cm^3·g^{-1}
P/P_0
0
4
12
16
0.2
0.4
0.6
0.8
1.0

图 4.89　NaFeTi$_3$O$_8$-glycine 材料的 N$_2$ 吸脱附等温曲线

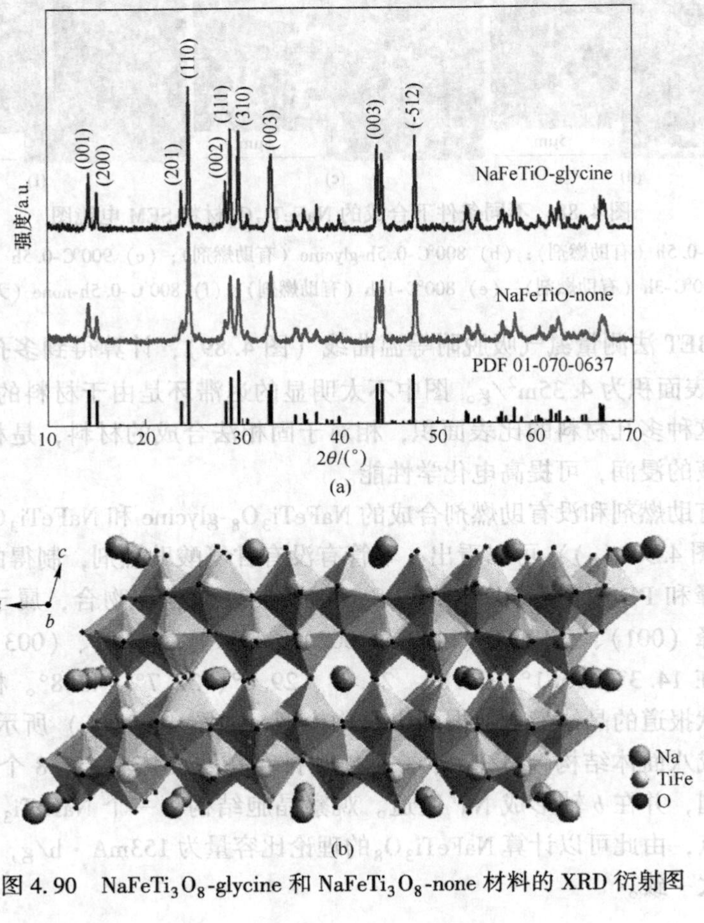

(001)
(200)
(201)
(110)
(002)
(111)
(310)
(003)
(003)
(-512)
NaFeTiO-glycine
NaFeTiO-none
PDF 01-070-0637
强度/a.u.
2θ/(°)
10
20
30
40
50
60
70
(a)
a
b
c
Na
TiFe
O
(b)

图 4.90　NaFeTi$_3$O$_8$-glycine 和 NaFeTi$_3$O$_8$-none 材料的 XRD 衍射图

用透射电镜观察 $NaFeTi_3O_8$-glycine 材料的微观形貌，结果如图 4.91（a）和（b）所示，可知一次粒子的粒径为纳米级。在高倍透射电镜下（图 4.91（c）），可以观察到清晰的晶格条纹，相应区域的电子衍射图（图 4.91（d））出现的衍射点与晶格条纹一一对应。

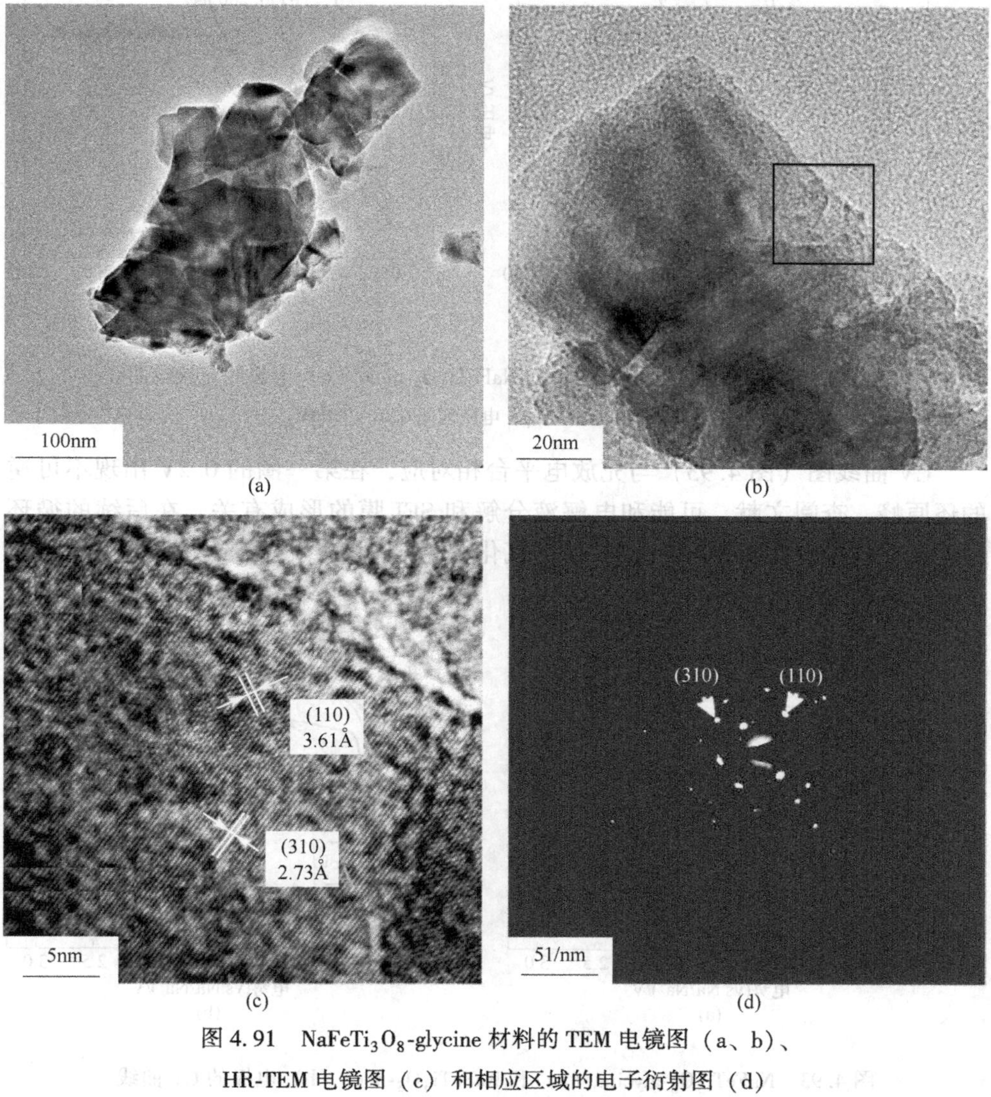
100nm
(a)
20nm
(b)
(110)
3.61Å
(310)
2.73Å
5nm
(c)
(310)
(110)
51/nm
(d)

图 4.91　$NaFeTi_3O_8$-glycine 材料的 TEM 电镜图（a、b）、HR-TEM 电镜图（c）和相应区域的电子衍射图（d）

4.10.2.2　电化学性能分析

将 $NaFeTi_3O_8$-glycine 和 $NaFeTi_3O_8$-none 样品组装 2030 扣式电池，测试其循

环性能。两种材料的充放电曲线如图 4.92 所示，两种材料的充放电曲线平台一致，在 0.2V 以下出现较长的平台，而在之后的循环中放电平台逐渐稳定在 1.6V 和 0.6V 左右，充电平台稳定在 0.9V 和 1.9V。

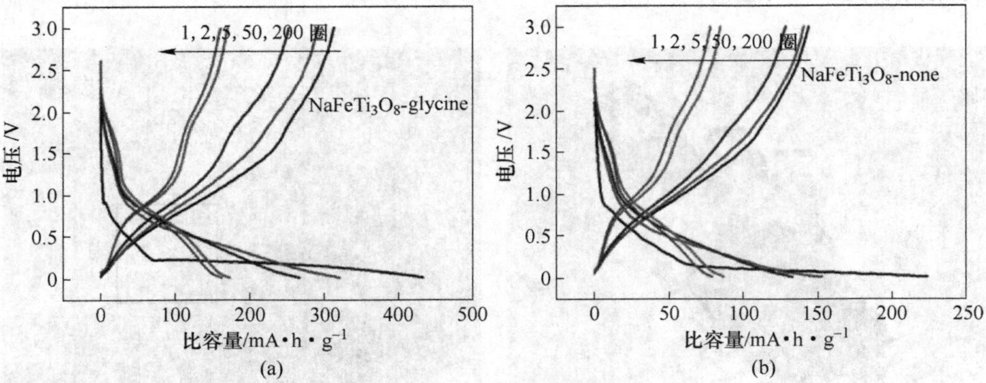
1, 2, 5, 50, 200 圈
NaFeTi3O8-glycine
电压/V
比容量/mA·h·g-1
(a)
1, 2, 5, 50, 200 圈
NaFeTi3O8-none
电压/V
比容量/mA·h·g-1
(b)

图 4.92　$NaFeTi_3O_8$-glycine（a）和 $NaFeTi_3O_8$-none（b）电极的充放电曲线

（电流密度：50mA/g；电压区间 0.01～3.00V）

CV 曲线图（图 4.93）与充放电平台相对应，在第一圈的 0.2V 出现不可逆的还原峰，查阅文献，可能和电解液分解和 SEI 膜的形成有关，在后续的循环中，还原峰稳定在 1.5V 和 0.5V 处，氧化峰稳定 0.9V 和 1.9V 处，这可能归属于 Na^+的嵌入/脱出过程。

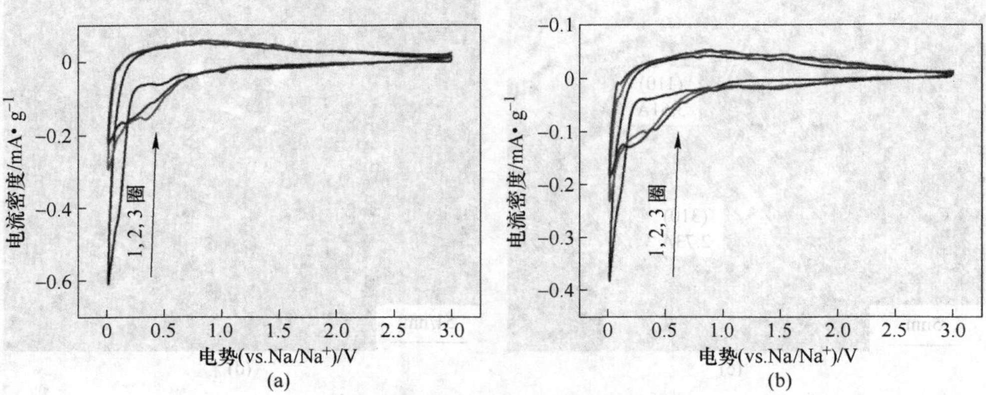
电流密度/mA·g-1
1, 2, 3 圈
电势(vs.Na/Na+)/V
(a)
电流密度/mA·g-1
1, 2, 3 圈
电势(vs.Na/Na+)/V
(b)

图 4.93　$NaFeTi_3O_8$-glycine（a）和 $NaFeTi_3O_8$-none（b）电极的 CV 曲线

（扫描速度：0.1mV/s；电压区间：0.01～3.0V）

图 4.94（a）所示为两种材料的循环性能对比。$NaFeTi_3O_8$-glycine 首圈放电容量是 432.4mA·h/g，首圈库仑效率为 72.4%；第 2 圈的放电容量是 320.8mA·h/g，

在前 20 圈容量衰减较大，库仑效率比较低，随后容量几乎不再衰减；循环 200 圈放电容量为 162.1mA · h/g。而对于 $NaFeTi_3O_8$-none 材料，首圈放电容量只有 223.2mA · h/g，库仑效率为 64.4%；第 2 圈放电容量只达到 152.6mA · h/g；200 圈循环后，容量只剩下 78.8mA · h/g。

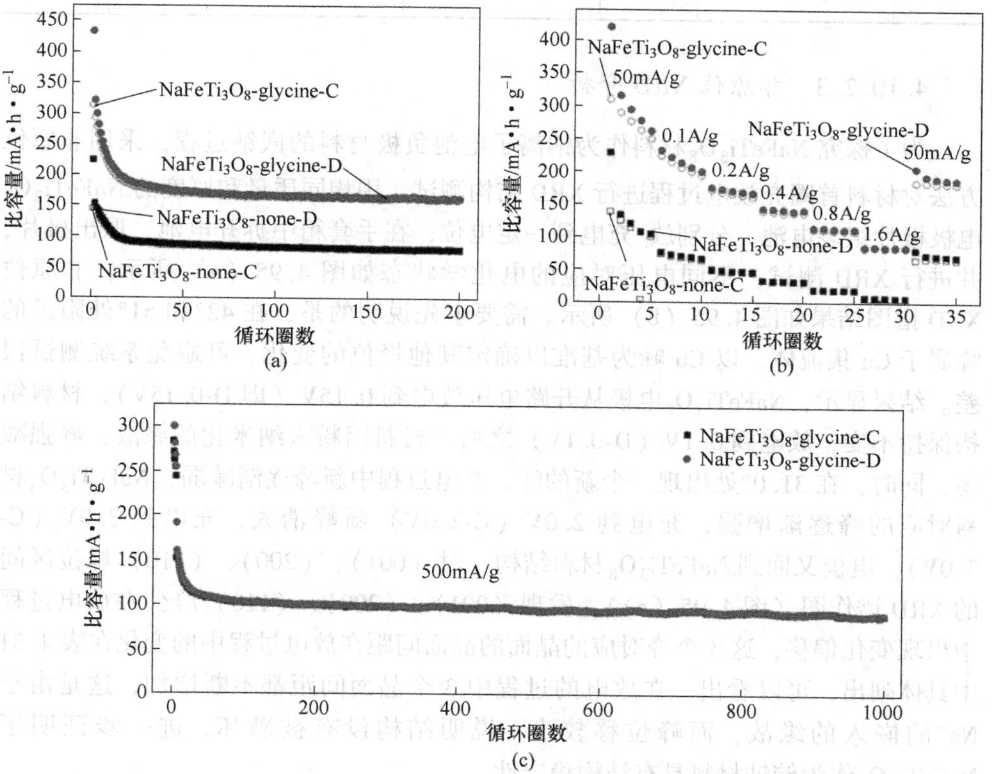

比容量/mA·h·g⁻¹
NaFeTi3O8-glycine-C
NaFeTi3O8-glycine-D
NaFeTi3O8-none-D
NaFeTi3O8-none-C
循环圈数
(a)
50mA/g
0.1A/g
0.2A/g
0.4A/g
0.8A/g
1.6A/g
(b)
NaFeTi3O8-glycine-C
NaFeTi3O8-glycine-D
500mA/g
(c)

图 4.94 $NaFeTi_3O_8$-glycine 和 $NaFeTi_3O_8$-none 电极的循环性能图

（电流密度：50mA/g；电压区间 0.01~3.00V）(a)、倍率性能图（b）和长循环性能图（c）

同时，对 $NaFeTi_3O_8$-glycine 和 $NaFeTi_3O_8$-none 测试倍率性能，结果如图 4.94（b）所示。在不同电流密度下的容量列于表 4.30 中，显然，$NaFeTi_3O_8$-glycine 材料的倍率性能要远远好于 $NaFeTi_3O_8$-none 材料。

对 $NaFeTi_3O_8$-glycine 材料进行长循环性能测试，前 5 圈用 50mA/g 的小电流进行活化，随后在 500mA/g 的大电流密度下循环，1000 圈后，放电容量仍然能保持 91mA · h/g 的高容量。优异的循环稳定性和倍率性能使得 $NaFeTi_3O_8$ 材料有希望在长循环大倍率的钠离子电池负极材料中得到应用。优异的电化学性能得益于材料的一次纳米级粒子黏结的多孔网状形貌，可以有利于电解液的浸润，缩短粒子扩散路径，从而提高材料的电化学性能。

表 4.30　$NaFeTi_3O_8$-glycine 和 $NaFeTi_3O_8$-none 电极在不同电流密度下的放电容量

电流密度/mA · g^{-1}	50	100	200	400	800	1600	50
$NaFeTi_3O_8$-glycine	419.4	231.8	174.9	142.3	113.1	84.4	204.6
$NaFeTi_3O_8$-none	228.3	76.0	49.4	33.2	19.4	6.5	79.5

4.10.2.3　非原位 XRD 分析

为了探究 $NaFeTi_3O_8$材料作为钠离子电池负极材料的嵌钠过程，采用非原位方法对材料首圈充放电过程进行 XRD 结构测试。用相同质量和厚度的 $NaFeTi_3O_8$电极极片组装电池，分别放/充电到一定电位，在手套箱中拆开电池，取出极片，并进行 XRD 测试，不同电压对应的电化学状态如图 4.95（a）所示，非原位 XRD 谱图结果如图 4.95（b）所示。需要事先说明的是，在 42°和 51°处附近的峰属于 Cu 集流体，以 Cu 峰为基准以确定其他峰位的变化，可避免系统测试误差。结果显示，$NaFeTi_3O_8$电极从开路电压放电到 0.15V（即 D-0.15V），材料结构保持不变，放电到 0.1V（D-0.1V）之后，材料因粉末纳米化的缘故，峰强减弱，同时，在 31.0°处出现一个新的峰。充电过程中新峰逐渐减弱，$NaFeTi_3O_8$材料对应的峰逐渐增强，充电到 2.0V（C-2.0V）新峰消失，充电到 3.0V（C-3.0V），电极又回到 $NaFeTi_3O_8$材料结构。对（001）、（200）、（110）峰位区间的 XRD 谱作图（图 4.95（c）），发现（001）、（200）、（110）峰位在放电过程中出现变化偏移，这 3 个峰对应的晶面的晶面间距在放电过程中的变化在表 4.31 中具体列出，可以看出，在放电的过程中 3 个晶面间距都不断增加，这是由于 Na^+的嵌入的缘故，而峰位移较小，说明结构没有被破坏，进一步证明了 $NaFeTi_3O_8$作为储钠材料具有结构稳定性。

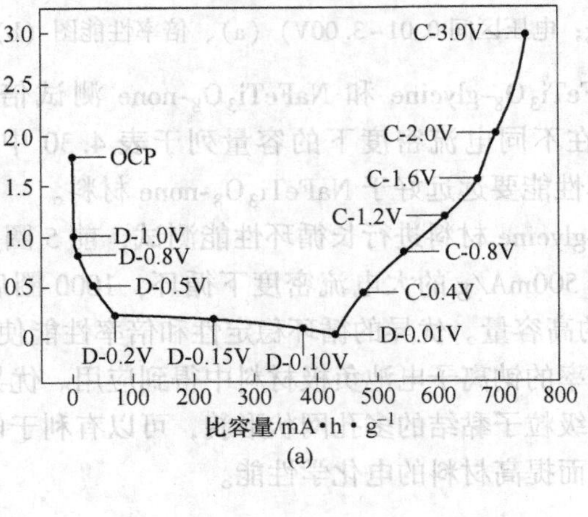

C-3.0V
C-2.0V
C-1.6V
C-1.2V
C-0.8V
C-0.4V
OCP
D-1.0V
D-0.8V
D-0.5V
D-0.2V
D-0.15V
D-0.10V
D-0.01V
电压/V
比容量/mA·h·g^{-1}

(a)

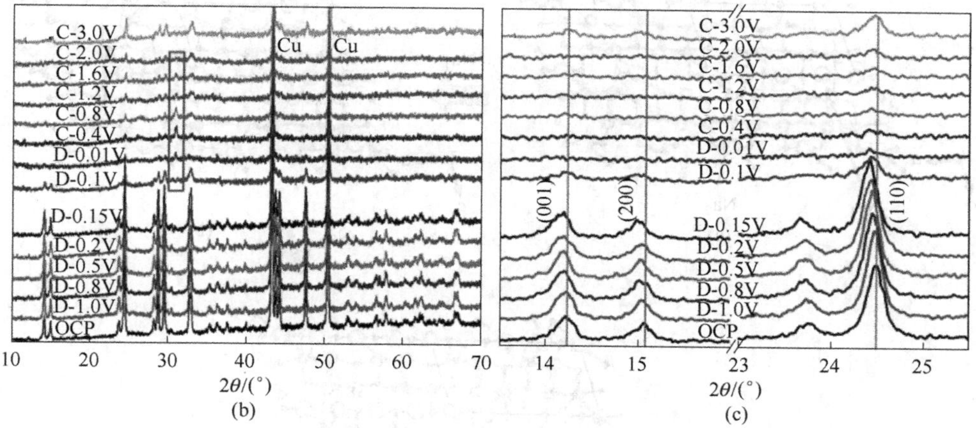
C-3.0V
C-2.0V
C-1.6V
C-1.2V
C-0.8V
C-0.4V
D-0.01V
D-0.1V
D-0.15V
D-0.2V
D-0.5V
D-0.8V
D-1.0V
OCP
Cu
Cu
10 20 30 40 50 60 70
2θ/(°)
(b)
(001)
(200)
(110)
14 15 23 24 25
2θ/(°)
(c)

图 4.95 $NaFeTi_3O_8$电极材料首圈充放电过程中不同电压下对应的电化学状态图（a）、非原位 XRD 衍射图（b）和（001）、（200）、（110）峰位变化图（c）

表 4.31 在初始放电过程中（110）、（002）和（111）晶面间距（*d/A*）的变化

晶面	OCP	D-1.0V	D-0.8V	D-0.5V	D-0.2V	D-0.15V	D-0.1V
(110)	3.6332	3.6344	3.6370	3.6406	3.6421	3.6383	3.6417
(002)	3.0993	3.1027	3.1012	3.1043	3.1055	3.1060	3.1083
(111)	3.0203	3.0204	3.0231	3.0239	3.0242	3.0247	3.0259

4.10.2.4 理论计算部分

用理论计算的方法先对$NaFeTi_3O_8$晶体进行稳态处理，分析其结构（图 4.96（a）、表 4.32），发现晶胞中有两个明显的嵌钠位点，分别标记为Na_1和Na_2。当一个Na^+嵌入晶胞时，计算发现，Na^+会优先嵌入Na_1位置，如图 4.96（b）所示，计算的嵌入电压为 1.02V，并会引起 3.85%的体积膨胀。第二个Na^+的嵌入电压为 0.61V，而实验中的嵌钠电压为 0.2V，这是由于在计算时，忽略了电解液、离子溶剂化等因素，所以实际的嵌钠电压要低于计算电压。当第二个Na^+嵌入Na_2位点后（图 4.96（c）），相对于原始晶胞，体积膨胀率达到 7.73%，相对于合金化合物和金属氧化物等嵌钠材料来说，这个结果很令人满意。在 XRD 中出现的新峰可能是由于在Na^+嵌入后出现使晶体出现新的衍射峰。

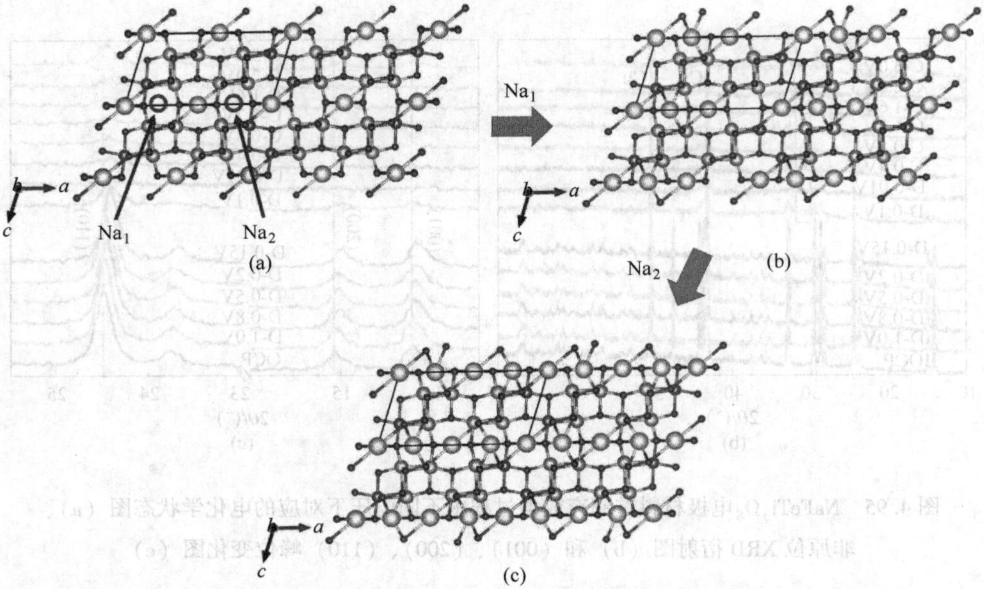
Na1
Na2
(a)
Na1
(b)
Na2
(c)
a
b
c

图 4.96 理论模拟 $NaFeTi_3O_8$ 的嵌钠过程

（a）原始结构，标记为 No. 0；（b）嵌入一个 Na^+ 后的结构，标记为 No. 1；（c）嵌入两个 Na^+ 后的结构，标记为 No. 2

表 4.32 理论计算结果

项　目	No. 0	No. 1	No. 2
体积/$Å^3$	286.80	297.85	310.83
体积膨胀/%	—	3.85	7.73
能量/V	−211.16	−212.18	−212.79
反应电压/V		1.02	0.61

同时，选取质量和厚度相同的电极极片，充电或放电到一定电压下截止，在手套箱中拆开电池，用扫描电镜观察电极断面厚度变化，结果如图 4.97 所示，发现 $NaFeTi_3O_8$ 电极在嵌钠和脱钠的过程中，材料没有出现没有明显的体积膨胀，这和计算结果相符，也进一步验证了理论计算的可靠性。

本节用溶液燃烧法合成出具有多孔网状结构的 $NaFeTi_3O_8$，助燃剂甘氨酸在制备过程中的造孔作用可增大比表面积，减小颗粒粒径，有利于电解液的浸润和缩短离子扩散半径。作为钠离子电池负极材料，网状多孔的 $NaFeTi_3O_8$ 表现出优异的循环性能和倍率性能，在 1.6A/g 的大电流下具有 84.4mA · h/g 的容量，并且在 500mA/g 的电流密度下经过 1000 圈长循环后仍具有 91mA · h/g 的容量。同

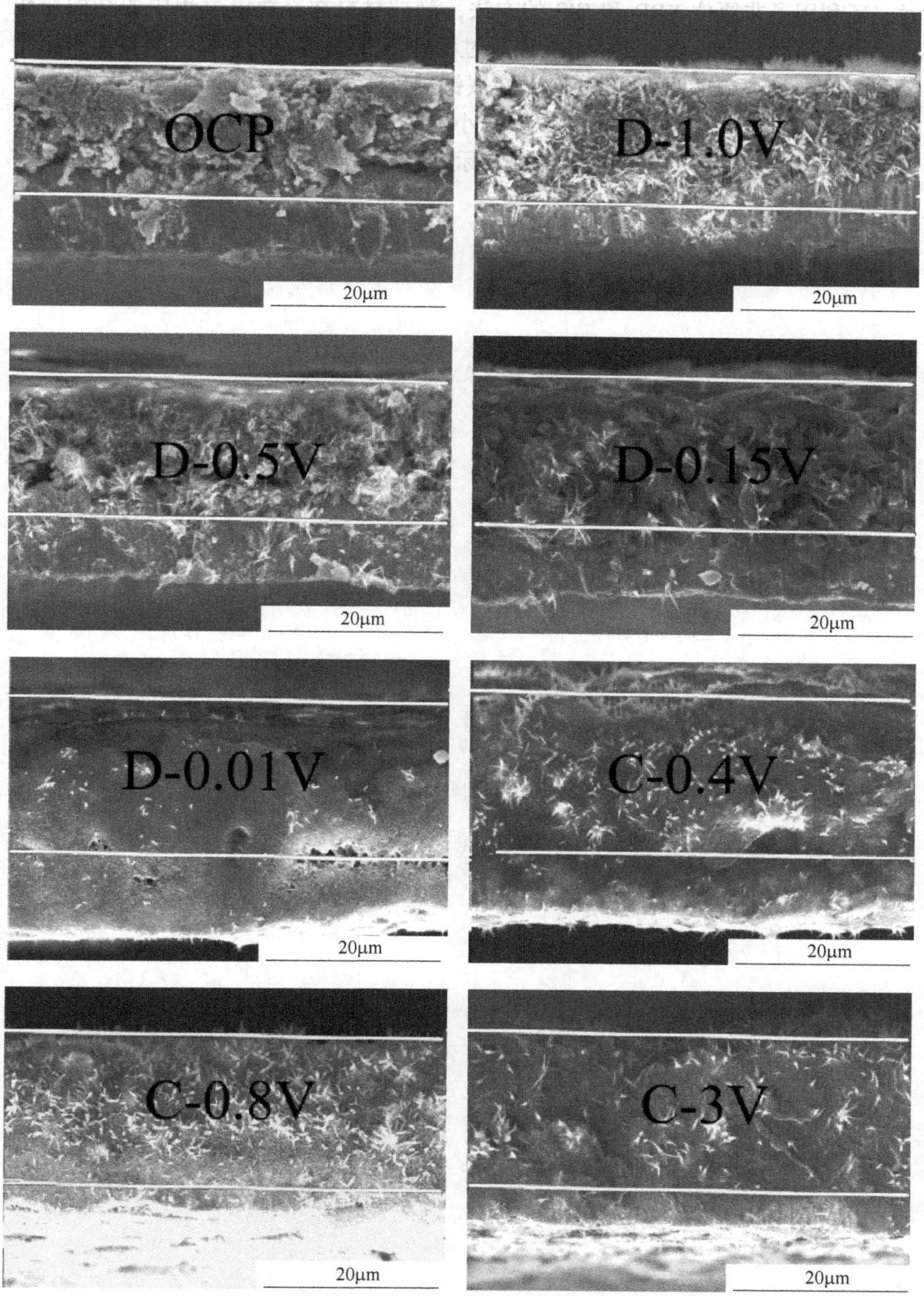
OCP
20μm
D-1.0V
20μm
D-0.5V
20μm
D-0.15V
20μm
D-0.01V
20μm
C-0.4V
20μm
C-0.8V
20μm
C-3V
20μm

图 4.97 首圈充放电过程中不同电化学状态下 $NaFeTi_3O_8$电极断面 SEM 图

时，还利用了非原位 XRD 和 EIS 的方法，测试材料在充放电过程中的结构变化和动力学信息，发现材料在 Na^+的嵌脱过程中具有结构稳定性和可逆性，理论计算和扫描电镜观测证明了 $NaFeTi_3O_8$在嵌钠过程体积膨胀较小。较高的放电容量、优异的循环稳定性和倍率性能，以及较小的体积膨胀，使得 $NaFeTi_3O_8$具有很高的在高倍率和长循环的钠离子电池中实际应用的潜质。

5 铜硫化合物材料的制备与电化学性能

5.1 商品化硫化亚铜材料的电化学性能及其反应机理

自然界中存在丰富的硫铜矿物，如辉铜矿（Cu_2S）、蓝辉铜矿（$Cu_{1.8}S$）、假蓝靛矿（$Cu_{1.75}S$）、靛铜矿（CuS）等。该类铜硫属化合物，化学式 Cu_xS，常以多种不同化学计量比存在。具有多样性的晶体结构和形貌以及多价态性的硫，使得这些化合物具有许多优异的物理化学性能，在光电转化、快速离子导体、半导体器件、热光电敏感器件等领域广泛应用。

硫化亚铜（Cu_2S）化合物具有优良的电导性能（10^2S/cm）、很高的理论比电容量（335mA · h/g），环境友好、来源广泛、体积能量密度大等诸多优点，是一种很有前景的锂离子电池负极材料。铜硫属化合物存在多种非计量比的化合物，各种晶体会同时共存，并且具有多种不同的价态。将硫化亚铜（Cu_2S）应用于锂离子电池电极材料中，会表现出多种充放电电压平台，甚至在充放电循环过程中电压曲线会发生变化。

本节利用商品化的 Cu_2S 作为电极材料，研究 Cu_2S 作为锂离子电池负极材料的电化学性能，探讨 Cu_2S 材料充放电过程的电化学反应机理。

5.1.1 商品化硫化亚铜（Cu_2S）材料性能分析

5.1.1.1 原材料分析

从图 5.1（a）的 SEM 图可以看到，标称 Cu/S 原子比 2/1 的硫化亚铜（Cu_2S）样品是一种不规则的粉末，颗粒尺度从几百个纳米到 5 个微米不等。对比图 5.1（b）晶体标准卡片可知，该样品的 XRD 衍射峰是由 Cu_2S（JCPDS 003-1071）、CuS（JCPDS 006-0464）以及少量的 Cu（JCPDS 085-1326）三种晶体特征衍射峰组成的，该样品是这三种材料的共存体。由 TEM 晶格分析（图 5.2）也可以看出，该材料中有 0.30nm、0.28nm 和 0.21nm 三种晶格条纹，分别对应 Cu_2S(200)、CuS(102) 和 Cu(111) 三种晶面间距，表明该样品是这几种晶体的共存体。

5.1.1.2 硫化亚铜的电化学性能测试

按照前述的实验方法，制备组装了使用铜箔集流体的 2016-型 Li/Cu_2S 扣式

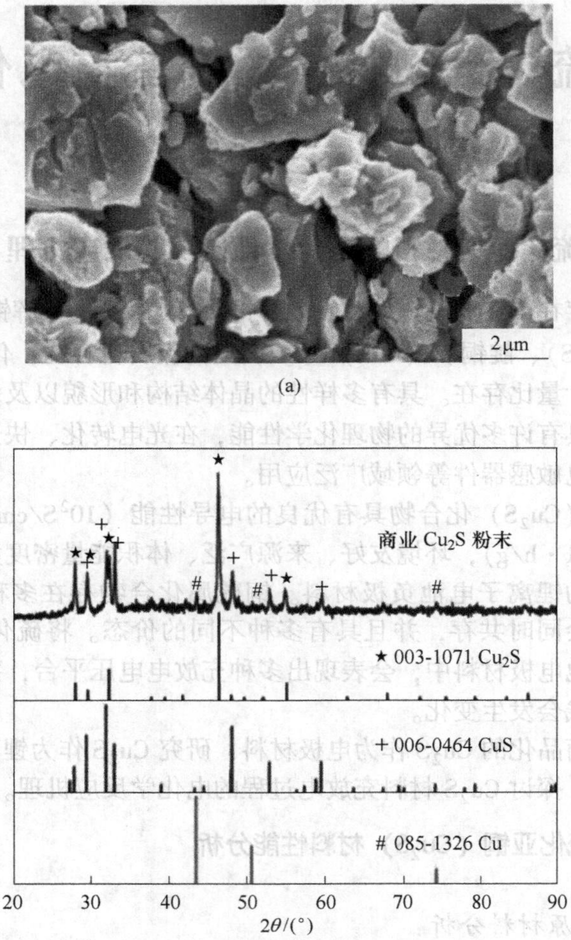
2μm
(a)
商业 Cu_2S 粉末
★ 003-1071 Cu_2S
+ 006-0464 CuS
# 085-1326 Cu
强度/a.u.
20 30 40 50 60 70 80 90
2θ/(°)
(b)

图 5.1　样品粉末的 SEM 图（a）及 XRD 图（b）

电池，测试了该样品（Cu_2S）的电化学性能。如图 5.3（a）和（b）所示。首圈放电曲线中存在 2.05V 和 1.65V 两个电压平台，首圈充电曲线中先是一个 1.85V 电压平台，然后倾斜上升到一个 2.3V 电压平台。首圈充电曲线稍显复杂，将做进一步讨论。在之后几圈的充放电循环过程中，电压特征曲线发生显著变化。放电曲线中 2.1V 电压平台逐渐变短，30 个周期后只剩下一个 1.7V 电压平台；对应的充电曲线发生了类似的变化，2.2V 电压平台逐渐变短，最后只剩下 1.85V 一个电压平台。将前 30 周期的充放电循环定义为“电化学活化过程”，经过此过程后，充放电曲线只剩下一对单一的充放电电压平台（1.7V 和 1.85V），表明充放电过程仅为单一的电化学反应。

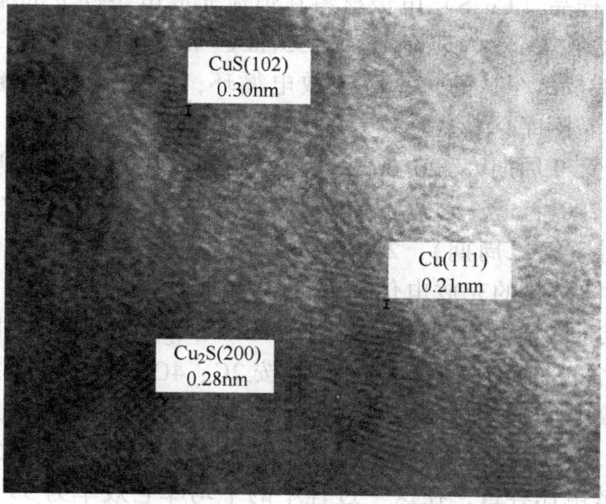
CuS(102)
0.30nm
Cu(111)
0.21nm
Cu2S(200)
0.28nm

图 5.2　样品的 TEM 图

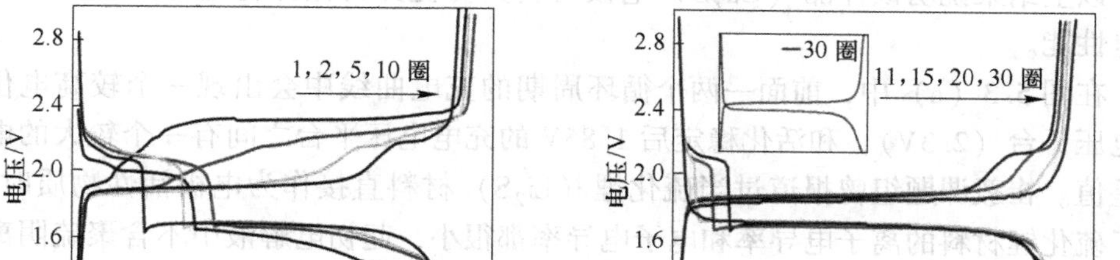
1，2，5，10 圈
电压/V
容量/mA·h·g⁻¹
(a)
—30 圈
11，15，20，30 圈
(b)
容量/mA·h·g⁻¹
库仑效率/%
充电
放电
循环圈数
(c)
1C
2C
4C
6C
8C
10C
15C
20C
30C
50C
(d)

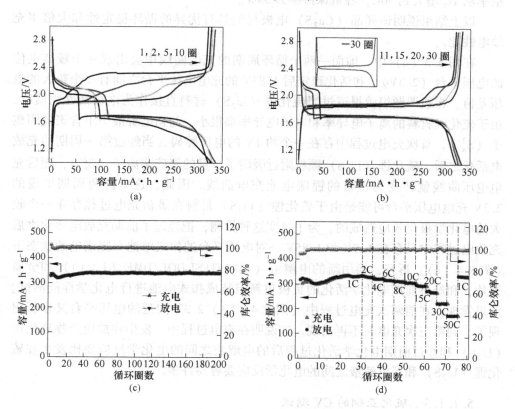

图 5.3　样品的 Li/Cu_2S 电池的前 10 个周期的充放电电压曲线（a）、
从第 11 到 30 周期的充放电电压曲线（b）、充放电循环性能（c）和充放电倍率性能（d）

本节测试了样品（Cu_2S）电极材料在恒流充放电条件下的循环性能和倍率性能。倍率值1C按Cu_2S的理论比容量337mA · h/g计算。如图5.3（c）所示，在0.5C（1C＝335mA/g）的倍率下充放电循环，Cu_2S电极首圈放电比容量为328.6mA · h/g，首圈库仑效率为100.4%。第2周期比容量增加为336.8mA · h/g，然后逐渐较少，第9周期为320.6mA · h/g，再然后比容量增加到335mA · h/g附近并保持稳定。200个充放电循环之后，比容量为335.2mA · h/g，容量保持率为99.5%（相对于第二周期），200个周期的平均库仑效率为100.1%。图5.3（d）是Cu_2S电极材料的充放电倍率性能。前期按1C倍率充放电循环30个周期，比容量先减小后增大，最后稳定在336mA · h/g附近，使得电极材料转化为具有单一的电化学反应的晶体结构；然后按2C、4C、6C、8C、10C、15C、20C和50C倍率充放电循环，分别具有330mA · h/g、322mA · h/g、316mA · h/g、312mA · h/g、307mA · h/g、296mA · h/g、272mA · h/g、224mA · h/g和175mA · h/g的放电比容量，在这一过程中的平均库仑效率为99.5%。当充放电倍率从1C增大到50C，容量保持率为53%。

以上结果说明该样品（Cu_2S）电极材料具有优异的循环稳定性和大倍率充放电性能。

在图5.3（a）中，前面一两个循环周期的充电曲线中会出现一个较高电位的电压平台（2.3V），和活化稳定后1.85V的充电电压平台之间有一个较大的电压差值。崔毅课题组曾报道过当硫化锂（Li_2S）材料直接作为电极活性物质时，由于硫化锂材料的离子电导率和电子电导率都很小，起初电解液中不含聚硫阴离子（S_n^{2-}），首次充电过程中存在一个约1V的电压障碍，当经过第一周期的充放电活化之后，硫化锂（Li_2S）颗粒附近吸附了少量的聚硫阴离子（S_n^{2-}），随后充电电压曲线就转变为正常的锂硫电池充电曲线。因此，这个前两周期出现的2.3V充电电压平台可能是由于硫化锂（Li_2S）材料在最初充电过程存在一个较大的电化学极化效应造成的。为了证实这种推测，把经过了前期充放电活化之后充放电过程中只存在1.7V和1.85V一对电压平台的扣式电池在充满电的状态下（图5.4（a））拆开，换用新的电解液（1M LiTFSI-DOL/DME（1∶1））和金属锂片，和经过前期电化学活化的负极重新组装成扣式电池进行电化学性能测试。结果发现，在前两次充电过程中（图5.4（b））2.3V附近的电压平台又重新出现了，到第三次充电时不再出现。这说明在充电过程中，发生在放电产物硫化锂（Li_2S）和经过前期电化学活化过程后的电解液之间的电化学反应要比发生在硫化锂（Li_2S）和新电解液之间的电化学反应要容易许多。

5.1.1.3　硫化亚铜的CV测试

在1.4~2.5V（vs. Li^+/Li）之间，采用0.1mV/s的扫速，对该样品的Li/

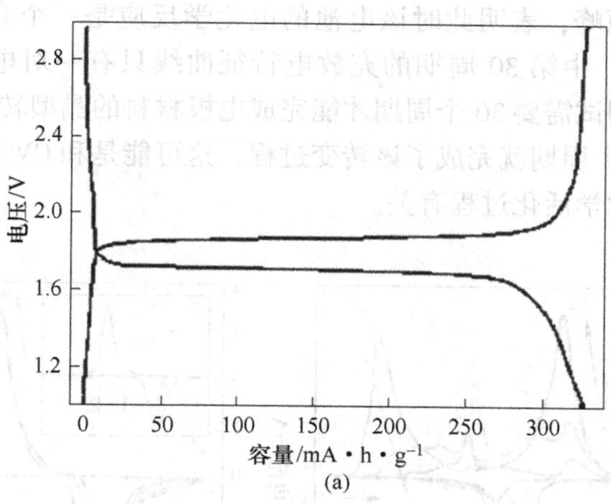
电压/V
2.8
2.4
2.0
1.6
1.2
0
50
100
150
200
250
300
容量/mA · h · g⁻¹
(a)

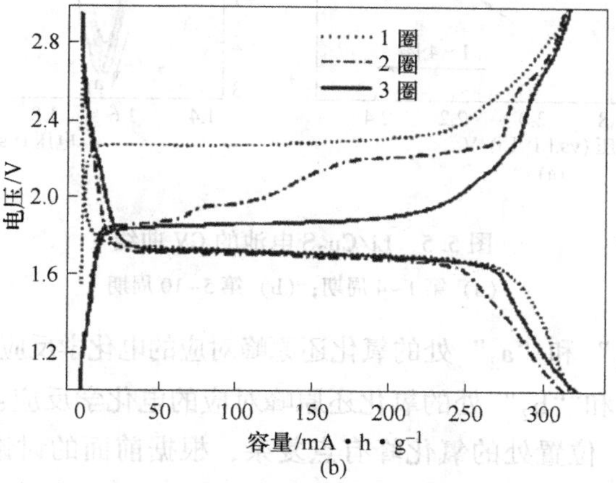
1 圈
2 圈
3 圈
电压/V
2.8
2.4
2.0
1.6
1.2
0
50
100
150
200
250
300
容量/mA · h · g⁻¹
(b)

图 5.4 Cu-S 体系电池充放电曲线

（a）经过电化学活化；（b）重新组装

Cu_2S 扣式电池进行了循环伏安（CV）测试。如图 5.5（a）所示，从开路电压 2.5V 开始，先负向还原扫描，然后正向氧化扫描，首圈的 CV 曲线和之后的曲线有所不同。首圈 CV 曲线在 2.0V 和 1.6V 位置处有两个还原峰，在 1.9V、2.16V 和 2.4V 处有三个氧化峰。该结果和图 5.3（a）中充放电特征曲线特点对应一致。随后的循环过程中，CV 曲线发生了较大的变化。到第四个循环的时候，图中出现了两对氧化还原峰，分别是 1.65V 和 2.1V 处的两个还原峰，即"a_1"和"a_2"；以及 1.92V 和 2.16V 处的两个氧化峰，即"b_1"和"b_2"。图 5.5（b）是第 5~10 次的 CV 循环曲线，在 2.16V 和 2.1V 位置处的"b_1"和"b_2"氧化还原峰的强度逐渐减弱直到消失，在 1.92V 和 1.65V 位置处的"a_1"和"a_2"氧化还原峰的强度逐渐加强。到第 10 周期的时候，只剩下对称性很好的"a_1"

和“a_2”氧化还原峰，表明此时该电池的电化学反应是一个高度可逆的单一反应，和图 5.3（b）中第 30 周期的充放电特征曲线只有一对电压平台的结果一致。充放电循环测试需要 30 个周期才能完成电极材料的晶型转变过程，而 CV 循环测试只用了 10 个周期就完成了该转变过程，这可能是和 CV 扫描过程中具有充足的时间发生电化学活化过程有关。

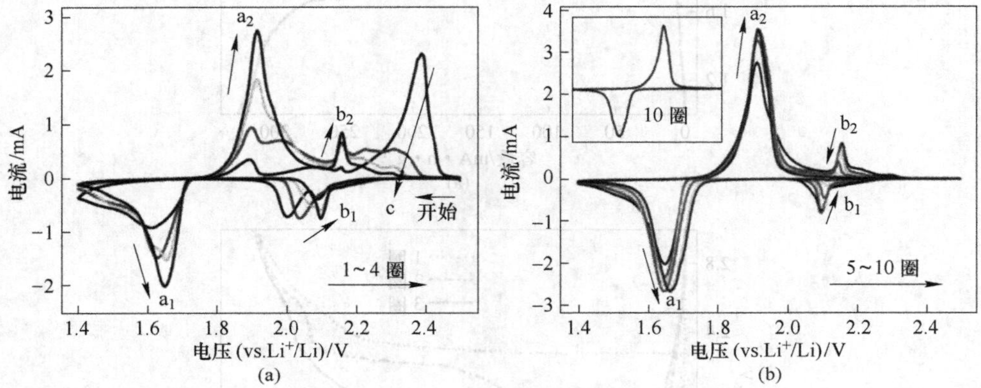
电流/mA
电压 (vs.Li+/Li)/V
a2
a1
b2
b1
c
开始
1~4 圈
(a)
10 圈
5~10 圈
(b)

图 5.5　Li/Cu_2S 电池的 CV 曲线

（a）第 1~4 周期；（b）第 5~10 周期

图 5.5 中“a_1”和“a_2”处的氧化还原峰对应的电化学反应：$Cu_2S+2Li^++2e \rightleftharpoons Li_2S+2Cu$；“$b_1$”和“$b_2$”处的氧化还原峰对应的电化学反应：$2CuS+2Li^++2e \rightleftharpoons Li_2S+2Cu_2S$；“c”位置处的氧化峰有点复杂，根据前面的讨论，“c”氧化峰应该是 Li_2S 和不含多硫化物阴离子的新鲜电解液之间进行电化学反应时候的动力学阻抗造成的。

5.1.2　反应过程的 XPS 测试分析

XPS 测试可以研究在充放电化学反应过程中各元素的价态变化情况。把 3 个 Li/Cu_2S 扣式电池先经过 2 个周期的充放电循环，在充满电的状态下拆开第一个电池，再放电到 50%时拆开第二个电池，再放电到 100%时拆开第三个电池，分别从铜箔集流体上剥离下来负极活性物质并进行 X 射线光电子能谱分析（XPS）测试分析。为了避免样品暴露在空气中发生变质，在实验操作过程中要保持材料样品始终处于密封的环境。在测试之前先把样品表面用激光刻蚀掉 300nm，研究样品体相的变化情况。

图 5.6 所示为 Li/Cu_2S 电池负极材料中 Cu 的 $2p_{1/2}$ 和 $2p_{3/2}$ 电子、S 的 2p 电子、Li 的 1s 电子在放电过程中轨道能级变化情况。从图中可以看出：

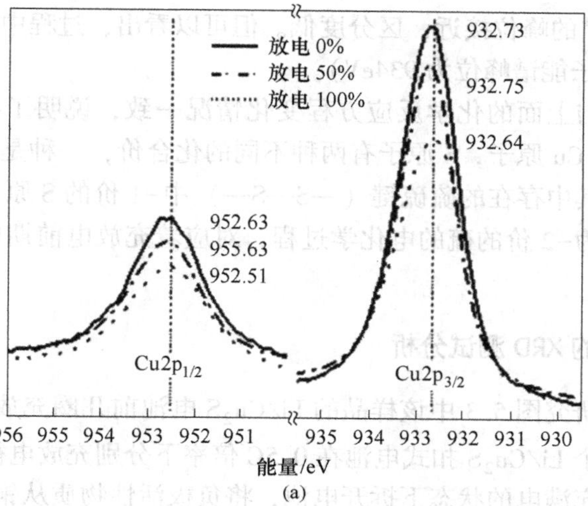
放电 0%
放电 50%
放电 100%
932.73
932.75
932.64
952.63
955.63
952.51
Cu2p1/2
Cu2p3/2
956 955 954 953 952 951 935 934 933 932 931 930
能量/eV
(a)

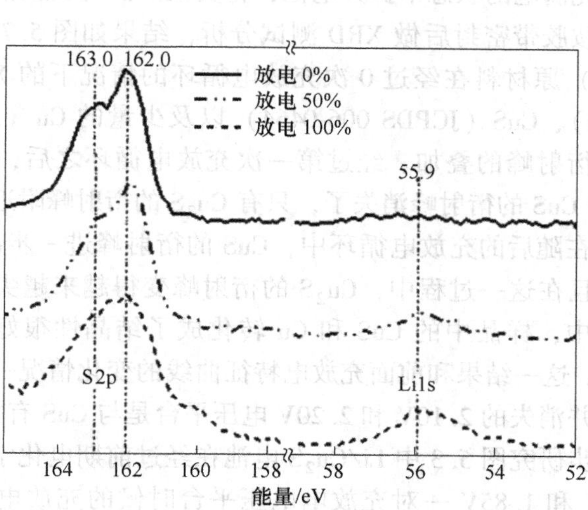
163.0 162.0
放电 0%
放电 50%
放电 100%
55.9
S2p
Li1s
164 162 160 158 58 56 54 52
能量/eV
(b)

图 5.6 放电 0%、50%和 100%状态时电极活性物质的 XPS

(1) 从上到下，随着放电程度增加，在 55.6eV 位置处的峰强度逐渐增加（Li 的 1s 电子峰），表明电极材料锂化程度增加。

(2) 放电初始状态，在 163.0eV 和 162.0eV 位置处分别有一个峰（S 的 2p 电子峰），说明 Cu_2S 中两种化学价态的 S 原子；从上到下，随着放电程度增加，163.0eV 的峰强度逐渐减小最后峰消失，只剩下 162.0eV 的峰，表明 Cu_2S 中两种不同化学价态的 S 原子转化成一种化学价态的 S 原子，这里的 162.0eV 峰对应的是 Li_2S 中的 S^{2-} 的 2p 电子轨道峰。

(3) 与此同时，放电过程中，Cu_2S 中 Cu^+ 的 $2p_{1/2}$ 和 $2p_{3/2}$ 电子能谱峰从

952.63eV 和 932.73eV 变为 952.51eV 和 932.64eV，单质铜 Cu^0 的 $2p_{1/2}$ 和 $2p_{3/2}$ 电子能谱峰位和 Cu^+ 的峰位接近，区分度低。但可以看出，过程中没有出现 Cu^{2+} 离子的峰（$2p_{3/2}$ 电子能谱峰位为 934eV）。

XPS 的结果与上面的化学反应方程变化情况一致，说明了样品（Cu_2S）中只有一种+1 价的 Cu 原子，S 原子有两种不同的化合价，一种是价态为-2 价的 S 原子，另一种是其中存在的硫硫键（—S—S—）中-1 价的 S 原子，-1 价的 S 原子被金属锂还原为-2 价的硫的电化学过程，对应着充放电前期电压曲线中 2.1V 的电压平台。

5.1.3　反应过程的 XRD 测试分析

为了进一步研究图 5.3 中该样品的 Li/Cu_2S 电池前几圈充放电曲线发生变化这一现象，把 5 个 Li/Cu_2S 扣式电池在 0.5C 倍率下分别充放电循环 0、1、3、10 和 100 周期，在充满电的状态下拆开电池，将负极活性物质从铜箔集流体上剥离下来，用聚酰亚胺胶带密封后做 XRD 测试分析，结果如图 5.7 所示。前面分析过，样品（Cu_2S）原材料在经过 0 次充放电循环的情况下的 XRD 曲线是 Cu_2S（JCPDS 003-1071）、CuS（JCPDS 006-0464）以及少量的 Cu（JCPDS 085-1326）的三种晶体特征衍射峰的叠加。经过第一次充放电循环之后，电极活性物质中 Cu 和绝大部分的 CuS 的衍射峰消失了，只有 Cu_2S 的衍射峰附近还残留少量较小的 CuS 衍射峰。在随后的充放电循环中，CuS 的衍射峰进一步减弱，第 10 周期后基本消失。并且在这一过程中，Cu_2S 的衍射峰变得越来越尖锐，说明在充放电前循环期过程中，样品中的 CuS 和 Cu 转化成了结晶性很好的 Cu_2S（JCPDS 003-1071）晶体。这一结果和前面充放电特征曲线的变化情况一致，表明充放电过程中逐渐减弱并消失的 2.10V 和 2.20V 电压平台是与 CuS 有关的。

为了更进一步研究图 5.3 中 Li/Cu_2S 电池在经过前期电化学活化后，充放电过程中只有 1.7V 和 1.85V 一对充放电电压平台时候的充放电机理，把 5 个在 0.5C 倍率下经过了 30 个循环周期活化后的 Li/Cu_2S 扣式电池（只剩下 1.7V 和 1.85V 一对电压平台），分别在充电 100%、放电 50%、放电 100%、充电 50%以及充电 100%五种状态下拆开，将负极活性物质从集流体上剥离下来，用聚酰亚胺（Capton）胶带密封后做 XRD 测试分析。

从图 5.8 中可以看出，曲线（a）~（c）是电极活性物质逐渐被还原放电的过程，相应地，曲线（c）~（e）是电极活性物质逐渐被氧化充电的变化过程。经过和标准卡片的比对，充满电的状态下（曲线（a））电极活性物质的 XRD 衍射峰与 Cu_2S 晶体（JCPDS 003-1071）的特征衍射峰一致，完全放电状态下（曲线（c））的电极活性物质的 XRD 衍射峰与 Li_2S 晶体（JCPDS 089-2838）和金属 Cu（JCPDS 085-1326）特征衍射峰的叠加结果一致。在金属硫化物中，Li^+ 离子

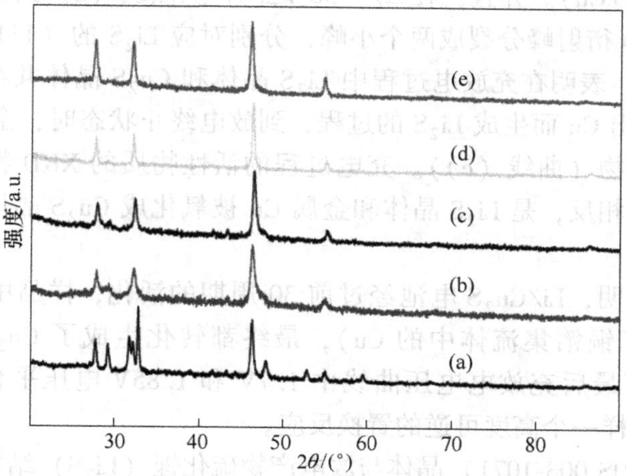
(e)
(d)
(c)
(b)
(a)
强度/a.u.
30
40
50
60
70
80
2θ/(°)

图 5.7 在不同循环周期时充满电状态下的电极活性物质的 XRD 变化

（a）0 次循环后；（b）1 次循环后；（c）3 次循环后；（d）10 次循环后；（e）100 次循环后

半径稍大于 Cu^+ 离子半径，对应的层间距更大，所以 Li_2S 的主要衍射峰均比 Cu_2S 对应的主要衍射峰偏左一些。

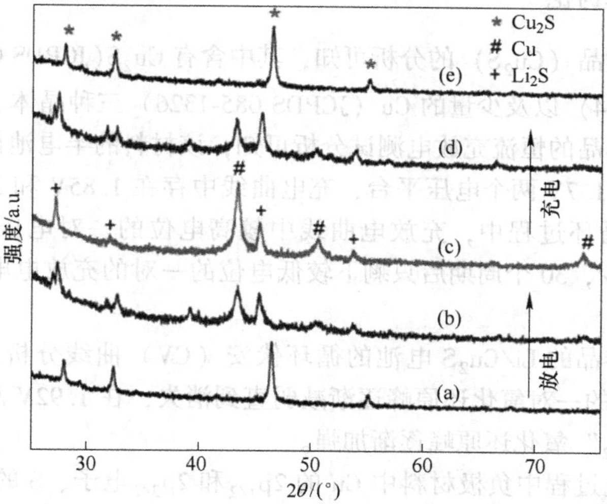
* Cu2S
# Cu
+ Li2S
(e)
(d)
(c)
(b)
(a)
充电
放电
强度/a.u.
30
40
50
60
70
2θ/(°)

图 5.8 不同充放电状态下电极活性物质的 XRD

（a），（e）充电 100%；（b）放电 50%；（c）放电 100%；（d）充电 50%

在放电过程中，Cu_2S 晶体的特征衍射峰强度逐渐减弱，到放电 100%状态时完全消失；与此同时，Cu_2S 晶体和金属 Cu 的特征衍射峰出现并不断加强。说明放电过程是 Cu_2S 晶体被金属 Li 还原为 Li_2S 晶体和金属 Cu 的电化学反应过程

($Cu_2S+Li \rightleftharpoons Li_2S+Cu$)。并且，在25°~30°之间，从曲线（a）到曲线（b），电极活性物质的 XRD 衍射峰分裂成两个小峰，分别对应 Li_2S 的（111）晶面和 Cu_2S 的（111）晶面，表明在充放电过程中 Li_2S 晶体和 Cu_2S 晶体共存，放电是金属 Li 从 Cu_2S 置换出 Cu 而生成 Li_2S 的过程，到放电终止状态时，全部生成 Li_2S 晶体一种金属硫化物（曲线（c））。充电过程的活性物质的 XRD 特征衍射峰变化情况与放电过程相反，是 Li_2S 晶体和金属 Cu 被氧化成 Cu_2S 晶体的电化学反应过程。

以上结果表明，Li/Cu_2S 电池经过前 30 周期的活化，样品中存在的 CuS 和 Cu（甚至包括了铜箔集流体中的 Cu），最终都转化生成了 Cu_2S（JCPDS 003-1071）晶体。而最后充放电电压曲线中 1.7V 和 1.85V 电压平台，对应 $Cu_2S+Li \rightleftharpoons Li_2S+Cu$ 这样一个高度可逆的置换反应。

Cu_2S（JCPDS 003-1071）晶体与放电产物硫化锂（Li_2S）结构相似，都属于立方晶系，硫原子作密堆积，铜原子和锂原子填充在其中的八面体空隙中。Cu^+ 和 Li^+ 离子半径大小基本相等，在充放电过程中，两种晶体之间可以容易地发生离子交换反应。这种相似的结构使得该交换反应的可逆性特别好，基于该交换反应的二次电池具有优异的循环稳定性。

5.1.4　反应机理讨论

通过对该样品（Cu_2S）的分析可知，其中含有 Cu_2S(JCPDS 003-1071)、CuS（JCPDS 006-0464）以及少量的 Cu（JCPDS 085-1326）三种晶体。

通过对该样品的恒流充放电测试分析可知，该材料的半电池前期充放电曲线中存在 2.1V 和 1.7V 两个电压平台，充电曲线中存在 1.85V 和 2.2V 电压平台，不断的充放电循环过程中，充放电曲线中较高电位的一对电压平台（2.1V 和 2.2V）逐渐减少，30 个周期后只剩下较低电位的一对的充放电电压平台（1.7V 和 1.85V）。

通过对该样品的 Li/Cu_2S 电池的循环伏安（CV）曲线分析可知，在 2.16V 和 2.1V 位置处的一对氧化还原峰逐渐减弱直到消失，在 1.92V 和 1.65V 位置处的“a_1”和“a_2”氧化还原峰逐渐加强。

通过对放电过程中负极材料中 Cu 的 $2p_{1/2}$ 和 $2p_{3/2}$ 电子、S 的 2p 电子、Li 的 1s 电子在放电过程中轨道能级变化情况分析可知，该样品（Cu_2S）中只有一种 +1价的 Cu 原子，有两种不同化学价态的 S 原子，一种是价态为-2 价的 S 原子，另一种是其中存在的硫硫键（—S—S—）中-1 价的 S 原子。从前述的文献综述也可以得知，所有的硫铜矿物质中，Cu 原子均为+1 的化合价，而 S 存在着不同化合价（-1/2、-1 和-2）。结合充放电电压曲线的变化，以及 CV 测试中氧化还原峰的变化情况，可以推测电池充放电过程中逐渐减少并消失的较高电位的一对电压平台（2. 1V 和 2. 2V）以及（CV）曲线中 2. 16V 和 2. 1V 位置处逐渐减弱并消失的一对氧化还原峰是和样品材料中硫的化合价变化的电化学过程有关的。

通过对不同循环周期时充满电状态下的电极活性物质的 XRD 衍射峰变化的分析可知，在充放电前期循环过程中，电极活性物质中 Cu 和 CuS 的衍射峰消失了，Cu_2S 的衍射峰变得越来越尖锐，该样品中的 CuS 和 Cu 转化成了结晶性很好的 Cu_2S（JCPDS 003-1071）晶体，这和前面充放电特征曲线的变化情况一致，表明充放电过程中逐渐减弱并消失的 2. 10V 和 2. 20V 电压平台与 CuS 有关。

通过对不同充放电状态下电极活性物质的 XRD 衍射峰的变化分析可知，该样品的 Li/Cu_2S 电池经过前 30 周期的活化，转化生成 Cu_2S（JCPDS 003-1071）晶体充放电电压曲线中的 1. 7V 和 1. 85V 电压平台，对应着 $Cu_2S+Li \rightleftharpoons Li_2S+Cu$ 这样一个高度可逆的置换反应。

以上的实验结果表明，该样品中除了 Cu_2S 以外，还含有 CuS，在该样品的 Li/Cu_2S 电池前期的充放电循环过程中，在放电时，首先 CuS 中-1 价的 S 被金属 Li 还原，得到 Cu_2S 和 Li_2S，即 $2CuS+2Li \rightarrow Li_2S+Cu_2S$，对应 2. 1V 的放电电压平台，然后 Cu_2S 进一步被金属 Li 还原为 Cu 和 Li_2S，即 $Cu_2S+Li \rightarrow Li_2S+Cu$，对应 1. 7V 的放电电压平台。而在充电过程中，首先 Cu 先被氧化成 Cu^+，置换出 Li_2S 中的 Li，生成 Li_2S，即 $Li_2S+Cu \rightarrow Cu_2S+Li$，对应一个 1. 85V 的充电电压平台；然后电位升高，在局部位置，剩下的少量 Li_2S 中的（S^{2-}）被氧化成（S^{1-}），然后与较远处的 Cu^+ 结合生成 CuS，对应一个 2. 2V 的充电电压平台。显然充电过程中，Cu 被氧化（$Cu \rightarrow Cu^+ + e$）要比 Li_2S 被氧化（$S^{2-} \rightarrow S^- + e$）容易许多，并且在充放电循环过程中，Cu 会迁移然后均匀分布，所以 Li_2S 中的（S^{2-}）被氧化成（S^-），然后结合 Cu^+ 生成 CuS 的反应会越来越少，表现为 2. 1V 和 2. 2V 充放电电压平台逐渐减少、消失。在充足的 Cu 存在的情况下，S 元素最终必然会全部转化 Cu_2S 一种晶体，对应一个单一的电化学反应，即 $Cu_2S + Li \rightleftharpoons Li_2S+Cu$，表现为 1. 7V 和 1. 85V 一对充放电电压曲线。

在 CV 测试实验中发现，CV 扫描过程中具有充足的时间发生电化学转化，充放电循环测试需要 30 个周期才能完成电极材料的晶型转变过程，CV 循环测试只用了 10 个周期就完成了，这表明晶体转化过程中存在 Cu 的迁移，反应时间充足有利于其迁移过程。

当把该样品 Cu_2S 涂覆在铝（Al）箔集流体上后，没有铜箔集流体提供丰富的 Cu 原子，S 元素最终转化成 Cu_2S（JCPDS 003-1071）晶体的过程将需要更多的循环周期数，甚至无法全部完成这一转化过程。如图 5. 9 所示，使用铝箔集流体的该样品的 Li/Cu_2S 电池循环到第 30 周期时，充放电曲线中仍然有部分 2. 1V 电压平台，电极材料并没有完全转化成 Cu_2S（JCPDS 003-1071）。

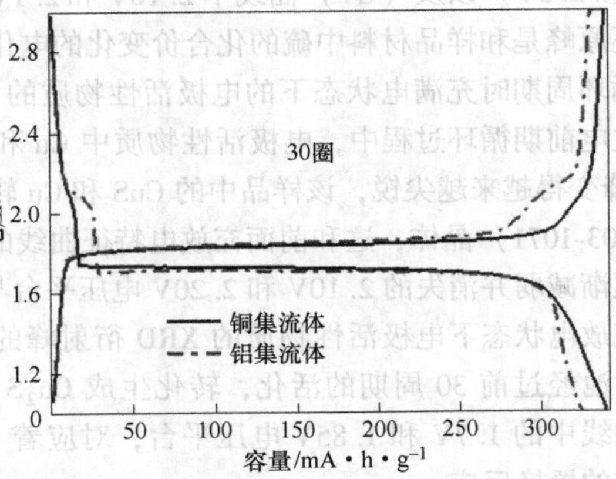
30圈
铜集流体
铝集流体
电压/V
容量/mA · h · g⁻¹

图 5.9 Li/Cu_2S 电池的电压曲线（第 30 周期）

通过对原料（Cu_2S）的 XRD 和 TEM 分析可知，该矿物中含有 Cu_2S（JCPDS 003-1071）、CuS（JCPDS 006-0464）以及少量的 Cu（JCPDS 085-1326）三种晶体。

本节测试了该样品的 Li/Cu_2S 电池的电化学性能。循环性能测试中，在 0.5C（1C=337mA/g）的倍率下首圈放电比容量为 328.6mA · h/g，200 个充放电循环之后，比容量为 335.2mA · h/g，容量保持率为 99.5%，库仑效率为 100.1%；倍率性能测试中，在 50C 倍率下充放电的比容量为 175mA · h/g，充放电倍率从 1C 增大到 50C，容量保持率为 53%。该样品（Cu_2S）电极材料具有优异的循环稳定性和大倍率充放电性能。

通过分析充放电过程中该样品的 Li/Cu_2S 电池负极活性物质的 XPS 和 XRD，并结合电池的 CV 测试，研究了该类材料的充放电机理。研究发现，该样品中含有 CuS，在前期充放电曲线中存在的较高电位的 2.1V 和 2.2V 这对电压平台与 CuS 的氧化还原有关，对应如下反应：

$$2CuS + 2Li \rightleftharpoons Cu_2S + Li_2S$$

不断的充放电循环过程中，CuS 和 Cu 逐渐转化成 Cu_2S，较高电位的一对电压平台（2.1V 和 2.2V）逐渐减少，30 个周期后只剩下基于 Cu_2S 氧化还原的一对较低电位的充放电电压平台（1.7V 和 1.85V），对应如下的单一的电化学反应：

$$Cu_2S + 2Li \rightleftharpoons Li_2S + 2Cu$$

这是一个高度可逆的置换反应，使得基于该反应的 Cu_2S 电极材料具有优异的循环性能。

5.2 过量硫及铜对硫化亚铜储锂行为的影响

实验分析结果可知，经过前几周期充放电过程中的转化反应之后，样品材料转化成另一种晶型的硫化亚铜（Cu_2S JCPDS 003-1071），该材料具有优异的循环稳定性和固硫效果。而标称 Cu/S 原子比 2/1 的硫化亚铜（Cu_2S）样品中除了 Cu_2S（JCPDS 003-1071）晶体之外，还含有部分 CuS 晶体以及少量的金属 Cu。该样品价格昂贵，不适于大规模生产使用。通过价格低廉的原材料（铜粉和硫粉）和简单可行的合成方法制备硫化亚铜材料以扩大其生产实用性特别重要。下面研究利用 Cu 粉和 S 粉发生化学反应得到该材料的可能性。

5.2.1 实验

把 20~30nm 的 Cu 粉和普通 S 粉按摩尔比 1/2、2/1、3/1 三种不同比例在干燥的室温条件下混合并研磨均匀，然后依次将混合物分散到 NMP 溶剂中，隔绝氧气，加热到 100℃反应 0.5h，生成三种铜硫化合物（Cu-S）。

把 10~50μm 电解铜粉、0.2~0.5μm 铜粉和 20~30nm 铜粉三种铜粉分别与 S 粉按摩尔比 3∶1 的比例在干燥的室温条件下研磨混合均匀后，均匀分散到 NMP 溶剂中，在 100℃高温下反应 0.5h 得到三种铜硫化合物（Cu-S）。

把 0.7g 活性物质粉末和 0.2g 导电剂（乙炔黑）用研钵研磨并混合均匀，然后加入到固含量 0.1g 的黏合剂 PVDF 溶液中，用溶剂 N-甲基-2-吡咯烷酮（NMP）分散、混合搅拌 1h 或更长时间，制备成一定黏度的粉体浆料；将上述粉体浆料涂布在厚度 10μm 的铝箔集流体上，涂布后的电极极片在 60℃的真空烘箱中干燥 12h 除去溶剂，然后将极片冲压成直径 12mm 圆片，称重。

把该电极片作为正极，和金属锂负极、电解液 1M-LiTFSI-DOL/DME 以及多孔隔膜在充满氩气的手套箱中组装成 2016-型扣式电池，并在蓝电电池测试系统中测试电池的充放电性能。充放电电压范围为 1.0~3.0V，倍率特性按硫的质量计算，即 1C＝1675mA/g。

5.2.2 硫化亚铜的简单制备

分析图 5.10（a）可知，按 Cu/S 摩尔比为 3/1 的比例研磨混合均匀的混合物的 XRD 是铜粉和硫粉两种物质 XRD 特征衍射峰的简单叠加，说明把 Cu 和 S 进行简单研磨并没有发生化学反应，其他两种比例的情况与此相同；在 NMP 溶剂中加热反应 0.5h 之后，从图 5.10（b）可知，该样品的 XRD 是 Cu_2S 晶体（JCPDS 003-1071）和部分金属 Cu（JCPDS 085-1326）的特征衍射峰的组合，得到了图 5.11 中经过前期活化最终形成的充放电活性物质。

不同比例的铜粉和硫粉混合物反应得到不同产物。如图 5.11 所示，（1）Cu 和 S 按照摩尔比 1∶1 比例反应的生成物为 CuS 晶体（JCPDS 006-0464）；（2）Cu 和 S 按照摩尔比 2∶1 比例反应的生成物为 Cu_2S 晶体（JCPDS 003-1071）、CuS 晶体（JCPDS 006-0464）和部分 Cu（JCPDS 085-1326）；（3）Cu 和 S 按照摩尔比 3∶1 比例反应的生成物为 Cu_2S 晶体（JCPDS 003-1071）和部分 Cu（JCPDS

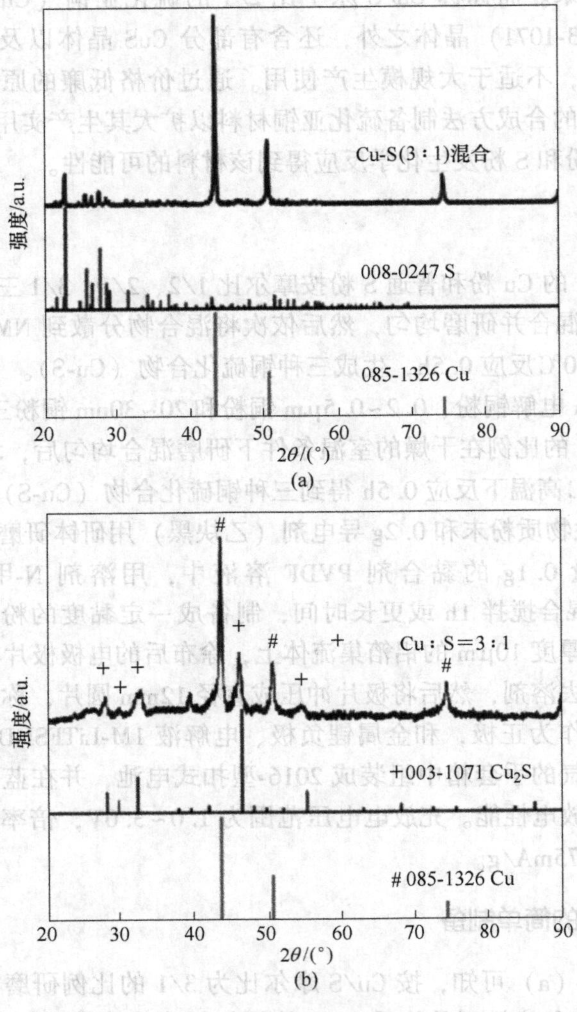

Cu-S(3 : 1)混合
强度/a.u.
008-0247 S
085-1326 Cu
20 30 40 50 60 70 80 90
2θ/(°)
(a)
Cu : S＝3 : 1
#
+
强度/a.u.
+003-1071 Cu2S
085-1326 Cu
20 30 40 50 60 70 80 90
2θ/(°)
(b)

图 5.10　Cu 粉和 S 粉混合的 XRD

(a) 简单研磨；(b) 在 NMP 溶剂中加热反应

085-1326)。说明铜粉和硫粉反应容易生成 CuS 晶体，在铜粉过量的情况下，可以生成不含 CuS 的纯的 Cu_2S 晶体。

不同粒径的铜粉和硫粉混合反应得到不同产物。图 5.12 所示为 10～100μm 电解铜粉、0.2～0.5μm 铜粉和 20～30nm 铜粉的三种铜粉分别与 S 粉按摩尔比 3∶1的比例简单研磨混合后在 100℃ 的 NMP 中反应 0.5h 得到的生成物的 XRD 图。从图中可以看出，铜粉的粒径较大时，产物中铜的 XRD 特征衍射峰的强度也较大，说明粒径较大的铜粉与硫粉的反应性降低，合成的 Cu_2S 含量少，残留

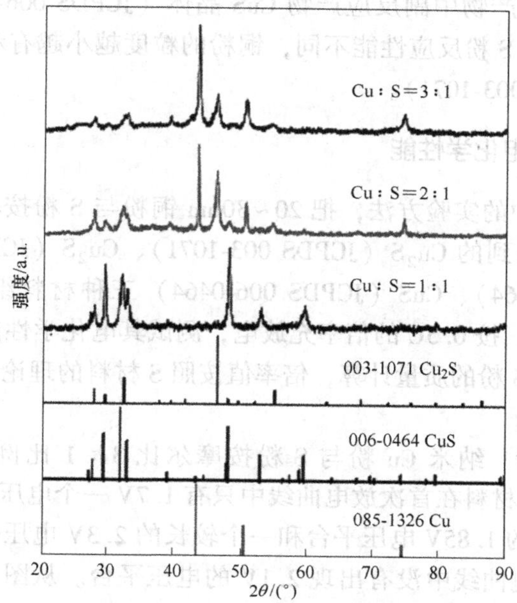
Cu : S=3 : 1
Cu : S=2 : 1
Cu : S=1 : 1
003-1071 Cu_2S
006-0464 CuS
085-1326 Cu
强度/a.u.
20
30
40
50
60
70
80
90
$2\theta/(°)$

图 5.11 Cu 粉和 S 粉按不同摩尔比混合后反应产物的 XRD

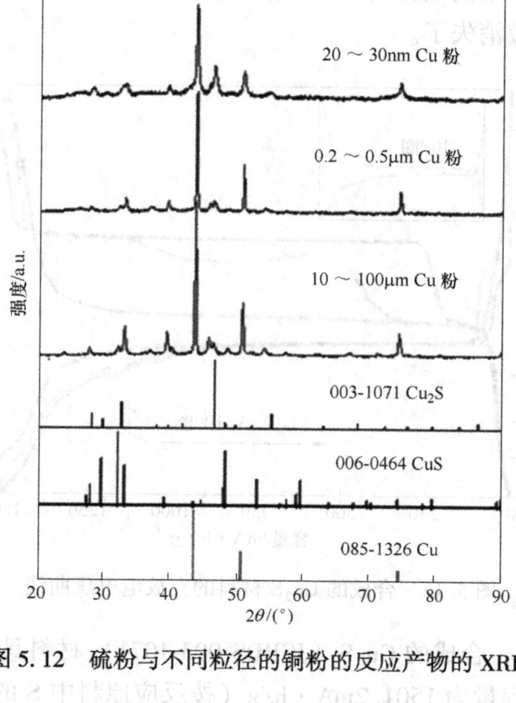
20 ~ 30nm Cu 粉
0.2 ~ 0.5μm Cu 粉
10 ~ 100μm Cu 粉
003-1071 Cu_2S
006-0464 CuS
085-1326 Cu
强度/a.u.
20
30
40
50
60
70
80
90
$2\theta/(°)$

图 5.12 硫粉与不同粒径的铜粉的反应产物的 XRD

的 Cu 粉较多，反应产物中副反应产物 CuS 晶体（JCPDS 006-0464）含量较高。不同尺度的 Cu 粉和 S 粉反应性能不同，铜粉的粒度越小越有利于生成纯度高的 Cu_2S 晶体（JCPDS 003-1071）。

5.2.3　硫化亚铜的电化学性能

按照 5. 2. 2 节中的实验方法，把 20～30nm 铜粉与 S 粉按不同摩尔比 3：1、2：1和 1：1 反应得到的 Cu_2S（JCPDS 003-1071）、Cu_2S（JCPDS 003-1071）和 CuS（JCPDS 006-0464）、CuS（JCPDS 006-0464）三种材料组装成扣式半电池（选用铝箔集流体），按 0. 5C 的倍率充放电，测试其电化学性能。电极活性物质的质量按照添加的 S 粉的质量计算，倍率值按照 S 材料的理论比容量计算，1C=1675mA/g。

如图 5. 13 所示，纳米 Cu 粉与 S 粉按摩尔比 3：1 比例反应得到的 Cu_2S（JCPDS 003-1071）材料在首次放电曲线中只有 1. 7V 一个电压平台，首圈充电曲线中存在一个较短的 1. 85V 电压平台和一个较长的 2. 3V 电压平台。由于材料中不含 CuS，所以放电曲线中没有出现 2. 1V 的电压平台。从图 5. 13 的讨论可知，较高电位的 2. 3V 充电电压平台是由于首圈放电产物硫化锂（Li_2S）在第一次充电时和新电解液之间的反应中存在一个较大的电化学极化效应造成的。从第三周期开始，充电曲线中较高电位的 2. 3V 电压平台不再出现，只剩下一个 1. 85V 电压平台，该极化效应消失了。

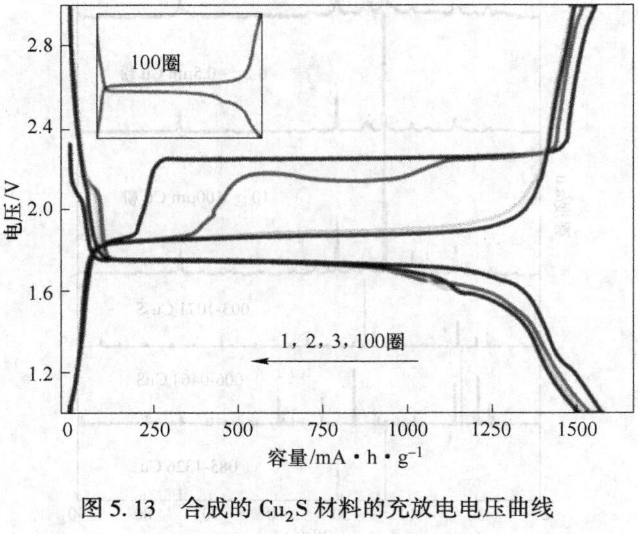

2.8
2.4
2.0
1.6
1.2
电压/V
100圈
1，2，3，100圈
0
250
500
750
1000
1250
1500
容量/mA · h · g⁻¹

图 5. 13　合成的 Cu_2S 材料的充放电电压曲线

如图 5. 14 所示，合成的 Cu_2S（JCPDS 003-1071）材料具有很好的循环稳定性。首圈的放电比容量为 1501. 2mA · h/g（按反应原料中 S 的质量计算），前 20

周期比容量下降到 1265.1mA · h/g，然后循环性能稳定，100 周期后比容量为 1253.0mA · h/g，容量保持率为 83.3%。

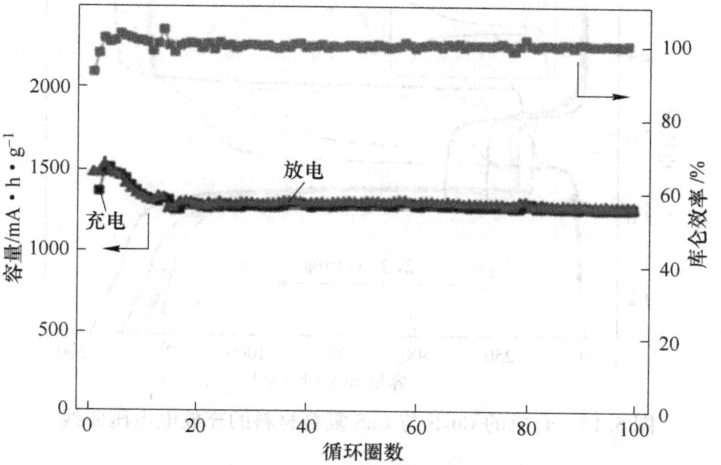
放电
充电
容量/mA · h · g^{-1}
库仑效率/%
循环圈数
0
500
1000
1500
2000
20
40
60
80
100

图 5.14 合成的 Cu_2S 材料的充放电循环性能

如图 5.15 及图 5.16 所示，纳米铜粉与 S 粉按摩尔比 2∶1 反应得到的 Cu_2S（JCPDS 003-1071）和 CuS（JCPDS 006-0464）混合材料在首次放电曲线中有 2.1V 和 1.7V 两个电压平台，首圈充电曲线中存在一个较短的 1.85V 电压平台和一个较长的 2.3V 电压平台。从前面的讨论可知，较高电位的电压平台（2.3V）是由于首圈放电产物硫化锂（Li_2S）在第一次充电时和新电解液之间的反应中存在一个较大的电化学动力极化效应造成的。高过电位随着不断地充放电而逐渐减小以至于消失。然而到第 10 周期，甚至是第 100 周期，充放电曲线中较高电位的电压平台（2.1V 和 2.3V）一直存在。这是因为电极中没有足够多的 Cu 使 CuS 在充放电过程中转化为 Cu_2S，100 个循环周期内一直存在 CuS 的充放电反应，对应 2.1V 和 2.3V 的电压平台一直存在。

图 5.16 所示为合成的纳米 Cu 粉与 S 粉分别按摩尔比 3∶1、2∶1 和 1∶1 反应得到的三种产物作为电极活性物质的电池的充放电循环性能。硫铜比 3∶1 反应得到的材料具有很好的循环性能，第 100 周期容量保持率为 83.3%，而硫铜比 2∶1和 1∶1 反应得到的材料较差，第 100 周期容量保持率分别只有 33.0% 和 14.5%。

Cu_2S（JCPDS 003-1071）和 Li_2S（JCPDS 023-0369）均属于立方晶系，摩尔体积分别为 28.80cm^3/mol 和 28.00cm^3/mol，他们的结构极其相似，硫原子作密堆积，铜原子和锂原子填充在其中的八面体空隙中。Cu^+离子半径（77pm）接近 Li^+离子半径（76pm），Cu_2S 和 Li_2S 之间可以容易地发生 Cu^+和 Li^+的离子交换反

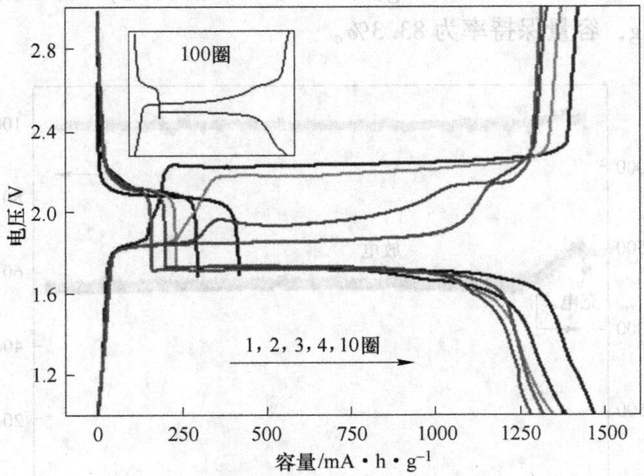
100圈
1，2，3，4，10圈
电压/V
容量/mA · h · g^{-1}
2.8
2.4
2.0
1.6
1.2
0
250
500
750
1000
1250
1500

图 5.15　合成的 Cu_2S 与 CuS 复合材料的充放电电压曲线

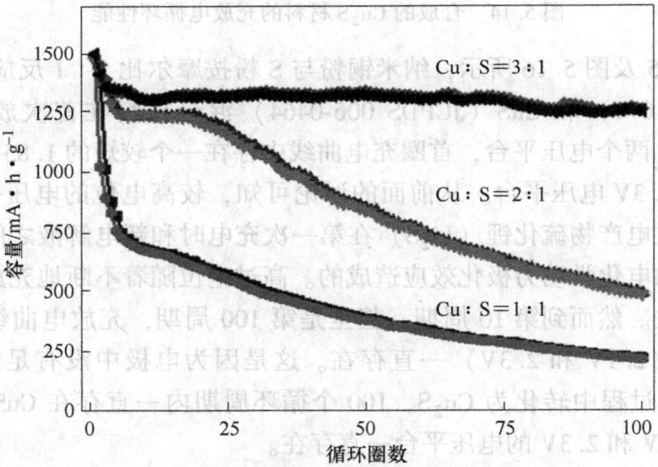
Cu：S＝3：1
Cu：S＝2：1
Cu：S＝1：1
容量/mA · h · g^{-1}
循环圈数
1500
1250
1000
750
500
250
0
0
25
50
75
100

图 5.16　硫-铜不同比例复合材料的充放电循环性能

应（Cu_2S + Li →Li_2S + Cu）。这种相似的结构以及电极活性物质 Cu_2S 和还原产物金属 Cu 良好的导电性能，使得该交换反应的可逆性特别好。纳米 Cu 粉与 S 粉按摩尔比 3：1 反应得到纯的 Cu_2S（JCPDS 003-1071），该材料充放电过程中只发生这样一个单一的电化学交换反应，因此具有优异的循环稳定性。纳米 Cu 粉与 S 粉分别按摩尔比 2：1 和 1：1 反应得到的产物中含有 CuS（JCPDS 006-0464），而 CuS 属于单斜晶系，摩尔体积为 20.07cm^3/mol，充放电过程中，CuS 和 Cu_2S 之间或 CuS 和 Li_2S 之间的转化都存在较大晶型转变和晶胞体积变化，反应可逆性较差，因此该反应的材料循环稳定性不好。

本节研究了铜粉与S粉反应生成 Cu_2S（JCPDS 003-1071）的过程。

（1）10~100μm 电解铜粉、0.2~0.5μm 铜粉和 20~30nm 铜粉三种铜粉分别与S粉按摩尔比3∶1的比例反应，不同尺度的Cu粉和S粉反应性能不同。铜粉的粒径较大时合成的 Cu_2S 中副反应产物 CuS 晶体（JCPDS 006-0464）含量较高，纳米铜粉与硫粉反应合成的 Cu_2S 晶体（JCPDS 003-1071）纯度较高。

（2）10~30nm 的铜粉与S粉分别按摩尔比3∶1、2∶1和1∶1反应，结果得到 Cu_2S、混合了部分 CuS 的 Cu_2S 和 CuS 三种不同铜硫化合物。测试了这三种样品的作为电极活性物质的充放电循环性能，硫铜比3∶1反应得到的材料具有较好的循环性能，第100周期容量保持率为83.3%，而硫铜比2∶1和1∶1反应得到的材料较差，第100周期容量保持率分别只有33.0%和14.5%。

5.3 原位合成法制备硫化亚铜正极材料

在锂硫电池中，硫及其放电产物均是电子和离子绝缘体，还原过程产生的多硫化锂易溶于有机电解液溶剂中，导致Li-S二次电池倍率性能差、活性物质利用率低、容量衰减迅速，从而限制了其发展。为了提高锂硫电池电极材料活性物质利用率，提高电极材料的电导率，增加循环稳定性，我们研究了锂硫电池中过渡金属铜对硫的固定效果。

从5.2节实验讨论结果可知，纳米铜粉与S粉按摩尔比2∶1（Cu_2S 的化学计量比）反应得到的产物 Cu_2S 中含有 CuS，该复合材料在前期充放电过程中具有较好的容量保持率，固硫效果很好，循环到第20个周期以后容量开始下降，固硫效果逐渐减弱。按铜硫摩尔比3∶1反应可以得到 Cu_2S（JCPDS 003-1071），并且体系中还含有过量的铜粉，该复合材料在100个循环周期内容量衰减很小，固硫效果很好。

然而，在电极材料中添加过量的金属铜粉会降低电池的能量密度。为了最大限度地提高电极材料的能量密度，可以在锂硫电池的硫电极中采用铜箔作为集流体，由铜箔提供足够量的金属铜，在电池充放电过程中铜箔与硫电极原位形成硫化亚铜。

5.3.1 硫粉和铜箔原位生成硫化亚铜

按照5.2.2节的实验方法，把硫粉涂覆在铜箔集流体上测试电极的电化学性能。如图5.17所示，采用铜箔作为集流体的锂硫电池前6个周期的充放电过程中电压曲线发生了显著变化。

首圈放电曲线中存在2.3V、2.1V和1.7V三个电压平台，前面两个电压平台和单质硫涂覆在铝箔集流体上的锂硫电池的放电电压平台一致，第三个1.7V的电压平台和循环稳定后的放电电压平台一致。随后5个周期的放电曲线均有

2.1V 和 1.7V 两个电压平台，循环过程中，电位较高的电压平台（2.1V）逐渐变短，电位较低的电压平台（1.7V）逐渐加长。最后的充放电曲线只剩下 1.7V 一个电压平台。

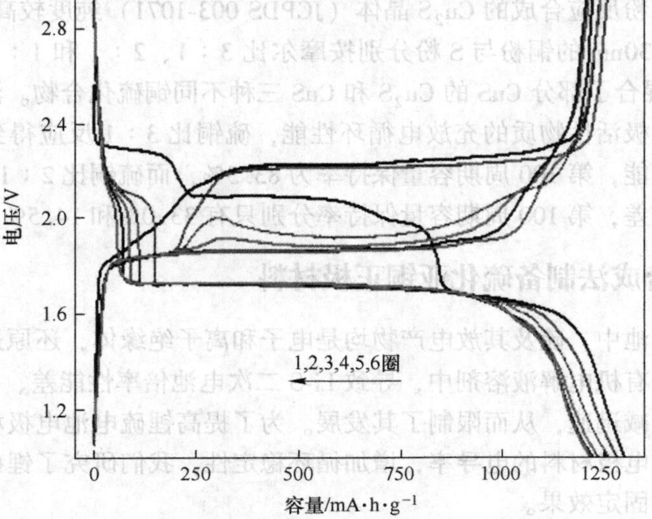
2.8
2.4
2.0
1.6
1.2
电压/V
0
250
500
750
1000
1250
容量/mA·h·g⁻¹
1,2,3,4,5,6圈

图 5.17　Cu-S 体系电池充放电曲线

放电过程中电压曲线发生显著变化，标志着电极材料发生了转化。首圈放电曲线中的 2.3V 和 2.1V 两个电压平台对应着单质硫（S）被金属锂还原，逐步生成多硫化锂（Li_2S_x）和硫化锂（Li_2S）的反应过程，和锂硫电池行为一致。与此同时，硫及其被金属锂还原的产物多硫化物腐蚀铜箔集流体，和金属铜发生氧化还原反应，生成铜硫（Cu-S）化合物。当放电反应进行到一定程度后，铜硫（Cu-S）化合物开始被金属锂还原，生成硫化锂和金属铜，在首圈放电曲线中出现了 1.7V 的放电平台。后面 5 个周期的放电过程中，较高电位的 2.1V 电压平台逐渐变短并消失，最后只剩下一个较低电位的 1.7V 电压平台。在这一过程中，多硫化物不断腐蚀铜箔集流体，有更多的铜硫（Cu-S）化合物生成，最后只剩下单一的电压平台，标志着电极材料最终转化为一种具有单一电化学反应的铜硫（Cu-S）化合物。

充电过程中存在两种类型的特征曲线。前两周期的充电曲线中存在一个较短的 1.85V 电压平台，对应着硫化锂（Li_2S）和金属铜（Cu）被氧化生成上述的铜硫（Cu-S）化合物；还存在一个较长的 2.3V 电压平台，对应着锂硫电池还原产物多硫化锂（Li_2S_x）和硫化锂（Li_2S）被氧化的电化学反应过程。随后几个周期的充电曲线中存在着一个较长的 1.85V 电压平台和一个较短的 2.1V 电压平台，2.1V 电压平台逐渐变短，最终只剩下一个 1.85V 电压平台。

该锂硫电池从第 6 周期之后的充放电曲线中只存在 1.7V 和 1.85V 一对电压平台，在 1C 的倍率下进行充放电测试，结果如图 5.18 所示。首圈放电时正极复合材料中单位硫重量放电容量高达 1376.8mA · h/g，硫的利用率高达 82.3%；在充放电过程中，放电比容量先下降后稍有增加并稳定，室温下从第 30 周期到第 500 周期循环过程中，比容量没有明显衰减，第 500 次周期时单位硫重量放电容量可以保持在 1305.2mA · h/g，容量保持率为 95.5%，500 周期循环过程中，平均充放电库仑效率为 99.8%。该锂硫电池具有很高的硫利用率和优异的循环稳定性。

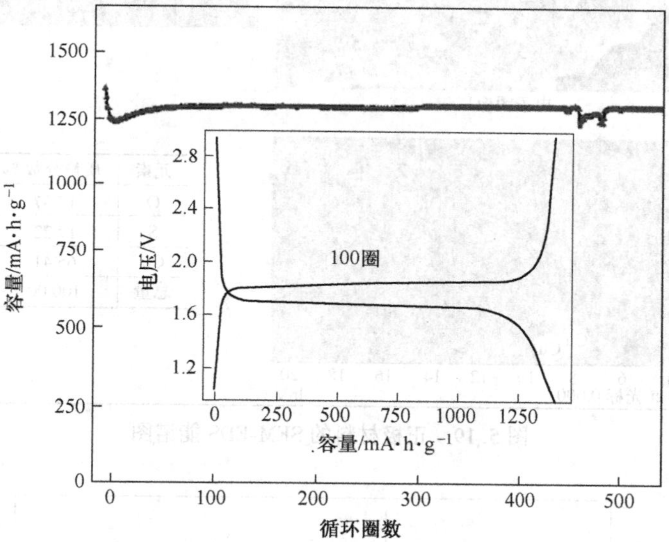
容量/mA·h·g⁻¹
循环圈数
电压/V
100圈
容量/mA·h·g⁻¹

图 5.18　Cu-S 体系电池循环性能

经过 500 个周期充放电循环之后，在充满电的状态下，于手套箱中拆开扣式电池，取出正极极片，然后在无锂盐的电解液溶剂中（DOL 或者 DME）浸泡一会儿洗去表面的锂盐，移除手套箱，在真空干燥箱中 60℃ 烘干，最后把活性物质从铜箔上剥离下来，进行 SEM 和 XRD 测试。进行 XRD 测试时，为了防止两种物质暴露在空气中发生变质，可以用 Capton 胶带把他们密封粘贴在样品槽中进行测试。

图 5.19 中均匀的小颗粒为导电剂乙炔黑，小颗粒中填埋的片层状晶体物质为电极活性物质，经过 EDS 能谱测试分析确定该物质为摩尔计量比约为 2 : 1 的铜硫化合物（Cu-S）。

如图 5.20 所示，正极活性物质 XRD 特征峰的分析结果表明，该物质为硫化亚铜（Cu_2S，JCPDS 003-1071），其特征峰和从 Aldrich 购买的硫化锂（Li_2S，JCPDS 023-0369）晶体的衍射峰峰位和强度都非常接近。

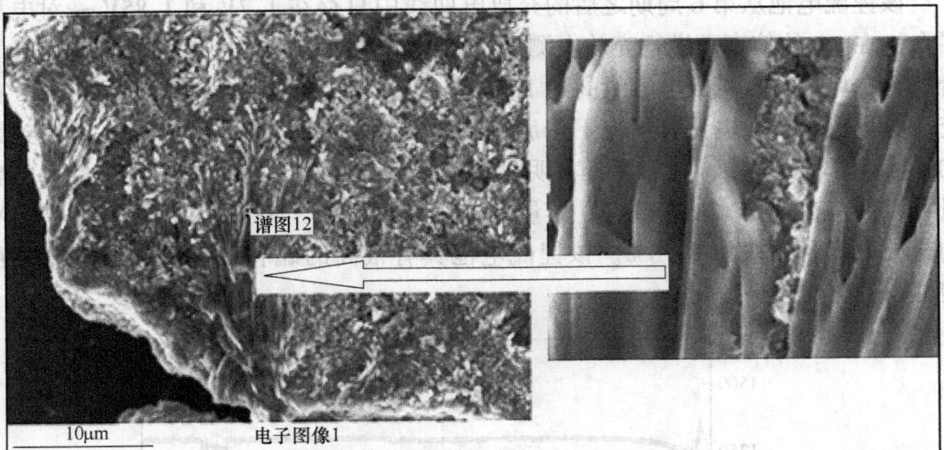
谱图12
10μm
电子图像1

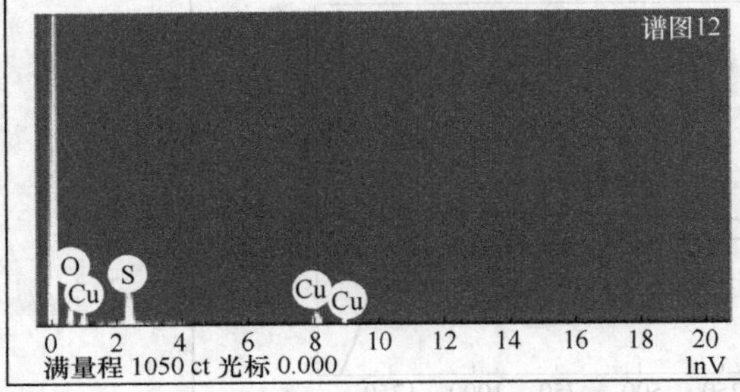
谱图12
O
Cu
S
Cu
Cu
0 2 4 6 8 10 12 14 16 18 20
满量程 1050 ct 光标 0.000
lnV

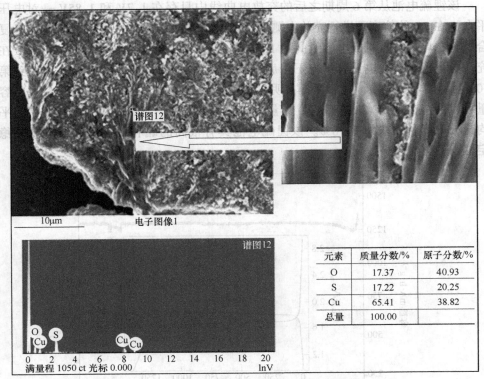

元素	质量分数/%	原子分数/%
O	17.37	40.93
S	17.22	20.25
Cu	65.41	38.82
总量	100.00	

图 5.19　正极材料的 SEM-EDS 能谱图

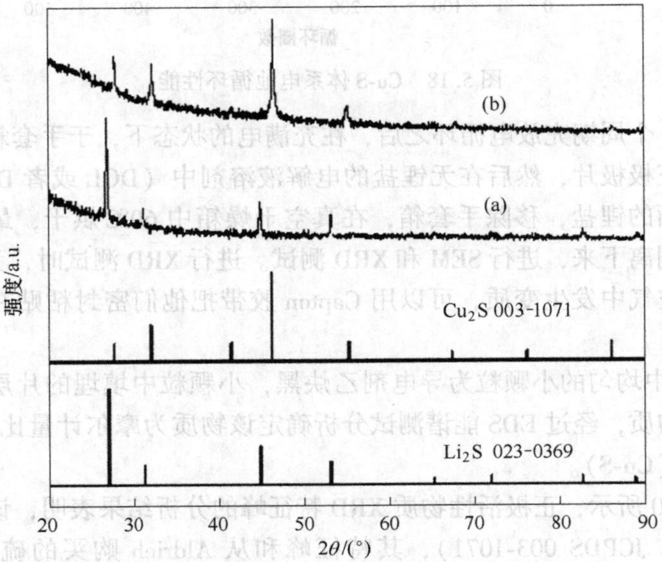
(b)
(a)
强度/a.u.
Cu2S 003-1071
Li2S 023-0369
20 30 40 50 60 70 80 90
2θ/(°)

图 5.20　充电活性物质（a）和硫化锂（Li_2S）（b）的 XRD

综合以上实验结果可以看出，经过前几周期充放电过程的电化学转化反应后，电极材料中的硫粉和铜箔集流体反应生成了一种硫化亚铜晶体（Cu_2S JCPDS 003-1071)，该材料在接下来 500 个周期的充放电循环过程中具有优异的循环稳定性。放电过程中硫化亚铜被还原为硫化锂（Li_2S）和金属铜（$Cu_2S + Li \rightarrow Li_2S + Cu$）。电极活性物质 Cu_2S 与放电产物 Li_2S 结构相似，都属于立方晶系，硫原子作密堆积，铜原子和锂原子填充在其中的八面体空隙中。Cu^+和 Li^+半径大小基本相等，在充放电过程中，两种晶体之间可以容易地发生离子交换反应。这种相似的结构以及电极活性物质 Cu_2S 和还原产物金属 Cu 良好的导电性能，使得该交换反应的可逆性特别好，基于该交换反应的金属硫化物二次电池具有优异的循环稳定性。

5.3.2 硫粉、铜箔和铜粉原位生成硫化亚铜

图 5.21 所示为在电极中加入铜粉的锂硫电池充放电实验结果，铜粉的加入量等于电极材料中硫粉的物质的量。首圈放电曲线中有 2.1V 和 1.7V 两个放电电压平台，在不断的循环过程中，2.1V 电压平台逐渐减少，最后只剩下一个 1.7V 电压平台。首圈充电曲线中有一个较短的 1.85V 电压平台和一个较长的 2.3V 电压平台，第二周期的充电曲线变成一个较长的 1.85V 电压平台和一个较短的 2.1V 电压平台，在随后的循环过程中，2.1V 电压平台逐渐变短，最后只剩下一个 1.85V 电压平台。

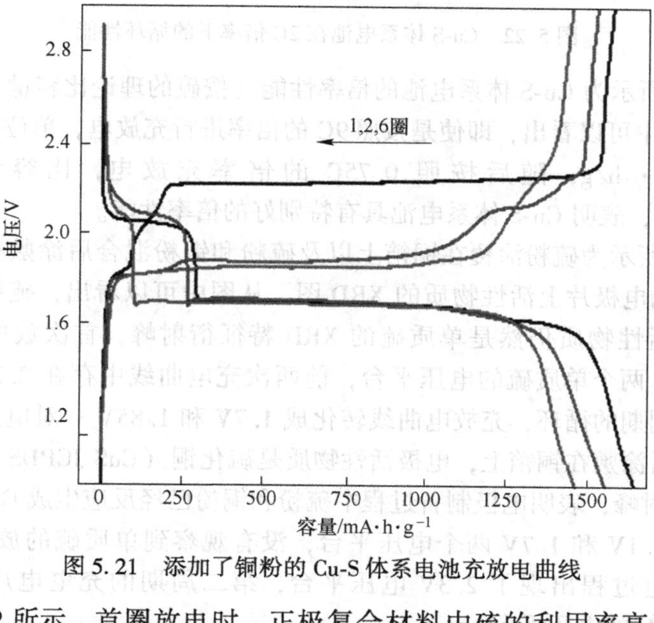

2.8
2.4
2.0
1.6
1.2
电压/V
1,2,6圈
0
250
500
750
1000
1250
1500
容量/mA·h·g⁻¹

图 5.21 添加了铜粉的 Cu-S 体系电池充放电曲线

如图 5.22 所示，首圈放电时，正极复合材料中硫的利用率高达 91%以上，

单位硫重量放电容量高达 1614. 1mA · h/g，说明添加了铜粉的电极具有更高的硫利用率；在 2C 的倍率下进行充放电测试，放电比容量先下降后稍有增加并稳定，第 30 周期的比容量为 1424. 3mA · h/g。室温下 1000 个周期循环后，单位硫重量放电容量可以保持在 1370. 0mA · h/g，容量保持率为 96. 5%（相对于第 30 周期），是单质硫理论放电比容量（1675mA · h/g）的 88%；1000 周期循环过程中，平均充放电库仑效率为 99. 8%，第 30 周期到第 1000 周期循环过程中，比容量没有明显衰减。添加了铜粉的电极具有更高的比容量和更好的循环稳定性。

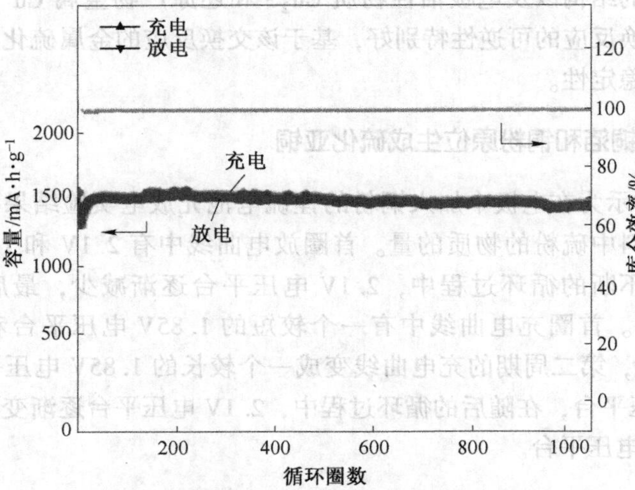
充电
放电
容量/mA·h·g⁻¹
库仑效率/%
循环圈数
充电
放电

图 5. 22　Cu-S 体系电池在 2C 倍率下的循环性能

图 5. 23 所示为 Cu-S 体系电池的倍率性能（按硫的理论比容量 1675mA · h/g 计量），从图中可以看出，即使是按照 9C 的倍率进行充放电，单位硫重量比容量接近 698mA · h/g，随后按照 0. 75C 的倍率充放电，比容量可恢复到 1366mA · h/g，表明 Cu-S 体系电池具有特别好的倍率性能。

图 5. 24 所示为硫粉涂覆在铜箔上以及硫粉和铜粉混合后涂敷在铜箔上两个实验中制作的电极片上活性物质的 XRD 图。从图中可以看出，硫粉涂覆在铜箔上之后电极活性物质仍然是单质硫的 XRD 特征衍射峰，首次放电曲线中含有 2. 3V 和 2. 1V 两个单质硫的电压平台，前两次充电曲线中存在 2. 3V 电压平台，经过前六个周期的循环，充放电曲线转化成 1. 7V 和 1. 85V 一对电压平台。硫粉和铜粉混合后涂敷在铜箔上，电极活性物质是硫化铜（CuS JCPDS 001-1281）的 XRD 特征衍射峰，表明电极制备过程中硫粉和铜粉已经反应生成 CuS，首次放电曲线中含有 2. 1V 和 1. 7V 两个电压平台，没有观察到单质硫的放电电压平台；只有首次充电过程出现了 2. 3V 电压平台，第二周期的充电电压曲线中只有 1. 85V 和 2. 1V 的电压平台。

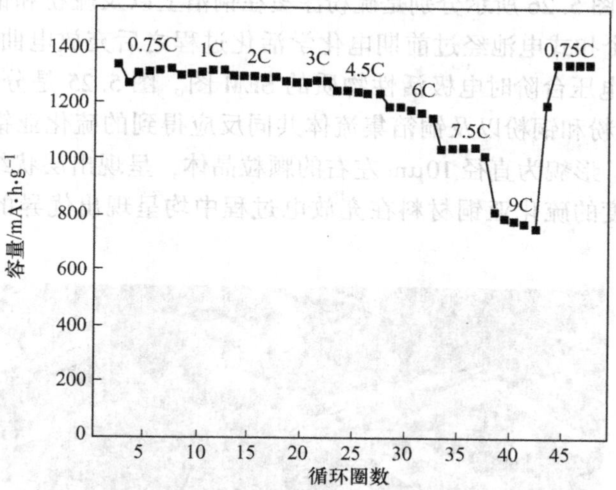

1400
1200
1000
800
600
400
200
0
容量/mA·h·g⁻¹
0.75C
1C
2C
3C
4.5C
6C
7.5C
9C
0.75C
5
10
15
20
25
30
35
40
45
循环圈数

图 5.23 Cu-S 体系电池的倍率性能

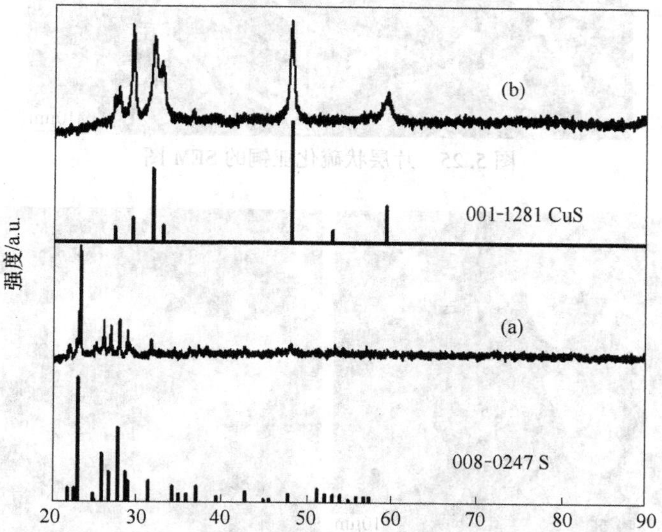

(b)
001-1281 CuS
(a)
008-0247 S
强度/a.u.
20
30
40
50
60
70
80
90
2θ/(°)

图 5.24 铜箔集流体上的电极活性物质的 XRD

(a) S 粉；(b) S 粉和 Cu 粉

由于单质硫导电性差，要确保硫粉涂覆在铜箔上的电极具有较高的硫利用率，首次放电过程要设置较小的电流密度（$0.1mA/cm^2$），使得首次电池活化所需的时间较长。而硫粉和铜粉混合后涂敷在铜箔上，在电极制备过程中硫粉和铜粉已经反应生成导电性良好的 CuS，首次活化过程的电流密度（约 $1mA/cm^2$）和之后充放电电流密度相同，活化所需时间较短。

图 5.25 和图 5.26 所示分别是硫粉涂覆在铜箔上以及硫粉和铜粉混合物涂敷在铜箔上的两个扣式电池经过前期电化学活化过程之后充放电曲线中只有 1.7V 和 1.85V 一对电压台阶时电极活性物质的 SEM 图。图 5.25 是分散片层状晶体，图 5.26 是由硫粉和铜粉以及铜箔集流体共同反应得到的硫化亚铜，受到电解铜粉形貌的影响，形貌为直径 10μm 左右的颗粒晶体，呈现出层状结构。两种形貌不同的微米尺度的硫化亚铜材料在充放电过程中均呈现出优异的电化学循环稳定性。

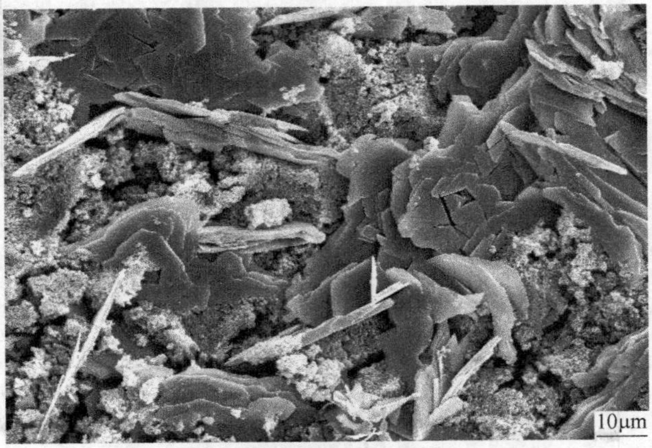
10μm

图 5.25　片层状硫化亚铜的 SEM 图

10μm
10μm

(a)　(b)

图 5.26　电解铜粉（a）和层状颗粒硫化亚铜（b）的 SEM 图

5.3.3　结果与讨论

本节通过采用铜箔集流体并在电极材料中添加铜粉的方式，考察锂硫电池的硫电极中加足够量的金属 Cu，充放电过程中 Cu 和 S 原位形成硫化亚铜的固硫效果。

在铜箔集流体上涂覆硫粉的电池，在前几周期的充放电过程中电压曲线发生了显著变化，较高的 2.1V 和 2.2V 电压平台逐渐减少，最后只剩下 1.7V 和 1.85V 一对电压平台。通过 XRD 测试确认，电极材料中的硫粉和铜箔集流体反应生成了一种硫化亚铜（Cu_2S JCPDS 003-1071）晶体材料，该材料在接下来的循环过程中表现出优异的循环稳定性。在 1C 的倍率下进行充放电测试，首圈放电时正极复合材料中单位硫重量放电比容量为 1376.8mA · h/g，硫的利用率高达 82.3%，铜箔集流体起到了很好的固硫效果；在充放电过程中，放电比容量先下降后稍有增加并稳定，室温下循环 500 周期后，单位硫重量放电容量可以保持在 1305.2mA · h/g，容量保持率为 95.5%，具有优异的循环稳定性。

采用铜箔集流体并在电极材料中添加了铜粉的锂硫（Li-S）电池经过前期的充放电循环，硫和铜反应生成的硫化亚铜（Cu_2S JCPDS 003-1071）材料具有更高的比容量和更好的循环稳定性，并且电化学活化时间较少。首圈放电时，正极复合材料中单位硫重量放比电容量高达 1614.1mA · h/g，硫的利用率高达 91%以上。在充放电过程中，放电比容量先下降后增加并稳定，第 30 周期的比容量为 1424.3mA · h/g，室温下 1000 个周期循环后，单位硫重量放电容量可以保持在 1370.0mA · h/g，容量保持率为 96.5%（相对于第 30 周期）。该电池在 9C 的高倍率下进行充放电，单位硫重量比容量接近 700mA · h/g，具有优异的倍率性能。

5.4 一维纳米棒状铜硫化合物材料的制备与电化学性能

作为一种新型锂电负极材料，铜硫化合物具有众多优点：（1）具有较高的理论容量；（2）较长且平坦的电化学平台；（3）较好的导电性；（4）较高的锂化电位，不易析出锂枝晶。然而其仍具有以下缺点亟待改善，比如：（1）循环过程中容量在缓慢衰减；（2）并伴随一定的体积变化；（3）常用的醚类电解液会溶解聚硫化合物，导致活性材料的损失，从而降低了电极的可逆容量。其中通用的解决方法主要是合成纳米尺寸的材料。

因为随着充放电过程的重复进行，一维结构材料可以有效缓解材料的体积变化。因此近年来，越来越多的科研工作者开始关注一维材料的制备。虽然一维材料的制备方法已经有很多种，但是合成理化性质均一的一维材料对于研究人员仍然是个挑战。

5.4.1 工作内容

由金属硫化物晶体结构及电化学行为的理论知识可以知道，铜硫化合物由于与 Li_2S 具有极其相似的晶体结构，因此具备低体积应变的特点。所以本节主要是围绕 CuS 及 Cu_2S 两种化合物的制备及电化学机理的研究。拟利用溶剂热合成法制备形貌规则、单晶结构的 CuS 及 Cu_2S，利用计算、电化学性质测试等手段，研究其电化学可逆性；并通过 XRD 技术观察这两种材料电化学过程中的物相变化，确定 CuS 及 Cu_2S 电化学反应机理。

5.4.2 实验部分

5.4.2.1 材料合成

本节选用的试剂均为分析纯，购自上海试剂公司。

CuS 的合成：将一定量的 $CuSO_4 \cdot 5H_2O$ 溶解于 80mL DMSO，制备出浓度为 0.01mol 的硫酸铜溶液，搅拌 10min 后形成均匀的浅绿溶液。将该溶液放于 100mL 反应釜内，置于烘箱内，由室温升温至 180℃后，在此温度下反应 6h，降至室温时将材料取出。通过反复抽滤洗涤即可获得黑色的硫化铜活性材料。

Cu_2S 的合成：制备方法与上述方法类似，将一定量的 $CuSO_4 \cdot 5H_2O$ 溶解于 80mL DMSO，制备出浓度为 0.02mol 的硫酸铜溶液，搅拌 10min 后形成均匀的浅绿溶液。将该溶液置于 100mL 反应釜内，放在烘箱内，由室温升温至 180℃后，在此温度下反应 6h，降至室温时将材料取出。通过反复抽滤洗涤即可获得黑色的硫化亚铜活性材料。

5.4.2.2 材料表征

本节中材料的物相分析是在荷兰 Philip 公司生产的 Panalytical X' pert PRO X-射线衍射仪上进行，Cu 靶的 K_α 为辐射源，$\lambda = 0.15406$nm，管电压为 40kV，管电流 30.0mA。电极片是用双面胶粘在样品架上，使电极表面与样品架表面齐平。使用步进扫描方式，2θ 步长是 0.00167nm，每步所需时间是 15s。

相貌表征实验使用的是荷兰 FEI 公司的 Tecnai F-30 高分辨透射电子显微镜（HRTEM，加速电压为 300kV）和日本电子株式会社生产的 JEM-2100 透射电子显微镜（加速电压为 200kV）上进行。并通过 Gatan DigitalMicrograph 软件对所得数据进行粒径和晶面间距分析。实验样品分散在无水乙醇中，再用铜网格在溶液中反复捞 20 次左右。

采用的扫描电镜设备是英国 Oxford Instrument 公司生产的 LEO 1530 型场发射电子显微镜和日本日立公司生产的 Hitachi S-4800 型场发射扫描电子显微镜，对制备样品的形貌进行了观察和比较。实验时，将少量样品黏附在导电碳胶布上。

5.4.2.3 电化学性能测试

装配的电池型号为 2016 型扣式电池，活性物质浆料的调配：将质量分数为 80%的活性物质、10%乙炔黑及 10% PVDF 溶解于 NMP 中。将调配好的浆料采用涂膜仪涂敷在铜箔上，在真空烘箱里60℃下烘烤12h。按照前述的装配电池工序组装电池，其中所用的电解液体系为醚类电解液，电解质为1MLiTFSI盐，溶剂为体积比1∶1的DME与DOL混合的溶液。

本节充放电实验在新威和蓝电电池测试仪上完成，电流量程分别为1mA、5mA、10mA，电压量程0~5V。用恒电流方式对电池进行充放电，充放电的电流密度视实验需要不同而定。把新组装的扣式电池放置8h以上，待电池稳定后再进行充放电测试。充放电电压区间为1~3V。

阻抗测试在Autolab PGSTAT 101仪器上进行，采用扣式电池两电极体系测试，测试条件为10mHz~100kHz。阻抗测试选用的状态是同一个扣式电池在Land测试系统中充放电循环10圈后，放电容量为平均容量的50%（下文简称为D50%），放电至最低电压1V（下文简称D100%），充电容量为平均容量的50%（下文简称为C50%），充电至最高电压3V（下文简称C100%）。

5.4.2.4 计算过程

所有计算过程使用VASP计算法（Vienna ab initio simulation package），理论依据为DFT（first-principles density-functional theory）。电子交换相关能量建模使用Perdew-Burke-Ernzerhof（PBE）函数在广义梯度approx-imation（GGA）。布里渊区集成是通过使用一种特殊的k-point Monkhorst-Pack的抽样方案。根据特殊的晶体结构使用不同的*k*-point设置方法，因为研究的电化学过程涉及不同的晶体结构物质。

5.4.3 结果和讨论

5.4.3.1 材料形貌表征

图5.27所示为制备的CuS与Cu_2S材料与其标准卡片的比对图。

与标准卡片比对可知，制备的CuS与Cu_2S均具有较好的结晶度，并且所有的衍射峰都与标准卡片上相对应。制备的CuS纳米棒与标准卡片JCPDS：03-065-7111相符合，属于斜方晶系，晶格常数分别为$a=0.376$nm，$b=0.656$nm，$c=1.624$nm。Cu_2S属于立方晶系，其晶格常数分别为$a=b=c=5.562$nm。

图5.28所示为制备的CuS与Cu_2S材料在不同倍数下的扫描电镜图，从图中可以看到，两种活性材料的形貌都是棒状的，并且纳米棒的直径均在100~200nm范围内。其中CuS纳米棒的直径更小，约为100nm，Cu_2S纳米棒的直径更大，约为150nm。并且不同于CuS，Cu_2S是一种具有核壳结构的纳米棒。

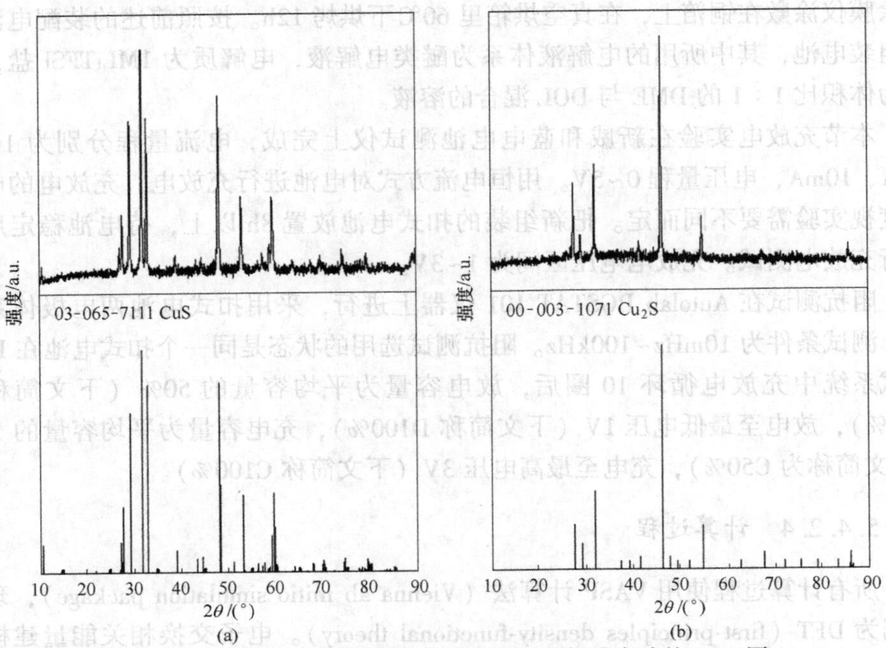
强度/a.u.
03-065-7111 CuS
10 20 30 40 50 60 70 80 90
2θ/(°)
(a)
强度/a.u.
00-003-1071 Cu_2S
10 20 30 40 50 60 70 80 90
2θ/(°)
(b)

图 5.27　CuS 与 Cu_2S 纳米棒及与其比对的标准卡片的 XRD 图

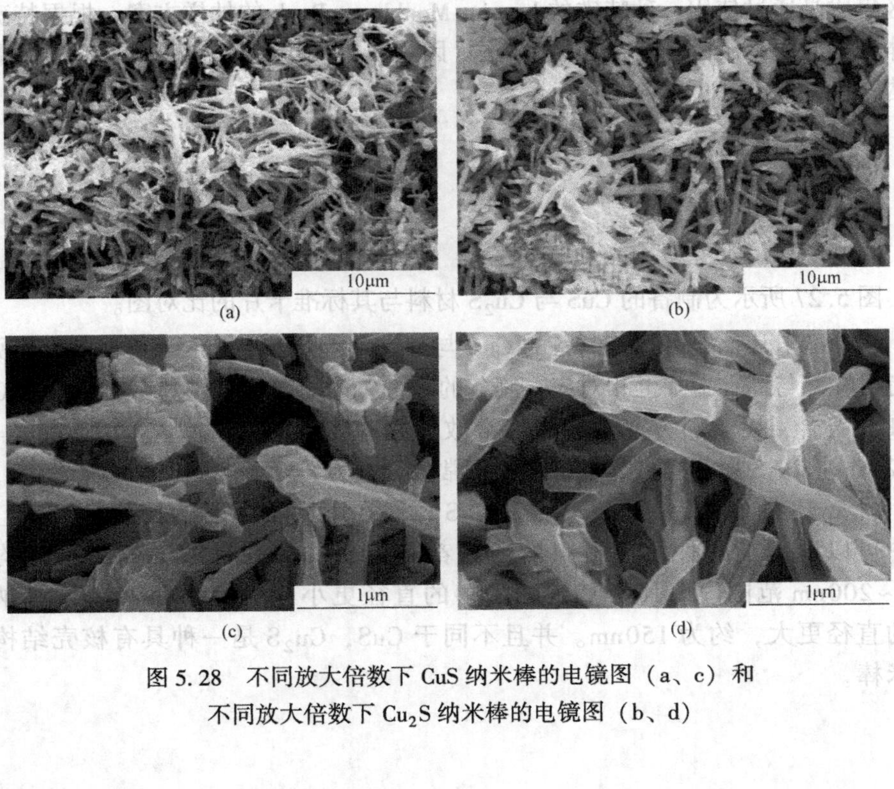
10μm
(a)
10μm
(b)
1μm
(c)
1μm
(d)

图 5.28　不同放大倍数下 CuS 纳米棒的电镜图（a、c）和
不同放大倍数下 Cu_2S 纳米棒的电镜图（b、d）

由于 Cu_2S 表面具有壳层结构，因此利用 EDS 技术对其 Cu、S 元素分布进行探明，得出的 Cu：S 原子量比例为 4.19：2.12，接近于 Cu_2S 的原子比，说明制备的材料是比较纯的 Cu_2S。得到的电镜图如图 5.29 所示从图中可以看到，质量比较轻的 S 元素在表面分布的密度比较大，预测 Cu_2S 纳米棒外部的壳层应该是一种富 S 相，这将在下述 TEM-EDS 分析中给出简要证明。

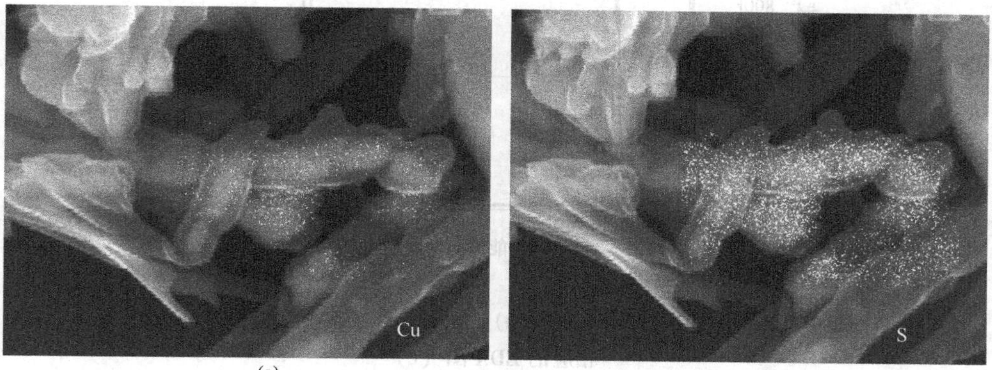
Cu
S
(a)　(b)

图 5.29　Cu_2S 纳米棒中 Cu（a）及 S 元素（b）的分布

为了进一步分析两种材料的微观结构，又进行了 TEM 测试。图 5.30 所示为 CuS 纳米棒的 TEM 及 EDX 图，由图 5.30（a）可以看到该纳米棒直径约为 100nm，通过选区电子衍射可以知道该纳米棒为单晶结构，分析其规则的六角形阵列衍射点，可以发现所属的衍射点主要是（010）与（110）晶面，说明实验用的电子束方向是平行于［001］晶带轴的。对图 5.30（a）区域进行 EDX 分析，可以看到该区域分布的元素主要是 Cu 与 S，其中 Cu 与 S 的原子比为 1.15，这与 CuS 相比 Cu 有些过量，多余的铜可能来自进行 TEM 测试时使用的铜网。

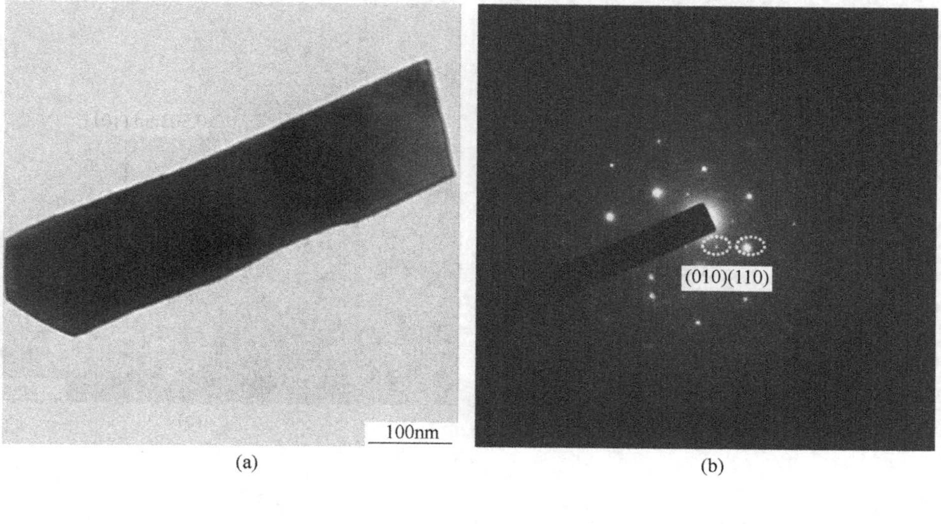
100nm
(010)(110)
(a)　(b)

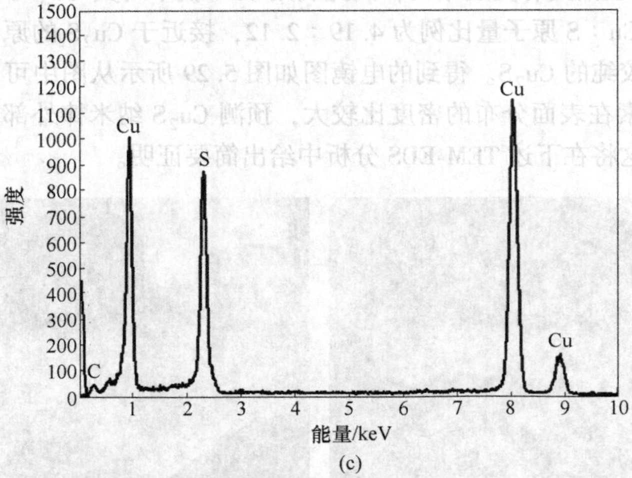
强度
能量/keV
Cu
S
Cu
Cu
C
(c)

图 5.30　CuS 纳米棒的 TEM 图(a)、相应的选区电子衍射图（b）和相应的 EDX 图（c）

图 5.31 所示为制备的 Cu_2S 纳米棒的 TEM 图及 EDX 图。由图 5.31（a），Cu_2S 纳米棒的粒径约为 140nm，其中壳层厚度约为 40nm，而纳米棒核层直径约为 100nm。对图 5.31（a）进行高分辨 TEM 图并进行傅里叶变化后，可以清楚地看到该纳米棒的壳层是没有晶格条纹的，即非晶态结构，而纳米棒的核层则具有较为清晰规则的晶格条纹，说明纳米棒核层不同于壳层，是结晶态的，并且具有较高的结晶度，通过晶格条纹的分析知道该纳米棒核层的边缘晶面应为{001}面。

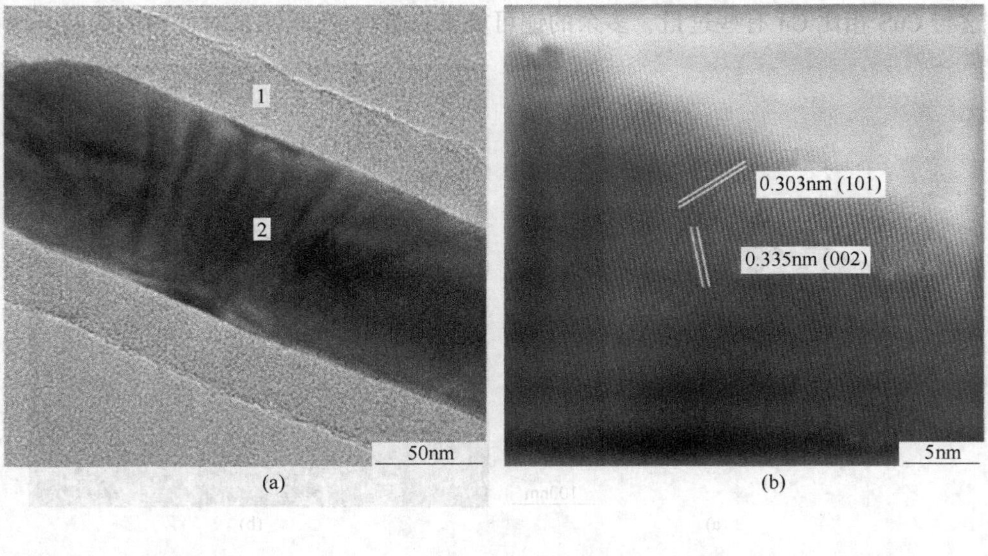
1
2
50nm
(a)
0.303nm (101)
0.335nm (002)
5nm
(b)

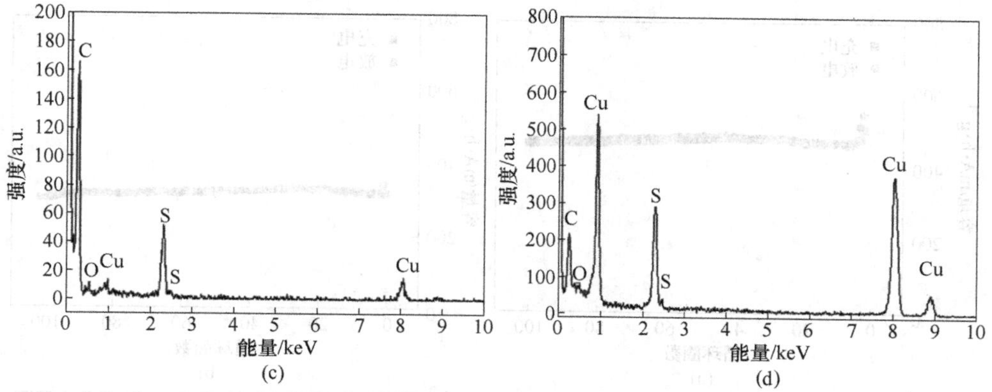
强度/a.u.
能量/keV
C
O
Cu
S
S
Cu
(c)
强度/a.u.
能量/keV
Cu
C
O
S
S
Cu
Cu
(d)

图 5.31 Cu_2S 纳米棒的 TEM 图（a）、选择（a）图部分区域的高分辨 TEM 图（b）、图（a）中标记 1 处的 EDX 图（c）和图（a）中标记 2 处的 EDX 图（d）

为了进一步验证纳米棒的核壳结构，又对图 5.30（a）标记 1、2 处分别作了 EDX 分析。其中位于标记 1 处的元素分别是 C、O、Cu 与 S，Cu 与 S 的原子比例为 3.84，远远高于 2，说明该纳米棒的壳层结构是富硫的；对于标记 2 处进行元素分析，发现主要的化学元素同样为 C、O、Cu 与 S，其中，S 与 Cu 的原子比例为 0.67，说明该纳米棒的核层主要是由 Cu_2S 组成，其中多余的 S 来自壳层的富 S 相。

5.4.3.2 材料性能测试

对制备的两种硫铜化合物材料进行电化学性能测试，其循环及倍率性能测试结果如图 5.32 所示。由图 5.32 可知，在此充放电测试中，两种活性材料均具有较好的循环稳定性及倍率性能。其中，CuS 纳米棒循环 100 周后可逆容量高达 472mA · h/g，容量保持率为 92%。而 Cu_2S 纳米棒循环 100 周后可逆容量高达 313mA · h/g，容量保持率为 96%。

为了进一步比较两种电极材料的电化学特性，图 5.32（c）、（d）给出的是两种电极材料的充放电曲线。两种电极材料均具有较高的首次库仑效率，CuS 电极材料的首次放电容量为 547mA · h/g，首次库仑效率为 94%；Cu_2S 电极材料的首次放电容量为 350mA · h/g，首次库仑效率为 94%。当循环 10 圈以后只在 1.7V 具有一个长平台，并且在随后的循环中平台电位十分稳定。通过查阅文献可知 CuS 电极的放电过程如下所示：

$$CuS + Li \longrightarrow 0.5Cu_2S + 0.5Li_2S \tag{5.1}$$

$$0.5Cu_2S + Li \longrightarrow Cu + 0.5Li_2S \tag{5.2}$$

通过计算可知 CuS 的理论容量应为 560mA · h/g，2.1V 电位平台对应上述电化学反应（5.1），1.7V 电位平台对应上述的电化学反应（5.2）。对于 Cu_2S 电极只有

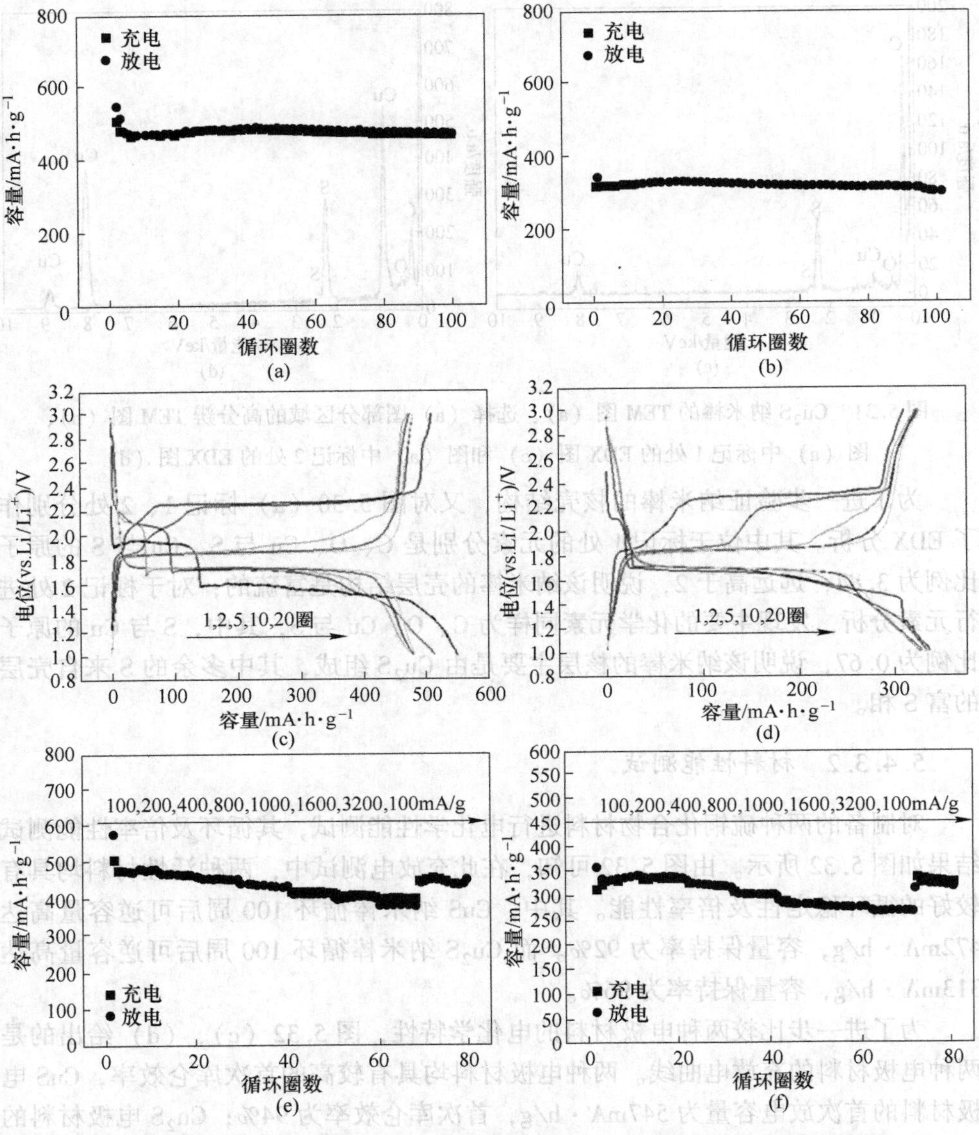

充电
放电
容量/mA·h·g⁻¹
循环圈数
(a)
(b)
电位(vs.Li/Li⁺)/V
1,2,5,10,20圈
容量/mA·h·g⁻¹
(c)
(d)
100,200,400,800,1000,1600,3200,100mA/g
(e)
(f)

图 5.32　在电流密度为100mA/g 时，CuS 纳米棒作为工作电极的电化学循环性能（a），在电流密度为 100mA/g 时，Cu_2S 纳米棒作为工作电极的电化学循环性能（b），CuS 纳米棒前 20 圈的充放电曲线（c），Cu_2S 纳米棒前 20 圈的充放电曲线（d），CuS 纳米棒的倍率性能（e）及 Cu_2S 纳米棒的倍率性能（f）

一个较长的放电平台，其电位为 1.7V，对应的是上述的电化学反应（5.2）。

图 5.32（e）和（f）对应的是两种电极的倍率性能，在不同电流密度：100mA/g、200mA/g、400mA/g、800mA/g、1000mA/g、1600mA/g 及 3200mA/g 下

CuS 的可逆容量为 476mA · h/g、466mA · h/g、455mA · h/g、434mA · h/g、411mA · h/g、402mA · h/g 及 379mA · h/g；而 Cu_2S 的可逆容量为 336mA · h/g、335mA · h/g、324mA · h/g、306mA · h/g、283mA · h/g、280mA · h/g 及 270mA · h/g。而且当电流密度再次降为 100mA/g，两个电极的容量会马上恢复到原来的初始容量，说明用该种方法合成的硫铜化合物具有较好的倍率性能。

比较两种电极可以看到，CuS 具有更高的可逆容量，这是因为 CuS 具有更高的理论容量，其理论容量为 560mA · h/g，而 Cu_2S 的理论容量为 336mA · h/g。Cu_2S 仅具有一个长平台，其电化学可逆性更好，而 CuS 在初始循环过程中有两个电位平台，并且随着循环次数增加两个平台的长度及对应的容量有所变化。

为了得到两种电极的电化学动力学特征，对两种电极进行了阻抗测试，如图 5.33 所示。从阻抗图谱可以看到，两个电极均在高频区有一个规则的半圆，而在低频区有一条斜线。高频区的半圆属于传荷阻抗，低频区的斜线归属于锂离子的 Warburg 传输阻抗。通过阻抗分析可以看到，在半充电过程，即 1.7V 放电长平台处，电极具有更大的锂离子的 Warburg 传输阻抗与更小的传荷阻抗，这可能是因为相转变生成高导电的 Cu 引起的。两种材料在相同充电与放电程度下，低频区扩散斜线的斜率比较相近，说明材料同种程度下充电与放电经历的锂离子扩散过程比较相近，进一步证明了材料电化学反应的可逆性好。

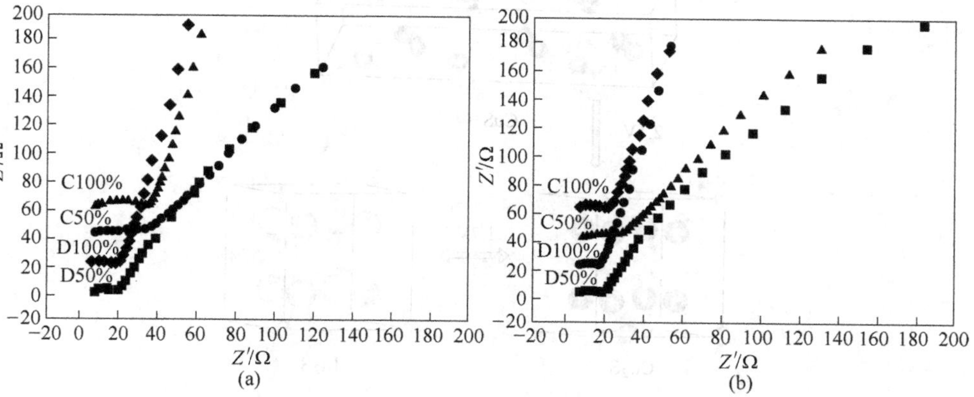

200
180
160
140
120
100
80
60
40
20
0
−20
Z′/Ω
C100%
C50%
D100%
D50%
−20 0 20 40 60 80 100 120 140 160 180 200
Z′/Ω
(a)
(b)

图 5.33 CuS 电极在第 10 圈不同充放电状态下的阻抗谱图（a）和 Cu_2S 电极在第 10 圈不同充放电状态下的阻抗谱图（b）（半充/放电状态定义为 D/C50%，满充/放电状态定义为 D/C100%）

考虑到电极材料晶体结构与电化学过程晶相变化的相关性，利用 VASP 方法评价这个电化学过程。计算结果列于表 5.1，电化学过程晶体结构变化示意图如图 5.34 所示（图中，白色代表 S 原子，黑色代表 Cu 原子，灰色代表 Li 原子）。值得注意的是 Cu_2S 与 Li_2S 具有相似的晶体结构：（1）空间群都是面心立方；（2）具有相似的晶胞参数（CuS：5.711Å，Cu_2S：5.575Å）；（3）具有相似的晶胞体积（CuS：182.29Å^3，Cu_2S：173.32Å^3）。除此之外，还计算了上述讨论的化学反应中的体积变化，对于 CuS 反应（5.1）的体积变化约为 0.054cm^3/g，对于 Cu_2S 锂化反应（5.2）其体积变化应为 0.0395cm^3/g。如图 5.34 所示，在 2.1V 电压处，单斜晶系 CuS 首先转成面心立方的 Cu_2S，然后再与锂进行电化学反应。简单说来，Cu_2S 与 Li_2S 具有相似晶体结构，这使得锂化、脱锂化进行更加可逆，因此 Cu_2S 将展示比较优异的倍率性能。

表 5.1　利用 VASP 计算方法模拟计算 Cu 及 Cu_2S 的晶体结构

晶格参数/Å	晶族	细胞体积/Å^3
Li　a = 3.44	$Im\text{-}3m$（fcc）	40.69
Cu　a = 3.63	$Fm\text{-}3m$（fcc）	47.98
Li_2S　a = 5.71	$Fm\text{-}3m$（fcc）	186.29
Cu_2S　a = 5.58	$Fm\text{-}3m$（fcc）	173.32
CuS　a = 3.81	monoclinic	414.22

注：1Å = 0.1nm。

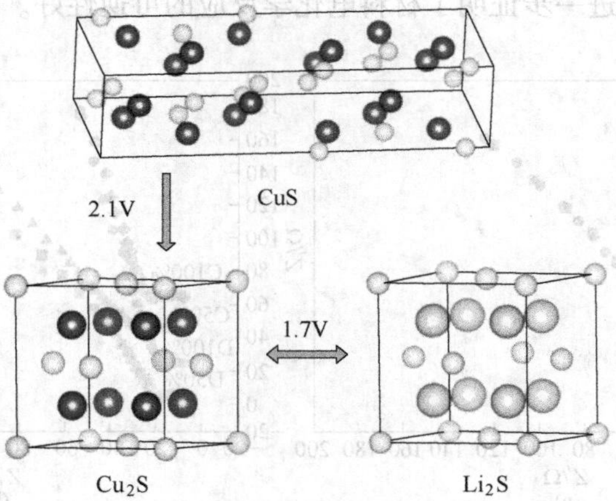
CuS
2.1V
1.7V
Cu2S
Li2S

图 5.34　CuS 及 Cu_2S 电化学机理简要示意图

为了证实 2.1V 处单斜晶系 CuS 将转成面心立方的 Cu_2S，将 CuS 的电池放电至 2.1V 处后将极片取出，在手套箱里使用 DMC（二甲基碳酸酯）清洗 3 次，极片自然烘干以后使用 XRD 测试仪对极片结构进行分析，得到数据结果，如图 5.35 所示。事实证明 2.1V 平台处，单斜晶系 CuS 转成了面心立方的 Cu_2S。

按照前面相关数据的介绍，将 Cu_2S 及 CuS 的电化学反应机理以图片形式列于图 5.36。立方晶系的 Cu_2S 具有较好的电化学循环性能，主要原因在于其活性

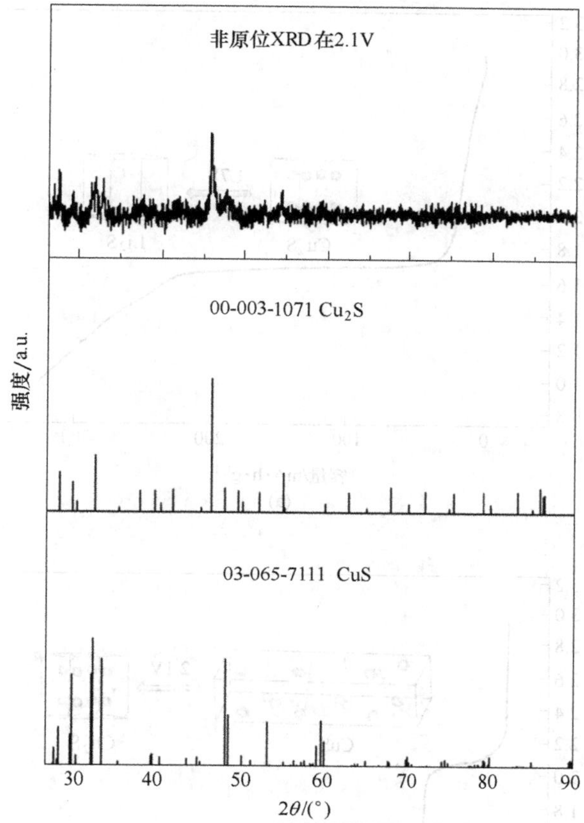
非原位XRD在2.1V
00-003-1071 Cu_2S
03-065-7111 CuS
强度/a.u.
30
40
50
60
70
80
90
$2\theta/(°)$

图 5.35 在首次放电过程中 2.1V 平台处，CuS 极片的 XRD 表征数据

元素 S 的排布与硫化锂中的完全相同，Cu 的排列与硫化锂 Li 的排列完全相同，这将有利于转化反应的可逆进行。从充放电曲线可以看到放电时 Cu_2S 只在 1.7V 附近出现一个很平稳的电压平台，按照文献来看这个平台应属于 Cu_2S 向结构相似的 Li_2S 转变的反应。斜方晶系的 CuS 在首次几圈放电时将在 2.1V 附近首先转化为立方晶系 Cu_2S，然后以 Cu_2S 为物相参与第二个反应平台 1.7V 的电化学反应，生成立方晶系的 Li_2S。

本节主要采用了溶剂热方法合成不同组成的 Cu_xS（x = 1，2）化合物，合成方法简易快速，并且不需要使用任何表面活性剂及模板。制得的材料形貌均匀，具有一维纳米状结构。通过 TEM 及 EDS 分析发现，CuS 纳米棒是理化性质均一的单晶的纳米棒，而 Cu_2S 纳米棒具有核壳结构，其中壳层是富硫的非晶相，而核层则是由 Cu_2S 构成的棒状结构。

XRD 测试表明，CuS 在循环过程中是以 Cu_2S 为活性物质参与电化学反应的。两种电极在电流密度 100mA/g 下进行充放电时均具有较好的循环稳定性，CuS 首

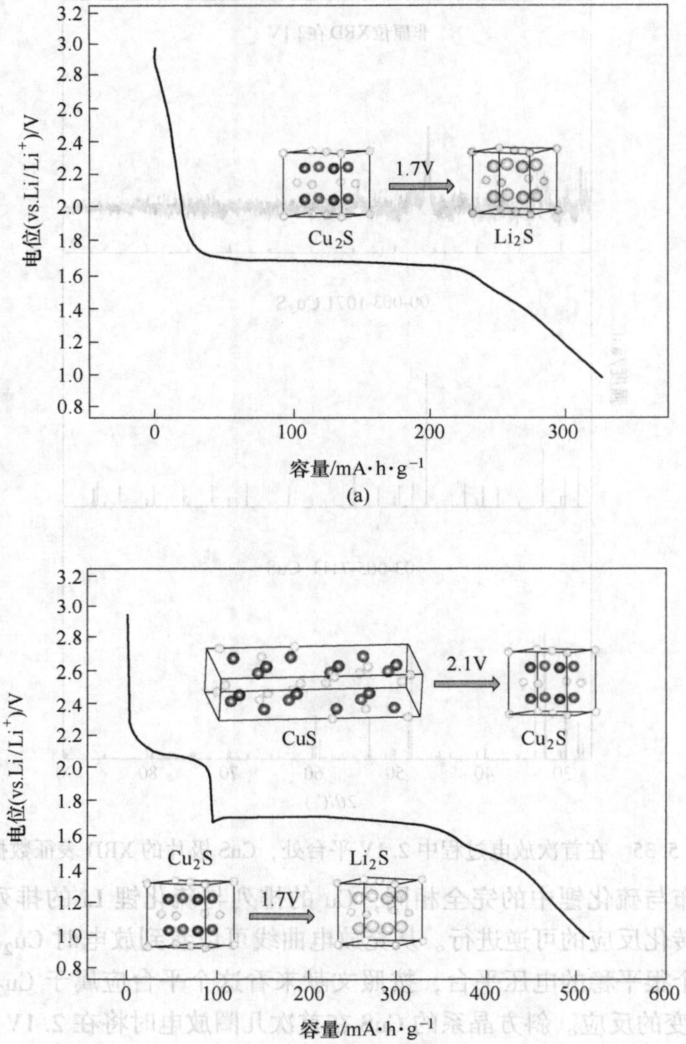
电位(vs.Li/Li$^+$)/V
容量/mA·h·g^{-1}
1.7V
Cu_2S
Li_2S
(a)
2.1V
CuS
Cu_2S
1.7V
Cu_2S
Li_2S
(b)

图 5.36　Cu_2S 及 CuS 电化学机理简要示意图

（a）Cu_2S；（b）CuS

次放电容量为 547mA · h/g，首次库仑效率为 94%，循环 100 周后可逆容量高达 472mA · h/g，容量保持率为 92%；而 Cu_2S 纳米棒首次放电容量为 350mA · h/g，首次库仑效率为 94%，循环 100 周后可逆容量高达 313mA · h/g，容量保持率为 96%。除此之外两种电极还具有较好的倍率性能，在不同电流密度：100mA/g、200mA/g、400mA/g、800mA/g、1000mA/g、1600mA/g 及 3200mA/g 下 CuS 的可逆容量为 476mA · h/g、466mA · h/g、455mA · h/g、434mA · h/g、411mA · h/g、

402mA · h/g 及 379mA · h/g；而 Cu_2S 的可逆容量为 336mA · h/g、335mA · h/g、324mA · h/g、306mA · h/g、283mA · h/g、280mA · h/g 及 270mA · h/g。而且当电流密度再次降为 100mA/g 时，两个电极的容量会马上恢复到原来的初始容量，说明用该种方法合成的铜硫化合物具有较好的倍率性能。

VASP 方法计算的结果也显示 Cu_xS（$x=1$，2）具有较好的电化学可逆性，其原因在于铜硫化合物的晶体结构与硫化锂极为相近。因此认为这种简单的溶剂热方法可广泛适用于制备不同结构的一维棒状的铜硫化合物，同时这种特殊形貌的铜硫化合物适用于锂离子电池负极。

5.5 醚类电解液组分对硫化铜储锂行为的影响

依靠在氩气气氛下加热硫粉使其升华，再与化学计量为 1∶1 的铜粉反应合成了纯相的硫化铜。为了研究不同醚基电解液组分条件对硫化铜储锂行为的影响，使用自制的硫化铜在 1mol LiTFSI DOL 和 1mol LiTFSI DME 两种电解液条件下进行了多种物相表征和电化学测试。依靠准原位 XRD 结合计算模拟等多种测试手段，对硫化铜的在充放电过程中的电化学反应机理与过充现象进行了细致的研究。在研究中，具有环状结构的 1，3-二氧戊环相比于链状结构的二甲氧基乙烷具有更优秀的循环稳定性。通过准原位 XRD 分析结合循环伏安测试，发现在 1mol LiTFSI DOL 条件下，过充原因应为 Cu_2S(四方）向 Cu_2S(立方）转变时发生“穿梭效应”。而在 1mol LiTFSI DME 条件下，过充原因应为 Li_2S（立方）向 Cu_2S（四方）转变时发生“穿梭效应”。通过 GITT 测试发现充放电过程中物相转化对锂离子扩散速率有阻碍作用。

与传统的锂硫电池材料相比，金属硫化物具有体积能量密度大、来源广泛等优点。同时可以依靠金属和硫之间强的共价键作用力把硫元素固定在电极材料中，这是一种非常有效的固硫策略。在众多金属硫化物中，铜硫化合物具有很多优点：（1）较好的导电性。均属于半导体材料，其中 CuS 电子导电率为 10^3S/cm，Cu_2S 的电子导电率为 10^2S/cm。此外铜硫化合物电化学循环过程中会产生导电性优异的铜单质，可以进一步提升材料电化学储锂中的电子导电性。（2）稳定的固硫作用。按照软硬酸碱理论，铜硫化合物中铜多为一价离子，半径大，氧化态低，易被极化变形属于软酸离子。而硫离子半径大，易被极化属于软碱离子，所以二者结合更牢固，理化性质也更稳定。（3）优异的电化学可逆性。根据金属硫化物的电化学反应机制 $MS+2Li \rightleftharpoons M+Li_2S$，可以推测金属硫化物与硫化锂晶体结构相近时，金属硫化物电池将具有优异的电化学可逆性。作者在前期工作中，通过理论计算的方法验证了铜硫化合物中 Cu_2S 具有较好的电化学可逆性。这是因为 Cu_2S 的晶体结构与 Li_2S 十分相近：空间群都是面心立方，且硫元素排布具有一致性。

铜硫化合物虽然具有以上优点，但在起初的文献报道中其并没有展示应有的优异性能，这是因为人们习惯性地采用了碳酸酯类电解液体系。当时的科研工作者并没有将研究重点转移到铜硫化合物电极材料、电解液结构演变规律上，而是继续集中研究铜硫化合物材料形貌调控、纳米化对其电化学性能的影响。随着对通硫化合物材料的深入研究，部分研究者认为电解液是决定电池反应可逆性的主要因素。B. Jache 等人使用市售的硫化铜研究其在碳酸酯类和醚类电解液中的循环稳定性，发现当使用醚类溶剂时，可以大大改善循环稳定性。

在铜硫化合物电极材料的演变规律上，出现了两种不同观点。一部分人认为电池的充放电是依靠锂离子嵌脱和转化反应来共同实现的。较早的如 J. -S. Chung 等人将购买的高纯度的 CuS 涂覆在镍箔上通过 XRD 分析在不同电位下的充放电产物，认为放电过程为：

第一平台反应：　$CuS + xLi + xe \longrightarrow Li_xCuS$

第二平台反应：

$$1.96Li_xCuS + (2-1.96x)\ Li^+ + (2-1.96x)e \longrightarrow Li_2S + Cu_{1.96}S$$

$$Cu_{1.96}S + 2Li^+ + 2e \longrightarrow Li_2S + 1.96Cu$$

G. Kalimuldina 等人通过 XRD 分析认为充放电过程存在锂离子的嵌脱与转化反应。

另一部分认为只通过转化反应就可实现充放电。较早的有 F. Bonino 等人通过简单的铜粉通过硫化制备出 CuS 材料，通过充放电前后的 XRD 分析，认为充放电的机理为：

第一平台反应：　$2Li + 2CuS \longrightarrow Li_2S + Cu_2S$

第二平台反应：　$2Li + Cu_2S \longrightarrow Li_2S + 2Cu$

而后，A. Débart 等人通过透射电子显微镜（TEM）、原位 X 射线衍射（XRD）证实了这一理论。

CuS 材料自身具有过充性质，充放电过程中形成的多硫化锂溶于电解质，出现聚硫穿梭现象，导致了容量的衰减。K. Kun 等人研究认为电解质中可溶性多硫化物是硫和 CuS 在反应过程中产生的。Chen Yunhua 等人研究了电沉积 CuS 薄膜在锂离子电池中的电化学性能，当 Li/CuS 电池在 1.5~2.5V 之间循环时，容量急剧下降，认为是充放电过程中产生绝缘的 Li_2S 和可溶的多硫化锂造成的。

前期工作结果显示：影响铜硫化合物电化学活性的决定因素不是特殊的形貌与纳米尺度，而是铜硫化合物本身的化学组成、晶体结构、元素价态结构及电极材料与电解液间的相互作用关系。为了验证这一理论，曾在前期工作中，制备了一种铜富余的微米尺度、无规则形貌的铜硫化合物，结果显示该材料具有十分优异的循环性能。性能优异的原因在于富余的铜单质可以随时捕捉电化学过程中脱离的活性硫元素，使铜硫化合物在电化学过程中具有更好的可逆性。此外，还对铜硫化合物在不同电解液体系中的结构、性能演变进行了初步探索。实验结果发现，电解液的组成及溶剂结构直接影响铜硫化合物的电化学性能：碳酸酯类电解液体系所含环状结构越多，铜硫化合物的电化学性能越差。

本节通过准原位 XRD 联合循环伏安测试及 GITT 测试，研究醚类电解液溶剂组分 DOL（1,3-二氧戊环）及 DME（二甲氧基乙烷）对硫化铜储锂过程的影响。研究结果显示，不同电解液组分不仅影响硫化铜电化学过程中物相的形成、电化学行为，同时也影响电化学扩散系数的变化及过充现象。

5.5.1 实验部分

CuS 制备：制备 CuS 粉末使用的 Cu 粉（30~50nm）和 S 粉均是购于市面上的分析级材料。为了避免 Cu 粉暴露在空气中氧化，因此操作基本在充满氩气的手套箱中进行。称取质量比约为 1∶2 的 S 粉和 Cu 粉混合，与 CuS 的组成基本一致。将称取的 S 粉和 Cu 粉在玛瑙研钵中缓缓地研磨 30min。将研磨好的粉末封装在氧化铝瓷舟中，在通入氩气的管式炉中在 155℃ 下加热 3h，然后再通入氢氩混合气体（氢气含量 7%）在 155℃ 下加热 3h 去除残余的 S 粉，待样品冷却至室温后取出。

电解液配置：配制电解液使用的锂盐是双三氟甲烷磺酰亚胺锂（LiTFSI），溶剂是 1,3-二氧戊环和二甲氧基乙烷，药品和溶剂均为电池级。在手套箱中将 LiTFSI 和 DOL、DME 按 1mol/L 配置出 1mol/L LiTFSI DOL 和 1mol/L LiTFSI DME 两种电解液。

结构表征：使用扫描电子显微镜和 X 射线衍射对 CuS 电极的表面相貌和晶体机构进行分析。合成的 CuS 的 X 射线衍射图是在铜板辐射上收集的。工作电压为 40kV，电流为 30mA，扫描步长为 2°/min。为了分析充放电过程中晶体结构的变化，在氩气气氛中将 Li/CuS 电池在不同充电和放电状态下拆卸，将电极进行准原位 XRD 测试。购买了一种单侧聚酰亚胺窗口 CR2016 电池壳（图 5.37），用于准原位 X 射线衍射测试。进行准原位 X 射线衍射测试时，将涂有活性物质的一面紧贴聚酰亚胺窗口，通过窗口进行物相分析。

电化学测试：将 CuS、导电炭和 PVDF 按照质量比 8∶1∶1 研磨 1h 或更长时间，混合均匀。再滴加一定量的 N-甲基-2-吡咯烷酮溶剂，制备成一定黏度的粉体浆料。使用涂布机将浆料涂覆在铜箔集流体上，涂好的极片在 60℃ 下真空干燥 12h。在充满氩气的手套箱中将 CuS 极片、Celgard 隔膜和锂片组装成 CR2016 型硬币型电池。电解液是配置好的 1mol/L LiTFSI DOL 和 1mol/L LiTFSI DME 两种电解液。Li/Cu_xS 电池的循环性能通过电池测试系统（Land，Wuhan，China）上的恒定电流充电和放电来测量。循环伏安法（CV）研究通过 CHI660E 电化学测量工作站，扫描速率为 0.1mV/s。

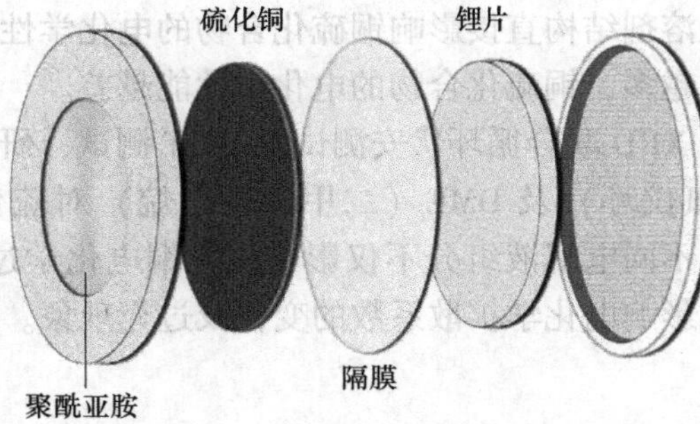
硫化铜
锂片
隔膜
聚酰亚胺

图 5.37　一种单侧聚酰亚胺窗口 CR2016 电池壳，用于准原位 X 射线衍射测试

计算步骤：本节的所有计算都是使用基于密度泛函理论（DFT）的 Vienna ab initio 模拟软件包（VASP）进行的。

5.5.2　结果与讨论

本节实验使用了一种依靠硫粉升华硫化金属单质铜的方法制备纯相硫化铜粉末，反应温度是在黏度最小的 155℃，在这个温度下，铜粉能与硫粉完全反应。图 5.38 所示为制备出的 CuS 的 XRD 谱图。制备出的样品的所有衍射峰均可与 CuS 的六方相的索引卡片（JCPDS No. 06-0464）相对应，并且没有检测到其他杂质峰，说明制备出的是纯相的 CuS 材料。与标准卡片相比，（102）和（110）峰的强度更高，表现出一定的择优取向。

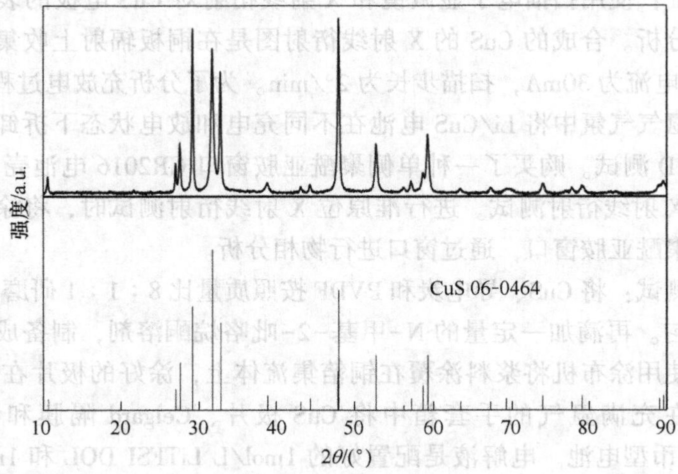
强度/a.u.
CuS 06-0464
10
20
30
40
50
60
70
80
90
2θ/(°)

图 5.38　硫化铜材料的 X 射线衍射图谱，下方是硫化铜的标准 PDF 卡片

使用 SEM 对制备出的 CuS 材料进行形貌和尺寸表征。图 5.39 的 SEM 图表明

制备出的 CuS 材料颗粒尺寸在 2.5μm 左右，形貌主要是以细小片层组合的不规则颗粒为主。

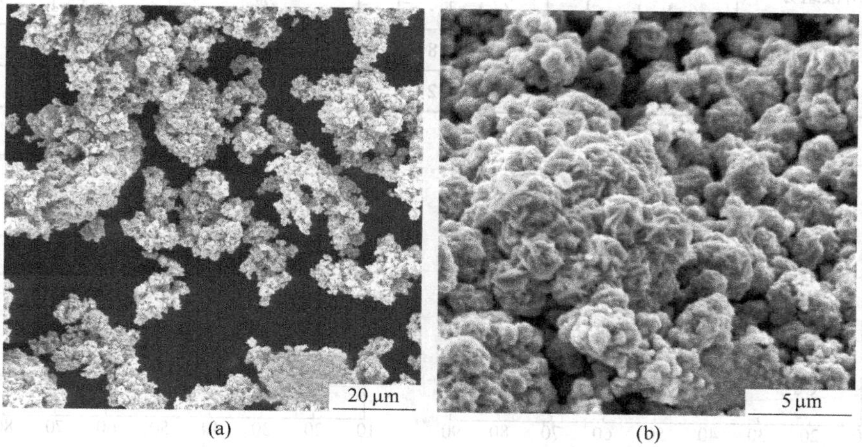
20 μm
(a)
5 μm
(b)

图 5.39 CuS 阴极材料的 SEM 图
（a）低放大倍率下的 SEM 图；（b）高放大倍率下的 SEM 图

1mol/L LiTFSI DOL 和 1mol/L LiTFSI DME 条件下，CuS 电极在 0.5C 电流密度下的循环性能如图 5.40 所示。对两种电解液条件下充放电性能对比可知（表 5.2），1mol/L LiTFSI DOL 条件下的首圈放电比容量要高于 1mol/L LiTFSI DME，但充电比容量低于 1mol/L LiTFSI DME。1mol/L LiTFSI DME 条件下的首圈库仑效率高于 1mol/L LiTFSI DOL，但在 70 圈后的不可逆容量损失高于 1mol/L LiTFSI DOL。

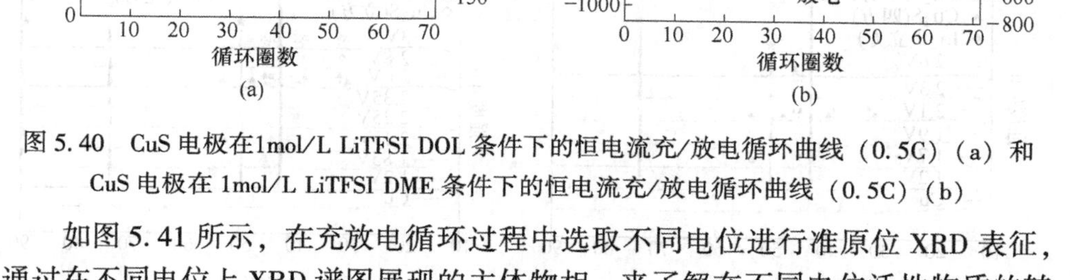
比容量/mA·h·g⁻¹
库仑效率/%
充电
放电
循环圈数
(a)
比容量/mA·h·g⁻¹
库仑效率/%
充电
放电
循环圈数
(b)

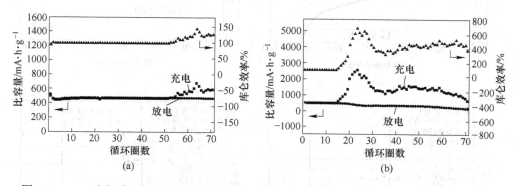

图 5.40 CuS 电极在1mol/L LiTFSI DOL 条件下的恒电流充/放电循环曲线（0.5C）（a）和 CuS 电极在 1mol/L LiTFSI DME 条件下的恒电流充/放电循环曲线（0.5C）（b）

如图 5.41 所示，在充放电循环过程中选取不同电位进行准原位 XRD 表征，通过在不同电位上 XRD 谱图展现的主体物相，来了解在不同电位活性物质的转变机理。为得到稳定的充放电电位物相分析，选取充放电循环的第 2 圈进行准原位的 XRD 表征。

表 5.2　不同组分电解液条件下的充放电性能

电解液组分	首圈放电比容量 /mA · h · g^{-1}	首圈充电比容量 /mA · h · g^{-1}	首圈库仑效率 /%	70 圈不可逆容量损失 /mA · h · g^{-1}
1mol/L LiTFSI DOL	528. 7	502. 8	95. 11	55. 4
1mol/L LiTFSI DME	520. 2	504. 2	96. 92	342. 7

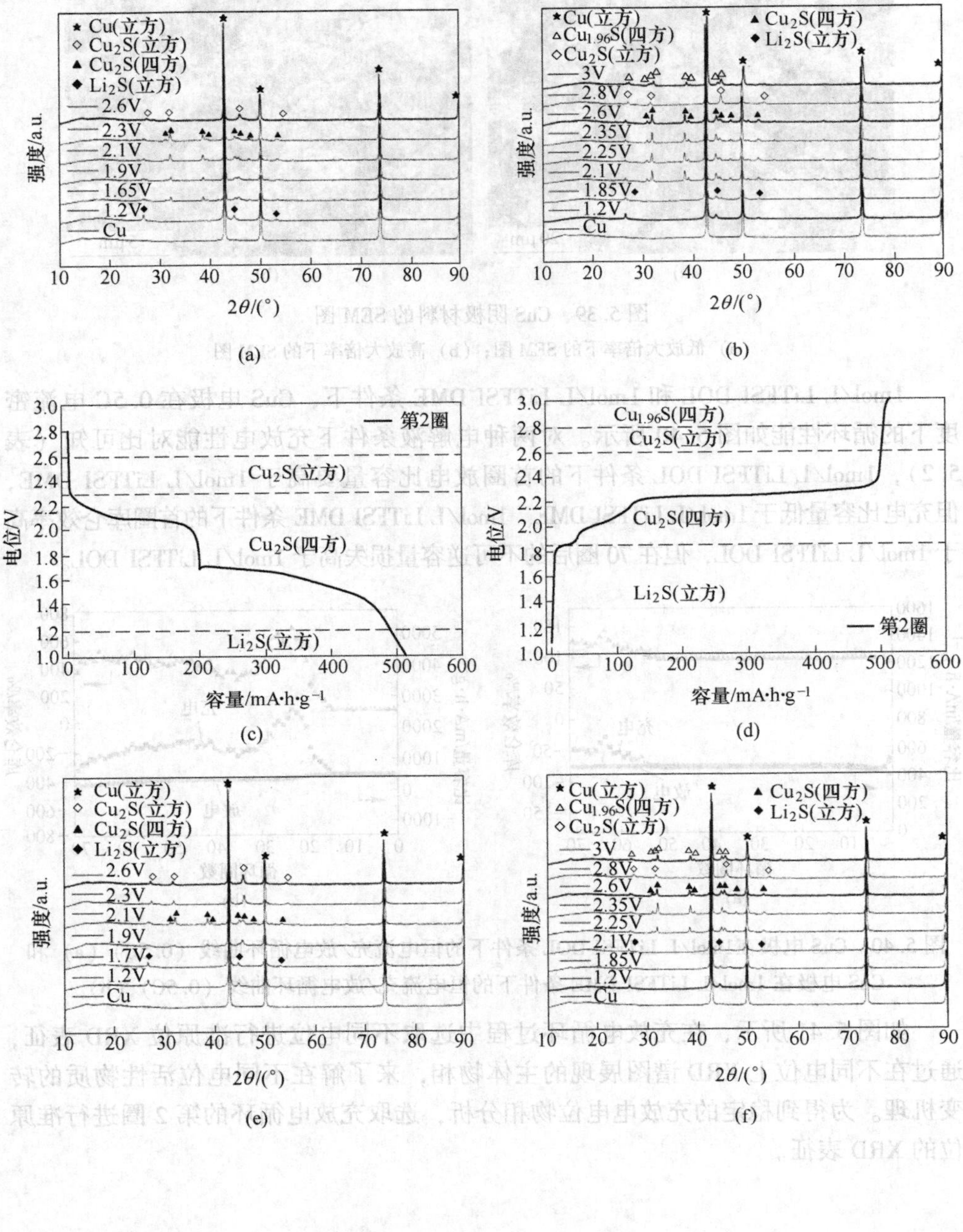

Cu(立方)
Cu2S(立方)
Cu2S(四方)
Li2S(立方)
Cu1.96S(四方)
2.6V
2.3V
2.1V
1.9V
1.65V
1.2V
Cu
3V
2.8V
2.35V
2.25V
1.85V
1.7V
强度/a.u.
2θ/(°)
电位/V
容量/mA·h·g⁻¹
第2圈
(a)
(b)
(c)
(d)
(e)
(f)

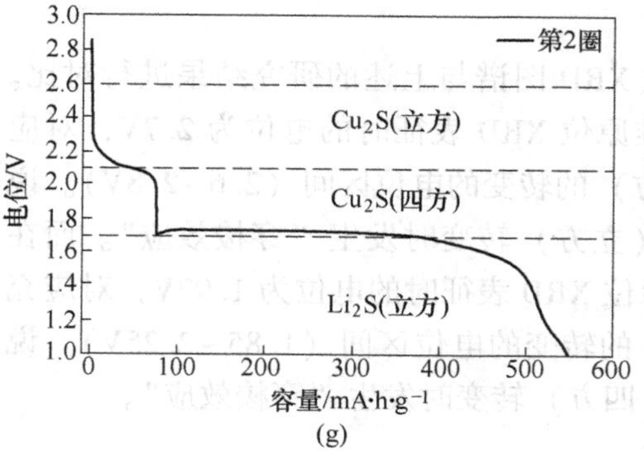

3.0
2.8
2.6
2.4
2.2
2.0
1.8
1.6
1.4
1.2
1.0
电位/V
—第2圈
Cu_2S(立方)
Cu_2S(四方)
Li_2S(立方)
0
100
200
300
400
500
600
容量/mA·h·g⁻¹
(g)

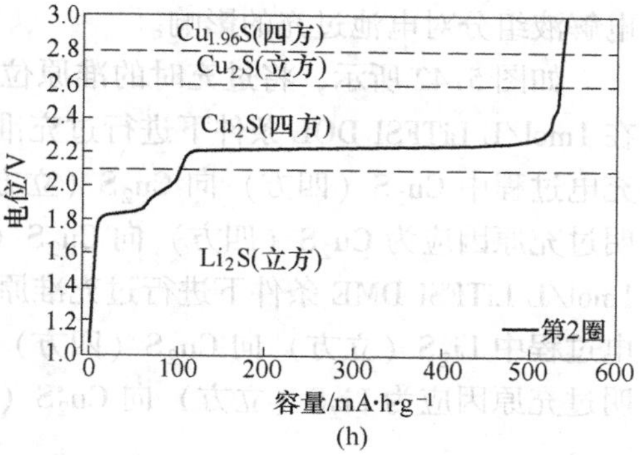

3.0
2.8
2.6
2.4
2.2
2.0
1.8
1.6
1.4
1.2
1.0
电位/V
$Cu_{1.96}S$(四方)
Cu_2S(立方)
Cu_2S(四方)
Li_2S(立方)
—第2圈
0
100
200
300
400
500
600
容量/mA·h·g⁻¹
(h)

图 5.41 1mol/L LiTFSI DOL 条件下的放电准原位 XRD（a）；1mol/L LiTFSI DOL 条件下的充电准原位 XRD（b）；1mol/L LiTFSI DOL 条件下第 2 圈放电循环曲线（c）；1mol/L LiTFSI DOL 条件下第 2 圈充电循环曲线（d）；1mol/L LiTFSI DME 条件下的放电准原位 XRD（e）；1mol/L LiTFSI DME 条件下的充电准原位 XRD（f）；1mol/L LiTFSI DME 条件下第 2 圈放电循环曲线（g）；1mol/L LiTFSI DME 条件下第 2 圈充电循环曲线（h）

在 1mol/L LiTFSI DOL 和 1mol LiTFSI DME 条件下，放电过程的物相转换过程为 CuS（六方）→Cu_2S（立方）→Cu_2S（四方）→Li_2S（立方），充电过程的物相转换过程为 Li_2S（立方）→Cu_2S（四方）→Cu_2S（立方）→$Cu_{1.96}S$（四方）。两种组分电解液条件下的充放电物相转变过程虽然一致，但物相转变的电位却有很大差异，通过列表（表 5.3）对比，以更直观的方式了解其物相转变的电位差异。

通过表 5.3 可知，在放电过程中，从 Cu_2S（立方）转变为 Cu_2S（四方）的电位来看，1mol/L LiTFSI DOL 比 1mol/L LiTFSI DME 的转变更快，而从 Cu_2S（四方）转变为 Li_2S（立方）的电位来看，1mol/L LiTFSI DME 比 1mol/L LiTFSI DOL 的转变更快。

在充电过程中，从 Li_2S（立方）转变为 Cu_2S（四方）的电位来看，1mol/L LiTFSI DOL 比 1mol/L LiTFSI DME 的转变更快，从 Cu_2S（四方）转变为 Cu_2S（立方）的电位来看，1mol/L LiTFSI DME 比 1mol/L LiTFSI DOL 的转变更快。

表 5.3 不同组分电解液条件下的物相转变电位比较

电解液种类	充电/放电	Cu_2S（立方）/V	Cu_2S（四方）/V	Li_2S（立方）/V
1mol/L LiTFSI DOL	放电	2.6	2.3~1.65	1.2
	充电	2.8	2.1~2.6	1.2~1.85
1mol/L LiTFSI DME	放电	2.6~2.3	2.1~1.9	1.7~1.2
	充电	2.8	2.25~2.6	1.2~2.1

通过之前的实验得到了不同组分电解液条件下各个电位的充放电准原位 XRD 图谱。而后，对过充时的极片进行准原位 XRD 分析，通过数据对比来研究

电解液组分对电池过充的影响。

如图 5.42 所示，将过充时的准原位 XRD 图谱与上述的研究结果进行对比。在 1mol/L LiTFSI DOL 条件下进行过充准原位 XRD 表征时的电位为 2.7V，对应充电过程中 Cu_2S（四方）向 Cu_2S（立方）的转变的电位区间（2.6~2.8V）。说明过充原因应为 Cu_2S（四方）向 Cu_2S（立方）转变时发生“穿梭效应”。而在 1mol/L LiTFSI DME 条件下进行过充准原位 XRD 表征时的电位为 1.97V，对应充电过程中 Li_2S（立方）向 Cu_2S（四方）的转变的电位区间（1.85~2.25V）。说明过充原因应为 Li_2S（立方）向 Cu_2S（四方）转变时发生“穿梭效应”。

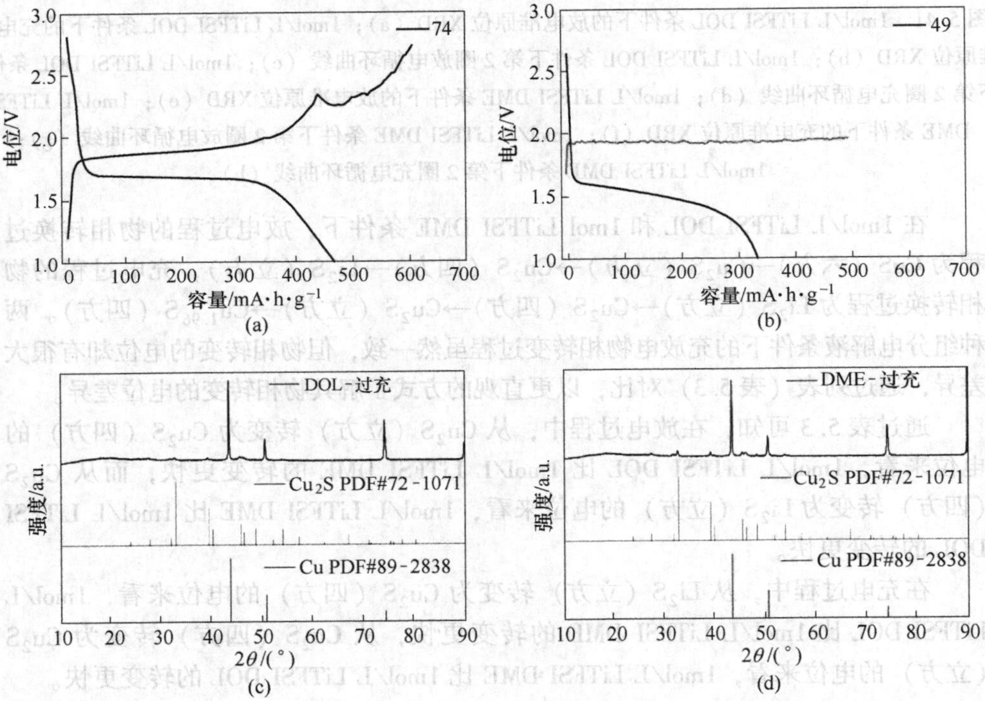

74
电位/V
容量/mA·h·g⁻¹
(a)
49
(b)
DOL-过充
Cu2S PDF#72-1071
Cu PDF#89-2838
强度/a.u.
2θ/(°)
(c)
DME-过充
(d)

图 5.42　1mol/L LiTFSI DOL 条件下在第 74 圈进行准原位 XRD 测试时的停止电位（a）；1mol/L LiTFSI DME 条件下在第 49 圈进行准原位 XRD 测试时的停止电位（b）；1mol/L LiTFSI DOL 条件下过充时的准原位 XRD 图谱（c）；1mol/L LiTFSI DME 条件下过充时的准原位 XRD 图谱（d）

图 5.43（a）和（b）显示了两种电解液组分条件下，CuS 电极在第四次充/放电循环过程中获得的 GITT 曲线。图 5.43（c）和（d）为两种电解液组分条件下，CuS 电极在放电过程中的单个 GITT 滴定曲线。图 5.43（e）和（f）为两种电解液组分条件下电压 E 与 $\tau^{1/2}$ 的函数关系，当 E 与 $\tau^{1/2}$ 呈线性关系时，可以基于以下公式计算 CuS 电极的 D_{Li}（GITT）。

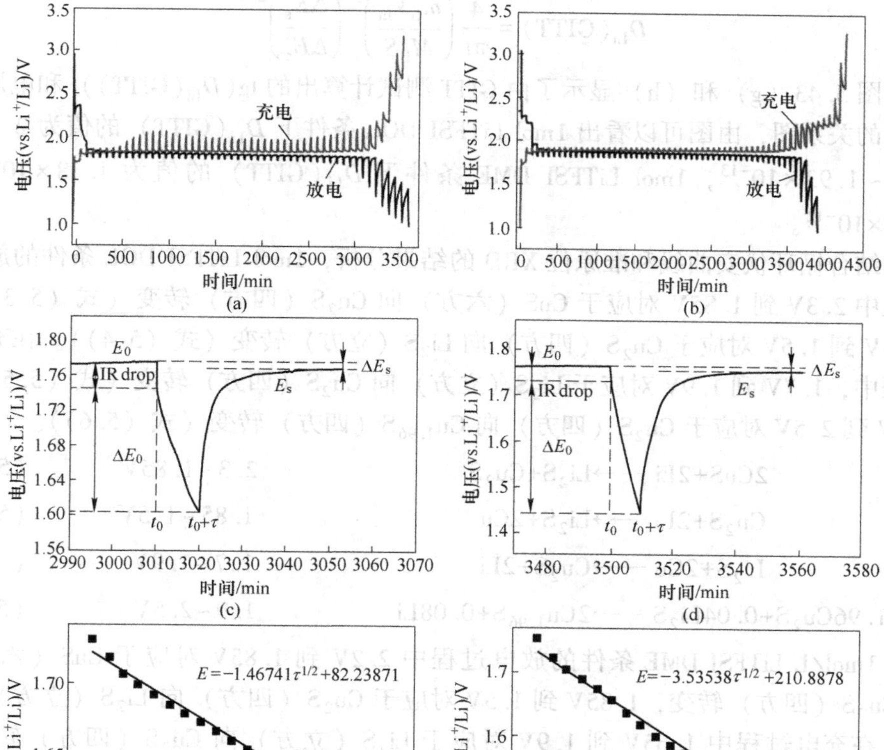

电压(vs.Li+/Li)/V
充电
放电
时间/min
(a)
(b)
E0
IR drop
ΔE0
Es
ΔEs
t0
t0+τ
(c)
(d)
E=−1.46741τ1/2+82.23871
E=−3.53538τ1/2+210.8878
τ1/2/S1/2
(e)
(f)
lg(D/cm2·s−1)
放电
充电
(g)
(h)

图 5.43 GITT 测试

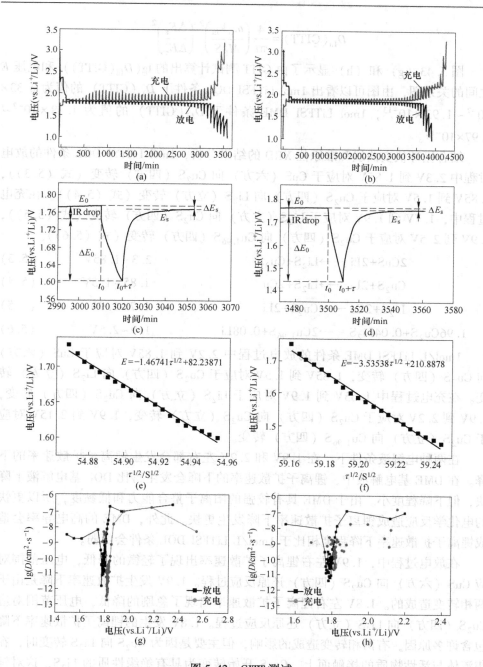

(a) 1mol/L LiTFSI DOL 条件 CuS 电极在放电和充电过程中的 GITT 曲线；(b) 1mol/L LiTFSI DME 条件 CuS 电极在放电和充电过程中的 GITT 曲线；(c) 1mol/L LiTFSI DOL 条件下放电过程中单个 GITT 滴定曲线；(d) 1mol/L LiTFSI DME 条件下放电过程中单个 GITT 滴定曲线；(e) 1mol/L LiTFSI DOL 条件下放电过程中单个 GITT 滴定曲线的线性拟合；(f) 1mol/L LiTFSI DME 条件下放电过程中单个 GITT 滴定曲线的线性拟合；(g) 1mol/L LiTFSI DOL 条件下根据 CuS 电极在放电和充电过程中的 GITT 电势分布计算出来的锂离子扩散系数；(h) 1mol/L LiTFSI DME 条件下根据 CuS 电极在放电和充电过程中的 GITT 电势分布计算出来的锂离子扩散系数

$$D_{\mathrm{Li}}(\mathrm{GITT})=\frac{4}{\pi t}\left(\frac{m_{\mathrm{b}}V_{\mathrm{m}}}{M_{\mathrm{b}}S}\right)^2\left(\frac{\Delta E_{\mathrm{s}}}{\Delta E_{\tau}}\right)^2$$

图 5.43（g）和（h）显示了由 GITT 测试计算出的 $\lg(D_{\mathrm{Li}}(\mathrm{GITT}))$ 和电压 E 之间的关系图，由图可以看出 1mol LiTFSI DOL 条件下 D_{Li}(GITT) 的值为 $2.33\times10^{-7}\sim1.93\times10^{-13}$，1mol LiTFSI DME 条件下 D_{Li}(GITT) 的值为 $1.38\times10^{-7}\sim3.97\times10^{-12}$。

结合循环伏安曲线和准原位 XRD 的结果分析，1mol LiTFSI DOL 条件的放电过程中 2.3V 到 1.85V 对应于 CuS（六方）向 Cu_2S（四方）转变（式（5.3）），1.85V 到 1.5V 对应于 Cu_2S（四方）向 Li_2S（立方）转变（式（5.4））。在充电过程中，1.7V 到 1.9V 对应于 Li_2S（立方）向 Cu_2S（四方）转变（式（5.5）），1.9V 到 2.5V 对应于 Cu_2S（四方）向 $Cu_{1.96}S$（四方）转变（式（5.6））。

$$2CuS+2Li \longrightarrow Li_2S+Cu_2S \qquad 2.3\sim1.85V \tag{5.3}$$

$$Cu_2S+2Li \longrightarrow Li_2S+2Cu \qquad 1.85\sim1.5V \tag{5.4}$$

$$Li_2S+2Cu \longrightarrow Cu_2S+2Li \qquad 1.7\sim1.9V \tag{5.5}$$

$$1.96Cu_2S+0.04Li_2S \longrightarrow 2Cu_{1.96}S+0.08Li \qquad 1.9\sim2.5V \tag{5.6}$$

1mol/L LiTFSI DME 条件的放电过程中 2.2V 到 1.85V 对应于 CuS（六方）向 Cu_2S（四方）转变，1.85V 到 1.5V 对应于 Cu_2S（四方）向 Li_2S（立方）转变。在充电过程中 1.65V 到 1.9V 对应于 Li_2S（立方）向 Cu_2S（四方）转变，1.9V 到 2.2V 对应于 Cu_2S（四方）向 Cu_2S（立方）转变，1.9V 到 2.15V 对应于 Cu_2S（立方）向 $Cu_{1.96}S$（四方）转变。

在两种电解液条件下，在 1.9V 和 2.2V 左右都会发生锂离子扩散速率的下降。在 DME 基电解液中，锂离子扩散速率的下降会发生得比 DOL 基电解液下降快，但下降程度小。由于 DME 具有较强的阳离子螯合能力和低黏度，所以更快的电化学反应造成锂离子扩散速率下降发生更快。此外，DME 的高电导率会造成锂离子扩散速率下降程度相比于 1mol/L LiTFSI DOL 条件会更弱。

在放电过程中，1.9V 左右锂离子扩散速率出现了轻微的降低，电压范围对应 CuS（六方）向 Cu_2S（四方）还原反应过程。1.9V 发生扩散速率下降是由于两相转变造成的。1.8V 左右锂离子扩散速率出现了急剧的降低，电压范围对应 Cu_2S（四方）向 Li_2S（立方）还原反应过程。1.8V 发生的锂离子扩散速率下降包含许多原因，有两相转变造成的影响，但主要是因为 Cu_2S 向 Li_2S 转变时，在集流体与活性物质的接触面上，Cu_2S 开始转变为具有绝缘性质的 Li_2S，这对锂离子的迁移造成了非常大的阻碍，导致锂离子扩散速率的急剧降低。

在充电过程中，1.85V 左右锂离子扩散速率出现了急剧的降低，电压范围对应 Li_2S（立方）向 Cu_2S（四方）氧化反应过程，原因可能是由于具有绝缘性质

的 Li_2S 向 Cu_2S 转变过程中，锂离子迁移由于其绝缘性质，使其反应较为缓慢，所以锂离子的迁移速率降低。2.2V 左右，锂离子扩散速率又发生一次降低，这可能是由 Cu_2S（四方）向 CuS（六方）氧化过程中两相转变造成的。

为了解释 CuS 电极在 DOL 和 DME 两种醚类电解液中循环性能的差异，对线性醚基电解质（DME）和环状醚基电解质（DOL）中最可能的反应路线（图 5.44）进行了理论计算。在锂硫电池的循环过程中会出现“穿梭效应”，这是在充放电过程中形成的多硫化物离子造成的，而多硫化物离子中最稳定的是 S_4^{2-}。多硫化物离子的主要形式是 S_4^{2-} 和 S_2^{2-}。本节通过计算模拟来研究 S_4^{2-} 和 S_2^{2-} 同两种醚基电解液可能的反应。

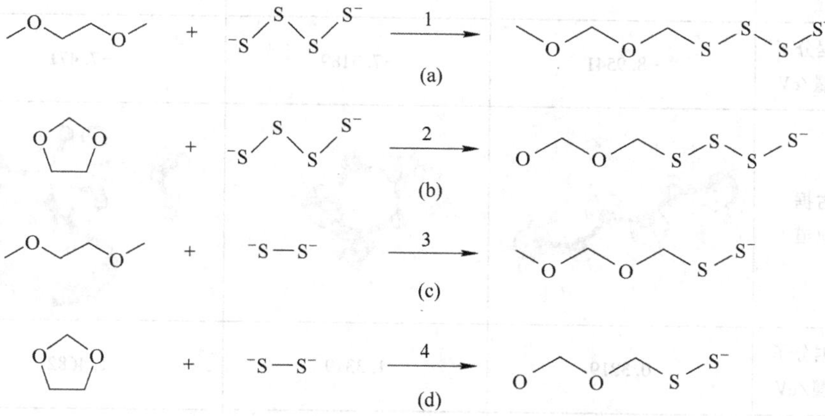

图 5.44 DME 及 DOL 同 S_4^{2-} 和 S_2^{2-} 的反应路径

反应过程的吉布斯自由能的详细信息列于表 5.4 中。从这些数据中可以得出结论，由于反应的吉布斯自由能的降低，对 DME 电解质的亲核攻击反应更加简单（(b)、(d)）。这与表 5.5 中所示的其他计算结果一致。与 DOL 及 LiFSL 分子相比，DME 分子的 LUMO 能量较低。基于分子轨道理论，DME 分子可以通过亲电子反应容易地获得电子。同时，DME 分子的总能量高于 DOL 及 LiFSL 分子的总能量，因此 DME 分子更不稳定。所有这些结果表明，由 DME 分子组成的电解质可以容易地与阴离子反应，这导致 DME 更容易引发过充现象。

表 5.4 DME 及 DOL 稳定性及其反应吉布斯自由能

Species	DME	DOL	S_4^{2-}	1	2	$\Delta G^{(a)}$	$\Delta G^{(b)}$
	−373.13	−352.68	−1592.68	−1842.01	−1931.32	−0.25	−0.03
			S_2^{2-}	3	4	$\Delta G^{(c)}$	$\Delta G^{(d)}$
			−796.20	−1121.26	−1130.15	−0.37	−0.11

表 5.5　HOMO 与 LOMO 轨道示意图和轨道能量

项目	DME	DOL	LiFSL
原子结构	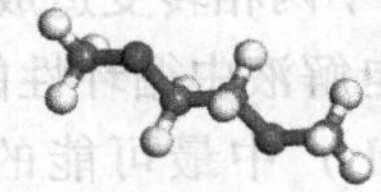	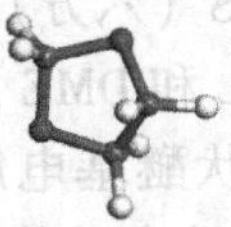	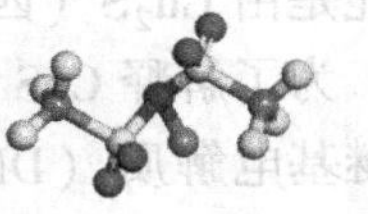
最高占据分子轨道	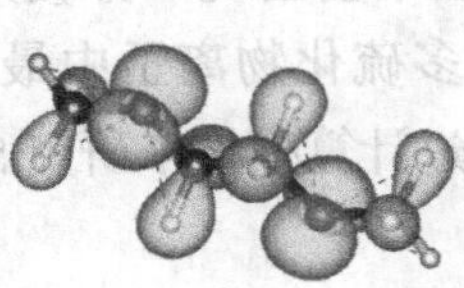	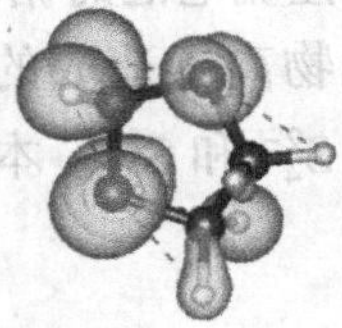	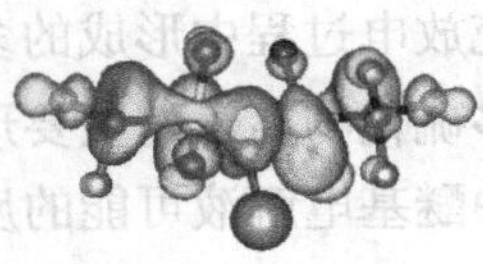
最高占据分子轨道能量/eV	-8.9541	-7.3189	-7.471
最低占据分子轨道	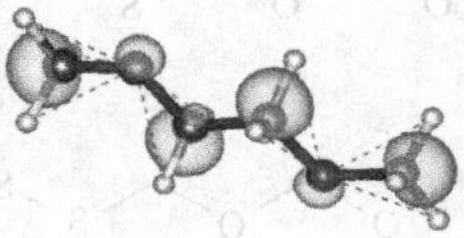	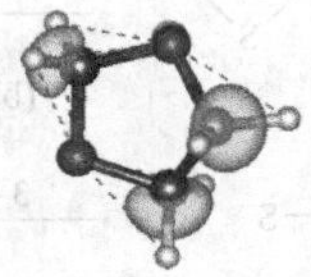	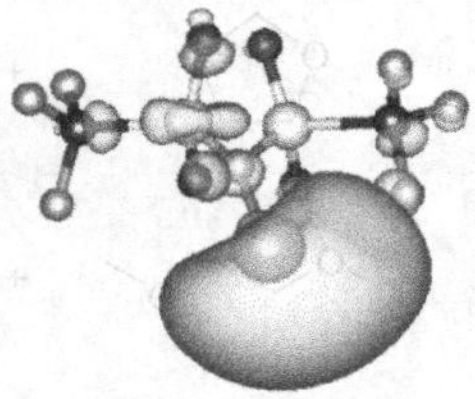
最低占据分子轨道能量/eV	0.3219	1.3319	1.4682
差值/eV	8.6322	5.9870	6.0028

本节通过一种简单的方法制备出纯相的硫化铜负极材料，用于研究不同组分的醚类电解液条件对硫化铜储锂行为的影响。在研究中，发现环状的醚基电解液比线状的醚基电解液具有更好的循环性能。在 1mol/L LiTFSI DOL 条件下，硫化铜电极在 50 个循环后表现出 480mA · h/g 的放电容量。但在 1mol/L LiTFSI DME 条件下，硫化铜电极在 50 个循环后只表现出 338mA · h/g 的放电容量，并且从 15 圈左右开始出现过充现象。

通过准原位 XRD 研究了在不同电位下的 CuS 电极的物相变化。在 1mol/L LiTFSI DOL 和 1mol/L LiTFSI DME 条件下，放电过程的物相转换过程为 CuS（六方）→Cu_2S（立方）→Cu_2S（四方）→Li_2S（立方），充电过程的物相转换过程为 Li_2S（立方）→Cu_2S（四方）→Cu_2S（立方）→$Cu_{1.96}S$（四方）。由于醚基溶剂的阳离子螯合能力和黏度的不同，不同组分的电解液条件下的硫化铜电极发生物相转变的电位是有差异的。在放电过程中，从 Cu_2S（立方）转变为 Cu_2S（四方）的电位来看，1mol/L LiTFSI DOL 比 1mol/L LiTFSI DME 的转变更快，而从 Cu_2S（四方）转变为 Li_2S（立方）的电位来看，1mol/L LiTFSI DME 比 1mol/L LiTFSI

DOL 的转变更快。在充电过程中，从 Li_2S（立方）转变为 Cu_2S（四方）的电位来看，1mol/L LiTFSI DOL 比 1mol/L LiTFSI DME 的转变更快，从 Cu_2S（四方）转变为 Cu_2S（立方）的电位来看，1mol/L LiTFSI DME 比 1mol/L LiTFSI DOL 的转变更快。

将两种电解液条件下发生过充后的硫化铜电极进行准原位 XRD 分析，结合循环伏安测试的结果，发现过充主要发生在硫化锂向硫化亚铜的转变过程中，说明这部分“穿梭效应”比较剧烈。结合计算模拟的结果，DME 分子组成的电解质容易与阴离子反应，导致 1mol/L LiTFSI DME 条件下硫化铜电极更容易引起过充电。

通过 GITT 测试结合前面准原位 XRD 物相分析，研究了在不同的电位下锂离子扩散系数与物相变化的关系。在两种电解液条件下，CuS（六方）和 Cu_2S（四方）之间的两相转换会造成锂离子扩散速率的下降。Cu_2S（四方）和 Li_2S（立方）之间的转化因 Li_2S 自身的绝缘性质也会造成锂离子扩散速率的下降。

5.6 醚类电解液组分对硫化亚铜储锂行为的影响

近年来，过渡金属化合物（特别是金属硫化物）因为其良好的化学和物理特性，被广泛关注和研究。硫铜化合物在自然界中存储量丰富，常以多种不同化学计量比存在，其具有多价态性的硫以及多样性的晶体结构和形貌，通常用化学式 Cu_xS 表示，主要存在形式是硫铜矿物，如蓝靛铜矿（CuS）、假蓝靛矿（$Cu_{1.75}S$）、辉铜矿（$Cu_{1.8}S$）、辉铜矿（Cu_2S）等。铜硫化合物具有许多优异的物理和化学性能，在光电转化、半导体器件、快速离子导体、热光电敏感器件等领域也有重要应用。硫化亚铜（Cu_2S）化合物作为锂离子电池负极材料具有高的比容量（335mA · h/g），比钛酸锂负极材料具有更为优异的导电性（10^4S/cm）；相对石墨负极材料有更高的体积比容量，约为石墨的体积比容量的 2 倍（Cu_2S 的体积比容量为 1876A · h/L，石墨体积比容量 830A · h/L），同时该材料还具有对环境友好、无污染、来源广泛等优点，是一种颇具应用前景的新型锂离子电池负极材料。

5.6.1 主要工作

本节通过表征商品化的硫化亚铜材料的结构与形貌，研究该硫化亚铜电极材料在醚类电解液中的电化学性能以及环状醚类溶剂与链状醚类溶剂比例对材料的电化学性能的影响。

5.6.2 实验部分

硫化亚铜电极：将质量分数为 70%Cu_2S 材料、15%乙炔黑及 15%PVDF 溶解于 NMP 中，将调配好的浆料通过涂膜仪涂敷在铜箔上，在真空烘箱里 60℃下烘烤 12h。523 三元电极、钴酸锂电极及磷酸铁锂电极：按照质量比 85%活性材料、8%乙炔黑、2%石墨及 5%PVDF 溶解于 NMP 中，将调配好的浆料通过涂膜仪涂敷在铝箔上，在真空烘箱里 60℃下烘烤 12h。

5.6.3　醚类电解液中硫化亚铜材料的电化学性能

5.6.3.1　原材料硫化亚铜形貌与结构分析

从图 5.45（a）的电镜图可以看出，本节购买的硫化亚铜样品是一种无规则的粉末，颗粒大小从几百纳米到 10μm 不等。将此材料混合乙炔黑研磨，制作成电极后材料会均匀分布，从图 5.45（b）可以看出，材料和乙炔黑混合较好。图 5.45（c）的 XRD 测试结果表明该样品除了主体存在的 Cu_2S（JCPDS 003-1071），属于立方晶系，还含有少量 CuS（JCPDS 006-0464）以及 Cu（JCPDS 085-1326）。

10μm

(a)

10μm

(b)

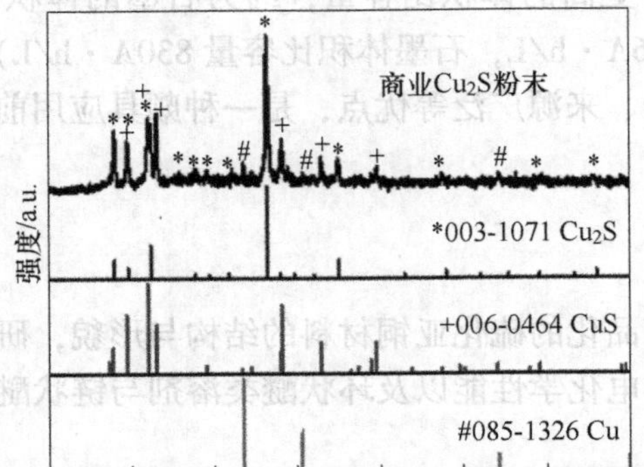
商业Cu2S粉末
*003-1071 Cu2S
+006-0464 CuS
#085-1326 Cu
强度/a.u.
20
30
40
50
60
70
80
90
2θ/(°)

(c)

图 5.45　样品粉末 SEM 图（a）、电极表面 SEM 图（b）和样品粉末 XRD 图（c）

5.6.3.2 醚类电解液中硫化亚铜电池性能

按照前述的实验方法，组装使用了铜箔集流体的2016-型 Cu_2S/Li 扣式电池，电解液为 1mol/L LiTFSI/ DOL+DME 5∶5（体积比，*V/V*），测试了该硫化亚铜样品的电化学性能，如图 5.46 所示。

图 5.46（a）所示为硫化亚铜电池在醚类电解液中前 20 圈的充放电曲线。首圈充放电曲线表明该硫化亚铜材料在首次放电时，会存在 2.05V 和 1.70V 两个放电平台及 1.85V、2.2V 和 2.3V 三个充电平台。其中存在 2.05V 及 2.2V 平台的原因是购买的硫化亚铜材料中存在少量硫化铜（硫化铜理论比容量为 560mA·h/g，导致材料前期的比容量会超过理论比容量），硫化铜存在两步反应机理：

$$CuS + Li \longrightarrow 0.5Cu_2S + 0.5Li_2S \tag{5.7}$$

$$0.5Cu_2S + Li \longrightarrow Cu + 0.5Li_2S \tag{5.8}$$

随着反应的进行，硫化铜会逐步转化为硫化亚铜，对应的 2.05V 和 2.2V 的高电位平台会逐步变短，最后消失。经历 20 圈循环后，硫化亚铜材料只剩下 1.7V 和 1.85V 两个稳定的平台，文献将这 20 周期的充放电循环定义为“电化学活化过程”。

图 5.46（b）所示为硫化亚铜材料在醚类电解液中 0.5C 充放电的循环性能。由于前期的活化过程，导致前 20 圈的容量保持并不稳定。材料在经过活化后，容量几乎不再存在衰减，且库仑效率保持近于 100%。

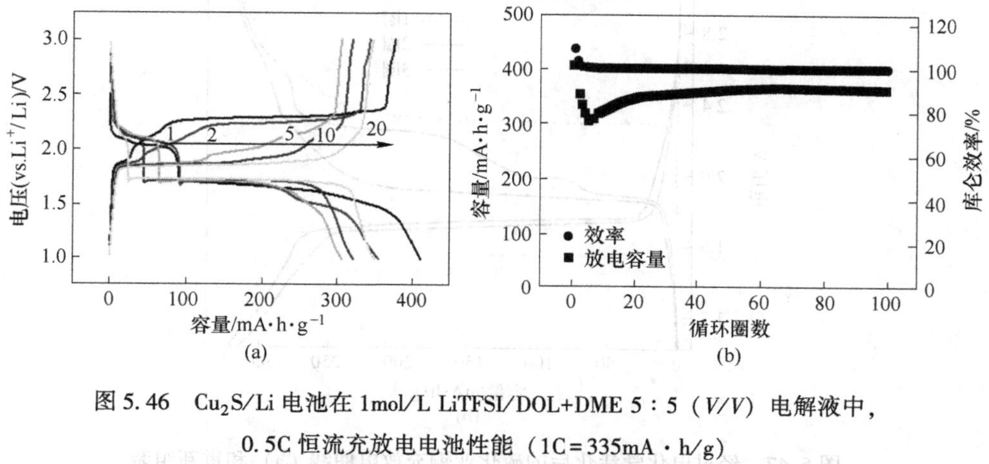
电压(vs.Li⁺/Li)/V
3.0
2.5
2.0
1.5
1.0
1
2
5
10
20
0
100
200
300
400
容量/mA·h·g⁻¹
(a)
500
400
300
200
100
0
容量/mA·h·g⁻¹
120
100
80
60
40
20
0
库仑效率/%
● 效率
■ 放电容量
0
20
40
60
80
100
循环圈数
(b)

图 5.46 Cu_2S/Li 电池在 1mol/L LiTFSI/DOL+DME 5∶5（*V/V*）电解液中，0.5C 恒流充放电电池性能（1C=335mA·h/g）

（a）前 20 个周期的充放电曲线；（b）电池 100 圈循环图以及库仑效率图

另外，可以看到硫化亚铜材料在前两圈循环时，会存在一个较高的 2.3V 平台，该平台与活化稳定后的 1.85V 平台存在较大差值，且该平台会快速消失，仅存在前两圈充放电周期。崔毅等报道直接采用硫化锂作为电极时，由于硫化锂电导率低，所以会在首圈充电时，由于电解液中不含聚硫离子，导致在 2.35V 存在一个暂时电位平台，而后经过充放电活化，硫化锂周围会存在少量聚硫离子，该暂时电位平台才会消失。王绪向等对硫化亚铜在醚类电解液中的 2.3V 进行了研究。图 5.47（a）所示为硫化亚铜电池在醚类电解液活化后的充放电曲线，此时电池只存在 1.7V 和 1.85V 的平台。将此活化后的电池在满电状态下拆开，换用新的电解液，重新测试电池的电化学性能。结果表明重新装配的电池在前两圈充电时，依然会存在 2.3V 的平台（图 5.47（b）），第 3 圈充电时，该平台消失。这说明在硫化亚铜电池中，同样会存在由硫化锂引起的暂时电位平台。

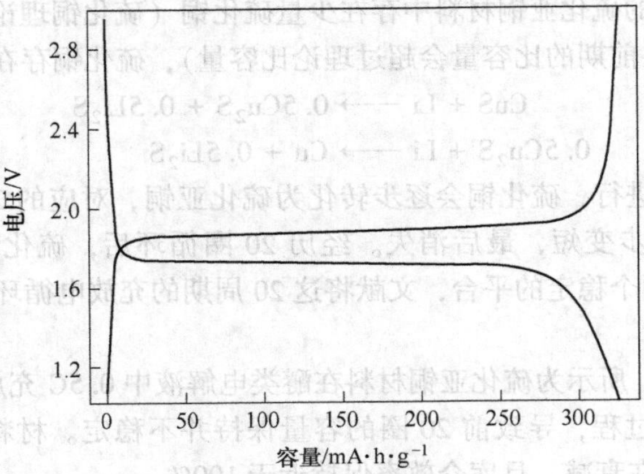
2.8
2.4
2.0
1.6
1.2
电压/V
0
50
100
150
200
250
300
容量/mA·h·g⁻¹
(a)

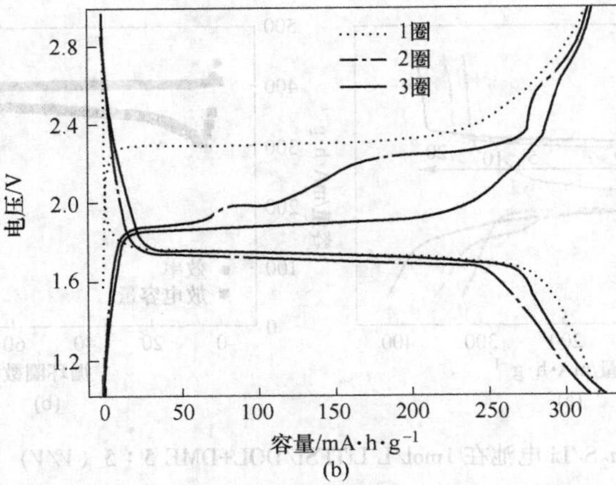
1圈
2圈
3圈
2.8
2.4
2.0
1.6
1.2
电压/V
0
50
100
150
200
250
300
容量/mA·h·g⁻¹
(b)

图 5.47　经过电化学活化后的硫化亚铜充放电曲线（a）和重新组装后的硫化亚铜电池充放电曲线 0.5C（b）（1C＝335mA · h/g）

图 5.48 所示为材料采用 0.2C 小电流活化 5 圈后，再在 2C 倍率下进行长期循环测试的电池性能。该测试在前期的小电流测试时，容量会存在较大的衰减，

主要是材料中含有硫化铜杂质。文献指出铜单质与硫化锂转化为硫化铜时存在较大的不可逆性，会导致硫化铜材料容量的衰减。2C 充放电前期，同样存在容量的逐渐活化过程，主要是 0.2C 的小电流活化时间不够。但材料在 20 圈以后，容量一直稳定在 310mA · h/g，一直循环至 500 圈，没有容量衰减，且库仑效率保持 100%。

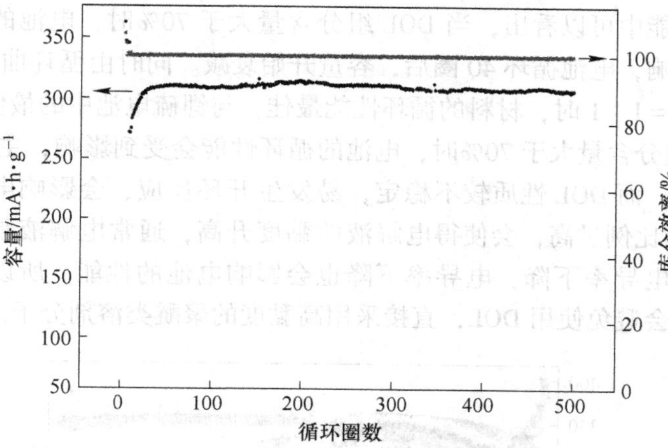
350
300
250
200
150
100
50
容量/mA·h·g⁻¹
0
100
200
300
400
500
循环圈数
100
80
60
40
20
0
库仑效率/%

图 5.48 Cu_2S/Li 电池在 1mol LiTFSI/DOL+DME 5 : 5（*V/V*）电解液中，0.2C 小电流活化 5 圈后，2C 循环 500 圈放电容量曲线及库仑效率（1C=335mA · h/g）

以上实验结果表明，该微米级无特定形貌的硫化亚铜材料在醚类电解液体系中具有优异的循环稳定性。

5.6.3.3 环状醚类与链状醚类对硫化亚铜电池性能的影响

醚类电解通常含有类链状醚类和环状醚两种组分。其中较为常用的链状醚类是乙二醇二甲醚（DME），DME 具有较强的阳离子螯合能力和低黏度（0.46mPa · s），能显著提高电解液的电导率，但 DME 在电池的反应过程中极难形成SEI 膜，所以通常使用过程中加入易于成膜的环状醚类混合使用。常用的环状醚类是二氧戊环（DOL），DOL 具有较高的黏度，容易发生开环聚合，电化学稳定性较差。锂硫电池中常用的醚类电解液多使用 DOL : DME=1 : 1（体积比）的配比，认为此时环状醚类与链状醚类的性能最好，既能具有较好的电导率，又能解决链状醚类不易成膜的问题，同时具有较高的电解液黏度（锂硫电池中认为高黏度的电解液能降低硫的溶解速度，从而提高电池的性能）。

不同材料与电解液的匹配性通常具有较大差异，故该适用于锂硫电池的醚类溶剂的比例是否同样也是硫化亚铜材料最适用的比例并不清楚，也没有文献进行过报道。基于此，研究了不同体积比的醚类电解液对硫化亚铜电池性能的影响，特别是观察电极材料与电解液的相容性，以及电极材料前期存在的活化问题是否有改善。

图 5.49 所示为硫化亚铜电池在不同醚类组分电解液中的电化学性能。同图 5.46（a）一样，所有醚类电解液中，都会存在一个较大的 2.3V 电压平台，组分的差异对该电压平台的长度及位置都没有产生影响，且电极材料的首圈容量几乎不存在差异，说明电池的容量也不受链状与环状组分差异的影响。从图 5.49 电池的循环性能中可以看出，当 DOL 组分含量大于 70%时，电池的循环性能也受到了极大影响，电池循环 40 圈后，容量开始衰减。同时由循环曲线可以看出，当 DOL：DME＝1：1 时，材料的循环性能最佳，与锂硫电池中的最佳比例相同。

当 DOL 组分含量大于 70%时，电池的循环性能会受到影响，主要是 DOL 的比例含量过高，而 DOL 性质较不稳定，易发生开环反应，会影响电解液的稳定性，且 DOL 的比例过高，会使得电解液的黏度升高，通常电解液黏度的升高会导致电解液的电导率下降，电导率下降也会影响电池的性能。所以在锂硫电池中，有些研究会避免使用 DOL，直接采用高黏度的聚醚类溶剂分子。

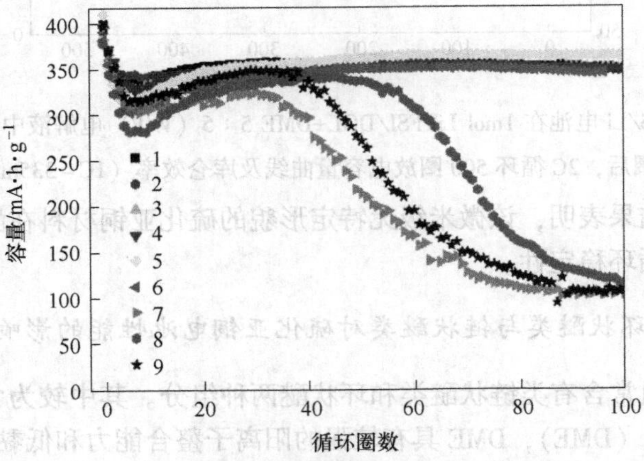
400
350
300
250
200
150
100
50
0
容量/mA·h·g⁻¹
0
20
40
60
80
100
循环圈数
1
2
3
4
5
6
7
8
9

图 5.49　不同 DOL/DME 比例对硫化亚铜电池性能的影响（100 圈循环曲线）

1~9—DOL：DME＝1：9，2：8，3：7，4：6，5：5，6：4，7：3，8：2，9：1（*V/V*）

为了更为直观地观察不同 DOL/DME 比例的醚类电解液对硫化亚铜电极材料电化学性能的影响，将硫化亚铜电池性能的数据统一列于表 5.6。由表 5.6 可以看出，不同 DOL/DME 比例的醚类电解液，硫化亚铜电池的首圈放电比容量都保持在 380mA·h/g 左右，首圈效率约 93%，不同比例间的差异较小，而电池的 100 圈容量保持率则有较大差异，DOL/DME＝3：7 及 DOL/DME＝5：5 时电池的容量保持率可达 90%，而 DOL/DME＝6：4 时，容量保持率仅为 62.5%，当 DOL/DME>70%后，电池的容量会迅速衰减，100 圈容量保持率仅为 26.1%（7：3），29.9%（8：2），27.0%（9：1），说明 DOL 的含量增高会严重影响硫化亚铜电池的电化学性能。

表 5.6 不同 DOL/DME 体积比醚类电解液中，Cu_2S/Li 电池性能比较

DOL/DME	1：9	2：8	3：7	4：6	5：5	6：4	7：3	8：2	9：1
首圈放电容量	400.9	392.0	386.6	394.9	382.9	382.6	396.2	379.2	398.6
首圈充电容量	374.7	372.9	361.2	370.2	356.5	360.2	367.2	353.5	373.6
首圈效率	0.935	0.951	0.934	0.937	0.931	0.941	0.926	0.932	0.937
100 圈放电容量	350.3	347.6	349.1	348.3	346.0	239.3	103.3	113.5	107.8
100 圈保持率	0.873	0.886	0.903	0.881	0.904	0.625	0.261	0.299	0.270

测试结果说明该硫化亚铜电极材料具有优异的循环稳定性，当 DOL/DME 的比例为 5：5 时，材料取得最优性能。当 DOL 的比例大于 70%后，电池的性能明显变差。

5.6.4 醚类电解液存在的问题

硫化亚铜材料在醚类电解液中具有优异的电化学性能，但如果作为正极材料使用，硫化亚铜材料的放电平台太低，相对于常用正极钴酸锂材料并没有优势。如果利用其较低的电位平台，用作负极材料，其必须匹配合适的正极材料才能应用，测试了正极材料在醚类电解液的电化学性能，期望筛选出合适的正极材料匹配硫化亚铜负极。

图 5.50 所示为使用惰性电极测试醚类电解液的分解电压，测试电压范围为

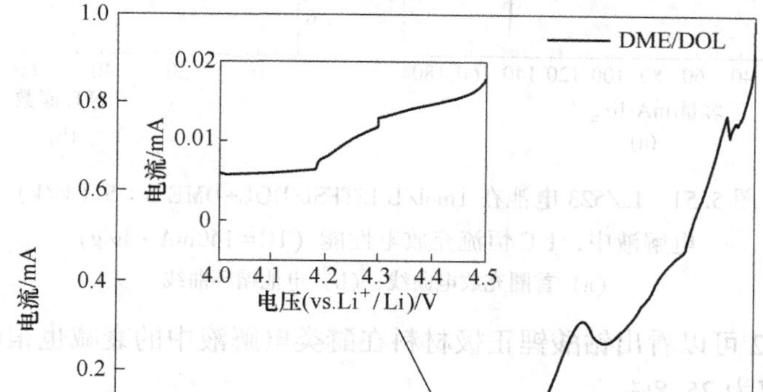
DME/DOL
电流/mA
电压(vs.Li+/Li)/V
1.0
0.8
0.6
0.4
0.2
0
−0.2
3.0
3.5
4.0
4.5
5.0
5.5
0.02
0.01
4.1
4.2
4.3
4.4

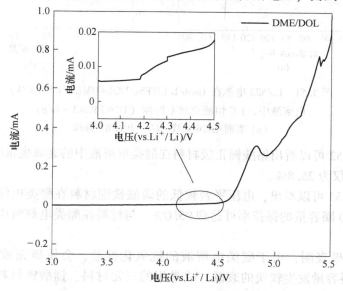

图 5.50 1mol/L LiTFSI/DOL+DME 1：1 (*V/V*) 电解液在惰性工作电极上的线性伏安扫描图（扫描速率 0.1mV/s，电压范围 3~5.5V）

3~5.5V，扫描速率为 0.1mV/s。随着电压的不断升高，电解液的氧化反应就会发生。醚类电解液在 4.2V 电位下即会出现氧化电流，说明醚类电解液的抗氧化性较差，4.2V 的氧化电位，几乎限制了所有常用的正极材料的使用。同时需要注意到醚类电解液中使用的双三氟甲烷磺酰亚胺锂（LiTFSI）有机锂盐会严重腐蚀铝箔集流体（在 1mol LiTFSI/EC+DMC 1∶1（体积比）电解液中，电压 4V 以上即开始腐蚀铝箔）。故醚类电解液的使用，会限制硫化亚铜材料的应用，特别是把硫化亚铜当作负极材料使用。

为了验证醚类电解液与正极材料的不匹配性，利用商业化的正极材料，组装正极材料在醚类电解液中的扣式电池，测试其电化学性能。

图 5.51 所示为三元 523 材料与锂片组装半电池在 1mol/L LiTFSI/DOL+DME 5∶5（体积比）电解液中，1C 恒流充放电的首圈充放电曲线和循环曲线。电池的首圈充放电曲线正常，但容量的保持率非常差，材料的 100 圈容量保持率仅为 29.5%。

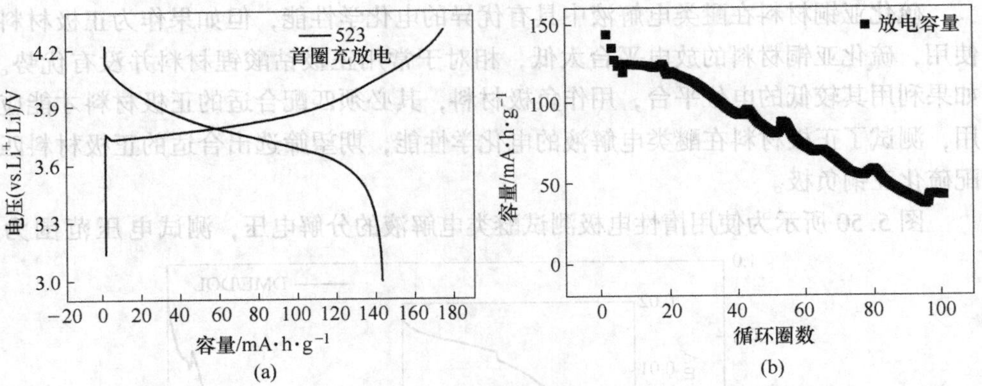
523
首圈充放电
电压(vs.Li⁺/Li)/V
4.2
3.9
3.6
3.3
3.0
−20
0
20
40
60
80
100
120
140
160
180
容量/mA·h·g⁻¹
(a)
放电容量
容量/mA·h·g⁻¹
150
100
50
0
0
20
40
60
80
100
循环圈数
(b)

图 5.51　Li/523 电池在 1mol/L LiTFSI/DOL+DME 5∶5（*V/V*）电解液中，1 C 恒流充放电性能（1C=140mA·h/g）

（a）首圈充放电曲线；（b）电池循环曲线

由图 5.52 可以看出钴酸锂正极材料在醚类电解液中的衰减也很明显，100 圈容量保持率仅为 25.8%。

由图 5.53 可以看出，电压平台较低的磷酸铁锂材料在醚类电解液中，循环性较好，100 圈容量的保持率可达到 95.0%。与材料在酯类电解液中的性能相差不大。

测试结果表明，由于醚类电解液的抗氧化性差，会使得充放电电压高于 4.2V 的材料容量发生较快的衰减，故常用的三元材料、锰酸锂材料、镍锰酸锂材料都不适用于醚类电解液体系。

尽管磷酸铁锂材料在醚类电解液中容量保持率较好，但以硫化亚铜材料为负

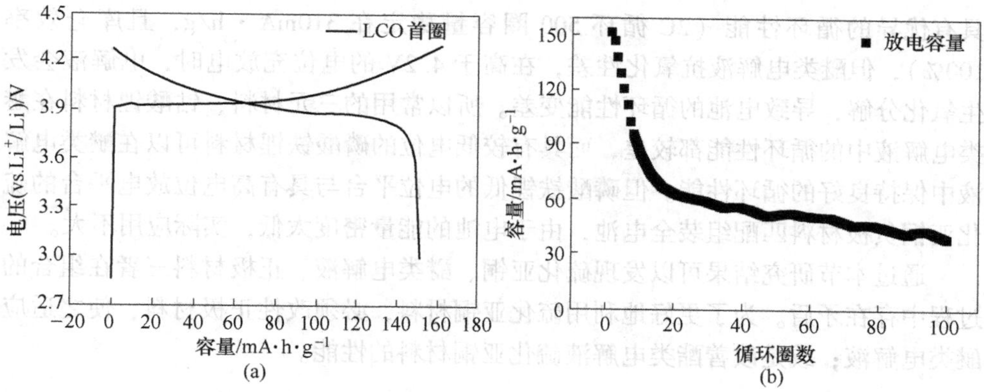
LCO首圈
电压(vs.Li$^+$/Li)/V
容量/mA·h·g^{-1}
(a)
放电容量
容量/mA·h·g^{-1}
循环圈数
(b)

图 5.52　Li/LCO 电池在 1mol/L LiTFSI/DOL+DME 5∶5（*V/V*）电解液中，1C 恒流充放电曲线（1C=150mA·h/g）

（a）首圈充放电曲线；（b）电池循环曲线

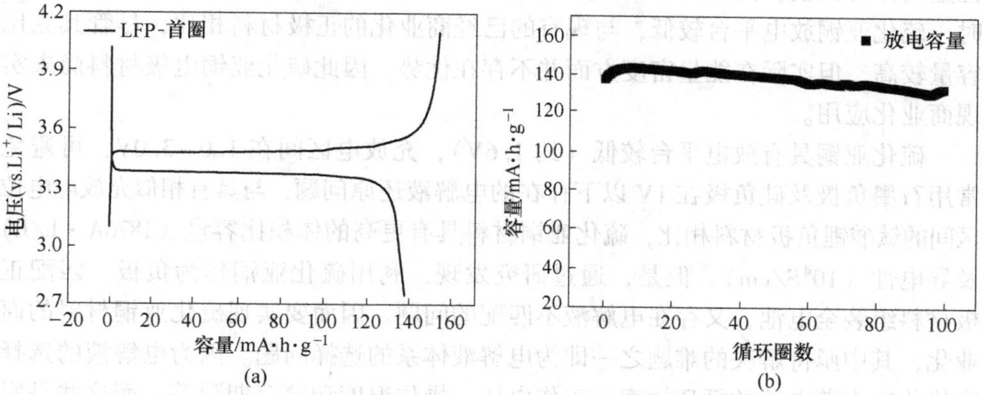
LFP-首圈
电压(vs.Li$^+$/Li)/V
容量/mA·h·g^{-1}
(a)
放电容量
容量/mA·h·g^{-1}
循环圈数
(b)

图 5.53　Li/LFP 电池在 1mol/L LiTFSI/DOL+DME 5∶5（*V/V*）电解液中，1C 恒流充放电电池性能（1C=140mA·h/g）

（a）首圈充放电曲线；（b）电池循环曲线

极（放电电压平台为 1.65V），磷酸铁锂为正极（充电平台为 3.4V），两者电压差太低，匹配为全电池能量密度太低，所以组装 Cu_2S/LFP 全电池体系的应用性不大。为了更好地利用硫化亚铜材料的优异性能，必须改变电解液的组成，提高电解液体系的抗氧化性。

通过对原料该样品硫化亚铜的 XRD 分析可知，该样品中含有立方晶系的 Cu_2S（JCPDS 003-1071）、少量 CuS（JCPDS 006-0464）以及 Cu（JCPDS 085-1326）三种物相。硫化铜的存在，导致电池在充放电过程中存在一个活化过程，需要循环 20 圈才能使得材料全部转化为硫化亚铜，充放电曲线才能稳定。

该硫化亚铜材料在醚类电解液（1mol/L LiTFSI/DOL+DME 1/1（体积比）中

具有优异的循环性能（2C 循环 500 圈容量稳定在 310mA · h/g，且库仑效率 100%），但醚类电解液抗氧化性差，在高于 4.2V 的电位充放电时，电解液会发生氧化分解，导致电池的循环性能变差。所以常用的三元材料、钴酸锂材料在醚类电解液中的循环性能都较差，而具有较低电位的磷酸铁锂材料可以在醚类电解液中保持良好的循环性能。但磷酸铁锂低的电位平台与具有高电位放电平台的硫化亚铜负极材料匹配组装全电池，由于电池的能量密度太低，实际应用不大。

通过本节研究结果可以发现硫化亚铜、醚类电解液、正极材料三者在组合的过程中存在矛盾。为了更好地利用硫化亚铜材料，必须改性正极材料，使之适应醚类电解液；或是改善酯类电解液硫化亚铜材料的性能。

5.7 酯类电解液组分对硫化亚铜储锂行为的影响

由于采用硫化亚铜（Cu_2S）化合物作为锂离子电池正极材料时，一直使用锂金属作为负极，而锂金属在充放电过程中存在着易形成锂枝晶等安全问题；同时，硫化亚铜放电平台较低，与现有的已经商业化的正极材料相比，尽管其克比容量较高，但实际在能量密度方面并不存在优势，因此硫化亚铜电极材料尚未实现商业化应用。

硫化亚铜具有放电平台较低（约 1.6V），充放电区间在 1.0~3.0V，可避免常用石墨负极及硅负极在 1V 以下存在的电解液还原问题，与具有相似充放电电位区间的钛酸锂负极材料相比，硫化亚铜材料具有更高的体积比容量（1876A · h/L）及导电性（10^4S/cm）。但是，通过研究发现，利用硫化亚铜作为负极，匹配正极材料组装全电池，又存在电解液不匹配的问题。因而要实现硫化亚铜材料的商业化，其中亟待解决的难题之一即为电解液体系的选择问题。因为电解液的选择和优化决定着电池的循环效率、工作电压、操作温度和储存期限等，而这些是影响锂离子电池大规模应用的关键指标。

文献报道均显示醚类电解液二氧戊环（DOL）、乙二醇二甲醚（DME）、四乙二醇二甲醚（TEGDME）等对于锂硫及硫化物电池具有较好的兼容性。而选用的酯类电解液体系（碳酸丙烯酯（PC）、碳酸乙烯酯（EC）等）对其电化学性能有负影响：电池的循环稳定性降低，容量保持率不理想。但是醚类电解液的电化学窗口较窄，在高电位下极易发生氧化，且使用的有机锂盐对铝集流体会产生腐蚀，导致醚类电解液与正极材料的匹配性差，电池的循环性无法满足全电池的要求；并且醚类电解液在使用的过程中，也存在很多问题，比如，放电中间产物聚硫锂易溶于醚类电解液，在充放电过程中会从电极结构中溶出。在电池充放电过程中将会发生一系列沉淀/溶解反应，电极活性物质将会在液相和固相间发生相的转移，电极结构也会不断收缩和膨胀，这将导致电极结构的失效及活性材料的损失。因此有必要筛选一种高电压下化学性质稳定，又不会溶解聚硫物的电解液体系，来提高金属硫化物的电池性能。

5.7.1 主要工作

本节主要研究硫化亚铜材料在常用酯类电解液中的电化学性能。特别是针对硫化亚铜材料在酯类电解液中存在容量急速衰减的现象进行分析。将酯类电解液中的溶剂按照分子结构的差异，分为环状溶剂与链状溶剂，并分别与六氟磷锂组成单一溶剂的有机电解液。测试硫化亚铜材料在每一种溶剂中的电化学性能，通过不同电解液中电化学性能的差异，分析溶剂对硫化亚铜电池性能的影响，且通过理论计算分析该差异存在的原因，通过 XPS 分析不同电解液中循环过后的极片价态变化以及用 SEM 观察循环过后极片表面发生的变化。

5.7.2 实验部分

5.7.2.1 电极制备

按照制备电极的方法制备电极，电池组装中，环状酯类由于电解液与常用隔膜的浸润性限制，采用电池专用的吸液膜作为隔膜，其他电池均采用 Cegard2400 作为电池隔膜。

5.7.2.2 电化学性能测试

充放电实验在新威和蓝电电池测试仪上完成，电流量程分别为 1mA、5mA、10mA，电压量程 0~5V。用恒电流方式对电池进行充放电，充放电的电流密度视实验需要不同而定。把新组装的扣式电池放置 8h 以上，待电池稳定后再进行充放电测试。充放电电压区间为 1.0~3.0V。

循环伏安法（CV）测试采用扣式电池体系，扫速均为 0.1mV/s，扫描范围为 1.0~3.0V，对电极和参比电极均为金属锂片，工作电极为制备的 Cu_2S 电极。

阻抗测试采用扣式电池两电极体系测试，测试条件为 10mHz~100kHz，阻抗测试选用同一个扣式电池在新威测试系统中充放电循环不同圈数后，充放电至不同状态：放电至平台电压 1.7V（下文简称 D1.7V），放电至最低电压 1.0V（下文简称 D1.0V），充电至平台电压 2.3V（下文简称为 C2.3V），充电至最高电压 3.0V（下文简称 C3.0V）。

5.7.2.3 极片 XRD 测试

在电池充放电至不同电位时，迅速将电池转移至手套箱，然后拆解电池，将正极极片取出，晾干，然后用聚酰亚胺胶带将活性物质从铜箔集流体上剥离下来，密封后，拿出手套箱做 XRD 测试分析。

5.7.2.4　理论计算

所有计算使用高斯计算法（the Gaussian 09 computational package）。其中溶剂分子的最高占据分子轨道（HOMO）和最低未占分子轨道（LUMO）能量计算的理论依据为 DFT（first-principles density-functional theory）。Kohn-Sham 计算依据 B3PW91 泛函和 6-311G+(d，p) 基组。其中 B3PW91 泛函是 Hartree-Fock、局域和 B88 梯度修正交换项的线性组合。分子概率分析依据同样的基组进行计算。吉布斯自由能的计算按照所有反应在 298.15K 的条件下进行。

5.7.3　结果和讨论

5.7.3.1　常用酯类电解液中硫化亚铜的电化学性能

硫化亚铜材料在醚类电解液中具有良好的电化学性能，但醚类电解液与正极材料的相容性差。采用商业化的酯类电解液 LB301（1mol/L $LiPF_6$/DMC+EC 1：1（质量分数）），LB303（1mol/L $LiPF_6$/DMC+DEC+EC 1：1：1（质量分数）），组装 Cu_2S/Li 半电池，研究其电化学性能。

图 5.54 所示为硫化亚铜材料在不同酯类电解液中的电化学性能。无论在 LB301 或是 LB303 中，电池的容量都会发生极速衰减，循环 10 圈后，电池的容量即衰减为 0mA · h/g。类似现象文献中也有报道，Chung 等发现硫化铜材料在酯类电解液中（1mol/L $LiPF_6$/EMC+EC 2：1（质量分数））循环 5 圈容量急速衰减为 0 的现象，他通过实验对比，认为该现象主要是由于硫化铜材料在 1.7V 以下放电会形成硫化锂，硫化锂的溶解（S^{2-}在酯类电解液中的溶解度可达到 500×10^{-6}）及其与铜单质的反应可逆性差等问题都会影响电池的性能，但控制充放电区间在 1.8~2.6V，可以使得硫化亚铜材料在酯类电解液中取得较好的电化学性能。B. Jache 等比较了硫化亚铜材料和硫化铜材料在醚类和酯类电解液中的性能差异，结果表明电解液的差异会严重影响硫铜材料的电化学性能，酯类电解液中容量会急速衰减至 0mA · h/g，而醚类电解液中循环性优异，但该文献并没有对电解液种类影响硫铜化合物性能的原因进行分析。

5.7.3.2　单组分链状酯类溶剂或环状酯类溶剂对硫化亚铜电池的影响

以上实验结果表明，Cu_2S/Li 电池在常规酯类电解液中循环性能差，容量迅速衰减。为了探究酯类电解液对 Cu_2S/Li 电池的影响，在实验中不再使用混合溶剂，而是将酯类溶剂单独配制成 1mol/L $LiPF_6$ 电解液，观察单组分溶剂对电池性能的影响。

图 5.55（a）所示为单组分溶剂电解液对应的硫化亚铜电池首圈充放电曲

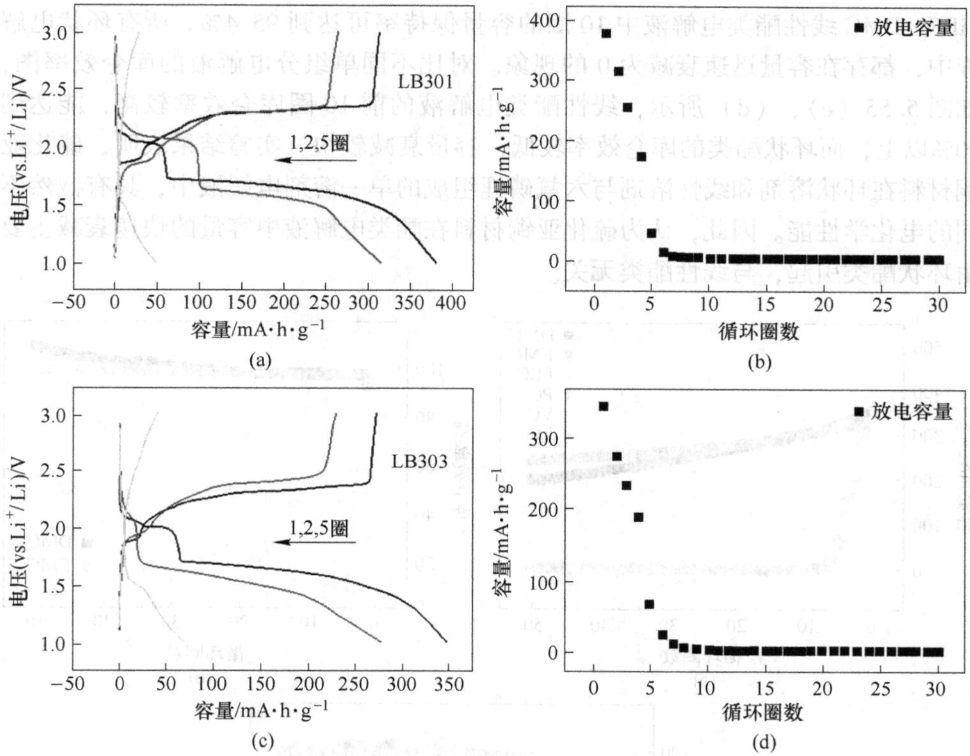
LB301
1,2,5圈
电压(vs.Li+/Li)/V
容量/mA·h·g−1
(a)
放电容量
容量/mA·h·g−1
循环圈数
(b)
LB303
1,2,5圈
电压(vs.Li+/Li)/V
容量/mA·h·g−1
(c)
放电容量
容量/mA·h·g−1
循环圈数
(d)

图 5.54 酯类电解液中，Cu_2S/Li 电池 0.5C 充放电电化学性能（1C=335mA·h/g）

（a）LB301 中的充放电曲线；（b）LB301 中的循环性能；

（c）LB303 中的充放电曲线；（d）LB303 中的循环性能

线。首圈的放电曲线显示，在所有单组分电解液中，硫化亚铜电极材料都存在两个平坦的放电平台（2.0V、1.6V），对应放电曲线，首圈充电曲线也存在两个电压平台（2.1V、1.9V）。其中 2.0V 与 2.1V 平台的出现是材料中含有少量的 CuS 杂质的缘故。该电压平台与文献中提到的两步反应机理非常吻合，在高电位主要是形成 $Cu_{2-x}S$（当 $x=0$ 时，即为 Cu_2S），低电位是形成 Li_2S。反应方程式如下：

$$CuS + Li \longrightarrow 0.5Cu_2S + 0.5Li_2S \quad (2.0\sim2.2V) \tag{5.9}$$

$$0.5Cu_2S + Li \longrightarrow Cu + 0.5Li_2S \quad (1.6\sim1.7V) \tag{5.10}$$

尽管硫化亚铜材料在单组分溶剂中的首圈充放电曲线非常相似，但链状与环状酯类电解液的库仑效率存在巨大差异。硫化亚铜电极在 1mol/L $LiPF_6$/EC 电解液中的首圈库仑效率仅为 74.2%，而在 1mol/L $LiPF_6$/DMC 电解液中可达 92.6%。将所有酯类电解液电池的首圈库仑效率和不同圈数的容量保持率列于表

5.7，结果显示环状酯类电解液的前 10 圈的容量保持率均小于 10%，而 1mol/L $LiPF_6$/DMC 线性酯类电解液中 10 圈的容量保持率可达到 95.4%。所有环状电解液中，都存在容量迅速衰减为 0 的现象。对比不同单组分电解液的库仑效率图，如图 5.55（c）、（d）所示，线性酯类电解液的前 10 圈库仑效率较高，能达到 90%以上，而环状酯类的库仑效率较低，容量衰减较快。实验结果表明，硫化亚铜材料在环状溶剂和线性溶剂与六氟磷锂组成的单一溶剂电解液中，具有截然不同的电化学性能。因此，认为硫化亚铜材料在酯类电解液中容量的快速衰减主要由环状酯类引起，与线性酯类无关。

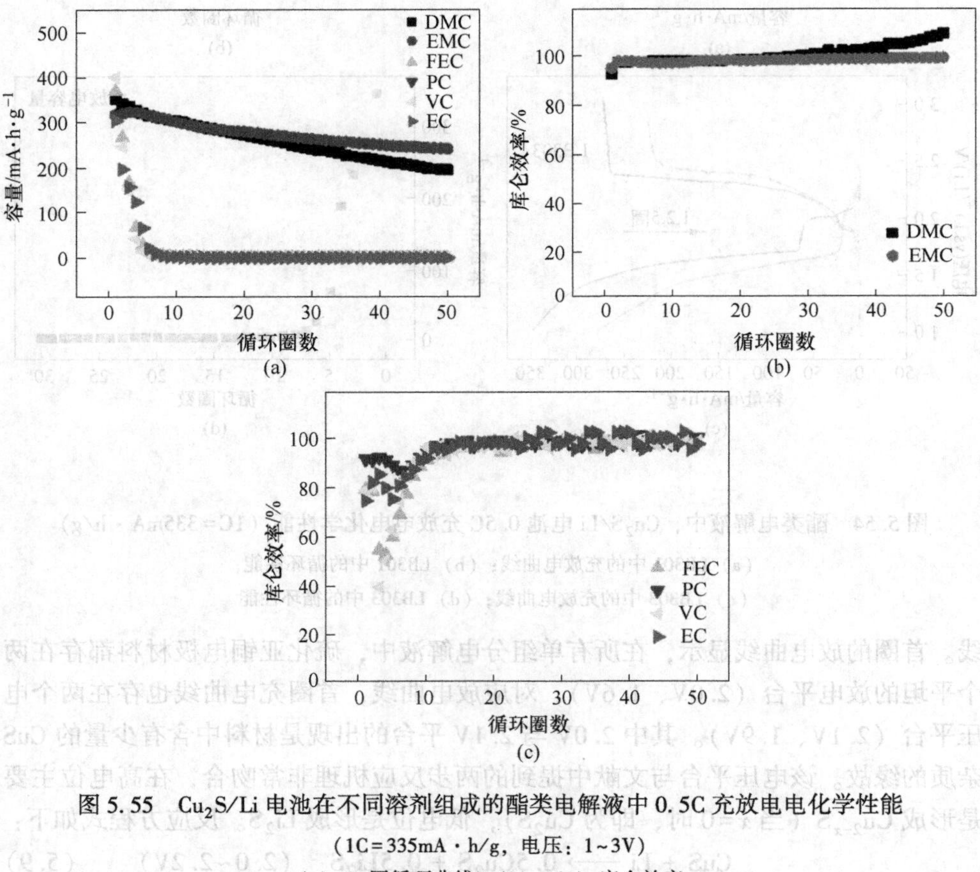
DMC
EMC
FEC
PC
VC
EC
容量/mA·h·g⁻¹
循环圈数
(a)
库仑效率/%
DMC
EMC
循环圈数
(b)
库仑效率/%
FEC
PC
VC
EC
循环圈数
(c)

图 5.55　Cu_2S/Li 电池在不同溶剂组成的酯类电解液中 0.5C 充放电电化学性能

（1C＝335mA · h/g，电压：1～3V）

（a）50 圈循环曲线；（b），（c）库仑效率

另外，可以观测到在所有单组分电解液中，同样会出现 2.35V 的暂时电位平台，按照与 5.6 节同样处理方式，将在 1mol/L $LiPF_6$/DMC 电解液中循环 50 圈稳定后的电池进行拆解，取出其极片重新组装新的电池，测试结果如图 5.56 所示。该硫化亚铜极片在新的 DMC 电解液中，依然会出现 2.35V 的电位平台，但在循

环第二圈时会快速消失，再次表明 2.35V 的平台的暂时存在是由于新的电解液与 Li_2S 引起，和醚类电解液中存在该平台的原因相同。

表 5.7 不同溶剂组成的酯类电解液中，Cu_2S/Li 电池的首圈库仑效率及循环不同圈数下的容量保持率

电解液组分	首次库仑效率/%	容量保持率/%		
		第 10 次	第 20 次	第 50 次
1mol/L $LiPF_6$ in DMC	92.6	86.0	77.3	55.5
1mol/L $LiPF_6$ in EMC	95.2	95.4	88.4	76.5
1mol/L $LiPF_6$ in FEC	79.0	1.3	0.9	0.3
1mol/L $LiPF_6$ in PC	91.5	5.8	1.9	1.1
1mol/L $LiPF_6$ in VC	78.4	1.1	0.9	0.8
1mol/L $LiPF_6$ in EC	74.2	1.3	0.8	0.6

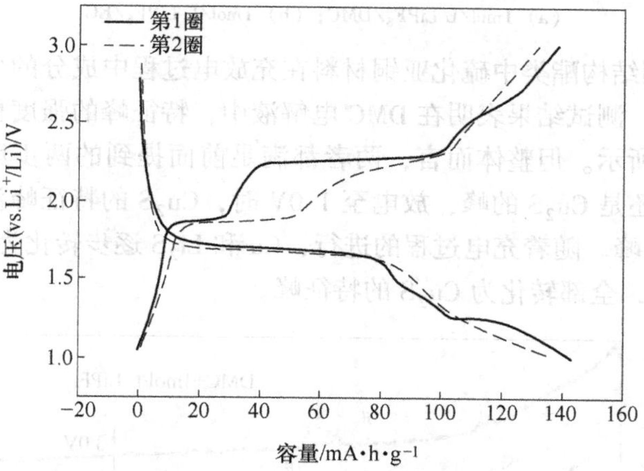
第1圈
第2圈
3.0
2.5
2.0
1.5
1.0
电压(vs.Li+/Li)/V
-20
0
20
40
60
80
100
120
140
160
容量/mA·h·g-1

图 5.56 循环 50 圈后，组装新的硫化亚铜电池 0.5C 充放电曲线

（1C＝335mA · h/g，电压：1～3V）

为了得到线性酯类与环状酯类电解液中电极的电化学动力学特征，进行了阻抗测试。从图 5.57 的阻抗图谱可以看出，电极在线性酯类 DMC 电解液中在高频区有一个规则的半圆，而在低频区有一条斜线。通过查阅文献可以知道，高频区的半圆属于传荷阻抗，低频区的斜线可归属于锂离子的 Warburg 传输阻抗。而在环状酯类电解液 EC 中电池的阻抗相对于线性酯类溶剂中差异很大，环状酯类界面阻抗值比环状酯类中大 10 倍多，界面阻抗的增大，说明在环状酯类电解液中极片表面发生较大的物相变化。

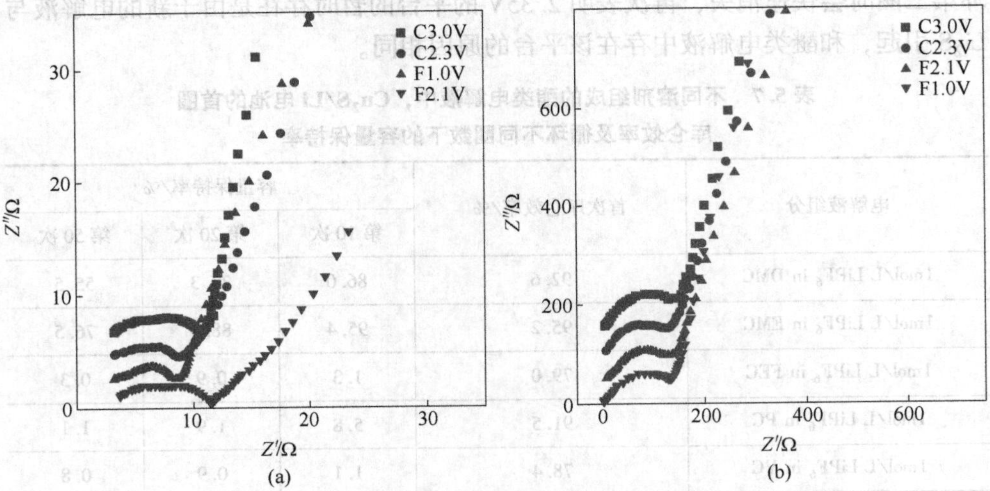
C3.0V
C2.3V
F1.0V
F2.1V
Z''/Ω
Z'/Ω
(a)
C3.0V
C2.3V
F2.1V
F1.0V
Z''/Ω
Z'/Ω
(b)

图 5.57　Cu_2S 电极在不同酯类电解液中，循环至第 10 圈的不同电位下阻抗谱图

（放电至不同电压状态定义为 D2.1V、D1.0V，充电至不同电压状态定义为 C2.3V、C3.0V）

（a）1mol/L $LiPF_6$/DMC；（b）1mol/L $LiPF_6$/EC

为研究不同结构酯类中硫化亚铜材料在充放电过程中成分的变化，对极片进行了 XRD 测试，测试结果表明在 DMC 电解液中，特征峰的强度更大，出峰更明显，如图 5.58 所示。但整体而言，两者都满足前面提到的两步反应，在放电至 2.1V 时，主要还是 Cu_2S 的峰，放电至 1.0V 时，Cu_2S 的特征峰消失，全部转化为 Cu 和 Li_2S 的峰。随着充电过程的进行，Cu 和 Li_2S 逐步转化为 Cu_2S 和 Li，当充电至 3.0V 时，全部转化为 Cu_2S 的特征峰。

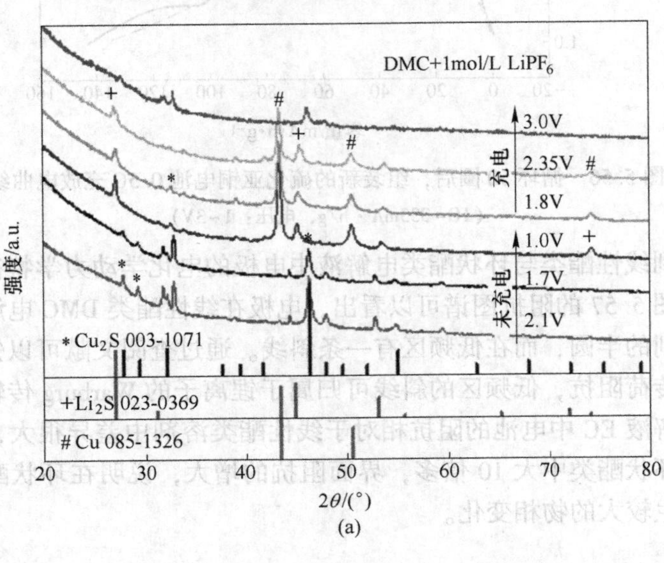
DMC+1mol/L LiPF6
3.0V
2.35V
1.8V
充电
1.0V
1.7V
2.1V
未充电
强度/a.u.
*Cu2S 003-1071
+Li2S 023-0369
Cu 085-1326
2θ/(°)
(a)

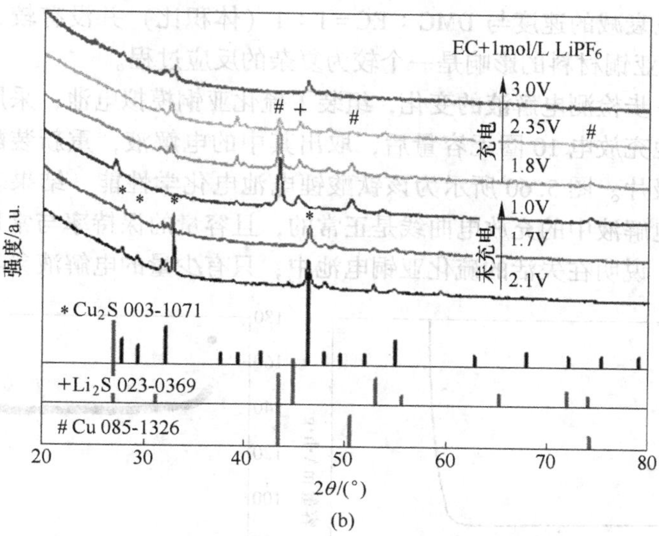
EC+1mol/L $LiPF_6$
3.0V
2.35V
1.8V
充电
1.0V
1.7V
2.1V
未充电
强度/a.u.
* Cu_2S 003-1071
+Li_2S 023-0369
Cu 085-1326
2θ/(°)
(b)

图 5.58 DMC 及 EC 电解液中，Cu_2S 电极首圈充放电至不同电位下 XRD 测试图

（0.5C 充放电，1C=335mA · h/g，#为铜相）

（a）DMC 电解液；（b）E 电解液

5.7.3.3 环状酯含量对硫化亚铜电池的影响

为进一步验证环状酯类是导致硫化亚铜电池在酯类电解液不适用的主要原因，在 EMC 和 DMC 链状酯类中加入一定量的环状酯类（此处以 EC 为例），研究硫化亚铜电池性能。由图 5.59 可以看出，加入少量的 EC，就会使硫化亚铜电池的容量迅速衰减。即使当 DMC：EC=20：1（体积比）时，材料的容量也会迅

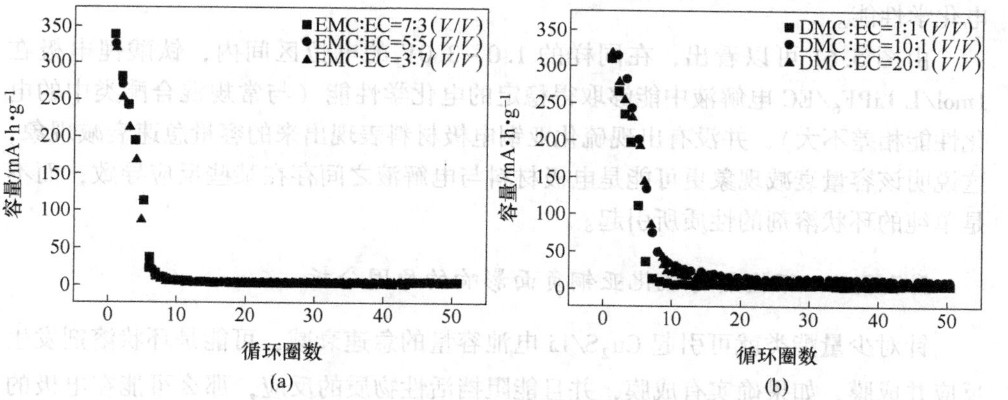
EMC:EC=7:3(V/V)
EMC:EC=5:5(V/V)
EMC:EC=3:7(V/V)
容量/mA·h·g⁻¹
循环圈数
(a)
DMC:EC=1:1(V/V)
DMC:EC=10:1(V/V)
DMC:EC=20:1(V/V)
容量/mA·h·g⁻¹
循环圈数
(b)

图 5.59 Cu_2S/Li 电池在不同酯类电解液中的 0.5C 循环性能

（1C=335mA · h/g，电压：1.0~3.0V）

（a）EMC 与 EC 不同比例；（b）DMC 与 EC 不同比例

速衰减，并且衰减的速度与 DMC：EC＝1：1（体积比）并没有较大的差异，因此 EC 对硫化亚铜材料的影响是一个较为复杂的反应过程。

为了进一步检测电解液的变化，组装了硫化亚铜模拟电池，采用 LB301 为电解液，待电池充放电 10 圈无容量后，取出其中的电解液，重新装配电池，此时选用钛酸锂极片。图 5.60 所示为该钛酸锂电池电化学性能，结果表明钛酸锂电池在取出的电解液中的充放电曲线是正常的，且容量的保持率与常用的酯类电解液并无差别，说明在失活的硫化亚铜电池中，只有少量的电解液参与反应。

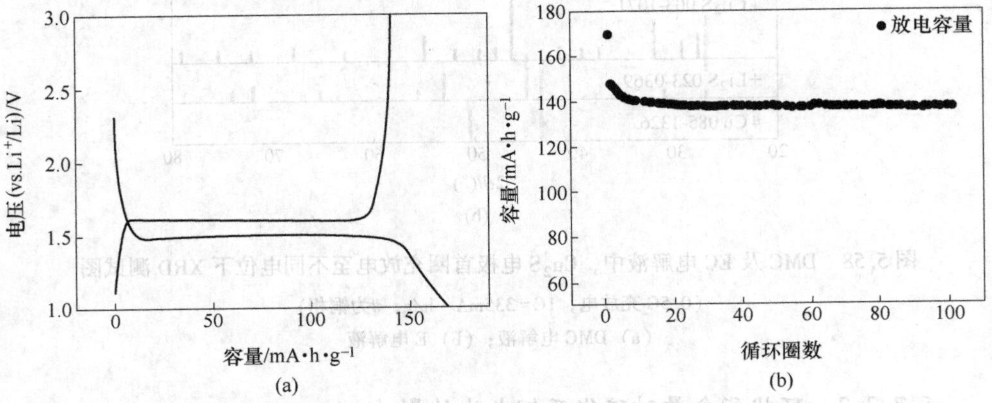

3.0
2.5
2.0
1.5
1.0
电压(vs.Li⁺/Li)/V
0
50
100
150
容量/mA·h·g⁻¹
(a)
180
160
140
120
100
80
60
容量/mA·h·g⁻¹
●放电容量
0
20
40
60
80
100
循环圈数
(b)

图 5.60　钛酸锂电池性能（电解液为失活硫化亚铜电池中取出的电解液）

(a) 充放电曲线；(b) 循环曲线

为了进一步说明硫化亚铜电极材料在环状酯类电解液中的容量急速衰减并不是由环状酯类溶剂本身物化性质（如高黏度、易于成膜等）导致的，测试了和硫化亚铜具有相同充放电电位区间的钛酸锂电极在 1mol/L $LiPF_6$/EC 电解液中的电化学性能。

由图 5.61 可以看出，在同样的 1.0～3.0V 的电位区间内，钛酸锂电极在 1mol/L $LiPF_6$/EC 电解液中能够取得稳定的电化学性能（与常规混合酯类中的电化性能相差不大），并没有出现硫化亚铜电极材料表现出来的容量急速衰减现象，这说明该容量衰减现象更可能是电极材料与电解液之间存在某些反应导致，而不是单纯的环状溶剂的性质所引起。

5.7.3.4　环状酯对硫化亚铜负面影响的原因分析

针对少量酯类就可引起 Cu_2S/Li 电池容量的急速衰减，可能是环状溶剂发生反应并成膜，如果确实有成膜，并且能阻挡活性物质的反应，那么可能在电极的表面观测到膜的存在，于是对循环后的极片进行了 SEM 分析。

图 5.62 所示为极片在不同电解液中循环过后的电镜图。由图可以明显看出

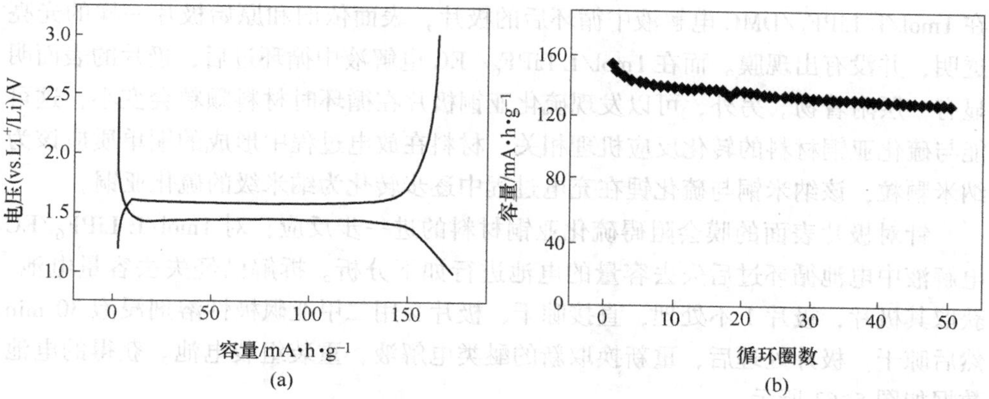
3.0
2.5
2.0
1.5
1.0
电压(vs.Li⁺/Li)/V
0
50
100
150
容量/mA·h·g⁻¹
(a)
160
120
80
40
0
容量/mA·h·g⁻¹
0
10
20
30
40
50
循环圈数
(b)

图 5.61 钛酸锂在 1mol/L $LiPF_6$/EC 电解液中电池性能

（a）首圈充放电曲线；（b）50 圈放电容量保持曲线

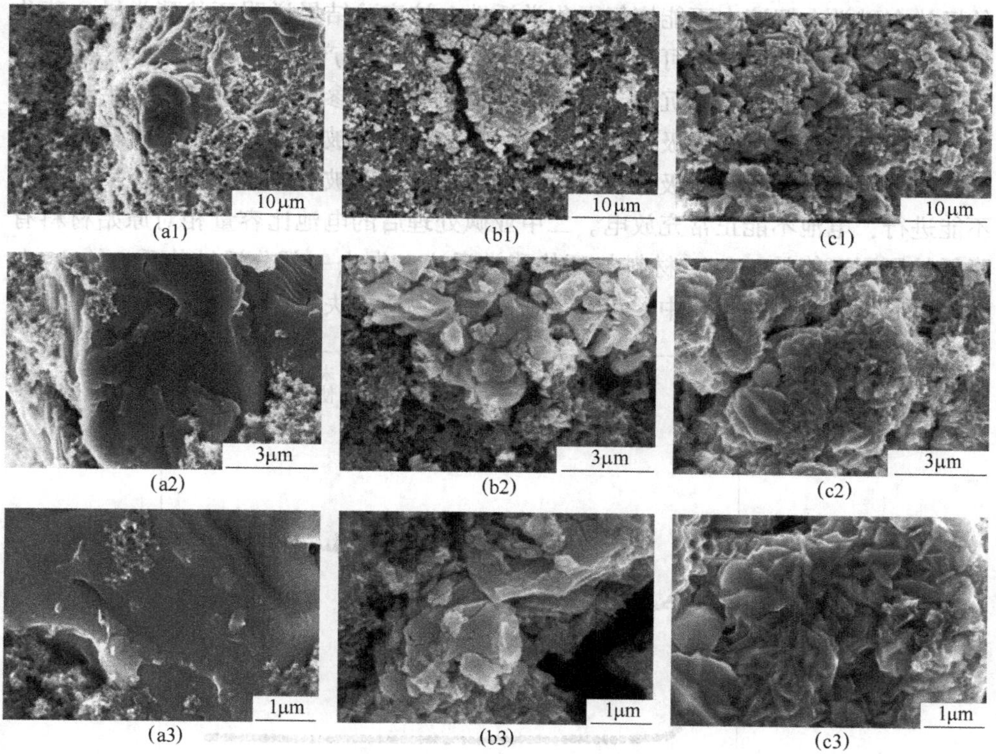
10μm
(a1)
10μm
(b1)
10μm
(c1)
3μm
(a2)
3μm
(b2)
3μm
(c2)
1μm
(a3)
1μm
(b3)
1μm
(c3)

图 5.62 不同状态下硫化亚铜极片的电镜图

（a）原始极片；（b）1mol/L $LiPF_6$/DMC 电解液中循环 10 圈后的极片；

（c）1mol/L $LiPF_6$/EC 电解液中循环 10 圈后的极片

在 1mol/L $LiPF_6$/DMC 电解液中循环后的极片，表面依旧和原始极片一样的光亮透明，并没有出现膜。而在 1mol/L $LiPF_6$/ EC 电解液中循环过后，极片的表面明显有一层附着物。另外，可以发现硫化亚铜极片在循环时材料颗粒会变小，这可能与硫化亚铜材料的转化反应机理相关，材料在放电过程中形成的铜单质应该为纳米颗粒，该纳米铜与硫化锂在充电过程中逐步转化为纳米级的硫化亚铜。

针对极片表面的膜会阻碍硫化亚铜材料的进一步反应，对 1mol/L $LiPF_6$/EC 电解液中电池循环过后失去容量的电池进行如下分析。拆解已经失去容量电池，获取其极片，极片 1 不处理，直接晾干，极片 2 用二甲亚砜极性溶剂浸泡 30 min 然后晾干。极片处理后，重新换取新的醚类电解液，重装组装电池。获得的电池数据如图 5. 63 所示。

由图 5. 63 可以看出，二甲亚砜处理后的极片，在醚类电解液中材料会重新恢复电化学活性，且在充放电过程中容量会逐渐增加；而没有经过二甲亚砜处理的极片在醚类电解液中不能恢复电化学活性。该实验结果说明环状酯类导致硫化亚铜电池失活的原因极有可能是在充放电过程中中间产物与环状溶剂发生反应，并且反应产物在电极表面沉积，阻挡活性物质进一步参加电化学反应。失活后的电池极片在经过二甲亚砜极性溶剂浸泡后，该沉积层被破坏，材料恢复活性；而没有经过极性溶剂浸泡的极片，由于表面的膜层没有被破坏，所以电极反应依然不能进行，电池不能正常充放电。二甲亚砜处理后的电池比容量相对原始材料有降低的原因可能是：（1）材料与环状酯类反应，失去一部分活性物质；（2）电池在拆后重装电池的过程中，存在少量的活性物质损失。

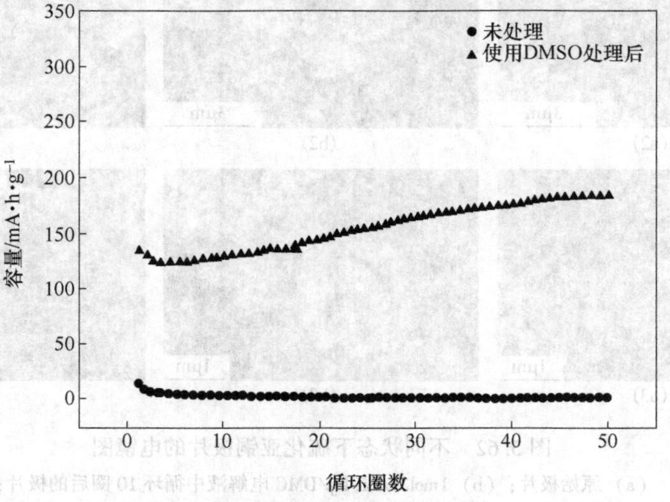

● 未处理
▲ 使用DMSO处理后
容量/mA·h·g⁻¹
循环圈数
0
50
100
150
200
250
300
350
0
10
20
30
40
50

图 5. 63　EC 电解液中，Cu_2S/Li 电池循环至无容量，将取出极片采用不同处理方式后，组装的 Cu_2S/Li 电池循环性能（此时电解液为 1mol LiTFSI/DOL+DME 5∶5（V/V））

同时对失去活性的硫化亚铜极片进行元素分析测试，检测结果显示原始极片中硫含量为 14.08%，而循环无容量后的极片中硫含量为 6.8%。按照比容量与硫含量的比对，当硫含量为 6.8%时，对应比容量约为 169mA · h/g，与实验结果相符。由于元素分析做样时，极片暴露在空气中，极片上存在的沉积物可能会与空气中的氧气反应分解，导致测试的硫含量偏低。

基于已有的实验结果，认为酯类电解液中硫化亚铜电池容量的急速衰减主要是因环状酯类溶剂与电池充放电过程中产生的中间产物发生反应，并且反应产物会有部分在电极表面沉积，阻碍反应的进一步进行，导致容量急速衰减，而线性酯类中，硫化亚铜电池并不存在这种容量急速衰减的现象。通过查阅文献，认为环状酯类与链状酯类溶剂与中间产物可能存在，图 5.64 反应所示，反应（a）、（b）、（c）、（d）主要是参考文献提到的亲核反应。与之相似的反应机理已经在锂硫电池中通过 GC-MS，NMP，X-ray spectroscopic（X 射线光电子能谱）等方法进行验证了。为说明聚硫离子的存在形式，计算 S_8分子的键能，如图 5.65 所示，结果表明 S(2)-S(3)，S(6)-S(7) 键能最大、键级最小，故其较其他键更容易发生断链，产生 S_4^{2-} 与 S_2^{2-} 分子，故在反应中，主要计算了 S_4^{2-} 与 S_2^{2-} 分子与不同结构酯类反应的吉布斯自由能差。

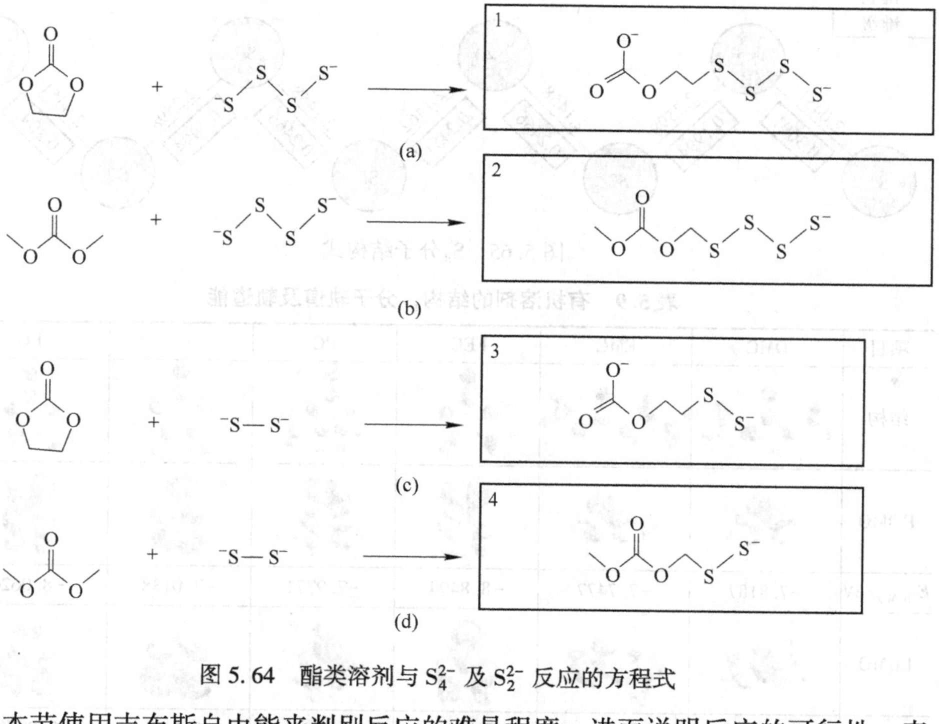

图 5.64 酯类溶剂与 S_4^{2-} 及 S_2^{2-} 反应的方程式

本节使用吉布斯自由能来判别反应的难易程度，进而说明反应的可行性。表 5.8 显示 $\Delta G^{(a)} = -124.70$kJ/mol，$\Delta G^{(c)} = -314.90$kJ/mol，由反应总是朝着吉布

表 5.8 溶剂和反应产物的吉布斯自由能及反应的吉布斯自由能差

种类	EC	DMC	S_4^{2-}	1	2	$\Delta G^{(a)}$	$\Delta G^{(b)}$
吉布斯自由能 G/kJ · mol^{-1}	−342.35	−343.55	−1592.68	−1935.09	−1935.67	−0.05	0.56
			S_2^{2-}	3	4	$\Delta G^{(c)}$	$\Delta G^{(d)}$
			−796.20	−1138.57	−1139.05	−0.12	0.58

注：1 单分子 = 2624.20kJ/mol；$\Delta G^{(a)}$ = −124.70kJ/mol；$\Delta G^{(c)}$ = −314.90kJ/mol。

斯自由能减少的方向进行，$\Delta G<0$ 即表示反应是容易发生的，所以图 5.64 反应（a）与反应（c）是可以自发进行反应，表明其反应的可能性较大。而线性酯参与的图 5.64（b）与（d）反应，其吉布斯自由能差大于 0，说明其反应的难度较大。故在酯类溶剂中，环状酯类比链状酯类更容易发生此反应，其反应产物在极片上的沉积会阻碍锂离子的进入，导致材料失去容量。

同时，计算了各种有机溶剂的结构的分子轨道能，由表 5.9 的分子轨道能可以看出，所有环状溶剂的最低未占轨道能量都较链状溶剂的要低，说明环状碳酸酯更容易得到电子发生亲电反应。同时计算了分子轨道的总能量，发现环状酯类的总能量比链状酯类的要高，该结果进一步说明环状结构酯类较链状酯类具有更高的不稳定性，更容易发生反应。

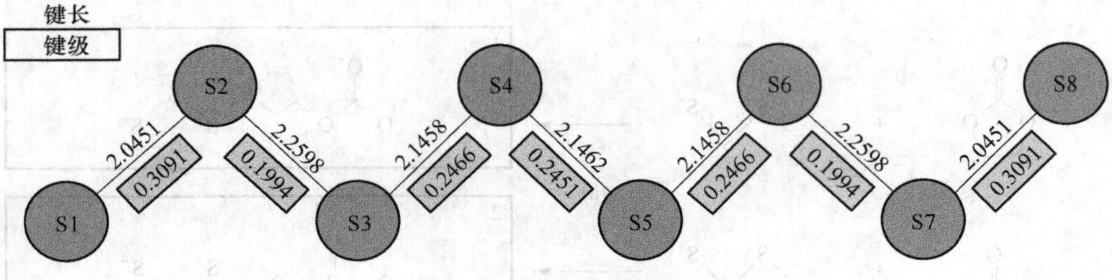
键长
键级
S1
S2
S3
S4
S5
S6
S7
S8
2.0451
0.3091
2.2598
0.1994
2.1458
0.2466
2.1462
0.2451
2.1458
0.2466
2.2598
0.1994
2.0451
0.3091

图 5.65 S_8分子结构式

表 5.9 有机溶剂的结构，分子轨道及轨道能

项目	DMC	EMC	FEC	PC	VC	EC
结构	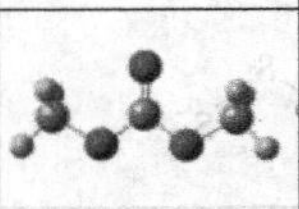	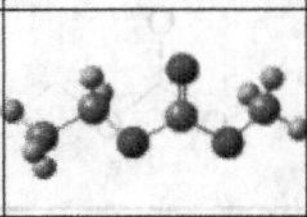	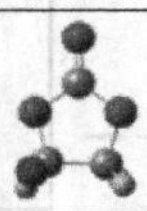	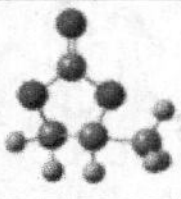	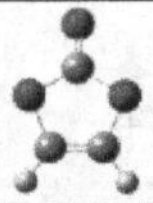	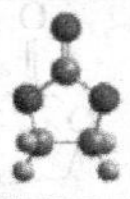
HOMO						
E_{HOMO}/eV	−7.8187	−7.7477	−8.8494	−7.9771	−7.0138	−8.0620
LUMO						
E_{LUMO}/eV	1.1279	1.1902	0.5135	1.0313	−0.0528	0.9355
ΔE_g^{α}/eV	6.6908	6.5575	8.3359	6.9459	6.961	7.1265

基于本节理论计算，认为硫化亚铜电池材料在环状酯类中容量急速衰减的原因是环状酯类与 S_4^{2-} 与 S_2^{2-} 发生反应，并且反应物沉积在极片表面阻碍了反应的进一步发生，并且依据本节设想的反应，反应后的产物会有新键生成，因此对极片进行了 XPS 分析。

图 5.66 所示为硫化亚铜极片在不同状态下的 XPS 图。从图中可以看出极片在 1mol/L $LiPF_6$/DMC 电解液中循环一圈后，与原始极片相比，硫的价态并没有发生较大的偏移，稍微向低价态有一点偏移，认为是原始极片中的硫化铜杂质向硫化亚铜转变使得硫的价态变低（Han 等指出 S2p 中 Cu_2S 的峰位为 161.9eV，CuS 为 162.8eV）。而其在 1mol $LiPF_6$/EC 电解液中循环一圈后，其中硫的价态发生了非常大的偏移，查阅文献可得，163～164eV 的硫的峰位主要为 C—S 键的形成。该实验很好地验证了图 5.64 反应（a）和（c）。

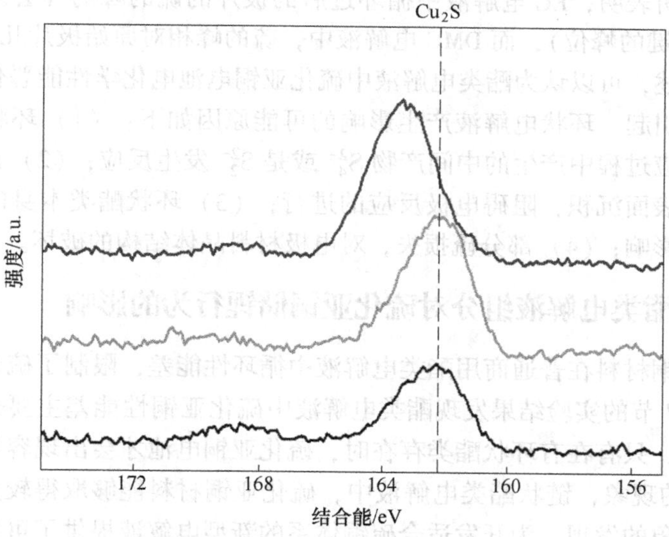
Cu_2S
强度/a.u.
172
168
164
160
156
结合能/eV

图 5.66 不同状态下硫化亚铜极片的 XPS 图（图中由下往上分别为硫化亚铜初始极片、DMC 电解液中循环 1 圈的极片以及在 EC 电解液中循环 1 圈的极片）

以上结果表明，环状酯类对硫化亚铜材料的负影响，主要是环状酯类与中间产物的反应，且该反应沉积在电极表面阻碍反应的进一步发生，在线性溶剂中，由于发生该反应的可能性较小，所以硫化亚铜能够取得较为稳定的循环性能。

通过本节研究发现，硫化亚铜电极材料在不同结构的碳酸酯类电解液中，会表现出截然不同的电化学行为。硫化亚铜材料在 DMC 与 EMC 等单一线性酯类电解液中循环 50 圈，仍然可保持 200mA·h/g 的容量，但在 FEC、PC、VC、EC 等单一环状酯类电解液中循环 10 圈，容量会急速衰减为 0。随后对硫化亚铜材料进行循环伏安测试及阻抗测试，同样发现硫化亚铜材料在环状酯类电解液中会迅速失去活性，而在链状酯类电解液中电池能够保持高活性，使得电池正常循环。

针对环状酯类会影响硫化亚铜电池的性能，研究了 EC 的量对电池性能的影响，实验表明少量的 EC 就会使得材料迅速失去活性，SEM 发现在 EC 电解液中循环过后的硫化亚铜电极表面有成膜现象。且拆解 EC 电解液中失活的硫化亚铜电池，获取极片，该极片只有通过极性溶剂处理后才能再次恢复活性。实验结果表明硫化亚铜材料在环状酯类电解液中的循环性能差，极有可能是环状酯类与电极反应的中间产物发生反应，反应物的沉积阻碍了电极的进一步反应。

理论计算结果表明环状酯类、链状酯类与 S_4^{2-} 或是 S_2^{2-} 的反应吉布斯自由能变化相差很大，环状酯类溶剂反应的 $\Delta G<0$，表明其反应非常容易发生，而链状酯类反应的 ΔG 远大于 0，认为其反应的可能性较小。结果再次表明硫化亚铜材料在酯类电解液中容量快速衰减的原因是由环状酯类溶剂引起，且 XPS 对反应后的极片分析表明，EC 电解液中循环过后的极片的硫的峰的确会发生较大偏移（偏向 C—S 键的峰位），而 DMC 电解液中，硫的峰相对原始极片几乎没有偏移。

综上所述，可以认为酯类电解液中硫化亚铜电池电化学性能恶化的原因主要由环状酯类引起，环状电解液产生影响的可能原因如下：（1）环状酯类与硫化亚铜电极反应过程中产生的中间产物 S_4^{2-} 或是 S_2^{2-} 发生反应；（2）该反应的沉积物会在电极表面沉积，阻碍电极反应的进行；（3）环状酯类本身的不稳定性对电池性能的影响；（4）部分硫损失，对电极材料晶体结构的破坏。

5.8　链状酯类电解液组分对硫化亚铜储锂行为的影响

硫化亚铜材料在普通商用酯类电解液中循环性能差，限制了硫化亚铜的进一步使用。5.7 节的实验结果发现酯类电解液中硫化亚铜性能差主要是由环状酯类溶剂引起的，只有在有环状酯类存在时，硫化亚铜电池才会出现容量极速衰减为 0mA · h/g 的现象，链状酯类电解液中，硫化亚铜材料能够取得较为稳定的循环性能。该现象的发现，为开发适合硫铜体系的新型电解液提供了可能。但实验发现以链状酯类（DMC 或是 EMC）溶剂配制的单组分电解液中，硫化亚铜电池循环稳定性并不是很好，相对于醚类电解液中硫化亚铜的超优异电化学性能，其在链状酯类电解液容量衰减速度较快，电池的稳定性较差。故硫化亚铜材料在链状酯类电解液中性能将在本节进行进一步探索。

5.8.1　主要工作

本节研究硫化亚铜材料在链状酯类电解液中循环后期存在的一些问题，如容量衰减问题、后期过充问题。希望通过加入添加剂改善链状酯类电解液，提高硫化亚铜材料在酯类电解液中的容量保持率。

5.8.2 实验部分

5.8.2.1 电极制备及电池组装

硫化亚铜极片的制作过程参见前文实验部分，按照前文的装配电池工序组装电池，采用 Cegard2400 作为电池隔膜。

5.8.2.2 电池拆解过程

对循环过的 2016 型扣式电池进行拆解，取出其中的极片、隔膜、锂片，进行分析。拆解电池在手套箱中完成，需要清洗的极片用纯溶剂清洗，如 DMC、二甲亚砜等；清洗后在手套箱中晾干。所有 XPS 待测的样品等到测试当天用铝塑膜热封，从手套箱里拿出检测；XRD 测试样品：在手套箱中将剥离集流体的极片用聚酰亚胺膜封在载玻片上，拿出检测。

5.8.3 结果与讨论

5.8.3.1 硫化亚铜电池在链状酯类电解液中的容量衰减问题

为了测试硫化亚铜电池在线性酯类电解液中的容量衰减是否产生极片硫的损失，对循环过后的极片进行元素分析，并将元素分析的含量与容量的对比列于表 5.10。计算循环过后的硫含量比例相对原始极片的硫含量比例以及循环过后的比容量相对理论比容量，两者的百分比含量吻合，认为 DMC 电解液中容量损失的原因即为充放电过程中极片中硫的损失导致。测试醚类电解液中循环 10 圈、20 圈、200 圈的极片的硫元素含量，得到其极片中硫元素的含量分别为 15.8%、15.65%、14.59%，相对于原始极片中硫的含量 14.08%，硫元素的变化很小，醚类电解液中硫元素的含量有增加，是由于使用的锂盐（LiTFSI）中含有硫元素导致。硫元素的含量几乎没有变化，说明在醚类电解液中硫化亚铜极片中的硫损失非常小，这与电池在醚类电解液中优异的循环性能相符合，同时也说明酯类电解液中容量的衰减与极片上硫的损失相关。

表 5.10 DMC 酯类电解液循环过后极片的 S 元素含量及容量对比

电解液	极片条件	S 含量 /%	电池比容量 /$mA \cdot h \cdot g^{-1}$	S 含量所占比例 /%	电池比容量比例 /%
DMC 1mol/L $LiPF_6$	初始极片	14.08	以 335 计算	100	100
	10 圈充电	12.18	266.7	86.5	79.6
	55 圈充电	6.50	142.35	46.1	42.5

电池的充放电过程中会存在硫的损失，该部分硫可能存在于隔膜、吸液膜、锂片、电解液中，如图 5.67 所示。Cu_2S 在放电过程中会产生 Li_2S，但 Li_2S 在酯类溶剂中的溶解度很差，说明极片中的硫损失并不是单纯的产物溶解而是一个更为复杂的过程。

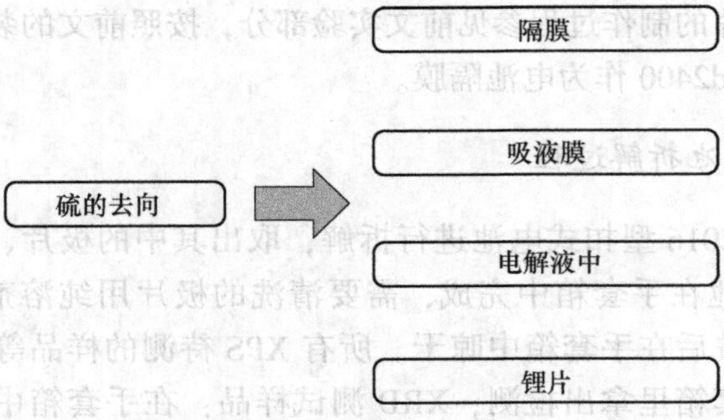
隔膜
吸液膜
硫的去向
电解液中
锂片

图 5.67 Cu_2S 电极在 DMC 电解液中损失硫的可能去向

对电池的隔膜、吸液膜、锂片等进行分析，研究损失硫的去向及存在位置。手套箱拆解电池发现，所有循环过的电池的隔膜、吸液膜、锂片都存在一层黑色的物质，如图 5.68 所示，该黑色物质并不是极片掉粉所致，掉粉一般只会影响隔膜的形貌，不会使得锂片表面发黑。黑色物质的存在，表明电池在充放电过程中的确存在一些未知的反应，导致电池体系出现图中现象。

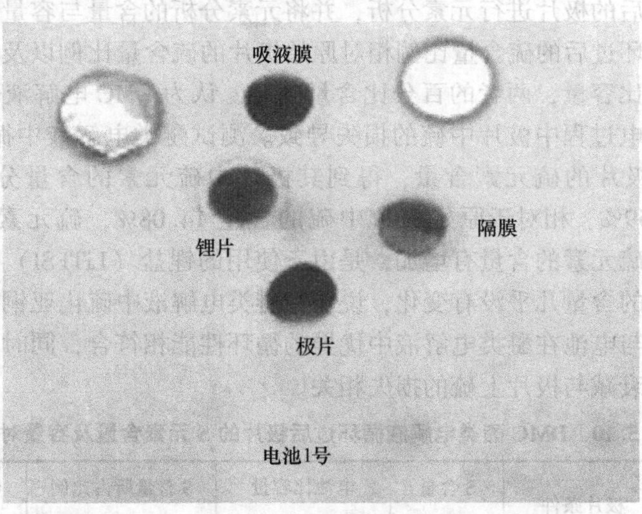
吸液膜
锂片
隔膜
极片
电池1号

图 5.68 DMC 电解液中 Cu_2S/Li 循环 50 圈拆解后极片、隔膜、吸液膜、锂片的表面形貌

电池拆解后，取出其中的隔膜，在手套箱中晾干，进行 SEM 扫描测试及 EDS 能谱分析，结果如图 5.69 所示。电镜图发现隔膜表面的微孔被一些物质堵塞。能谱发现隔膜不仅在极片面会存在 Cu 元素和 S 元素，在反面也存在这两种

元素。对循环过后的电池的吸液膜进行同样的分析，同样发现吸液膜的两侧都会存在 Cu 元素、S 元素，且吸液膜对锂片面上存在一定程度的粘连物质。EDS 数据说明极片上损失的 Cu、S 在电池隔膜、吸液膜上有沉积，但具体存在形式不能分析出来。

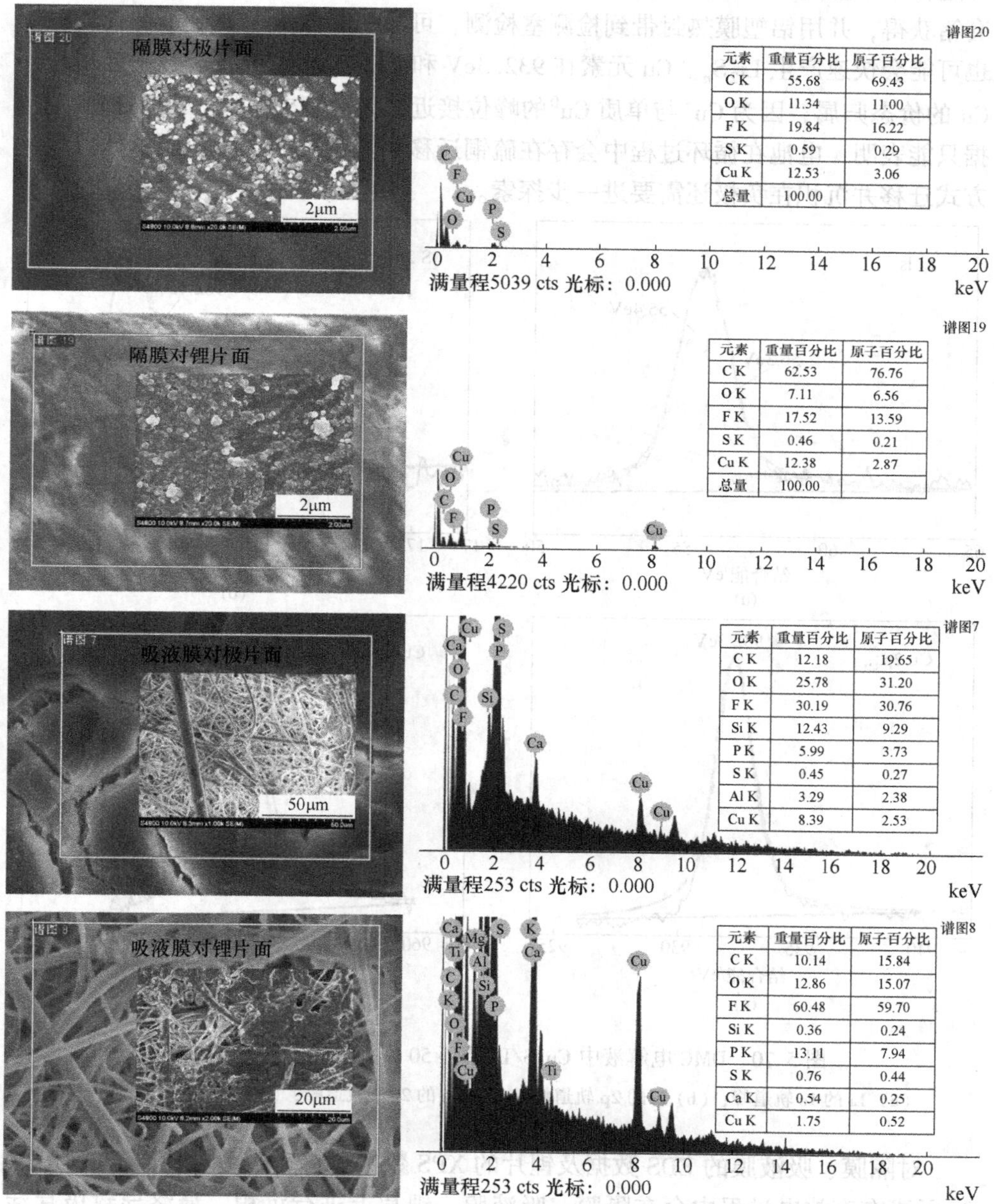
隔膜对极片面
2μm
谱图20
元素 重量百分比 原子百分比
C K 55.68 69.43
O K 11.34 11.00
F K 19.84 16.22
S K 0.59 0.29
Cu K 12.53 3.06
总量 100.00
满量程5039 cts 光标：0.000
keV
隔膜对锂片面
2μm
谱图19
元素 重量百分比 原子百分比
C K 62.53 76.76
O K 7.11 6.56
F K 17.52 13.59
S K 0.46 0.21
Cu K 12.38 2.87
总量 100.00
满量程4220 cts 光标：0.000
keV
吸液膜对极片面
50μm
谱图7
元素 重量百分比 原子百分比
C K 12.18 19.65
O K 25.78 31.20
F K 30.19 30.76
Si K 12.43 9.29
P K 5.99 3.73
S K 0.45 0.27
Al K 3.29 2.38
Cu K 8.39 2.53
满量程253 cts 光标：0.000
keV
吸液膜对锂片面
20μm
谱图8
元素 重量百分比 原子百分比
C K 10.14 15.84
O K 12.86 15.07
F K 60.48 59.70
Si K 0.36 0.24
P K 13.11 7.94
S K 0.76 0.44
Ca K 0.54 0.25
Cu K 1.75 0.52
满量程253 cts 光标：0.000
keV

图 5.69 DMC 电解液中 Cu_2S/Li 循环 50 圈拆解后隔膜、吸液膜的 SEM 及对应 EDS 图

将拆解后的锂片采用 XPS 分析，如图 5.70 所示。从 XPS 数据可以看出，循环后期的锂片中亦存在 Cu 元素、S 元素的峰。尽管 S 元素在 XPS 测试中显示的峰位主要为 Li_2S_n，但此处并不能分析出该产物是电池反应过程中产生，假定循环过程中产生的是聚硫离子，在物质迁移过程中及制样过程中（尽管样品都在手套箱获得，并用铝塑膜热封带到检测室检测，可检测制样依旧会暴露在空气中），也可能会快速产生 Li_2S_n。Cu 元素在 932.3eV 和 952.0eV 的出峰，并不能指认出 Cu 的价态归属，因为 Cu^+ 与单质 Cu^0 的峰位接近，区分度非常低。故该 XPS 的数据只能表明，电池在循环过程中会存在硫铜迁移到锂负极的现象，而具体以何种方式迁移并沉积在负极还需要进一步探索。

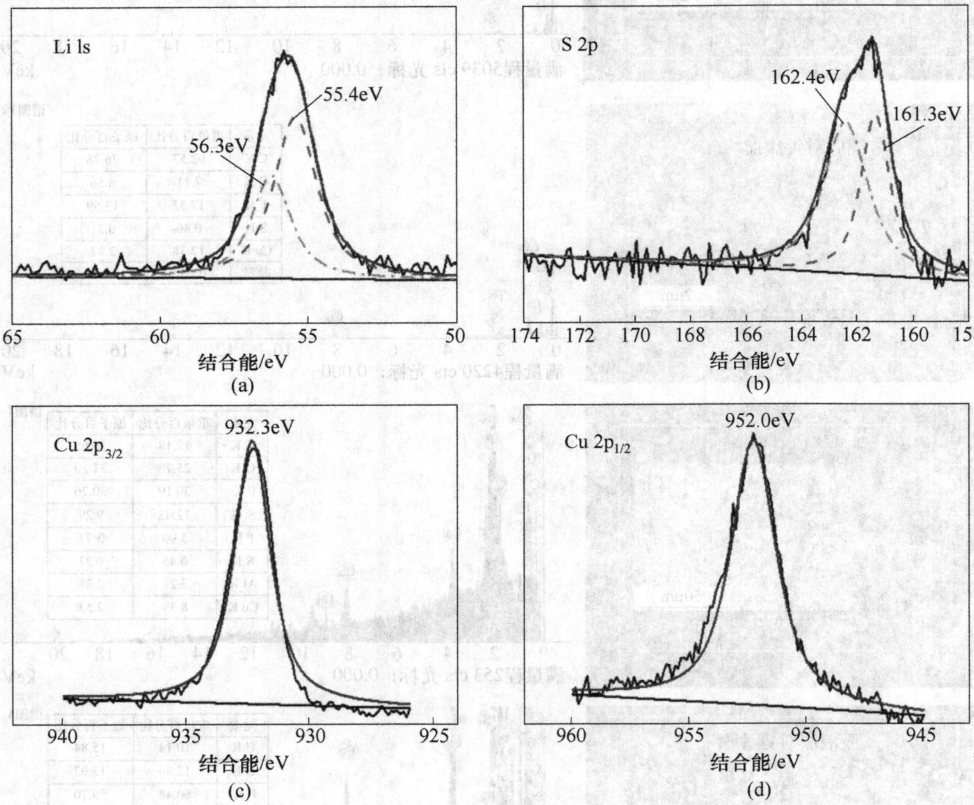
Li ls
55.4eV
56.3eV
65
60
55
50
结合能/eV
(a)
S 2p
162.4eV
161.3eV
174
172
170
168
166
164
162
160
158
结合能/eV
(b)
Cu 2p3/2
932.3eV
940
935
930
925
结合能/eV
(c)
Cu 2p1/2
952.0eV
960
955
950
945
结合能/eV
(d)

图 5.70　DMC 电解液中 Cu_2S/Li 循环 50 圈拆解后锂片的 XPS 图

（a）Li 的 1s 轨道峰；（b）S 的 2p 轨道峰；（c）Cu 的 $2p_{3/2}$ 轨道峰；（d）Cu 的 $2p_{1/2}$ 轨道峰

对隔膜、吸液膜的 EDS 数据及锂片的 XPS 数据分析表明，极片上的 S 元素、Cu 元素在充放电过程中会在隔膜、吸液膜、锂片上进行沉积，最终导致极片活性材料损失，使得 Cu_2S 电池的容量衰减。

5.8.3.2 硫化亚铜电池在链状结构酯类电解液中过充问题

Cu_2S 电池在单独使用 DMC 或是 EMC 溶剂为基础的电解液中循环后期会存在如图 5.71 的过充现象，电池一直处于充电状态，且无法充电至 3.0V，导致电池失活。该现象主要出现在电池循环的 50~60 圈。电池在发生过充后，停止电池充放电，观察电池的电压变化，电池的电压会降到平台电压 2.1V 左右，并不是立即下降至 0V，说明电池并不是发生短路，故将此现象描述为过充现象。

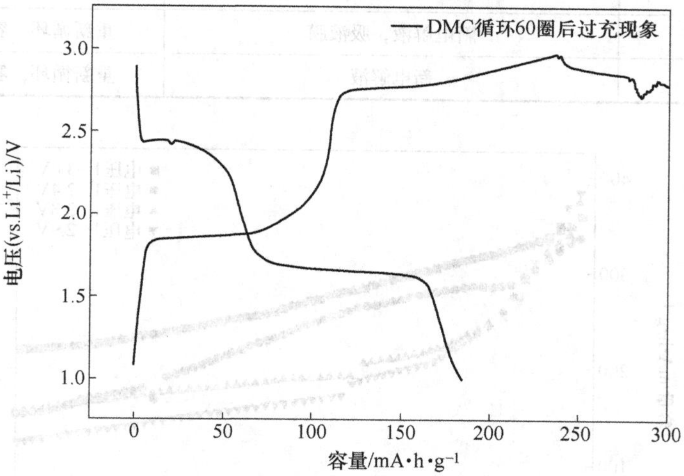
DMC循环60圈后过充现象
3.0
2.5
2.0
1.5
1.0
电压(vs.Li⁺/Li)/V
0
50
100
150
200
250
300
容量/mA·h·g⁻¹

图 5.71 DMC 电解液循环 60 圈后 Cu_2S/Li 电池存在的过充现象

针对已过充的电池，拆解电池进行重新装配，看过充现象是否仍然存在，所有数据列于表 5.11。1 号电池在电池过充后，停止电池充放电，静置 24h，重新进行充放电测试，电池的过充现在依然存在；2 号电池过充后拆解电池，取出电池极片，选用新的隔膜、电解液、吸液膜、锂片，电池可以重新充放电，但是电池的容量会下降，因为电池有硫的损失，导致容量下降，并且循环速度加快；3 号过充电池换用新的电解液、吸液膜、锂片；4 号过充电池换用新的电解液和吸液膜，实验结果与 2 号、3 号一样；5 号过充电池保留所有的电池部件，只是换用新的电解液，发现电池能够重新循环。1~5 号过充电池的处理结果表明，电池的过充现象在原有体系中会存在，但是拆开电池换用新的电解液后，电池即可进行新的循环，但这种新的电池体系，电池的性能不稳定，电池容量衰减极快，认为 DMC 电解液中循环后的硫化亚铜极片可能已经发生改变。

对过充电池，因后期电压不能充放至 3.0V，导致电池存在过充现象，故选用降低充电电压，改变电压区间的措施，观察该现象是否会有所改善。图 5.72 所示为改变电池的充放电电压区间，电池的循环性能受到的影响；同时实验还发现，改变电压区间后电池的容量衰减速度加快，过充现象后移，但依旧会存在过充现象。

表 5.11　DMC 电解液中 Cu_2S/Li 电池过充后拆解、重新组装的性能

过充电池编号	拆解过充电池，重新装配	新电池的现象
1 号	过充后，停掉电池，静置 24h	过充依旧存在
2 号	新隔膜，电解液，吸液膜，锂片	重新循环，容量衰减快
3 号	新电解液，吸液膜，锂片	重新循环，容量衰减快
4 号	新电解液，吸液膜	重新循环，容量衰减快
5 号	新电解液	重新循环，容量衰减快

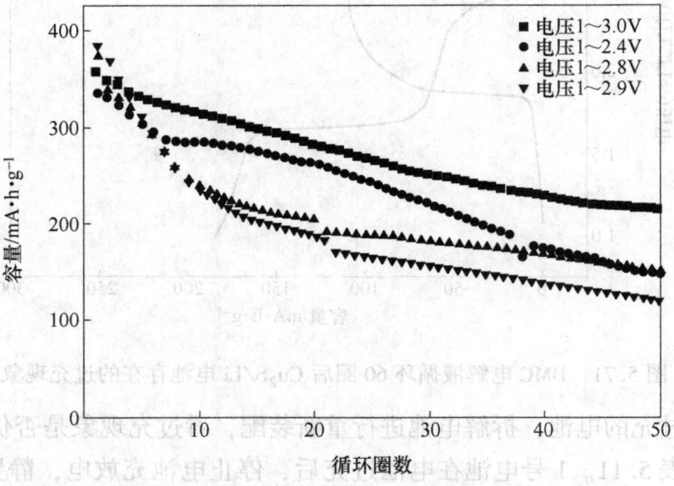

电压1~3.0V
电压1~2.4V
电压1~2.8V
电压1~2.9V
400
300
200
100
0
10
20
30
40
50
容量/mA·h·g⁻¹
循环圈数

图 5.72　DMC 电解液中 Cu_2S/Li 电池在不同电压区间下 0.5C 恒流充放电的电池性能（1C = 335mA · h/g）

硫化亚铜材料在链状酯类电解液中循环后期存在过充现象，可能与在链状酯类电解液循环中硫化亚铜活性材料迁移至锂负极有一定关联。特别是 Cu 元素在锂负极的大量积累，可能会造成过充现象的发生。

拆解已经过充的电池，取出其中的极片，进行 SEM 分析。如图 5.73 所示，初始极片表面蓬松，且存在一些 Cu_2S 的大颗粒，而循环至过充状态的极片表面结块，粘连严重。

对已经过充的电池极片及吸液膜进行 XRD 分析。电池过充后，在手套箱中拆开，取出极片和吸液膜，直接晾干后用聚酰亚胺膜封住，然后拿出进行 XRD 分析。

图 5.74 所示为极片的 XRD 图，与标准卡片比对可得，此时的 Cu_2S 与标准

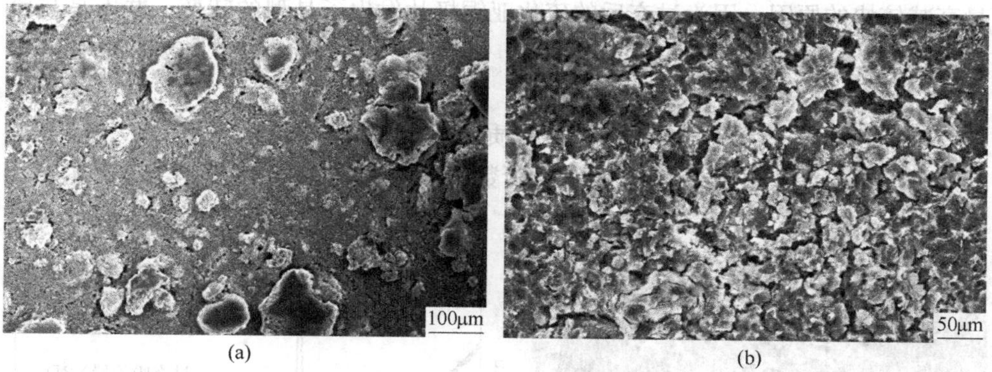
100μm
(a)
50μm
(b)

图 5.73　Cu_2S 未充放电极片的电镜图（a）和
DMC 电解液中 Cu_2S/Li 电池过充后极片的电镜图（b）

卡片 JCPDS：01-072-1071 相符合，属于四方晶系，还有少量 Cu(01-085-1326)的峰存在。而 5.1 节中对样品 Cu_2S 的 XRD 分析表明，匹配的 Cu_2S 与标准卡片为 00-003-1071，属于立方晶系。认为在循环的过程中极片的晶型变化严重影响了电池的循环性能。类似于锰酸锂在充电过程末期发生的尖晶石相转变，Mn^{2+} 进入溶液中，在负极上沉积为 Mn(s)，Cu_2S 材料在循环后期也会存在 Cu 元素在负极的沉积，认为可能是材料循环过程中晶体结构由立方体结构向四面体结构发生转变，有部分 Cu 从原来的晶胞中脱出的原因，对与锂片面接触的吸液膜进行 XRD 测试，结果与设想相符，吸液膜上沉积的物质主要是 Cu 单质。这一结果可以解释对过充电池拆电池取出的极片重新组装电池，电池的性能会不稳定，且容

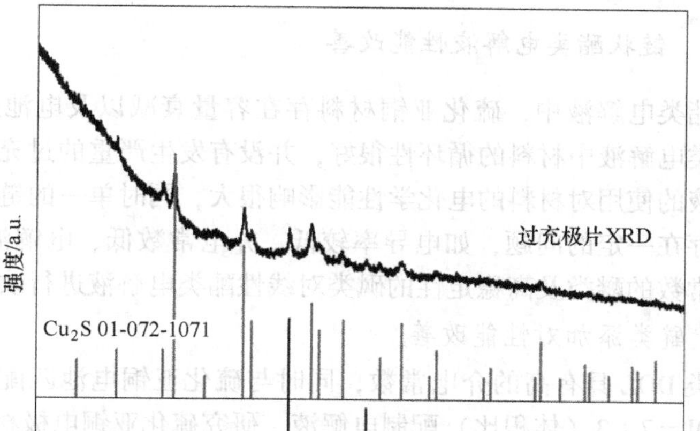
过充极片XRD
强度/a.u.
Cu_2S 01-072-1071
Cu 01-085-1326
20
30
40
50
60
70
80
2θ/(°)

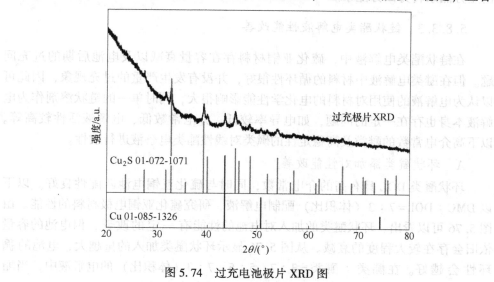

图 5.74　过充电池极片 XRD 图

量衰减较快的原因。因为过充后的硫化亚铜极片发生了晶型的转变，并不是与硫化锂相似的立方晶系，而是四方晶型，晶体结构的差异影响了电池的电化学性能。

吸液膜在过充后期会有很多黑色物质的生成，如图 5.75（a）所示，故对过充后的电池吸液膜进行 XRD 分析，分析数据表明表面黑色物质为单质的 Cu。

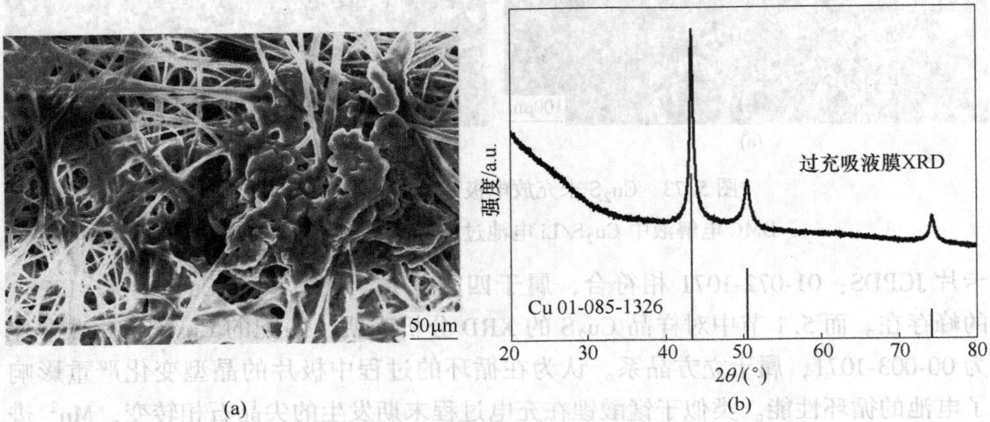
50μm
(a)
过充吸液膜XRD
强度/a.u.
Cu 01-085-1326
20
30
40
50
60
70
80
2θ/(°)
(b)

图 5.75　过充电池吸液膜 SEM 图（a）和 XRD 图（b）

根据以上的实验结果，可以认为硫化亚铜在线性酯类中存在的容量衰减及过充问题，都与硫化亚铜材料在循环过程中硫元素与铜元素的迁移有关，这种铜、硫元素的损失加速了硫化亚铜结构的改变，所以当电池发生过充后，材料的晶型由立方晶系转为四方晶系。

5.8.3.3　链状酯类电解液性能改善

在链状酯类电解液中，硫化亚铜材料存在容量衰减以及电池后期的过充问题。但在醚类电解液中材料的循环性很好，并没有发生严重的过充现象，因此可以认为电解液的使用对材料的电化学性能影响很大，同时单一的链状溶剂作为电解液本身也存在一定的问题，如电导率较低、介电常数低、电解液活性较高等。以下高介电常数的醚类及高稳定性的砜类对线性酯类电解液进行改性。

A　环状醚类添加对性能改善

环状醚类 DOL 具有高的介电常数，同时与硫化亚铜电池匹配性良好。以下以 DMC：DOL=7：3（体积比）配制电解液，研究硫化亚铜电极材料的性能。由图 5.76 可以看出，环状醚类的加入对电池的性能有一定的改善，但电池的容量依旧会存在较大程度的衰减。从图 5.76 显示环状醚类加入的量越大，电池的循环性会越好。在酯类：醚类=3：7，5：5，7：3（体积比）的电解液中，当酯

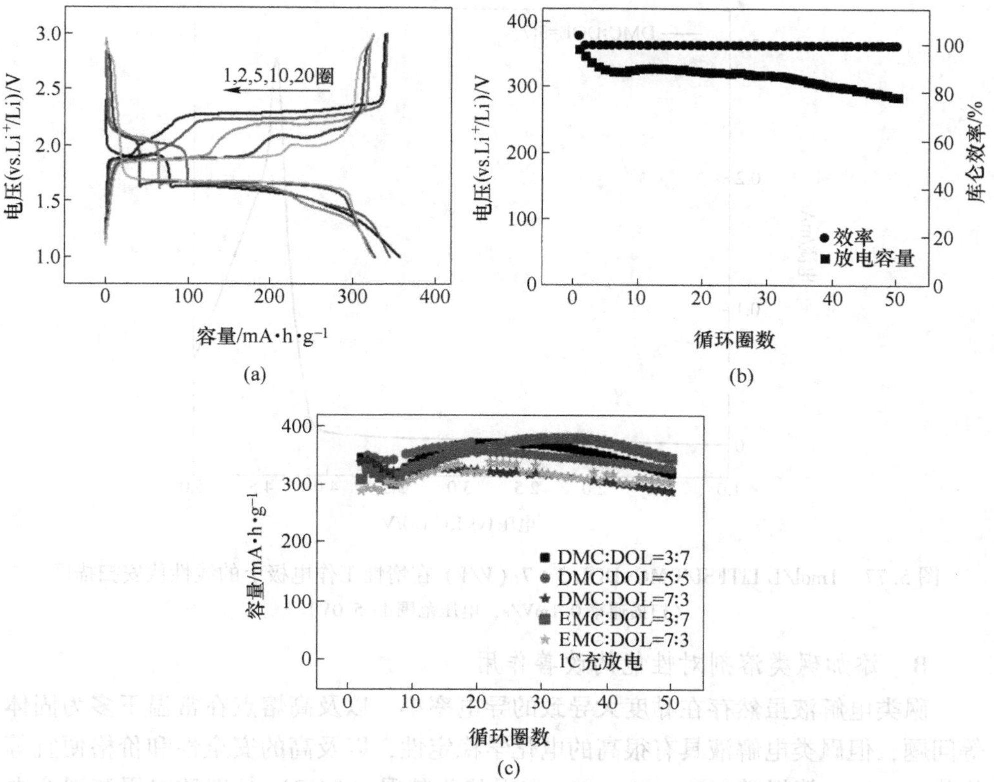

3.0
2.5
2.0
1.5
1.0
电压(vs.Li+/Li)/V
1,2,5,10,20圈
0
100
200
300
400
容量/mA·h·g-1
(a)
400
300
200
100
0
电压(vs.Li+/Li)/V
100
80
60
40
20
0
库仑效率/%
●效率
■放电容量
0
10
20
30
40
50
循环圈数
(b)
400
300
200
100
0
容量/mA·h·g-1
DMC:DOL=3:7
DMC:DOL=5:5
DMC:DOL=7:3
EMC:DOL=3:7
EMC:DOL=7:3
1C充放电
0
10
20
30
40
50
循环圈数
(c)

图 5.76 DMC/DOL=7：3（V/V）电解液中 Cu_2S/Li 电池前 20 个周期的充放电曲线（a），DMC/DOL=7：3（V/V）电解液中，Cu_2S/Li 电池循环图以及库仑效率图（b），不同体积比的 DMC(EMC)/DOL 电解液中，Cu_2S/Li 电池循环性能图（c）

类：醚类=3：7 时，性能最好。即加入的醚类占比越大，电池的性能越好，这与硫化亚铜材料在醚类电解液中的优异循环性能相关，但 DOL 体积的增多，会迅速影响电解液的电化学窗口窄化，导致电解液与正极的匹配度下降。郑洪河等指出正极材料在 DME 基电解液中循环性差，故没有选择 DME 醚类与 DMC 的混合。

图 5.77 所示为 1mol/L LiTFSI/DMC+DOL 3：7（体积比）电解液的分解电压测试图，测试电压范围为 1~5.0V，扫描速率为 0.1mV/s。由于 DOL 的加入量过多，在 4.15V 即有氧化还原峰的出现，说明该电解液的抗氧化性较常用的 1mol/L LiTFSI/DOL+DME 1：1（体积比）更差。故 DOL 的加入虽然会改善酯类电解液的循环性，但无法避免 DOL 在高电位下的氧化反应，甚至由于 DOL 加入的量增多，使得氧化电位更低，氧化反应更早进行，所以此种改性方式并不适用。

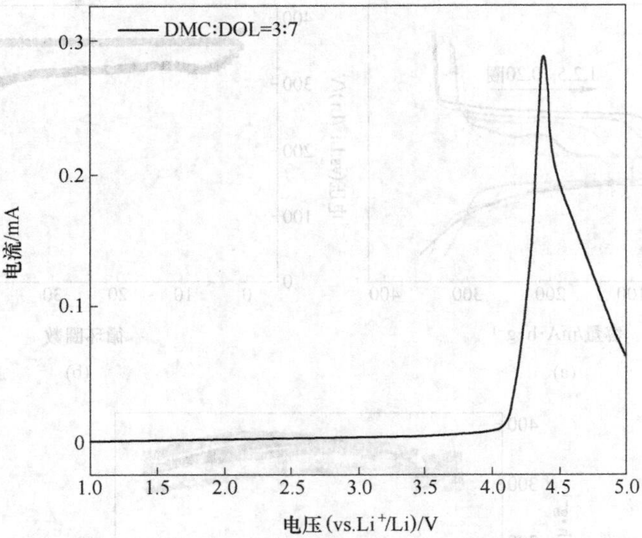
DMC:DOL=3:7
电流/mA
电压(vs.Li+/Li)/V
0.3
0.2
0.1
0
1.0
1.5
2.0
2.5
3.0
3.5
4.0
4.5
5.0

图 5.77　1mol/L LiTFSI/DMC+DOL 3∶7（*V*/*V*）在惰性工作电极上的线性伏安扫描图（扫描速率 0.1mV/s，电压范围 1~5.0V）

B　添加砜类溶剂对性能的改善作用

砜类电解液虽然存在黏度大导致的导电率小，以及高熔点在常温下多为固体等问题，但砜类电解液具有很高的电化学稳定性，以及高的安全性和价格便宜等优势。L. Xue 等报道 $LiNi_{0.5}Mn_{1.5}O_4$ 在甲基乙基砜（EMS）与碳酸二甲酯混合电解液（EMS∶DMC=1∶1（质量））中的性能，并以此匹配钛酸锂负极，取得优异的全电池性能。本节工作期望采用甲基乙基砜、环丁砜、二甲砜等砜类与 DMC 链状溶剂混合，改善硫化亚铜电池在酯类电解液中的性能。

图 5.78 所示为电池在添加甲基乙基砜中的 DMC 电解液中的首圈充放电曲线及循环曲线。甲基乙基砜具有超高的介电常数（95），能溶解 3mol/L 的 $LiPF_6$ 和 6mol/L 以上的 LiTFSI，其与碳酸酯混合的电解液具有很好的物理化学性质，非常适合在锂离子电池中应用。相较于单一 DMC 电解液，添加甲基乙基砜的电解液的首圈充放电曲线并没有改变，5%的甲基乙基砜的加入可提高容量保持率至 76%（循环 5 圈时），而加入 10%的甲基乙基砜，容量在后期的衰减速度比原始 DMC 还要快，原因是砜类的黏度过大，影响了电解液的性质。

环丁砜（TES）是应用较为广泛的一种砜类溶剂，具有高的介电常数（43.4），且熔点仅为 28.45℃，是熔点较为接近室温的砜类，图 5.79 所示为电池在添加环丁砜的 DMC 电解液中的首圈充放电曲线及循环曲线。图中显示环丁砜的加入对电池的首圈充放电没有影响，环丁砜的加入对电池的循环性能有一定程度的改善，加入 10%的环丁砜可提高 50 圈容量保持率至 74%，但容量衰减的

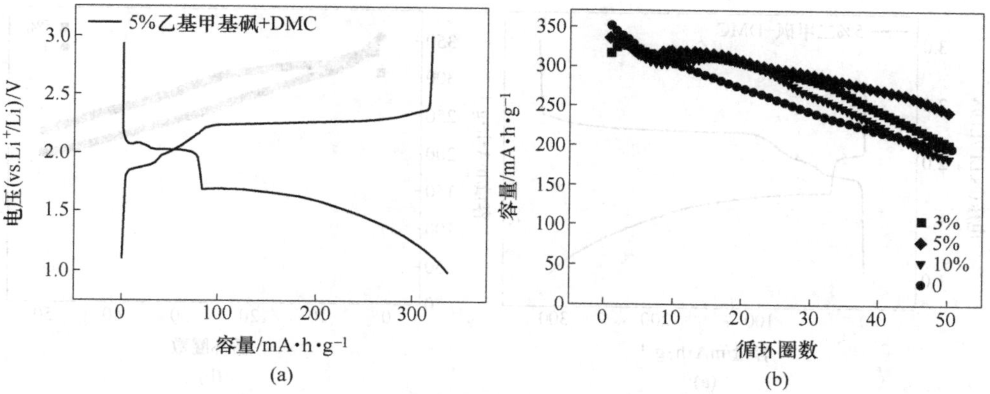
5%乙基甲基砜+DMC
电压(vs.Li+/Li)/V
容量/mA·h·g-1
(a)
容量/mA·h·g-1
循环圈数
3%
5%
10%
0
(b)

图 5.78 Cu_2S/Li 电池在添加 5%甲基乙基砜的 DMC 电解液中，
0.5C 恒流充放电时的电池性能（1C＝335mA · h/g）
（a）首圈充放电曲线；（b）容量循环

速度依旧很快，100 圈容量保持率仅为 37%，并且电池循环至 120 圈时也存在电池过充现象。

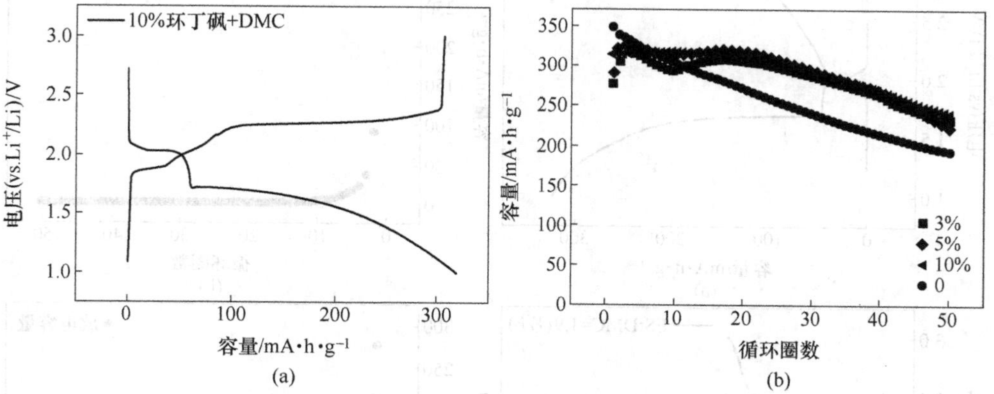
10%环丁砜+DMC
电压(vs.Li+/Li)/V
容量/mA·h·g-1
(a)
容量/mA·h·g-1
循环圈数
3%
5%
10%
0
(b)

图 5.79 Cu_2S/Li 电池在添加 10%环丁砜的 DMC 电解液中，
0.5C 恒流充放电时的电池性能（1C＝335mA · h/g）
（a）首圈充放电曲线；（b）容量循环

二甲砜（MSM）熔点较高（109℃），还未被用作添加剂加入电解液中。但其与 DMC 结构较为相似，作为一种尝试，本节也测试了其作为添加剂在 DMC 电解液中的电化学性能。图 5.80 所示为添加 5%二甲砜的 DMC 电解液中硫化亚铜的电化学性能，与环丁砜相似，容量保持率较单独的 DMC 溶剂有所提高，但电池循环至 80 圈也会发生过充现象。

同时注意到在一些含硫溶剂中，也存在类似于环状酯类溶剂的现象，图 5.81

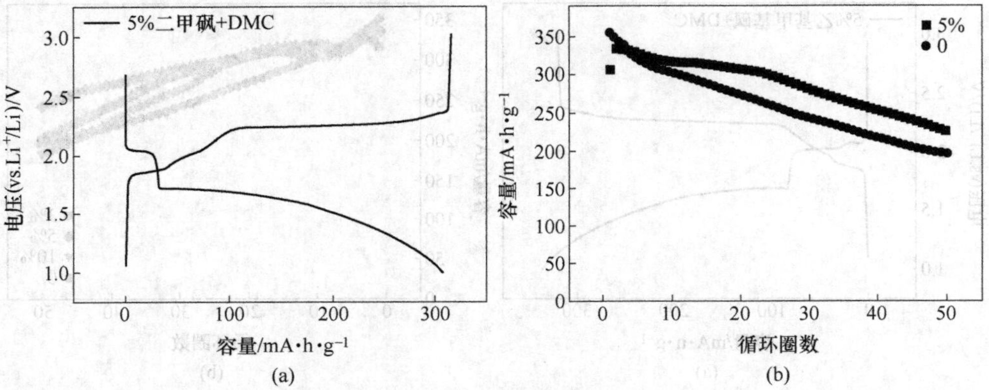
5%二甲砜+DMC
电压(vs.Li$^+$/Li)/V
容量/mA·h·g^{-1}
(a)
■ 5%
● 0
容量/mA·h·g^{-1}
循环圈数
(b)

图 5.80　Cu_2S/Li 电池在添加 5%二甲砜的 DMC 电解液中 0.5C 恒流充放电时的电池性能（1C=335mA·h/g）

（a）首圈充放电曲线；（b）容量循环

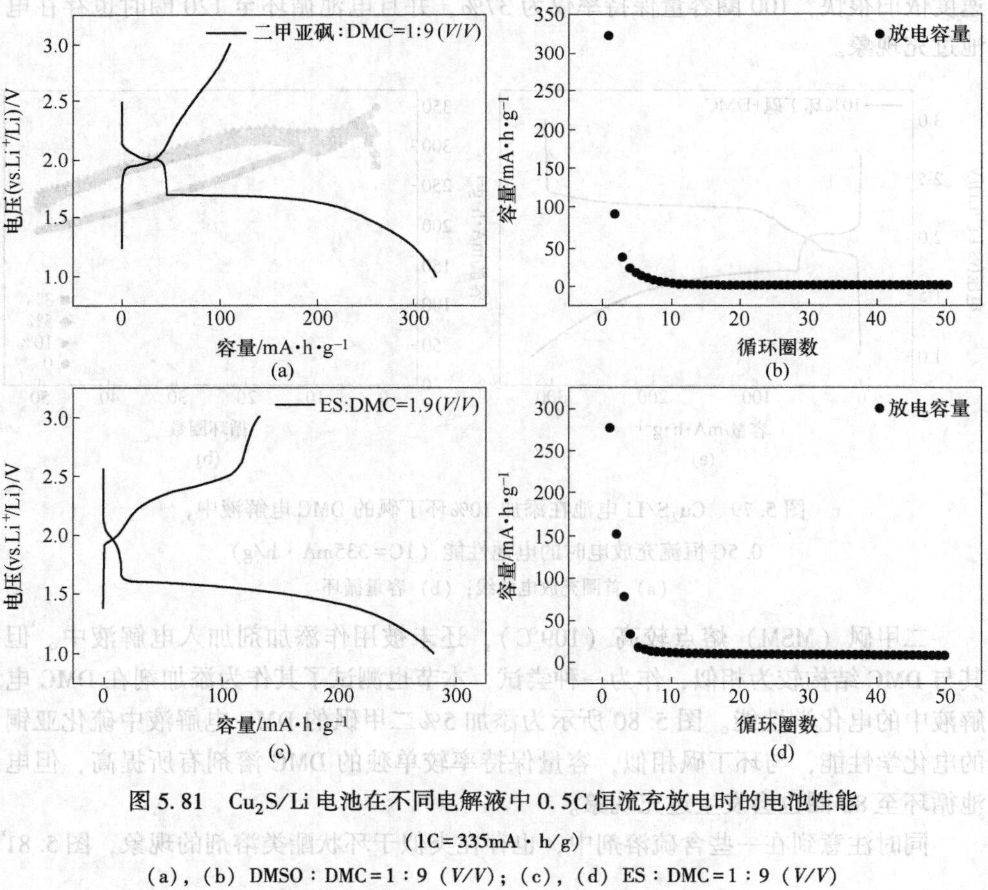
二甲亚砜:DMC=1:9(V/V)
电压(vs.Li$^+$/Li)/V
容量/mA·h·g^{-1}
(a)
● 放电容量
容量/mA·h·g^{-1}
循环圈数
(b)
ES:DMC=1.9(V/V)
电压(vs.Li$^+$/Li)/V
容量/mA·h·g^{-1}
(c)
● 放电容量
容量/mA·h·g^{-1}
循环圈数
(d)

图 5.81　Cu_2S/Li 电池在不同电解液中 0.5C 恒流充放电时的电池性能（1C=335mA·h/g）

（a），（b）DMSO：DMC=1：9（*V/V*）；（c），（d）ES：DMC=1：9（*V/V*）

所示为添加二甲亚砜和亚硫酸乙烯酯后硫化亚铜电极的电化学性能。结果表明，这两种含硫溶剂的加入，会使硫化亚铜材料的容量急速衰减，与环状酯类对硫化亚铜的影响一样。因此对比了二甲亚砜和亚硫酸乙烯酯的结构与其他溶剂的差异。表 5.12 为二甲亚砜、二甲砜、亚硫酸乙烯酯和碳酸酯的结构及其与硫化亚铜材料的适配性。其中二甲砜的电化学性能如图 5.80 所示，与硫化亚铜具有较好的适配性，二甲砜的加入不仅没有对硫化亚铜材料产生负的作用，甚至可以提高其循环性，但二甲亚砜的加入却使得硫化亚铜材料容量急速衰减。对比两者的结构发现，二甲砜中的 S 处于最高价态，较为稳定，而二甲亚砜则相对不够稳定，类似的环丁砜、甲基乙基砜的加入也不会影响硫化亚铜材料的电化学性能。亚硫酸乙烯酯与碳酸乙烯酯结构类似，仅是碳氧双键与硫氧双键的差异，认为两者对硫化亚铜电池体系的影响相同。

表 5.12 各种溶剂的结构及其与硫化亚铜材料适配性

名称	二甲亚砜	二甲砜	亚硫酸乙烯酯	碳酸乙烯酯
结构	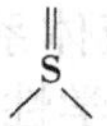		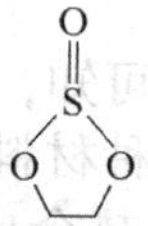	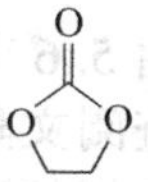
与 Cu_2S 的适配性	不适配	适配	不适配	不适配

电解液添加砜类会在一定程度上改善硫化亚铜材料在线性酯类电解液中的电化学性能，但砜类溶剂具有的高黏度和高熔点会限制其在酯类电解液中的加入量。二甲亚砜与亚硫酸乙烯酯中硫化亚铜材料中容量的急速衰减，再次证明溶剂的不稳定基团会急速影响硫化亚铜材料的电化学性能。

本节研究了硫化亚铜电池与链状酯类电解液的适配性，探索了链状酯类电解液中存在的问题及原因。硫化亚铜电池在链状碳酸酯类电解液中会存在一定程度的容量衰减，实验结果表明极片的活性物质会在充放电过程中发生迁移，活性物质的损失是容量衰减的主要原因；硫化亚铜电池循环后期存在的过充现象可能与材料在循环后期的晶体结构的转变有关，仅仅控制电压区间并不能有效抑制该过充现象的发生；加入醚类砜类等有机溶剂可改善链状酯类电解液的性能，DOL 的加入可以提高电池的循环性，但仅在醚类加入的量较多时才会有较大改善，而醚类与正极的不相容性会限制醚类电解液的加入量，实验中 70% 的 DOL 加入量会大大缩小电解液的电化学窗口，故认为醚类的加入并不能解决硫化亚铜存在的问题，少量砜类电解液的加入会在一定程度上改善硫化亚铜的循环性能，但循环后期的过充现象依然会存在。

在二甲亚砜、亚硫酸乙烯酯与 DMC 混合的电解液中，硫化亚铜材料容量的急速衰减与环状酯类电解液中相似，溶剂的结构依然是影响电池性能的主要因素。砜类结构的高稳定性使硫化亚铜能够取得稳定的循环。砜类与线性酯类混合电解液可能会形成一种新的电解液，既适合硫化亚铜材料，又与正极材料具有良好的兼容性。

5.9 酯类与醚类电解液组分对金属硫化物储锂行为的影响

近年来，过渡金属化合物（特别是金属硫化物）因为其良好的化学、物理特性及电化学活性，得到研究工作者广泛关注。目前人们关注更多的是怎样通过调控形貌或是引入导电网络来改善材料的电化学性能，而对电化学性能有着至关重要作用的电解液体系却被大家忽视了。

查阅文献发现有的文章采用醚类电解液体系观察电化学行为，有的采用酯类电解液体系。由于同种材料在不同电解液体系中电化学行为不尽相同，电化学性能也有所差别，所以有必要对金属硫化物在常规电解液体系中的电化学行为进行比较，从而得到一些可以广泛运用的经验及规律。

5.9.1 工作内容

由 5.6 节实验结果可知，铜硫化合物在醚类电解液体系中循环稳定性极好，通过查阅文献发现，这种材料在酯类电解体系中的电化学性能却不尽人意。本节选用常规的溶剂热及水热合成方法制备纯度较高的不同金属硫化物（如 Cu_2S、CuS、FeS_2 与 MoS_2），然后考察它们在常规电解液体系——醚类电解液体系（DOL：DME＝1：1（体积比））及酯类电解液体系（EC：DEC：DMC＝1：1：1（体积比））中的电化学行为，从而得到一些可以广泛运用的经验及规律。

5.9.2 实验部分

5.9.2.1 材料合成

Cu_2S 及 CuS 按照上述方法制备。

MoS_2 的制备：将一定量的钼酸钠及 S 粉按照浓度分别为 1mol/L、2mol/L 调成水溶液，磁力搅拌 15min 后，将该溶液转移到反应釜内，在鼓风烘箱内自然升温至 200℃，反应 24h 后降至室温取出，进行多次过滤洗涤，最后烘干至粉体材料。

FeS_2 的制备：将一定量的无水 $FeCl_3$ 和硫脲溶于同一份去离子水中，获得无水 $FeCl_3$ 与浓度分别为 1mol/L、2mol/L 的硫脲调成水溶液，磁力搅拌 15min 后将该溶液转移到反应釜内，在鼓风烘箱内自然升温至 200℃，反应 24h 降至室温后取出，进行多次过滤洗涤最后烘干至粉体材料。

5.9.2.2 材料表征

本节材料的物相分析是在荷兰 Philip 公司生产的 Panalytical X' pert PRO X 射

线衍射仪上进行，Cu 靶的 K_{α} 为辐射源，$\lambda = 0.15406$nm，管电压为 40kV，管电流 30.0mA。电极片是用双面胶粘在样品架上，使电极表面与样品架表面齐平。使用步进扫描方式，2θ 步长是 0.0167°，每步所需时间是 15s。

采用的扫描电镜设备是英国 Oxford Instrument 公司生产的 LEO 1530 型场发射电子显微镜和日本日立公司生产的 Hitachi S-4800 型场发射扫描电子显微镜，对所制备样品的形貌进行了观察和比较。实验时，将少量样品黏附在导电碳胶布上。

5.9.2.3 电化学性能测试

装配的电池型号为 2016 型扣式电池，活性物质浆料的调配：将质量分数为 80%的活性物质、10%乙炔黑及 10%PVDF 溶解于 NMP 中。将调配好的浆料通过涂膜仪涂敷在铜箔上，在真空烘箱里 60℃下烘烤 12h。按照上述的装配电池工序组装电池，其中所用的醚类电解液体系的电解质为 1mol LiTFSI 盐，溶剂为体积比 1：1 的 DME 与 DOL 混合的溶液；所用的酯类电解液体系的电解质为 1mol $LiPF_6$盐，溶剂为质量比 1：1：1 的 EC/DMC/DEC 的混合溶液。

本节充放电实验在新威和蓝电电池测试仪上完成，电流量程分别为 1mA、5mA、10mA，电压量程 0~5V。用恒电流方式对电池进行充放电，充放电的电流密度视实验需要不同而定。把新组装的扣式电池放置 8h 以上，待电池稳定后再进行充放电测试。充放电电压区间为 1~3V。

5.9.3 结果和讨论

5.9.3.1 材料形貌表征

图 5.82 为制备的 Cu_2S 材料的扫描电镜图及 XRD 图，该活性材料的形貌是棒状的，并且纳米棒的直径在 100~200nm 范围内。Cu_2S 纳米棒的直径约为 150nm。Cu_2S 是一种具有核壳结构的纳米棒。

与标准卡片比对可知，制备的 Cu_2S 具有较好的结晶度，并且所有的衍射峰都与标准卡片相对应。Cu_2S 为立方晶系，其晶格常数为 $a=b=c=5.562$nm。

用钼酸钠及 S 粉为原材料制备的 MoS_2 为粒径均匀的小球，小球直径约为 500nm，并且小球上面具有片层结构，该片层大约 100nm 厚。如图 5.83 XRD 测试显示与 JCPDF 卡片：009-0312 物相一致，并且没有任何杂相生成。该材料的结构属于六方晶系 *P63/mmc*（194），晶胞参数为：$a=b=3.14$nm，$c=12.53$nm。

用三氯化铁及硫脲为原材料制备的 FeS_2 为无规则的颗粒物。如图 5.84 XRD 测试显示该材料的物相主体为 FeS_2，与 JCPDF 卡片：00-042-1340 相一致，属于立方晶系 *Pa*-3（205），晶胞参数为：$a=b=c=5.42$nm。材料中含有的部分杂相

为 Fe_3S_4，其与 JCPDF 卡片：01-089-1998 物相一致，该物相的结构属于立方晶系 *Fd*-3*m*（227），晶胞参数为 $a=b=c=9.88$nm。

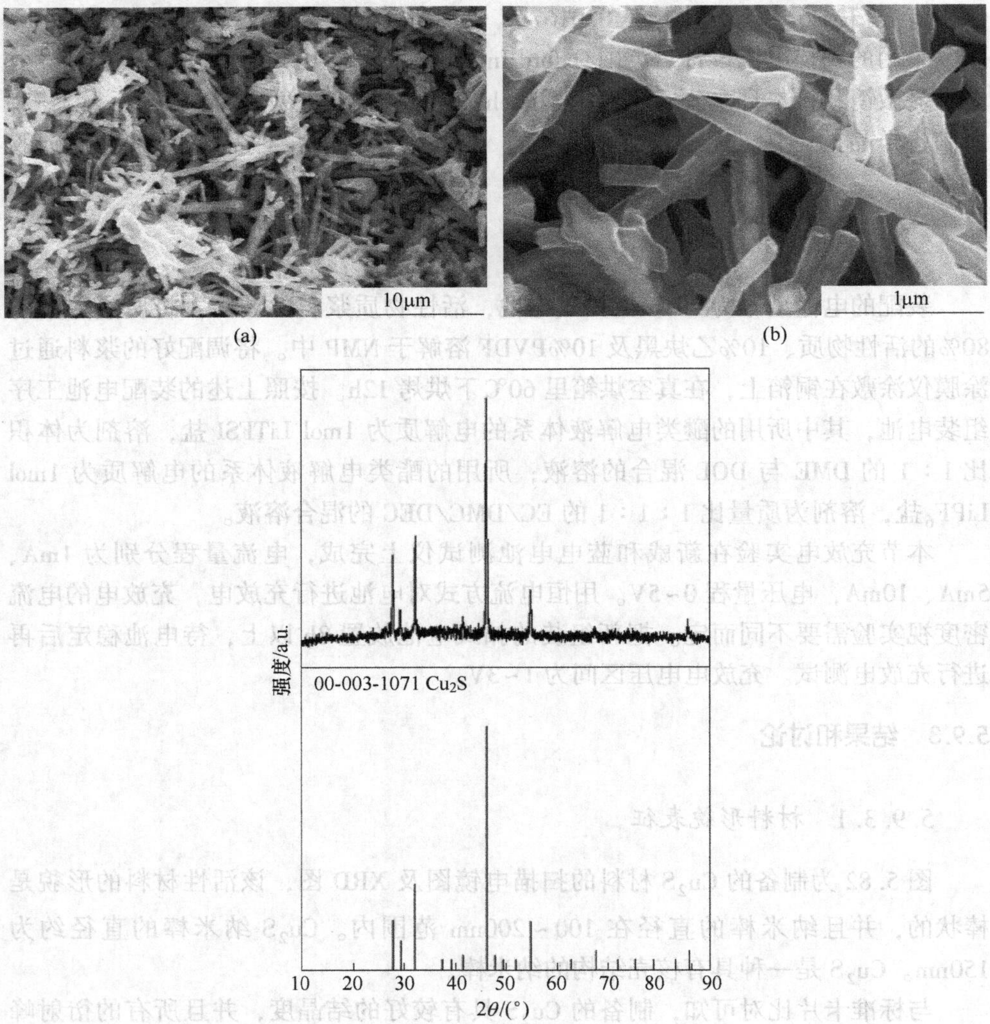
10μm
(a)
1μm
(b)
强度/a.u.
00-003-1071 Cu2S
10 20 30 40 50 60 70 80 90
2θ/(°)
(c)

图 5.82　不同放大倍数下 Cu_2S 纳米棒的电镜图（a、b）和 Cu_2S 纳米棒的 XRD 图（c）

5.9.3.2　材料性能测试

接下来对以上 3 种金属硫化物进行电化学性能的测试，图 5.85 所示为 Cu_2S 极片在醚类及酯类电解液体系中的循环性能，结果表明在醚类电解液体系中材料具有很好的电化学可逆性，循环 100 周后可逆容量高达 313mA · h/g，容量保持率为 96%。在酯类电解液体系中容量发生迅速衰减，首次放电容量为 355mA · h/g，

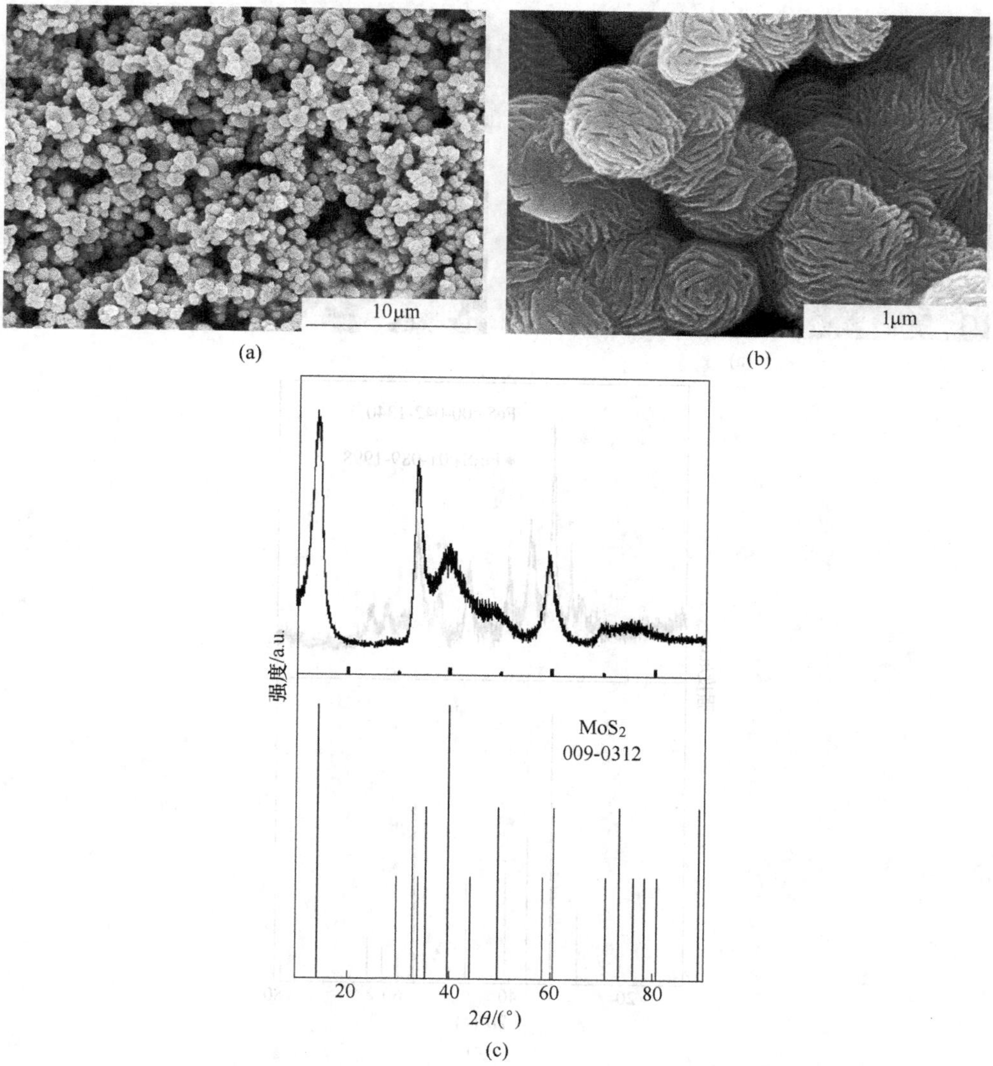
10μm
(a)
1μm
(b)
强度/a.u.
MoS_2
009-0312
20
40
60
80
$2\theta/(°)$
(c)

图 5.83 不同放大倍数下 MoS_2 的电镜图（a、b）和 MoS_2 的 XRD 图（c）

第 2 圈容量就衰减为 260mA · h/g，当循环至 6 圈以后容量基本降至 0mA · h/g。

为了进一步看清楚电化学反应过程的变化，进行充放电曲线比较，如图 5.86 所示。在醚类电解液体系中，在 2.3V 处有暂时的充电平台，该平台会随着充放电进行而逐步衰退。崔毅课题组认为该平台是由于动力学上存在某种壁垒导致活性 S 没有很快地加入电化学反应当中，他们在实验中将 Li_2S 材料直接作为电极活性物质时，由于硫化锂材料的离子电导率和电子电导率都很小，起初电解液中不含聚硫阴离子（S_n^{2-}），首次充电过程中存在一个约 1V 的电压障碍，当经过第

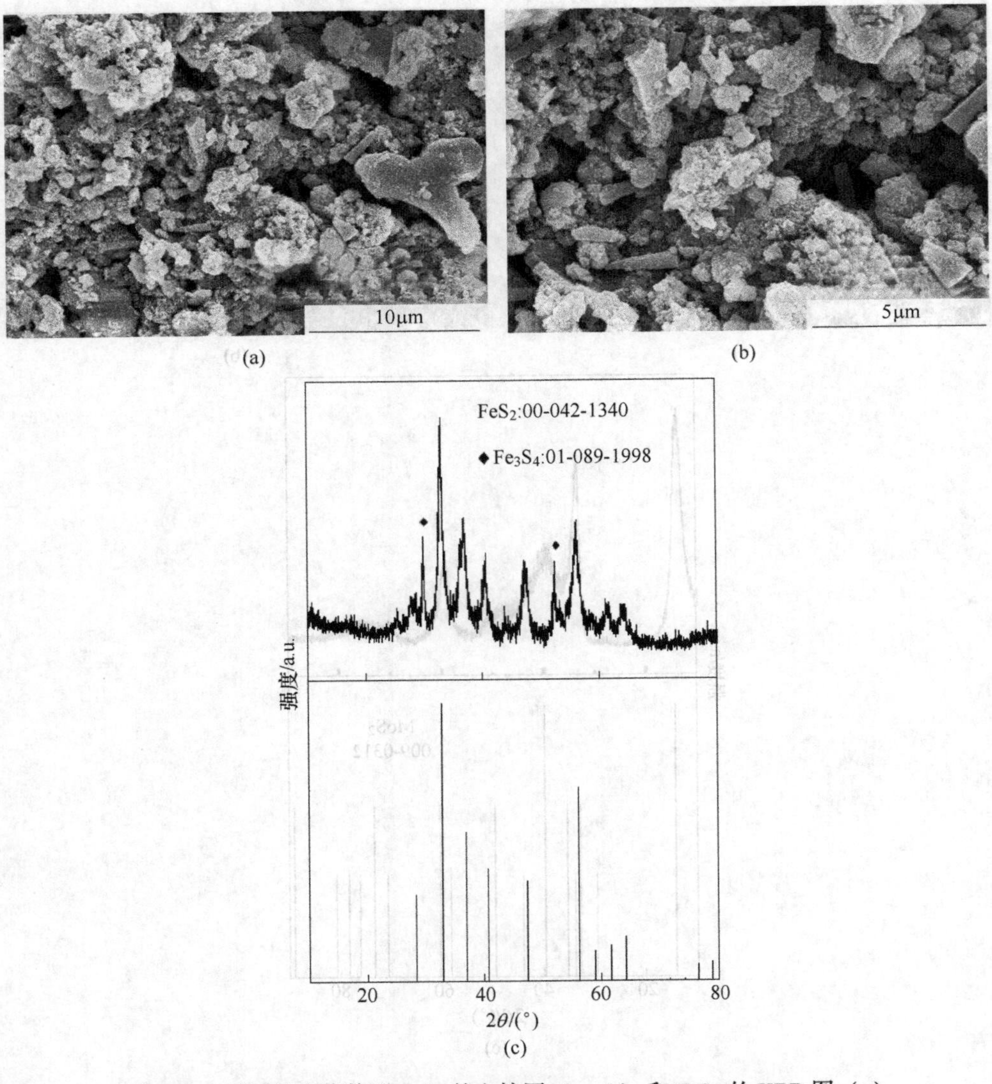
10μm
(a)
5μm
(b)
FeS₂:00-042-1340
◆ Fe₃S₄:01-089-1998
强度/a.u
20
40
60
80
2θ/(°)
(c)

图 5.84　不同放大倍数下 FeS_2 的电镜图（a、b）和 FeS_2 的 XRD 图（c）

一周期的充放电活化之后，Li_2S 颗粒附近吸附了少量的聚硫阴离子（S_n^{2-}），随后充电电压曲线就转变为正常的锂硫电池充电曲线。课题组在这方面也做过相关研究：将 Cu_2S 极片循环数圈只剩下一个充电平台的极片后，重新组装新的扣式电池，会发现消失了的 2.3V 充电平台重新出现。这可能说明在后几圈循环中极片上可能聚攒了一些类似于聚硫离子的物相，它们可以提高充电中 Li_2S 的导电性，从而降低电化学过程中的极化现象。而重新组装的电池由于改变了极片/电解液的界面，使材料重新产生极化现象。

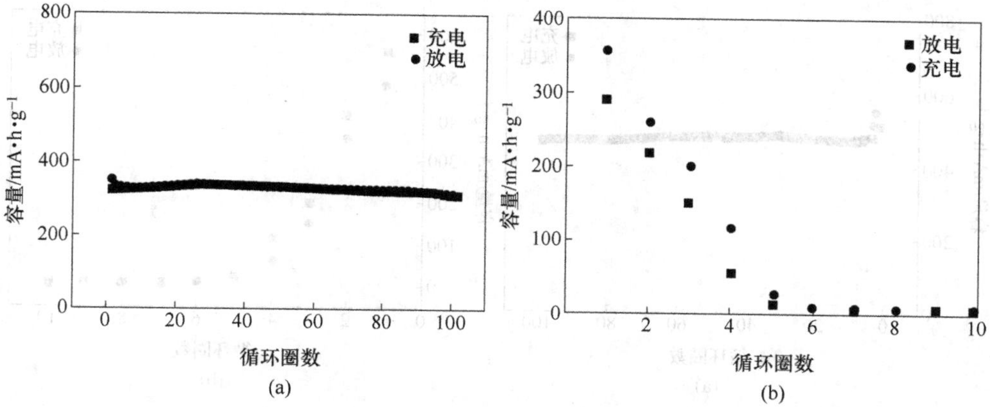
800
600
400
200
0
容量/mA·h·g⁻¹
■ 充电
● 放电
0 20 40 60 80 100
循环圈数
(a)
400
300
200
100
0
容量/mA·h·g⁻¹
■ 放电
● 充电
2 4 6 8 10
循环圈数
(b)

图 5.85　在电流密度为100mA/g 时，Cu_2S 纳米棒作为工作电极在醚类电解液中的电化学循环性能（a）及在电流密度为 100mA/g 时，Cu_2S 纳米棒作为工作电极在酯类电解液中的电化学循环性能（b）

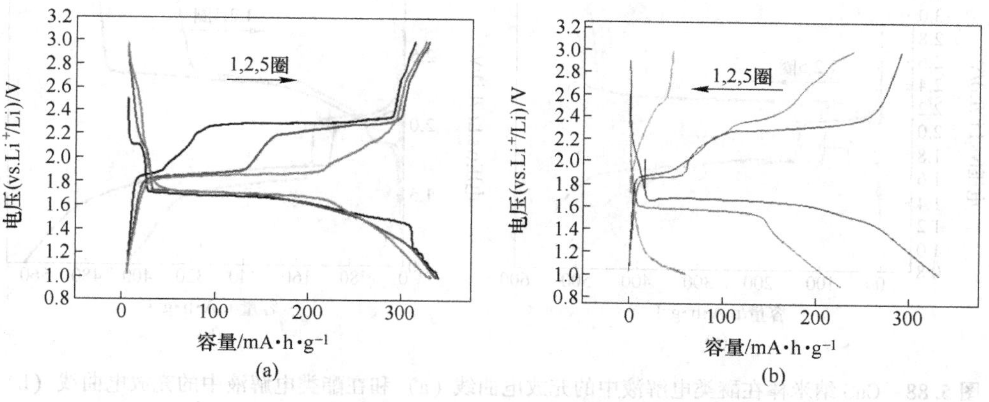
3.2 3.0 2.8 2.6 2.4 2.2 2.0 1.8 1.6 1.4 1.2 1.0 0.8
电压(vs.Li⁺/Li)/V
1,2,5圈
0 100 200 300
容量/mA·h·g⁻¹
(a)
3.2 3.0 2.8 2.6 2.4 2.2 2.0 1.8 1.6 1.4 1.2 1.0 0.8
电压(vs.Li⁺/Li)/V
1,2,5圈
0 100 200 300
容量/mA·h·g⁻¹
(b)

图 5.86　Cu_2S 纳米棒在醚类电解液中的充放电曲线（a）和在酯类电解液中的充放电曲线（b）

在醚类电解液体系中充放电平台都很平缓，电位差约为 1.5V。但在酯类电解液体系中，稳定的 1.8V 放电平台没有出现，充放电平台形状上不再平缓，而且电压区间也大大增大，预示着电化学过程产生了极大的极化作用。

CuS 极片在醚类及酯类电解液体系中的循环性能如图 5.87 及图 5.88 所示，与 Cu_2S 结果相类似，在醚类电解液体系中材料具有很好的电化学可逆性，循环 100 周后可逆容量高达 472mA · h/g，容量保持率为 92%。在酯类电解液体系中容量发生迅速衰减，首次放电容量为 555mA · h/g，第 2 圈容量就衰减为 400mA · h/g，当循环至 6 圈以后容量基本降至 0mA · h/g。

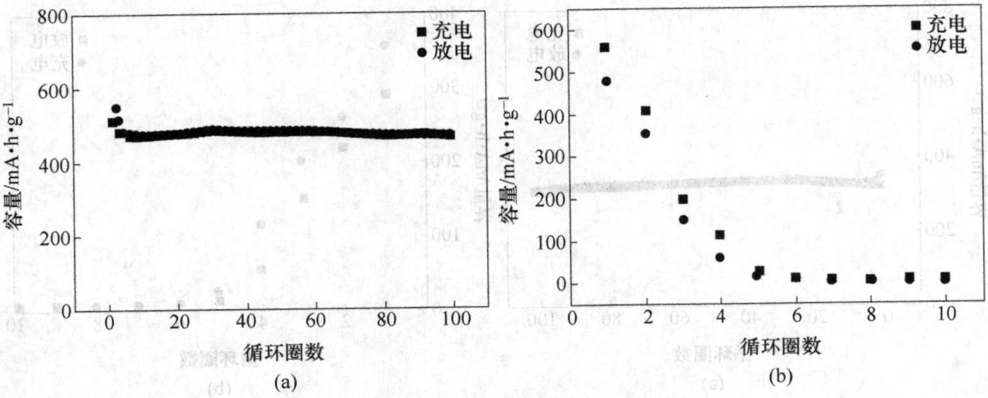

■ 充电
● 放电
容量/mA·h·g⁻¹
循环圈数
(a)
■ 充电
● 放电
容量/mA·h·g⁻¹
循环圈数
(b)

图 5.87 在电流密度为100mA/g 时，CuS 纳米棒作为工作电极在醚类电解液中的电化学循环性能（a）及在电流密度为 100mA/g 时，CuS 纳米棒作为工作电极在酯类电解液中的电化学循环性能（b）

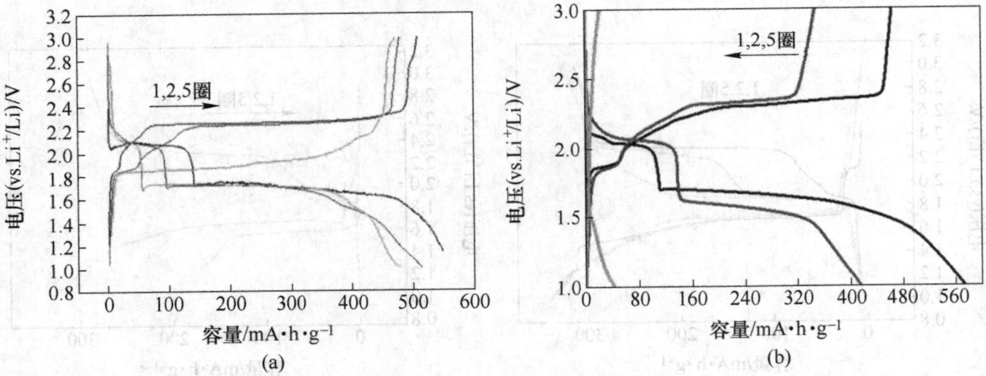

1,2,5圈
电压(vs.Li⁺/Li)/V
容量/mA·h·g⁻¹
(a)
1,2,5圈
电压(vs.Li⁺/Li)/V
容量/mA·h·g⁻¹
(b)

图 5.88 CuS 纳米棒在醚类电解液中的充放电曲线（a）和在酯类电解液中的充放电曲线（b）

充放电曲线分析结果显示，在醚类电解液体系中，放电平台在 2.1V 处发生的主要是 CuS 向 Cu_2S 转化的反应，随着循环进行这个转化反应趋势变弱，最后出现的充放电平台十分平滑，电压区间在 1.5V 左右。在酯类电解液体系中，暂时的 2.1V 放电平台随着循环变强，充放电平台不再平滑，并且极化电位很大，说明电化学过程中有较大的极化作用。

MoS_2 极片在醚类及酯类电解液体系中的循环性能如图 5.89 所示，不同于铜硫化合物，该材料在醚类酯类电解液体系中都具有较好的电化学可逆性，唯一的区别是其首次库仑效率在酯类电解液体系中会更优异一些。在醚类电解液体系中首次库仑效率为 80%，循环 100 周后容量保持为 157mA · h/g； 在酯类电解液体系中首次库仑效率为 95%，循环 100 周后容量保持在 138mA · h/g。

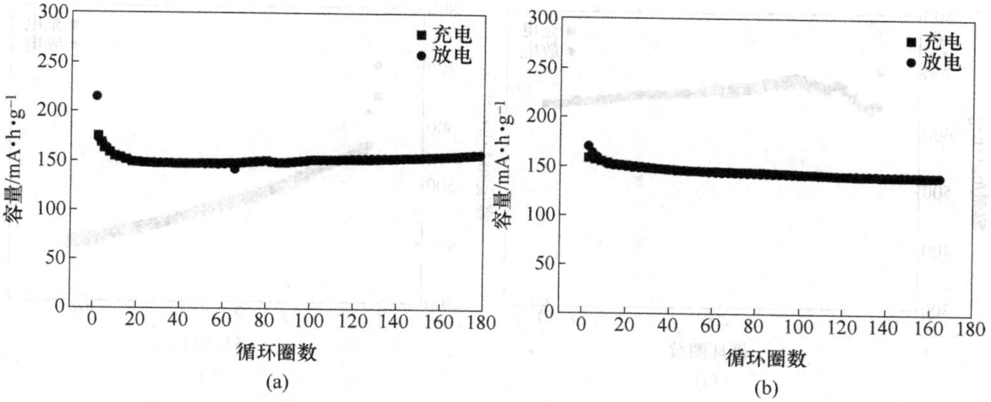
300
250
200
150
100
50
0
■ 充电
● 放电
容量/mA·h·g⁻¹
0 20 40 60 80 100 120 140 160 180
循环圈数
(a)
300
250
200
150
100
50
0
■ 充电
● 放电
容量/mA·h·g⁻¹
0 20 40 60 80 100 120 140 160 180
循环圈数
(b)

图 5.89 在电流密度为100mA/g 时，MoS_2 作为工作电极在醚类电解液中的电化学循环性能（a）及在电流密度为 100mA/g 时，MoS_2 作为工作电极在酯类电解液中的电化学循环性能（b）

MoS_2 极片在醚类及酯类电解液体系中的充放电曲线如图 5.90 所示，两者的变化趋势一致，没有平滑的电位平台，随着循环进行，容量有少许衰减，放电曲线随着循环进行向右不断偏移，充电曲线不断向左偏移。因为放电电位区间在 1V 以上，发生的反应应为：$MoS_2 + xLi^+ + xe \longrightarrow Li_xMoS_2$，按照 1 个 Mo 嵌入 1 个锂计算，其理论容量应为 167mA · h/g。

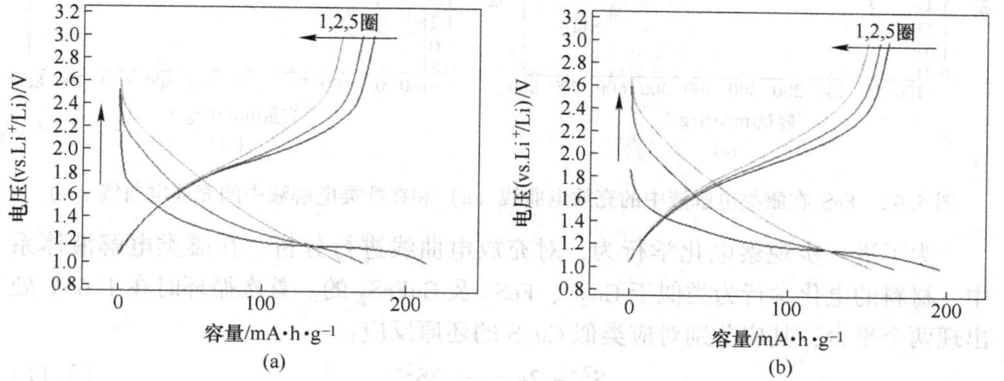
1,2,5圈
电压(vs.Li⁺/Li)/V
3.2
3.0
2.8
2.6
2.4
2.2
2.0
1.8
1.6
1.4
1.2
1.0
0.8
0 100 200
容量/mA·h·g⁻¹
(a)
1,2,5圈
电压(vs.Li⁺/Li)/V
0 100 200
容量/mA·h·g⁻¹
(b)

图 5.90 MoS_2在醚类电解液中的充放电曲线（a）和在酯类电解液中的充放电曲线（b）

图 5.91 及图 5.92 所示为 FeS_2 极片在醚类、酯类电解液体系中的循环性能。在醚类电解液体系中首次库仑效率为 91%，首次放电容量为 707mA · h/g，循环 40 周后容量保持为 640mA · h/g；在酯类电解液体系中首次库仑效率为 93%，首次放电容量为 698mA · h/g，循环 40 周后容量慢慢衰减为 395mA · h/g。与 MoS_2 材料不同，FeS_2 与酯类电解液体系兼容性较弱；与铜硫化合物相比也有所不同，在酯类体系中虽然容量有衰减，但是衰减速度比较缓慢。

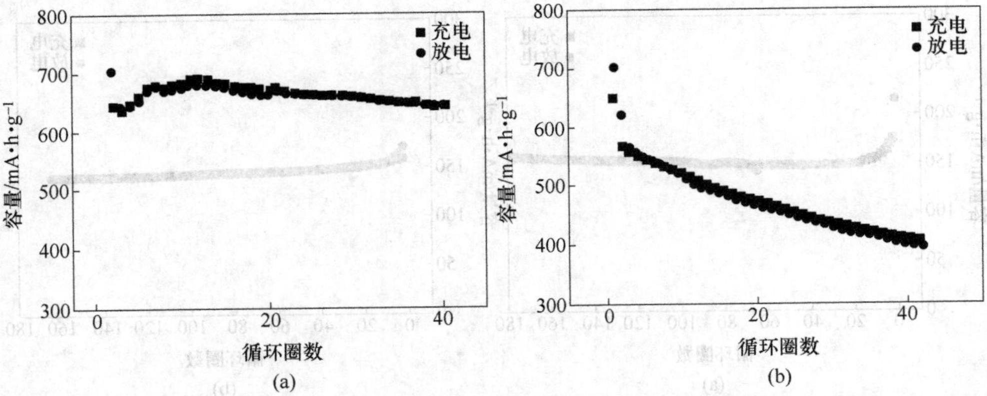
800
700
600
500
400
300
0
20
40
容量/mA·h·g⁻¹
循环圈数
■ 充电
● 放电
(a)
800
700
600
500
400
300
0
20
40
容量/mA·h·g⁻¹
循环圈数
■ 充电
● 放电
(b)

图 5.91 在电流密度为100mA/g 时，FeS_2 作为工作电极在醚类电解液中的电化学循环性能（a）及在电流密度为 100mA/g 时，FeS_2 作为工作电极在酯类电解液中的电化学循环性能（b）

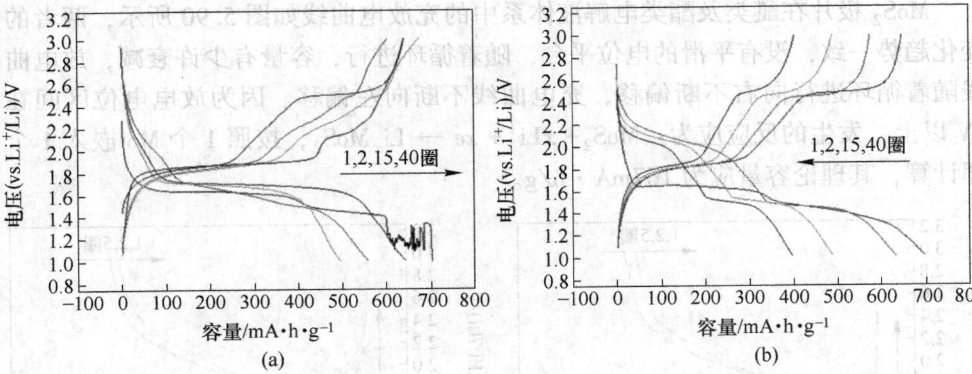
电压(vs.Li⁺/Li)/V
容量/mA·h·g⁻¹
1,2,15,40圈
(a)
电压(vs.Li⁺/Li)/V
容量/mA·h·g⁻¹
1,2,15,40圈
(b)

图 5.92 FeS_2在醚类电解液中的充放电曲线（a）和在酯类电解液中的充放电曲线（b）

为了进一步观察电化学行为，对充放电曲线进行分析：在醚类电解液体系中，材料的电化学行为类似于 Cu_2S、FeS_2 及 $CuFeS_2$ 的。首次循环时在 1.63V 处出现两个平台，其应分别对应类似 Cu_2S 的还原反应：

$$S_2^{2-} + 2e \longrightarrow 2S^{2-} \tag{5.11}$$

$$Cu^{+} + e \longrightarrow Cu \tag{5.12}$$

随后的 1.44V 放电平台则对应如下的电化学过程：

$$FeS_2 + 2Li^{+} + 2e \longrightarrow Fe + 2Li_2S \tag{5.13}$$

循环若干圈后放电平台移至 1.71V，对应的电化学反应类似于 $CuFeS_2$ 的，电化学过程如下：

$$CuFeS_2 + xLi \longrightarrow Li_xCuFeS_2 \tag{5.14}$$

首次充电也有两个平台，1.83V 平台对应 $CuFeS_2$ 的氧化反应：

$$Li_xCuFeS_2 \longrightarrow CuFeS_2 + xLi \tag{5.15}$$

首次充电在 2.49V 的充电平台对应的是：

$$Li_xCuFeS_2 \longrightarrow Cu + Fe + xLi_2S \tag{5.16}$$

循环若干圈后充电平台移至 1.89V，发生的反应类似于反应（5.15），只是因为极化现象电位平台升高。40 圈时在 2.1V 处出现的短平台类似于如下氧化反应：

$$Li_2FeS_2 - xLi^+ - xFe \longrightarrow Li_{2-x}FeS_2\ (0.5<x<0.8) \tag{5.17}$$

但是在酯类电解液体系中，该材料的电化学行为更接近于 FeS_2，首圈放电在 1.66V 及 1.46V 有两个平台，分别对应上述反应式（5.11）~式（5.13）。循环若干圈后放电平台分别移至 2.08V 及 1.51V，其中 2.08V 对应的反应类似于上述反应式（5.17）的逆过程。

1.51V 对应的反应类似于 FeS_2 的还原反应，即反应式（5.13）。

首次充电也有两个平台，分别在 1.83V 及 2.48V，其中 1.83V 类似于 $CuFeS_2$ 的还原，如上述反应式（5.15）。2.48V 对应上述反应式（5.16）。循环若干圈后两个平台移至 1.89V 及 2.51V，则分别对应上述反应式（5.15）及式（5.17）。

为了进一步验证醚类电解液体系中，铁硫化合物逐步转化为铜铁硫化合物，对循环后的极片做了 XRD 测试（图 5.93）。测试结果显示，材料在醚类电解液体系中不但形成了 Cu_5FeS_4，还形成了 $Cu_{1.8}S$ 化合物。这说明 FeS_2 材料在醚类

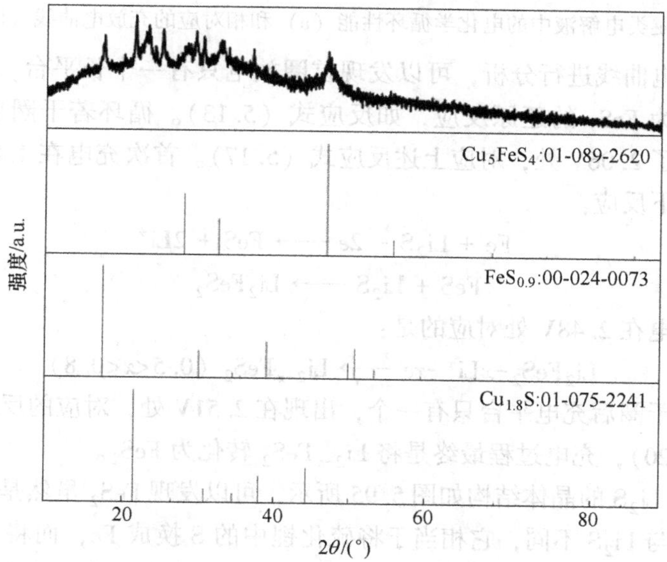
强度/a.u.
Cu_5FeS_4:01-089-2620
$FeS_{0.9}$:00-024-0073
$Cu_{1.8}S$:01-075-2241
20
40
60
80
2θ/(°)

图 5.93 循环后 FeS_2 电极的 XRD 图

电解液体系中是结构不稳定的，最终将转化为电化学更为稳定的 Cu_2S 化合物及铜铁硫化合物。

因为在 Cu 集流体上、醚类电解液体系中 FeS_2 会发生副反应，故将 FeS_2 涂在 Al 箔上重新测试其在醚类电解液中的电化学性能。如图 5.94 所示，循环性能在前 20 圈时衰减迅速，并在 40 圈以后出现了轻微的过充现象，循环 100 周后容量衰减为 230mA · h/g。整体说来，FeS_2 在醚类电解液体系中循环稳定性不如铜硫化合物，但是对于酯类电解液体系来说，没有像铜硫化合物那样发生剧烈的容量衰减现象。

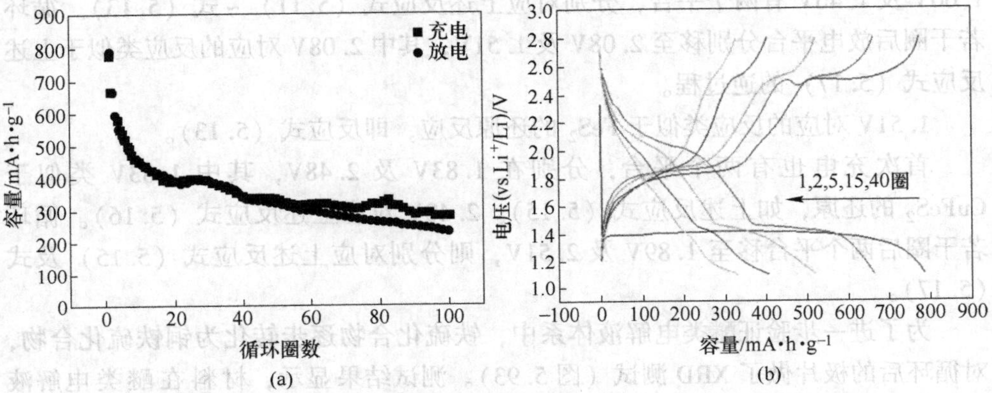

■ 充电
● 放电
容量/mA·h·g⁻¹
循环圈数
(a)
电压(vs.Li⁺/Li)/V
1,2,5,15,40圈
容量/mA·h·g⁻¹
(b)

图 5.94 在电流密度为 100mA/g 时，FeS_2 作为工作电极涂在 Al 集流体上在醚类电解液中的电化学循环性能（a）和相对应的充放电曲线（b）

对充放电曲线进行分析，可以发现首圈放电只有一个长平台，在 1.41V 处，对应的反应为 FeS_2 的还原反应，如反应式（5.13）。循环若干圈后放电平台倾斜，出现在了 2.06V 处，对应上述反应式（5.17）。首次充电在 1.85V 有两个平台，对应如下反应：

$$Fe + Li_2S - 2e \longrightarrow FeS + 2Li^+ \tag{5.18}$$

及

$$FeS + Li_2S \longrightarrow Li_2FeS_2 \tag{5.19}$$

首次充电在 2.48V 处对应的是：

$$Li_2FeS_2 - xLi^+ - xe \longrightarrow Li_{2-x}FeS_2\ (0.5<x<0.8) \tag{5.20}$$

循环若干圈后充电平台只有一个，出现在 2.51V 处，对应的反应类似于上述反应式（5.20），充电过程最终是将 $Li_{2-x}FeS_2$ 转化为 FeS_2。

FeS_2 与 Li_2S 的晶体结构如图 5.95 所示，可以发现 FeS_2 虽然是立方晶系，但是 S 的排布与 Li_2S 不同，它相当于将硫化锂中的 S 换成 Fe，而将 Li 换成 S。所以在进行电化学反应时 S 需要重新排列，这将导致其电化学可逆性及稳定性远远不及铜硫化合物。按照软硬酸碱理论也可以证明 Cu_2S 具有更好的稳定性，因为这里的铜为一价离子，半径大、氧化态低，易被极化，变形属于软酸离子。而硫离子半径大，易被极化，属于软碱离子，所以二者结合更牢固，理化性质也更稳定。所以这就有可能造成醚类电解液体系中，铁硫化合物转化为更稳定的铜硫化合物。

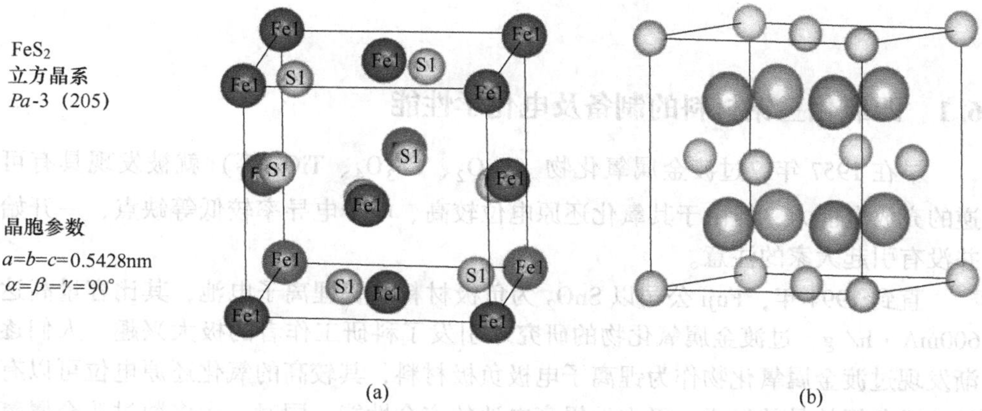
FeS2
立方晶系
Pa-3 (205)
晶胞参数
a=b=c=0.5428nm
α=β=γ=90°
Fe1
S1
(a)
(b)

图 5.95 FeS_2 与 Li_2S 晶体结构的比较

(a) FeS_2；(b) Li_2S

(1) 铜硫化合物与酯类电解液体系最不兼容，循环至 6 圈以后就丧失所有电化学活性；

(2) CuS 在醚类电解液电化学循环过程中，会逐步转变为电化学稳定性更好的 Cu_2S 继续参加电化学反应；

(3) 二硫化钼对酯类及醚类都有很好的兼容性，区别是在醚类中容量保持率更高，但首次库仑效率较低，在酯类电解液体系中首次库仑效率很高，但容量保持率略低于醚类体系；

(4) 二硫化铁在醚类电解液体系中循环时会与 Cu 集流体发生副反应，最终形成成分比较复杂的铜硫化合物及铜铁硫化合物，这说明二硫化铁在醚类电解液体系中电化学稳定性远不如铜硫化合物及铜铁硫化合物。

6 过渡金属氧化物材料的制备与电化学性能

6.1 四氧化三钴材料的制备及电化学性能

早在1957年，过渡金属氧化物（SnO_2、Co_3O_4、TiO_2 等）就被发现具有可逆的充放电能力，但由于其氧化还原电位较高、电子电导率较低等缺点，一开始并没有引起大家的注意。

直到1994年，Fuji公司以 SnO_2 为负极材料制备锂离子电池，其比容量高达600mA · h/ g，过渡金属氧化物的研究才引发了科研工作者的极大兴趣。人们逐渐发现过渡金属氧化物作为锂离子电极负极材料，其较高的氧化还原电位可以有效地避免锂枝晶的形成，极大地提高电池的安全性能；同时，大多数过渡金属氧化物的理论容量也较高（如 SnO_2 780mA · h/g，Fe_3O_4 926mA · h/g，Co_3O_4 890mA · h/g，NiO 680mA · h/g）。

近年来，过渡金属氧化物已逐步成为研究热点，其中具有较高理论容量的 Co_3O_4，由于循环稳定性较好也受到了较多关注。Hwang 等人通过简单水热法制备出了纳米片状 Co_3O_4，其初始容量为2039mA · h/g，但循环10周后容量迅速衰减到260mA · h/g。Geng 等人制备出了六边形片状 Co_3O_4 材料，25周循环后容量保持在1450mA · h/g。Xiongwen Lou 等人利用水热反应制备出了 Co_3O_4 纳米线，由于其特殊的线状结构，利于锂离子、电子的传输，使这种材料具有较优异的电化学性能：循环50周后可逆容量保持在1000mA · h/g。关于 Co_3O_4 作为负极材料的研究，一部分工作是专注于提高性能上，通过改变材料的形貌与结构来达到目标。如 Xie 等人制备了 Co_3O_4 纳米棒，发现棒状结构适宜做 CO 低温氧化的催化剂；Shu 等人使用各种不同孔径的介孔的二氧化硅作为硬模板制备出了不同大小的介孔 Co_3O_4；Rumplecker 等人使用二维 SBA-15 和三维 KIT-16 作为硬模板制备了介孔 Co_3O_4。另一部分工作则是通过简化材料的制备过程，或是降低成本，希望将 Co_3O_4 的制备推向工业化。如 Liang 等人降低了反应温度至80℃，利用简单的溶液法制备出了 Co_3O_4 纳米多面体和纳米片；Zhang 等人在没有模板、没有表面活性剂存在下制备出了纳米尺度的 Co_3O_4，其最小粒径约3.5nm，最大粒径约70nm；Li 等人不经 $Co(OH)_2$ 中间体的煅烧过程，将氯化钴在160℃下反应24h，最后制备出了纳米盘、纳米带等形貌；Fei Teng 等人采用碳模板，无需经表面处理即可制备出空心微米球状氧化钴。

6.1.1 工作内容

本节通过控制条件，在没有模板的情况下制备出了六边形片状结构。制备方法比较简易，并且首次在室温条件水溶液介质中制备材料。制备的氧化钴为六边形单晶片状材料，实验结果显示这种二维的结构具有较高的可逆容量与较好的循环性能。

6.1.2 实验部分

6.1.2.1 材料制备

（1）球状氢氧化钴。取0.2g PVP 置于含有磁力搅拌子的250mL 三颈烧瓶中，量取100mL 去离子水混合。待上述溶液搅拌均匀后，量取0.0189g 硼氢化钠溶解于含有12mL 氨水（36%，AR）的38mL 去离子水溶液中。超声搅匀后，缓慢滴加到上述溶液中，充分搅拌反应2h，整个反应过程中通入氩气保护。反应2h 后会发现溶液由粉色变为无色，并有大量蓝绿色沉淀物产生，说明反应进行完全。将产物用去离子水离心清洗5 次后，置于真空干燥箱80℃下烘12h，即得材料。

（2）无定形片状与球形共存的氢氧化钴。取0.2g PVP 置于含有磁力搅拌子的250mL 三颈烧瓶中，量取100mL 去离子水混合。待上述溶液搅拌均匀后，量取0.0189g 硼氢化钠溶解于含有15mL 氨水（36%，AR）的35mL 去离子水溶液中。超声搅匀后，缓慢滴加到上述溶液中，充分搅拌反应2h，整个反应过程中通入氩气保护。反应2h 后会发现溶液由粉色变为无色，并有大量黄绿色沉淀物产生，说明反应进行完全。将产物用去离子水离心清洗5 次后，置于真空干燥箱80℃下烘12h，即得材料。

（3）六边形片状氢氧化钴。取0.2g PVP 置于含有磁力搅拌子的250mL 三颈烧瓶中，量取100mL 去离子水混合。待上述溶液搅拌均匀后，量取0.01g 硼氢化钠溶解于含有15mL 氨水（36%，AR）的35mL 去离子水溶液中。超声搅匀后，缓慢滴加到上述溶液中，充分搅拌反应2h，整个反应过程中通入氩气保护。反应2h 后会发现溶液由粉色变为无色，并有大量黄粉色沉淀物产生，说明反应进行完全。将产物用去离子水离心清洗5 次后，置于真空干燥箱80℃下烘12h，即得材料。

将上述制备的不同形貌氢氧化钴材料，在马弗炉里空气气氛下450℃煅烧2h，即得不同形貌的 Co_3O_4 材料。

6.1.2.2 材料表征

本节材料的物相分析是在荷兰 Philip 公司生产的 Panalytical X’pert PRO X 射

线衍射仪上进行，Cu 靶的 K_{α} 为辐射源，$\lambda = 0.15406$nm，管电压为 40kV，管电流 30.0mA。电极片是用双面胶粘在样品架上，使电极表面与样品架表面齐平。使用步进扫描方式，2θ 步长是 0.0167°，每步所需时间是 15s。

形貌表征实验使用的是荷兰 FEI 公司的 Tecnai F-30 高分辨透射电子显微镜（HRTEM，加速电压为 300kV）和日本电子株式会社生产的 JEM-2100 透射电子显微镜（加速电压为 200kV）。并通过 Gatan Digital Micrograph 软件对所得数据进行粒径和晶面间距分析。实验样品分散在无水乙醇中，再用铜网格在溶液中反复捞 20 次左右。

采用的扫描电镜设备是英国 Oxford Instrument 公司生产的 LEO 1530 型场发射电子显微镜和日本日立公司生产的 Hitachi S-4800 型场发射扫描电子显微镜，对制备的样品的形貌进行了观察和比较。实验时，将少量样品黏附在导电碳胶布上。

6.1.2.3 电化学性能测试

粉末材料负极电极片的制作过程如下：

集流体→丙酮，除油→酸洗（10%的草酸水溶液），除锈→去离子水清洗→丙酮清洗→涂膜→烘干。

（1）原材料预处理。活性材料在 80℃下真空干燥 10h，去除材料中的水分。

（2）集流体预处理。除去集流体表面的油污，可增加黏合剂对集流体的黏合力。具体步骤：首先将铜箔用氧化铝耐水砂纸（320 目[1]）进行粗糙化（泡沫铜无需此步），然后依次用丙酮除油，草酸溶液中超声清洗 5min，自然晾干后备用。

（3）浆料的配制。按质量比 8∶1∶1 的比例称取适量活性材料、水溶性黏合剂（LA-132）、炭黑。首先将 LA-132 与适量超纯水混合，机械高速搅拌 30min，然后加入活性材料，再继续搅拌 2h，即可获得实验用浆料。

（4）涂膜及电极成型。配置好的浆料，应立即用于涂膜，不宜久置，久置会变质，且降低黏合剂对集流体的黏合力。使用钢棒将获得的浆液均匀地涂在集流体上，放置自然晾干。再在真空烘箱中 80℃烘干 10h 后移入充满氩气的手套箱备用，若必要，则经粉末压力机压制后（压力 20MPa），备用。按照装配电池工序组装电池，其中所用的电解液体系为酯类电解液，其中电解质为 1mol/L $LiPF_6$ 盐，溶剂为体积比 1∶1∶1 的 EC、EDC、DMC 混合溶液。

本节充放电实验在新威和蓝电电池测试仪上完成，电流量程分别为 1mA、5mA、10mA，电压量程 0~5V。用恒电流方式对电池进行充放电，充放电的电流

---

[1] 100 目＝0.154mm。

密度视实验需要不同而定。把新组装的扣式电池放置 8h 以上，待电池稳定后再进行充放电测试。充放电电压区间为 1.0~3V。

四探针法测试阻抗采用的仪器为 SX1934（SZ-82），测试材料均在 20MPa 下被压制成厚度约为 1mm 的片状材料。

6.1.3 结果与讨论

6.1.3.1 材料形貌表征

图 6.1（a）所示为球状氢氧化钴的XRD图，其中在19.065°、23.91°、

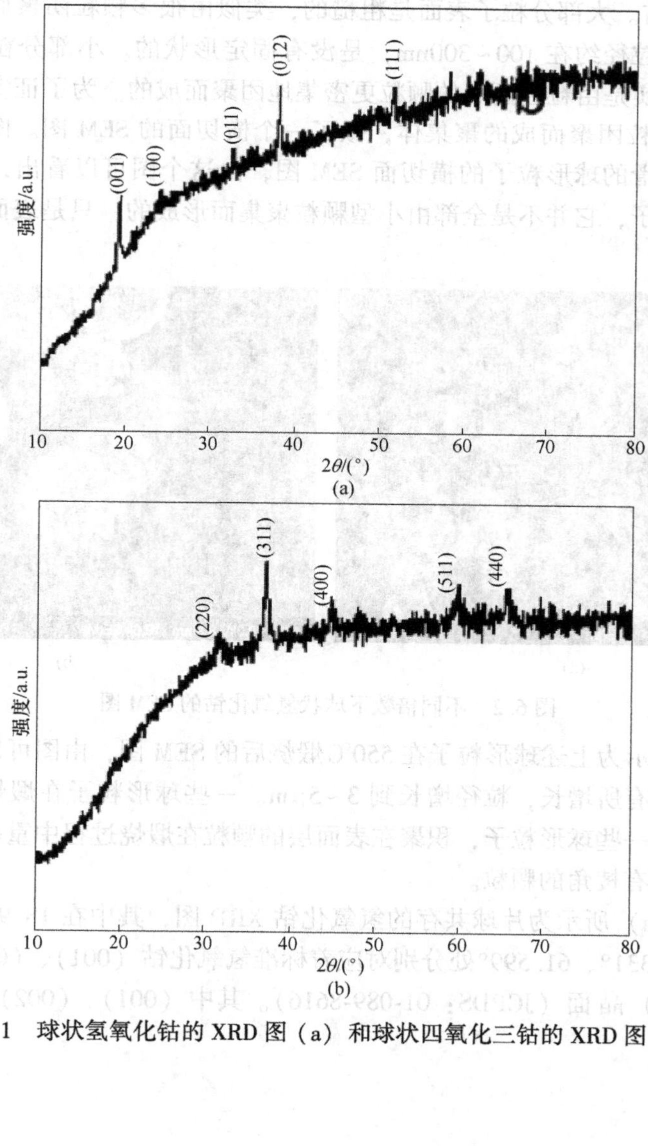
(001)
(100)
(011)
(012)
(111)
强度/a.u.
10
20
30
40
50
60
70
80
2θ/(°)
(a)
(220)
(311)
(400)
(511)
(440)
强度/a.u.
10
20
30
40
50
60
70
80
2θ/(°)
(b)

图 6.1 球状氢氧化钴的 XRD 图（a）和球状四氧化三钴的 XRD 图（b）

32. 461°、37. 833°、51. 467°分别对应着标准氢氧化钴的（001）、（100）、（011）、（012）、（111）晶面（JCPDS：01-089-8616）。其中晶面（001）、（012）的峰强较高。XRD 的基线不平，可能是由于材料本身的结晶度不好，或是有较多杂质存在。

图 6. 1（b）所示为球状四氧化三钴的 XRD 图，其中在 30. 999°、36. 728°、44. 429°、59. 253°、65. 305°分别对应着标准四氧化三钴的（220）、（311）、（400）、（511）、（440）晶面（JCPDS：01-074-1657）。其中晶面（311）最高，煅烧后发现基线稍稍平缓了一些，说明煅烧的过程中材料的结晶度提高了。

由图 6. 2 可以看出制备的球状氢氧化钴形状较周正、粒径较均一、粒径基本在 1 ~ 2μm 左右。大部分粒子表面是粗糙的，类似由很多颗粒团聚而组成，表面上的这些颗粒粒径约在 100 ~ 300nm，是没有固定形状的。小部分粒子表面较光滑，但表面其实是由粒径更小的颗粒更密集地团聚而成的。为了证实这些球体是否是由这些颗粒团聚而成的聚集体，做了一个横切面的 SEM 图。图 6. 3 所示为一个表面较光滑的球形粒子的横切面 SEM 图，由这个图可以看出，制备的球形粒子是实心粒子，它并不是全部由小型颗粒聚集而形成的，只是表面团聚了一层小型颗粒。

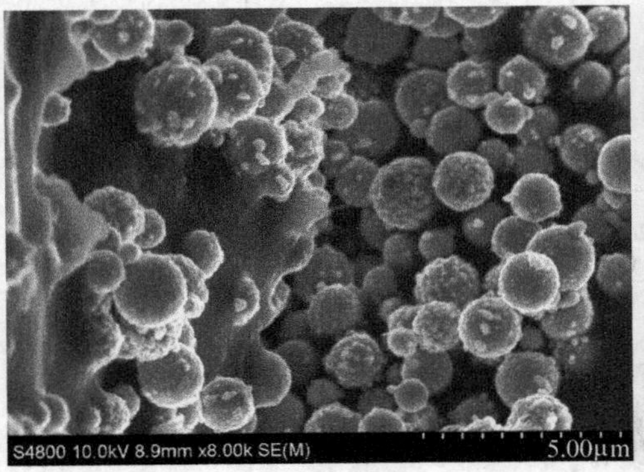
S4800 10.0kV 8.9mm x8.00k SE(M)
5.00μm

(a)

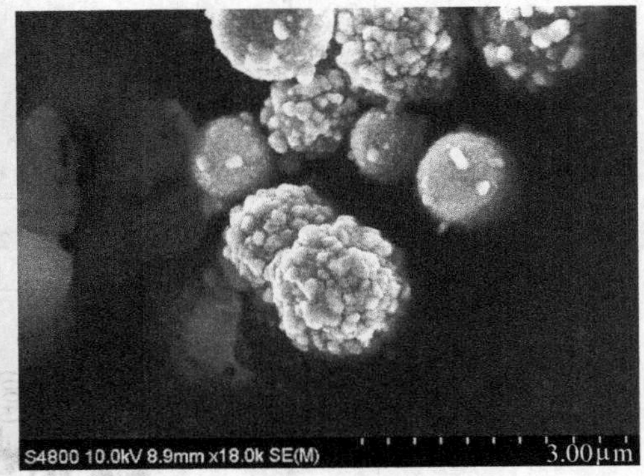
S4800 10.0kV 8.9mm x18.0k SE(M)
3.00μm

(b)

图 6. 2　不同倍数下球状氢氧化钴的 SEM 图

图 6. 4 所示为上述球形粒子在 550℃煅烧后的 SEM 图，由图可以看出，煅烧后的粒子粒径有所增长，粒径增长到 3 ~ 5μm。一些球形粒子在煅烧过程中团聚在了一起，有一些球形粒子，积聚在表面层的颗粒在煅烧过程中重新结晶，在粒子表面形成更有棱角的颗粒。

图 6. 5（a）所示为片球共存的氢氧化钴 XRD 图，其中在 18. 98°、32. 478°、38. 156°、51. 331°、61. 599°处分别对应着标准氢氧化钴（001）、（011）、（002）、（012）、（111）晶面（JCPDS：01-089-8616）。其中（001）、（002）晶面的峰强

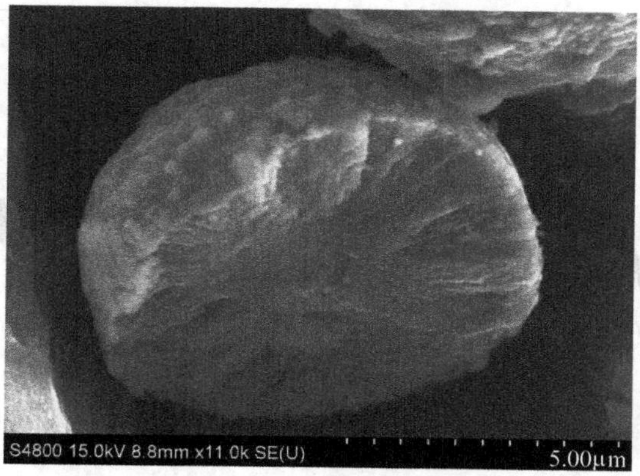
S4800 15.0kV 8.8mm x11.0k SE(U)
5.00μm

图 6.3　球状氢氧化钴横切面的 SEM 图

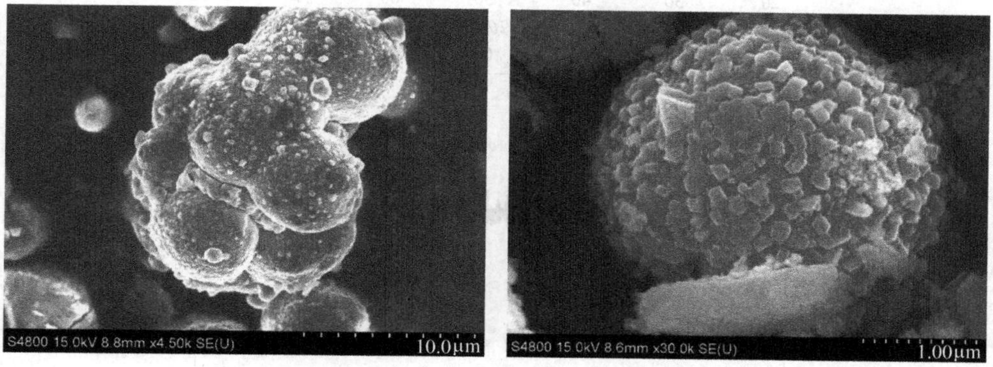
S4800 15.0kV 8.8mm x4.50k SE(U)
10.0μm
S4800 15.0kV 8.6mm x30.0k SE(U)
1.00μm

图 6.4　不同倍数下球状四氧化三钴的 SEM 图

度较高。图 6.5（b）所示为片球共存的四氧化三钴 XRD 图，其中在 19.099°、31.475°、36.286°、44.837°、59.151°、65.509°处分别对应标准四氧化三钴的(111)、(220)、(311)、(400)、(511)、(440) 晶面（JCPDS：01-074-1657)。其中晶面（311）的峰强较高。与球状材料相比，片球共存的 XRD 基线更平一些，说明片球共存的材料具有更好的结晶度、杂质更少。还有一点值得一提，那就是片球共存的四氧化三钴在 31.475°出现了（111）晶面，这可能是因为片状材料存在所引起的。

图 6.6 所示为在不同放大倍数下观测的 SEM 图，从图中可以看到材料是由无定形片与球形粒子组成的。其中的无定形片状颗粒壁较薄，厚度小于 100nm。其中的球形颗粒是表面较粗糙的粒子，粒径约为 150nm。粒径分布均一，球状较周正。

图 6.7 所示为上述材料煅烧后形成的四氧化三钴的 SEM 图，由图可以看到片状材料经过煅烧后，厚度有所增加。球形粒子在经过煅烧后，有一些表面较粗糙的粒子长出了毛刺状结构。

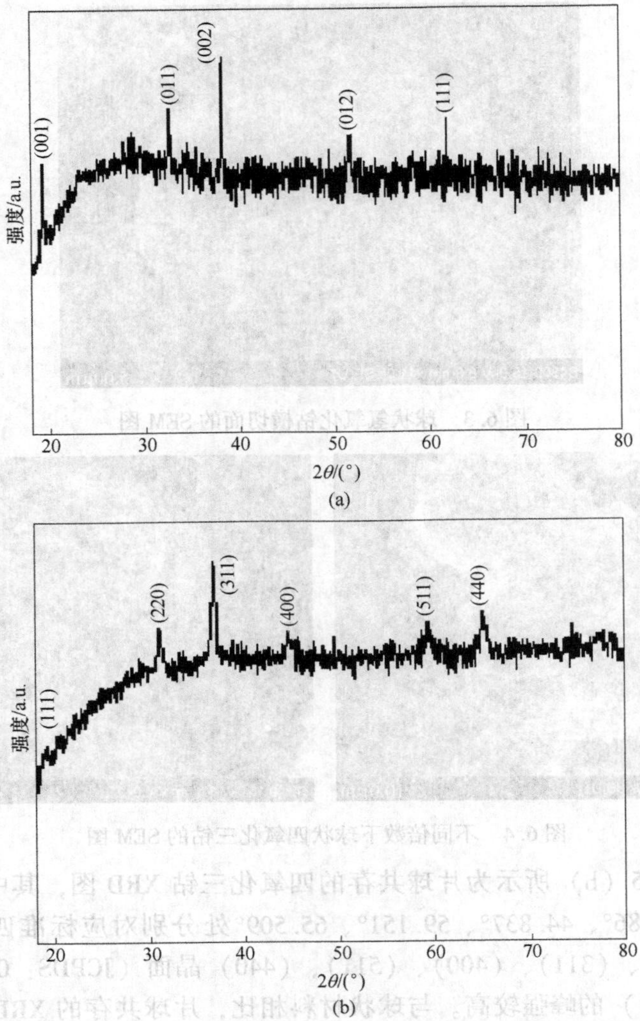
(001)
(011)
(002)
(012)
(111)
强度/a.u.
20
30
40
50
60
70
80
2θ/(°)
(a)
(111)
(220)
(311)
(400)
(511)
(440)
强度/a.u.
20
30
40
50
60
70
80
2θ/(°)
(b)

图 6.5　片球共存的氢氧化钴 XRD 图（a）和片球共存的四氧化三钴 XRD 图（b）

S4800 10.0kV 8.4mm x8.00k SE(M)
5.00μm
S4800 10.0kV 8.4mm x50.0k SE(M)
1.00μm

图 6.6　不同倍数下片球共存的氢氧化钴的 SEM 图

S4800 10.0kV 8.9mm x10.0k SE(U)
5.00μm
S4800 10.0kV 10.8mm x45.0k SE(M,LA0)
1.00μm

图 6.7 不同倍数下片球共存的四氧化三钴的 SEM 图

图 6.8（a）所示为六边形片状氢氧化钴的 XRD 图，在 19.014°、32.427°、

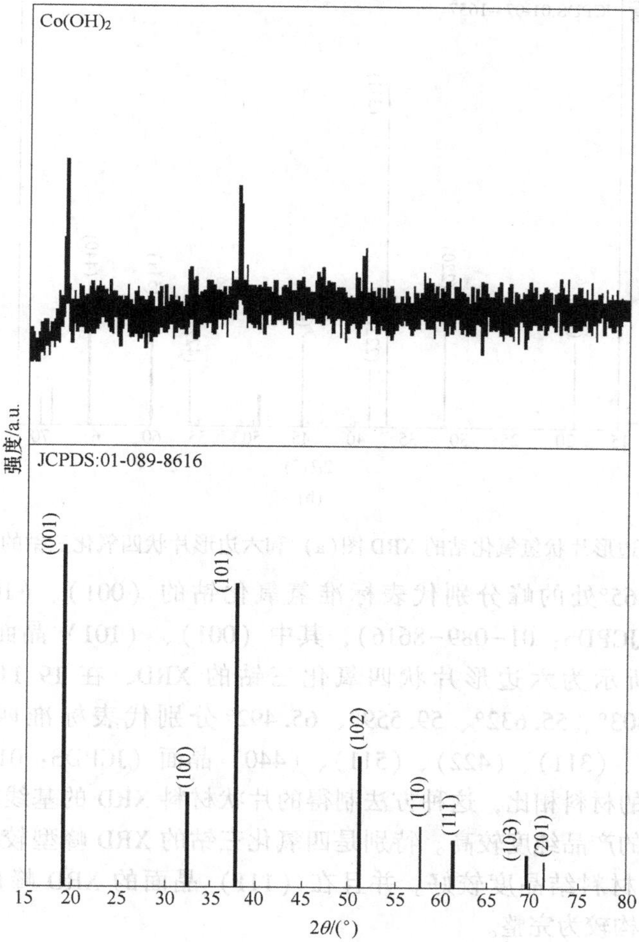
Co(OH)2
强度/a.u.
JCPDS:01-089-8616
(001)
(100)
(101)
(102)
(110)
(111)
(103)
(201)
15
20
25
30
35
40
45
50
55
60
65
70
75
80
2θ/(°)

(a)

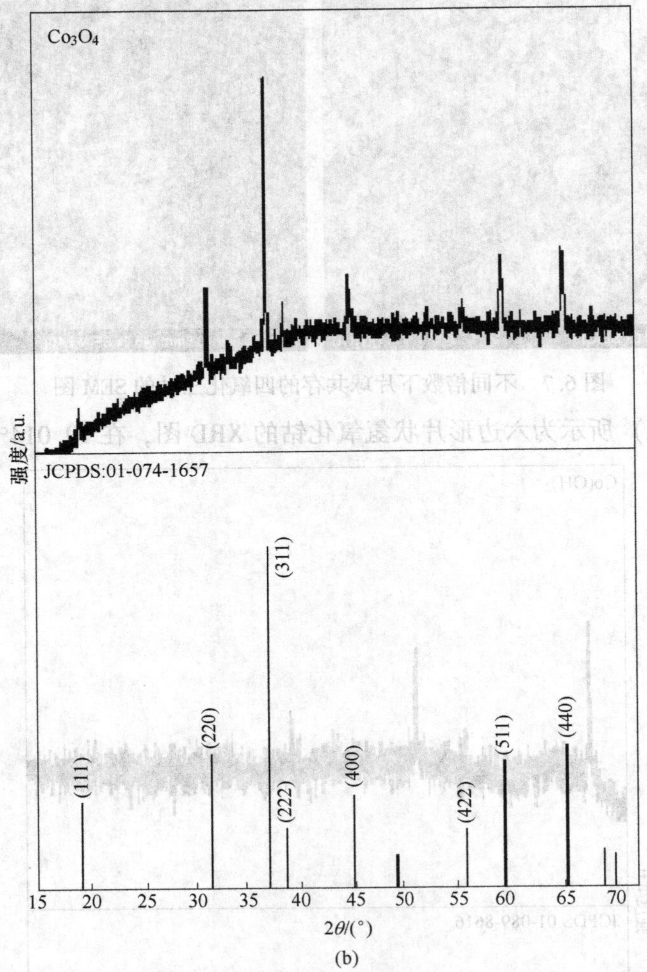
Co3O4
强度/a.u.
JCPDS:01-074-1657
(111)
(220)
(311)
(222)
(400)
(422)
(511)
(440)
15 20 25 30 35 40 45 50 55 60 65 70
2θ/(°)
(b)

图 6.8　六边形片状氢氧化钴的 XRD 图(a) 和六边形片状四氧化三钴的 XRD (b)

37.833°、51.365°处的峰分别代表标准氢氧化钴的（001）、(100)、(101)、(102) 晶面（JCPDS：01-089-8616），其中（001）、（101）晶面的峰强最高。图 6.8（b）所示为六边形片状四氧化三钴的 XRD，在 19.116°、31.322°、37.034°、44.803°、55.632°、59.559°、65.492°分别代表标准四氧化三钴的 (111)、(220)、(311)、(422)、(511)、(440) 晶面（JCPDS：01-074-1657）。与前两种形貌的材料相比，这种方法制得的片状材料 XRD 的基线较平，说明杂质较少，制得的产品纯度较高。特别是四氧化三钴的 XRD 峰型较尖锐，峰强较高，说明这种材料结晶度较好。并且在（111）晶面的 XRD 峰值较高，说明（111）晶面结构较为完整。

图 6.9 所示为六边形片状氢氧化钴的 SEM 图，由图可以看出，制得的氢氧化钴为完整的六边形片状材料。表面较光滑，粒子大小约为 2μm，厚度约为 500nm。

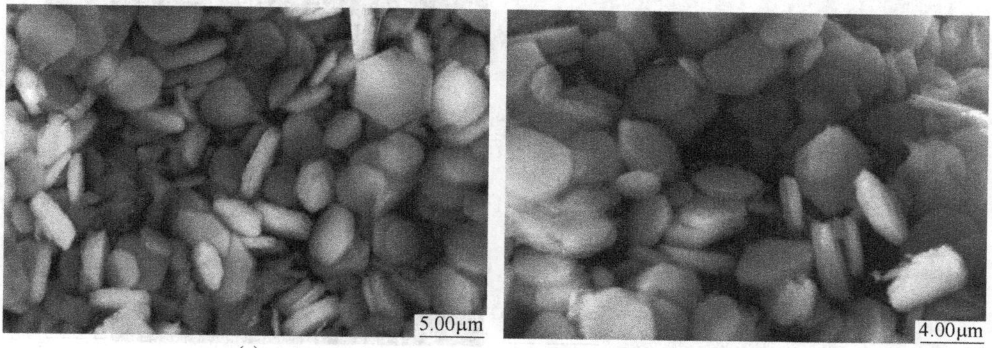
5.00μm
4.00μm
(a) (b)

图 6.9 六边形片状氢氧化钴材料的 SEM 图

图 6.10 所示为六边形片状四氧化三钴的 SEM 图，由图可以看出，煅烧后的材料表面不再光滑而是形成了多孔的粗糙结构，这是因为在煅烧过程中氢氧化钴分子间丢失水分子造成的。但是煅烧过程并没有影响材料的形貌，四氧化三钴仍保持六边形片状结构。

5.00μm
1.00μm
(a) (b)

图 6.10 六边形片状四氧化三钴的 SEM 图

图 6.11（a）所示为六边形片状氢氧化钴的 TEM 图，由图可以看出氢氧化钴具有完整的六边形片状结构，表面没有多孔结构。由图 6.11（b）可以看出，氢氧化钴为单晶结构，并且正表面为（010）晶面。

图 6.12（a）所示为六边形片状四氧化三钴的 TEM 图，由该图可以看到煅烧后四氧化三钴仍保持着六边形片状结构，只是表面出现了很多孔洞结构。由图 6.12（b）可以看出四氧化三钴为单晶结构，且正表面为（111）晶面。由图 6.12（c）可以看出，晶格条纹间夹角均为 60°，且这三种角度的晶格条纹间距相等，均为 0.29nm，这一结果也佐证了该四氧化三钴片的正表面为（111）晶面。

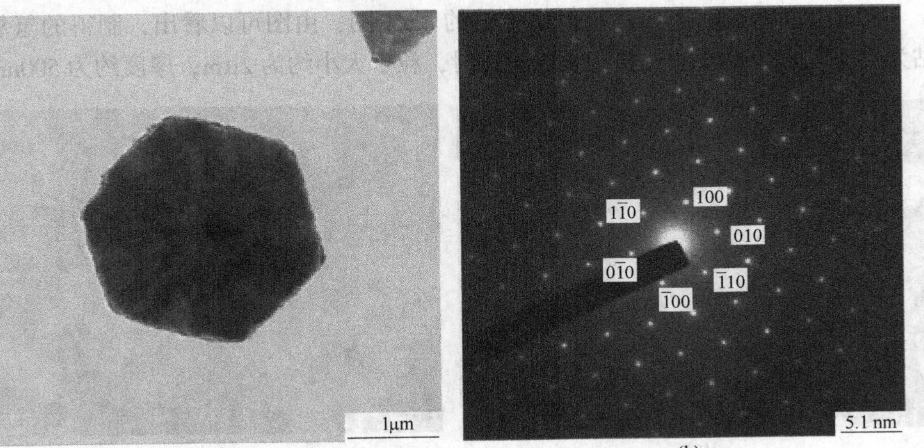
1μm
100
$1\bar{1}0$
010
$0\bar{1}0$
$\bar{1}10$
$\bar{1}00$
5.1 nm

(a) (b)

图 6.11 六边形片状氢氧化钴的 TEM 图（a）和 HRTEM 图（b）

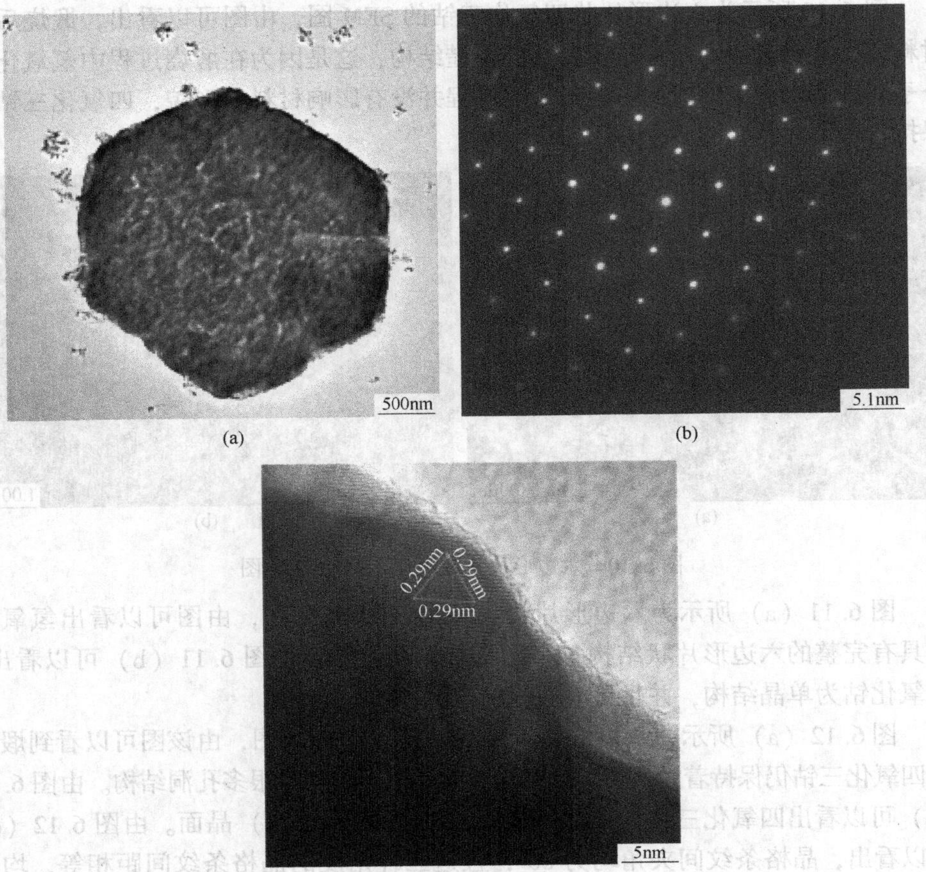
500nm
5.1nm
0.29nm
0.29nm
0.29nm
5nm

(a) (b)

(c)

图 6.12 六边形片状四氧化三钴的 TEM 图（a）和 HRTEM 图（b、c）

综上所述可以发现，硼氢化钠含量较少时，倾向于形成六边形片状结构；否则，容易形成片球共存的材料。在试验过程中也发现，当加入的硼氢化钠较多时，形成沉淀物的速度较快，形成产物的颜色多为棕黄或是黄粉色，材料的形貌多为六边形片状；当加入的硼氢化钠较少时，形成沉淀物的速度较慢，形成产物的颜色多为蓝绿或是灰蓝色，材料的形貌多为球形，或是片球共存的材料。而硼氢化钠的量直接影响 Co 单质的量，为了弄清楚硼氢化钠与 Co 单质在合成氢氧化钴中起到的作用又做了如下实验。

A 无硼氢化钠

制备方法同制备六边形片状材料的方法类似，只是在反应过程中不添加硼氢化钠，制得的材料形貌如图 6.13 所示，为片絮状结构，没有固定形状。

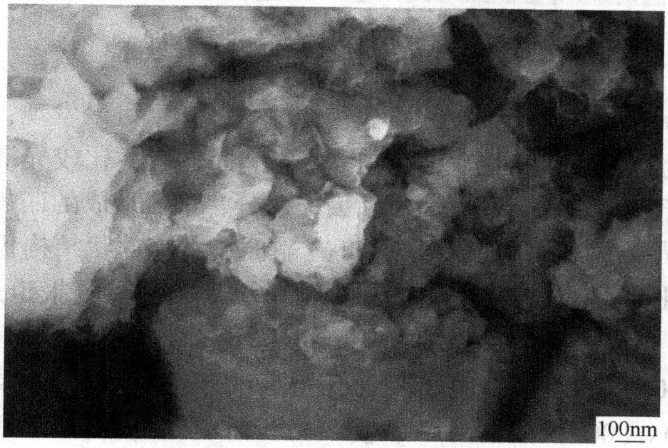
100nm

图 6.13 无硼氢化钠制得的氢氧化钴 SEM 图

B 不通保护气体

制备方法同制备六边形片状材料的方法类似，只是在反应过程中没有用气体保护，制得的材料为棕红色，材料的形貌如图 6.14 所示，没有固定的形貌，团聚较严重。

由上述的结果可以发现，在没有硼氢化钠或没有通氩气保护时，无法形成规则形貌的氢氧化钴材料。当硼氢化钠存在时才能生成具有不同形貌的材料：硼氢化钠较多时制备的材料为球形或是球状材料与片状材料的混合物，硼氢化钠较少时制备的材料为六边形片状材料。这说明硼氢化钠的量可以影响材料的形貌，而硼氢化钠的量不同时，形成的钴单质的量也不同。通过查阅文献，作者认为由硼氢化钠还原的 Co 单质在体系中作为悬浮的杂质颗粒存在，这些颗粒在溶液中可以有效降低晶体表面成核能垒，使晶体优先在这些不均匀的地方形成晶核，从而影响晶体的生长。有文献报道 Co 单质的磁性在晶体生长上起到一定作用，因而会使粒子形成具有规则形貌的材料。

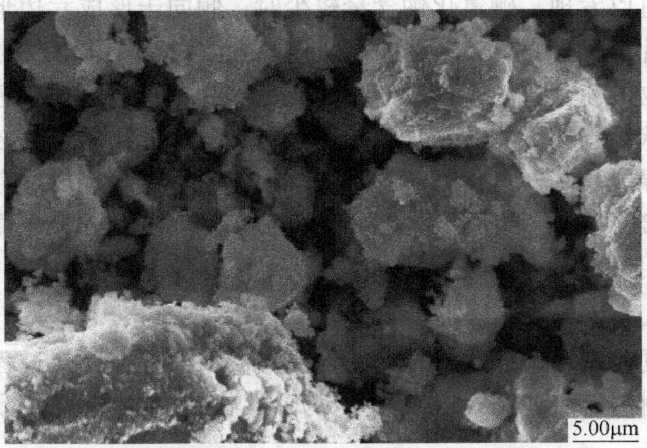
5.00μm

图 6.14　不通保护气体制得的氢氧化钴 SEM 图

由六边形片状四氧化三钴及其前驱物的电镜图结果可以发现，形成的六边形片状氢氧化钴为单晶粒子，正表面为（001）晶面，表面比较光滑。转换为四氧化三钴时，由于高温煅烧，在表面不断丢失水分，最后形成的四氧化三钴为多孔结构，也是单晶粒子结构，正表面（111）晶面、六边片状结构仍保持。关于这种氢氧化钴转化为四氧化三钴的反应机理有很多文献已经报道过，Wang 等人是这样解释原理的：因为 Co_3O_4(111) 晶面（晶面间距为 0.4667nm）与 β-$Co(OH)_2$（001）晶面（晶面间距为 0.4653nm）的晶面间距极其相似，故会促进 β-$Co(OH)_2$（001）晶面向 Co_3O_4(111) 晶面转换。六边形四氧化三钴的形成机理如图 6.15 所示。

6.1.3.2　材料性能测试

图 6.16 所示为六边形片状材料循环性能测试，由该图可以看出，首次放电容量为 1436mA · h/g，这已经远远超出理论容量 890mA · h/g，而这种现象已有很多文献报道过。循环 30 周时容量仍接近于理论容量 890mA · h/g，循环 50 周后容量缓慢衰减到 790mA · h/g。

图 6.17 所示为六边形片状循环 20 周后的 SEM 图，由该图可以看到六边形片状材料形貌仍可保持，说明材料的循环稳定性较好。

图 6.18 及表 6.1 给出三种不同形貌的四氧化三钴循环性能。

通过比较可以发现，六边形片状四氧化三钴的电化学性能最佳，这可能是因为片状材料为二维结构，且表面为多孔状结构，具有较大的比表面积，更容易促进电子、锂离子传输，使电化学反应更容易进行，因而具有更高的容量与较好的循环性能。

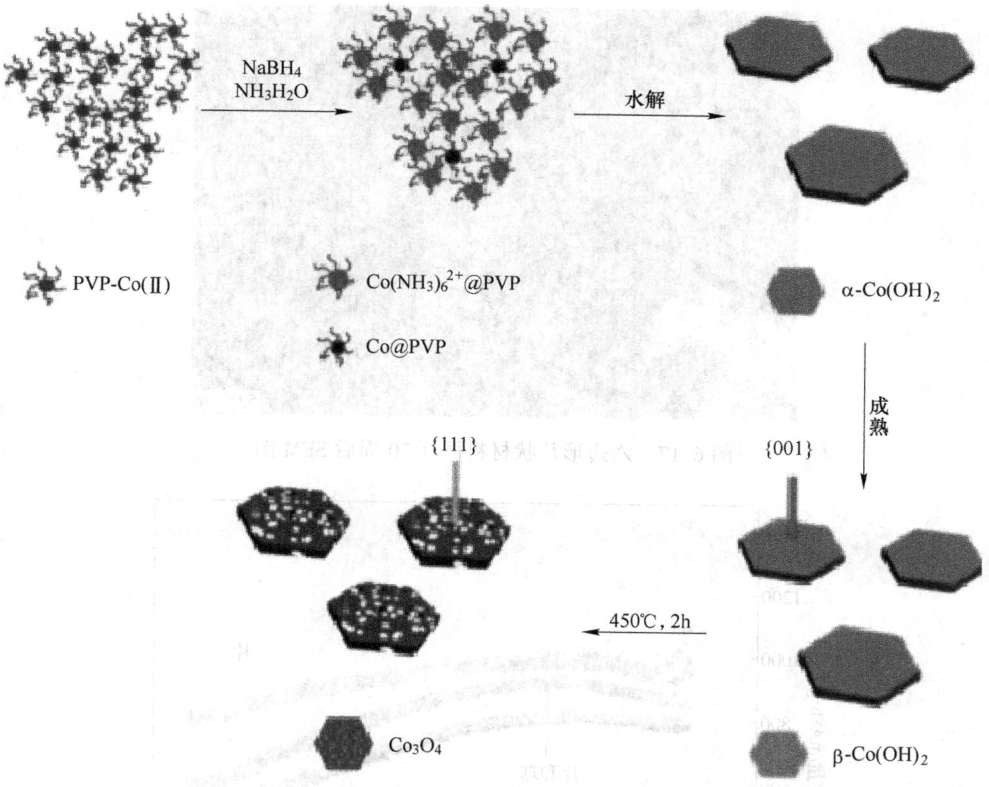
NaBH4
NH3H2O
水解
PVP-Co(Ⅱ)
Co(NH3)6 2+@PVP
Co@PVP
α-Co(OH)2
成熟
{111}
{001}
450℃, 2h
Co3O4
β-Co(OH)2

图 6.15 六边形四氧化三钴的形成机理

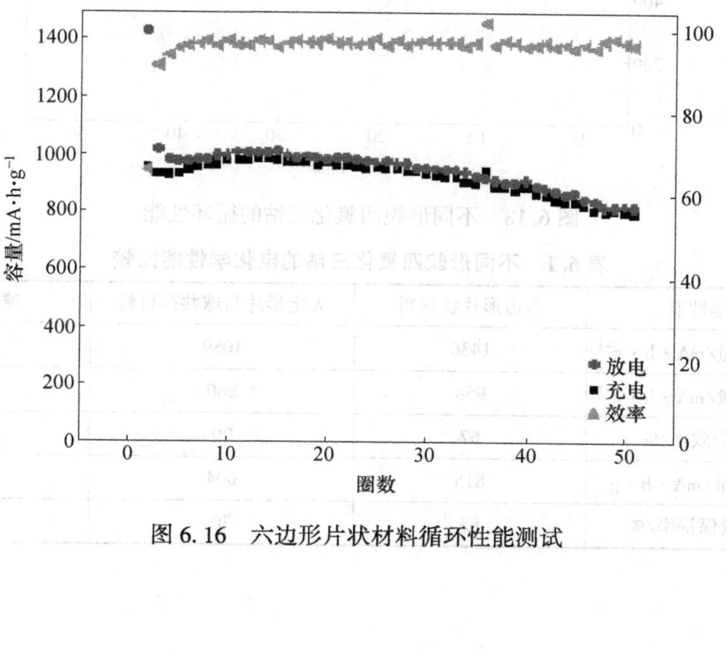
容量/mA·h·g⁻¹
圈数
放电
充电
效率

图 6.16 六边形片状材料循环性能测试

5.00μm

图 6.17　六边形片状材料循环 20 周后 SEM 图

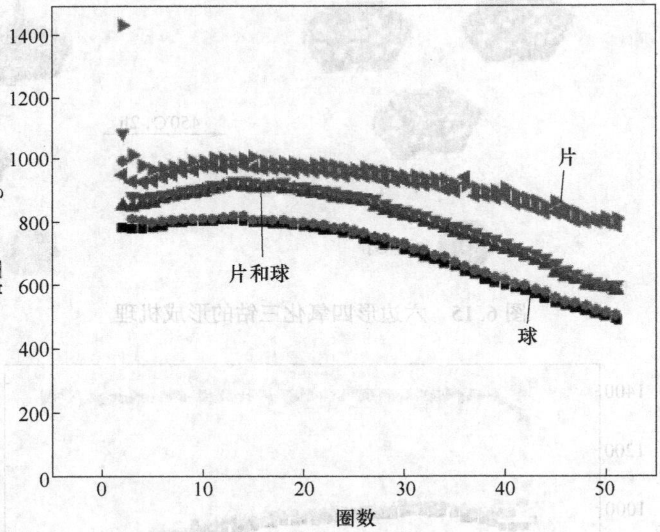
容量/mA·h·g^{-1}
圈数
片
片和球
球

图 6.18　不同形貌四氧化三钴的循环性能

表 6.1　不同形貌四氧化三钴的电化学性能比较

电化学性能	六边形片状材料	无定形片与球共存材料	球形材料
首次放电容量/mA·h·g^{-1}	1436	1089	999
首次充电容量/mA·h·g^{-1}	958	860	787
首次库仑效率/%	67	79	79
50 周充电容量/mA·h·g^{-1}	815	604	507
50 周容量保持率/%	85	70	64

（1）本节实验首次利用水溶液，在室温条件下制备出不同形貌的四氧化三钴及其前驱物。避免了传统合成时的高温反应，使反应更简易进行，节约能源；也避免了对有机溶剂的使用，使制备过程更加环保、低毒、无害。

（2）以这种方法可以制备出不同形貌的材料：球形粒子、片与球共存的粒子、六边形片状材料。其中六边形片状材料前驱物为正表面为（010）单晶粒子，煅烧后形成的是正表面为（111）晶面的单晶粒子。

（3）对制备出的三种形貌材料的电化学性能进行比较，其中六边形片状材料的电化学性能最佳：首次放电容量为 1436mA · h/g，首次充电容量为 958mA · h/g，首次库仑效率为 67%；50 周充电容量为 815mA · h/g，50 周容量保持率为 85%。无定形片与球共存材料的电化学性能较差：首次放电容量为 1089mA · h/g，首次充电容量为 860mA · h/g，首次库仑效率为 79%；50 周充电容量为 604mA · h/g，50 周容量保持率为 70%。无定形片与球共存材料的电化学性能最差：首次放电容量为 999mA · h/g，首次充电容量为 787mA · h/g，首次库仑效率为 79%；50 周充电容量为 507mA · h/g，50 周容量保持率为 64%。通过比较可以发现，六边形片状四氧化三钴的电化学性能最佳，这可能是因为片状材料为二维结构，且表面为多孔状结构，具有较大的比表面积，更容易促进电子、锂离子传输，使电化学反应更容易进行，因而具有更高的容量与较好的循环性能。

6.2 多孔 MFe_2O_4(M = Zn，Co) 材料的制备与电化学性能

石墨材料是目前商业上最主流的锂离子负极材料，但是其理论容量只有 372mA · h/g。近年来，随着电动汽车和电子器件的快速发展，石墨材料已经无法满足人们对更高能量密度和更大功率密度锂离子电池的要求。因此，研究能量密度更高和循环稳定性更强的新一代锂离子电池负极材料尤为关键。

自 2001 年，Poizot 等人首次报道纳米过渡金属氧化物可以作为锂离子电池负极后，此类材料因具有较高的理论容量和与众不同的储锂机制吸引了众多研究者的目光。近年来，随着对过渡金属氧化物负极材料研究的深入，纳米结构的铁基二元和三元金属氧化物因为拥有几倍于石墨负极材料的理论容量和较高的安全性而成为研究的热点。过渡金属铁酸盐的电化学性能与其合成方法是息息相关的，常见的合成方法包括水热法、共沉淀法、固相、静电纺丝法和模板法等。这些方法存在实验流程长、操作复杂和仪器设备要求高等缺点，所得材料常伴随结晶度低或者元素分布不均匀等问题，导致材料循环性能和倍率性能较差。此外，花费大量精力单纯地追求形貌或进行改性并不能保证所得材料具有优秀的电化学性能。因此，本节采用一种快速、高效、成本低廉且操作简单的合成方法——燃烧法合成高性能二元铁基氧化物 $ZnFe_2O_4$ 和 $CoFe_2O_4$。

燃烧法最大的优点是高效的能源和时间利用率，除此之外，它还有以下几个

优点：(1) 对设备要求低，且所得材料各元素分布均匀；(2) 易制备结构复杂，其他合成方法难以实现的多元金属氧化物；(3) 在快速燃烧过程中，一些亚稳定相的存在可以制备特殊性能的材料；(4) 可以等比例放大实验；(5) 所得材料往往具有较高的活性表面积；(6) 通过控制反应温度和溶液配比，可以合成出不同形貌尺寸的材料。

6.2.1 工作内容

由于过渡金属氧化物储锂机制为转换反应，所以在脱嵌锂的过程中，负极材料体积会不断地发生膨胀和收缩，最终导致内部结构坍塌和整体材料粉化，使得电池循环寿命下降。本节采用燃烧法制备多孔网状结构的 $ZnFe_2O_4$ 和 $CoFe_2O_4$ 纳米颗粒，作为锂离子电池负极材料，并研究它们的物相结构、颗粒形貌和电化学性能。燃烧法在反应过程中将释放大量的气体，有利于材料形成大量的孔洞，这些孔洞不仅可以提高材料与电解液的接触面积，增加活化区域，而且能够有效缓解晶粒体积膨胀造成的挤压和粉化现象，因此所得的两种材料都表现出多孔结构、较高的结晶度和优秀的循环性能以及倍率性能等优点。

6.2.2 实验部分

6.2.2.1 实验试剂

硝酸锌（$Zn(NO_3)_2 \cdot 6H_2O$）、硝酸钴（$Co(NO_3)_2 \cdot 6H_2O$）和硝酸铁（$Fe(NO_3)_3 \cdot 9H_2O$）均购于阿拉丁试剂公司，甘氨酸（$C_2H_5NO_2$）购于国药试剂集团。所用试剂均为分析纯，没有进行进一步提纯，溶剂为实验室自制去离子水。

6.2.2.2 $MFe_2O_4(M = Zn, Co)$ 的制备

$ZnFe_2O_4$：将 5mmol 硝酸锌和 10mmol 硝酸铁混合溶解于 60mL 去离子水中，再向溶液中加入 15mmol 甘氨酸作为络合剂和燃剂，待完全溶解后将装有混合溶剂的烧杯放入 100℃ 油浴锅内加热，并且不停搅拌。持续加热 5h 直到所有溶剂蒸干，溶质形成干凝胶。将干凝胶取出放入坩埚，再将坩埚放入加热的电炉上进行自蔓燃反应。大约 1min 后，干凝胶发生燃烧反应生成疏松多孔的前驱体。将装有前驱体的坩埚放入马弗炉内 800℃ 煅烧 2h，升温速率为 4℃/min，气氛为空气。待马弗炉自然冷却后，即可得到最终产品。整个操作过程如图 6.19 所示。

$CoFe_2O_4$：合成过程与上述方法基本一致，区别在于将硝酸锌换成硝酸钴。

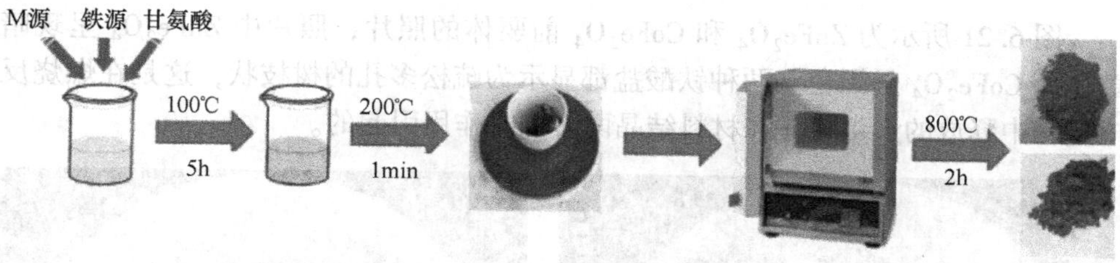
M源
铁源
甘氨酸
100℃
5h
200℃
1min
800℃
2h

图 6.19 MFe_2O_4 材料合成过程示意图

6.2.2.3 MFe_2O_4（M = Zn，Co）的物相和形貌

图 6.20 所示为铁酸锌、铁酸钴和它们的前驱体的 XRD 图谱，扫描区间是 10°~80°。从图中可以看出，各曲线峰的 2θ 角分布为 18.2°、29.9°、35.3°、36.9°、42.9°、53.1°、56.6°、62.2° 和 73.5°，这与两种铁酸盐的（111）、（220）、（311）、（222）、（400）、（422）、（511）、（440）和（533）晶面一一对应，并且各峰位都与尖晶石型 $ZnFe_2O_4$、$CoFe_2O_4$ 的标准 PDF 卡片相一致（PDF Card，No. 22-1012 和 No. 22-1086），说明燃烧法成功合成两种铁酸盐。XRD 曲线上两种材料都没有出现杂峰，证明产物是无杂质的纯相。前驱体和最终产物的峰位一致，说明铁酸盐物相在自蔓燃反应以后就已经形成了，但是两种前驱体的峰强都明显低于最终产物，表明铁酸盐在煅烧后结晶度得到大幅度提高，这也是煅烧的意义之一。值得注意的是，无论是前驱体 $CoFe_2O_4$，还是成品 $CoFe_2O_4$，其峰强都弱于 $ZnFe_2O_4$ 的峰，这代表 $CoFe_2O_4$ 结晶度逊于 $ZnFe_2O_4$，更高的结晶度能够带来更稳定的微观结构，从而提高电池的循环稳定性。运用 jade 6.0 分析软件通过 Scherrer 公式可以算出两种铁酸盐的平均晶粒尺寸为 80~100nm。

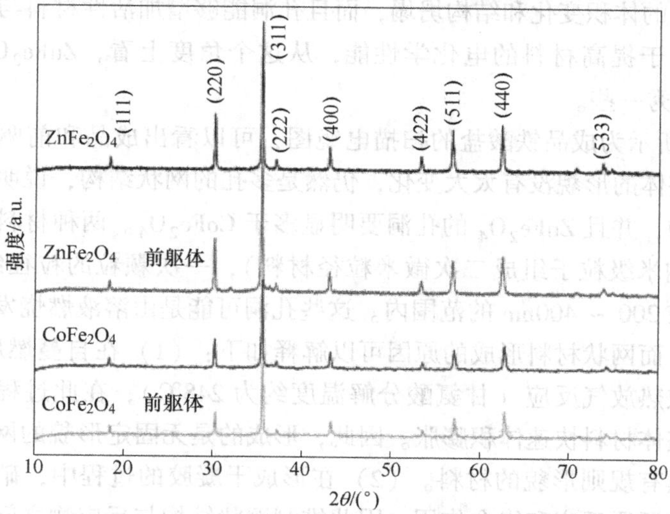
(111)
(220)
(311)
(222)
(400)
(422)
(511)
(440)
(533)
ZnFe2O4
ZnFe2O4 前驱体
CoFe2O4
CoFe2O4 前驱体
强度/a.u.
10
20
30
40
50
60
70
80
2θ/(°)

图 6.20 MFe_2O_4（M = Zn，Co）和其前驱体的 XRD 图谱

图 6.21 所示为 $ZnFe_2O_4$ 和 $CoFe_2O_4$ 前驱体的照片，照片中 $ZnFe_2O_4$ 呈现暗黄色而 $CoFe_2O_4$ 呈黑色。两种铁酸盐都显示为疏松多孔的树枝状，这是在燃烧反应过程中释放的大量气体和材料结晶两者同时作用引起的。

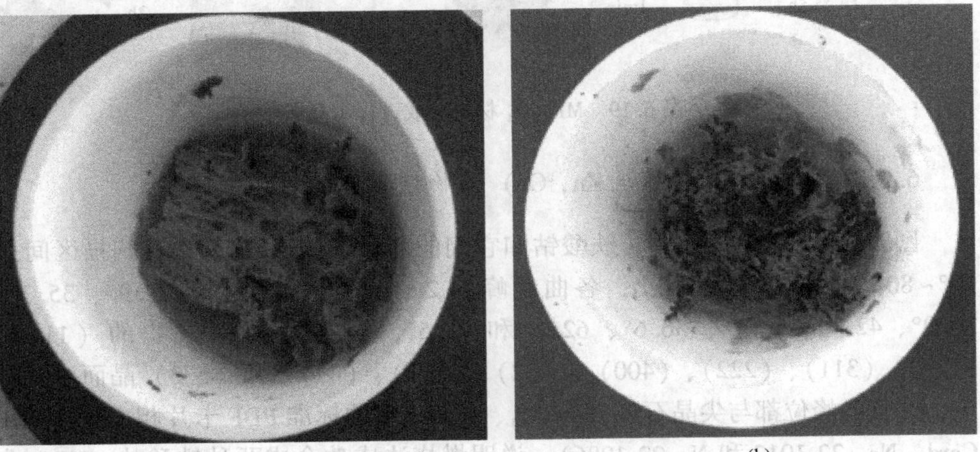

(a) (b)

图 6.21 $ZnFe_2O_4$（a）和 $CoFe_2O_4$（b）前驱体的照片

通过场发射扫描电镜（FESEM）可以观察到 $ZnFe_2O_4$ 和 $CoFe_2O_4$ 的形貌及其颗粒尺寸。图 6.22 所示为两种铁酸盐的前驱体扫描电镜图，由图可知材料呈现多孔结构，孔径较大，在 200nm 以上，此外还能观察到一个个小颗粒附着在整个结构上，颗粒尺寸约为 100nm。$ZnFe_2O_4$ 的颗粒与颗粒之间彼此相连如同网状，$CoFe_2O_4$ 颗粒则较为分散，而且 $ZnFe_2O_4$ 的孔洞较多，多孔结构可缓解材料充放电中产生的体积变化和结构坍塌，而且孔洞能够增加活性材料与电解液的接触面积，有利于提高材料的电化学性能，从这个角度上看，$ZnFe_2O_4$ 的形貌比 $CoFe_2O_4$ 更优秀一些。

图 6.23 所示为成品铁酸盐的扫描电镜图，可以看出成品和前驱体同样呈现大孔结构，整体的形貌没有太大变化，仍然是多孔的网状结构，说明煅烧不会破坏材料的结构，并且 $ZnFe_2O_4$ 的孔洞要明显多于 $CoFe_2O_4$。两种材料都是微纳米结构（一次纳米级粒子组成二次微米粒径材料），一次颗粒的粒径约为 100nm，孔径的大小在 200 ~ 400nm 的范围内。这些孔洞可能是由溶液燃烧发应时释放的气体造成的。而网状材料形成的原因可以解释如下：（1）在自蔓燃反应过程中，会发生剧烈放热放气反应（甘氨酸分解温度约为 248℃），在此过程中晶体迅速形成并伴随整体材料快速体积膨胀。因此，形成的是无固定形貌的网状结构，而不容易形成具有规则形貌的材料。（2）在形成干凝胶的过程中，硝酸盐与甘氨酸会发生氧化还原反应和络合作用，因此推测网状结构与反应物之间的络合方式

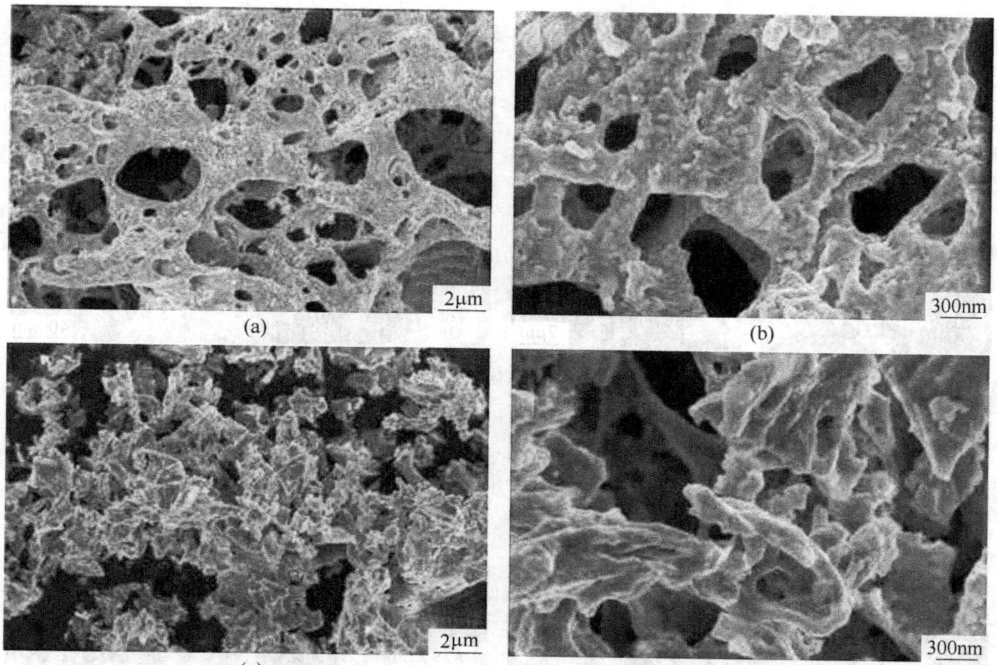
2μm
300nm
2μm
300nm

(a) (b) (c) (d)

图 6.22 $ZnFe_2O_4$（a、b）和 $CoFe_2O_4$（c、d）前驱体的扫描电镜图

也有关系。值得注意的是，铁酸盐前驱体表面小颗粒的数量在成品中明显减少，并且材料整体结构变得更圆滑，这说明煅烧过程造成晶粒发生了团聚和重结晶现象，此现象在 XRD 上通过成品比前驱体更高的峰强方面也得到体现。

通过透射电镜可以更细致地观察铁酸盐的形貌及晶粒尺寸。从图 6.24 可以看出，晶粒尺寸约为 80 ~ 100nm，与 Scherrer 公式和扫描电镜的结果基本一致。晶粒与晶粒之间有一定的堆叠现象，晶格界线不是特别清晰。图 6.24（c）所示为 $ZnFe_2O_4$ 的高分辨透射电镜图，图中有较清晰的晶格条纹，晶格条纹宽度约为 0.495nm，对应于材料的（111）晶面，由此进一步说明此材料为尖晶石 $ZnFe_2O_4$。

运用比表面和孔隙分析仪可以计算出 $ZnFe_2O_4$ 和 $CoFe_2O_4$ 材料的比表面积，而较多孔洞和较大的比表面积可以提高材料的电化学性能。图 6.25（a）和（b）所示为 $ZnFe_2O_4$ 和 $CoFe_2O_4$ 在 77K 条件下的氮气吸脱附曲线，图中 $ZnFe_2O_4$ 和 $CoFe_2O_4$ 的吸脱附曲线一致，都是很典型的Ⅳ型吸脱附曲线，在 p/p_0 值较高的地方（0.8 ~ 1.0）可以观察到一个迟滞区域，迟滞环类型为 H3 型，说明材料颗粒呈现片状且有大孔和介孔。用 BET 法算出 $ZnFe_2O_4$ 的比表面积为 4.0124m^2/g，而 $CoFe_2O_4$ 为 3.5098m^2/g，这与扫描电镜观察到的结果相互印证，即 $ZnFe_2O_4$

2μm
400nm
(a)
(b)
2μm
400nm
(c)
(d)

图 6.23　$ZnFe_2O_4$（a、b）和 $CoFe_2O_4$（c、d）纳米颗粒的扫描电镜图

50nm
50nm
(111) d=0.495nm
5nm
(a)
(b)
(c)

图 6.24　$ZnFe_2O_4$（a）和 $CoFe_2O_4$（b）纳米颗粒的透射电镜图，以及 $ZnFe_2O_4$（c）的高分辨透射电镜图

的孔洞数量略多于 $CoFe_2O_4$。相比于微米结构材料，这两种铁酸盐有更大的比表面积，有利于增加电极的活化面积，同时能够缩短锂离子的扩散路径，有助于加速锂离子的嵌入/脱嵌反应。

图 6.26（a）和（b）所示为 $ZnFe_2O_4$ 和 $CoFe_2O_4$ 的干凝胶从点燃到煅烧800℃的重量变化和吸热放热过程。物料的 *TG* 曲线在起始区域有一个的缓慢下降的区域，代表干凝胶中的水在逐渐蒸发，$ZnFe_2O_4$ 的失水现象更为明显，甚至可

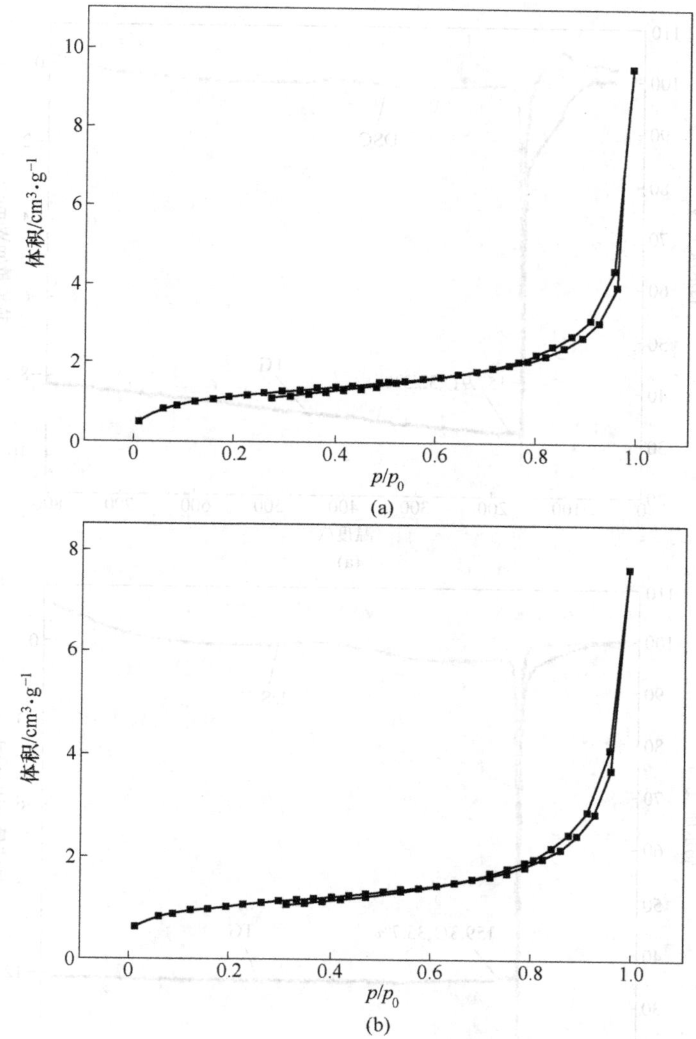

体积/cm³·g⁻¹
0
2
4
6
8
10
0
0.2
0.4
0.6
0.8
1.0
p/p₀
(a)
体积/cm³·g⁻¹
0
2
4
6
8
0
0.2
0.4
0.6
0.8
1.0
p/p₀
(b)

图 6.25 $ZnFe_2O_4$（a）和 $CoFe_2O_4$（b）材料的氮气吸脱附曲线图

以观察到一个小的吸热峰，说明 $ZnFe_2O_4$ 的干凝胶在测试前含水较多。两个材料的 DSC 曲线都只有一个放热峰，分别在 157.9℃和 159.3℃，这个放热峰代表的是铁酸盐的自蔓燃燃烧反应温度，此峰非常尖锐，说明燃烧过程特别短暂，维持时间不到 1min，这与观察到的现象一致。伴随燃烧反应的是一个巨大的失重台阶，在这个过程中，干凝胶中的碳和氮转化为气体逸出，$ZnFe_2O_4$ 和 $CoFe_2O_4$ 的剩余重量分别为 32.3%和 35.7%。之后的曲线较为平缓，两条 DSC 曲线在 400℃附近都有一个小峰，这可能是因为铁酸盐在此温度附近发生重结晶过程。

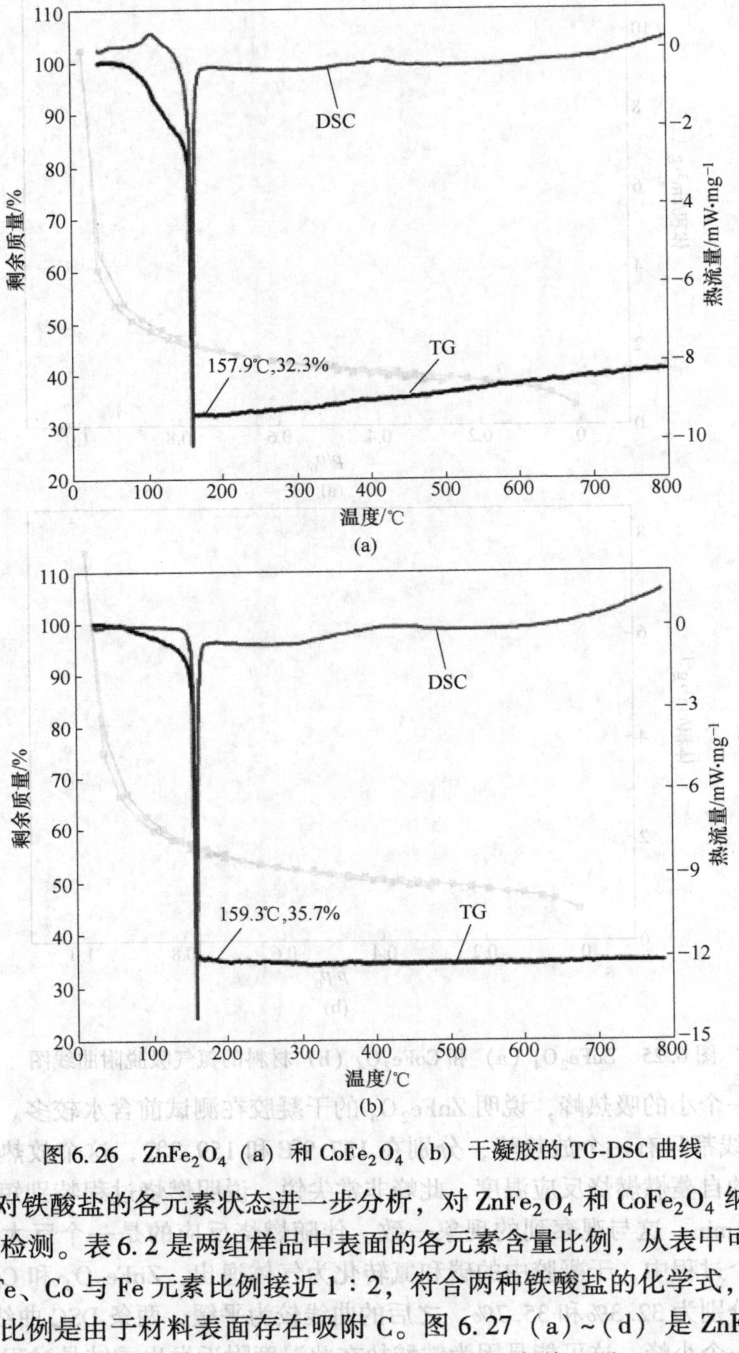
剩余质量/%
热流量/mW·mg^{-1}
温度/℃
DSC
TG
157.9℃,32.3%
(a)
DSC
TG
159.3℃,35.7%
(b)

图 6.26　$ZnFe_2O_4$（a）和 $CoFe_2O_4$（b）干凝胶的 TG-DSC 曲线

为了对铁酸盐的各元素状态进一步分析，对 $ZnFe_2O_4$ 和 $CoFe_2O_4$ 纳米颗粒进行了 XPS 检测。表 6.2 是两组样品中表面的各元素含量比例，从表中可知，样品中 Zn 与 Fe、Co 与 Fe 元素比例接近 1∶2，符合两种铁酸盐的化学式，表中较高的 C 元素比例是由于材料表面存在吸附 C。图 6.27（a）~（d）是 $ZnFe_2O_4$ 的总谱与分谱，图 6.27（e）~（h）是 $CoFe_2O_4$ 的总谱与分谱。图 6.27（a）总谱图显

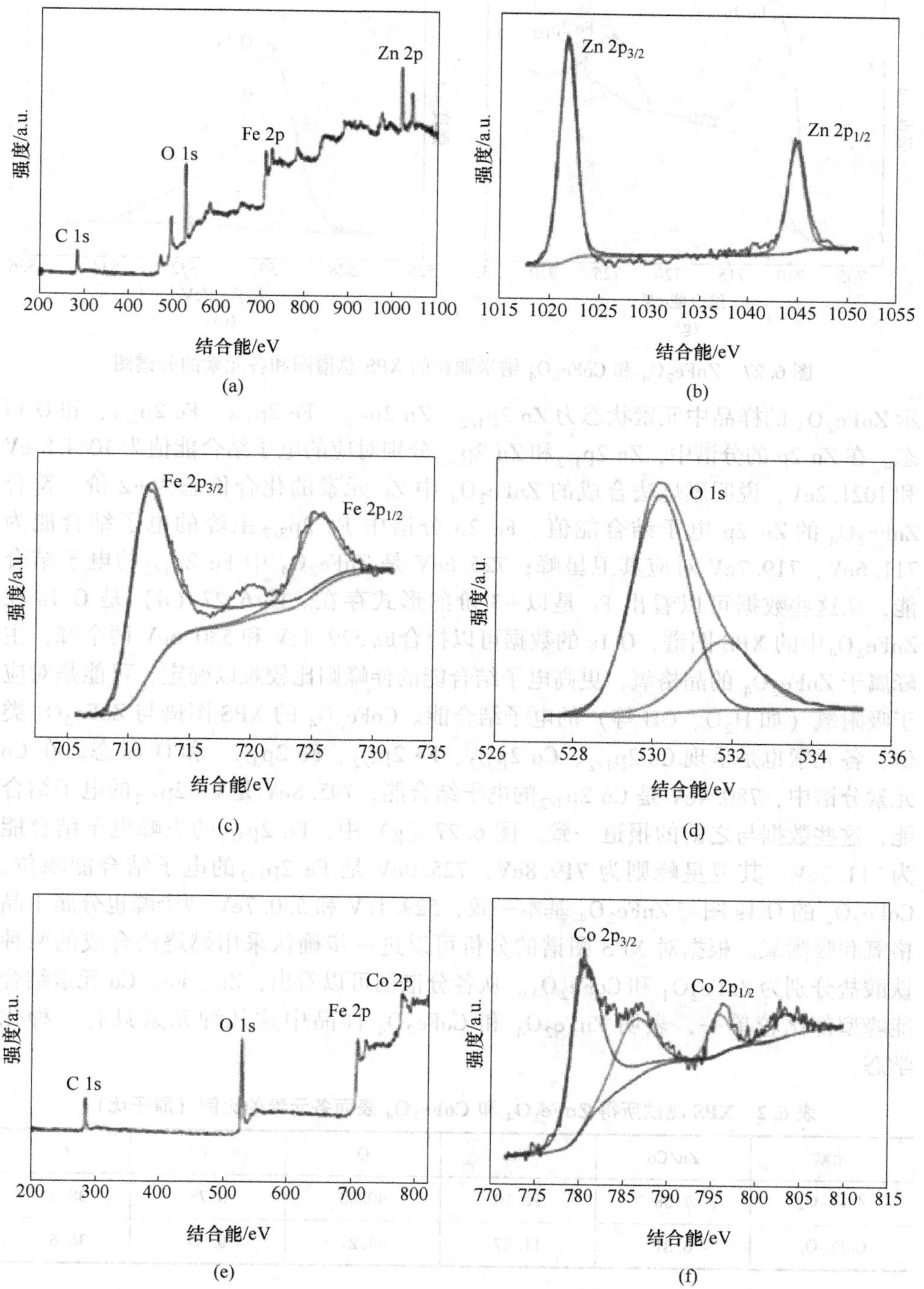
强度/a.u.
C 1s
O 1s
Fe 2p
Zn 2p
200 300 400 500 600 700 800 900 1000 1100
结合能/eV
(a)
强度/a.u.
Zn $2p_{3/2}$
Zn $2p_{1/2}$
1015 1020 1025 1030 1035 1040 1045 1050 1055
结合能/eV
(b)
强度/a.u.
Fe $2p_{3/2}$
Fe $2p_{1/2}$
705 710 715 720 725 730 735
结合能/eV
(c)
强度/a.u.
O 1s
526 528 530 532 534 536
结合能/eV
(d)
强度/a.u.
C 1s
O 1s
Fe 2p
Co 2p
200 300 400 500 600 700 800
结合能/eV
(e)
强度/a.u.
Co $2p_{3/2}$
Co $2p_{1/2}$
770 775 780 785 790 795 800 805 810 815
结合能/eV
(f)

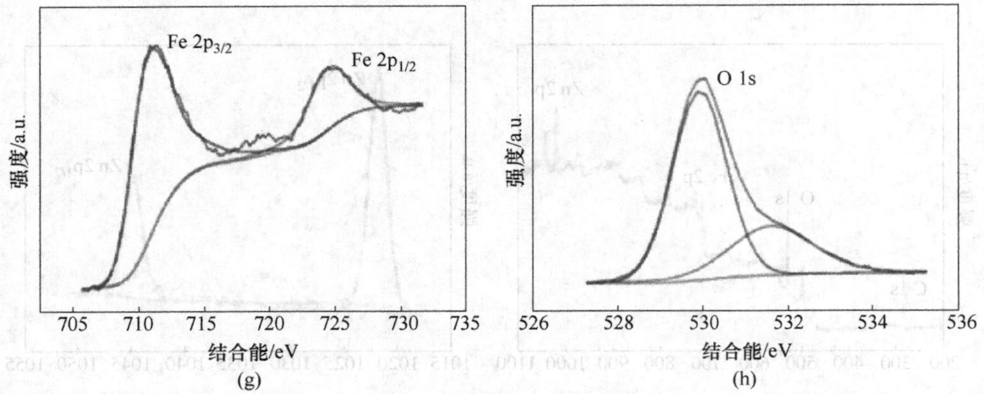
Fe $2p_{3/2}$
Fe $2p_{1/2}$
强度/a.u.
705 710 715 720 725 730 735
结合能/eV
(g)
O 1s
强度/a.u.
526 528 530 532 534 536
结合能/eV
(h)

图 6.27　$ZnFe_2O_4$ 和 $CoFe_2O_4$ 纳米颗粒的 XPS 总谱图和各元素的分谱图

示 $ZnFe_2O_4$ 的样品中元素状态为 Zn $2p_{1/2}$、Zn $2p_{3/2}$、Fe $2p_{1/2}$、Fe $2p_{3/2}$、和 O 1s 态。在 Zn 2p 的分谱中，Zn $2p_{1/2}$和 Zn $2p_{3/2}$分别对应的电子结合能值为 1044.8 eV 和 1021.2eV，说明燃烧法合成的 $ZnFe_2O_4$ 中 Zn 元素的化合价态为+2 价，符合 $ZnFe_2O_4$ 的 Zn 2p 电子结合能值。Fe 2p 分谱中 Fe $2p_{3/2}$主峰的电子结合能为 711.6eV，719.7eV 对应其卫星峰；725.6eV 是 $ZnFe_2O_4$ 中 Fe $2p_{1/2}$的电子结合能，从这些数据可以看出 Fe 是以+3 价的形式存在。图 6.27（d）是 O 1s 在 $ZnFe_2O_4$中的 XPS 图谱，O 1s 的数据可以拟合成 529.4eV 和 530.6eV 两个峰，主峰属于 $ZnFe_2O_4$ 的晶格氧，更高电子结合能的伴峰则比较难以确定，可能是对应于吸附氧（如 H_2O、OH 等）的电子结合能。$CoFe_2O_4$ 的 XPS 图谱与 $ZnFe_2O_4$ 类似，各元素也是呈现 Co $2p_{1/2}$、Co $2p_{3/2}$、Fe $2p_{1/2}$、Fe $2p_{3/2}$、和 O 1s 态。在 Co 元素分谱中，780.4eV 是 Co $2p_{3/2}$的电子结合能，795.8eV 是 Co $2p_{1/2}$的电子结合能，这些数据与之前的报道一致。图 6.27（g）中，Fe $2p_{3/2}$的主峰电子结合能为 711.3eV，其卫星峰则为 719.8eV，725.0eV 是 Fe $2p_{1/2}$的电子结合能峰位。$CoFe_2O_4$ 的 O 1s 图与 $ZnFe_2O_4$ 基本一致，529.1eV 和 530.7eV 两个峰也分属于晶格氧和吸附氧。根据对 XPS 图谱的分析可以进一步确认采用燃烧法合成的两种铁酸盐分别为 $ZnFe_2O_4$ 和 $CoFe_2O_4$。从各分谱图可以看出，Zn、Fe、Co 元素结合能峰型都比较单一，表明 $ZnFe_2O_4$ 和 $CoFe_2O_4$ 样品中这几种元素只有一种化学态。

表 6.2　XPS 测试所得 $ZnFe_2O_4$ 和 $CoFe_2O_4$ 表面各元素的比例（原子比）

元素	Zn/Co	Fe	O	N	C
$ZnFe_2O_4$	7.68	12.10	40.88	0.78	38.55
$CoFe_2O_4$	6.81	11.87	44.21	0.50	36.62

6.2.2.4 MFe_2O_4(M = Zn，Co) 电化学性能表征

图 6.28 所示为室温条件下 $ZnFe_2O_4$ 和 $CoFe_2O_4$ 80 次循环的比容量-库仑效率图，电流密度为 200mA/g。多孔结构的 $ZnFe_2O_4$ 和 $CoFe_2O_4$ 电极在循环性能上表现也非常优异，充放电容量呈现先减小后增大再减小的趋势，库仑效率也基本维持在 98%以上。80 次循环后 $ZnFe_2O_4$ 和 $CoFe_2O_4$ 的容量仍能达到 1037.2mA · h/g

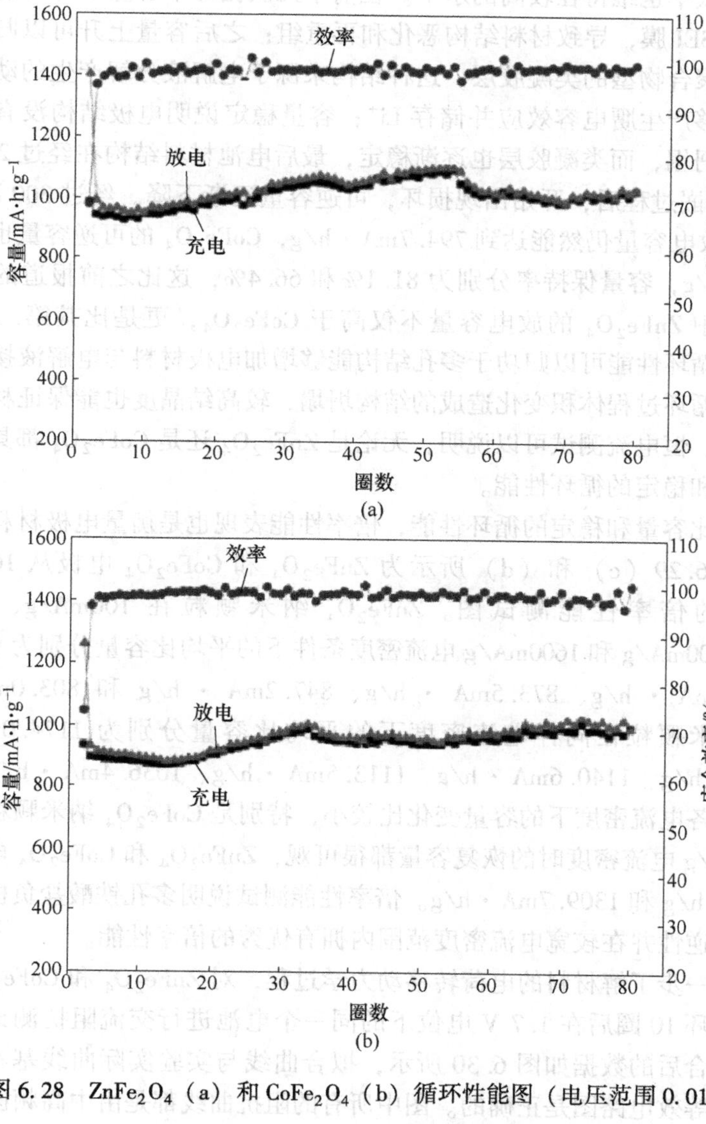
效率
放电
充电
容量/mA·h·g⁻¹
库仑效率/%
圈数
(a)
效率
放电
充电
容量/mA·h·g⁻¹
库仑效率/%
圈数
(b)

图 6.28 $ZnFe_2O_4$（a）和 $CoFe_2O_4$（b）循环性能图（电压范围 0.01~3.0 V（vs. Li/Li^+）电流密度 200mA/g）

和994.3mA · h/g，容量保持率相比于第二圈分别为104.2%和106.6%，由此可以看出，燃烧法制备的多孔铁酸盐锂离子电池负极材料具有比之前大部分同种材料包括改性复合材料更优良的循环性能。

如图6.29（a）和（b）所示，在高电流密度（1000mA/g）测试中，$ZnFe_2O_4$和$CoFe_2O_4$的首次放电容量分别为980.4mA · h/g和1125.8mA · h/g，循环性能规律与200mA/g电流密度时相类似，同样呈现先减小后增大再减小的趋势，库仑效率也维持在较高的水平。在前十几次循环中容量下降可能是由于电极表面形成SEI膜，导致材料结构恶化和再重组；之后容量上升可以归结于电极表面出现了聚合物型的类凝胶层，这种结构来源于电解液分解产生的动力学活性激活，它能够产生赝电容效应并储存Li^+；容量稳定说明电极结构没有被破坏或者出现结构坍塌，而类凝胶层也逐渐稳定，最后电池材料结构在经过200次以上的锂嵌入/脱嵌过程后，开始出现损坏，可逆容量逐渐下降。经过300次循环后，$ZnFe_2O_4$的放电容量仍然能达到794.7mA · h/g，$CoFe_2O_4$的可逆容量也能维持在746.5mA · h/g，容量保持率分别为81.1%和66.4%，这比之前报道的容量要更加优异，其中$ZnFe_2O_4$的放电容量不仅高于$CoFe_2O_4$，更是比其第二圈容量更高。优秀的循环性能可以归功于多孔结构能够增加电极材料与电解液接触的活化面积并缓解循环过程体积变化造成的结构坍塌，较高结晶度也能保证材料微观结构的稳定性。恒电流测试可以说明，无论是$ZnFe_2O_4$还是$CoFe_2O_4$都具有较高的放电比容量和稳定的循环性能。

除了高比容量和稳定的循环性能，倍率性能表现也是衡量电极材料性能的重要标准。图6.29（c）和（d）所示为$ZnFe_2O_4$和$CoFe_2O_4$电极从100mA/g到1600mA/g的倍率性能测试图。$ZnFe_2O_4$纳米颗粒在100mA/g、200mA/g、400mA/g、800mA/g和1600mA/g电流密度条件下的平均比容量分别为979.4mA · h/g、903.7mA · h/g、873.5mA · h/g、847.2mA · h/g和803.0mA · h/g，$CoFe_2O_4$纳米颗粒在同样电流密度下的平均比容量分别为1174.0mA · h/g、1154.2mA · h/g、1140.6mA · h/g、1113.5mA · h/g、1036.4mA · h/g。从图中可以看出，各电流密度下的容量变化比较小，特别是$CoFe_2O_4$纳米颗粒。两种材料在100mA/g电流密度时的恢复容量都很可观，$ZnFe_2O_4$和$CoFe_2O_4$电极分别为1011.6mA · h/g和1309.7mA · h/g。倍率性能测试说明多孔铁酸盐负极具备非常好的容量可逆性并在较宽电流密度范围内拥有优秀的倍率性能。

为了进一步了解材料的电荷转移动力学过程，对$ZnFe_2O_4$和$CoFe_2O_4$电极的新电池和循环10圈后在1.7 V电位下的同一个电池进行交流阻抗测试。阻抗测试结果和拟合后的数据如图6.30所示，拟合曲线与实验实际曲线基本吻合，说明拟合后的等效电路图是正确的。图中所有的阻抗曲线都是由中高频区的一个半

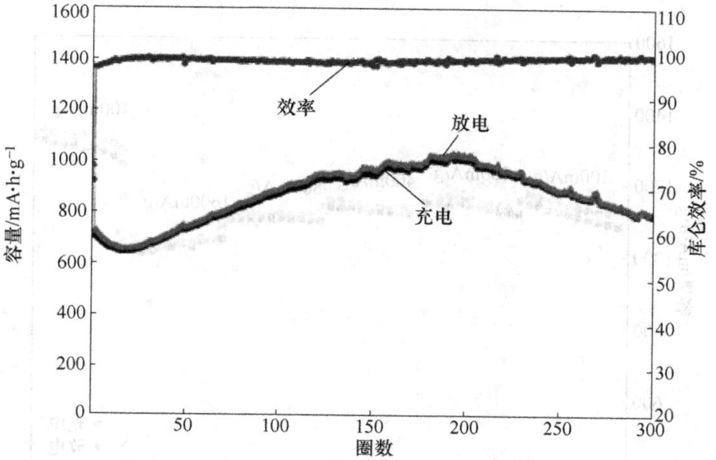

1600
1400
1200
1000
800
600
400
200
0
容量/mA·h·g⁻¹
110
100
90
80
70
60
50
40
30
20
库仑效率/%
效率
放电
充电
50
100
150
200
250
300
圈数

(a)

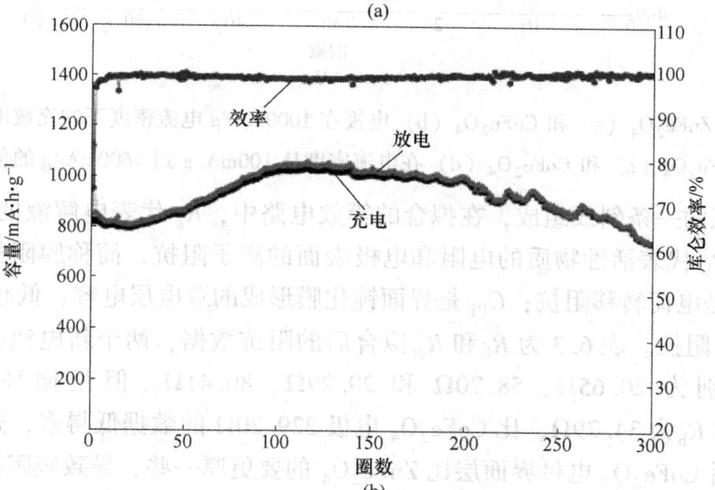

1600
1400
1200
1000
800
600
400
200
0
容量/mA·h·g⁻¹
110
100
90
80
70
60
50
40
30
20
库仑效率/%
效率
放电
充电
0
50
100
150
200
250
300
圈数

(b)

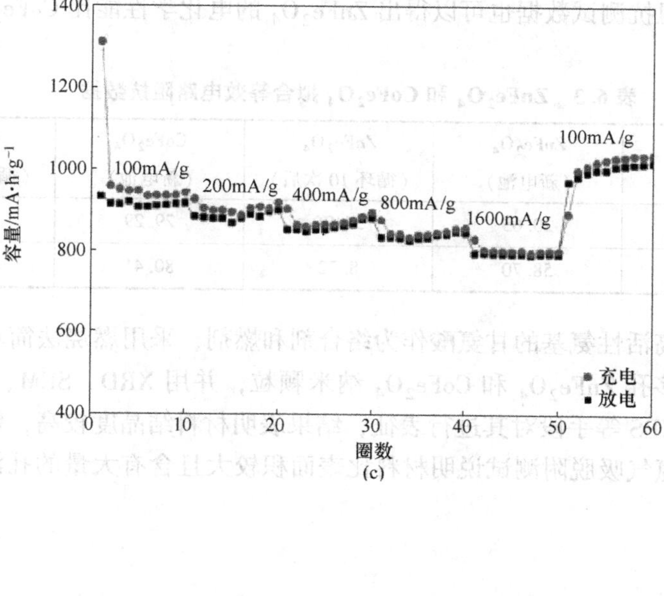

1400
1200
1000
800
600
400
容量/mA·h·g⁻¹
100mA/g
200mA/g
400mA/g
800mA/g
1600mA/g
100mA/g
充电
放电
0
10
20
30
40
50
60
圈数

(c)

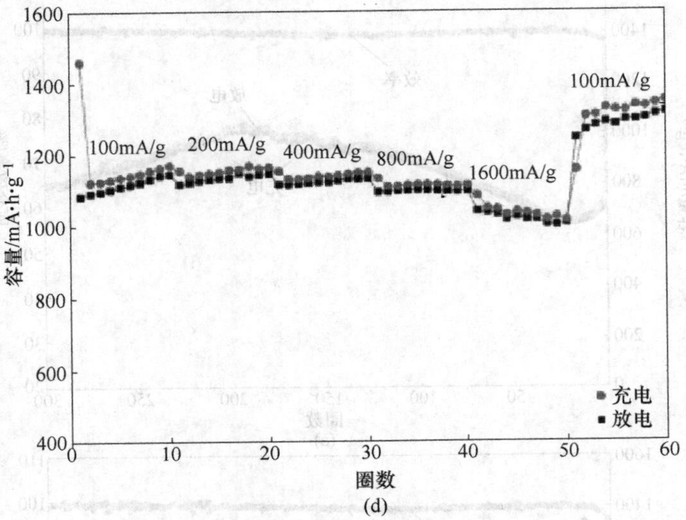
100mA/g
200mA/g
400mA/g
800mA/g
1600mA/g
100mA/g
容量/mA·h·g⁻¹
圈数
充电
放电
(d)

图 6.29 $ZnFe_2O_4$（a）和 $CoFe_2O_4$（b）电极在 1000mA/g 电流密度下的充放电曲线图，以及 $ZnFe_2O_4$（c）和 $CoFe_2O_4$（d）在电流密度从 100mA/g 到 1600mA/g 的倍率性能

圆和低频区的一条斜线组成，在拟合的等效电路中，R_s 代表电解液的欧姆阻抗；高频区的 R_b 代表活性物质的电阻和电极表面的离子阻抗，简称膜阻抗；中频区 R_{ct} 对应的是电荷转移阻抗；C_{PE} 是界面钝化膜形成的双电层电容；低频区的 W 代表 Warburg 阻抗。表 6.3 为 R_b 和 R_{ct} 拟合后的阻抗数据，两个新电池的阻抗十分相似，分别为 20.65Ω、58.70Ω 和 29.29Ω、80.41Ω，但是循环 10 圈后，$ZnFe_2O_4$ 的 R_b 为 34.79Ω，比 $CoFe_2O_4$ 电极 229.20Ω 的数据低得多，这可能是由于充放电后 $CoFe_2O_4$ 电极界面层比 $ZnFe_2O_4$ 的要更厚一些，导致膜阻抗增大更加明显。从交流阻抗测试数据也可以得出 $ZnFe_2O_4$ 的电化学性能比 $CoFe_2O_4$ 更优良这一结论。

表 6.3 $ZnFe_2O_4$ 和 $CoFe_2O_4$ 拟合等效电路阻抗数据

电阻	$ZnFe_2O_4$（新电池）	$ZnFe_2O_4$（循环 10 次后）	$CoFe_2O_4$（新电池）	$CoFe_2O_4$（循环 10 次后）
R_b/Ω	20.65	34.79	29.29	229.20
R_{ct}/Ω	58.70	8.72	80.41	9.99

选用含有高活性氨基的甘氨酸作为络合剂和燃剂，采用燃烧法简单高效地合成了尖晶石型多孔 $ZnFe_2O_4$ 和 $CoFe_2O_4$ 纳米颗粒，并用 XRD、SEM、TEM、TG-DSC、BET 和 XPS 等手段对其进行表征，结果表明材料结晶度较高，颗粒粒径在 100nm 左右，氮气吸脱附测试说明材料比表面积较大且含有大量的孔洞。电化学

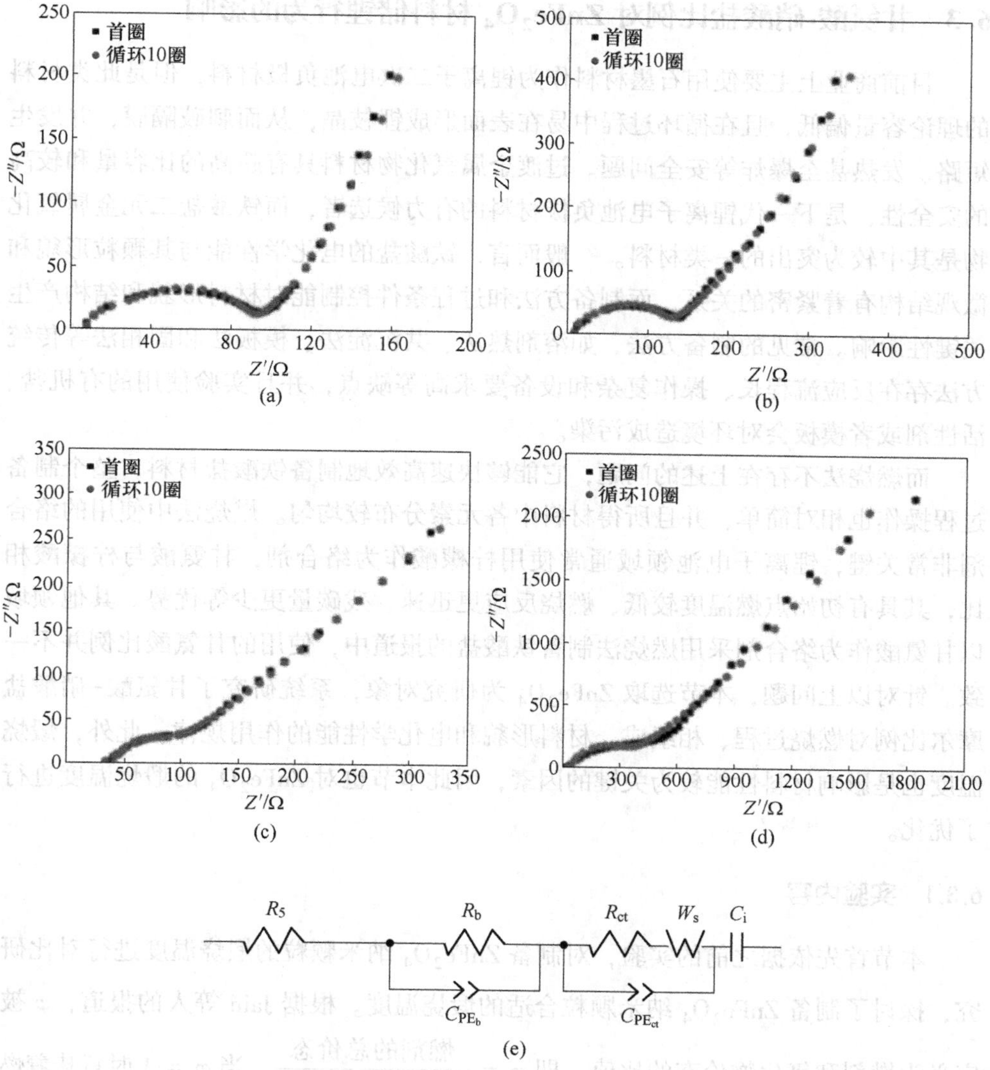
首圈
循环10圈
$-Z''/\Omega$
Z'/Ω
(a)
(b)
(c)
(d)
R_5
R_b
R_{ct}
W_s
C_i
C_{PE_b}
$C_{PE_{ct}}$
(e)

图 6.30 $ZnFe_2O_4$（a、c）和 $CoFe_2O_4$（b、d）电极在首次循环和循环 10 圈后 1.7V 电位下的 Nyquist 图及等效电路图（e）

测试中，在 200mA/g 电流密度下 80 次充放电后 $ZnFe_2O_4$ 和 $CoFe_2O_4$ 电极的可逆容量仍有 1037.2mA · h/g 和 994.3mA · h/g，并且在高电流密度 1000mA/g 下循环 300 圈后 $ZnFe_2O_4$ 和 $CoFe_2O_4$ 放电容量能维持在 794.7mA · h/g 和 746.5mA · h/g，各项表征和电化学测试说明多孔的 $ZnFe_2O_4$ 比 $CoFe_2O_4$ 具有更优良的性能，认为这是源于其具有更高的结晶度、更大的比表面积和独特的 Zn/Li 合金化反应。

6.3 甘氨酸-硝酸盐比例对 $ZnFe_2O_4$ 材料储锂行为的影响

目前商业上主要使用石墨材料作为锂离子二次电池负极材料，但是此类材料的理论容量偏低，且在循环过程中易在表面形成锂枝晶，从而刺破隔膜，并发生短路、发热甚至爆炸等安全问题。过渡金属氧化物材料具有超高的比容量和较高的安全性，是下一代锂离子电池负极材料的有力候选者，而铁酸盐二元金属氧化物是其中较为突出的一类材料。一般而言，铁酸盐的电化学性能与其颗粒形貌和微观结构有着紧密的关系，而制备方法和过程条件控制能对材料形貌和结构产生关键性影响。常见的制备方法，如溶剂热法、共沉淀法、模板法和固相法等传统方法存在反应流程长、操作复杂和设备要求高等缺点，并且实验使用的有机盐、活性剂或者模板会对环境造成污染。

而燃烧法不存在上述的问题，它能够快速高效地制备铁酸盐材料，整个制备过程操作也相对简单，并且所得材料中各元素分布较均匀。燃烧法中使用的络合剂非常关键，锂离子电池领域通常使用柠檬酸作为络合剂，甘氨酸与柠檬酸相比，其具有初始点燃温度较低、燃烧反应更迅速、残碳量更少等优势。其他领域以甘氨酸作为络合剂采用燃烧法制备铁酸盐的报道中，使用的甘氨酸比例并不一致。针对以上问题，本节选取 $ZnFe_2O_4$ 为研究对象，系统研究了甘氨酸-硝酸盐摩尔比例对燃烧过程、相组成、材料形貌和电化学性能的作用规律。此外，煅烧温度也是影响材料性能较为关键的因素，因此本节也对 $ZnFe_2O_4$ 的煅烧温度进行了优化。

6.3.1 实验内容

本节首先依据之前的实验，对制备 $ZnFe_2O_4$ 纳米颗粒的煅烧温度进行对比研究，探讨了制备 $ZnFe_2O_4$ 纳米颗粒合适的煅烧温度。根据 Jain 等人的报道，φ 被定义为燃剂和氧化物价态的比值，即 $\varphi = \dfrac{\text{燃剂的总价态}}{\text{氧化剂的总价态}}$，当 $\varphi = 1$ 时意味着燃剂和氧化剂在没有氧气介入的情况下完全反应，而当 $\varphi>1$ 时说明燃剂有富余，$\varphi<1$ 时表明反应条件为贫燃。根据这一理论，可以计算出 $\varphi = 1$ 时，甘氨酸与过渡金属硝酸盐的摩尔比例（G/N）为 1.18，参照前期试验，再分别取 $G/N = 0.5$、1.0、1.5 三个值，按照比例由小至大，将四个样品分别命名为样品 A、B、C 和 D，之后对这四个条件下制备的 $ZnFe_2O_4$ 纳米颗粒的物相、结构、形貌和电化学性能进行比较，运用 XRD、SEM、TEM 和热重等技术手段对甘氨酸-硝酸盐摩尔比变化造成材料各方面的影响进行分析。

6.3.2 实验部分

6.3.2.1 实验试剂

硝酸锌（$Zn(NO_3)_2 \cdot 6H_2O$）、硝酸铁（$Fe(NO_3)_3 \cdot 9H_2O$）均购于阿拉丁试剂公司，甘氨酸（$C_2H_5NO_2$）购于国药试剂集团。所用试剂均为分析纯，没有进行进一步提纯，溶剂为实验室自制去离子水。

6.3.2.2 $ZnFe_2O_4$的制备

本节分别采用500℃、600℃、700℃、800℃和900℃的煅烧温度制备$ZnFe_2O_4$；在确定较优的煅烧温度条件下选择了7.5mmol、15mmol、17.7mmol和22.5mmol的甘氨酸和化学计量比的硝酸盐制备$ZnFe_2O_4$，其他操作过程与6.2节一致。

6.3.2.3 煅烧温度对$ZnFe_2O_4$的影响

根据6.2节$ZnFe_2O_4$的热重-差热测试分析可以发现，材料在发生自蔓燃反应之后不再出现明显吸热放峰，总体质量也不再发生明显变化。因此，本节选取500℃、600℃、700℃、800℃和900℃作为材料煅烧温度。

6.3.2.4 不同温度煅烧后的材料XRD分析

图6.31所示为不同温度煅烧后$ZnFe_2O_4$的XRD图谱和（311）峰的放大图，从图中可知，各个温度煅烧所得的产物峰位基本一致，曲线峰的2θ角分布约为18.2°、29.9°、35.3°、36.9°、42.9°、53.1°、56.6°、62.2°和73.5°，这与$ZnFe_2O_4$的（111）、(220)、(311)、(222)、(400)、(422)、(511)、(440）和（533）晶面对应，并且各峰都与尖晶石型$ZnFe_2O_4$的标准PDF卡片相一致（PDF Card，No. 22-1012)，说明不同的煅烧温度的产物都是$ZnFe_2O_4$，且没有杂相的存在。峰的尖锐程度随着温度的上升而增强，说明材料结晶度与煅烧温度成正比，900℃拥有最高的结晶度。在图6.31（b）中可以看出（311）峰有一个分裂的趋势，特别是在800℃和900℃这一现象更加明显，这可能是过高的煅烧温度会导致$ZnFe_2O_4$发生分解现象或者是形成新的相。不仅如此，较高的煅烧温度也会导致纳米颗粒团聚现象加剧。表6.4罗列了各温度煅烧后$ZnFe_2O_4$的晶胞参数，晶胞参数总体变化不大并呈现先增大后减少的规律，平均晶粒尺寸也呈现相同的规律，基本分布在100nm左右，500℃、600℃和700℃之间的差距较小，而800℃和900℃晶粒尺寸增长较快。较小的晶粒尺寸可拥有更大的比表面积

并提供更多的 Li^+ 活化区域，从而提高电极的储锂性能，纳米化是电极材料的总体趋势。所以从 XRD 图谱和晶格参数综合分析可以得出采用 700℃ 作为 $ZnFe_2O_4$ 的煅烧温度较为合适。

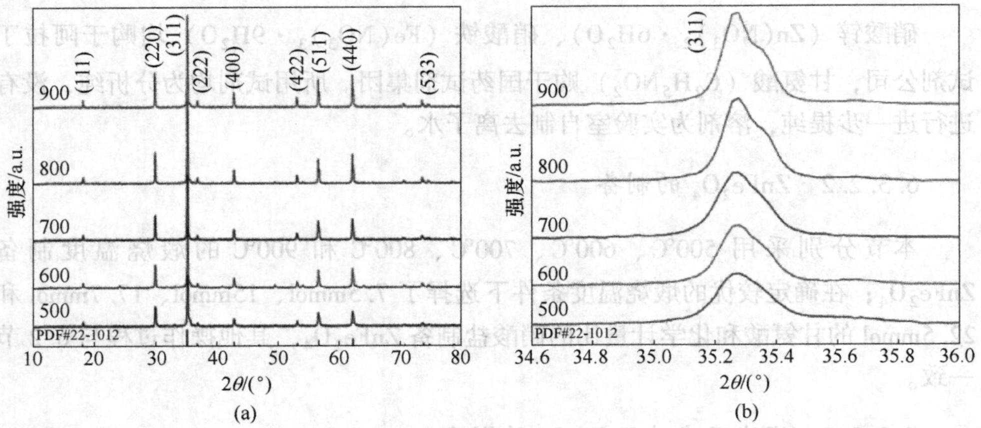
(111)
(220)
(311)
(222)
(400)
(422)
(511)
(440)
(533)
900
800
700
600
500
PDF#22-1012
强度/a.u.
10
20
30
40
50
60
70
80
2θ/(°)
(a)
(311)
900
800
700
600
500
PDF#22-1012
强度/a.u.
34.6
34.8
35.0
35.2
35.4
35.6
35.8
36.0
2θ/(°)
(b)

图 6.31　不同温度煅烧后 $ZnFe_2O_4$ 的 XRD 图谱

表 6.4　不同温度煅烧后 $ZnFe_2O_4$ 的晶胞参数

温度/℃	晶胞参数/Å			平均晶粒尺寸/nm
	a	*b*	*c*	
500	8.4233 (5)	8.4233 (5)	8.4233 (5)	83
600	8.4337 (5)	8.4337 (5)	8.4337 (5)	85
700	8.4365 (5)	8.4365 (5)	8.4365 (5)	91
800	8.4484 (5)	8.4484 (5)	8.4484 (5)	116
900	8.4401 (5)	8.4401 (5)	8.4401 (5)	100

6.3.2.5　不同温度煅烧后的材料 SEM 分析

图 6.32 所示为不同煅烧温度得到的 $ZnFe_2O_4$ 颗粒 SEM 图。从图中可以看出，$ZnFe_2O_4$ 颗粒的形貌相对比较固定，随温度变化并不明显，各温度下的 $ZnFe_2O_4$ 颗粒都表现出多孔结构，这在 700℃ 的情况下比较明显，多孔结构有利于增加电极表面与电解液接触的面积，同时还能缓解转换反应导致的体积变化，避免材料结构坍塌和形貌粉化。随着温度的升高，颗粒表面变得更加光滑，在

900℃条件下，样品的表面不再有低温条件时出现的由细小颗粒形成的毛绒形貌，说明小颗粒已经完全消失，材料形成单一物相，颗粒发生了较严重的团聚现象。结合 XRD 图谱分析，700℃煅烧的样品在结构和形貌上综合表现最好的。

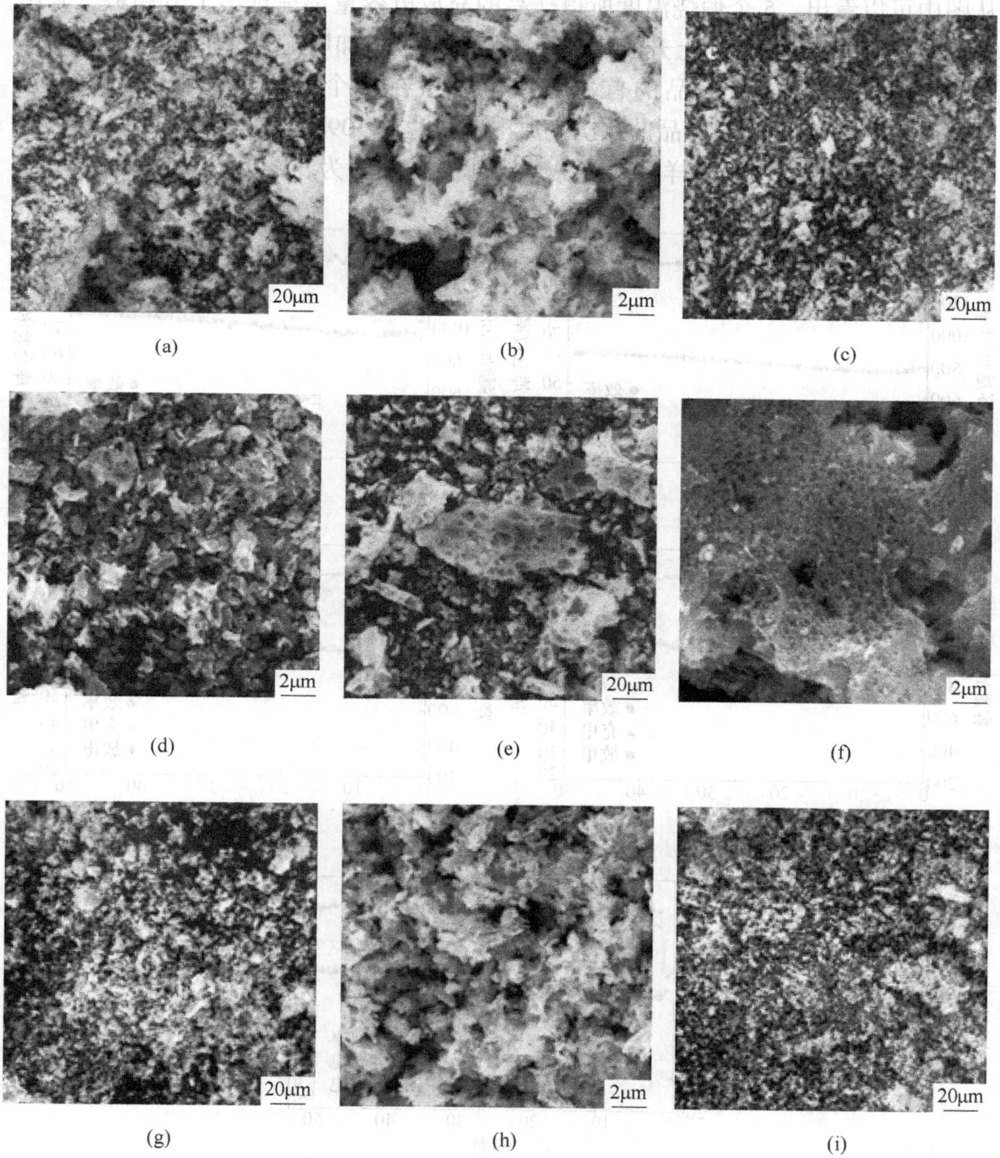
20μm
(a)
2μm
(b)
20μm
(c)
2μm
(d)
20μm
(e)
2μm
(f)
20μm
(g)
2μm
(h)
20μm
(i)

图 6.32 不同温度煅烧后 $ZnFe_2O_4$ 的扫描电镜图

(a)，(b) 500℃；(c)，(d) 600℃；(e)，(f) 700℃；(g)，(h) 800℃；(i) 900℃

6.3.2.6　不同温度煅烧后材料的充放电测试

图 6.33 所示为不同温度煅烧后 $ZnFe_2O_4$ 的 50 次充放电曲线和库仑效率图。从图中可以看出，5 个煅烧温度所得样品的充放电容量都呈现出上升趋势，其中 700℃、800℃和 900℃的上升曲线较为陡峭，容量增加明显，500℃和 600℃的曲线相对较平缓。500℃样品的首次充放电容量在 5 个温度中最低，为 798.7/1090.1mA · h/g，700℃样品的首次充放电容量达到 1098.6/ 1485.0mA · h/g，为五者最高。其他三个温度样品的首次充放电容量分别为 943.1/ 1264.5mA · h/g、

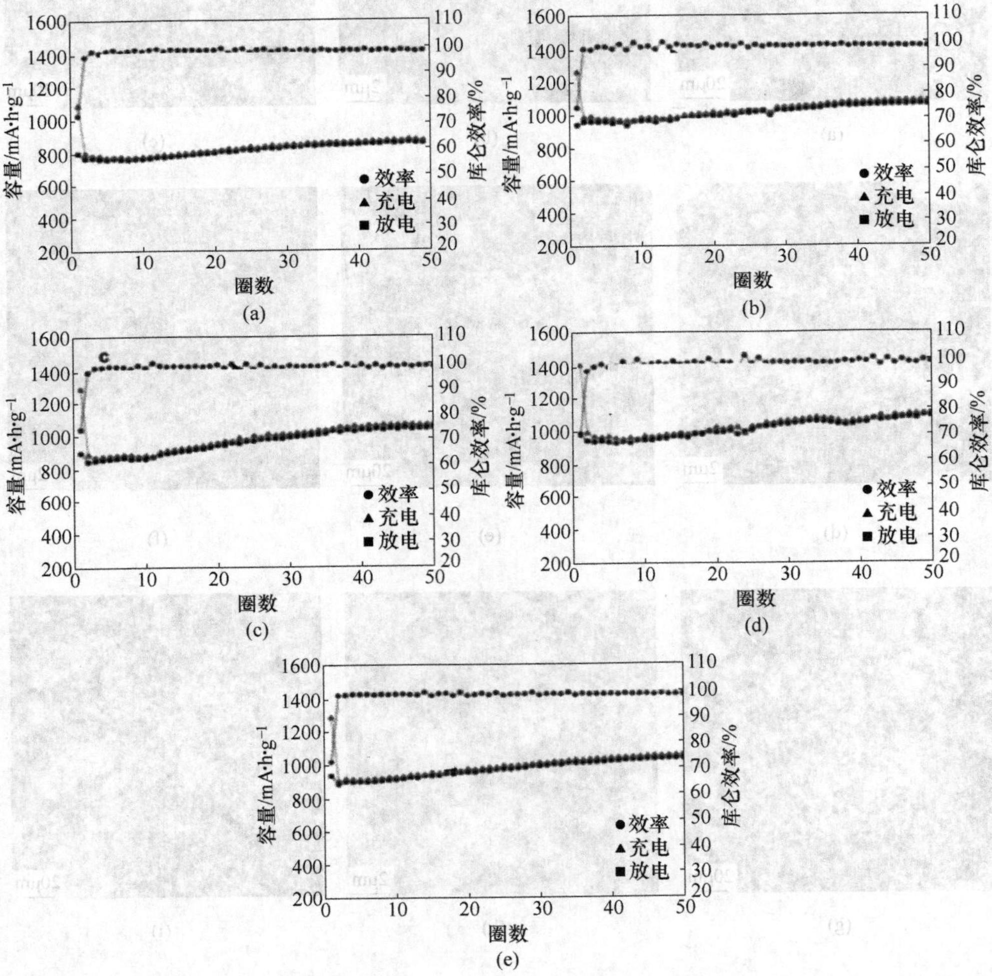
容量/mA·h·g⁻¹
库仑效率/%
圈数
效率
充电
放电
(a)
(b)
(c)
(d)
(e)

图 6.33　不同温度煅烧后 $ZnFe_2O_4$ 的 50 次充放电曲线（电流密度 200mA/g）
(a) 500℃；(b) 600℃；(c) 700℃；(d) 800℃；(e) 900℃

985.2/1404.6mA · h/g 和 939.5/1288.5mA · h/g。700℃样品的首次库仑效率同样也是五者最高，为 74%，800℃样品只有 70.1%。在之后的充放电过程中，五组样品都表现出良好的循环性能且基本能保持 98%以上的库仑效率。50 次循环后 500～900℃ 样品的充放电容量分别为 857.8/871.7mA · h/g、1062.4/1083.2mA · h/g、1244.3/1265.2mA · h/g、1084.1/1101.3mA · h/g 和 1038.1/1055.2mA · h/g。从以上数据可以发现，700℃的样品充放电容量一直维持在较高的水平，与其他样品相比具有显著的优势。

根据热重-差热分析和前期实验的经验，分别在 500℃、600℃、700℃、800℃和 900℃煅烧 $ZnFe_2O_4$。得到的产物都具有良好的尖晶石结构且是无杂质纯相，循环性能优良。样品的结晶度随着温度升高而增加，高温下有特征峰分裂的趋势。700℃煅烧后的样品电化学性能最好，首次和 50 次循环后的充放电容量均高于其他温度所得样品，这得益于其较高的结晶度、合适晶粒尺寸和更优良的形貌等综合性能，因此在接下来的合成研究中采用 700℃作为煅烧温度。

6.3.3 甘氨酸-硝酸盐比例对 $ZnFe_2O_4$ 的影响

6.3.3.1 材料的物相和形貌分析

图 6.34 所示为 *G/N* 值分别为 0.5、1.0、1.2 和 1.5 时制备的 $ZnFe_2O_4$ 前驱体的照片。前驱体的颜色从橘黄色逐渐加深发红，而且前驱体 C 和 D 表面局部呈现黑色，说明自蔓燃反应后仍有甘氨酸中的碳没有完全反应而是残留在前驱体表面。前驱体 A 呈现片状，这是由于 *G/N* 值较低，自蔓燃发生时能够反应的甘氨酸过少，导致反应不够剧烈且气体释放量较低，前驱体膨胀有限，贴在容器壁

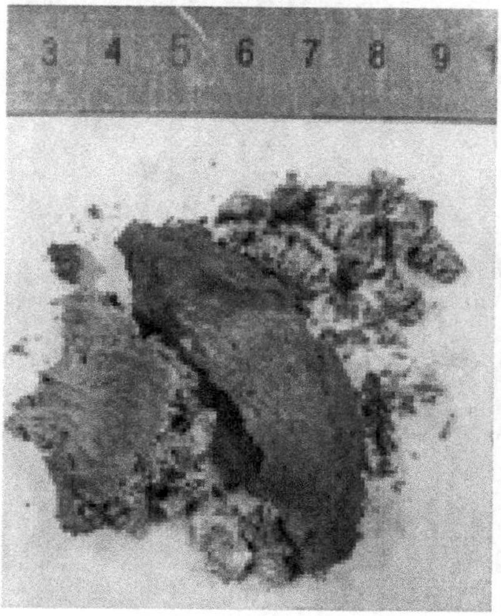

(a)

(b)

(c)　　(d)

图 6.34　样品 A (a)、B (b)、C (c) 和 D (d) 前驱体的照片

反应，其他三个样品则呈现明显的多孔树枝状。

图 6.35 所示为各样品煅烧后的照片，可以看出材料的宏观形貌没有发生变化，仍是多孔片状或树枝状。样品 A 和 B 呈现浅色，样品 C 和 D 则脱去了黑色，部分区域呈现深色，*G/N* 值越高深色的区域面积越大，说明在样品 C 和 D 中还存在某种杂相，前驱体中残留的碳与空气反应以 CO_2 的形式除去。

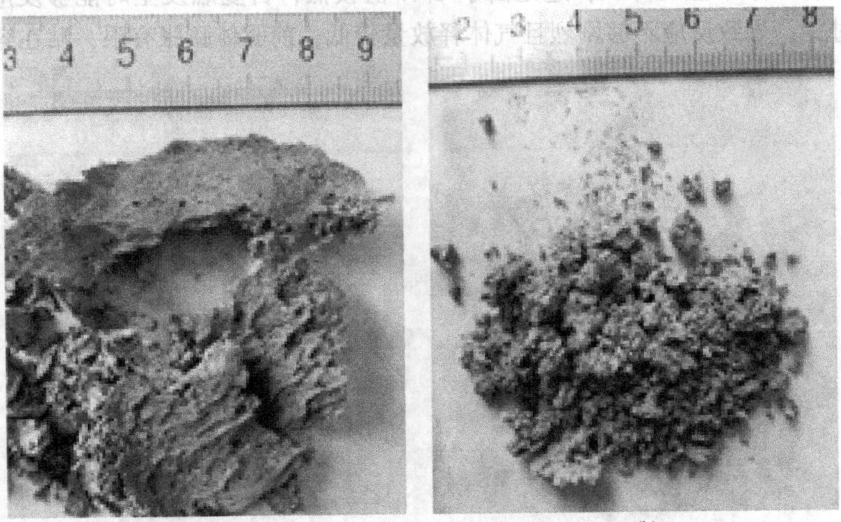

(a)　　(b)

2
3
4
5
6
7
8

(c)

3
4
5
6
7
8
9

(d)

图 6.35 样品 A（a）、B（b）、C（c）和 D（d）煅烧后的照片

图 6.36 所示为各样品的前驱体 XRD 图谱。各前驱体的峰位能够对应尖晶石型 $ZnFe_2O_4$ 的标准 PDF 卡片（PDF Card, No. 22-1012），说明 $ZnFe_2O_4$ 在自蔓燃反应过程已经形成。前驱体 A 的衍射峰宽且矮，证明其结晶度较低，这可能是由于较低的甘氨酸用量导致自蔓燃反应相对缓和，前驱体 B 的衍射峰最为尖锐，说明它拥有最高的结晶度，之后的前驱体 C 和 D 的结晶度逐渐下降，由此可以看出甘氨酸-硝酸盐摩尔比的增加会导致 $ZnFe_2O_4$ 的结晶度先增加后降低。前驱体 C 和 D 在 31.9° 和 37.1°出现了额外的衍射峰，这两个峰对应于 Fe_3O_4 的（220）和（311）晶面，说明前驱体的杂相可能是来源于 Fe_3O_4，前驱体 C 的杂峰要更弱一些，说明甘氨酸-硝酸盐摩尔比上升会促进杂质的产生。

图 6.37 所示为样品煅烧后的 XRD 图谱，与图 6.36 对比，各个样品的衍射峰强度都得到提高，其中最明显的是样品 A。分析每个样品衍射峰可以看出，样品 B 依然拥有最高的结晶度，而样品 D 结晶度最低。不仅如此，在样品 C 和 D 的曲线上还出现了大量的杂峰，杂峰的 2θ 角分别为 27.3°、33.3°、35.8°、41.0°、49.6°和 54.2°，与 Fe_2O_3 的（012）、（104）、（110）、（113）、（024）和（116）晶面一一对应，这可能是由于前驱体中的 Fe_3O_4 在煅烧阶段被氧化为 Fe_2O_3 杂相。样品 C 与样品 D 各方面比较类似，且其杂峰强度要略低于样品 D，符合之前观察到的现象，因此在之后的研究和测试中将主要针对样品 A、B 和 D 进行对比分析。

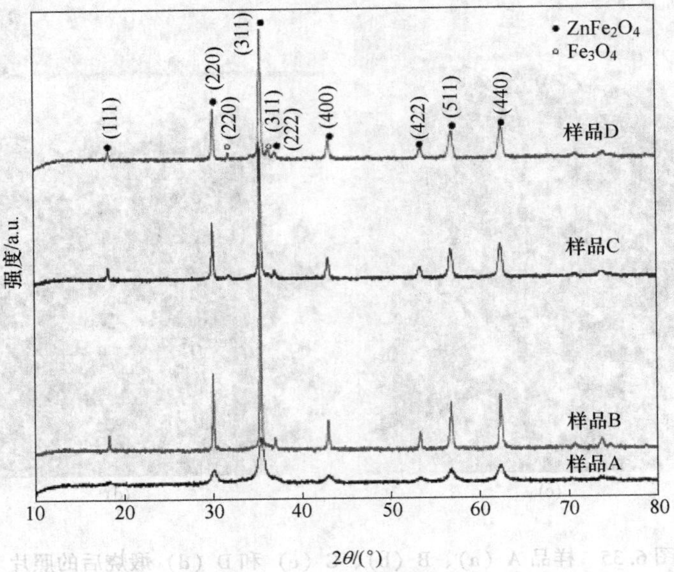
ZnFe₂O₄
Fe₃O₄
(111)
(220)
(220)
(311)
(311)
(222)
(400)
(422)
(511)
(440)
样品D
样品C
样品B
样品A
强度/a.u.
10
20
30
40
50
60
70
80
2θ/(°)

图 6.36　样品前驱体的 XRD 图谱

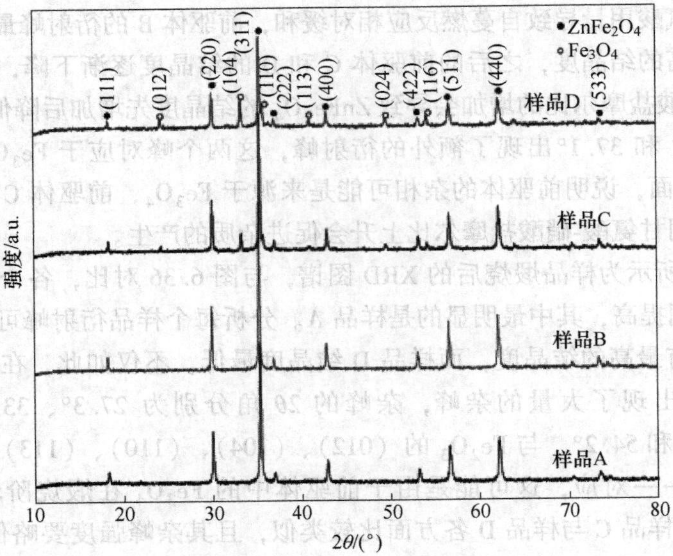
ZnFe₂O₄
Fe₃O₄
(111)
(012)
(220)
(104)
(311)
(110)
(222)
(113)
(400)
(024)
(422)
(116)
(511)
(440)
(533)
样品D
样品C
样品B
样品A
强度/a.u.
10
20
30
40
50
60
70
80
2θ/(°)

图 6.37　样品煅烧后的 XRD 图谱

通过热重-差热分析可以了解样品在自蔓燃燃烧过程的反应变化，图 6.38 所示为样品A、B和D的热重-差热曲线图。三个样品都只有一个放热峰，分别在174℃、157.9℃和166.4℃，说明干凝胶在整个升温过程中只发生了自蔓燃反应。对应这个放热峰的是一个大的失重台阶，在这之后样品B的剩余重量为32.3%；样品A由于甘氨酸-硝酸盐摩尔比最低所以剩余质量最高，为37.5%；与之相反的是样品D的剩余重量最低，为31.5%。值得注意的是，样品B和D之间的剩余重量差距要小于它与样品A的差距，说明样品B在此过程反应相对充分。之后曲线变得较为平缓，样品没有再发生其他的反应，在400℃附近出现小的吸热峰代表$ZnFe_2O_4$可能发生重结晶过程。另外，三个样品放热峰对应的热流量分别为-10.98mW/mg、-22.15mW/mg和-21.47mW/mg，样品B热流量最大。

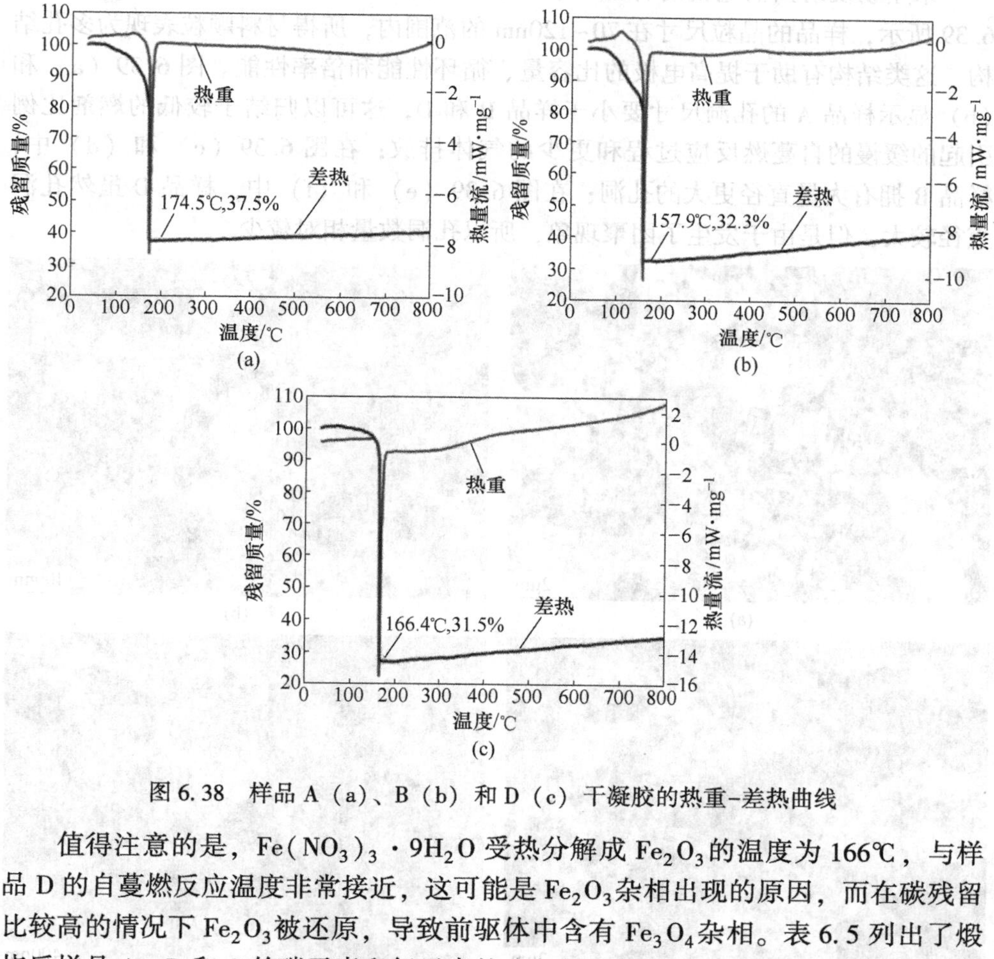
残留质量/%
热量流/mW·mg⁻¹
温度/℃
热重
差热
174.5℃,37.5%
(a)
157.9℃,32.3%
(b)
166.4℃,31.5%
(c)

图6.38 样品A（a）、B（b）和D（c）干凝胶的热重-差热曲线

值得注意的是，$Fe(NO_3)_3 \cdot 9H_2O$受热分解成Fe_2O_3的温度为166℃，与样品D的自蔓燃反应温度非常接近，这可能是Fe_2O_3杂相出现的原因，而在碳残留比较高的情况下Fe_2O_3被还原，导致前驱体中含有Fe_3O_4杂相。表6.5列出了煅烧后样品A、B和C的碳元素和氮元素的残留量，从表中可以看出，样品B的碳含量最低，样品C则最高，此结果与之前所报道的燃剂比例较高的情况下会导致

放热不充分并且有更多的碳残留的结论一致。此外，样品 A 有着最高的 N 元素残留量，证明甘氨酸和硝酸盐之间的反应是不完全的。结合热重-差热分析样品 B 的放热流量最大这个结果，可以得出样品 B 的反应过程最充分的结论。

表 6.5　煅烧后 $ZnFe_2O_4$ 中碳元素和氮元素的残留量

样品	N（质量分数）/%	C（质量分数）/%
样品 A	0.186	0.243
样品 B	0.0566	0.139
样品 D	0.0532	0.328

采用场发射扫描电镜对样品 A、B 和 D 的颗粒形貌和尺寸进行观察。如图 6.39 所示，样品的晶粒尺寸在 70~120nm 的范围内，所得材料颗粒表现为多孔结构，这类结构有助于提高电极的比容量、循环性能和倍率性能。图 6.39（a）和（b）显示样品 A 的孔洞尺寸要小于样品 B 和 D，这可以归结于较低的燃剂比例引起的缓慢的自蔓燃反应过程和更少的气体排放；在图 6.39（c）和（d）中，样品 B 拥有大量直径更大的孔洞；在图 6.39（e）和（f）中，样品 D 虽然孔洞直径较大，但是由于发生了团聚现象，所以孔洞数量相对较少。

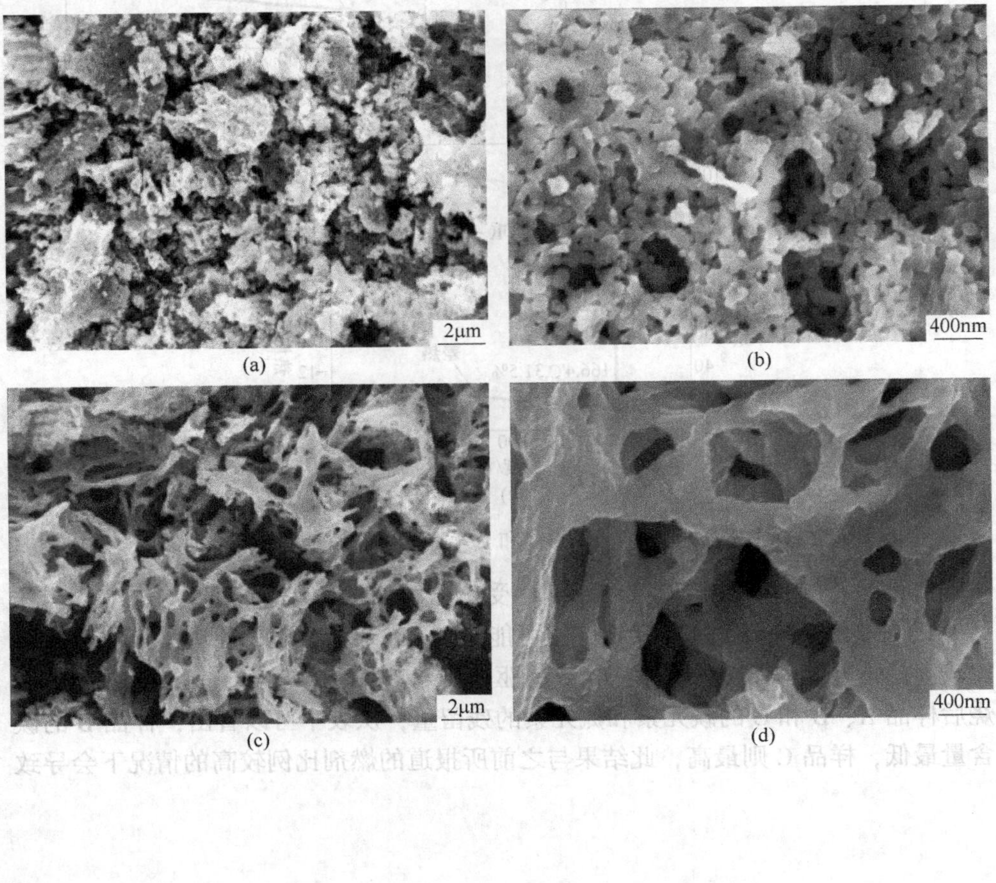
2μm
400nm
2μm
400nm
(a)　(b)　(c)　(d)

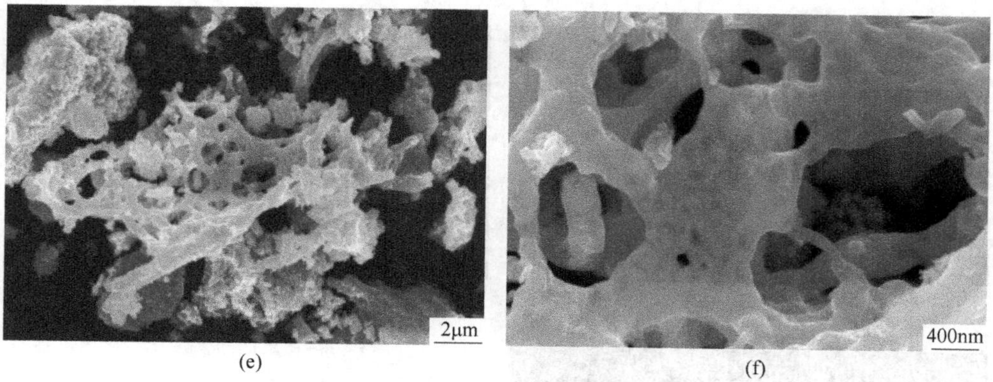
2μm
400nm
(e)
(f)

图 6.39 样品 A（a、b），样品 B（c、d）和
样品 D（e、f）的场发射扫描电镜图

针对样品含有杂相的情况，对样品 A、B 和 D 进行能谱 mapping 测试。如图 6.40 所示，各个样品中的 Fe 和 Zn 元素都分布很均匀，没有出现明显的偏析导致局部富集现象，说明燃烧法确实能够在一个较大尺寸上将所有元素混合均匀。表 6.6 是能谱测试所得三组样品的各元素比例情况，可以看出三组样品中 Fe 元素和 Zn 元素的原子比例都是接近 1∶2，说明能谱所选区域中元素分布符合 $ZnFe_2O_4$ 的化学式。表中 Al 元素来自样品所用的托底。

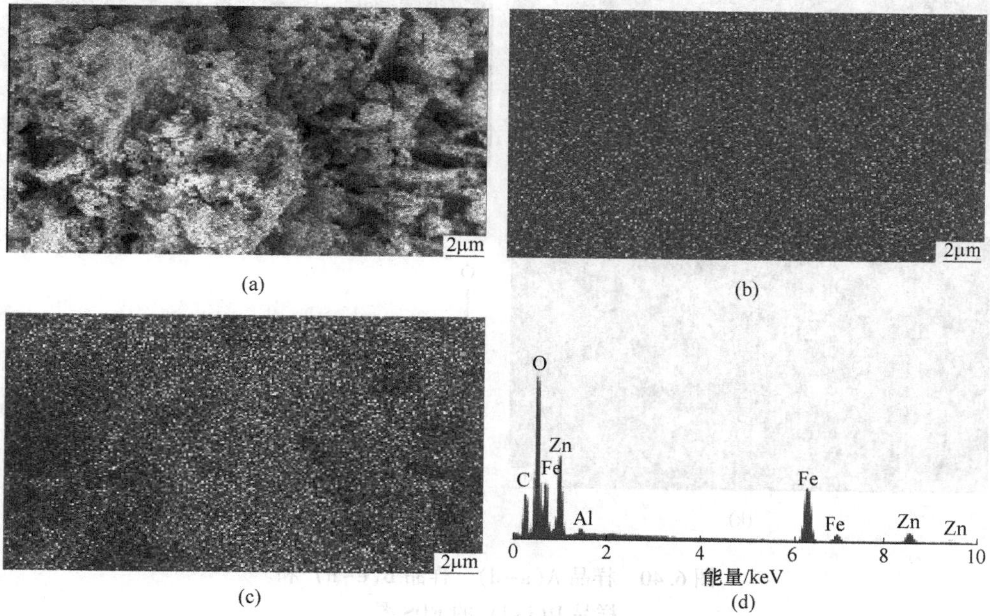
2μm
(a)
2μm
(b)
2μm
(c)
O
Zn
Fe
C
Al
Fe
Fe
Zn
Zn
0
2
4
6
8
10
能量/keV
(d)

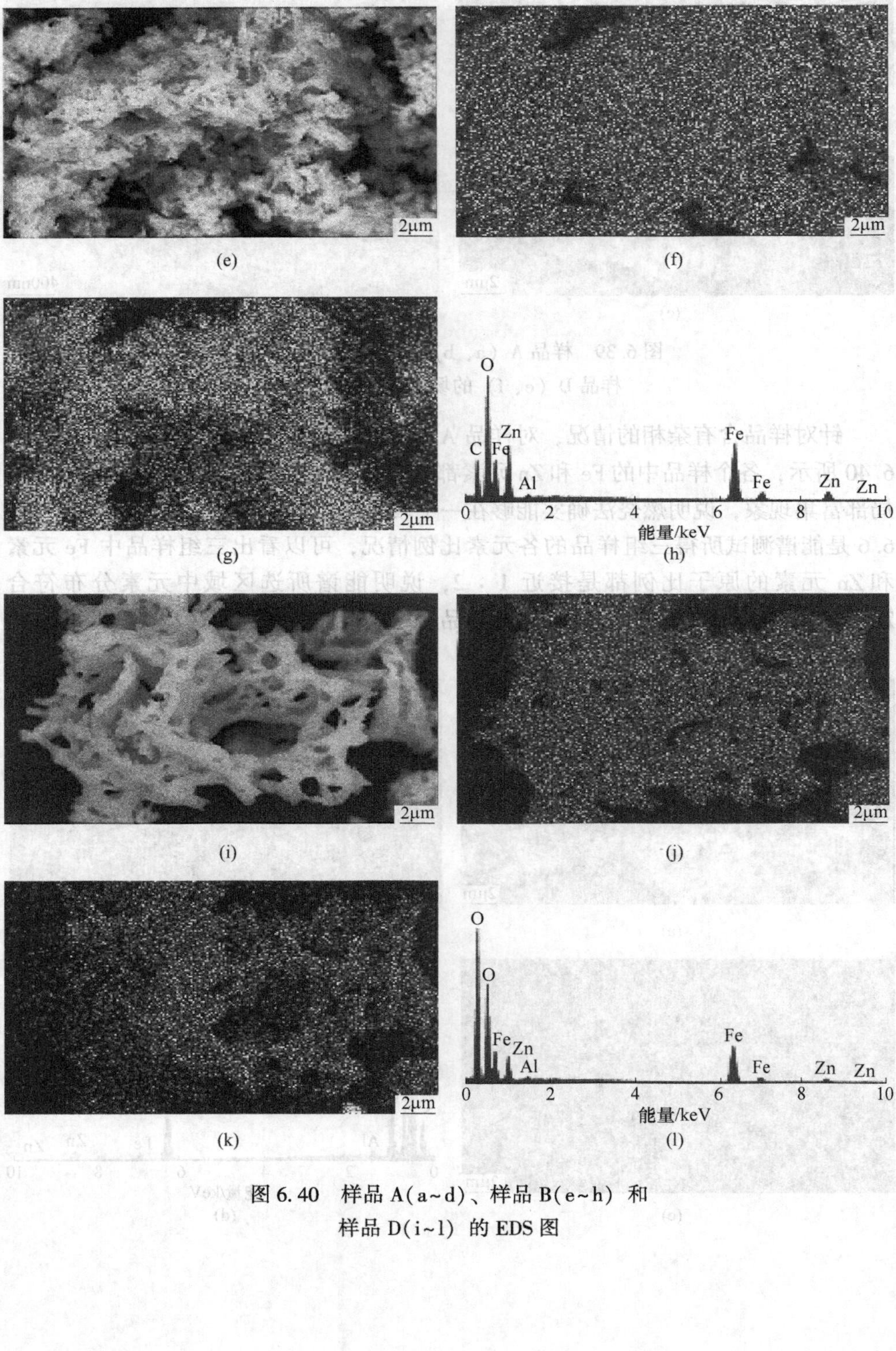
2μm
(e)
2μm
(f)
2μm
(g)
O
Zn
C
Fe
Al
Fe
Fe
Zn
Zn
0
2
4
6
8
10
能量/keV
(h)
2μm
(i)
2μm
(j)
2μm
(k)
O
O
Fe
Zn
Al
Fe
Fe
Zn
Zn
0
2
4
6
8
10
能量/keV
(l)

图 6.40　样品 A(a~d)、样品 B(e~h) 和
样品 D(i~l) 的 EDS 图

表 6.6 样品 A、B 和 D 中各元素的比例（原子分数）

样品	Fe/%	Zn/%	O/%	Al/%
样品 A	27.9	13.1	57.4	0.6
样品 B	28.0	12.9	58.6	0.5
样品 D	25.7	10.7	62.9	0.8

图 6.41 所示为样品 A、B 和 D 的透射电镜图及其选区电子衍射图，从图中可以进一步了解晶粒尺寸和不同甘氨酸-硝酸盐摩尔比下 $ZnFe_2O_4$ 纳米颗粒团聚情况。如图 6.41（a）和（b）所示，样品 A 和 B 的颗粒堆叠在一起，晶粒尺寸约为 100nm。与之不同的是样品 D 的晶格界线非常模糊，并且晶粒尺寸难以估算。从图 6.41（a）~（c）中选区电子衍射图可以看出，样品是多晶的且衍射圆环清晰度各不相同，其中样品 B 的衍射圆环最为清晰，而样品 D 则较为模糊，只能勉强看清楚 2 个圆环。衍射圆环清晰度的差异说明各样品的结晶度存在差别，结晶度强度顺序为 B>A>D。图 6.41（d）~（f）是放大并且标注过晶面后的选区电子衍射图。从样品 A 图 6.41（d）能够判定出 4 个衍射圆环，圆环半径

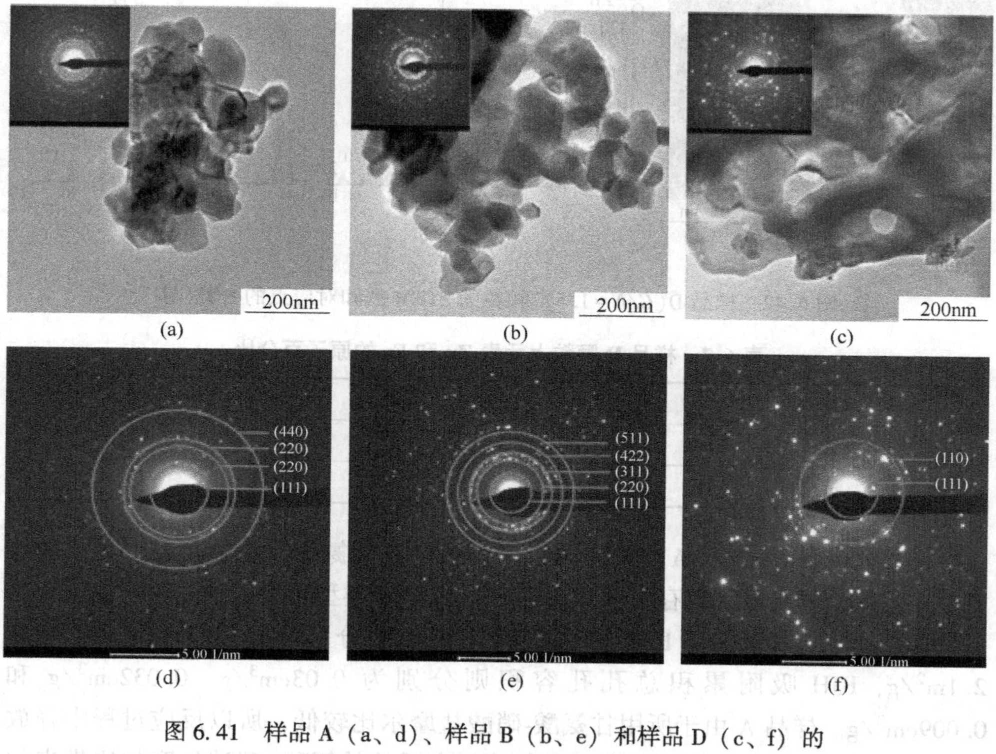
200nm
(a)
200nm
(b)
200nm
(c)
(440)
(220)
(220)
(111)
5.00 1/nm
(d)
(511)
(422)
(311)
(220)
(111)
5.00 1/nm
(e)
(110)
(111)
5.00 1/nm
(f)

图 6.41 样品 A（a、d）、样品 B（b、e）和样品 D（c、f）的透射电镜图和选区电子衍射图

分别对应 $ZnFe_2O_4$的（111）、（220）、（222）和（440）晶面的 *d* 值；样品 B 在图 6.41（e）中能看到较多圆环，其中半径最小的 5 个圆环被标注，半径分别与 $ZnFe_2O_4$的（110）、（220）、（311）、（422）和（511）晶面 *d* 值接近；样品 D 在图 6.41（f）的两个衍射圆环半径与尖晶石 $ZnFe_2O_4$的（111）晶面和 Fe_2O_3的（110）晶面的 *d* 值相匹配，再次证明样品 D 中具有 Fe_2O_3杂相存在。

通过透射电镜所带的能谱可以研究微小颗粒的元素分布情况。图 6.42 所示为样品 D 的一个颗粒，对这个颗粒上两个点分别进行能谱测试。表 6.7 为此颗粒上两个点的 Zn 元素和 Fe 元素原子比例。点 1 的 Fe 和 Zn 元素比例分别为 70.38%和 29.61%，接近 1∶2，符合 $ZnFe_2O_4$的化学式，而点 2 则完全不含有 Zn 元素，说明此区域为纯 Fe_2O_3相，从而印证了 XRD 测试中样品 D 存在杂相。结合之前 SEM 的能谱测试，可以说明样品 D 在大尺寸上各元素分布是均匀的，但是在小尺寸局部某些区域确实存在单一的 Fe_2O_3杂相。

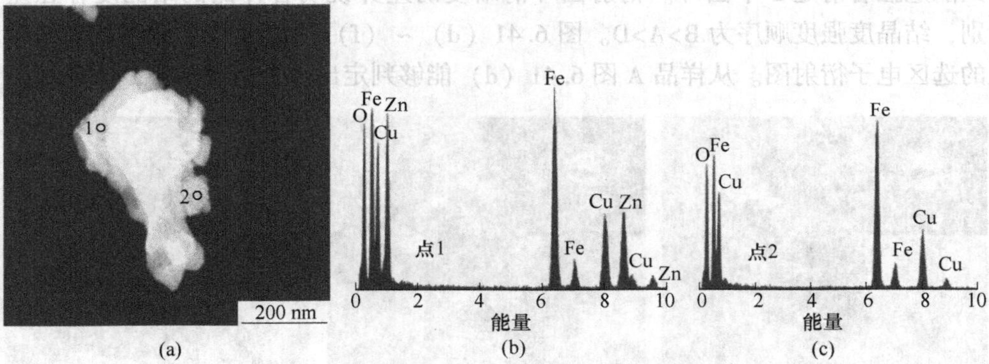
1
2
200 nm
O
Fe
Zn
Cu
点1
Cu Zn
Fe
Cu
Zn
0 2 4 6 8 10
能量
O
Fe
Cu
点2
Cu
Fe
Cu
0 2 4 6 8 10
能量

(a)　(b)　(c)

图 6.42　样品 D(*G*/*N*=1.5) 颗粒的 STEM 图和对应点的 EDX 图

表 6.7　样品 D 颗粒上元素 Zn 和 Fe 的原子百分比

取样点	Fe/%	Zn/%
点 1	70.38	29.61
点 2	100	0

图 6.43 所示为样品 A、B 和 D 在 77K 条件下的氮气吸脱附曲线。三条曲线在 0.8~1.0V 的高压区都存在一个迟滞环，迟滞环类型为 H3 型，说明是Ⅳ型吸脱附曲线。三组样品采用 BET 法可以算出比表面积分别为 4.3m²/g、7.0m²/g 和 2.1m²/g，BJH 吸附累积总孔孔容积则分别为 0.03cm³/g、0.032cm³/g 和 0.009cm³/g。样品 A 由于所用甘氨酸-硝酸盐摩尔比较低，所以反应过程中释放气体较少，比表面积略低于样品 B；归功于合适的甘氨酸-硝酸盐摩尔比带来的充分反应，样品 B 拥有最大的比表面积和孔容积；样品 D 有着最低的比表面积

和孔容积数据是由于多余的甘氨酸造成的颗粒团聚现象。氮气吸脱附测试结果显示甘氨酸-硝酸盐的比例在 $ZnFe_2O_4$ 的合成过程中扮演了一个至关重要的角色，它能够直接影响所得材料的形貌。值得注意的是，多孔结构在充放电循环过程中能起到的多种作用以及增强电极材料的循环寿命、倍率性能和比容量，所以甘氨酸-硝酸盐摩尔比也会间接影响材料的电化学性能。

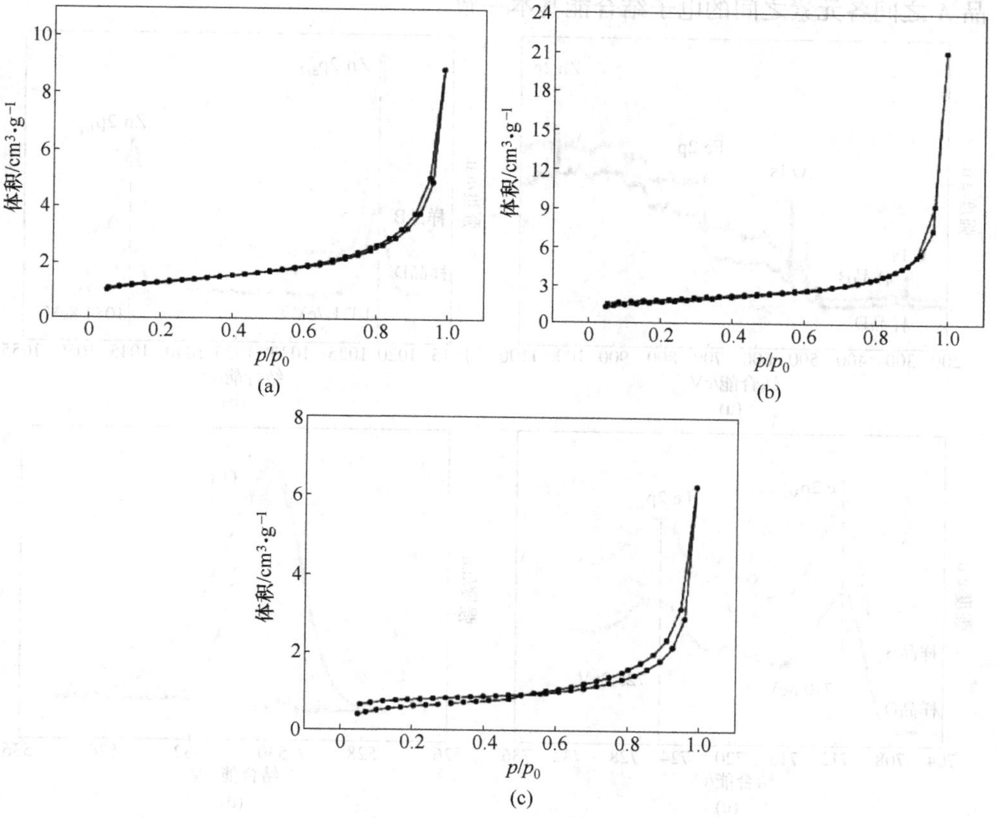

体积/cm³·g⁻¹
p/p₀
(a)
(b)
(c)

图 6.43 样品 A（a）、样品 B（b）和样品 D（c）的氮气吸脱附曲线

在 $ZnFe_2O_4$ 中，Zn 元素和 Fe 元素将占据 1 个以上的化学态（A 边或 B 边），在 XPS 图谱中有着不同的电子结合能并造成多种不同的影响。因此，对样品 B 和 D 进行 X 射线光电子能谱分析。图 6.44（a）是样品 B 和 D 的总谱，可以看到样品 B 和 D 表面都含有 C、O、Fe 和 Zn 四种元素，其中主要元素分布处于 Zn $2p_{1/2}$、Zn $2p_{3/2}$、Fe $2p_{1/2}$、Fe $2p_{3/2}$ 和 O 1s 态。在图 6.44（b）Zn 元素的分谱中，两个样品的电子结合能没有差别，Zn $2p_{1/2}$ 和 Zn $2p_{3/2}$ 的电子结合能分别为 1044.8eV 和 1021.7eV，对比文献可以看出 Zn 元素的化合价态是+2 价，属于 $ZnFe_2O_4$ 的 Zn 2p 电子结合能。在图 6.44（c）中，Fe $2p_{1/2}$ 轨道的电子结合能为

725.2eV；Fe $2p_{3/2}$的主峰电子结合能为710.8eV，参考文献可知样品中Fe元素呈现+3价且没有二价铁的存在。同时，图6.44（d）是样品D的O 1s的图谱，O 1s的宽峰可以拟合成2个小峰，它们的电子结合能分别为530.3eV和532.2eV。结合能为530.3eV的主峰代表过渡金属氧化物中晶格氧的存在，532.2eV的伴峰则代表样品表面的吸附氧，如OH、H_2O或者碳酸盐等。总体上看，样品D和样品A之间各元素之间的电子结合能基本一致。

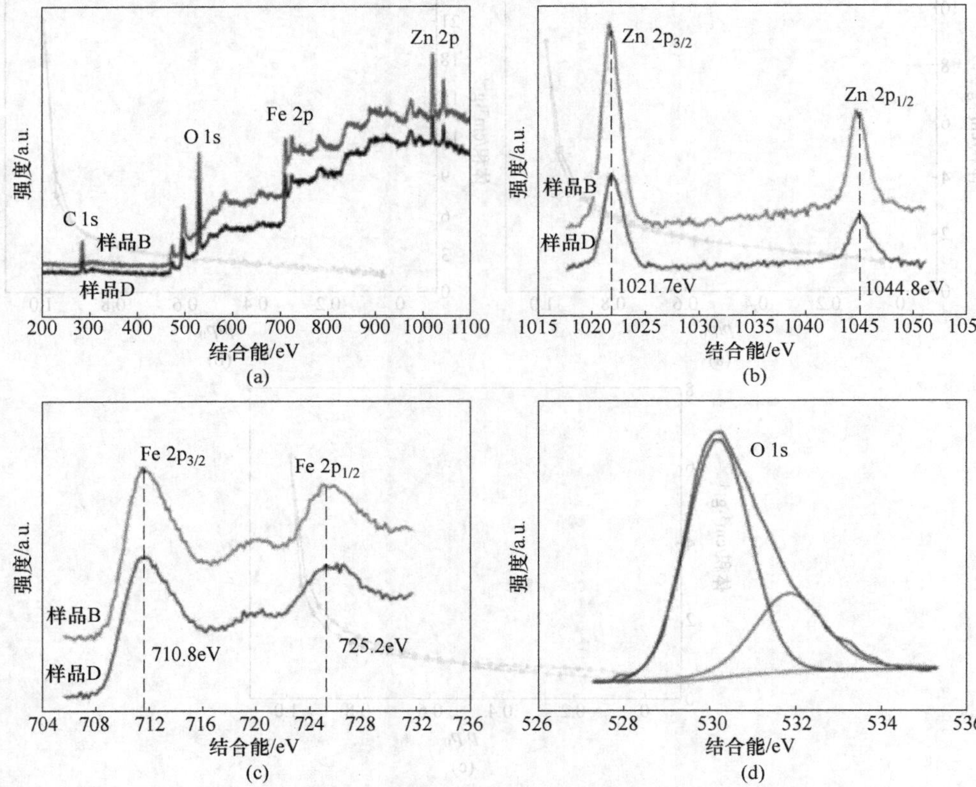
Zn 2p
Fe 2p
O 1s
C 1s
样品B
样品D
强度/a.u.
结合能/eV
(a)
Zn $2p_{3/2}$
Zn $2p_{1/2}$
1021.7eV
1044.8eV
(b)
Fe $2p_{3/2}$
Fe $2p_{1/2}$
710.8eV
725.2eV
(c)
O 1s
(d)

图6.44　$ZnFe_2O_4$样品B（G/N=1.0）和D（G/N=1.5）纳米颗粒的XPS图

6.3.3.2　材料的电化学性能表征

图6.45所示Li在反应时的储锂模型示意图，原始模型来源于晶格参数。众所周知，材料的理论容量C可以表达为$C=\dfrac{\chi \times F}{\varepsilon \times M}$，其中$\chi$是$Li^+$个数，$F$是法拉第常数，$\varepsilon$是材料几何结构系数，$M$是负极材料的相对摩尔质量。在首次放电的初始阶段，$Li^+$通常占据八面体位，组成内部晶格结构。之后，更多的$Li^+$进入电极，在外围占据四面体位，此时前两个反应式嵌入的Li^+将难以再脱出，反应过

程不可逆。

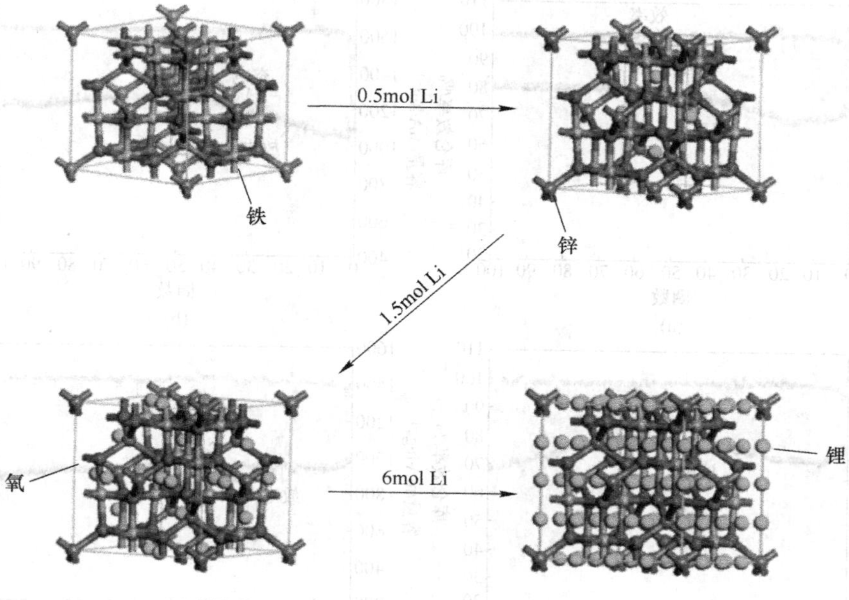
0.5mol Li
铁
锌
1.5mol Li
氧
6mol Li
锂
图 6.45 $ZnFe_2O_4$电极的储锂模型示意图

图 6.46 所示为样品 A、B、C 和 D 四组电极在 200mA/g 电流密度下的 100 次充放电的循环性能和库仑效率。如图所示，四组样品的库仑效率都保持了较高的水平，基本维持在 98%左右，并且充放电容量在 30 次循环后才出现衰减。样品 A 和 B 的循环稳定性在整个 100 次循环里始终非常优秀，而样品 C 和 D 的容量则在最后 20 次循环中出现了较快的衰减，分别从 939.6mA · h/g 和 894.5mA · h/g 降至 853.9mA · h/g 和 827.1mA · h/g，特别是样品 C 在第 98 次循环中出现了明显的容量下降，说明他们的循环稳定性开始恶化。样品 A 和 B 的充放电容量呈现先减小后增大最后平稳的趋势，此规律源于初始阶段电极表面形成 SEI 膜，材料发生结构恶化和再重组导致容量下降；之后在聚合物型的类凝胶层作用下发生赝电容效应，从而将容量推高；最后电极结构和类凝胶层都趋于稳定，所以容量不再发生明显的变化。100 次循环后样品 A 的放电容量稳定在 1013.7mA · h/g，样品 B 和预期一样，再次证明其良好的电化学性能，最终可逆容量为 1217.7mA · h/g，高于它在第二圈的放电容量。与样品 A、C 和 D 相比，样品 B 的优势在于它是纯相并拥有更高的结晶度、更大的比表面积和孔洞体积，因此它能够表现出更高的放电容量和优秀的循环稳定性。

图 6.47 所示为三组 $ZnFe_2O_4$电极从 100mA/g 到 1600mA/g 的充放电容量倍率性能测试图。与其他两组样品对比，样品 B 在不同电流密度下都表现出相当可观的可逆容量，在 100mA/g、200mA/g、400mA/g、800mA/g 和 1600mA/g 电流

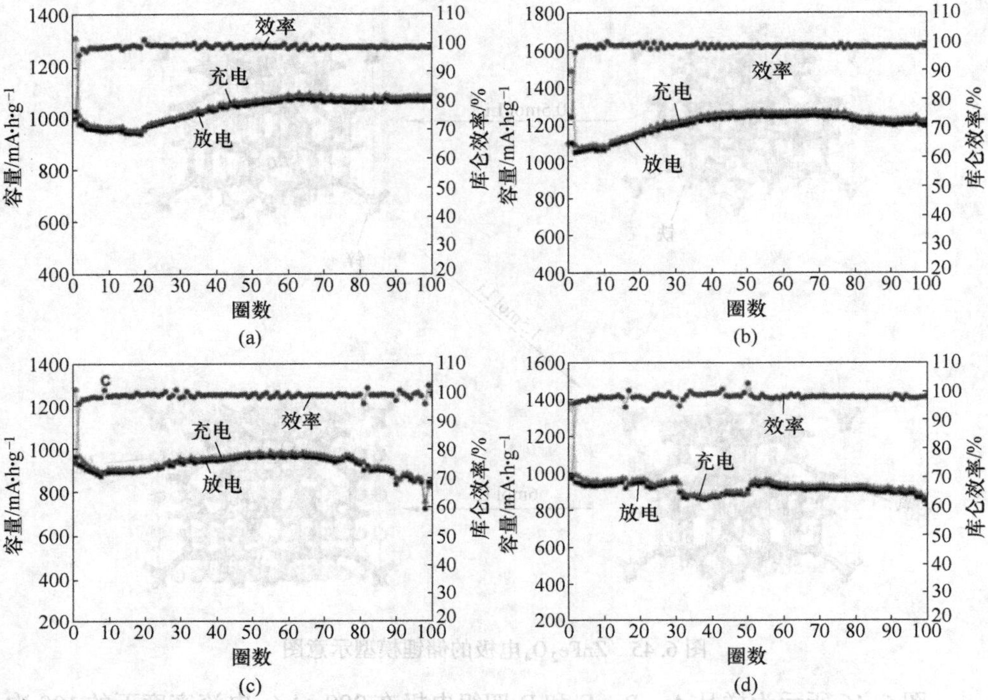
效率
充电
放电
容量/mA·h·g⁻¹
库仑效率/%
圈数
(a)
(b)
(c)
(d)
c

图 6.46　样品 A（a）、样品 B（b）、样品 C（c）和样品 D（d）的循环性能

（电压范围 0.01～3.0V（vs. Li/Li^+），电流密度 200mA/g）

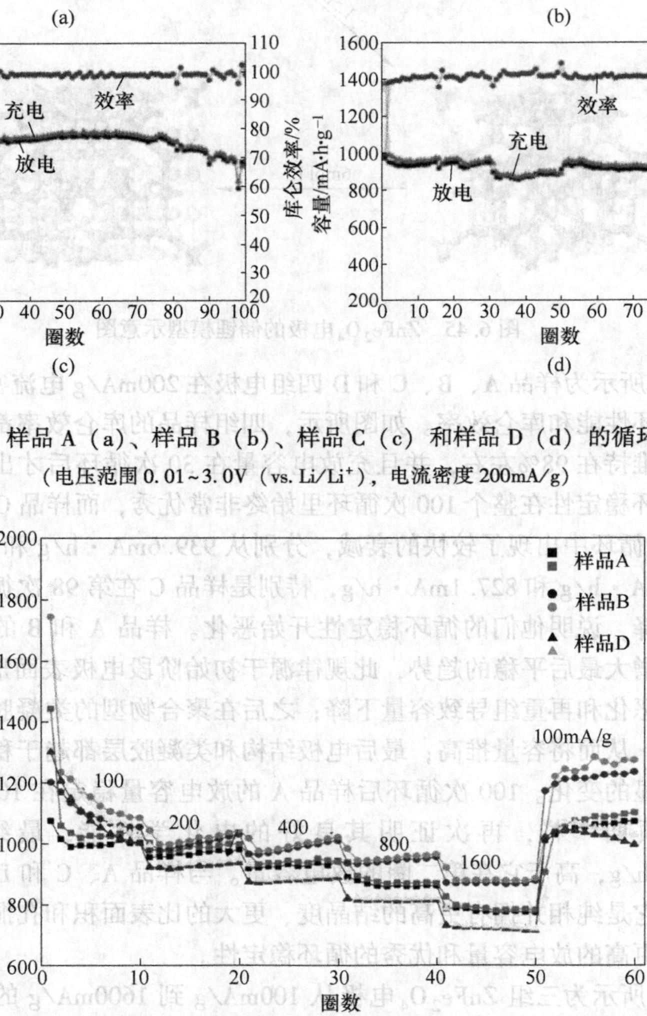
样品A
样品B
样品D
100mA/g
100
200
400
800
1600
容量/mA·h·g⁻¹
圈数

图 6.47　样品 A、B 和 D 当电流密度从 100mA/g 到 1600mA/g 时的倍率性能

（黑色图形代表放电、灰色图形代表充电）

密度条件下的平均比容量分别为 1202.07mA·h/g、1019.02mA·h/g、998.54mA·h/g、956.18mA·h/g 和 882.01mA·h/g。样品 A 和 D 电极可以观察到有较明显的容量衰减，在 1600mA/g 电流密度时的平均放电容量分别为 789.6mA·h/g 和 733.4mA·h/g，与此相反的是样品 B 的容量只有轻微下降，同电流密度循环时在类凝胶层的作用下容量甚至略微上升。最后 10 次低电流循环中，三组样品的放电容量都有显著恢复，分别达到 1051.5mA·h/g、1232.5mA·h/g 和 1028.6mA·h/g，但是样品 D 的容量下降较快，说明此时电极材料结构已经发生破坏。以上结果表明样品 B 与样品 A 和 D 相比拥有更优秀的容量保持能力和倍率性能，这与之前的电化学测试结果一致。

交流阻抗测试被认为研究电极动力学参数最有效、应用最广泛的技术之一，因此为了进一步了解不同甘氨酸-硝酸盐摩尔比对 $ZnFe_2O_4$ 电极动力学的作用，我们对样品 A、B 和 D 的新电池和循环 10 圈后 1.7V 电位下的同一个电池进行了交流阻抗测试（电流密度 200mA/g）。如图 6.48 所示，三组样品的 6 条曲线都是

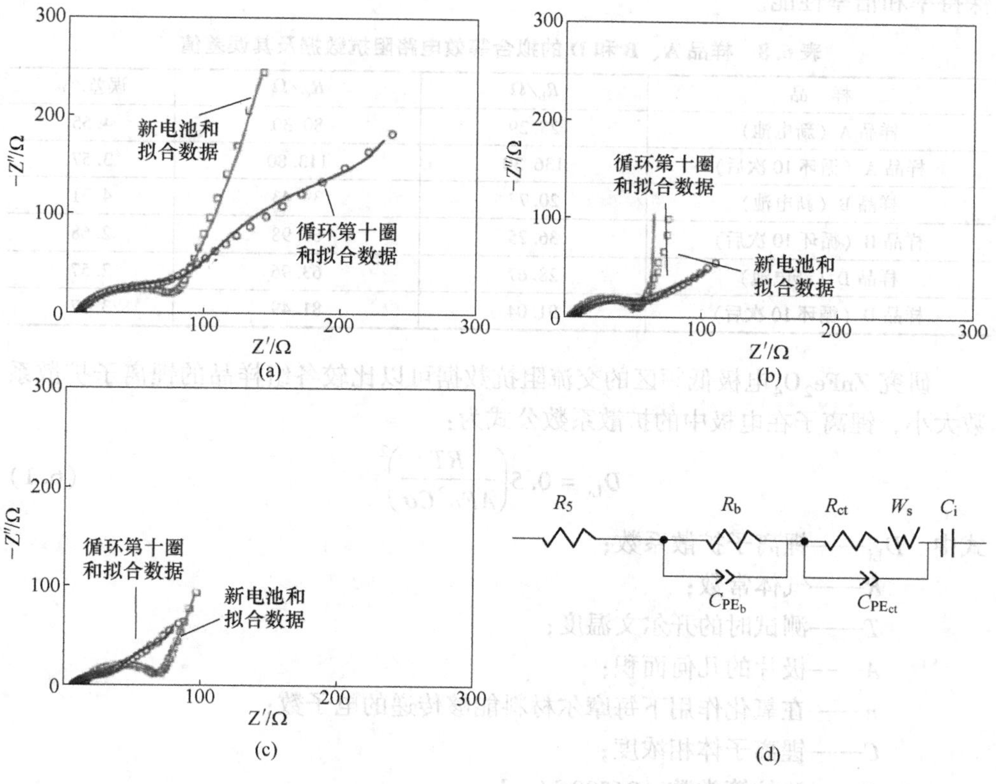
新电池和
拟合数据
循环第十圈
和拟合数据
−Z″/Ω
Z′/Ω
(a)
(b)
(c)
(d)
R_5
R_b
R_{ct}
W_s
C_i
C_{PE_b}
$C_{PE_{ct}}$

图 6.48　样品 A（a）、B（b）和 D（c）电极在首次循环和循环 10 圈后 1.7V 电位下的阻抗图谱及等效电路图（d）

由高频区的一个半圆和低频区的斜线组成，拟合后的曲线和实际测试曲线基本吻合，证明拟合的等效电路图接近真实情况。等效电路中 R_s 为电池溶液欧姆阻抗；实轴上高频区的 R_b 为电极和电解液之间的界面阻抗；而中频区的半圆对应的 R_{ct} 主要与电极上或者电极中复杂的电化学反应相关，包含电荷转移阻抗（电子和锂离子）、颗粒间接触阻抗和对应的电容阻抗等；与锂离子在固体中长程扩散相关的 Warburg 阻抗则能够影响低频区的斜线区域，C_{PE} 是界面钝化膜形成的电极与电解液间的双电层电容和界面电容。表 6.8 是各组样品的 R_b 和 R_{ct} 拟合值以及它们的误差值，误差值都低于 5%，再次说明拟合的等效电路较为准确。三组新电池 R_b 的值比较接近，分别为 25.29Ω、20.77Ω 和 28.67Ω。但是在循环 10 次后样品 B 的 R_b 值变化不大，为 36.25Ω，明显低于另外两组电极的 136.30Ω 和 91.04Ω；不仅如此，样品 B 的 R_{ct} 值在新电池中为 39.43Ω，循环 10 次后升至 67.98Ω，都显著低于样品 A 和 D 的 R_{ct} 值。这些结果表明样品 B 拥有良好的电荷转移能力和较小的内部阻抗，在循环过程中阻抗上升较小，由此带来更高的容量保持率和倍率性能。

表 6.8 样品 A、B 和 D 的拟合等效电路阻抗数据及其误差值

样 品	R_b/Ω	R_{ct}/Ω	误差/%
样品 A（新电池）	25.29	80.30	4.55
样品 A（循环 10 次后）	136.30	113.80	3.57
样品 B（新电池）	20.77	39.43	4.31
样品 B（循环 10 次后）	36.25	67.98	2.68
样品 D（新电池）	28.67	63.96	2.57
样品 D（循环 10 次后）	91.04	81.49	3.37

研究 $ZnFe_2O_4$ 电极低频区的交流阻抗数据可以比较各组样品的锂离子扩散系数大小，锂离子在电极中的扩散系数公式为：

$$D_{Li} = 0.5\left(\frac{RT}{AFn^2C\sigma}\right)^2 \tag{6.1}$$

式中 D_{Li}——锂离子扩散系数；

R——气体常数；

T——测试时的开尔文温度；

A——极片的几何面积；

n——在氧化作用下每摩尔材料能够传递的电子数；

C——锂离子体相浓度；

F——法拉第常数，96500C/mol；

σ——直线 Z'- $\omega^{-1/2}$ 的斜率。

式（6.1）适用于阻抗平面图上有 Warburg 阻抗出现的情况。对于转化材料来说，其离子浓度难以确定，无法计算出离子扩散系数的绝对值，但是在此公式里，R 与 F 是常数，n、A、C、T 各组样品都是一致的，影响扩散系数的结果的唯一因素是 σ，因此可以得到各材料的离子扩散系数的相对值。σ 的计算公式为：

$$Z' = R + \omega^{-1/2} \tag{6.2}$$

将三组样品低频区实部阻抗数据和角频率代入公式可以得到 σ 的具体值，如图 6.49 所示。样品 A 的曲线明显更加陡峭，斜率较后两者更大，样品 B 和 D 的曲线呈现近似平行关系，说明两者的 σ 值差距较小。结果见表 6.9，样品 A、B 和 D 的 σ 值分别为 200.71、80.41 和 81.03，由此可得出样品 B 的锂离子扩散系数最大，而样品 A 的为最小，样品 D 与样品 B 较为接近。过低的甘氨酸-硝酸盐摩尔比导致样品 A 的锂离子扩散系数明显低于另外两组样品，适宜的甘氨酸-硝酸盐摩尔比使得样品 B 具有更快的锂离子扩散速度和更好的倍率性能，随着比例的进一步升高，样品 D 的锂离子扩散系数出现下降的趋势，说明过高的甘氨酸-硝酸盐摩尔比造成的杂相结构和形貌不利于锂离子在材料中的扩散。

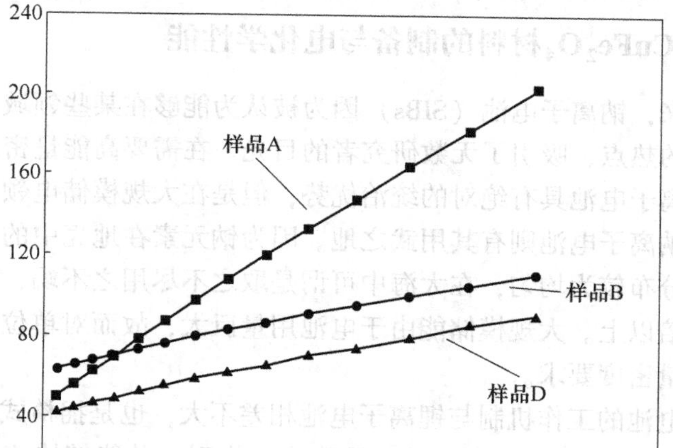
240
200
160
120
80
40
0.2
0.4
0.6
0.8
1.0
1.2
Z'/Ω
ω-1/2
样品A
样品B
样品D

图 6.49　样品 A、B 和 D 电极实部阻抗（Z'）与低频区角频率（ω）反平方根的关系曲线

表 6.9　经过计算的样品 A、B 和 D 电极 Warburg 系数（σ）

样品	σ
A	200.71
B	80.41
D	81.03

本节采用优化燃烧法研究制备 $ZnFe_2O_4$ 合适的煅烧温度，以及不同甘氨酸-硝酸盐摩尔比对多孔 $ZnFe_2O_4$ 纳米颗粒的作用规律。在温度优化实验中，发现

700℃煅烧所得材料的在晶体形貌结构和电化学性能上表现更有优势，因此700℃是更适宜的煅烧温度。之后系统研究了甘氨酸-硝酸盐摩尔比对燃烧过程、材料相组成、形貌和电极电化学性能的影响。结果表明随着甘氨酸-硝酸盐摩尔比的增加，材料比表面积和结晶度出现先增大后减小的规律。在样品 C 和 D 中（*G/N* 为 1.2 和 1.5）出现了 Fe_2O_3杂相，杂相来源于燃烧反应造成的 $Fe(NO_3)_3 \cdot 9H_2O$ 分解。与其他几组样品相比，样品 B(*G/N* 为 1.0）发生了更充分的反应，拥有更低的 C、N 元素残留量和更多的反应放热，并由此获得了更高的结晶度和更大的比表面积。电化学测试中样品 B 首次放电能够达到 1485.0mA · h/g，并在 100 次循环后可逆容量仍有 1217.7mA · h/g。不仅如此，它也展示出优秀的倍率性能，经过 10 次电流密度为 1600mA/g 的循环后，恢复至 100mA/g 时仍能放电 1232.51mA · h/g。交流阻抗测试和锂离子扩散系数计算结果也表明样品 B 具有更低的阻抗和更高的锂离子扩散速率。总之，合适的甘氨酸-硝酸盐摩尔比可以明显改善 $ZnFe_2O_4$负极材料的性能，当比例为 1.0 时，可以获得具有均匀孔洞结构和高电化学性能的纯相 $ZnFe_2O_4$材料。

6.4 多孔 $CuFe_2O_4$材料的制备与电化学性能

近些年来，钠离子电池（SIBs）因为被认为能够在某些领域代替锂离子电池而成为研究的热点，吸引了无数研究者的目光。在需要高能量密度及小型移动设备领域，锂离子电池具有绝对的统治优势；但是在大规模储电领域，如电网高低峰调节等，钠离子电池则有其用武之地。因为钠元素在地壳中的丰度远远大于锂元素，而且分布较为均匀，在大海中可谓是取之不尽用之不竭，因此两者的价格也相差数十倍以上。大规模储能由于电池用量巨大，故而对单位能量成本的要求远大于对能量密度要求。

钠离子电池的工作机制与锂离子电池相差不大，也是摇椅式电池。但是，由于 Na^+比 Li^+半径更大且质量更重，导致难以找到一种能够快速稳定让钠离子嵌入/脱嵌的负极材料。过渡金属氧化物具有转换储锂机制，也可以作为负极材料应用于钠离子电池。Alcantara 等人采用尖晶石型 $NiCo_2O_4$二元氧化物作为钠离子电池负极，可逆容量能够达到约 200mA · h/g。铁酸盐类材料具有理论容量高、原料获取容易、成本低廉、无毒性等优点，但是在储钠领域还处于探索阶段，铁酸盐类作为钠离子电池负极材料具有较高的理论容量，值得深入的研究。本节首次采用燃烧法制备 $CuFe_2O_4$钠离子电池负极材料并详细研究其结构形貌和电化学性能。

6.4.1 实验内容

在本节的前期工作中发现 6.2 节制备的多孔 $ZnFe_2O_4$和 $CoFe_2O_4$作为负极材

料储钠效果不佳，可能无法与 Na^+ 结合。因此在多次探索试验后选取 $CuFe_2O_4$ 作为研究对象；由于甘氨酸与硝酸铜的络合效果较差，因而最后使用柠檬酸作为络合剂和燃剂。本节首先针对 $CuFe_2O_4$ 的煅烧温度开展优化工作，比较了 700℃、800℃和 900℃三种煅烧温度下 $CuFe_2O_4$ 的形貌、结构和循环性能。之后依据 $\varphi=1$ 计算出柠檬酸与硝酸盐的摩尔比例（C/N）为 0.56，再分别取 $C/N=0.16$、0.36、0.76 和文献中常用的 1.0 四个值，按照比例由小至大，将五个样品分别命名为样品 A、B、C、D 和 E。对这五个条件下制备的 $CuFe_2O_4$ 的物相、结构、形貌和电化学性能进行比较，运用 XRD、SEM、TEM、XPS、氮气吸脱附和热重等技术手段对柠檬酸-硝酸盐摩尔比例变化造成材料各方面的作用进行分析。

6.4.2 实验部分

6.4.2.1 实验试剂

硝酸铜（$Cu(NO_3)_2 \cdot 3H_2O$）、硝酸铁（$Fe(NO_3)_3 \cdot 9H_2O$）均购于阿拉丁试剂公司，柠檬酸（$C_6H_8O_7$）购于国药试剂集团。所用试剂均为分析纯，没有进行进一步提纯，溶剂为实验室自制去离子水。

6.4.2.2 $CuFe_2O_4$ 的制备

6.3 节已经介绍过 $ZnFe_2O_4$ 和 $CoFe_2O_4$ 的制备过程，本节选用等摩尔的硝酸铜代替硝酸锌和硝酸钴为原料，用柠檬酸代替甘氨酸为燃剂和络合剂制备前驱体，之后分别采用 700℃、800℃和 900℃的煅烧温度制备最终产物；在确定较优的煅烧温度条件下选择了 2.4mmol、5.4mmol、8.4mmol、11.4mmol 和 15.0mmol 的柠檬酸和化学计量比的硝酸盐制备 $CuFe_2O_4$，其他操作过程与 6.3 节一致（$C/N=0.16$、0.36、0.56、0.76 和 1.0，温度是 800℃）。

6.4.3 煅烧温度对 $CuFe_2O_4$ 的影响

研究发现，煅烧温度能够影响燃烧法所得的铁酸盐的结晶度、晶胞参数和表面形貌，因此本节研究材料在 700℃、800℃和 900℃三个煅烧温度下的性能，选用 $\varphi=1$，即柠檬酸-硝酸盐摩尔比为 0.56。

6.4.3.1 不同温度制备的材料 XRD 分析

图 6.50 所示为 $CuFe_2O_4$ 分别在 700℃、800℃和 900℃下煅烧后的 XRD 图谱和晶体结构图。将图 6.50（a）中三组样品的特征峰与纯相 $CuFe_2O_4$ 标准 PDF 卡片对比（PDF Card，No. 34-0425），发现所有的样品的衍射峰都与四方晶系反尖

晶石型 $CuFe_2O_4$对应，而且所有的特征峰与标准卡片完全一致，说明不同温度煅烧所得材料均为 $CuFe_2O_4$，其空间群为 $I4_1/amd$，被认为立方体尖晶石的一种变形结构。$CuFe_2O_4$的晶格结构如图 6.50（b）所示，是一种由于 Jahn-Teller 效应导致晶轴延长形成的四面体结构 $CuFe_2O_4$，在此结构中，Cu、Fe、O 按顺序沿着 c 轴堆叠成为六边形结构，并形成一个反铁磁性物三角晶格层，这个含磁性 Fe^{3+}的三角晶格层被无磁性的 O^{2-}和 Cu^{2+}离子层分隔开。O^{2-}能够与 3 个 Cu^{2+}和 1 个 Fe^{3+}组成 4 配位四面体空隙结构，其中 Cu^{2+}配位数为 4，位于 O 形成的四面体空隙中，Fe^{3+}以 6 个配位数位于 O 形成的八面体空隙中。Cu^{2+}与 Fe^{3+}的原子数比为 1∶2，Cu^{2+}与 Fe^{3+}之间以共用 O 原子的方式形成一条长链，垂直方向的链共用一个顶点连成三维框架，钠离子能够在框架内进行扩散。$CuFe_2O_4$特征峰的 2θ 角分布在 18.3°、29.9°、30.5°、34.7°、35.9°、37.1°、41.8°、43.8°、53.9°、57.0°、57.8°、62.1°、63.6°和 74.6°附近，对应的是（101）、（112）、（200）、（103）、（211）、（202）、（103）、（211）、（202）、（004）、（220）、（312）、（303）、（224）、（400）和（413）衍射晶面，与文献报道一致。值得注意的是，在 700℃煅烧的 $CuFe_2O_4$存在 3 个微小的杂相峰，位于 24.3°、34.3°和 38.9°，对应于Fe_2O_3的（012）、（310）和（222）衍射面，这可能来源于前驱体在此温度下分解不完全，在 800℃和 900℃的样品中 Fe_2O_3杂相峰变得更加微小，几乎可以忽略，说明升高温煅烧温度有利于去除杂相，同时增强特征峰峰强，使得结晶度得到提高。表 6.10 是用 Jade 6.0 软件计算所得不同煅烧温度的 $CuFe_2O_4$晶胞参数，三组样品的晶胞参数差距不大，其中 800℃样品的晶胞参数最小，而 900℃

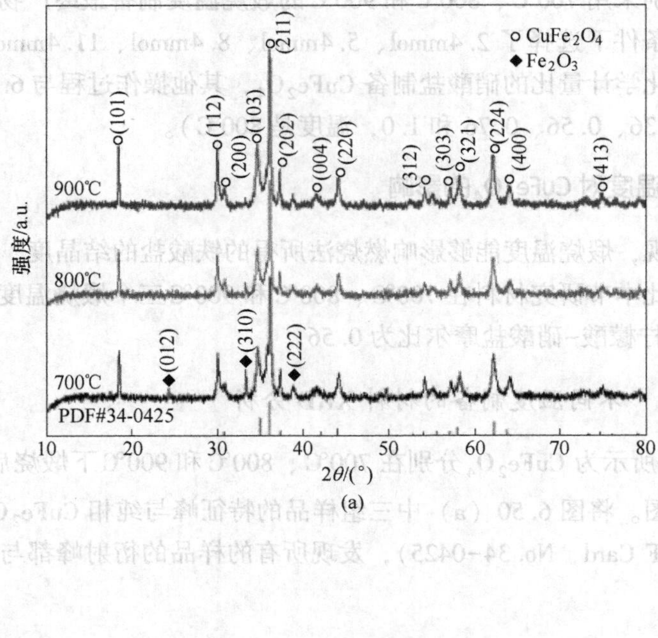

○ CuFe2O4
◆ Fe2O3
(101)
(112)
(200)
(103)
(211)
(202)
(004)
(220)
(312)
(303)
(321)
(224)
(400)
(413)
(012)
(310)
(222)
900℃
800℃
700℃
PDF#34-0425
强度/a.u.
10
20
30
40
50
60
70
80
2θ/(°)

(a)

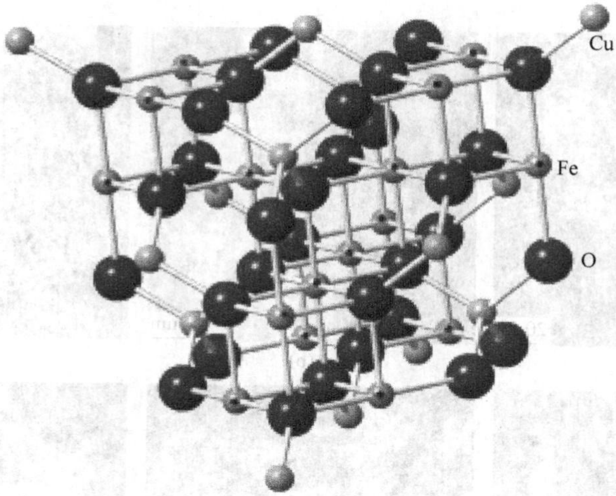
Cu
Fe
O

(b)

图 6.50 不同温度煅烧后 $CuFe_2O_4$ 的 XRD 图谱（a）和晶体结构图（b）

样品的 c 轴明显要大于其他两个样品，说明材料的晶粒尺寸较大。从材料晶粒纳米化的角度来看，更细小的晶粒尺寸在储钠能力上更有优势，因此 900℃ 的煅烧温度对 $CuFe_2O_4$ 过高。结合 XRD 图谱分析，800℃ 煅烧所得样品杂质含量更低、晶胞参数更小，因而选用 800℃ 进行煅烧较为适宜。

表 6.10 不同温度煅烧后 $CuFe_2O_4$ 的晶胞参数

温度/℃	晶胞参数/Å		
	a	*b*	*c*
700	5.8444 (5)	5.8444 (5)	8.6304 (5)
800	5.8389 (5)	5.8389 (5)	8.6286 (5)
900	5.8108 (5)	5.8108 (5)	8.6821 (5)

6.4.3.2 不同温度制备的材料 SEM 分析

图 6.51 所示为 $CuFe_2O_4$ 分别在 700℃、800℃ 和 900℃ 下煅烧后的扫描电镜图，如图所示，三组样品都呈块状，无法判断颗粒大小。在 700℃ 和 800℃ 样品表面能够观察到大量细小的颗粒，900℃ 样品颗粒表面更为光滑，说明在此温度下细小颗粒消失，升高煅烧温度导致颗粒间团聚更加严重，这些细小颗粒有利于增加电极材料与电解液的接触面积，提高 $CuFe_2O_4$ 电化学性能。结合之前的数据分析，从样品晶体结构和形貌上来说，800℃ 煅烧所得样品更具优势。

20μm
(a)
2μm
(b)
20μm
(c)
2μm
(d)
20μm
(e)
2μm
(f)

图 6.51　不同温度煅烧后 $CuFe_2O_4$ 的扫描电镜图

(a)，(b) 700℃；(c)，(d) 800℃；(e)，(f) 900℃

6.4.3.3　不同温度制备的材料的充放电测试

由于 Na^+ 比 Li^+ 更大更重，钠离子电池的比容量和循环性能较锂离子电池更差。700℃、800℃和 900℃煅烧样品在电流密度 50mA/g 下循环 50 次的循环性能如图 6.52 所示。三组样品的首次充放电容量分别为 471.6/737.6mA · h/g、442.8/700.7mA · h/g 和 503.8/770.9mA · h/g，库仑效率为 63.9%、63.2% 和 65.4%，可以发现 900℃样品在首次循环数据上较有优势。在之后的循环中，各样品比容量曲线都呈现下降趋势，库仑效率基本维持在 95%以上，其中 900℃样品曲线最为陡峭，容量下降迅速，700℃样品曲线次之，800℃样品曲线相对较为平缓，说明其循环性能更为优秀。50 次循环后三组样品的充放电容量分别为 243.7/247.1mA · h/g、310.5/313.5mA · h/g 和 184.0/187.6mA · h/g，800℃样品拥有明显的容量优势。根据以上几组测试结果可知 800℃是燃烧法制备 $CuFe_2O_4$ 的较优煅烧温度。

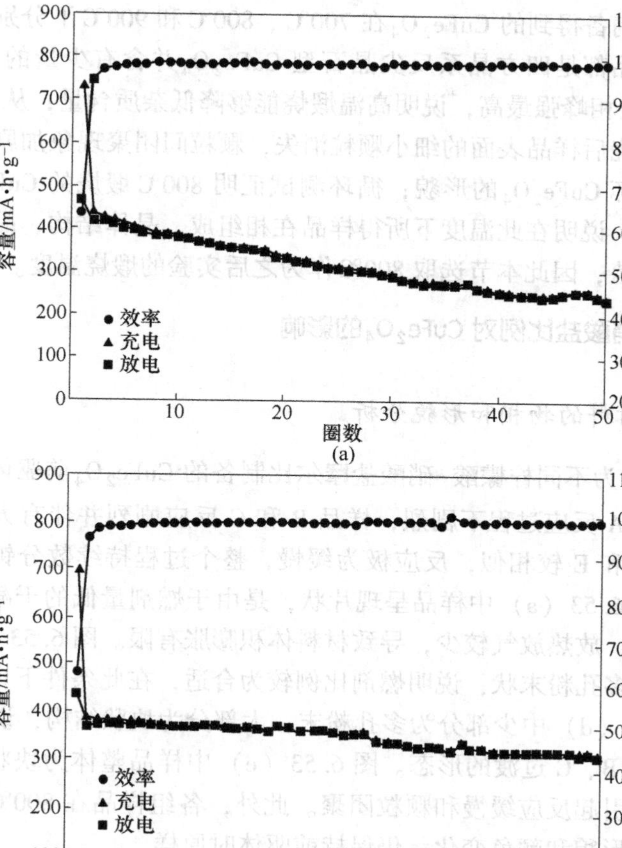
容量/mA·h·g⁻¹
库仑效率/%
圈数
效率
充电
放电
(a)
(b)
(c)

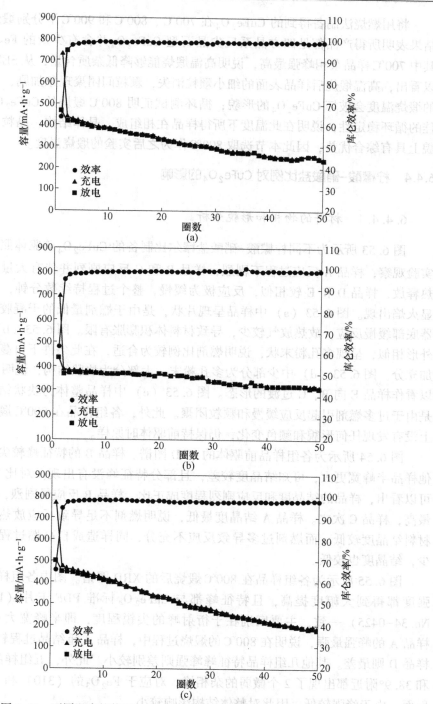

图 6.52 不同温度煅烧后 $CuFe_2O_4$ 的循环性能图（电流密度 50mA/g）

（a）700℃；（b）800℃；（c）900℃

将用燃烧法制备得到的 $CuFe_2O_4$ 在 700℃、800℃和 900℃下分别煅烧，XRD 结果表明所得产品都是四方晶系反尖晶石型 $CuFe_2O_4$ 并含有少量的 Fe_2O_3 杂相。其中 700℃样品杂相峰强最高，说明高温煅烧能够降低杂质含量；从 SEM 照片可以看出，高温煅烧后样品表面的细小颗粒消失，颗粒间团聚现象加剧，说明过高的煅烧温度会破坏 $CuFe_2O_4$ 的形貌；循环测试证明 800℃煅烧的 $CuFe_2O_4$ 具有最佳的循环稳定性，说明在此温度下所得样品在相组成、晶体结构、晶粒尺寸和形貌上具有综合优势，因此本节选取 800℃作为之后实验的煅烧温度。

6.4.4 柠檬酸-硝酸盐比例对 $CuFe_2O_4$ 的影响

6.4.4.1 材料的物相和形貌分析

图 6.53 所示为不同柠檬酸-硝酸盐摩尔比制备的 $CuFe_2O_4$ 前驱体照片。根据实验观察，样品 A 反应过程不剧烈，样品 B 和 C 反应剧烈并伴有大量的气体和热释放，样品 D 和 E 较相似，反应极为缓慢，整个过程持续数分钟，且没有明显火焰出现。图 6.53（a）中样品呈现片状，是由于燃剂量低的干凝胶附着在容器底部缓慢反应，放热放气较少，导致材料体积膨胀有限。图 6.53（b）和（c）外形相似，呈现多孔粉末状，说明燃剂比例较为合适，在此条件下自蔓燃反应更加充分。图 6.53（d）中少部分为多孔粉末，大部分为块状结构，说明样品 D 可以看作样品 E 向 B、C 过渡的形态。图 6.53（e）中样品整体为块状结构，可能是由于过多燃剂引起反应缓慢和颗粒团聚。此外，各组样品在 800℃煅烧后宏观上没有发现任何形貌和颜色变化，仍保持前驱体时原样。

图 6.54 所示为各组样品前驱体的 XRD 图谱。样品 B 的特征峰较尖锐，而其他样品半峰宽更大，可知结晶度较差，且部分特征峰没有出现。对比 XRD 曲线可以看出，样品的结晶度和反应剧烈程度成正比，样品 B 反应最剧烈，结晶度也最高，样品 C 次之。样品 A 结晶度最低，说明燃剂不足导致反应放热少等造成材料结晶度较低。而燃剂过多导致反应不充分，同样造成自蔓燃过程放热也较少，结晶度也较低。

图 6.55 所示为各组样品在 800℃煅烧后的 XRD 图谱。图中各组样品衍射峰强度都得到大幅度提高，且特征峰都与 $CuFe_2O_4$ 标准 PDF 卡片（PDF Card, No. 34-0425）一致，主要区别在于衍射峰的尖锐程度，即半峰宽大小。其中，样品 A 的峰强最强，说明在 800℃的煅烧过程中，样品 A 重结晶过程较优秀，而样品 D 则最差。其他几组样品特征峰峰强则差别较小。此外，五组样品在 34.3°和 38.9°附近都出现了 2 个微弱的杂相峰，对应于 Fe_2O_3 的（310）和（222）衍射面，由于峰强较低，因此对整体结构影响较小。

图 6.56 所示为五组样品干凝胶的热重-差热图，从图中可以看出干凝胶的热

(a)
(b)
(c)
(d)
(e)

图 6.53　样品 A（a）、B（b）、C（c）、D（d）和 E（e）前驱体的照片

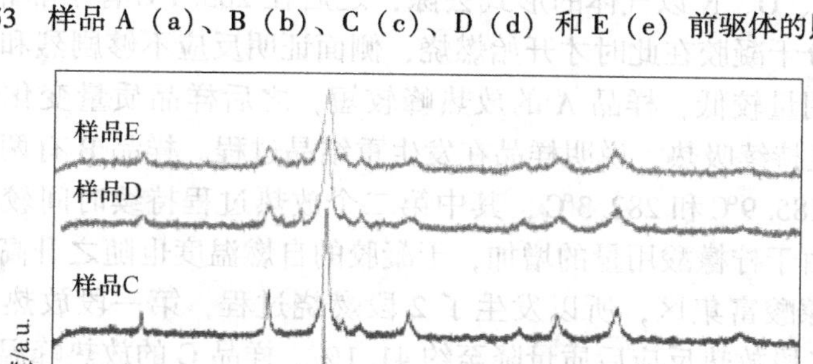
样品E
样品D
样品C
样品B
样品A
强度/a.u.
10
20
30
40
50
60
70
80
2θ/(°)

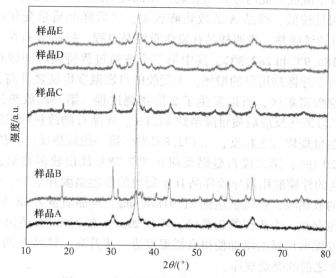

图 6.54　各组样品前驱体的 XRD 图谱

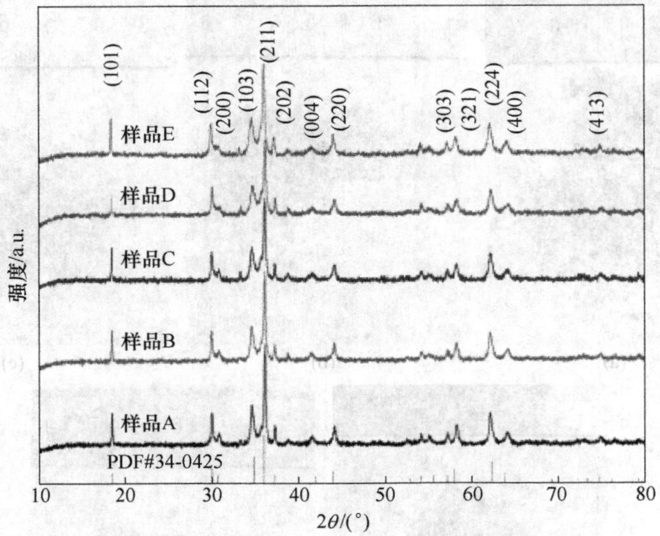
(101)
(112)
(200)
(103)
(211)
(202)
(004)
(220)
(303)
(321)
(224)
(400)
(413)
样品E
样品D
样品C
样品B
样品A
PDF#34-0425
强度/a.u.
10
20
30
40
50
60
70
80
2θ/(°)

图 6.55　各组样品煅烧后的 XRD 图谱

过程比较复杂，而且不同柠檬酸-硝酸盐摩尔比样品的曲线也不尽相同。随着柠檬酸-硝酸盐摩尔比的增加，各样品的放热温度也逐渐升高。样品 A 在测试开始时有个小的吸热峰和质量下降，代表在此处开始发生脱水，之后在 187.9℃出现已经尖锐的放热峰并伴随质量迅速下降，说明在此温度干凝胶发生自蔓燃反应，大量的 C、H、O、N 以气体的形式去除，之后在 203.1℃有个非常小的放热峰，可能是有部分干凝胶在此时才开始燃烧，侧面证明反应不够剧烈和充分。由于燃剂柠檬酸使用量较低，样品 A 的放热峰较短，之后样品质量变化较小，稳定在 29.8%左右且持续吸热，说明样品在发生重结晶过程。样品 B 有两个明显的放热峰，分别在 185.9℃和 282.3℃，其中第二个放热过程持续时间较长，放热量也较少。这是由于柠檬酸用量的增加，干凝胶的自燃温度也随之升高，干凝胶中出现了少量柠檬酸富集区，所以发生了 2 段燃烧过程，第一段放热过程质量降至 54.4%，第二段放热反应后质量降至约 41.1%。样品 C 的放热峰温度与样品 B 类似，但是放热量规律与之相反，在 172.8℃发生第一段放热反应，热量释放较少，质量损失约 20.0%；第二段自蔓燃反应在 297.78℃放出较多热量，质量停留在 40.4%。较高的柠檬酸用量导致样品 D 干凝胶的自燃温度升至 291.98℃，并观察到一个明显的放热峰，热流量达到 21.91mW/mg，样品质量为 38.6%。样品 E 在类似的温度也存在一个尖锐的放热峰，不仅如此，在 330.1℃还出现了一个小放热峰，说明柠檬酸用量的增加使得自燃温度进一步升高，样品 E 的最终质量约为 30.6%，符合之前的燃烧规律。

图 6.57 是五组样品的场发射扫描电镜图，从图中可以看出它们的颗粒形貌

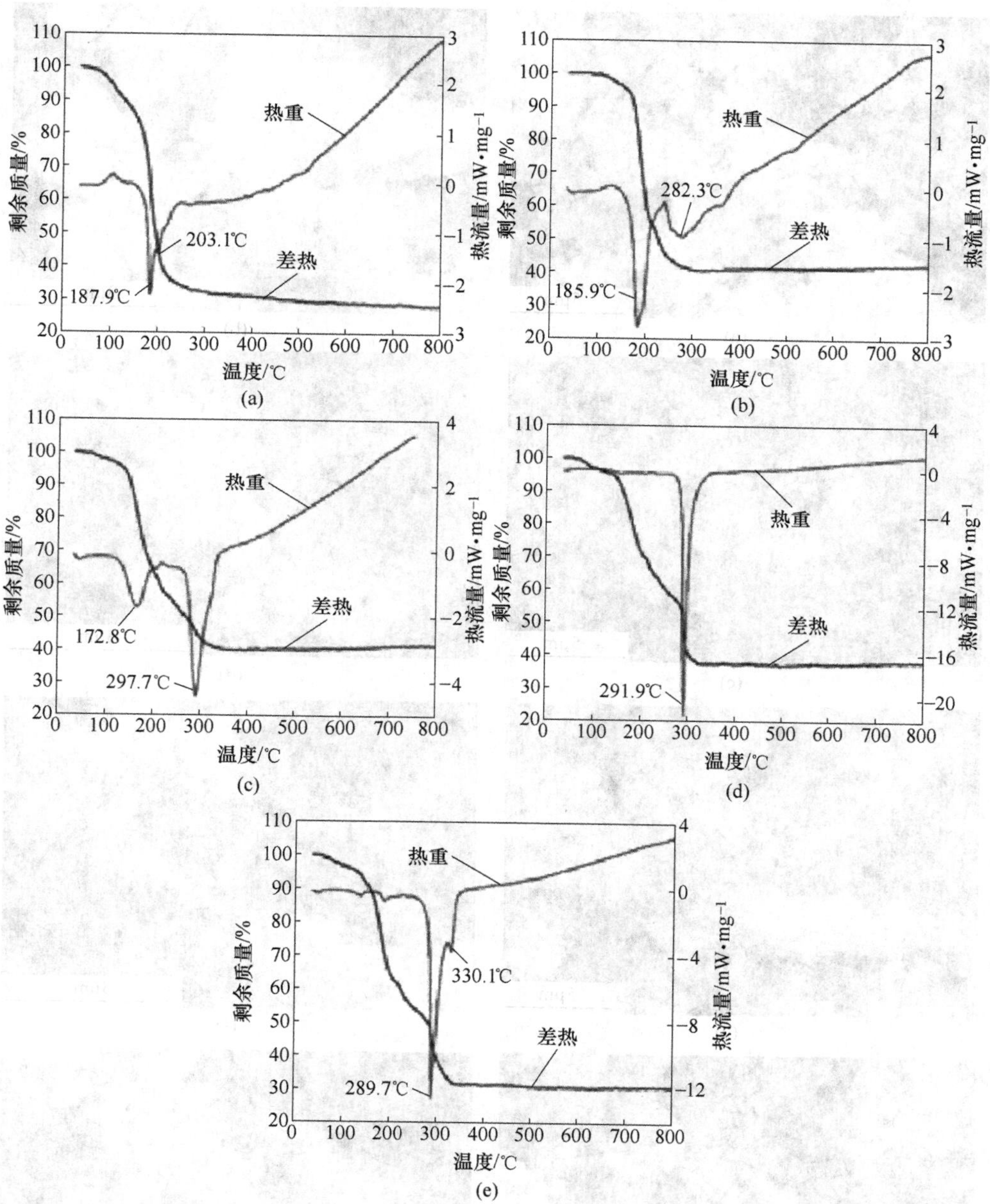
剩余质量/%
热流量/mW·mg⁻¹
温度/℃
热重
差热
203.1℃
187.9℃
282.3℃
185.9℃
172.8℃
297.7℃
291.9℃
330.1℃
289.7℃
(a)
(b)
(c)
(d)
(e)

图 6.56 样品 A（a）、B（b）、C（c）、D（d）和 E（e）干凝胶的热重-差热曲线

和晶粒尺寸。通过 Digital Micrograph 软件测量发现各组样品的颗粒大小在 190~240nm 的范围内。图中样品 A 的颗粒分布较分散，没有出现明显的团聚现象，也没出现孔洞结构。样品 B 和 C 的颗粒发生了一定程度的团聚，也有一些大孔存在

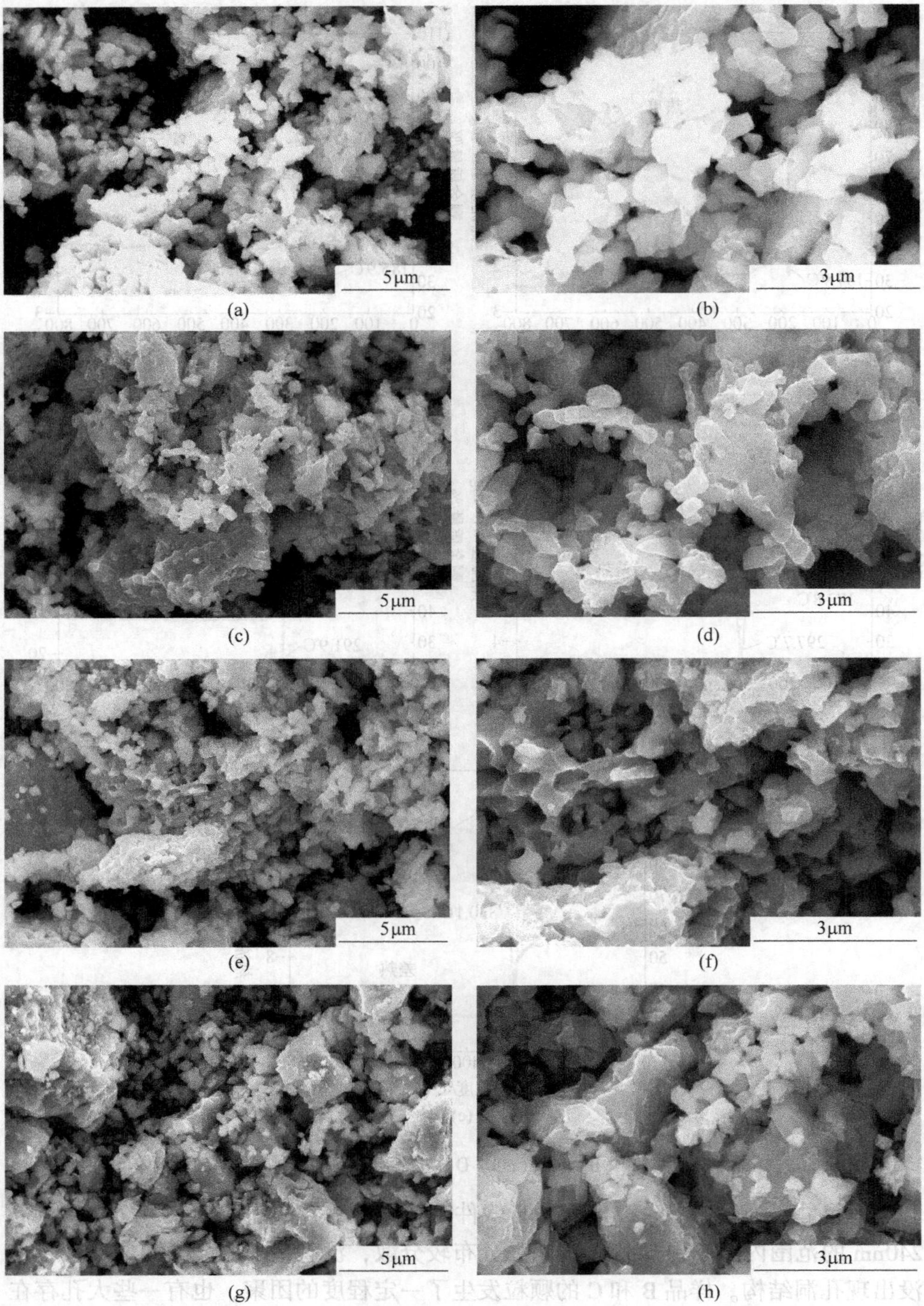
5μm
3μm
(a)
(b)
5μm
3μm
(c)
(d)
5μm
3μm
(e)
(f)
5μm
3μm
(g)
(h)

5μm
(i)
3μm
(j)

图 6.57 样品 A（a、b）、样品 B（c、d）、样品 C（e、f）、样品 D（g、h）和样品 E（i、j）的场发射扫描电镜图

（孔径>50nm），这些孔洞有利于缓解 Na^+嵌入造成的严重体积膨胀，从而提高电池的循环寿命。样品 E 和 F 发生了更严重的团聚，同时在表面还能观测一些大孔。说明较低低柠檬酸–硝酸盐摩尔比造成自蔓燃反应速度缓慢和气体释放量不足，柠檬酸用量的增加不利于颗粒的分散，但是能够在反应过程中释放更多气体，使得材料拥有大孔结构。颗粒过于团聚容易造成材料整体比表面积下降，这将影响材料的活性面积，导致电池容量下降和极化现象加剧。

对之后电化学测试性能最佳的样品 C 和文献常用比例 1.0 的样品 E 进行了透射电镜测试，以便更细致地观察 $CuFe_2O_4$颗粒的形貌、晶粒尺寸和团聚情况。如图 6.58 所示，两组样品都存在一定的团聚和晶粒堆叠现象，其中样品 C 的晶粒尺寸约为 200nm。而过高的柠檬酸用量导致样品 E 颗粒团聚过于严重，以至于难以观察到晶粒之间的晶界，无法判断出实际的晶粒尺寸。

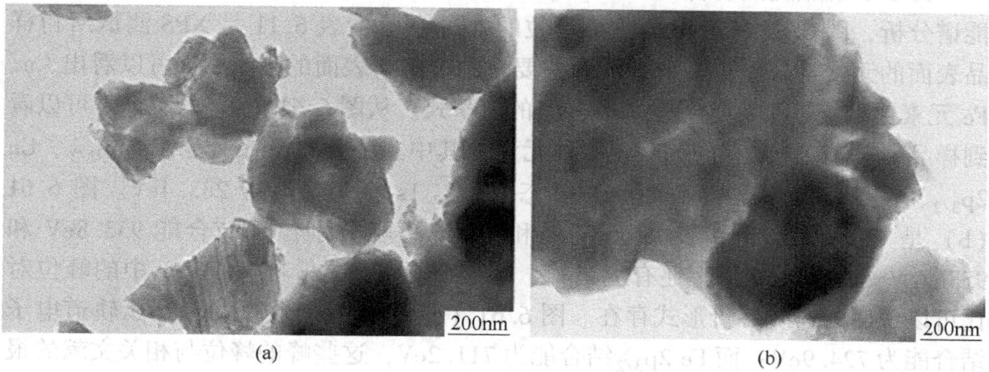
200nm
(a)
200nm
(b)

图 6.58 样品 C（a）和样品 E（b）颗粒的透射电镜图

图 6.59 所示为样品 C 的高分辨透射电镜图和对应的选区电子衍射图。图 6.59（a）能够看到对齐的晶格条纹，晶格间距约为 0.251nm，这与四方晶系反

尖晶石型 $CuFe_2O_4$的（211）晶面对应。在图 6.59（b）中有一系列清晰的衍射斑，说明所得的样品 B 是单晶结构。测量中心点与相邻 4 个点的距离可以计算出它们的晶面间距分别为 2.905nm、2.121nm、2.997nm 和 1.912nm，与 PDF 卡片对照后可知，它们对应于 $CuFe_2O_4$的（200）、（004）、（112）和（213）晶面。由此可以断定所得材料主要是由四方晶系反尖晶石型 $CuFe_2O_4$组成。

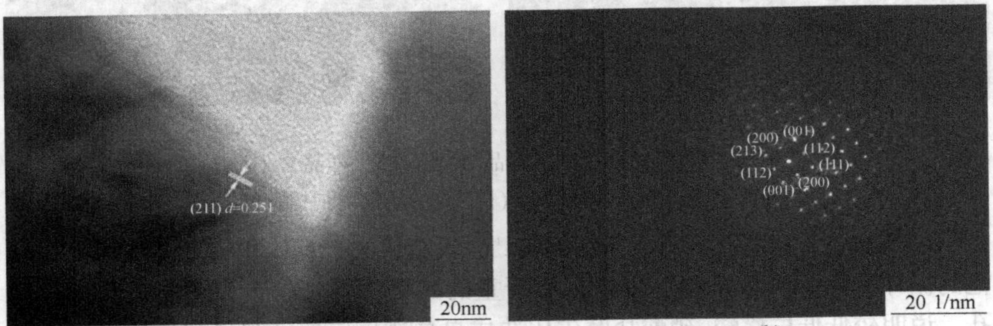

(211) d=0.251
20nm
(200)
(001)
(213)
(112)
(111)
(112)
(200)
(001)
20 1/nm

(a)　　(b)

图 6.59　样品 C 的高分辨透射电镜图（a）和对应的选区电子衍射图（b）

电化学性能最佳的样品 C 在 77 K 氮气吸脱附曲线和孔径分布曲线如图 6.60 所示。从图 6.60 可知样品 C 存在一个迟滞回线，是Ⅳ型吸脱附等温线。此迟滞回线为 H3 型，可能是由裂隙孔结构造成，在较高相对压力区域没有表现出任何的吸附限制。通过 BET 算法可知样品 C 颗粒的比表面积为 1.011m^2/g，BJH 吸附累积总孔孔容积 1.479cm^3/g。由于钠离子电池在充放电过程中电极体积变化非常剧烈，所以较大的比表面积和孔总容积能够保证电池的容量和寿命。

为了了解燃烧法制备的 $CuFe_2O_4$中各元素的状态，对其进行了 X 射线光电子能谱分析，图 6.61 所示为样品 C 颗粒的 XPS 图谱，表 6.11 是 XPS 测试所得样品表面的元素百分比，表中 C 元素主要来源于材料表面的吸附 C，可以看出 Cu、Fe 元素比例接近 1∶2，符合 $CuFe_2O_4$的化学式。从图 6.61（a）的总谱中可以看到样品 C 含有 C、O、Fe 和 Cu 四种元素，其中主要元素分布处于 Cu $2p_{1/2}$、Cu $2p_{3/2}$、Fe $2p_{1/2}$、Fe $2p_{3/2}$、和 O 1s 态，而 C 1s 峰结合能为 283.4eV。图 6.61（b）是 Cu 元素的分谱，Cu $2p_{3/2}$峰和 Cu $2p_{1/2}$峰分别位于结合能 933.8eV 和 953.7eV 处，在主峰周围还有卫星峰，将这个峰与 Cu 2p 在 $CuFe_2O_4$中的峰位对比可以说明 Cu 以+2 价形式存在。图 6.61（c）的 Fe 分谱中，Fe $2p_{1/2}$轨道电子结合能为 724.9eV；而 Fe $2p_{3/2}$结合能为 711.2eV，这些峰的峰位与相关文献的报道非常靠近，可知 $CuFe_2O_4$中元素 Fe 为+3 价。图 6.61（c）是 O 1s 的 XPS 分谱图，将 O 1s 峰拟合成位于 529.0eV 和 530.3eV 两个峰，低结合能主峰代表 $CuFe_2O_4$中 O^{2-}的晶格氧，高结合能伴峰则代表样品表面的吸附氧，如 OH、H_2O 或者碳酸盐等。

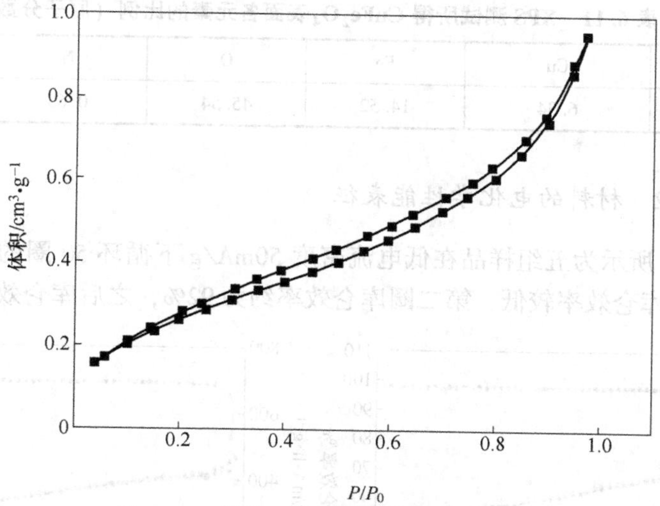

体积/cm³·g⁻¹
1.0
0.8
0.6
0.4
0.2
0
0.2
0.4
0.6
0.8
1.0
P/P0

图 6.60 样品 C 的氮气吸脱附曲线图

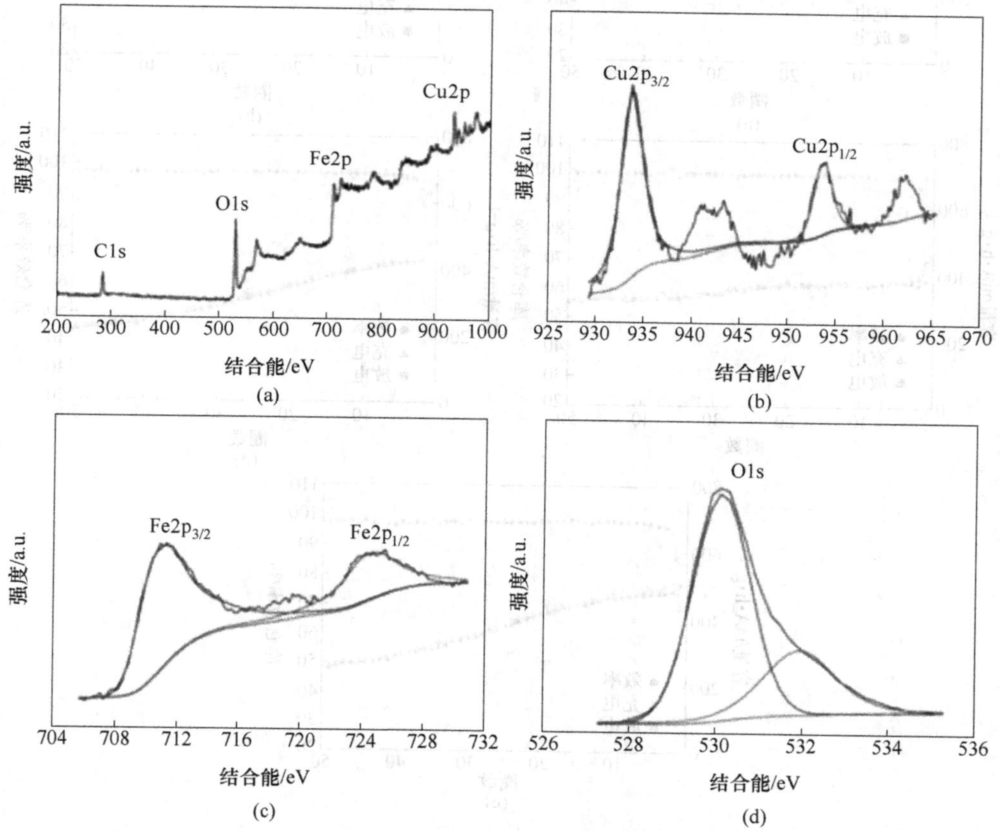

强度/a.u.
C1s
O1s
Fe2p
Cu2p
200 300 400 500 600 700 800 900 1000
结合能/eV
(a)
Cu2p3/2
Cu2p1/2
925 930 935 940 945 950 955 960 965 970
(b)
Fe2p3/2
Fe2p1/2
704 708 712 716 720 724 728 732
(c)
O1s
526 528 530 532 534 536
(d)

图 6.61 $CuFe_2O_4$样品 C 颗粒的 XPS 总谱图和各元素的分谱图

表 6.11 XPS 测试所得 $CuFe_2O_4$表面各元素的比例（原子分数） （%）

元素	Cu	Fe	O	N	C
$CuFe_2O_4$	6.34	14.52	45.54	0.65	32.95

6.4.4.2 材料的电化学性能表征

图 6.62 所示为五组样品在低电流密度 50mA/g 下循环 50 圈的性能。图中各样品首圈的库仑效率较低，第二圈库仑效率约为 92%，之后库仑效率维持在 95%

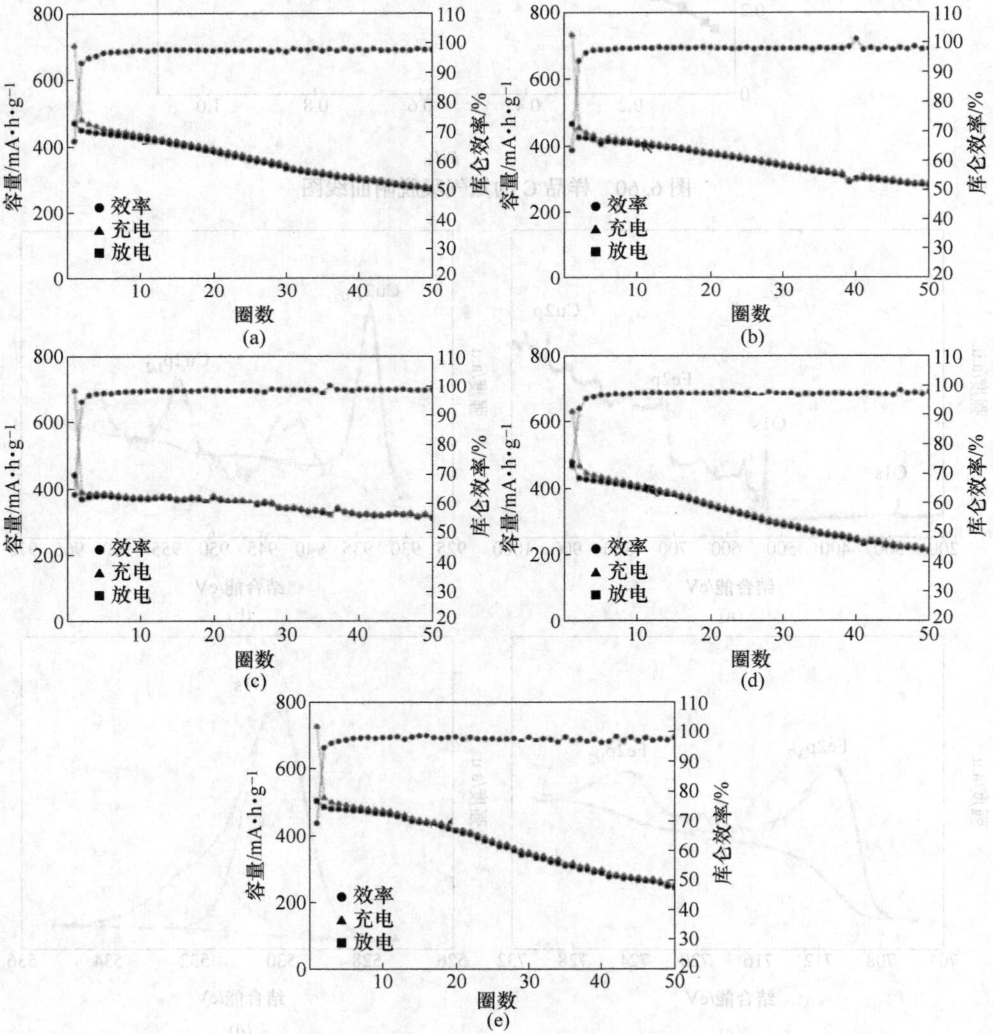
容量/mA·h·g⁻¹
库仑效率/%
圈数
● 效率
▲ 充电
■ 放电
(a)
(b)
(c)
(d)
(e)

图 6.62 样品 A（a）、样品 B（b）、样品 C（c）、样品 D（d）和样品 E（e）的循环性能

（电压范围 0.01~3.0V（vs. Na/Na^+），电流密度 50mA/g）

以上。从曲线的倾斜角度可以看出，各样品首圈虽然能够放电 700mA · h/g 以上，但是容量衰减非常快，第二圈已经下降到 400 多 mA · h/g，这归结于 SEI 膜形成造成的产生不可逆容量。在之后的充放电过程中，由于 Na^+ 不断进入和脱出负极导致电极材料结构的膨胀和不可逆粉化，各组样品容量持续下降。其中样品 C 的容量保持率相对较高，与第二圈相比达到 80.1%，50 次循环后的充放电容量为 309.1/311.8mA · h/g。其他四组样品 50 次循环后充放电容量分别为 271.5/277.8mA · h/g、279.8/285.8mA · h/g、211/215.4mA · h/g 和 243.7/248.9mA · h/g，容量保持率分别为 57.5%、62.9%、45.9% 和 48.5%。样品 C 优秀的循环性能可能来源于其拥有的相对多的孔洞结构、较高的结晶度和合适的晶粒尺寸等优势，令其在循环过程中保持微观结构稳定不坍塌。

对各种样品进行 200mA/g 下 200 次长循环测试，以检验各样品的在高电流密度下的循环性能。如图 6.63 所示，五组样品的充放电曲线规律与之前测试的类似，首次容量 700mA · h/g 以上，库仑效率 66% 左右，在前几十个循环容量呈现逐渐迅速下降的趋势，当下降到较低容量（约 100mA · h/g）以后容量衰减速度变慢，曲线逐渐变平缓，库仑效率稳定在 99% 以上。表 6.12 是各样品在 50 圈、100 圈、150 圈和 200 圈时的容量，可以看出样品 C 的容量明显高于其他样品，说明其在高电流密度下的循环性能仍具有优势，样品 A 也表现出相对优异

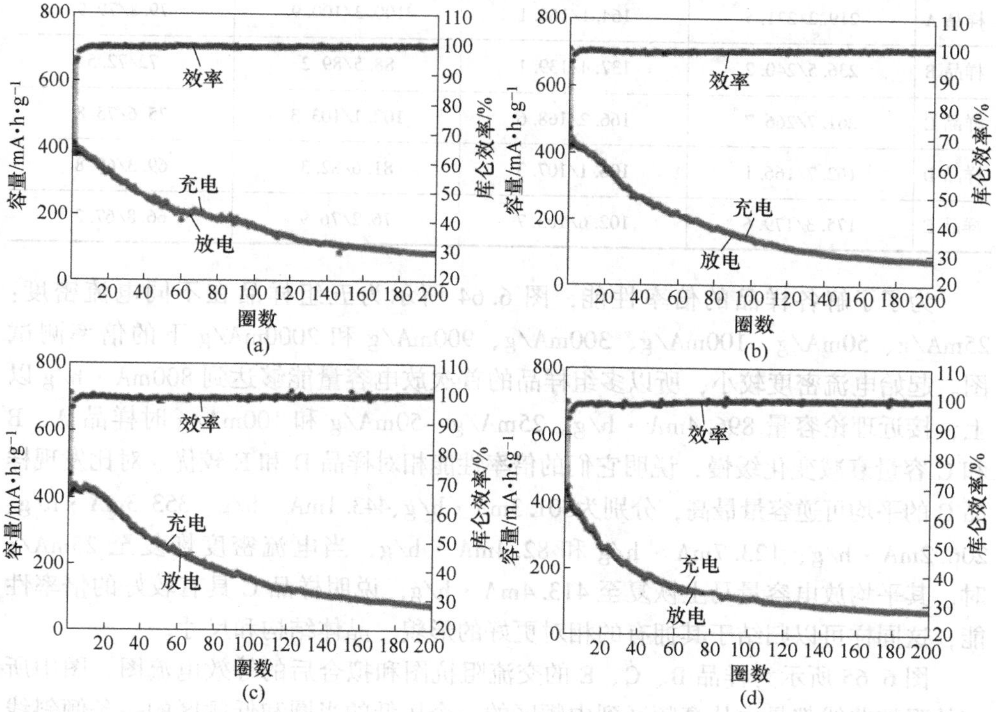
容量/mA·h·g⁻¹
库仑效率/%
圈数
效率
充电
放电
(a)
(b)
(c)
(d)

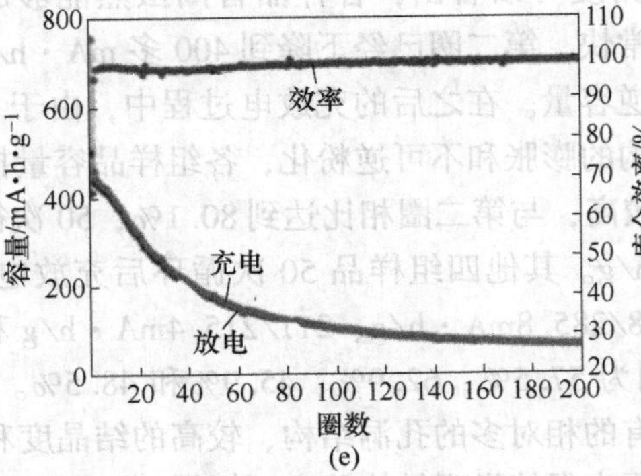
800
600
400
200
110
100
90
80
70
60
50
40
30
20
效率
充电
放电
容量/mA·h·g⁻¹
库仑效率/%
20 40 60 80 100 120 140 160 180 200
圈数
(e)

图 6.63　样品 A（a）、样品 B（b）、样品 C（c）、样品 D（d）和样品（e）在电流密度 200mA/g 时的循环性能

的可逆性。在最后的十几个循环中，样品间的容量差距较小约为 60～80mA · h/g，说明 Na^+ 多次的进入与脱出，电极中不稳定的结构已经完全被破坏，剩下的稳定结构能够保证电极材料持续地进行电化学反应。

表 6.12　五组样品在第 50 圈、第 100 圈、第 150 圈和第 200 圈的容量

样品	50 圈容量/mA · h · g⁻¹	100 圈容量/mA · h · g⁻¹	150 圈容量/mA · h · g⁻¹	200 圈容量/mA · h · g⁻¹
样品 A	219. 2/221. 5	164. 1/166. 1	100. 3/100. 9	79. 8/79. 9
样品 B	236. 5/240. 2	137. 4/139. 1	88. 5/89. 2	72/72. 5
样品 C	261. 7/266. 7	166. 2/168. 6	102. 1/103. 3	75. 6/75. 8
样品 D	162. 7/166. 1	106. 1/107. 3	81. 6/82. 3	69. 3/69. 8
样品 E	175. 3/179. 6	102. 6/103. 7	76. 2/76. 9	66. 8/67. 2

为了了解各样品的倍率性能，图 6. 64 所示为五组样品在不同电流密度：25mA/g、50mA/g、100mA/g、300mA/g、900mA/g 和 2000mA/g 下的倍率测试图。起始电流密度较小，所以多组样品的首次放电容量能够达到 800mA · h/g 以上，接近理论容量 896. 4mA · h/g。25mA/g、50mA/g 和 100mA/g 时样品 A、B 和 C 容量衰减变化缓慢，说明它们的倍率性能相对样品 D 和 E 较优。对比发现样品 C 的平均可逆容量最高，分别为501. 3mA · h/g、443. 1mA · h/g、353. 3mA · h/g、206. 2mA · h/g、123. 7mA · h/g 和 82. 4mA · h/g，当电流密度恢复至 25mA/g 时，其平均放电容量马上恢复至 413. 4mA · h/g，说明样品 C 具有较好的倍率性能，这同样可以归结于其拥有的相对更好的形貌、晶体结构和尺寸。

图 6. 65 所示为样品 B、C、E 的交流阻抗图和拟合后的等效电流图。图中所有的阻抗曲线都是由从高频区到中频区的一个压低的半圆和低频区的一条倾斜线

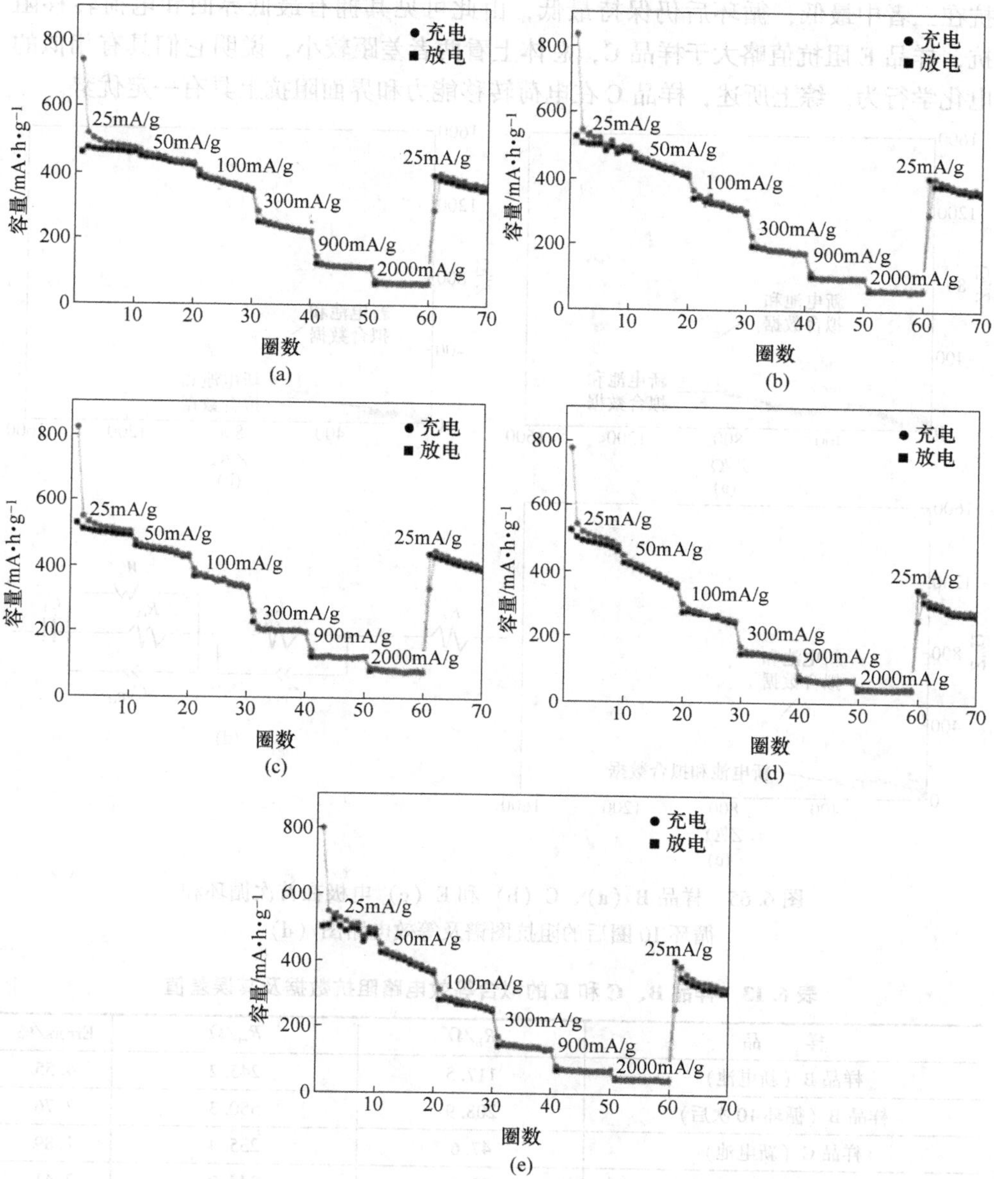
充电
放电
容量/mA·h·g⁻¹
圈数
25mA/g
50mA/g
100mA/g
300mA/g
900mA/g
2000mA/g
(a)
(b)
(c)
(d)
(e)

图 6.64　样品 A（a）、样品 B（b）、样品 C（c）、样品 D（d）和样品（e）在电流密度从 25mA/g 到 2000mA/g 时的倍率性能

组成。等效电路中 R_b 作为电极与电解液的界面阻抗，R_{ct} 为电荷转移阻抗，表 6.13 是它们的拟合数据及误差值，误差值低于 5%，证明拟合的等效电路是接近电池实际电路的。从表中可以看出样品 B 的阻抗明显大于另外两组样品，特别是在经过 10 圈循环后电池 R_{ct} 增长明显，说明此电极可逆性较差。样品 C 的初始阻

抗在三者中最低，循环后仍保持最低，由此可见其拥有最低界面和电荷转移阻抗，样品 E 阻抗值略大于样品 C，总体上看两者差距较小，说明它们具有相似的电化学行为。综上所述，样品 C 在电荷转移能力和界面阻抗上具有一定优势。

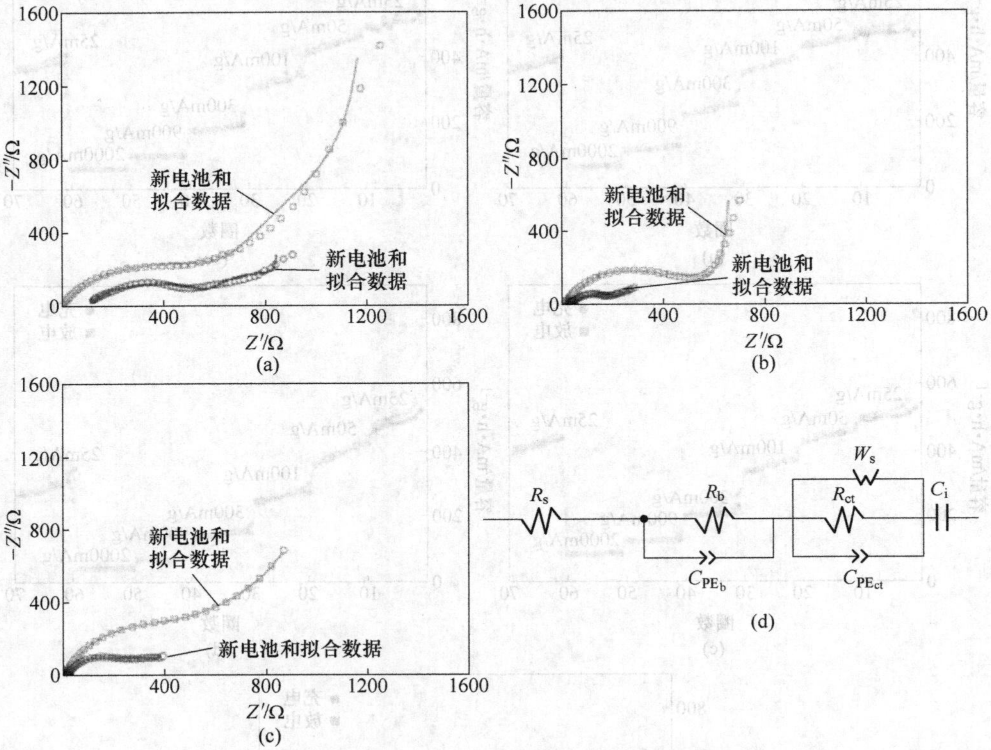

1600
1200
800
400
0
400
800
1200
1600
$-Z''/\Omega$
Z'/Ω
新电池和拟合数据
(a)
(b)
(c)
新电池和拟合数据
R_s
R_b
R_{ct}
W_s
C_i
C_{PE_b}
$C_{PE_{ct}}$
(d)

图 6.65　样品 B（a）、C（b）和 E（c）电极在首次循环和循环 10 圈后的阻抗图谱及等效电路图（d）

表 6.13　样品 B、C 和 E 的拟合等效电路阻抗数据及其误差值

样　品	R_b/Ω	R_{ct}/Ω	Errors/%
样品 B（新电池）	117.5	245.2	4.55
样品 B（循环 10 次后）	208.9	550.3	2.76
样品 C（新电池）	47.6	235.4	1.89
样品 C（循环 10 次后）	70.4	344.2	2.41
样品 E（新电池）	65.2	259.4	1.32
样品 E（循环 10 次后）	92.4	374.8	0.90

锂离子的扩散系数公式同样适用于钠离子，通过公式：

$$D_{Na} = 0.5\left(\frac{RT}{AFn^2C\sigma}\right)^2 \tag{6.3}$$

可以比较出钠离子在样品 B、C 和 E 电极中扩散系数大小，式中，D_{Na}是锂离子扩散系数，根据 σ 的大小可以比较出 3 组样品的扩散系数相对值，σ 的计算公式如下：

$$Z' = R + \sigma\omega^{-1/2} \tag{6.4}$$

将阻抗低频区实部数据和角频率代入公式（6.4），结果如图 6.66 所示，表 6.14 是 σ 的具体数值。从图表中可知，三者的斜率差别较小，随着柠檬酸-硝酸盐摩尔比的增加，材料的钠离子扩散系数出现先减小后增大的规律，其中样品 C 的 σ 值最小，说明其 D_{Na}最大，较高的钠离子扩散系数有助于改善材料钠离子的扩散动力学，提高样品 C 的倍率性能。

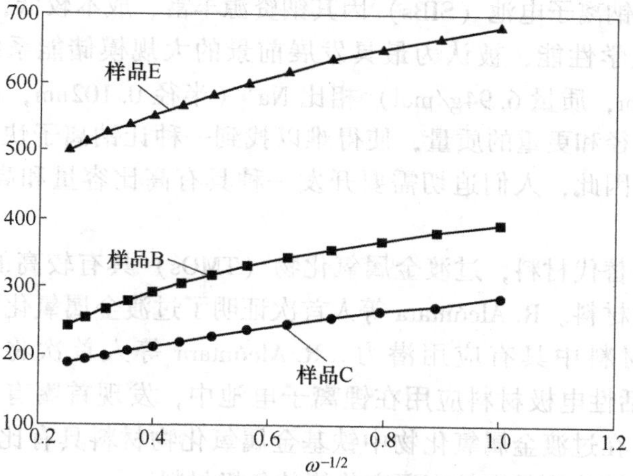
700
600
500
400
300
200
100
Z'/Ω
样品E
样品B
样品C
0.2
0.4
0.6
0.8
1.0
1.2
ω^-1/2

图 6.66 样品 B、C 和 E 电极实部阻抗（Z'）与低频区角频率（ω）反平方根的关系曲线

表 6.14 经过计算的样品 B、C 和 E 电极的 Warburg 系数（σ）

样 品	σ
B	156.27
C	124.03
E	209.07

本节以柠檬酸为络合剂和燃剂，硝酸盐为原料，通过燃烧法制备了四方晶型反尖晶石结构的 $CuFe_2O_4$钠离子电池负极材料。先后采用 XRD、SEM、TEM、氮气吸附和热重-差热分析等手段对其进行形貌及结构表征，发现燃烧法所得材料结晶度高，并存在一定的孔洞结构，在温度优化试验中确定 800℃是适宜的煅烧温度。通过系统研究柠檬酸-硝酸盐摩尔比对 $CuFe_2O_4$的作用规律，发现随着比例的增加颗粒的团聚现象将会加剧，同时自蔓燃反应温度也会随之升高。

采用 CV 测试对 $CuFe_2O_4$储钠机理进行了分析，确定了其转换反应的反应电位。在之后的充放电测试中，发现柠檬酸-硝酸盐摩尔比为 0.56 的样品 C 表现出最好的循环稳定性，在 50mA/g 循环 50 圈时，放电容量为 311.8mA · h/g，与第 2 圈相比保持率达到 80.1%。倍率测试中，经过 2000mA/g 循环 10 圈后，25mA/g的测试中容量高达 413.4mA · h/g。之后的阻抗测试说明此样品具有较低的电荷转移阻抗和界面阻抗以及较高的钠离子扩散系数。由此可知，选用 0.56 的柠檬酸-硝酸盐摩尔比能够获得电化学性能优良的 $CuFe_2O_4$ 钠离子电池负极材料。

6.5 具有优异的钠储存性能形状可控的 $CuFe_2O_4$ 合成

近年来，钠离子电池（SIBs）因其钠资源丰富、成本较低，以及商用锂离子电池相似的化学性能，被认为最具发展前景的大规模储能系统。然而，与 Li^+（半径 0.059nm，质量 6.94g/mol）相比 Na^+（半径 0.102nm，质量 22.99g/mol）具有更大的半径和更重的质量，使得难以找到一种让钠离子快速稳定嵌入/脱嵌的负极材料。因此，人们迫切需要开发一种具有高比容量和高循环性能的负极材料。

做为一种替代材料，过渡金属氧化物（TMOs）具有较高的储钠容量，是一种很有前途的材料。R. Alcántara 等人首次证明了过渡金属氧化物 $NiCo_2O_4$ 在钠离子电池负极材料中具有应用潜力。R. Alcántara 等人首次将过渡金属氧化物 $NiFe_2O_4$ 作为活性电极材料应用在锂离子电池中，发现首圈有接近 900mA · h/g 的可逆容量。在过渡金属氧化物中铁基金属氧化物材料具有比容量大、成本低、环保等优点，被认为具有较高研究价值的负极材料。

在制备方面，Guo 等人用模板法制备了块状 $MgFe_2O_4$，该材料在 50mA/g 的情况下，首圈具有 406mA · h/g 的良好容量，在 150 次循环后还有 135mA · h/g 的容量。Wu 等人用共沉淀法制备了棒状 $CuFe_2O_4$，实现了 $CuFe_2O_4$ 首次在钠离子电池负极上的应用，该材料在 50mA/g 下首次循环高达 846mA · h/g，在 100mA/g 放电速率下，第 50 次循环的放电容量为 217mA · h/g，库仑效率为 98.5%。Li 等人用溶胶凝胶法制备了晶体可控的 $CuFe_2O_4$ 纳米粒子作为钠离子电池负极材料，创新地研究了反应温度对产物相组成、形貌和钠储存性能的影响，在 150℃条件下得到的 $CuFe_2O_4$ 能够表现出优异的电化学性能，在 80 次循环周期后，放电容量仍为 331.0mA · h/g，保留容量高达 79.8%。在改性方面，Wu 等人采用一步水热法制备了 $NiFe_2O_4$/RGO 纳米复合材料，$NiFe_2O_4$/RGO（20%）（质量分数）在 50mA/g 条件下循环 50 周期后仍具有高达 450mA · h/g 的可逆容量。Liu 等人通过静电纺丝法制备了 $MnFe_2O_4$@C 纳米纤维，该纳米纤维表现出了优异的电化学性能、超长的循环寿命和惊人的倍率性能，在 100mA/g 和 10000mA/g 下容量分别为 504mA · h/g 和 305mA · h/g，在 2000mA/g 下循环

4200 圈容量保持率高达 92%。He Q 等人采用简单的水热法制备了$CoFe_2O_4$涂层聚吡咯纳米管（$CoFe_2O_4$-Polypyrrole Nanotubes）复合材料，在 100mA/g 下经过 200 次循环后，放电容量可以达到 400mA · h/g，库仑效率稳定在 98%。

但以上所用的方法都具有明显的缺点：模板法成本太高，不适合较大规模生产；溶胶凝胶法实验时间较长，水热法加热温度低导致结晶度较差，共沉淀法金属离子无法全部共沉淀导致元素失衡，静电纺丝只能形成纺纳米线/带，使振实密度偏低。为解决上述方法存在的问题，本节实验采用喷雾干燥-固相烧结法制备$CuFe_2O_4$材料，此方法操作性好，能得到比表面积大、结晶度高、成分均匀性好的颗粒，并且操作简单、效率高，可迅速对材料进行形貌干燥。

6.5.1 工作内容

本节首次通过喷雾干燥法制备$CuFe_2O_4$前驱体，再通过高温煅烧的方法制备$CuFe_2O_4$颗粒，作为钠离子负极材料。该方法流程简单，可以实现形貌的可控制备，通过改变甘氨酸-硝酸盐的摩尔比控制材料的形貌，并找到最优的电化学性能。详细研究了甘氨酸-硝酸盐不同的摩尔比对材料的形貌和电化学性能的影响。通过实验结果表明，在甘氨酸-硝酸盐的摩尔比为 0.3 的条件下$CuFe_2O_4$表现出最优的储钠能力，在 50mA/g 下首次放电容量高达 864.4mA · h/g 接近理论容量 896.4mA · h/g，在 50 次循环周期后可逆容量仍有 483.7mA · h/g，库仑效率高达 98%。

6.5.2 材料合成

$CuFe_2O_4$合成过程分两步完成：第一步喷雾干燥制备前驱体，第二步进行燃烧法合成。具体流程可以简单概括为：首先将 40mmol 的 $Cu(NO_3)_2 \cdot 3H_2O$（99%）和 80mmol 的 $Fe(NO_3)_3 \cdot 9H_2O$(99%) 溶解在 280mL 去离子水中，然后加入 36mmol 的甘氨酸作为络合剂和燃剂（甘氨酸-硝酸盐摩尔比为 0.3）到上述溶液中，将混合溶液在 30℃下恒温加热，恒定磁力搅拌 20min，直到甘氨酸和硝酸盐完全溶解；再将混合完全的溶液进行喷雾干燥，喷雾干燥机系统设置为：进口温度 190℃，入料速度 65mL/h，雾化器压力 2MPa，将溶液转化成干燥的前驱体粉末。最后将装有前驱体的坩埚放入箱式炉中在 800℃下空气氛围煅烧 6h，升温速率为 5℃/min，待箱式炉自然冷却至室温后，取出坩埚进行研磨，得到最终$CuFe_2O_4$材料。作为比较研究，增加甘氨酸摩尔量，分别设置为 12mmol 和 67.2mmol（甘氨酸-硝酸盐摩尔比为 0.1 和 0.56），按照上述步骤进行制备（分别表示 G/N-0.1，G/N-0.3 和 G/N-0.56）。

6.5.3 材料表征

使用 Rigaku MiniFlex Ⅱ X 射线衍射仪（XRD）鉴定材料的晶体结构。为了确定前体的温度和热变化，使用热重差示扫描量热法（TG－DSC）和经由 NETZSCH STA 449F3 的数据记录，使用场发射扫描电子显微镜（SEM；FEI Nova Nano SEM 450）观察材料的形态，使用过渡电子显微镜（TEM；Tecnai G2 TF30 S－Twin）更精细地观察材料形态，使用 ASAP 2460 Brunauer－Emmett－Teller（BET）测试材料的比表面积，用 Spectrometer Plasma 1000 电感耦合等离子体原子光谱仪（ICP）测定金属 Cu 元素含量百分比和 Fe 元素含量百分比。

6.5.4 电化学性能测试

通过混合重量比为 70：20：10 的 $CuFe_2O_4$、导电炭黑（super-P）和羧甲基纤维素水基黏合剂（CMC）制备工作电极。在 Ar 填充的手套箱中使用 CR2016 纽扣电池组装电池，其中电池阳极是制备的 $CuFe_2O_4$混合材料，阴极是钠箔，隔膜是玻璃纤维，电解质由 1mol $NaClO_4$和在 100%无水碳酸亚丙酯（PC）中的 5%（体积）氟代碳酸亚乙酯（FEC）溶液。在 LAND CT 2001A 电池测试仪中测试电池，并在 0.01～3.0V（相对于 Na^+/Na）下进行充电－放电循环和速率性能电化学测试。在 Metrohm Autolab PGSTAT302N 电化学工作站上以 0.005mV（相对于 Na^+/Na）在 0.1mV/s 下进行循环伏安法（CV）测试。使用 Metrohm Autolab PGSTAT302N 电化学工作站测试电化学阻抗谱（EIS），测试频率范围为 0.01Hz～100kHz。

6.5.5 实验结果与讨论

6.5.5.1 材料形貌表征

图 6.67 所示为三组样品在 800℃煅烧 6h 后的 XRD 图谱。从图中可知，不同甘氨酸-硝酸盐比例煅烧所得的产物峰值基本一致，曲线峰的 2θ 角分布约为 18.3°、29.9°、30.5°、34.7°、35.9°、37.1°、41.8°、43.8°、53.9°、57.0°、57.8°、62.1°、63.6°和74.6°，这与四方晶系反尖晶石型 $CuFe_2O_4$（JCPDS 34－0425）的（101）、（112）、（200）、（103）、（211）、（202）、（004）、（220）、（312）、（303）、（224）、（400）和（413）衍射晶面对应，说明不同甘氨酸-硝酸盐摩尔比所得的产物都是 $CuFe_2O_4$。同时可以看出样品 A 材料的峰强最弱、结晶度最低，样品 B 材料峰强最强并且结晶度最高。此外，三组样品在 38.7°附近都有一个微弱的杂相峰对应单斜晶 CuO（JCPDS 80－1916）的（111）衍射面，在样品 A 中所含 CuO 的峰强最强，含量最多，在样品 B 和样品 C 中峰强较弱，含量较少，可以看出随着甘氨酸比例的减少 CuO 生成增加。原因可能是 Fe^{3+}络合常数为 $\lg\beta=20.19\pm0.02$，比 Cu^{2+}的络合常数 $\lg\beta=8.08$ 大，与甘氨酸络合得更稳定，因此有过多的 Cu^{2+}没有被有效络合，发生团聚，空气氛围下煅烧生成 CuO。

结合 XRD 图谱分析样品 B 制备的材料峰强最强，结晶度更高，同时 CuO 杂质含量较少，因此甘氨酸-硝酸盐摩尔比例为 0.3 时性能可能更好。

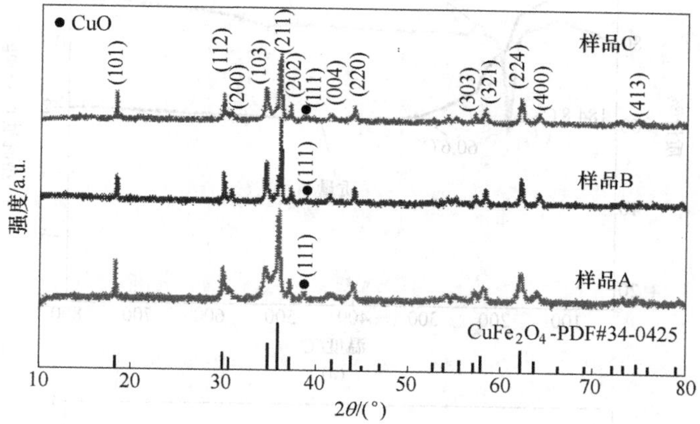

● CuO
样品C
样品B
样品A
(101)
(112)
(200)
(103)
(211)
(202)
(111)
(004)
(220)
(303)
(321)
(224)
(400)
(413)
强度/a.u.
CuFe2O4-PDF#34-0425
10
20
30
40
50
60
70
80
2θ/(°)

图 6.67 所制备样品的 XRD 图谱

图 6.68 所示为三组样品前驱体的热重-差热图。可以看出喷雾干燥产生的前驱体热分解过程比较复杂，可以分脱水、自蔓燃和重结晶 3 个阶段。样品 A 在测试开始时，在 109.4℃有一个小的吸热峰并伴随着质量下降，代表在此处开始发生脱水；之后在 184.8℃出现尖锐的放热峰并伴随质量的迅速下降，热流量达到 −2.59mW/mg，代表在此温度发生自蔓燃反应，生成大量的 C、H、O、N，以气体形式排出；随后在 229.5℃有一个小的吸热峰并且质量还在下降，可能是部分前驱体才开始燃烧，说明甘氨酸作为燃剂用量太少导致反应不够充分。样品 A 的放热峰较短，样品质量变化较小，稳定在 60.6%左右，并且持续吸热，说明样品在发生重结晶过程。样品 B 开始测试的时候也有一个较小的吸热峰并伴随着质量下降，代表在此发生开始脱水；174.5℃开始出现尖锐的放热峰并伴随质量的迅速下降，热流量达到−6.88mW/mg，放出热量比样品 A 还多，之后没有出现吸热峰和放热峰，说明随着温度的升高前驱体的燃烧更为充分；样品质量变化较小，稳定在 34.1%左右，并且持续吸热，说明样品在发生重结晶过程。样品 C 开始测试同样品 A 和 B 一样，存在较小的吸热峰并伴随着质量下降，说明在此发生脱水。之后在 184.8℃出现尖锐的放热峰并伴随质量的迅速下降，热流量达到 −3.52mW/mg,放出热量比样品 A 更多的热量，但比样品 B 放出的热量较少，说明样品 B 反应更完全。样品 C 质量变化较小，稳定在 24.7%左右并且持续吸热，说明样品在发生重结晶过程，样品 C 的质量是最小的，说明随着甘氨酸用量的增加反应更加剧烈，大量的元素以气体的形式去除。通过比较三组样品可知，样品 B 甘氨酸与硝酸盐比例合适，放热流量最大，可以得出样品 B 的反应过程最充分的结论。

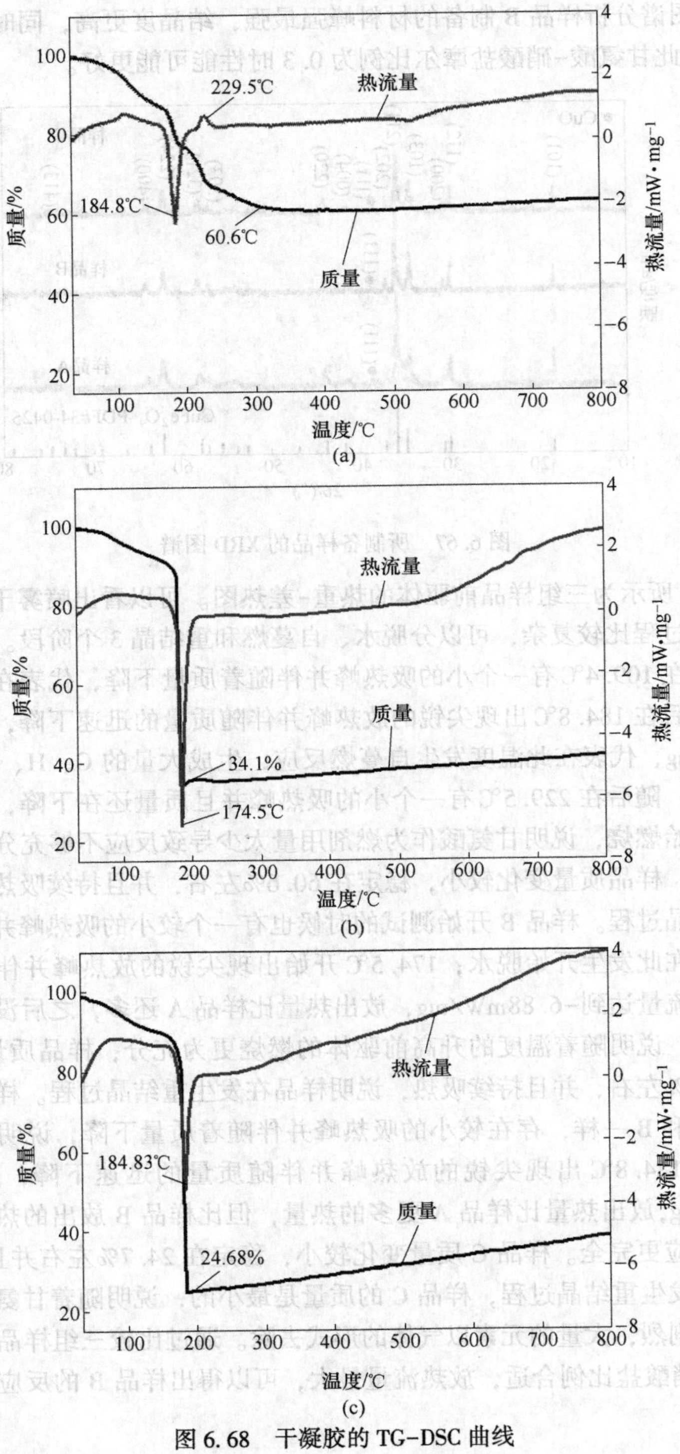

229.5℃
热流量
184.8℃
60.6℃
质量
质量/%
热流量/mW·mg⁻¹
温度/℃
(a)
热流量
质量
34.1%
174.5℃
质量/%
热流量/mW·mg⁻¹
温度/℃
(b)
热流量
184.83℃
质量
24.68%
质量/%
热流量/mW·mg⁻¹
温度/℃
(c)

图 6.68　干凝胶的 TG-DSC 曲线

图 6.69 所示为三组样品场发射扫描电镜图，从图中可以看出它们的颗粒形貌和晶粒尺寸。样品 A 颗粒呈现凹陷球形，这是因为制备的前驱体迅速降温，导致材料表面张力收缩，从而使球表面凹陷。样品 A 没有明显的团聚现象，一次粒径在 100~300nm，组成球形的二次粒径在 1~8μm。样品 B 形貌呈现多孔块状，这是因为随着甘氨酸用量的增加反应更加剧烈，球形前驱体经过煅烧形成破碎的多孔块状结构，颗粒大小在 100~ 300nm。样品 C 形貌与样品 B 相似，呈现多孔块状结构，无明显团聚现象，颗粒粒径大约在 100~500nm。三组样品具有不同的

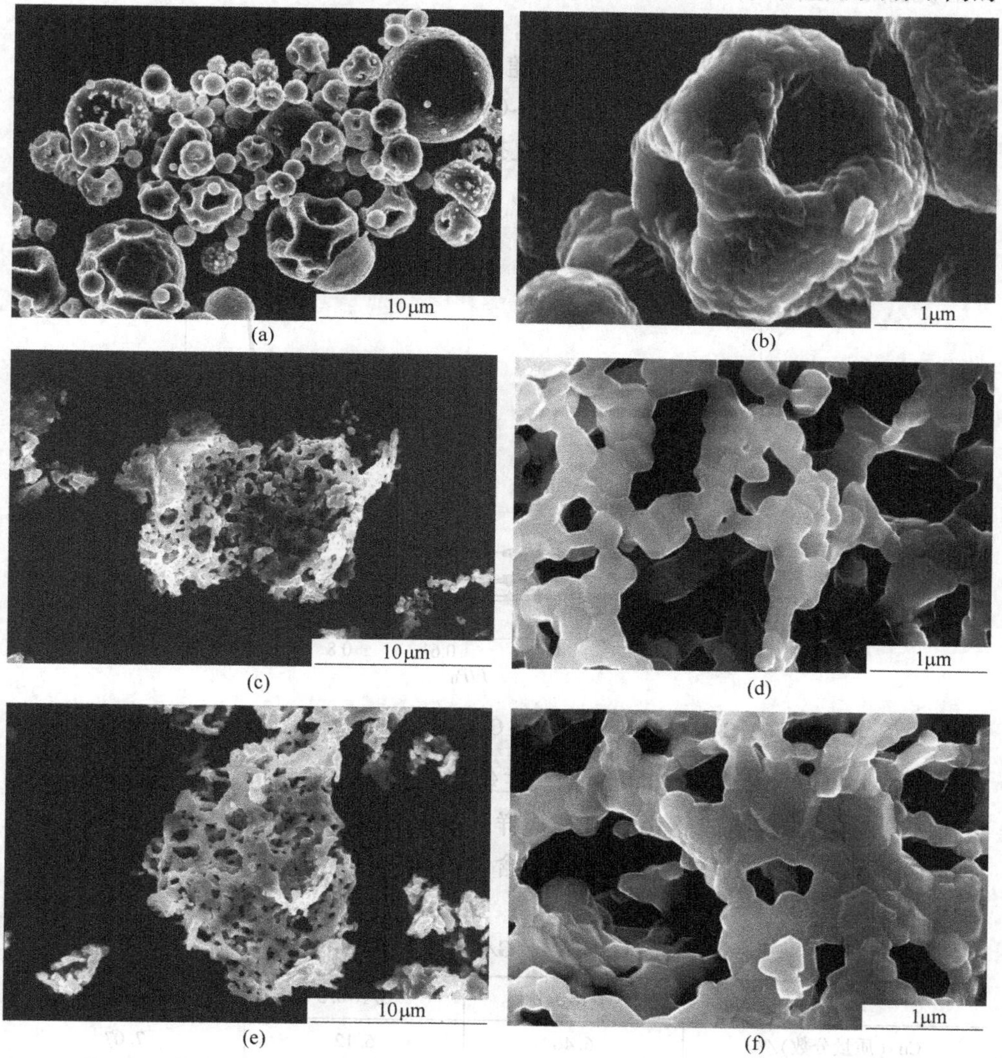
10μm
(a)
1μm
(b)
10μm
(c)
1μm
(d)
10μm
(e)
1μm
(f)

图 6.69 G/N-0.1（a、b），G/N-0.3（c、d）和 G/N-0.56（e、f）的 FESEM 图像

形貌，说明调整甘氨酸用量可以有效实现对 $CuFe_2O_4$ 形貌的调控。样品 A 还能保持球形结构，而样品 B 和 C 是多孔块状，说明样品 A 较少的甘氨酸用量造成自蔓燃反应速度缓慢和气体释放量不足，较多的甘氨酸用量可以在反应过程中释放更多的气体从而形成多孔结构，这些孔洞有利于缓解 Na^+ 嵌入造成的严重体积膨胀，从而提高电池的循环寿命，拥有良好的电化学性能。

图 6.70 所示为 $CuFe_2O_4$ 的 N_2 吸脱附等温曲线。由图可以看出三组样品都是Ⅳ型吸脱附等温曲线，表明不同甘氨酸控制的 $CuFe_2O_4$ 形貌属于介孔材料。G/N-0.3 表现出最大的比表面积（2.0489），其次是 G/N-0.56（1.0203），G/N-0.1（0.4212）的比表面积最小，这是因为随着甘氨酸的增加，反应更为充分，释放出更多的气体使比表面积增大，而 G/N-0.56 比表面积减小是由于多余的甘氨酸造成颗粒团聚。甘氨酸-硝酸盐的比例直接影响材料的比表面积，高比表面积可以加快充放电过程钠离子的嵌入和脱嵌，并且增加钠离子的储存容量。

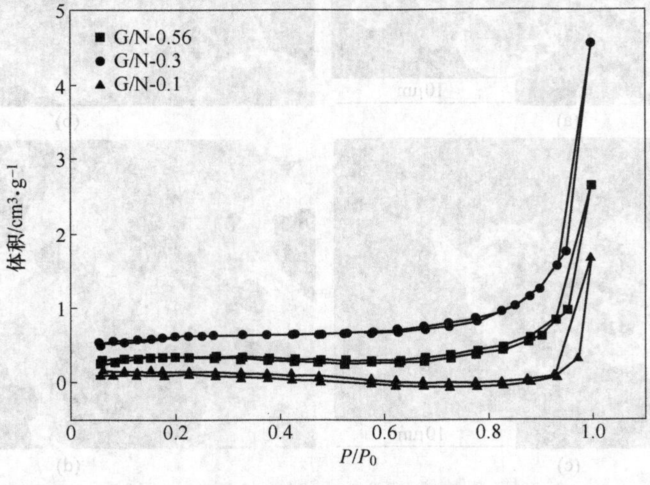
G/N-0.56
G/N-0.3
G/N-0.1
体积/cm³·g⁻¹
P/P₀
0
1
2
3
4
5
0
0.2
0.4
0.6
0.8
1.0

图 6.70 G/N-0.1，G/N-0.3 和 G/N-0.56 的氮气吸脱附等温曲线

表 6.15 为三组样品的 ICP 数据，三组样品摩尔比都超过 0.5，说明 Cu 元素过量，这对应 XRD 生成的 CuO 杂质。样品 B 和样品 C 基本满足分子质量比，但还是 Cu 含量较多，其中样品 A 的 Cu 含量最多，样品 B 的 Cu 含量最少，这与 XRD 数据相符合。

表 6.15 样品 G/N-0.1、G/N-0.3 和 G/N-0.56 的数据

元 素	G/N-0.1	G/N-0.3	G/N-0.56
Cu（质量分数）/%	6.46	6.12	7.07
Fe（质量分数）/%	10.32	10.57	11.74
Cu/Fe(摩尔比)	0.55	0.51	0.53

对之后的电化学测试性能最好的样品 B 进行投射电镜精细化分析，图 6.71 所示为样品 B 的透射电镜和高分辨透射电镜图。从图 6.71（a）和（c）可以看出样品 B 的晶粒尺寸大小，与 SEM 观察结果一致。从图 6.71（a）~（c）能够清楚地看到其晶格条纹，晶格间距为 0.49nm、0.29nm 和 0.21nm，这与四方晶系反尖晶石型 $CuFe_2O_4$ 的（101）、（112）和（004）晶面对应。由此可以判断得材料主要由四方晶系反尖晶石型 $CuFe_2O_4$ 组成。

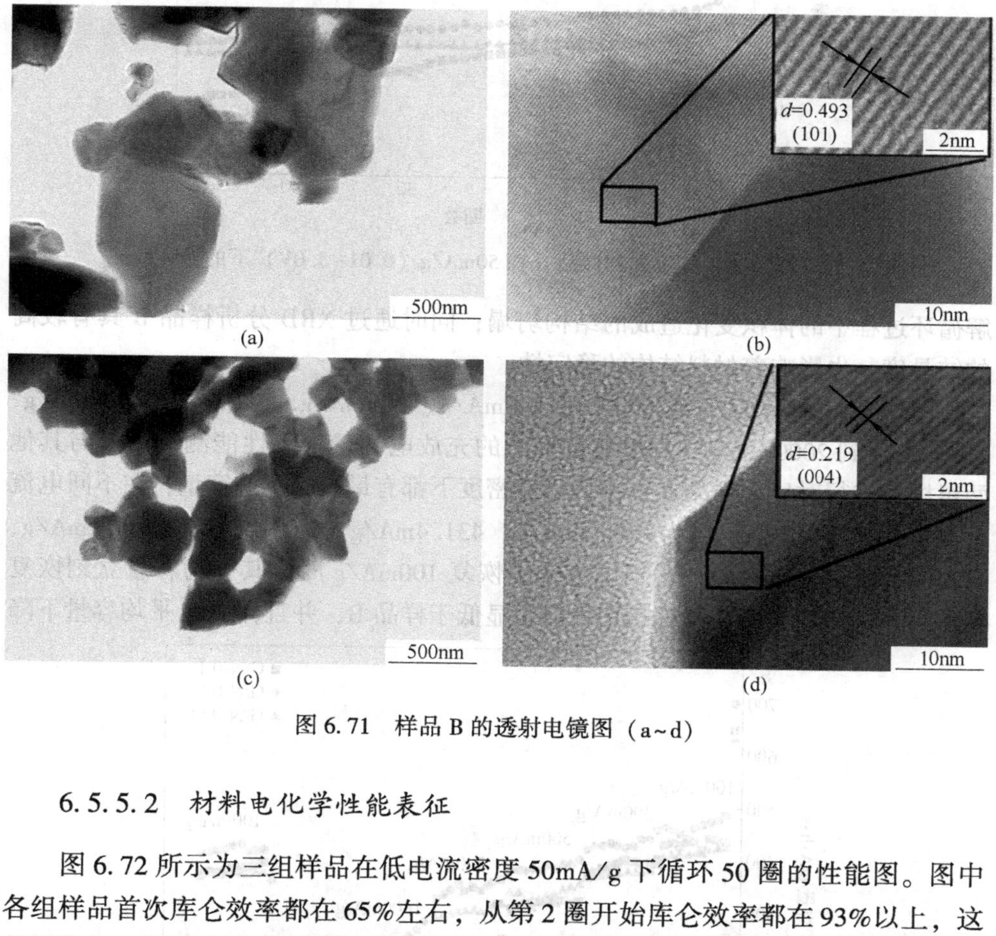
500nm
(a)
d=0.493
(101)
2nm
10nm
(b)
500nm
(c)
d=0.219
(004)
2nm
10nm
(d)

图 6.71 样品 B 的透射电镜图（a~d）

6.5.5.2 材料电化学性能表征

图 6.72 所示为三组样品在低电流密度 50mA/g 下循环 50 圈的性能图。图中各组样品首次库仑效率都在 65%左右，从第 2 圈开始库仑效率都在 93%以上，这是因为 SEI 膜形成造成产生不可逆容量。各组样品随后容量持续下降，库仑效率递增。循环第 50 圈维持在 98%左右，是由于 Na^+ 不断进入和脱出负极，导致电极材料结构的膨胀和不可逆粉化。三组样品循环 50 圈后的充放电容量为 449.4/458.3mA/g、477.4/483.7mA/g 和 463.7/472.7mA/g，库仑效率分别为 98.03%、98.70%和 98.09%。可以看出样品 B 有较高的容量以及库仑效率，其良好的循环性能可能是因为样品 B 具有多孔结构，增加了电极与电解液接触的活化面积并缓

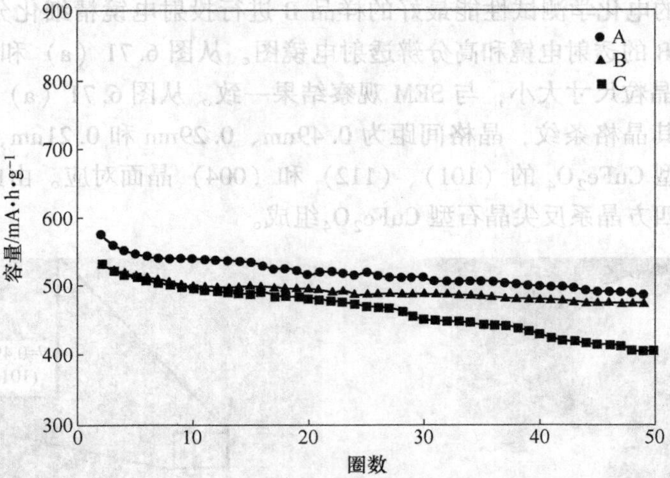
A
B
C
容量/mA·h·g⁻¹
圈数

图 6.72　样品 A、样品 B 和样品 C 在 50mA/g（0.01~3.0V）下的循环性能

解循环过程中的体积变化造成的结构坍塌；同时通过 XRD 分析样品 B 具有较高的结晶度，也影响着材料结构的稳定性。

图 6.73 所示为三组样品在 100mA/g、300mA/g、500mA/g、700mA/g、1600mA/g 到 2000mA/g 不同电流密度下的充放电容量倍率性能测试图。与其他两组样品进行对比，样品 B 在不同电流密度下都有最高的可逆容量，在不同电流密度下的平均容量分别为 489.1mA/g、431.4mA/g、384.4mA/g、340.1mA/g、232.0mA/g 和 188.0mA/g，当电流密度恢复 100mA/g 时，其平均容量立刻恢复 404.3mA/g。而样品 A 和 C 倍率性能明显低于样品 B，并且样品 A 平均容量下降

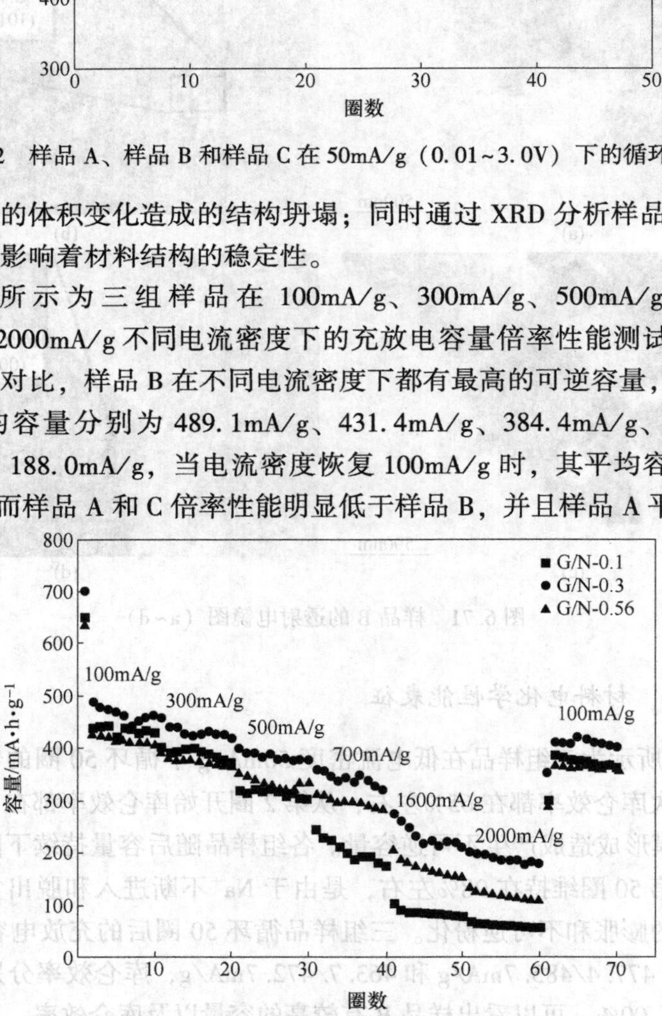
G/N-0.1
G/N-0.3
G/N-0.56
100mA/g
300mA/g
500mA/g
700mA/g
1600mA/g
2000mA/g
100mA/g
容量/mA·h·g⁻¹
圈数

图 6.73　在 100~2000mA/g 电流密度下，样品 G/N-0.1、G/N-0.3 和 G/N-0.56 的倍率性能

比样品 C 快，样品 A 在 2000mA/g 大电流密度下仅有 60.0mA/g 的平均容量。说明样品 B 具有较好的倍率性能，应归结于样品 B 具有较好的结晶度和更好的形貌结构。

图 6.74 所示为三组样品的交流阻抗图和拟合后的等效电路图。三组样品阻抗曲线都是由从高频区到中频区的一个压扁的半圆和低频区的一条倾斜直线组成，拟合后的曲线和实际测试曲线基本重合，证明拟合的等效电路图接近真实情况。等效电路中 R_b 表示电极与电解液的界面阻抗，R_{ct} 表示电荷转移阻抗。表 6.16 为 R_b 和 R_{ct} 拟合数据值和他们的误差值，误差值都在 5%以内，说明拟合的等效电路图更为准确。三组样品新电池 R_b 的值分别为 661.4Ω、603.3Ω 和 637.1Ω，

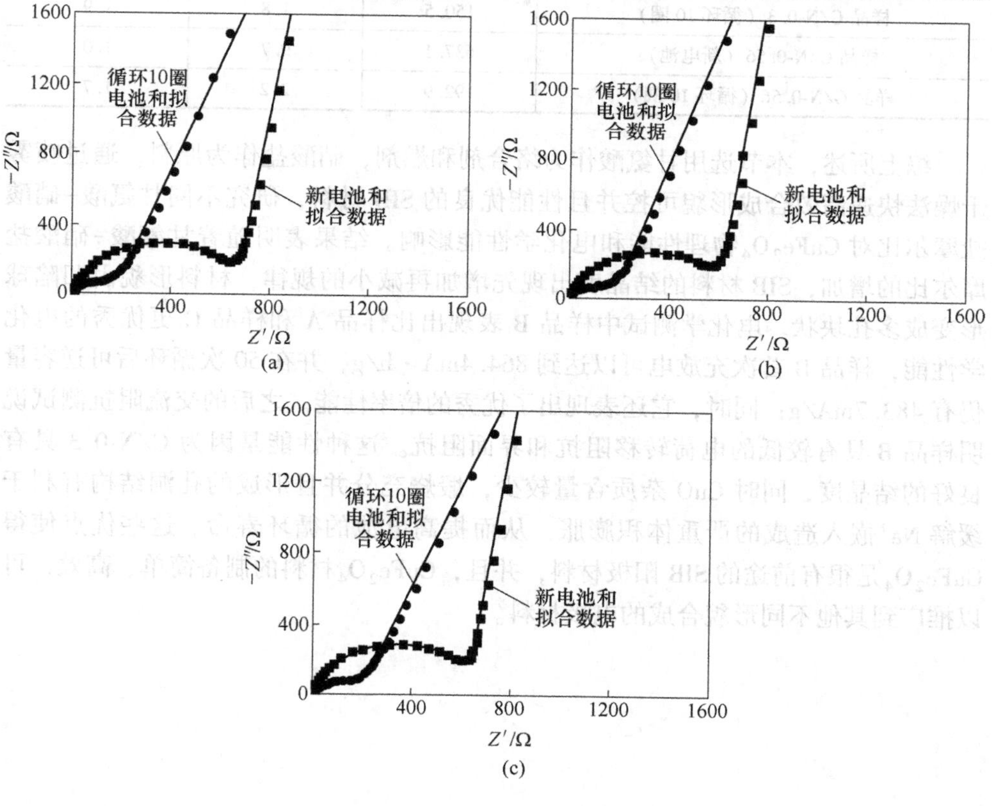
循环10圈电池和拟合数据
新电池和拟合数据
−Z″/Ω
Z′/Ω
(a)
(b)
(c)
R_s
R_b
R_{ct}
W_s
C_i
C_{PE_b}
$C_{PE_{ct}}$
(d)

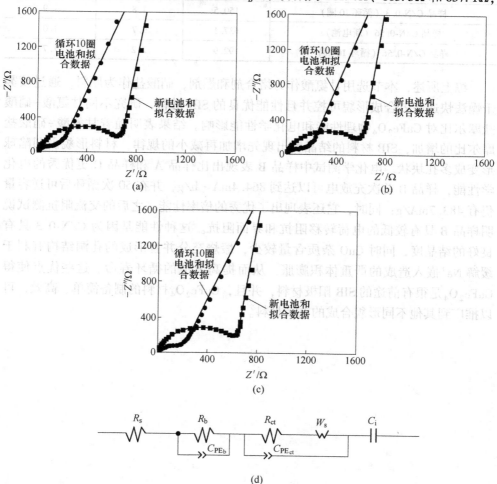

图 6.74　样品 A（a）、B（b）和 C（c）的新电池和第 10 个循环电极的奈奎斯特图以及等效电路模型（d）

循环 10 圈后三组样品 R_b 值变为 166.8Ω、150.5Ω 和 192.9Ω，通过对比很明显样品 B 具有最低的 R_b 值，同样的三组样品 R_{ct} 值在循环 10 圈后样品 B 仍然低于其他两组样品 R_{ct} 值。结果表明样品 B 具有良好的电荷转移能力和较小的界面阻抗优势。

表 6.16 模拟电阻值（R_b，R_{ct}）和样品 A、样品 B 和样品 C 的误差数据

样 品	R_b/Ω	R_{ct}/Ω	误差/%
样品 G/N-0.1（新电池）	661.4	1.4	0.6
样品 G/N-0.1（循环 10 圈）	166.8	9.6	2.0
样品 G/N-0.3（新电池）	603.3	1.9	1.6
样品 G/N-0.3（循环 10 圈）	150.5	1.8	1.9
样品 G/N-0.56（新电池）	637.1	9.7	1.0
样品 G/N-0.56（循环 10 圈）	192.9	2.2	1.7

综上所述，本节选用甘氨酸作为络合剂和燃剂，硝酸盐作为原料，通过喷雾干燥法快速高效合成形貌可控并且性能优良的 SIB 材料，研究不同甘氨酸-硝酸盐摩尔比对 $CuFe_2O_4$ 物理性能和电化学性能影响。结果表明随着甘氨酸-硝酸盐摩尔比的增加，SIB 材料的结晶度出现先增加再减小的规律，材料形貌由凹陷球形变成多孔块状。电化学测试中样品 B 表现出比样品 A 和样品 C 更优秀的电化学性能，样品 B 首次充放电可以达到 864.4mA · h/g，并在 50 次循环后可逆容量仍有 483.7mA/g；同时，它还表现出了优秀的倍率性能。之后的交流阻抗测试说明样品 B 具有较低的电荷转移阻抗和界面阻抗。这种性能是因为 G/N-0.3 具有良好的结晶度，同时 CuO 杂质含量较少，煅烧充分并且形成的孔洞结构有利于缓解 Na^+ 嵌入造成的严重体积膨胀，从而提高电池的循环寿命。这些优点使得 $CuFe_2O_4$ 是很有前途的 SIB 阳极材料，并且，$CuFe_2O_4$ 材料的制备简单、高效，可以推广到其他不同形貌合成的电极材料。

7 生物质衍生硬碳负极材料的制备与电化学性能

7.1 樱花瓣衍生硬碳材料的性能及储钠机理

以生物质前驱体制备的硬碳材料不仅具有改善钠基储能技术性能的巨大潜力，还有助于生物废弃物的回收再利用，是钠离子电池碳基负极材料的研究热点之一。目前，已有许多生物质被报道可用于制备硬碳材料，如葡萄糖、玉米棒、香蕉皮等，这些生物质衍生硬碳材料都展现出较高的电化学可逆容量和良好的倍率性能。但是，研究发现大部分生物质衍生硬碳材料存在碳产率过低、电化学初始库仑效率较低以及循环稳定性一般等问题，且电化学储钠机制存在争议，阻碍了商业化生产。

以樱花瓣作为前驱体材料，通过简单的高温热解工艺，使用酸液处理加以除杂，制备了片状结构硬碳材料 CP。采用 TGA 和 FTIR 测试，考察了 CP 在热解过程中的失重特性以及表面官能团的变化。利用 SEM、XRD、Raman、BET、HR-TEM、XPS 测试，获得了 CP 的形貌、微观结构、物相及元素含量等信息。通过恒电流充/放电、CV、EIS 测试，分析了 CP 电极的电化学性能，通过 CV 和 XPS 测试，深入研究了 CP 电极的电化学储钠行为。通过这些研究得出了影响生物质衍生硬碳材料性能的重要因素，并对相关的电化学储钠机理作了进一步解释，可为今后开发高性能钠离子电池生物质衍生硬碳材料提供新的研究思路。

7.1.1 樱花瓣衍生硬碳材料的制备

首先将收集的樱花瓣洗涤干净，放置在干燥箱内，在 80℃ 下干燥以去除水分，然后将干燥后的樱花瓣放入管式炉中，在氩气氛围下 1000℃ 高温热处理 1h，将碳化后的产物移入 2mol/L HCl 溶液中浸泡以去除材料表面的无机杂质，最后将产物洗涤、干燥、研磨，即得到樱花瓣衍生硬碳材料 CP。合成路线如图 7.1 所示。

7.1.2 樱花瓣衍生硬碳材料形貌及性能的研究

7.1.2.1 材料的热重分析和傅里叶红外光谱分析

采用 TGA 研究 CP 在热解过程中的失重特性。如图 7.2 所示，CP 的热解失

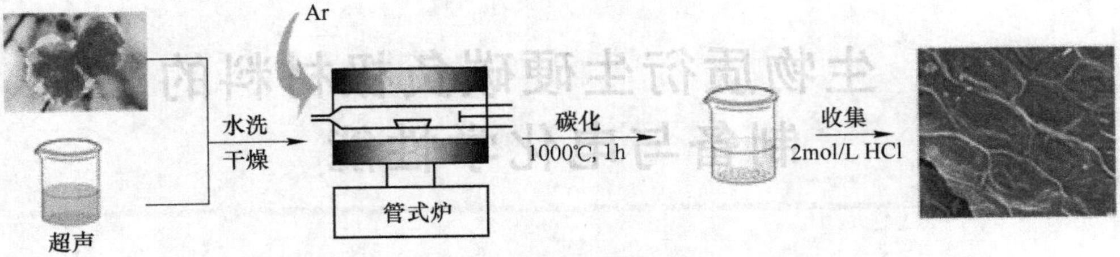
Ar
水洗
干燥
碳化
1000℃, 1h
收集
2mol/L HCl
管式炉
超声

图 7.1 CP 的合成路线

重过程规律类似于其他生物质衍生碳材料，根据加热过程区域可以分为三个阶段。室温至 180℃之间为第一阶段，前驱体材料的质量损失较少，主要是由于热降解现象的开始，吸附在材料表面的少量水分随着温度的升高而蒸发。在从 180~450℃的第二阶段，前驱体材料的质量急剧下降，可能是挥发性有机化合物的损失，且相应的碳水化合物和脂质迅速降解，生物质中的化学组分发生明显变化，这个过程是前驱体材料的主要失重阶段。随着温度的继续升高，前驱体材料的失重开始减缓，进入碳化过程。在 450~1000℃的第三阶段，表现为深层挥发分向外层缓慢扩散的过程，并伴随着脱氢反应，持续时间较长，残渣为灰分和固定碳。此外，樱花瓣的碳产率可以达到 25%，明显高于大多数生物质，是实现商业化生产的理想前驱体材料。

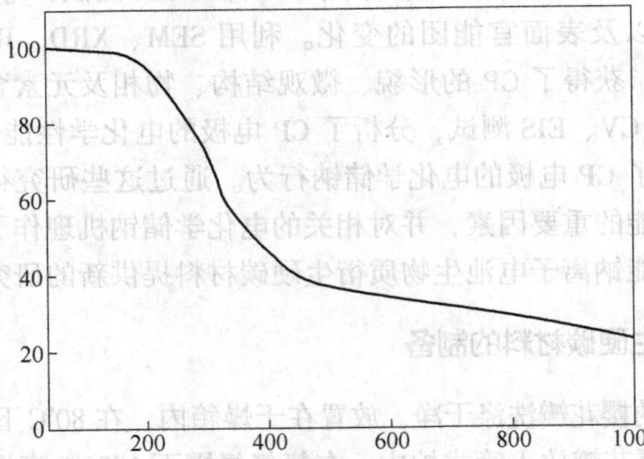
100
80
60
40
20
0
质量/%
200
400
600
800
1000
温度/℃

图 7.2 CP 的 TGA 分析

图 7.3 利用 FTIR 对 CP 和前驱体材料的表面官能团组成进行了分析。在 3420cm^{-1}左右是［—OH］振动形成的吸收峰，如醇、酚、羧酸等。但是，可以看出［—OH］的峰值不处于 3600cm^{-1}，并且相对位置偏低，这是由于受氢键影响导致的。在 3000~2800cm^{-1}的范围内有几个面积较小的吸收峰存在，对应于脂肪族的［C—H］。芳香族的［C═C］、［C═O］、［C—O］以及芳核外面的氢

原子体现在1800~800cm^{-1}范围内的吸收峰。最后，在600cm^{-1}左右出现一个相对较宽且有一定强度的吸收峰，可能是酰胺或者含磷基团。较前驱体材料相比，CP的各官能团含量较小甚至消失，这意味着前驱体材料在热解过程中分子内及分子间的O—H键、C—H键、C—O键等大量断裂，产生大量CO、CO_2、CH_4、C_2H_4、C_2H_6等气体，导致前驱体材料的重量急剧下降，这与TGA数据相符，可以推断此过程主要发生在TGA分析的第二阶段。

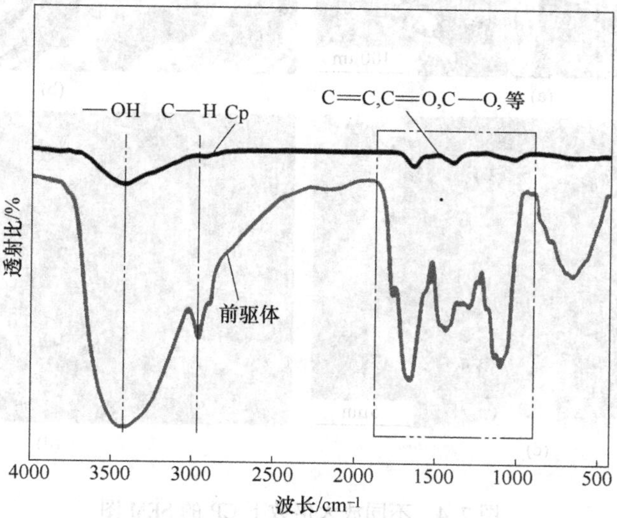
—OH
C—H
Cp
C═C,C═O,C—O,等
透射比/%
前驱体
4000
3500
3000
2500
2000
1500
1000
500
波长/cm⁻¹

图7.3 CP的FTIR分析

7.1.2.2 材料的形貌分析和物相分析

通过SEM图像观察CP的形貌。如图7.4（a）所示，CP呈现出与前驱体材料相一致的片状结构，说明经过加工处理的前驱体材料不仅成功转化为硬碳材料，还使得原有形貌得以保留。在较大放大倍率下观察，可以发现CP表面由大小均一的“蜂巢”区域组成，规则有序（图7.4（b））。图7.4（c）所示为放大后的“蜂巢”区域，凸起的褶皱无规则分布。此外，从图7.4（d）可以看出，褶皱表面十分光滑且孔隙较少，这将导致大尺寸形态CP的比表面积较低，下文将通过比表面积及孔隙度分析进一步验证。

CP的微观结构采用XRD和Raman进行表征。如图7.5（a）所示，XRD图谱在约22°和约43°显示出两个弱的宽衍射峰，分别对应于（002）和（101）面的衍射，说明CP是一种典型的非线性碳材料，且具有高度无序的结构。计算出石墨微晶片层沿c轴方向的厚度（L_c）为1.13nm。同时，以（002）峰高度与背景高度之比计算出的经验参数R为2.62，表明CP是由无序石墨微晶和少量堆叠

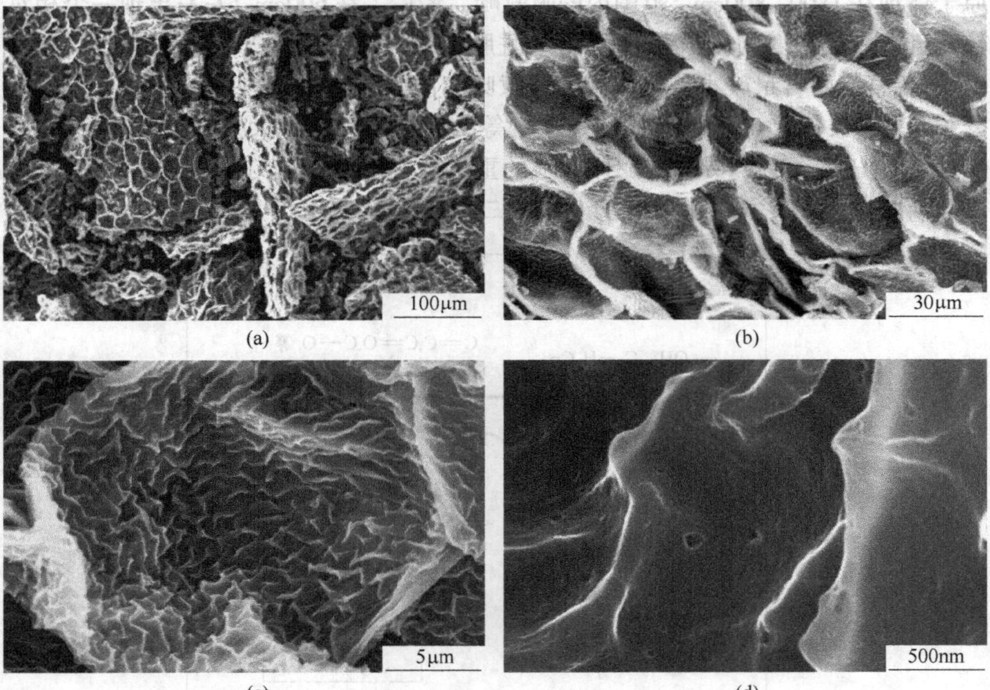
100μm
(a)
30μm
(b)
5μm
(c)
500nm
(d)

图 7.4　不同放大倍数下 CP 的 SEM 图

石墨微晶片所组成。此外，根据之前有关生物质衍生硬碳材料的研究报道，钠离子的存储受到材料石墨化程度的影响，故采用光谱分析研究 CP 的石墨化程度。如图 7.5（b）所示，在约 $1343cm^{-1}$处的 D 带（缺陷诱导带）和约 $1589cm^{-1}$处的 G 带（结晶石墨带）是碳材料的两个典型特征峰带。CP 的 D 带与 G 带的强度比（I_D/I_G）为 1.02，较小的值表示 CP 具有较高的石墨化程度。此外，I_D/I_G的值还可以计算出沿 a 轴方向上的微晶宽度（L_a）为 3.86nm，较小的微晶尺寸缩短了钠离子的传输距离。

图 7.6（a）所示为 CP 的 N_2吸附-脱附等温线，表现为典型的Ⅳ型等温线，可以推断 CP 是以纳米尺度的介孔分布为主，主要是由 CP 在碳化过程中气体挥发产生的。同时，在 0.4~1.0 的相对压力（p/p_0）范围内存在明显的 H3 型回滞环，表明 CP 为片状材料，而在较高相对压力区域没有表现出吸附饱和，说明孔结构很不规整，这些与 SEM 图像上观察到的结果相一致。BET 分析结果表明 CP 的比表面积为 $1.86m^2/g$。CP 的孔隙结构采用 BJH 模型计算，如图 7.6（b）所示。为了避免假峰的出现，以吸附分支的数据作研究，测得的平均孔径为 4.49nm。较低的比表面积可以抑制 SEI 膜的形成，从而提高 CP 电极的初始库仑

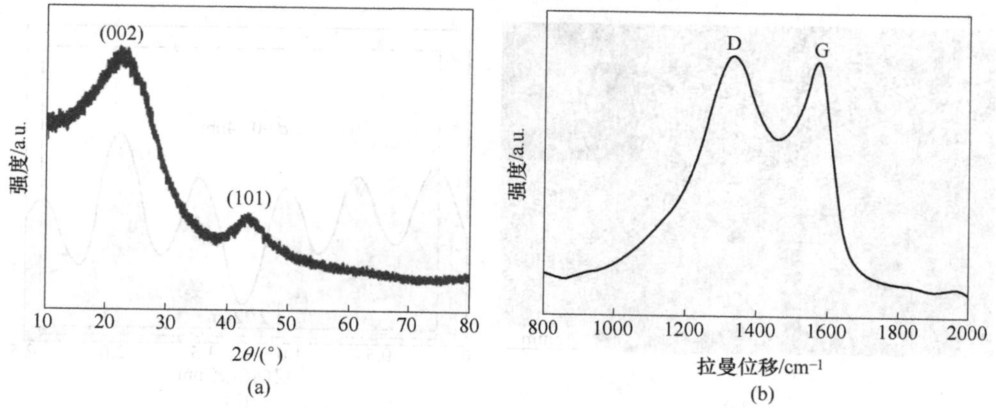
(002)
(101)
强度/a.u.
10 20 30 40 50 60 70 80
2θ/(°)
(a)
D
G
强度/a.u.
800 1000 1200 1400 1600 1800 2000
拉曼位移/cm⁻¹
(b)

图 7.5 CP 的 XRD 图（a）和拉曼光谱（b）

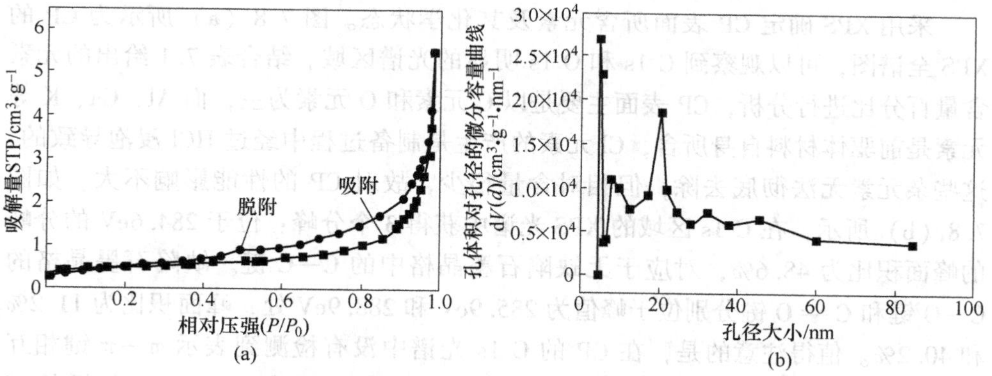
吸解量STP/cm³·g⁻¹
脱附
吸附
0.2 0.4 0.6 0.8 1.0
相对压强(P/P₀)
(a)
孔体积对孔径的微分容量曲线 dV(d)/cm³·g⁻¹·nm⁻¹
孔径大小/nm
(b)

图 7.6 CP 的氮吸附/解吸等温线（a）和 BJH 孔径分布（b）

效率，而纳米尺度的介孔被认为有助于钠离子在 CP 电极中的储存。

采用 HRTEM 和 SAED 进一步详细研究了 CP 的微观结构。如图 7.7（a）所示，CP 由排列杂乱、无序的石墨微晶构成，其中石墨微晶片层的排布通过交替的明暗条纹清晰地展现出来，表明 CP 是非常典型的硬碳材料。从理论上讲，硬碳材料具有多种储存钠离子的形式，可逆容量较高。具有电子衍射环的 SAED 图案也可以显示高度无序的微观结构，分散的衍射环没有出现晶体衍射斑点，进一步说明了 CP 的硬碳材料性质。此外，石墨微晶片层间距的渐进变化也很明显，在图中选取部分具有代表性的少量堆叠石墨微晶片层位置，用箭头直线以标识，相应的对比线轮廓绘制的高度剖面图如 7.7（b）所示。可以计算出 CP 的石墨微晶片层之间的平均距离约为 0.44nm，远大于石墨的 0.335nm。较大的层间距不仅有利于钠离子的嵌/脱，提高 CP 电极对钠离子的存储能力，而且在循环过程中可以保持材料结构的稳定性，提升 CP 电极的循环性能。HRTEM 和 SAED 的表征结果与 XRD、Raman 分析的结果相一致。

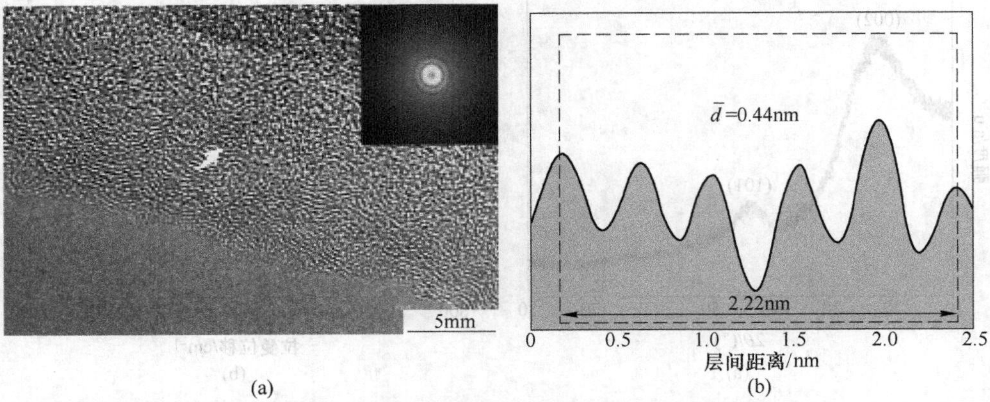
5mm
(a)
$\bar{d}$=0.44nm
2.22nm
0
0.5
1.0
1.5
2.0
2.5
层间距离/nm
(b)

图 7.7　CP 的 HRTEM 和 SAED 图（a）及沿着箭头的对比轮廓表示 CP 的层间距离（b）

采用 XPS 确定 CP 表面所含元素及其化学状态。图 7.8（a）所示为 CP 的 XPS 全谱图，可以观察到 C 1s 和 O 1s 明显的光谱区域。结合表 7.1 给出的元素含量百分比进行分析，CP 表面主要是以 C 元素和 O 元素为主，而 Al、Ca、K 等元素是前驱体材料自身所含，Cl 元素的产生是制备过程中经过 HCl 浸泡导致的，这些杂元素无法彻底去除，但相对含量很少，故对 CP 的性能影响不大。如图 7.8（b）所示，在 C 1s 区域的 XPS 光谱中获得 3 个分峰：位于 284.6eV 的分峰的峰面积比为 48.6%，对应于无缺陷石墨晶格中的 C—C 键。缺陷石墨晶格的 C—O 键和 C ═ O 键分别位于峰值为 285.9eV 和 288.9eV 处，峰面积比为 11.2% 和 40.2%。值得注意的是，在 CP 的 C 1s 光谱中没有检测到表示 π—π 键相互作用的峰，验证了 CP 是由较少石墨微晶片层堆叠而成，与 XRD 分析的结果一致。图 7.8（c）所示为 O 1s 光谱在 530.3eV 和 532.5eV 的两个归属 C ═ O 键和C—OH 键的分峰，这些含氧官能团可以参与钠离子的表面氧化还原反应（即

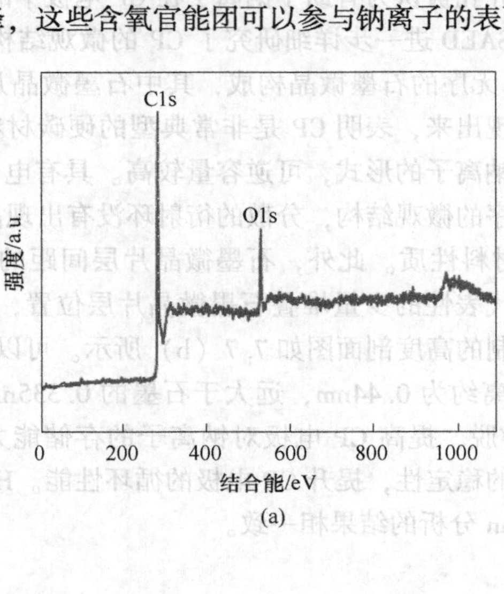
C1s
O1s
强度/a.u.
0
200
400
600
800
1000
结合能/eV
(a)

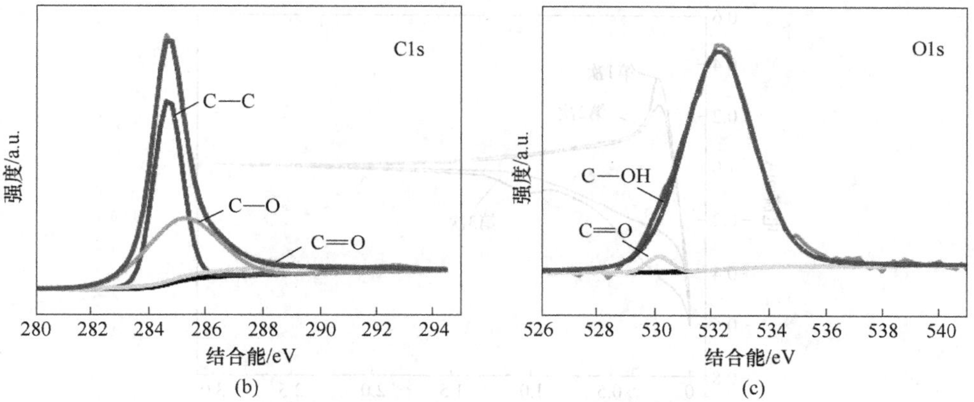
C1s
C—C
C—O
C═O
强度/a.u.
280 282 284 286 288 290 292 294
结合能/eV
(b)
O1s
C—OH
C═O
强度/a.u.
526 528 530 532 534 536 538 540
结合能/eV
(c)

图 7.8 CP 的 XPS 光谱(a)、CP 的高分辨率
C 1s XPS 光谱（b）和 CP 的高分辨率 O 1s XPS 光谱（c）

C ═ O+Na^++e^- ⇌ C—O—Na），从而进一步提升 CP 的钠离子存储能力。此外，CP 表面的 N 元素含量相对较高，也可以增加部分改善钠离子储存的缺陷位点。

表 7.1 CP 表面的元素种类和相对含量

样品	元素分析（原子百分比）/%								
	C	O	N	Al	Cl	Ca	K	P	Mg
CP	85.8	12.0	1.4	0.4	0.2	0.1	<0.1	<0.1	<0.1

7.1.2.3 材料的电化学性能分析

图 7.9 所示为 CP 电极的 CV 曲线。CV 曲线围成的面积代表法拉第反应和非法拉第反应过程产生的存储电荷总量。首次还原过程中，在 1.15V 附近观察到的还原电流峰可归因于钠离子与 CP 电极表面的官能团之间发生的反应。众所周知，电解质的有机溶剂 PC 在锂离子电池中的分解电压为 0.7V，考虑到标准电极电位差（E^0(Li$^+$/Li) −E^0(Na$^+$/Na) = −0.33V），CP 电极在 0.25V 附近观察到的还原电流峰可对应于 PC 分解并在材料表面形成 SEI 膜的过程。在第二次和第三次的循环曲线中，1.15V 和 0.25V 处的还原电流峰都消失了，意味着表面官能团的副反应和形成 SEI 膜的不可逆反应主要发生在首次循环过程中，这解释了 CP 电极的初始库仑效率较低，而后的库仑效率保持率较好的原因。另外，在接近 0.01V 的低电位区域处观察到一对突出的氧化还原峰，这对应于钠离子在石墨微晶片层间的嵌/脱行为，类似于碳材料中锂离子的嵌/脱行为。CP 电极的储钠机理将进一步研究。此外，除了首次循环出现的可逆容量损失外，随后的循环过程中 CV 曲线重合性较好，说明 CP 电极对钠离子的嵌/脱具有优异的可逆性。

CP 电极在 20mA/g 电流密度下的恒电流充/放电曲线如图 7.10（a）所示。

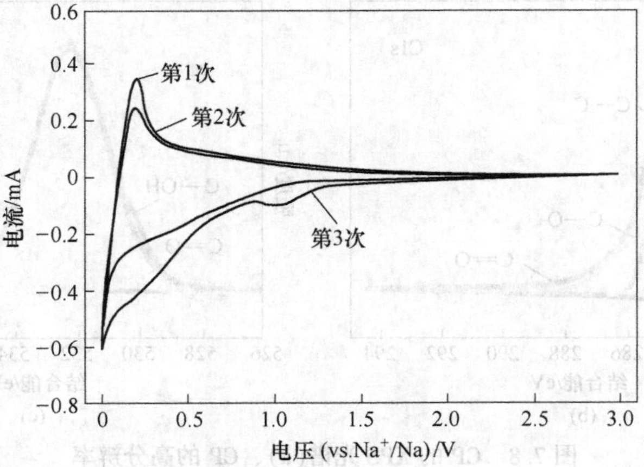
第1次
第2次
第3次
电流/mA
电压 (vs.Na+/Na)/V

图 7.9　CP 电极的 CV 曲线

与硬碳材料作为锂离子电池负极类似，CP 电极的恒电流充/放电曲线呈现为介于 U 形和 V 形之间的图形，表现为高电位的倾斜曲线和低电位的平台曲线。与上述 CV 研究相一致，放电曲线中高于 0.1V 的高电位斜坡区反映了钠离子在材料表面的吸附行为，低于 0.1V 的低电位平台区反映了钠离子在石墨微晶片层间的嵌入行为。在充电过程中，高电位斜坡区和低电位平台区体现出钠离子从负极迁回正极的特征。此外，获得的 CP 电极在初始循环中具有 461.1mA · h/g 的放电比容量和 310.2mA · h/g 的充比电容量，初始库仑效率约为 67.3%，与已有文献对比，可看出 CP 电极具有较高的初始库仑效率，主要是由于 CP 的低比表面积使得形成的 SEI 膜较少。且 CP 电极的恒电流充/放电曲线从第 2 到第 20 个循环相差甚小，展现出优异的循环稳定性。总之，对于 CP 电极的不可逆容量主要有两个来源：一是生成的 SEI 膜使得嵌入的部分钠离子无法正常脱出；二是钠离子与 CP 电极表面官能团之间发生的副反应消耗了部分钠离子。图 7.10（b）所示为 CP 电极的循环特性曲线和库仑效率图。CP 电极在 20mA/g 电流密度下的可逆容量保持在 300.2mA · h/g，100 次循环后也达到 298.1mA · h/g，保持率约为 99.3%，表现出优异的循环稳定性能。随着循环次数的增加，库仑效率逐渐增大并趋于稳定，表明 SEI 膜主要在初始循环过程中形成，这与 CV 结果相似。

同时，CP 电极也具有良好的倍率性能。如图 7.11（a）所示，CP 电极在 20mA/g、50mA/g、100mA/g、200mA/g、500mA/g、1000mA/g、2000mA/g、5000mA/g 和 10000mA/g 的电流密度下分别保持 298.7mA · h/g、273.1mA · h/g、236.5mA · h/g、196.7mA · h/g、146.7mA · h/g、91.9mA · h/g、61.5mA · h/g、41.7mA · h/g 和 25mA · h/g 的可逆容量。值得注意的是，当电流密度回到 20mA/g 时，CP 电极的可逆容量恢复到 292.5mA · h/g，维持在初始值的 97.9%，

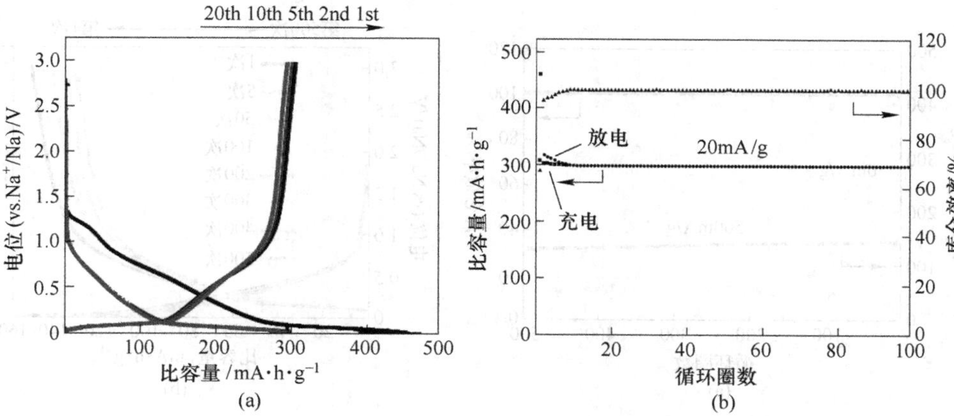
20th 10th 5th 2nd 1st
电位 (vs.Na$^+$/Na)/V
比容量 /mA·h·g^{-1}
(a)
放电
20mA/g
充电
比容量/mA·h·g^{-1}
库仑效率/%
循环圈数
(b)

图 7.10 CP 电极的恒电流充/放电循环曲线（20mA/g）（a）和循环性能（b）

说明 CP 电极在大电流密度下进行充/放电，仍然可以保持稳定的结构和较高的可逆容量，这主要归功于 CP 具有的较大石墨微晶片层间距，有利于钠离子的嵌/脱。在不同电流密度下（20~10000mA/g）CP 电极的恒电流充/放电曲线如图 7.11（b）所示，可以观察到随着电流密度的不断增大，低电位平台区逐渐减小直至消失，高电位斜坡区也随之减小，可逆容量不断降低，说明此时 CP 电极的极化较为严重。此外，大电流密度下的充电起始电位过高，这可能是由于欧姆降行为造成的。

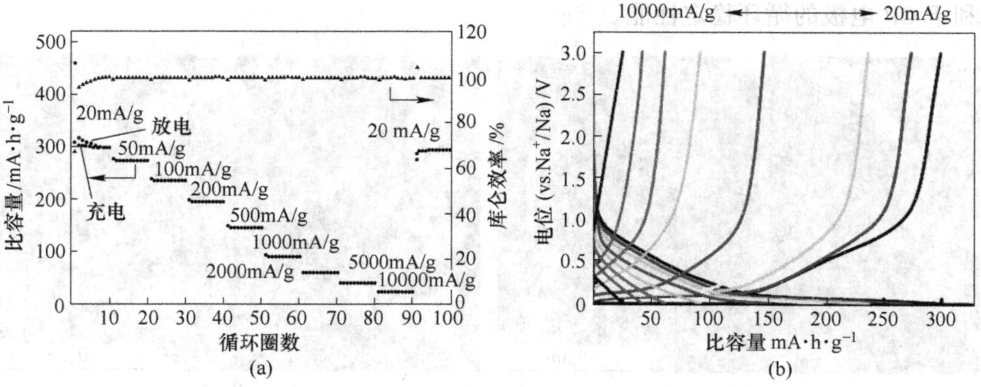
20mA/g
放电
50mA/g
100mA/g
200mA/g
充电
500mA/g
1000mA/g
5000mA/g
2000mA/g
10000mA/g
20 mA/g
比容量/mA·h·g^{-1}
库仑效率/%
循环圈数
(a)
10000mA/g 20mA/g
电位 (vs.Na$^+$/Na)/V
比容量 mA·h·g^{-1}
(b)

图 7.11 CP 电极的倍率性能（a）和不同电流密度下的恒流充/放电循环曲线（b）

为了进一步研究大电流密度下 CP 电极的循环性能，首先使用 50mA/g 的小电流密度进行首次充/放电循环，之后在接下去的循环中以 500mA/g 的大电流密度进行测试。从图 7.12（a）中可以看出，CP 电极在 500mA/g 大电流密度下的可逆容量为 146.5mA·h/g，经过约 500 次循环后也可以获得 131.5mA·h/g 的

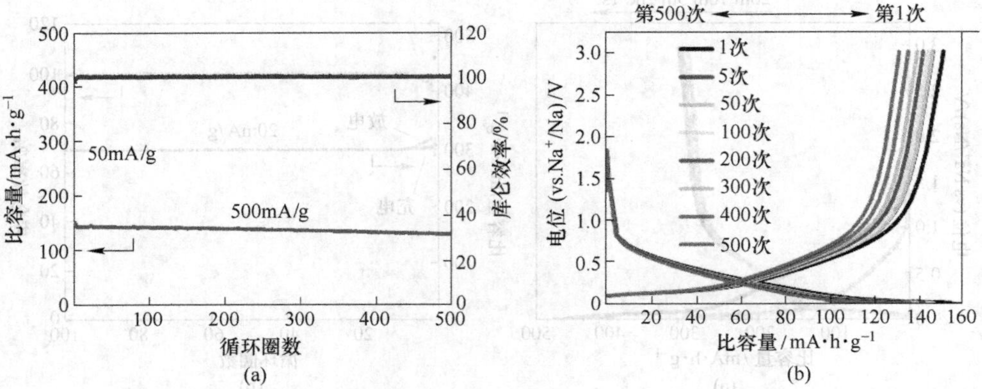
比容量/mA·h·g^{-1}
库仑效率/%
50mA/g
500mA/g
循环圈数
第500次
第1次
1次
5次
50次
100次
200次
300次
400次
500次
电位 (vs.Na$^+$/Na)/V
比容量/mA·h·g^{-1}

(a)　(b)

图 7.12　CP 电极的长期循环性能（第一次循环为 50mA/g，后续循环为 500mA/g）(a) 和恒电流充/放电循环曲线（500mA/g）(b)

可逆容量，保持率为 89.8%，表明 CP 电极具有优异的大倍率性能。图 7.12（b）为 CP 电极在 500mA/g 大电流密度下循环的恒电流充/放电曲线，可以发现，即使在大电流密度下循环，CP 电极也表现出良好的循环稳定性能。

CP 电极在 20mA/g 电流密度下循环前和循环 100 次后的 SEM 图像如图 7.13 所示。经过 100 次循环，CP 电极表面变得相对粗糙，这可归因于在循环期间材料表面形成致密且稳定的 SEI 膜，与 CV 曲线分析一致。有关 SEI 膜的研究将进行详细分析。虽然 SEI 膜的形成会导致不可逆容量的提升，但稳定的 SEI 膜却有利于 CP 电极的循环稳定性能。

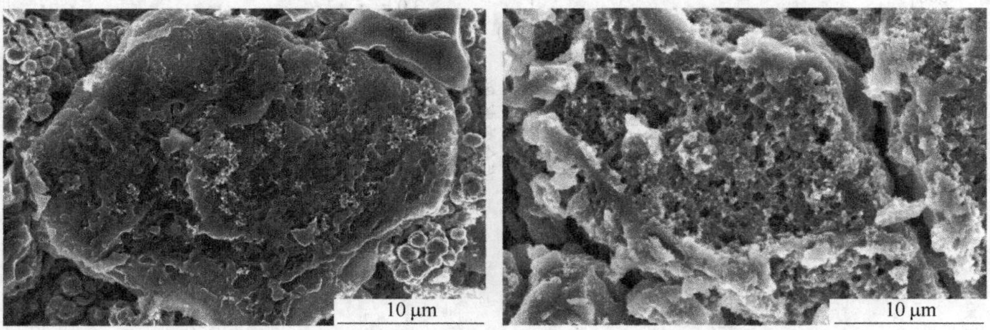
10 μm
10 μm

(a)　(b)

图 7.13　CP 电极的 SEM 图

(a) 在循环前；(b) 在 20mA/g 电流密度下进行 100 次循环之后

将 CP 与表 7.2 中最新研究的碳基材料进行比较，可以发现 CP 电极的初始库仑效率、可逆容量、倍率性能和循环性能均较为优异。优异的电化学性能可以归因于具有低表面积的“开放性”片状结构关联的纳米尺度介孔、表面氮/氧官能团的存在和较大的石墨微晶片层间距。首先，低比表面积使得生成的SEI膜较少，大大减小了不可逆容量的增加，提高了材料的初始库仑效率。其次，较多介孔的分布不仅有利于钠离子的高效扩散，还可以让电解液和电极材料充分接触。再次，材料表面氮/氧官能团的存在增加了部分改善钠离子储存的缺陷位点，有助于钠离子在材料表面的吸附。最后，较大的石墨微晶片层间距有助于钠离子的扩散和储存，且不破坏材料的结构，对于材料的电化学性能是至关重要的。可以肯定的是，"开放性"片状结构也起到了减少钠离子扩散时间的作用。

表 7.2 CP 与部分碳基材料的性能对比

样品	初始库仑效率/%	倍率性能	循环性能
CP（本书）	67.3	300.2mA·h/g 于 20mA/g 273.1mA·h/g 于 50mA/g 236.5mA·h/g 于 100mA/g 146.5mA·h/g 于 500mA/g 91.9mA·h/g 于 1000mA/g	298.1mA·h/g 于 100 次循环和 20mA/g（99.3%容量保持率）， 131.5mA·h/g 于 500 次循环和 500mA/g（89.8%容量保持率）
碳纳米纤维（文献［116］）	58.2	233mA·h/g 于 50mA/g 173mA·h/g 于 200mA/g 82mA·h/g 于 2000mA/g	217mA·h/g 于 50 次循环和 50mA/g， 169mA·h/g 于 200 次循环和 200mA/g（97.7%容量保持率）
空心碳纳米线（文献［86］）	50.5	251mA·h/g 于 50mA/g 149mA·h/g 于 500mA/g	206.3mA·h/g 于 400 次循环和 50mA/g（82.2%容量保持率）
膨胀石墨（文献［107］）	49.53	284mA·h/g 于 20mA/g 91mA·h/g 于 200mA/g	184mA·h/g 于 2000 次循环和 100mA/g（73.92%容量保持率）
高度无序碳（文献［117］）	57.6	231mA·h/g 于 100mA/g 40mA·h/g 于 5000mA/g	225mA·h/g 于 180 次循环和 100mA/g（92%容量保持率）
生物质衍生分级多孔碳（文献［79］）	33.8	226mA·h/g 于 100mA/g 47mA·h/g 于 10000mA/g	144mA·h/g 于 200 次循环和 500mA/g（约 86%容量保持率）
沥青衍生碳（文献［118］）	88	284mA·h/g 于 30mA/g	约 99.2%容量保持率后 100 次循环于 30mA/g
蔗糖衍生硬碳（文献［119］）	无	307mA·h/g 于 20mA/g 95mA·h/g 于 500mA/g	288mA·h/g 于 100 次循环和 20mA/g
石墨烯模板碳（文献［120］）	43.1	192mA·h/g 于 200mA/g 45mA·h/g 于 10000mA/g	190mA·h/g 于 2000 次循环和 200mA/g（92%容量保持率）
碳纳米纤维网（文献［76］）	70.5	292.6mA·h/g 于 20mA/g 210mA·h/g 于 400mA/g 80mA·h/g 于 1000mA/g	247mA·h/g 于 200 次循环和 100mA/g（90.2%容量保持率）

续表 7.2

样品	初始库仑效率/%	倍率性能	循环性能
还原氧化石墨烯（文献［121］）	无	271.2mA·h/g 于 40mA/g 150.9mA·h/g 于 200mA/g 95.6mA·h/g 于 1000mA/g	174.3mA·h/g 于 250 次循环和 40mA/g， 93.3mA·h/g 于 250 次循环和 400mA/g， 141mA·h/g 于 1000 次循环和 40mA/g （45%容量保持率）
硬碳（文献［122］）	83	约 220mA·h/g 于 20mA/g 约 50mA·h/g 于 500mA/g	约 213mA·h/g 于 300 次循环和 20mA/g
碳纳米球（文献［112］）	41.5	约 200mA·h/g 于 50mA/g 约 137mA·h/g 于 1000mA/g 约 50mA·h/g 于 10000mA/g	约 160mA·h/g 于 100 次循环和 50mA/g
N 掺杂互连碳纳米纤维（文献［123］）	41.8	87mA·h/g 于 10000mA/g 37mA·h/g 于 20000mA/g	134.2mA·h/g 于 200 次循环和 200mA/g （88.7%容量保持率）
油菜籽壳衍生硬碳（文献［77］）	无	196mA·h/g 于 25mA/g 92mA·h/g 于 500mA/g 32mA·h/g 于 5000mA/g	143mA·h/g 于 200 次循环和 100mA/g
S 掺杂石墨烯（文献［124］）	57.36	291mA·h/g 于 50mA/g 262 mA·h/g 于 100mA/g 161mA·h/g 于 1000mA/g	127mA·h/g 于 200 次循环和 2000mA/g 83mA·h/g 于 200 次循环和 5000mA/g （约 30%容量保持率）
石墨烯纳米片（文献［125］）	无	220mA·h/g 于 30mA/g 202mA·h/g 于 50mA/g 189mA·h/g 于 100mA/g 159mA·h/g 于 500mA/g 146mA·h/g 于 100mA/g 105mA·h/g 于 5000mA/g 73mA·h/g 于 10000mA/g 46mA·h/g 于 20000mA/g	约 80%容量保持率后 300 次循环于 100mA/g
生物质衍生硬碳（文献［84］）	27	287.8mA·h/g 于 50mA/g 182.3mA·h/g 于 200mA/g 151.2mA·h/g 于 500mA/g 71mA·h/g 于 5000mA/g	181mA·h/g 于 220 次循环和 200mA/g （84.6%容量保持率）
碳纳米泡沫（文献［126］）	无	175mA·h/g 于 50mA/g 25mA·h/g 于 5000mA/g	大于 120mA·h/g 于 30 次循环和 100mA/g， 大于 60mA·h/g 于 30 次循环和 200mA/g

为了进一步了解材料的电荷转移动力学过程，对 CP 电极进行 EIS 测试。图 7.14（a）所示为 CP 电极在不同条件下获得的阻抗谱图，奈奎斯特曲线由中-高频区的半圆以及低频区的斜线组成，其中的半圆可表示为欧姆接触电阻（R_s），

包括电解质和活性材料的固有电阻，以及电极/电解质界面处的接触电阻。此外，半圆也是由电极与电解液之间的电荷转移引起，对应于电荷转移阻抗（R_{ct}），此过程可用一个 R_{ct}/C_{PE} 并联电路表示，C_{PE} 为双电层电容。值得注意的是，由于循环过程中 SEI 膜的形成，导致从首次到第 200 次循环的高频区多了一个钠离子通过活性材料颗粒表面 SEI 膜的扩散迁移电阻（R_{SEI}），此过程可用一个 R_{SEI}/C_{PE} 并联电路表示。在低频区的斜线代表钠离子在扩散过程中引起的 Warburg 阻抗（Z_w）。同时，等效电路模型如图 7.14（b）所示，本节并以此对 EIS 测试数据进行拟合。表 7.3 给出了 EIS 测试的拟合数据，可以看出等效电路模型的拟合度较高，与测试数据之间的误差均在 5%以内。根据已有文献对电荷转移动力学的研究，长时间循环过程中钠离子的嵌/脱反应活性会降低，R_{ct} 会持续增加，而 CP 电极随着循环次数的增加，$R_{ct}+R_{SEI}$ 的值逐渐增加，但增幅却出现减小，说明 R_{SEI} 的变化较小，验证了 CP 电极的 SEI 膜仅在前几次循环过程中连续形成，而后趋于稳定状态。反应活性的降低会使得电化学反应过程更加困难，SEI 膜的形成会减少诱发活性位点的钠离子储存，二者都将导致可逆容量的下降。

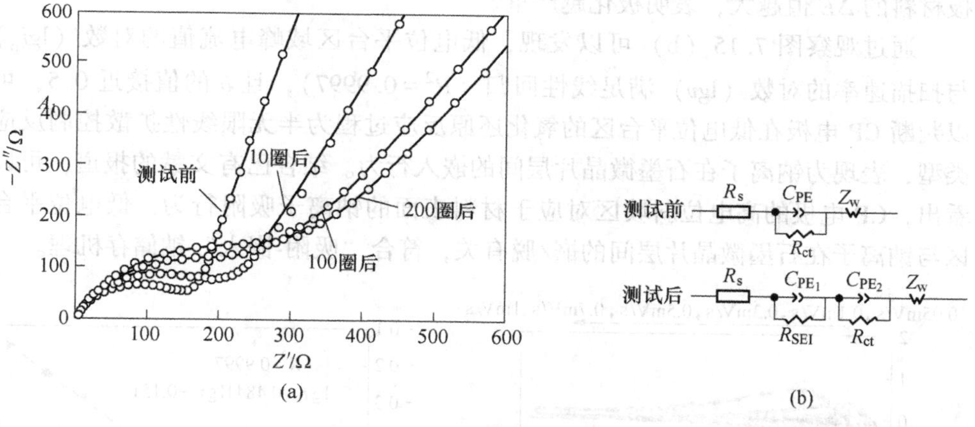
600
500
400
300
200
100
0
$-Z''/\Omega$
测试前
10圈后
200圈后
100圈后
100
200
300
400
500
600
Z'/Ω
(a)
测试前
R_s
C_{PE}
Z_w
R_{ct}
测试后
R_s
C_{PE_1}
C_{PE_2}
Z_w
R_{SEI}
R_{ct}
(b)

图 7.14　循环之前和第 10 次、第 100 次和第 200 次循环之后的 CP 电极电化学阻抗谱（a）及用于在循环不同周期数之前和之后拟合实验数据的等效电路（b）

表 7.3　CP 电极的拟合阻抗数据

样品	R_s/Ω	误差/%	$(R_{ct}+R_{SEI})/\Omega$	误差/%
循环前	11.6	1.29	82.3	1.61
循环 10 次后	23.1	1.04	138.7	0.73
循环 100 次后	38.5	0.83	261.4	0.45
循环 200 次后	45.1	0.54	283.5	0.41

7.1.3　樱花瓣衍生硬碳材料储钠机理的研究

CV 测试是表征电化学反应机理的有效分析方法。CV 曲线中峰值电流与扫描速率之间存在一定的关系：

$$i = av^b$$

式中　a，b——与反应机理相关的常数。

具体而言，当 b 的值为 0.5 时，表明反应由半无限线性扩散控制，例如嵌入，而 b 的值为 1 则是表面控制，例如吸附。

如图 7.15（a）所示，CP 电极的 CV 曲线是在不同扫描速率下获得的。可以观察到，随着扫描速率的降低，电极材料的存储总电荷量反而增加，这一现象的原因可能是由于在快速扫描过程中，受扩散迁移能的限制，钠离子无法完全参与反应，导致了反应产生的总电荷量降低。同样，扫描速率的增加使得电极材料的氧化峰向正方向移动，还原峰向负方向移动，氧化峰电位（E_O）与还原峰电位（E_R）的电位差 $\Delta E = |E_O - E_R|$ 不断增大，这是由于电极的极化引起的。而电极材料的 ΔE 值越大，表明极化越严重。

通过观察图 7.15（b）可以发现，低电位平台区域峰电流值的对数（$\lg i_p$）与扫描速率的对数（$\lg v$）满足线性回归（$R^2 = 0.9997$），且 b 的值接近 0.5，可以判断 CP 电极在低电位平台区的氧化还原反应过程为半无限线性扩散控制反应类型，表现为钠离子在石墨微晶片层间的嵌入行为。结合已有文献的报道，可以看出，CP 电极的高电位斜坡区对应于材料表面的钠离子吸附行为，低电位平台区与钠离子在石墨微晶片层间的嵌/脱有关，符合“吸附-嵌入”钠储存机理。

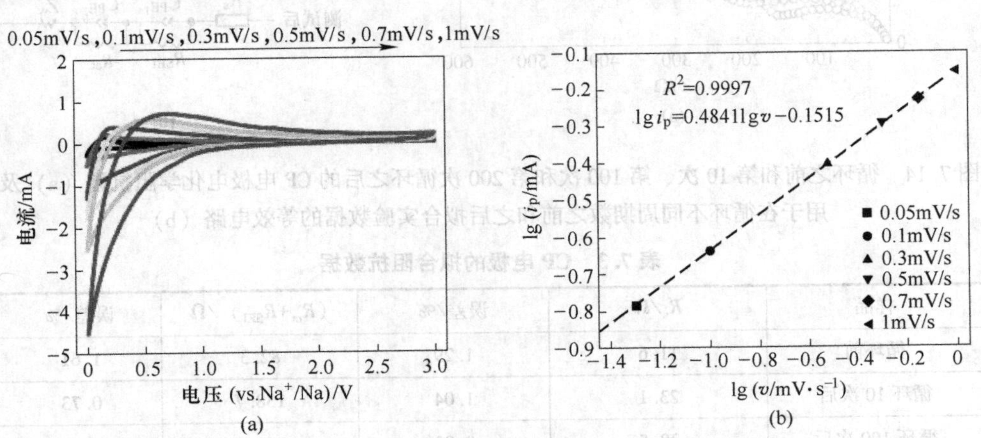
0.05mV/s，0.1mV/s，0.3mV/s，0.5mV/s，0.7mV/s，1mV/s
电流/mA
电压 (vs.Na+/Na)/V
(a)
R2=0.9997
lg ip=0.4841lgv−0.1515
lg (ip/mA)
lg (v/mV·s−1)
0.05mV/s
0.1mV/s
0.3mV/s
0.5mV/s
0.7mV/s
1mV/s
(b)

图 7.15　在 0.01V 和 3.0V 之间以不同扫描速率测试 CP 电极的 CV 曲线（a）及 $\lg i_p$ 与 $\lg v$（b）

本节通过简单的高温热解过程制备了由樱花瓣衍生的片状硬碳材料。通过宏观形貌和微观结构的表征，观察到 CP 是一种由无序石墨微晶和少量堆叠石墨片构成的典型片状硬碳材料，具有较高的石墨化程度，比表面积只有 1.86m^2/g，平均孔径为 4.49nm 的介孔分布在材料表面，计算出的石墨微晶片层间距约为 0.44nm，且材料表面含有较多的氮/氧官能团。当用作钠离子电池负极材料时，独特的结构特征赋予 CP 具有优异的电化学性能，CP 电极的初始可逆容量为 310.2mA · h/g，初始库仑效率达到 67.3%，并在 20mA/g 电流密度下 100 次循环后的容量保持率高达 99.3%，即使在 500mA/g 大电流密度下，CP 电极仍然可以提供 146.5mA · h/g 的可逆容量，展现出较高的初始库仑效率、较高的可逆容量、优异的循环稳定性能和良好的倍率性能。观察到 CP 电极的优越性能可归因于与片状形态相关联的协同效应，较小的比表面积、纳米尺度介孔、表面氮/氧官能团的存在以及较大石墨微晶片层间距，可以减少 SEI 膜的形成，促进钠离子的扩散，增加部分改善钠离子储存的缺陷位点，并增强钠离子的储存。

不同扫速的 CV 测试结果显示，低电位平台区域峰电流值的对数与扫描速率的对数满足线性回归，通过计算参数值，表明 CP 电极在低电位平台区域发生的氧化还原反应为半无限线性扩散控制反应类型，即属于钠离子在石墨微晶片层间的嵌/脱行为。

整体说来，优异的电化学性能，结合简单、经济的加工方法，使得樱花瓣衍生的硬碳材料有希望广泛应用于高性能钠离子电池和其他储能装置。

7.2 燕麦片衍生硬碳材料的制备与储钠机理

7.1 节详细介绍了生物质衍生硬碳材料的研究进展以及具有的特点和不足，在此便不再一一赘述。基于樱花瓣制备高性能钠离子电池硬碳材料的成功经验，本节选用燕麦片作为前驱体材料，经过简单的碳化、活化和除杂过程，获得片状结构硬碳材料 COs。TGA 和 FTIR 测试显示了 COs 在热解过程中的失重特性以及表面官能团变化的情况。通过 SEM、XRD、Raman、BET、HRTEM、XPS 测试得到了 COs 的形貌、微观结构、物相及元素含量等信息。利用恒电流充/放电和 CV 测试，详细研究了 COs 电极的电化学性能。采用 EIS 和 GITT 测试，计算出 COs 电极的钠离子扩散系数，进一步解释了 COs 电极的电化学储钠行为。这些研究对生物质衍生硬碳材料性能的影响因素有了更加深入的了解，并验证了相关的电化学储钠机理，为今后开发高性能钠离子电池生物质衍生硬碳材料提供新的研究思路。

7.2.1 燕麦片衍生硬碳材料的制备

首先用无水乙醇洗涤燕麦片，放置在干燥箱内，在 100℃ 下干燥过夜以除去前驱体材料中的水分，然后将干燥后的燕麦片放入管式炉中，在氩气氛围下1200℃高温热处理2h，接着将碳化后的产物移入浓度为30%的KOH溶液中浸泡活化6h，取出产物后再放入3mol HCl溶液中浸泡3h以除去表面形成的无机杂质，最后将产物用超纯水洗涤至pH≈7.0，放入干燥箱内干燥，研磨，即可得到燕麦片衍生硬碳材料COs。

7.2.2 燕麦片衍生硬碳材料形貌及性能

7.2.2.1 材料的热重分析和傅里叶红外光谱分析

前驱体材料经过高温热解后的碳产率是决定其是否可以用于商业化生产的主要因素之一，通过TGA分析不仅可以获得前驱体材料的碳产率，而且对造成失重的原因可以有了更详细的了解，对扩大化生产中前驱体材料的选择要素具有重要意义。图7.16所示为前驱体材料在高温热解过程中的TGA分析，樱花瓣的热解失重过程相似，燕麦片的热解失重过程也分为三个阶段：第一个阶段是室温升至250℃，前驱体材料表面和内部含有的少量水分随着温度的升高而蒸发，使得前驱体材料出现较小的质量较少。热解温度达到第二个阶段是250~500℃，热解过程进入主要阶段，前驱体材料的质量出现显著减少，表现为纤维素和半纤维素的聚合、碳水化合物和脂质的降解产生的挥发性气体的释放。第三个阶段是500℃以上，前驱体材料进入碳化过程，失重开始减缓，一般认为是由C—H键和C—C键的进一步断裂造成的，深层挥发分物质向外层缓慢扩散，并伴随着脱氢反应，持续时间较长，残留物为灰分和固定碳；同时，较高的纤维素和木质素含量使得燕麦片的碳产率约为20%，也是一种可用于商业化生产的前驱体材料。

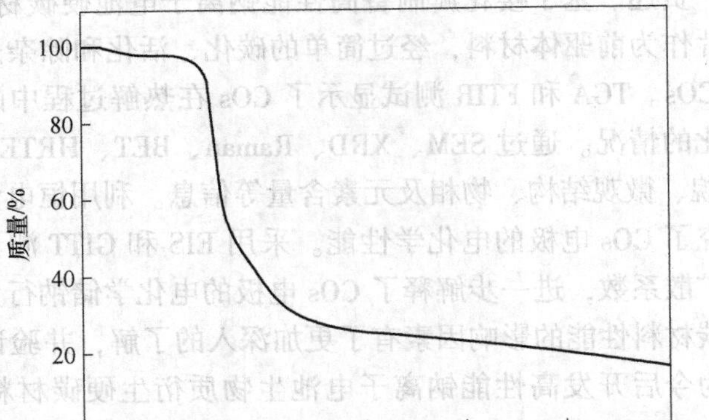

100
80
60
40
20
0
质量/%
200
400
600
800
1000
1200
温度/℃

图7.16 COs的TGA分析

图 7.17 所示为采用 FTIR 分析 COs 和前驱体材料的表面官能团情况，4000~500cm^{-1}的范围可分为两部分。一部分是醇、酚、羧酸的［—OH］和脂肪族［C—H］等官能团振动形成的吸收峰，相应的峰位在 3416cm^{-1}和 2926cm^{-1}，另一部分是［C＝C］、［C＝O］和［C—O］等芳香族化合物的振动形成的吸收峰，在 800~1800cm^{-1}的范围内形成。与前驱体材料相比，COs 中 O—H 键、C—H 键和 C—O 键的吸收峰强度逐渐变小，说明相对含量逐渐减少，结合上述 TGA 分析的第二个热解阶段，表明在热解过程中材料分子间的 O—H 键、C—H 键和 C—O 键发生断裂，伴随 CO_2、CO、CH_4、C_2H_4以及 C_2H_6等气体的产生，导致前驱体材料的质量出现大幅度减少。

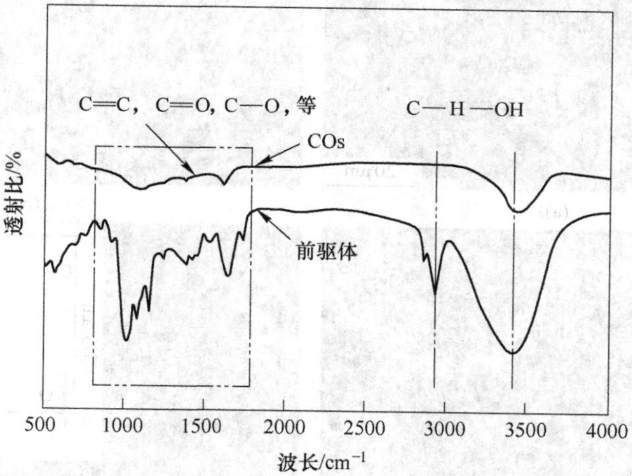
C═C，C═O，C—O，等
C—H—OH
COs
前驱体
透射比/%
500
1000
1500
2000
2500
3000
3500
4000
波长/cm^{-1}

图 7.17 COs 的 FTIR 分析

7.2.2.2 材料的形貌分析和物相分析

SEM 图像提供了 COs 的宏观形貌特征。如图 7.18（a）所示，前驱体材料表面呈不规则的“石林”结构，且没有明显的孔隙分布。经过高温碳化后，产物表面吸附有均匀的细小颗粒（图 7.18（b））。通过采用 EDS 对碳化产物表面进行元素种类与含量分析，观察图 7.18（b）的插图可以发现，碳化产物表面的元素组成除了 C 元素外，以金属离子居多，如 Mg、Ca、K 等，这些都是燕麦片自身含有的碱金属元素。结合 TGA 分析可以知道，碱金属杂质元素是以碳化后产生的灰分的形式存在，主要是无机盐和氧化物。图 7.18（c）所示为经过 KOH 溶液浸泡后产物的形貌，强碱的“灼烧”使得产物表面产生一些孔隙，增大了材料的比表面积，增加更多与钠离子的反应活性位点。最后的 HCl 溶液处理是为了将残留的灰分清除（图 7.18（d））。此时 COs 表面分布着较为明显的孔隙，且无明显的杂质吸附。最重要的是，经过简单的加工工艺，燕麦片成功转化为具有独特形貌的碳材料。

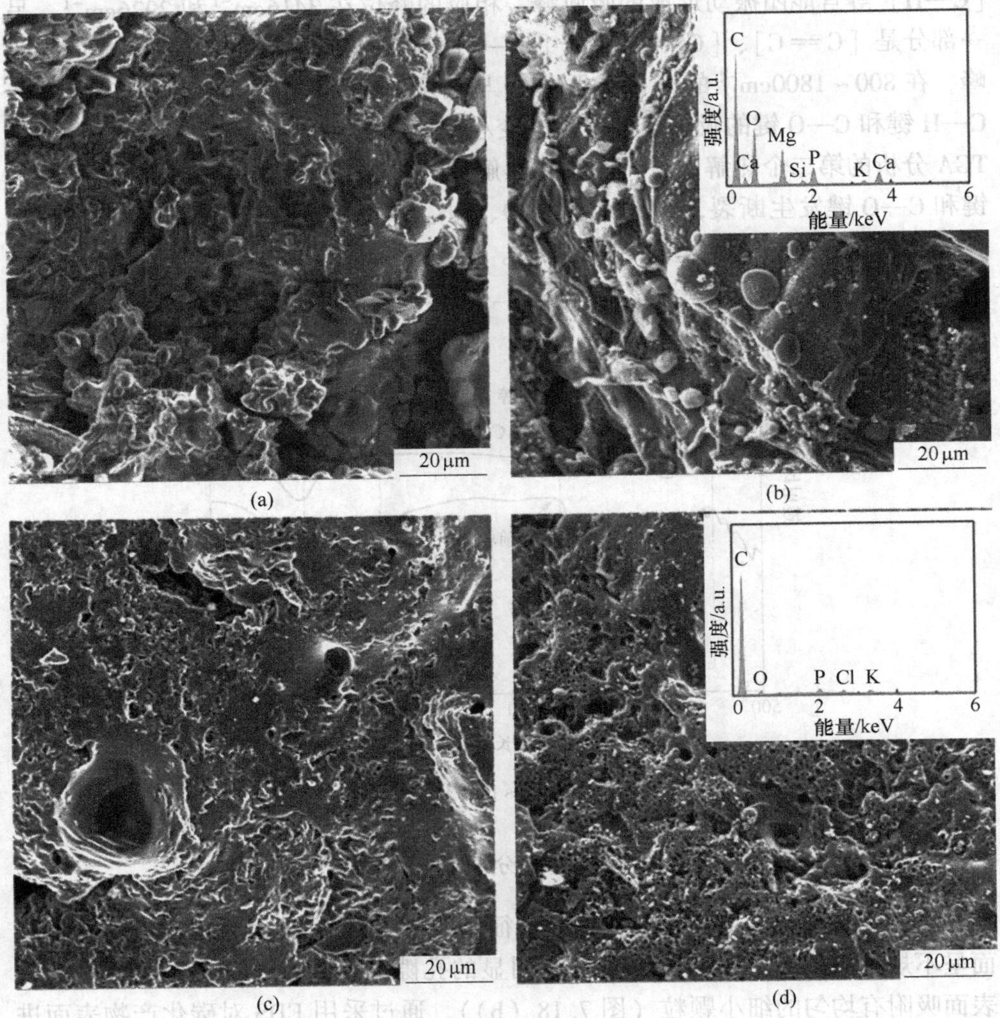
20 μm
(a)
C
O
Mg
Ca
Si
P
K
Ca
强度/a.u.
0
2
4
6
能量/keV
20 μm
(b)
20 μm
(c)
C
O
P
Cl
K
强度/a.u.
0
2
4
6
能量/keV
20 μm
(d)

图 7.18　加工过程中 COs 的 SEM 图

通过 XRD 和 Raman 研究 COs 的微观结构。XRD 图谱如图 7.19（a）所示，位于约 23°和约 43°的较宽衍射峰分别对应于石墨微晶片的（002）和（101）面衍射，表明 COs 是一种具有高度无序结构的无定形碳材料。基于已知的 Scherer 方程，使用 $2\theta \approx 23°$ 处的（002）衍射峰的半高宽值，计算出石墨微晶片层沿 c 轴方向的厚度（L_c）为 1.07nm。另外，参考 Liu 等人以前的研究，基于（002）峰高除以峰位置的背景高度计算出的经验 R 值为 2.10。根据有关文献报道，用于锂电池负极的单层碳材料的经验参数值同样较低，由此表明 COs 是只含有少量石墨微晶片层的堆积结构。钠离子可逆存储的理想情况是在石墨微晶片层和低外表面之间出现较大的自由空间，以避免与电解液发生不可逆反应。此外，采用图 7.19（b）所示的 Raman 分析研究 COs 的石墨化程度，在约 $1590cm^{-1}$处的 G 带被认为为 sp^2电子结构的 E_{2g}联合振动模式，对应石墨微晶片层的芳香环结构碳，在约 $1340cm^{-1}$处的 D 带被指认为类金刚石碳 sp^3电子结构的 A_{1g}联合振动模式，对应石墨微晶片层的边缘碳和小的石墨微晶。D 带与 G 带的积分强度比（I_D/I_G）计算为 1.03，较小的数值表示 COs 具有较高的石墨化程度，同时也可以使用 I_D/I_G的值来计算石墨微晶片层沿 a 轴方向的微晶宽度（L_a）为 3.54nm，较小的微晶尺寸可缩短钠离子的扩散路径。

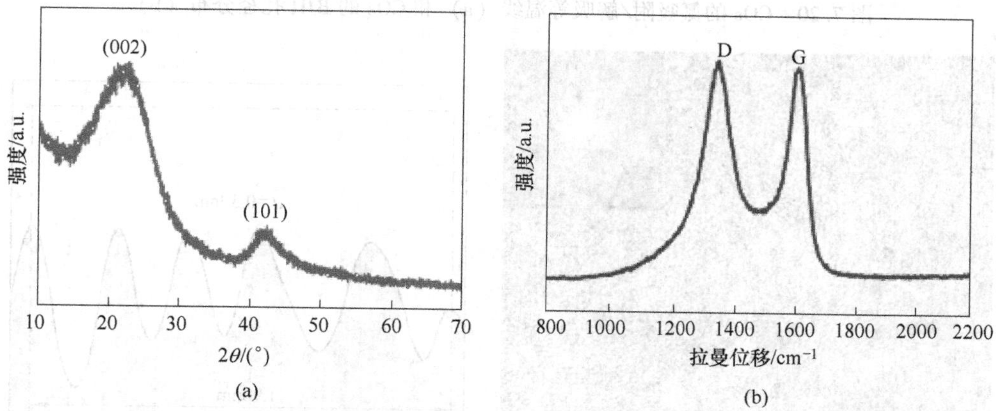
(002)
(101)
强度/a.u.
10
20
30
40
50
60
70
2θ/(°)
(a)
D
G
强度/a.u.
800
1000
1200
1400
1600
1800
2000
2200
拉曼位移/cm⁻¹
(b)

图 7.19　COs 的 XRD 图（a）和拉曼光谱（b）

如图 7.20（a）所示，COs 的 N_2吸附-脱附等温线是典型的Ⅳ等温线，它在 0.4 和 1.0 之间的相对压力（P/P_0）下也具有显著的滞后回路，说明 COs 含有大量的介孔。根据 BET 模型计算，COs 的比表面积为 $69.841m^2/g$。与具有较高比表面积的其他硬碳材料相比，COs 在首次循环过程中形成的 SEI 膜有限，从而提高了材料的初始库仑效率。图 7.20（b）所示为 BJH 模型计算出的孔径分布，测得的平均孔径为 3.39nm。纳米尺度的介孔不仅可以提供更多的离子扩散通道，确保充足的电解液渗透，并且在钠离子进行可逆嵌入/脱出过程中可缓解材料的体积变化。介孔的演化是由于官能团的减少和 C—C 芳香族结构的堆积差以及碳化过程中旋转石墨微晶片层的增加，且 KOH 溶液的活化也可以提供更多的介孔。

为了进一步研究 COs 的微观结构，采用 HRTEM 和 SAED 进行分析。图 7.21（a）中的 HRTEM 图像显示 COs 是由排列高度无序且少量堆叠的石墨微晶构成，具有明显的无定形性质。SAED 图像中分散的衍射环也没有出现晶体衍射斑点，进一步验证了 COs 的硬碳材料性质。图 7.21（b）所示为浅色箭头直线所示位置

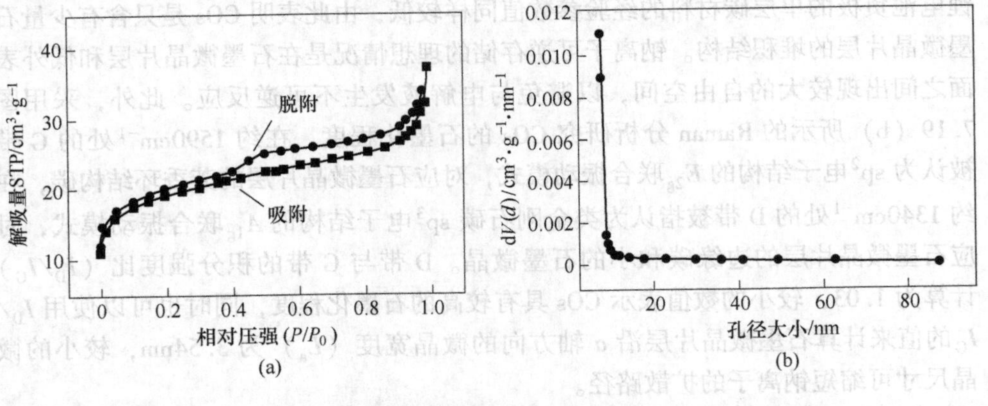

解吸量STP/cm³·g⁻¹
脱附
吸附
相对压强(P/P_0)
(a)
dV(d)/cm³·g⁻¹·nm⁻¹
孔径大小/nm
(b)

图 7.20　COs 的氮吸附/解吸等温线（a）和 COs 的 BJH 孔径分布（b）

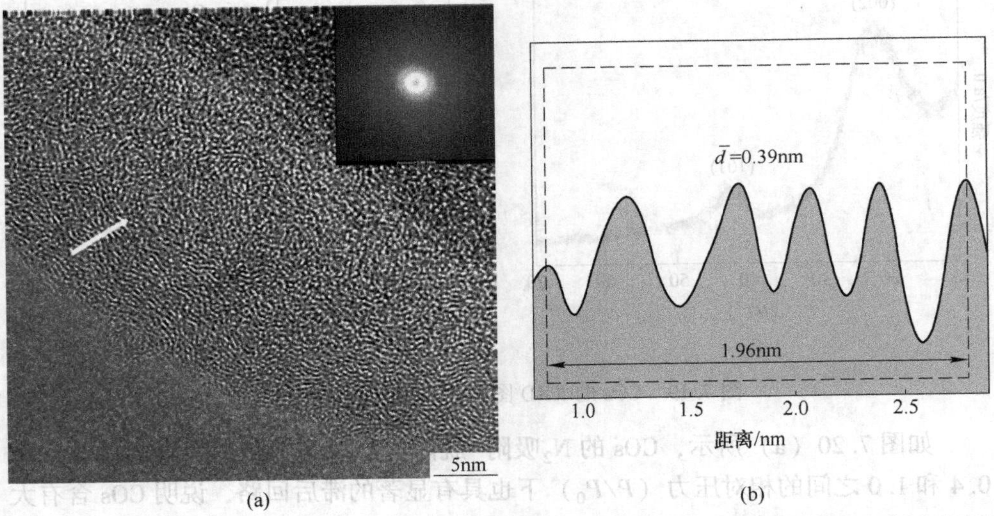

5nm
(a)
$\bar{d}$=0.39nm
1.96nm
距离/nm
(b)

图 7.21　COs 的 HRTEM 和 SAED 图像（a）和沿着箭头的对比轮廓表示 COs 的层间距离（b）

的高度剖面图，由计算得到石墨微晶片层之间的平均间距约为 0.39nm。与石墨的 0.335nm 层间距离相比，COs 较大的层间距离不仅有利于钠离子的嵌入/脱出，而且使得 COs 在循环过程中的体积变化较小。因此 HRTEM、SAED、XRD 以及 Raman 证实了 COs 的高度无序结构，对钠离子的传输和储存起到重要作用，使得 COs 成为钠离子电池合适的碳基负极材料。

利用 XPS 对 COs 表面的化学组成和状态进行深入研究。如图 7.22（a）所示，观察 COs 的 XPS 全光谱，可以发现 C 1s 峰值和 O 1s 峰值呈现在约 284.8eV 和约 532.1eV。在进行 Shirley 背景校正之后，使用高斯-洛伦兹函数拟合了 C 1s 光谱和 O 1s 光谱的曲线。图 7.22（b）中 C 1s 光谱中有 3 个组分，主峰在约

284.8eV 处，对应于 C—C 键，表明大多数 C 原子排列在蜂巢晶格中，另外两个峰位于约 285.9eV 和约 287.1eV 处，分别对应于 C—OH 键和 C ═ O 键。O 1s 光谱图中峰的分配也是有意义的，因为由 O 1s 光谱获取的信息可以补充由 C 1s 光谱获得的信息。由于 O 1s 光谱的光电子动能低于 C 1s，因此 O 1s 光谱取样深度较小，使得其表面特异性略高。如图 7.22（c）所示，观察 C 1s 光谱区域的变化，O 1s 光谱在约 531eV 处的峰值被认为 C ═ O 键，而约 532.1eV 处峰值被认为 C—OH。值得注意的是，在 C 1s 光谱中没有检测到 π—π 共轭，也证实了 COs 不是由多层堆叠的石墨微晶构成。此外，COs 表面的含氧官能团可以参与钠离子的表面氧化还原反应（即 $C{=}O+Na^{+}+e \rightleftharpoons -C-O-Na$），从而进一步提升 COs 的存钠储能力。

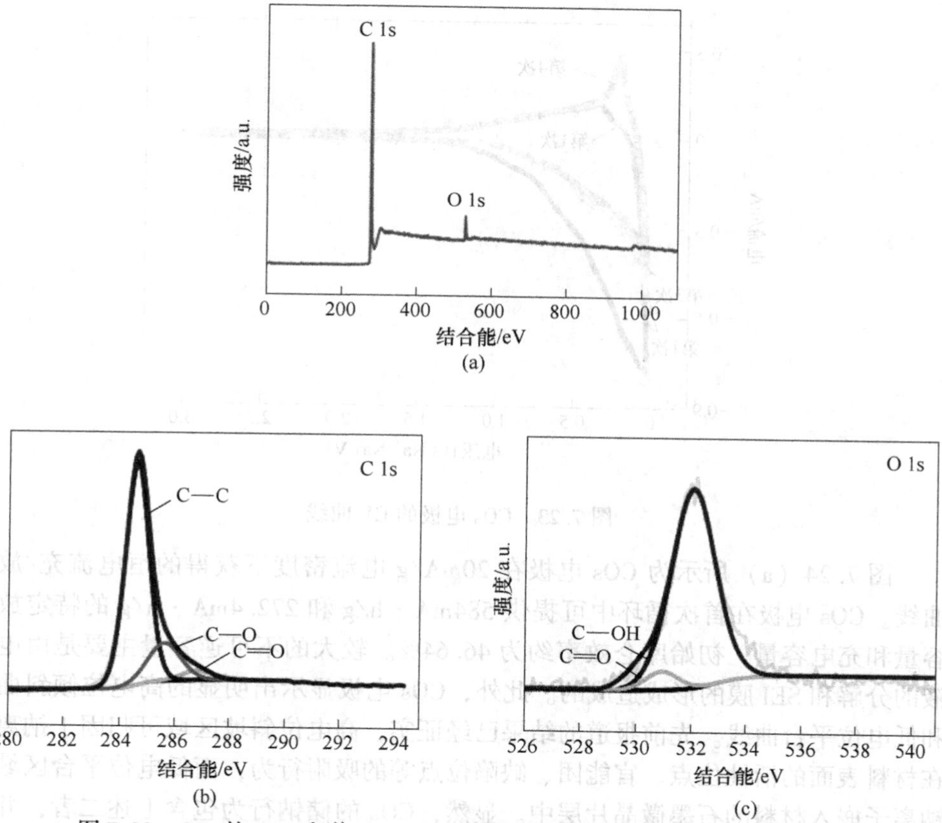
C 1s
O 1s
强度/a.u.
0
200
400
600
800
1000
结合能/eV
(a)
C 1s
C—C
C—O
C═O
强度/a.u.
280
282
284
286
288
290
292
294
结合能/eV
(b)
O 1s
C—OH
C═O
强度/a.u.
526
528
530
532
534
536
538
540
结合能/eV
(c)

图 7.22 COs 的 XPS 光谱（a）、COs 的高分辨率 C 1s XPS 光谱（b）和 COs 的高分辨率 O 1s XPS 光谱（c）

7.2.2.3 材料的电化学性能分析

测试在电压范围为 0.01~3.0V 之间获得的典型 CV 曲线，如图 7.23 所示。

第一次还原过程中，在0.84V、0.32V和0.01V附近观察到3个还原电流峰。在0.84V处的还原电流峰对应于钠离子与表面官能团的反应，类似于之前报道的锂离子在碳材料中的行为过程。考虑到标准电极电位差，将0.32V的还原电流峰指定为电解质分解以形成SEI膜是合理的。在0.01V处观察到的还原电流峰对应于钠离子嵌入石墨微晶片层间的行为，类似于碳材料中的锂离子嵌入。此外，在氧化过程中可以观察到0.23V的氧化电流峰，这是钠离子从石墨微晶片层间脱出的特征。钠离子在低电位区中的储存机制（$x\mathrm{C}+\mathrm{Na}^{+}+e \rightleftharpoons \mathrm{NaC}_{x}$）与先前的报道一致，并且采用EIS和GITT测试进行验证。值得注意的是，CV曲线在随后的氧化还原过程中逐渐重叠，表明COs电极可逆容量的衰减主要发生在前几个循环中，而后表现出良好的钠离子嵌/脱可逆性。

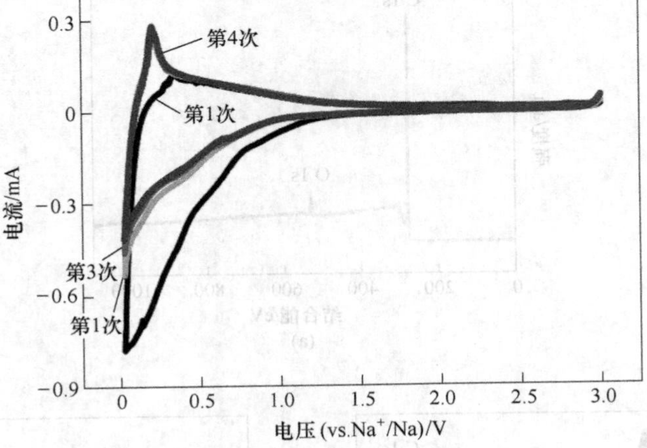

0.3
0
−0.3
−0.6
−0.9
电流/mA
第4次
第1次
第3次
第1次
0
0.5
1.0
1.5
2.0
2.5
3.0
电压 (vs.Na+/Na)/V

图7.23　COs电极的CV曲线

图7.24（a）所示为COs电极在20mA/g电流密度下获得的恒电流充/放电曲线。COs电极在首次循环中可提供584mA·h/g和272.4mA·h/g的特定放电容量和充电容量，初始库仑效率约为46.64%。较大的不可逆容量主要是由电解液的分解和SEI膜的形成造成的。此外，COs电极显示出明显的高电位倾斜曲线和低电位平台曲线。先前报道的结果已经证实，高电位斜坡区域可归因于钠离子在材料表面的活性位点、官能团、缺陷位点等的吸附行为，而低电位平台区域是钠离子嵌入材料的石墨微晶片层中。显然，COs的储钠行为包含上述二者，并做进一步验证。在随后的循环中，恒电流充/放电曲线逐渐达成一致，表明COs电极的循环性能优异，这与CV曲线观察到的结果一致。

COs电极在20mA/g电流密度下的循环性能如图7.24（b）所示。COs电极显示出优异的反应可逆性和结构稳定性，在100次循环后的可逆容量为254.1mA·h/g，保持率达到93.3%。根据Cao等人的研究，可逆容量的衰减可能是由于钠离子在嵌入/脱出过程中碳结构体积的“调整”导致的。同时，COs 电极的库仑效率随循环次数的增加而提高，并保持相对稳定，与已经报道过的钠离子电池用生物质衍生碳材料相比，这个结果表现得较为优异。

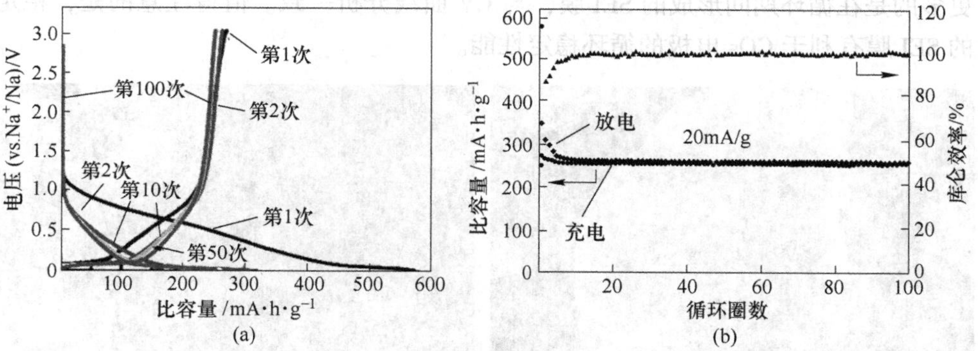

电压 (vs.Na^+/Na)/V
比容量 /mA·h·g^{-1}
第1次
第100次
第2次
第2次
第10次
第1次
第50次
(a)
比容量 /mA·h·g^{-1}
库仑效率/%
放电
充电
20mA/g
循环圈数
(b)

图 7.24　COs 电极的恒电流充/放电循环曲线（20mA/g）(a) 和循环性能 (b)

为了更好地了解在钠离子电池中使用 COs 的优点，图 7.25 给出了 COs 电极的倍率性能。COs 电极在 20mA/g 电流密度下的可逆容量为 273.3mA·h/g，随着电流密度逐渐增加到 50mA/g、100mA/g、200mA/g、500mA/g 和 1000mA/g，并在相应的电流密度下循环 10 次，获得的可逆容量分别为 194.7mA·h/g、124.3mA·h/g、87.6mA·h/g、60.3mA·h/g 和 43.5mA·h/g。有趣的是，当电流密度恢复到 20mA/g 时，COs 电极的可逆容量迅速恢复到 251.7mA·h/g。COs 电极展现出较好的循环稳定性和倍率性能，主要归因于 COs 拥有较大的石墨微晶片层间距，可以促进钠离子的嵌入/脱出，这对于有着较大半径钠离子在充/放电过程中的快速迁移而言，具有非常重要的作用。

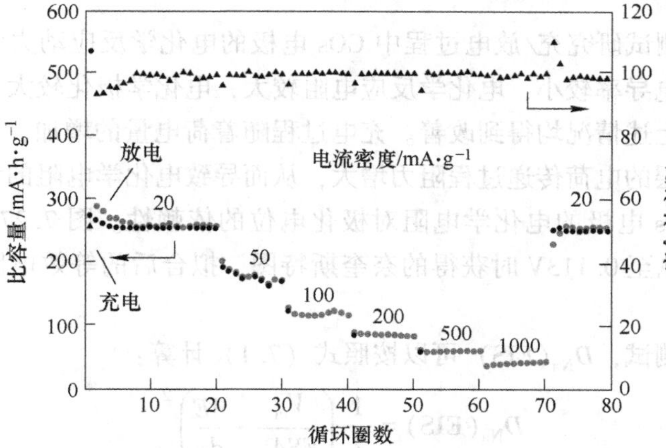

比容量 /mA·h·g^{-1}
库仑效率/%
放电
充电
电流密度/mA·g^{-1}
20
50
100
200
500
1000
20
循环圈数

图 7.25　COs 电极的倍率性能

在20mA/g电流密度下循环前和循环100次后的COs电极的SEM图像如图7.26所示。与循环前的SEM图相比，经过100次循环，COs电极表面变得非常粗糙。根据已有的研究报道，材料表面附着的物质除了添加的导电碳和黏合剂，更多的是在循环期间形成的SEI膜，与CV曲线分析一致。值得注意的是，稳定的SEI膜有利于COs电极的循环稳定性能。

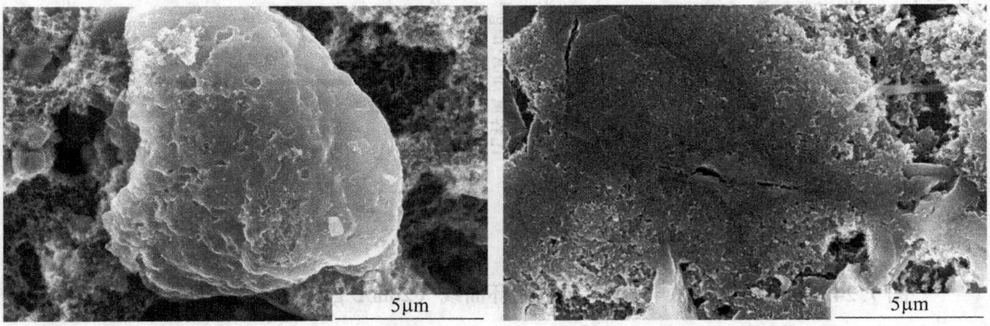
5μm
5μm
(a)
(b)

图7.26 COs电极的SEM图

（a）在循环前；（b）在20mA/g电流密度下进行100次循环之后

7.2.3 燕麦片衍生硬碳材料储钠机理

据有关文献报道，充/放电过程中的储钠行为可以通过研究D_{Na}的变化规律加以解释。本节分别采用EIS和GITT技术测试了COs电极在不同电压范围内D_{Na}的变化规律，研究燕麦片衍生硬碳材料的储钠机理。

7.2.3.1 EIS测试分析

使用EIS测试研究充/放电过程中COs电极的电化学反应动力学。放电初期电极材料的钠电导率较小，电化学反应电阻较大，电化学极化较大，而随着放电深度的增加，上述情况均得到改善。充电过程随着荷电量的增加，通过SEI膜和活性物质双电层的电荷传递过程阻力增大，从而导致电化学电阻的增加。这些现象都反映了COs电极的电化学电阻对极化电位的依赖性。图7.27（a）所示为COs电极在充电至0.113V时获得的奈奎斯特图，拟合后的等效电路模型如内部图所示。

通过EIS测试，D_{Na}(EIS)可以按照式（7.1）计算：

$$D_{Na}(EIS) = \frac{1}{2}\left(\frac{V_m}{FSA_w} \cdot \frac{dE}{dx}\right)^2 \tag{7.1}$$

式中 V_m——摩尔体积；

F——法拉第常数；

S——电极材料和电解质之间的接触面积（可以估算为 COs 的比表面积）；

A_w——Warburg 系数，是 Warburg 区域的 Z' 对 $\omega^{-1/2}$ 和 $-Z''$ 对 $\omega^{-1/2}$ 曲线（ω 是角频率）的斜率的平均值；

dE/dx——恒电流滴定曲线的微分。

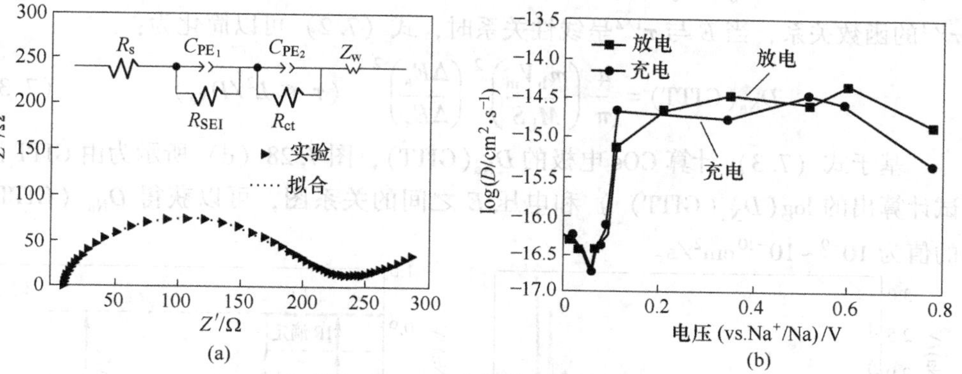

300
250
200
150
100
50
0
$-Z''/\Omega$
R_s
C_{PE_1}
C_{PE_2}
Z_w
R_{SEI}
R_{ct}
▸ 实验
······ 拟合
50 100 150 200 250 300
Z'/Ω
(a)
-13.5
-14.0
-14.5
-15.0
-15.5
-16.0
-16.5
-17.0
$\log(D/cm^2 \cdot s^{-1})$
放电
充电
放电
充电
0 0.2 0.4 0.6 0.8
电压 (vs.Na⁺/Na)/V
(b)

图 7.27 COs 电极的 EIS 结果

（a）使用等效电路的 Nyquist 图和拟合曲线；

（b）对于 COs 的各种电势，对数扩散系数（log$D$）与 OCV 图

如图 7.27（b）所示，运用式（7.1）计算出 D_{Na}(EIS) 的值为 $10^{-14} \sim 10^{-16}$ cm²/s。观察 D_{Na}(EIS) 与电压之间的曲线图可以发现，放电过程中电压在高于 0.1V 的范围内，D_{Na}(EIS) 值的变化较小，而随着 COs 电极的持续放电，D_{Na}(EIS) 值出现迅速下降，说明钠离子的扩散发生了较大的变化，验证了 COs 电极的储钠行为分为两个过程。由于 EIS 测试对 COs 电极的储钠机理的表征方式与 GITT 测试的相类似，因此将在下文将二者结合进行分析，共同解释说明 COs 电极的储钠机理。

7.2.3.2 GITT 测试分析

GITT 测试也是一种研究 COs 电极的 D_{Na} 在不同电压范围内变化趋势的重要方法。图 7.28（a）所示为 COs 电极在第四次充/放电循环过程中获得的 GITT 曲线。根据 Fick 扩散第二定律，D_{Na}（GITT）可以根据以下式（7.2）计算：

$$D_{Na}(\mathrm{GITT}) = \frac{4}{\pi}\left(\frac{m_b V_m}{M_b S}\right)^2 \left[\frac{\Delta E_s}{\tau(\mathrm{d}E_\tau/\mathrm{d}\sqrt{\tau})}\right]^2 \quad (\tau \ll L^2/D_{Na}) \tag{7.2}$$

式中 m_b——活性物质的质量；

V_m，M_b——分别代表活性物质的摩尔体积和摩尔质量；

S——电极材料和电解液的接触面积（可以取 COs 的比表面积估算）；

τ——脉冲电流时间；

ΔE_s——单个 GITT 过程中稳态电压之间的差值；

L——电极的厚度。

图 7.28（b）所示为 COs 电极在放电过程中的单个 GITT 滴定曲线，并在图中系统地标注了 E_0、E_s、E_τ、ΔE_s、τ 等参数。图 7.28（c）所示为电压 E 与 $\tau^{1/2}$ 的函数关系，当 E 与 $\tau^{1/2}$ 呈线性关系时，式（7.2）可以简化为：

$$D_{\mathrm{Na}}(\mathrm{GITT})=\frac{4}{\pi}\left(\frac{m_b V_m}{M_b S}\right)^2\left(\frac{\Delta E_s}{\Delta E_\tau}\right)^2 \quad (\tau \ll L^2/D_{\mathrm{Na}}) \tag{7.3}$$

基于式（7.3）计算 COs 电极的 $D_{\mathrm{Na}}(\mathrm{GITT})$，图 7.28（d）所示为由 GITT 测试计算出的 $\log(D_{\mathrm{Na}}(\mathrm{GITT}))$ 和电压 E 之间的关系图，可以获得 D_{Na}（GITT）的值为 $10^{-9}\sim10^{-10}\mathrm{cm^2/s}$。

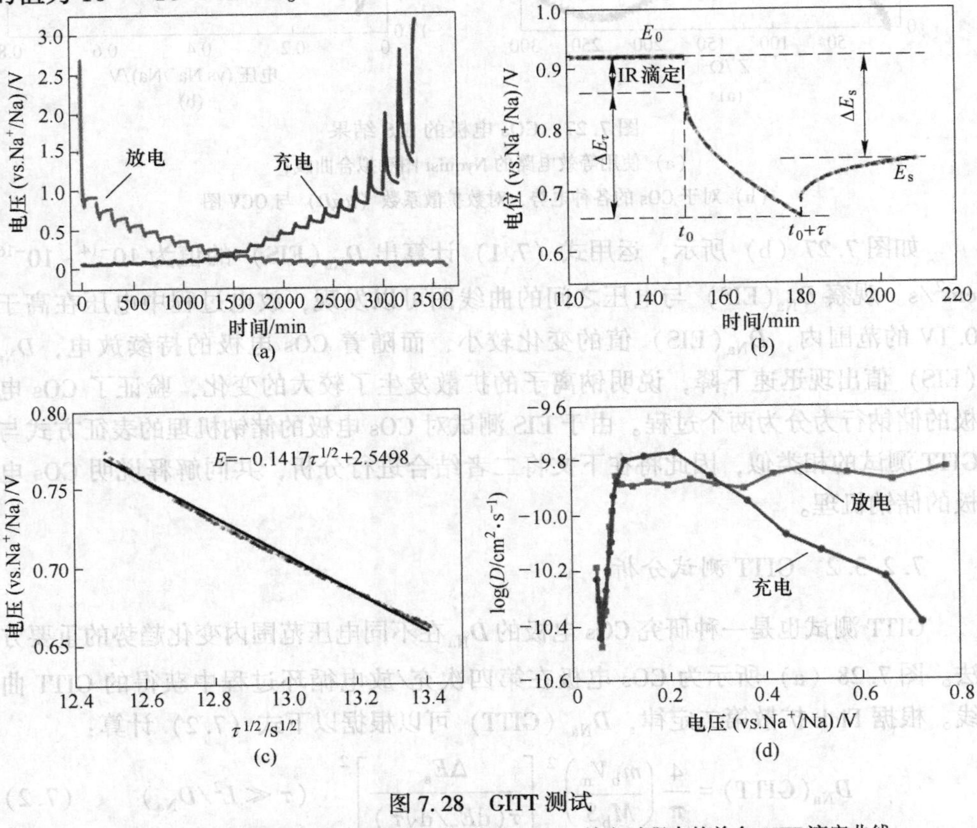
放电
充电
电压 (vs.Na+/Na)/V
时间/min
(a)
E0
IR滴定
ΔEτ
ΔEs
Es
t0
t0+τ
电位 (vs.Na+/Na)/V
时间/min
(b)
E=−0.1417τ1/2+2.5498
电压 (vs.Na+/Na)/V
τ1/2/s1/2
(c)
放电
充电
log(D/cm2·s−1)
电压 (vs.Na+/Na)/V
(d)

图 7.28　GITT 测试

（a）COs 电极在放电和充电过程中的 GITT 曲线；（b）放电过程中的单个 GITT 滴定曲线；（c）放电过程中单个 GITT 滴定曲线的线性拟合；（d）根据 COs 电极在放电和充电过程中的 GITT 电势分布计算出的钠离子扩散系数

通过观察图 7.27（b）和图 7.28（d）可以发现，D_{Na}(EIS）和 D_{Na}(GITT）在不同电压范围内的变化趋势是相似的。当电压高于 0.1V 时，D_{Na}(EIS）和 D_{Na}(GITT）变化不大，而当电压低于 0.1V 时，D_{Na}(EIS）和 D_{Na}(GITT）都出现急剧下降，表明此时钠离子的扩散发生了变化，COs 电极的储钠机理并不是唯一的。根据对樱花瓣衍生硬碳材料储钠机理的研究，硬碳材料的储钠机理在不同电位范围内可以分为两种：高电位斜坡区域归因于钠离子在材料表面的吸附行为，而低电位平台区域则与钠离子在石墨微晶片层之间的嵌/脱有关。

一般而言，COs 电极中的石墨微晶片层空间比表面位置更难接近。随着材料表面可进行储钠的活性位点逐渐减少，钠离子进一步扩散到 COs 电极内部。然而，为了完成上述过程，钠离子必须克服来自表面位点上先前结合的钠离子的排斥电荷梯度，以便在 COs 电极内部扩散，这解释了低电位平台区域 D_{Na} 出现急剧下降的原因。结合有关锂离子在石墨中扩散的研究报道，二者的曲线非常相似，表明在低于 0.1V 的电压范围内，石墨碳和钠离子结合形成 Na-GICs，这是一个可逆的结构相变过程。这种推测与 EIS 和 GITT 的数据吻合较好，进一步验证了 COs 电极在低电位平台区对应于钠离子在石墨微晶片层之间嵌/脱的钠储存机理。此外，在 0.01V 附近的 D_{Na} 略有增加，可能是由于 Na-GICs 中插入的钠离子之间高度吸引相互作用导致。

值得注意的是，D_{Na}(EIS）和 D_{Na}(GITT）的值相差几个数量级，这是正常现象，文献中也报道了通过 EIS 和 GITT 测试相同材料的锂离子扩散系数的相似差异。Aurbach 和 Levi 认为，虽然两种测试方法没有原则性差异，但当 GITT 测试提供电流脉冲强度较高和 EIS 测试的交流电流幅度较小时，GITT 测试提供的扩散时间数据更为准确，这主要是由于 GITT 滴定期间的欧姆降行为可以被消除。当然，由于 GITT 和 EIS 测得的不同电压范围内 D_{Na} 的变化趋势是相似的，因此可用这两种方法进行相关研究。

本节通过简单的热解过程制备了由燕麦片衍生的硬碳材料。通过宏观形貌和微观结构的表征，发现 COs 是一种由排列高度无序，且少量堆叠的石墨微晶构成的无定形硬碳材料。同时，COs 的石墨化程度较高，比表面积为 69.841m^2/g，表面分布的介孔的平均孔径为 3.39nm，计算出的石墨微晶片层间距也达到 0.39nm，且表面存在较多的含氧官能团。当用作钠离子电池负极材料时，COs 电极表现出良好的钠储存性能，在 20mA/g 电流密度下，COs 电极初始可逆容量为 272.4mA · h/g，初始库仑效率约为 46.64%；100 次循环后的可逆容量为 254.1mA · h/g，保持率达到 93.3%。进行倍率性能测试时（20~1000mA/g），经过不同电流密度循环后，COs 电极的可逆容量恢复率为 92.1%。由于 COs 的石墨微晶片层间距较大，有利于钠离子的可逆嵌入/脱出，而表面分布的纳米尺度介孔不仅可以提供更多的钠离子扩散通道，确保电解液的充分渗透，还可以缩短钠离子的传输途径，提高迁移效率，这些都有助于钠离子的存储，因此使得 COs 电极具有优异的电化学性能。

此外，采用 EIS 和 GITT 测试计算出 COs 电极的 D_{Na} 分别为 $10^{-14} \sim 10^{-16} cm^2/s$ 和 $10^{-9} \sim 10^{-10} cm^2/s$。研究发现，在充/放电平台以外的较高电压范围内，$D_{Na}$ 值相对较高，在充/放电平台的较低电压范围内则相对较低。在 0.1V 以下观察到 D_{Na} 对电压曲线中的一个极值，这是由于石墨碳和钠离子结合形成 Na-GICs 导致的，是一个可逆的结构相变过程，由此验证了 COs 电极在低电位平台区对应于钠离子在石墨微晶片层之间嵌/脱的钠储存机理。

综上所述，这种通过采用绿色生物质燕麦片进行简单加工获得的硬碳材料，具有优异的电化学性能，可作为构建低成本商业化钠离子电池最有希望的负极材料候选者之一。

8 合金负极材料的制备与电化学性能

8.1 Sn-Fe-Co 合金复合负极材料的制备与电化学性能

锂离子电池作为便携式电子设备最适合的电源，给人们带来诸多方便，随着移动电子设备的高性能化，要求锂离子电池有更高的能量密度。由于高容量新型正极材料的开发余地很小，锂离子电池在过去5年间容量增加量，基本都归功于负极材料的性能改善，因此锂离子电池新型负极材料的研发一直是人们研究的热点之一。目前已经商品化的锂离子电池负极材料主要是碳类材料，其理论质量比容量为372mA·h/g。与其相比，锡基合金负极材料因具有较高的理论质量比容量（994mA·h/g），一直被视为最具研究前景的新型负极材料之一。然而，金属锡在与锂形成金属间化合物的过程中，体积变化很大，约为358%，锂的反复合金化/去合金化导致材料的机械稳定性逐渐下降，从而发生粉化和崩塌，甚至脱离集流体，因此导致循环性能较差。为了解决这一问题，Winter 等人提出了用合金化或复合物等方法来改善合金循环性能。在合金化/去合金化过程中形成合金相 Li_xMSn，或是 $Li_{4.4}Sn$ 与金属 M 的混合相。其中非反应相 M 提供缓冲基质，减缓合金/去合金化过程中电极内部的体积变化，起到维持粒子之间以及电极片与集流体之间完整性的作用。目前研究较多的锡基合金材料主要有 Cu_6Sn_5、SnNi 合金、SnSb 合金、SnCoC 三元合金、SnSbM 三元合金等。

在众多锡基合金体系中，SnFe 合金由于导电性好、价格低廉、结构开放、容量较高等优点，近年来得到较多关注。X. L. Wang 课题组以纳米锡球为模板制备出了新的合金相 Sn_5Fe，循环 15 周后容量稳定在 750mA·h/g 左右。C. Q. Zhang 课题组利用水热合成法制备的 Sn_2Fe 合金，粒径在 30~70nm 左右，循环 15 周后容量保持约 500mA·h/g。M. Chamas 课题组比较了微米级与纳米级 Sn_2Fe 电化学性能，发现纳米材料的容量较高且循环性能较好，但循环 40 周时容量会迅速衰减。

总结来说，纳米尺度的 SnFe 合金容量较高，但是已报道的 SnFe 合金材料循环性能较差，基本上循环 30 周左右就会出现迅速的容量衰减。本节实验利用化学还原-热扩散合金化的方法制备纳米结构的 SnFeCo 合金（粒径约 110nm 左右），通过在 SnFe 合金中引入 Co 元素来提高材料韧性或减少脆性，减缓体积膨胀，改善循环性能。

8.1.1　实验

8.1.1.1　材料的制备

SnFeCo 合金的制备：

量取 50mL 二缩三乙二醇溶剂置于 250mL 三颈烧瓶中，称取 1.0g PVP 置于瓶内。将 1.0g PVP 搅拌均匀后，置于油浴锅中升温至 170℃。加入含有 1.3g $SnCl_2$的 10mL 二缩三乙二醇溶液，随后开始滴加含有 2.64g 硼氢化钠的 50mL 二缩三乙二醇溶液，此时溶液呈灰黑色。

充分搅拌反应 20min 后，依次滴加 0.5g $CoCl_2 \cdot 6H_2O$/30mL 二缩三乙二醇、0.74g $FeCl_3 \cdot 6H_2O$/30mL 二缩三乙二醇。待溶液全部滴完，将温度升至 190℃进行合金化，合成的整个过程中通入氩气保护。合金化 2h 后，溶液由灰黑色变为黑色。将溶液取出，用乙醇离心清洗 5 次。收集固体并置于真空干燥箱内，于 80℃下干燥 12h，得到所需合金材料。

Sn_2Fe 合金的制备：

量取 50mL 二缩三乙二醇溶剂置于 250mL 三颈烧瓶中，称取 1.0g PVP 置于其内。将 1.0g PVP 搅拌均匀后，置于油浴锅中升温至 170℃。加入含有 1.3g $SnCl_2$的 10mL 二缩三乙二醇溶液，随后开始滴加含有 2.64g 硼氢化钠的 50mL 二缩三乙二醇溶液，此时溶液呈灰黑色。

充分搅拌反应 20min 后，开始滴加 0.74g $FeCl_3 \cdot 6H_2O$/30mL 二缩三乙二醇。待溶液全部滴完后，将温度升至 190℃进行合金化，合成的整个过程中通入氩气保护。合金化 2h 后，溶液由灰黑色变为黑色。将溶液取出，用乙醇离心清洗 5 次，收集固体并置于真空干燥箱内，80℃下干燥 12h，得到所需合金材料。

8.1.1.2　形貌和结构分析

XRD 测试使用 Philips Analytical X-pert 射线衍射仪（荷兰帕纳科公司），Cu K_α 靶，$\lambda = 0.154$nm，管电压 40kV，管电流 30.0mA，扫描范围 10°～80°，扫描步长 0.0167°/步，步进间隔 15s；样品的形貌观察和选区电子衍射（SAED）分别使用 S-4800 场发射扫描电子显微镜（SEM，日本电子株式会社）与 JEM-2100 高分辨透射电镜（TEM，日本电子株式会社）。样品元素组成测试使用美国 BIRAD PS-4 多通道电感耦合等离子体原子发射光谱仪，射频发生器功率 1.1kW，射频发生器频率 27MHz。

8.1.1.3　电化学性能测试

按 8∶1∶1（质量比）将制备的活性材料、乙炔黑（Alfa aesar，电池级）和

LA 水性黏结剂（成都绿茵地乐电源科技有限公司）分散在三次水中调成浆料，均匀地涂在铜箔上，80℃下真空干燥过夜。以金属锂片为负极，1mol/L $LiPF_6$/EC+DMC+EMC（1∶1∶1，体积分数，广州天赐高新材料股份有限公司）为电解液，Celgard 2400 作隔膜，在氩气气氛的手套箱中组装成 CR2025 型扣式电池。充放电测试使用新威多通道电池测试仪，锡基合金材料的容量仅以锡基合金材料计算。充放电制度：以 50mA/g 的电流密度在 0.02~1.5V 范围内作恒流充放电测试。

8.1.2 结果与讨论

8.1.2.1 SnFeCo 合金材料的结构表征

图 8.1 所示为制备的合金材料的 XRD 衍射测试结果，对照标准卡片，相应的XRD 谱线在33.63°、35.01°、38.99°、43.81°、56.35°、61.06°、67.21°、

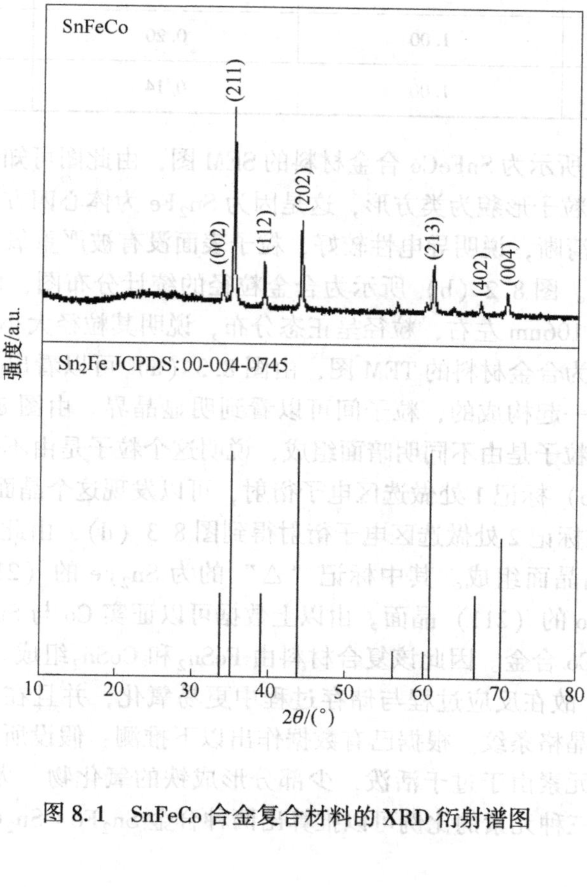
SnFeCo
(002)
(211)
(112)
(202)
(213)
(402)
(004)
强度/a.u.
Sn2Fe JCPDS:00-004-0745
10
20
30
40
50
60
70
80
2θ/(°)

图 8.1 SnFeCo 合金复合材料的 XRD 衍射谱图

70.61°处的衍射峰分别对应的是 Sn_2Fe 的（002）、（211）、（122）、（202）、（002）、（213）、（402）、（004）等晶面的衍射峰（JCPDS：00-004-0745）。在 XRD 谱图上并没有发现任何杂质峰、氧化物峰，也没有 SnCo 合金的峰。这可能是因为合金中 Co 的含量较少，不容易在 XRD 谱图上显示。XRD 的峰型较为尖锐，强度较高说明形成的合金结晶度较好。为了进一步表征材料的组成，对材料进行了 ICP-AES 分析。

用王水将制备的合金材料溶解后，用三次水稀释酸度至弱酸性后，利用 ICP-AES 测试合金中三种元素的比例，结果见表 8.1。由表 8.1 的数据可知产物中 Co 元素的含量比投入量少，这是因为 Co 元素投入过量，有一部分在离心清洗过程中流失掉，其他部分则与 Sn 元素形成 SnCo 合金。按照这个元素比例，可以计算出该材料的理论质量比容量为 781mA · h/g。

表 8.1 SnFeCo 合金复合材料的组成

比例	元素		
	Fe	Co	Sn
投料比	1.00	0.20	2.00
ICP-AES 结果	1.00	0.14	2.00

图 8.2（a）所示为 SnFeCo 合金材料的 SEM 图，由此图可知合金粒子粒径约为 110nm 左右，粒子形貌为类方形，这是因为 Sn_2Fe 为体心四方晶系。没有发现团聚现象，图像清晰，说明导电性较好，粒子表面没有被严重氧化，表面活性剂 PVP 清洗较干净。图 8.2（b）所示为合金粒径的统计分布图，由图可以知道粒子的平均粒径在 106nm 左右，粒径呈正态分布，说明其粒径大小较为均一。

图 8.3 所示为合金材料的 TEM 图，由图 8.3（a）可以看出一个粒子是由几个小粒子排列在一起构成的，粒子间可以看到明显晶界。由图 8.3（b）暗场衍射可以看到一个粒子是由不同明暗面组成，说明这个粒子是由不同结构的晶面组成。在图 8.3（b）标记 1 处做选区电子衍射，可以发现这个晶面属于单晶 Sn_2Fe（211）晶面。在标记 2 处做选区电子衍射得到图 8.3（d），由此图可以看到这个区域由两种单晶晶面组成。其中标记“△”的为 Sn_2Fe 的（211）晶面，标记“○”的为 Sn_2Co 的（211）晶面。由以上数据可以证实 Co 与 Sn 确实形成合金，合金类型为 Sn_2Co 合金。因此该复合材料由 $FeSn_2$ 和 $CoSn_2$ 组成。由于 Fe 元素比 Co 元素更活泼，故在反应过程与储存过程中更易氧化，并且在高分辨衍射中发现归属 Fe_2O_3 的晶格条纹。根据已有数据作出以下推测：假设所有 Co 与 Sn 形成 Sn_2Co 合金，铁元素由于过于活泼，少部分形成铁的氧化物，大部分与 Sn 形成 Sn_2Fe 合金。由三种元素的比例可以推算出两种合金 Sn_2Fe : Sn_2Co = 0.86 : 0.14。

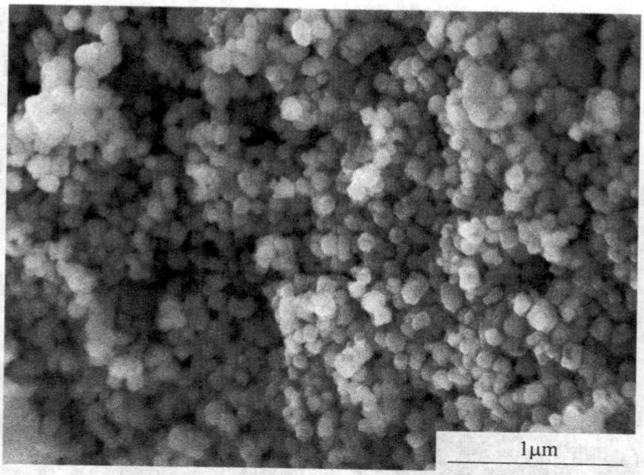
1μm

(a)

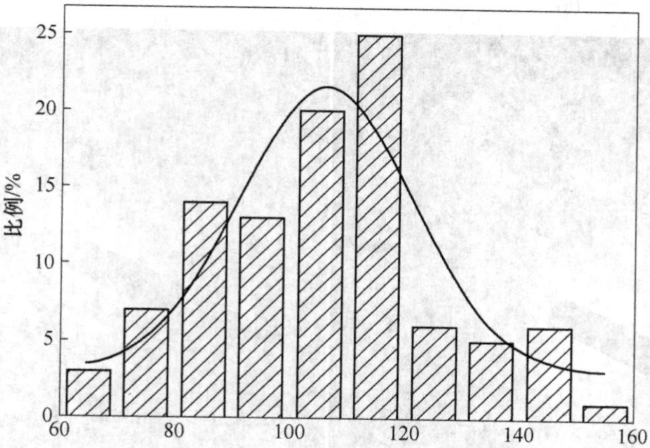
25
20
15
10
5
0
比例/%
60
80
100
120
140
160
颗粒尺寸/nm

(b)

图 8.2 SnFeCo 合金复合 SEM 图（a）和 SnFeCo 合金复合物粒径分布统计（b）

图 8.4 所示为 SnFeCo 合金复合材料可能的形成机理：首先，Sn^{2+}在链状分子 PVP（聚乙烯吡咯烷酮）的包覆下被硼氢化钠还原为 Sn 粒子（在 PVP 的保护下 Sn 粒子不易发生团聚与氧化），随后滴加的 Fe^{3+}、Co^{2+}透过 PVP 分子吸附在 Sn 粒子的表面，在硼氢化钠的还原作用下生成 Fe 与 Co 的金属单质。这些金属单质附着在 Sn 粒子表面，在较高的温度下发生热扩散，与 Sn 分别形成 Sn_2Fe 与 Sn_2Co 合金。最终得到的产物是这两种纳米合金组成的复合物。

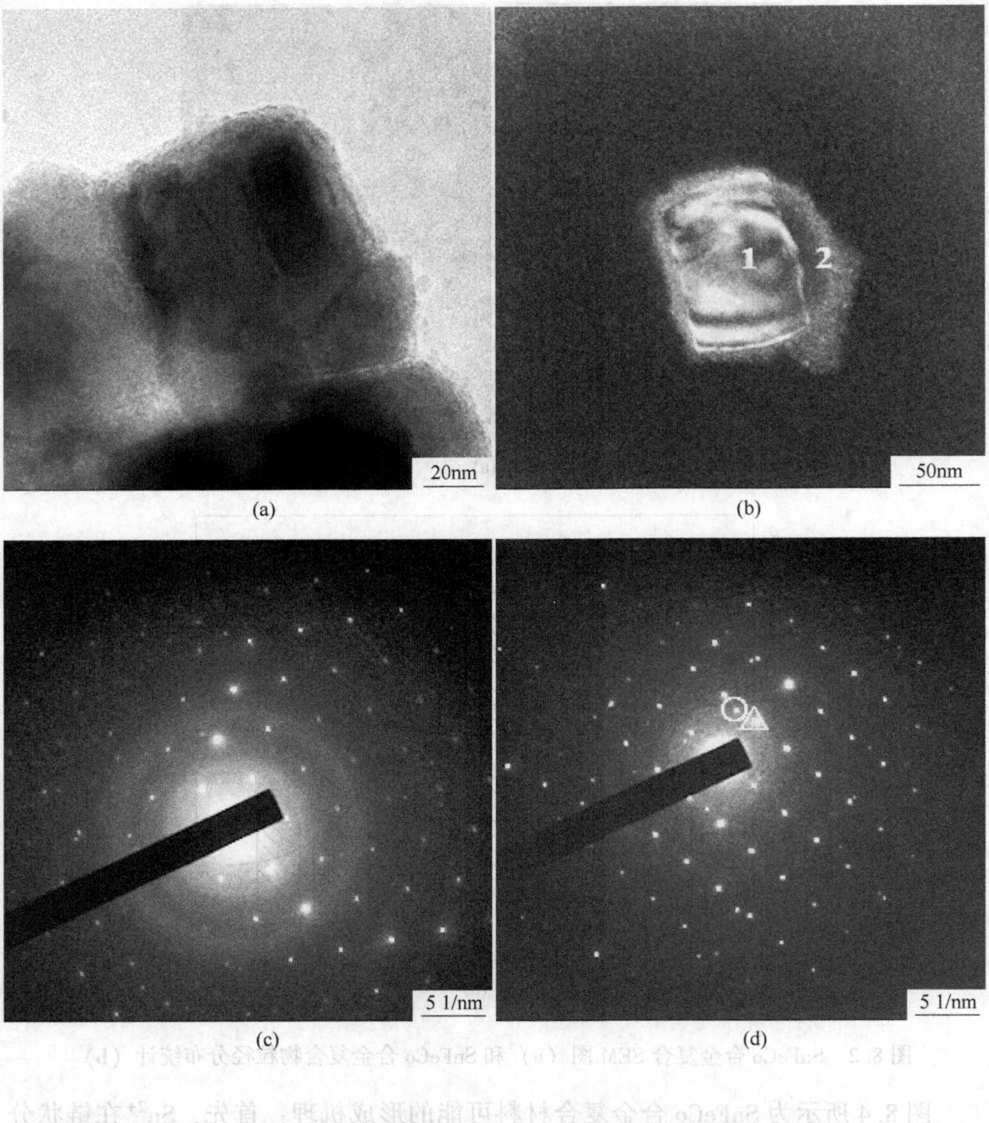
1
2
20nm
50nm
(a)
(b)
5 1/nm
5 1/nm
(c)
(d)

图 8.3　SnFeCo 合金复合材料 TEM 图（a）、SnFeCo 合金复合材料暗场衍射（b）和 SnFeCo 合金复合材料高分辨选区电子衍射（c、d）

8.1.2.2　SnFeCo 合金材料的电化学性能

图 8.5 所示为纳米结构 SnFeCo 合金材料的恒流充放电曲线。从曲线可以看到首次放电容量稍高于理论容量（按照测得元素的比例可以算得该合金容量为

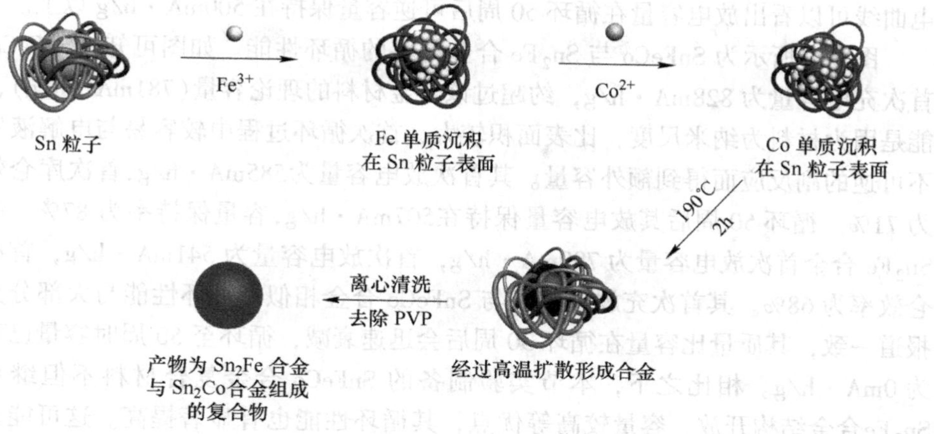
Fe^{3+}
Co^{2+}
Sn 粒子
Fe 单质沉积
在 Sn 粒子表面
Co 单质沉积
在 Sn 粒子表面
190℃
2h
离心清洗
去除 PVP
产物为 Sn$_2$Fe 合金
与 Sn$_2$Co合金组成
的复合物
经过高温扩散形成合金

图 8.4 SnFeCo 合金复合物形成机理

781mA · h/g)，可能是因为纳米材料表面发生了副反应。首次在 1.5V 附近有一斜的放电平台，对应于氧化物的嵌锂或是电解液分解。其中充放电平台对应的可逆反应如下所示（本节实验规定充电过程进行合金化反应，放电过程进行去合金化反应）：

$$Sn_2Fe + 8.8Li^+ + 8.8e \longrightarrow 2Li_{4.4}Sn + Fe \tag{8.1}$$

$$Li_{4.4}Sn \longrightarrow Sn + 4.4Li^+ + 4.4e \tag{8.2}$$

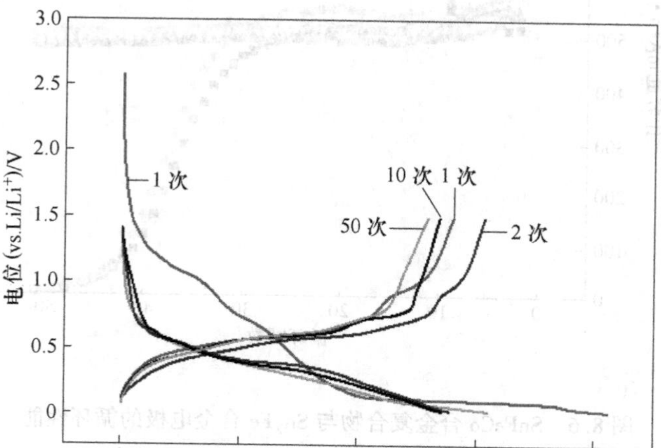
3.0
2.5
2.0
1.5
1.0
0.5
0
电位 (vs.Li/Li$^+$)/V
1 次
10 次 1 次
50 次
2 次
0
200
400
600
800
比容量/mA · h · g^{-1}

图 8.5 SnFeCo 合金复合物电极的充放电曲线

其中反应（8.1）代表充电过程，由反应式可以看出这是一种合金化过程；

反应（8.2）代表放电过程，由反应式可以看出这是一种去合金化过程。由充放电曲线可以看出放电容量在循环 50 周后可逆容量保持在 500mA · h/g 以上。

图 8.6 所示为 SnFeCo 与 Sn_2Fe 合金材料的循环性能。如图可知，SnFeCo 的首次充电容量为 828mA · h/g，约超过该合金材料的理论容量(781mA · h/g)，可能是因为材料为纳米尺度，比表面积较大，首次循环过程中较容易与电解液发生不可逆的副反应而得到额外容量。其首次放电容量为585mA · h/g,首次库仑效率为 71%。循环 50 周后其放电容量保持在507mA · h/g,容量保持率为 87%。制备 Sn_2Fe 合金首次放电容量为 799mA · h/g，首次放电容量为 541mA · h/g，首次库仑效率为 68%。其首次充放电容量与 SnFeCo 合金相似，循环性能与大部分文献报道一致，其质量比容量在循环 30 周后会迅速衰减，循环至 50 周时容量已衰减为 0mA · h/g。相比之下，本节实验制备的 SnFeCo 合金复合材料不但继承了 Sn_2Fe合金结构开放、容量较高等优点，其循环性能也有显著提高。这可能是因为制备过程中添加的 Co 元素作为一种惰性元素，进一步提高了材料的机械稳定性，缓冲了材料充放电过程中的体积变化，同时抑制了去合金化过程中纳米锡的团聚现象，从而显著提高材料的循环性能。

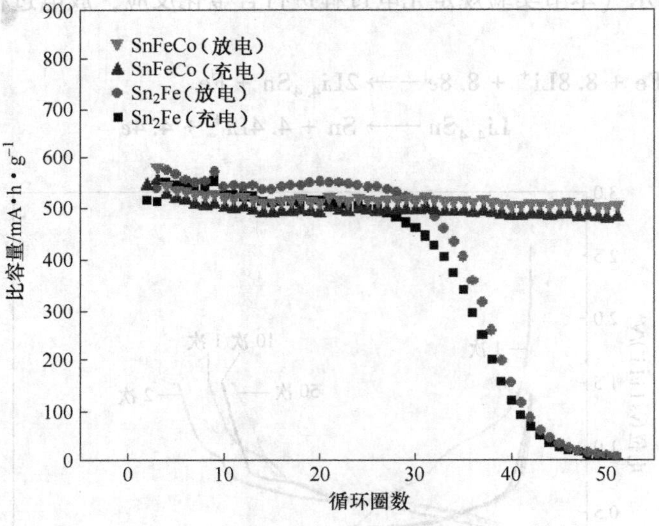
SnFeCo(放电)
SnFeCo(充电)
Sn2Fe(放电)
Sn2Fe(充电)
比容量/mA·h·g-1
循环圈数
900
800
700
600
500
400
300
200
100
0
0
10
20
30
40
50

图 8.6　SnFeCo 合金复合物与 Sn_2Fe 合金电极的循环性能

本节利用化学还原-热扩散合金化方法制备出类方形纳米结构的 $Sn_2Fe_{1.04}Co_{0.14}$ 合金复合材料，SEM 结果表明其粒径约为 110nm。恒电流充放电结果显示，所制备材料其首次充放电容量分别为 828mA · h/g、585mA · h/g，其首次库仑效率为 71%，循环 50 周后可逆容量为 507mA · h/g。与同样方法制备的纳米级 Sn_2Fe 合金材料相比其性能有显著提高，结合实验结果以及理论分析表明，通过合成多元合金复合材料来获得稳定、均一的纳米材料是改善锡基负极材料循环性能的有效手段之一。

8.2 Sn-Cu 合金复合负极材料的制备与电化学性能

当前，随着世界经济的发展，能源短缺日益严重，并且传统能源对环境带来巨大的污染，这就迫切要求研制开发一种新型可再生的绿色能源；同时，科技的进步，电气设备小型化的趋势日益明显，这使得对高能量密度能源需求日益增加；大型发电厂的储能电池、UPS 电源、医疗仪器电源以及宇宙空间等领域对大功率、高容量电源的需求也大幅增加；在人们的生活中，电动交通工具的应用也越来越广泛，高能电源的需求也随之大量增加。锂离子电池作为新一代的绿色高能充电电池，与其他电池系统相比，具有工作电压高、寿命长、重量轻、体积小、比能量大、放电电压平稳和无记忆效应等优点，能够满足多个领域的需求。因此，锂离子电池在未来科技发展中将会有巨大的应用前景。在锂离子电池的应用中，电池负极材料发挥着至关重要的作用，因此，研究制备具有高性能电池负极材料成为现今锂离子电池正极材料研究的热点。

锂离子负极材料主要分为碳负极材料、金属氧化物负极材料和合金负极材料三类。其中，碳材料的特点是：嵌锂电位低，循环性能好，但理论容量较低；金属氧化物负极材料的特点是：理论容量高，循环性能好；但首次不可逆容量大，嵌锂电位高，滞后严重；而合金负极材料的特点是：理论容量高，嵌锂电位适中，避免了首次不可逆容量大的缺点，于是被人们广泛关注。

锂离子电池最早采用金属锂作为负极材料，后来为了解决金属锂作为负极的安全性差的问题，提出以锂合金替代金属锂作为负极材料。20 世纪 80 年代，Matsushita 公司首先推出商品化的锂合金电池，它是以 Wood 金属（低熔点合金 Bi、Pb、Sn、Cd）为基础，但随着放电深度的提高，其循环性能变差。90 年代初，日本 Sony 公司首先推出以碳材料作为负极的锂离子电池。直到 1997 年，日本富士胶卷公司发现 SnO_2 材料作为负极材料具有比碳负极材料更高的质量比能量和体积比能量，之后，锡及锡基金属间化合物作为锂离子电池负极材料才受到了人们的广泛关注。

8.2.1 Sn-Cu 合金及嵌脱锂的机理

锡铜合金具有结构稳定、价格便宜以及导电性好等优点，首先被 Thackeray 等人用于锂离子电池负极材料中。其中，锡铜合金中具有电化学活性的成分是 Cu_6Sn_5 合金。Cu_6Sn_5 合金在常温下具有缺陷 Ni_2In 结构（图 8.7）。从（-201）方向看 Cu_6Sn_5 为铜链与锡铜链交替形成的六方阵列组成。在铜链中 Cu 原子与邻近 6 个 Sn 原子相连。在 Sn-Cu 链中，Sn 原子以三角锥形式与邻近 Cu 链中的 Cu 原子相连，Sn-Cu 链中的 Cu 原子占据 20%三角双锥空隙位。

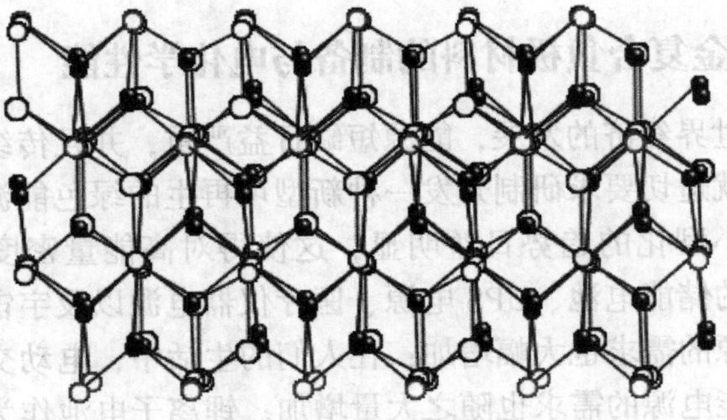

图 8.7　η′-Cu_6Sn_5 的结构（（-201）方向）

●—Sn；○—Cu

Larcher 等用原位 XRD 方法研究了 Cu_6Sn_5 的嵌脱锂的机理。锂嵌入 Cu_6Sn_5 时发生相变经过两个步骤：首先生成 Li_2CuSn，与 Cu_6Sn_5 共存，锂继续嵌入时，产生富锂相 $Li_{4.4}Sn$，和 Cu 共存；脱嵌时锂首先从 $Li_{4.4}Sn$ 脱出，继而 $Li_{4.4-x}Sn$ 与 Cu 反应生成 Li_2CuSn，然后锂从 Li_2CuSn 脱出，形成有空位的 $Li_{2-x}CuSn$，进一步脱锂生成 Cu_6Sn_5。第一步嵌锂形成 Li_2CuSn 的容量为 200mA · h/g，体积膨胀为 50%。其反应方程式如下。

嵌锂过程：

$$1/5Cu_6Sn_5 + 2Li \longrightarrow Li_2CuSn + 1/5Cu$$

$$Li_2CuSn + 2.4Li \longrightarrow Li_{4.4}Sn + Cu$$

脱锂过程：

$$Li_{4.4}Sn \longrightarrow Li_{4.4-x}Sn + xLi$$

$$Li_{4.4}Sn + Cu \longrightarrow Li_2CuSn + (2.4 - x)Li$$

$$Li_2CuSn \longrightarrow Li_{2-x}CuSn + xLi \quad (0 < x < 1)$$

$$Li_{2-x}CuSn \longrightarrow 1/6Cu_6Sn_5 + (2 - x)Li$$

8.2.2　研究目的与方法

制得性能优越、价格便宜的负极材料是锂离子电池商业化进程中的关键环节。铜锡合金因具有结构稳定、安全和热稳定性好、比容量高、价格低廉等优点，被认为最具应用前景的锂离子电池新型负极材料之一。

通过查阅文献可知，改变氯化铜的量可以改变电池的循环性能，如果 Sn 多余，易于团聚，导致循环性能不好；如果 Cu 多余，利于形成 Cu_6Sn_5 相，循环性能最好。但从理论上讲增加 Cu 的量会减少材料的理论容量，所以需要优化铜的用量来改变电池性能。

因此选择锡铜合金作为研究对象，进行以下研究：

(1) 比较不同配比的Sn、Cu原料制备出的样品在组成、形貌、电化学性能上的差别，并得出相关结论。

(2) 用石墨烯做载体材料，观察其对材料体积、循环性能等方面的影响。

8.2.3 实验

8.2.3.1 实验原料

制备Cu_6Sn_5负极材料的原材料见表8.2。

表8.2 制备Cu_6Sn_5负极材料的原材料

名 称	分子式	纯度
聚乙烯吡咯烷酮-K30 (PVP)	C_6H_9NO	分析纯
二缩三乙二醇	$C_6H_{14}O_4HOCH_2CH_2OCH_2CH_2OCH_2CH_2OH$	分析纯
二水合氯化亚锡	$SnCl_2 \cdot 2H_2O$	分析纯
硼氢化钠	$NaBH_4$	分析纯
二水合氯化铜	$CuCl_2 \cdot 2H_2O$	分析纯
氩气	Ar	99.99%
石墨烯	C	—

8.2.3.2 实验方法

实验采用合金-还原沉积法。称量1.0g聚乙烯吡咯烷酮-K30(PVP)，量取50mL二缩三乙二醇倒入250mL三颈烧瓶，混合搅匀，通入氩气，将装置放入油浴锅保持90℃恒温（当进行掺杂石墨烯对材料性能的影响实验时，此环节后可以加入一定量石墨烯，搅拌）。一段时间后，向三颈烧瓶中加入事先配置好的10mL的0.13g/mL $SnCl_2$溶液搅匀，继续通氩气并保持90℃恒温。此时可以称取2.64g硼氢化钠于100mL烧杯中，用50mL二缩三乙二醇搅拌溶解。待通气30min后，将配置好的硼氢化钠溶液用滴液漏斗滴加至三颈烧瓶，在30min内滴完，再继续通气恒温反应30min。在通气过程中可以称取比例需要的氯化铜溶于50mL二缩三乙二醇中，待硼氢化钠溶液滴完后30min，紧接着滴加配置好的氯化铜溶液，滴加40min左右，继续保持通气恒温80min，然后关闭油浴锅取出装置，通气直至产物冷却至室温。最后，将产物离心洗涤烘干后进行SEM、XRD、充放电测试。试验流程如图8.8所示。

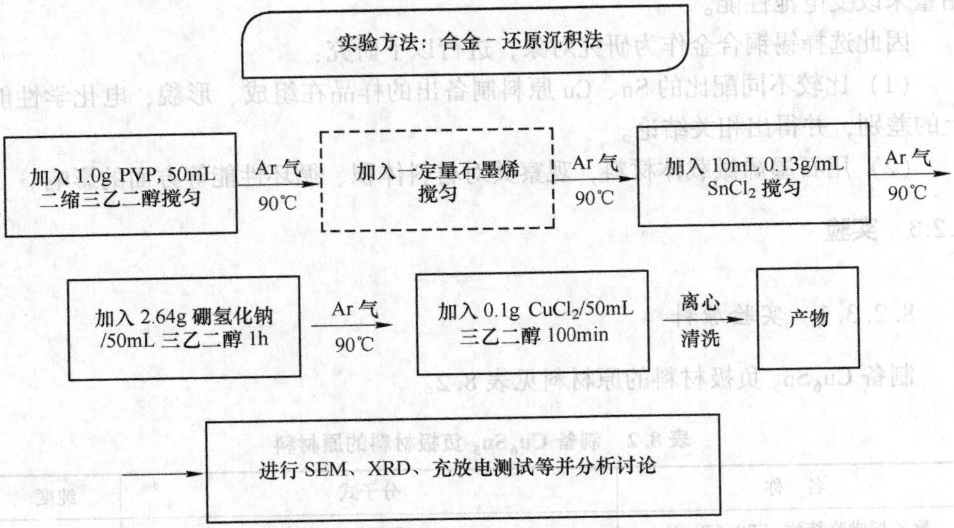
实验方法：合金－还原沉积法
加入 1.0g PVP, 50mL 二缩三乙二醇搅匀
Ar 气 90℃
加入一定量石墨烯搅匀
Ar 气 90℃
加入 10mL 0.13g/mL SnCl2 搅匀
Ar 气 90℃
加入 2.64g 硼氢化钠 /50mL 三乙二醇 1h
Ar 气 90℃
加入 0.1g CuCl2/50mL 三乙二醇 100min
离心 清洗
产物
进行 SEM、XRD、充放电测试等并分析讨论

图 8.8　实验反应流程

8.2.3.3　实验表征

A　XRD 表征

X 射线衍射技术（X-ray diffraction，XRD）是材料研究中最常用的结构表征工具。晶体的周期性结构使其能够对 X 射线产生衍射效应，晶体中特定的晶面组成决定了其特定衍射特征。衍射谱图能够反映材料的晶体结构。衍射谱图主要由衍射方向和衍射强度两部分组成，衍射方向取决于晶体的晶胞参数和空间群，衍射强度取决于原子种类及其分布，包括原子分数坐标、占有率、热振动参数等。因此，通过测试衍射谱图，可以指认材料的物相归属，计算晶胞参数，以及得到晶体中原子的位置和分布等微观信息。

XRD 测试在荷兰 Philip 公司的 Panalytical X' Pert 型粉末 X 射线衍射仪上进行。掠射角扫描方式（掠射角 Ω 为小于 10°的固定角度），扫描收集角度 2θ。步进扫描方式，每步 0.6°，步长 0.0167°，每步停留时间为 15s，θ 一般固定为 1°~3°，2θ 在 10°~90°之间，收集数据。管电流 30A，管电压 40kV。样品用双面胶粘贴于样品架上，注意电极表面与样品架表面保持水平，为了得到最佳的信噪比一般要对 Ω 的选择进行优化。物相鉴定和宏观结构信息由 HighScore 软件进行分析和鉴别。

B　扫描电子显微镜（SEM）及电子能谱（EDS）

材料的性能取决于其组织结构，尤其取决于材料的微观结构。因此，直接观察和研究材料的微结构对于新材料的研制和开发、材料性能的改进以及材料可靠性的评价是十分重要的。

在SEM测试中，经过聚焦和加速的电子束照射到样品表面上，使原子的内壳上的电子激发到外电子层。外层电子在填充空位的过程中，以俄歇电子或X射线的方式释放能量，对应于电子的跃迁，在X射线谱上会产生特征峰。因为这些峰与元素种类相对应，从而可以得到材料的组成。EDS可以定量给出定点上的元素组成，也可以测定出不同位置特定元素的丰度。SEM是对材料的表面形貌以及尺寸进行表征的重要实验手段，它突破了光学显微镜由于可见光波长造成的分辨率限制，放大的倍率大大提高，能够为材料的研究提供非常直接的证据。目前的扫描电子显微镜不仅可以观察样品的表面形貌，而且通过与X射线能量散射分析仪（EDAX）的联用，可以对样品进行多区域、多点的成分分析。

本节采用英国Oxford Instrument公司生产的LEO 1530型场发射电子显微镜，对合成样品的形貌进行观察和比较。实验时，将少量样品黏附在导电碳胶布上，部分样品在进行测试前先对材料表面进行真空喷金处理，以增强导电性。

C 恒流充放电测试

通过半电池的充放电测试，可以确定电池材料的充放电曲线、容量，倍率特性，开路和极化电位等基本电化学特性参数。

目前半电池的充电方式主要为恒流充电。在充电过程中，起始电压降低较快，容量一般随时间线性增加，内阻也不断增加。电池的放电方式主要为恒流放电。

本节中的电池组装在充满Ar气的除氧除水手套箱中进行，组装过程中手套箱中的水分控制在5×10^{-6}以下，组装的电池主要包括两电极的2025型扣式电池和三电极的模拟电池体系。扣式电池的装配如图8.9所示，自下往上装，先把研究电极放在2025扣子下盖的中央，使之能更好地与锂片相对；然后放入一层

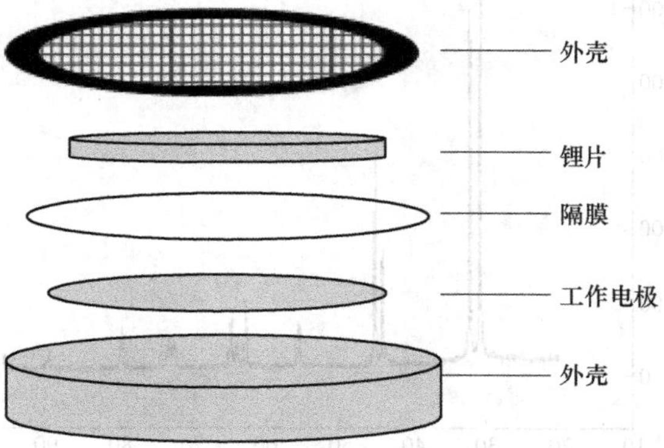
外壳
锂片
隔膜
工作电极
外壳

图8.9 扣式电池的装配图

Celgard 2400 隔膜，加入适量的 $LiPF_6$-EC：DEC：DMC（体积比，1：1：1）的电解液，再把锂片置于中央，正好与研究电极相对，盖好上盖，擦干电池外壳残余的电解液，用密封膜包裹封口，把电池移出手套箱，立即用电动冲压机将电池加压密封，静置一段时间后进行电化学实验。

8.2.4　结果与讨论

8.2.4.1　改变 Sn，Cu 比例的锡铜合金的性能比较

A　Sn：Cu=10：1（物质的量比）

扫描电子显微镜图如图 8.10 所示。

1μm

图 8.10　Sn：Cu=10：1 扫描电子显微镜图

X 射线衍射图谱如图 8.11 所示。

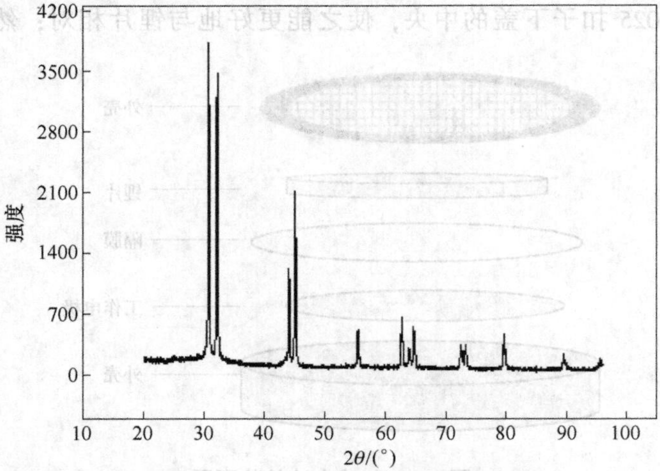
4200
3500
2800
2100
1400
700
0
强度
10
20
30
40
50
60
70
80
90
100
2θ/(°)

图 8.11　Sn：Cu=10：1 X 射线衍射图谱

恒流充放电测试如图8.12所示。

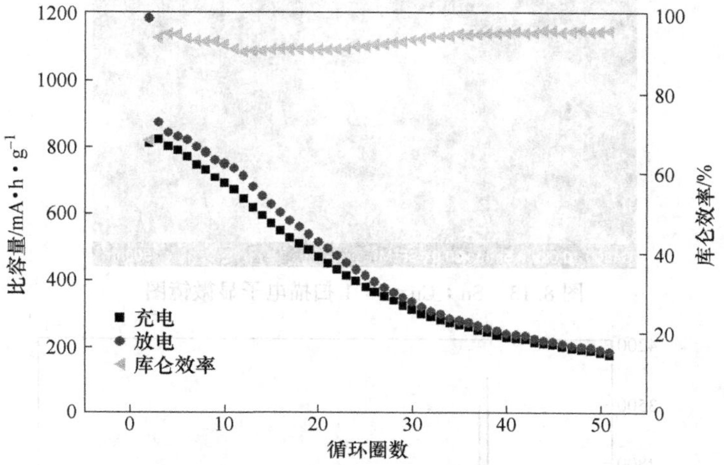
比容量/mA·h·g⁻¹
库仑效率/%
循环圈数
充电
放电
库仑效率
1200
1000
800
600
400
200
0
100
80
60
40
20
0
10
20
30
40
50

图8.12 Sn：Cu=10：1充放电循环曲线

从扫描电镜图可以看到粒径为70nm，粒径较为均一；从XRD图谱观察到此时全部是Sn的峰；恒流充放电测试曲线和数据（表8.3）显示，起始容量很高，但衰减快，循环能力差。

表8.3 SnCu合金电化学性能 Sn：Cu=10：1（摩尔比）

首次放电容量/mA·h·g^{-1}	1187.38
首次充电容量/mA·h·g^{-1}	810.04
首次库仑效率/%	68.22
第50周充电容量/mA·h·g^{-1}	181.125
第50周容量保持率/%	22.36

B Sn：Cu=5：1（物质的量比）

扫描电子显微镜图如图8.13所示。

X射线衍射图谱如图8.14所示。

恒流充放电测试结果如图8.15所示。

S4800 10.0kV 9.5mm x60.0k SE(M)
500nm

图 8.13　Sn：Cu=5：1 扫描电子显微镜图

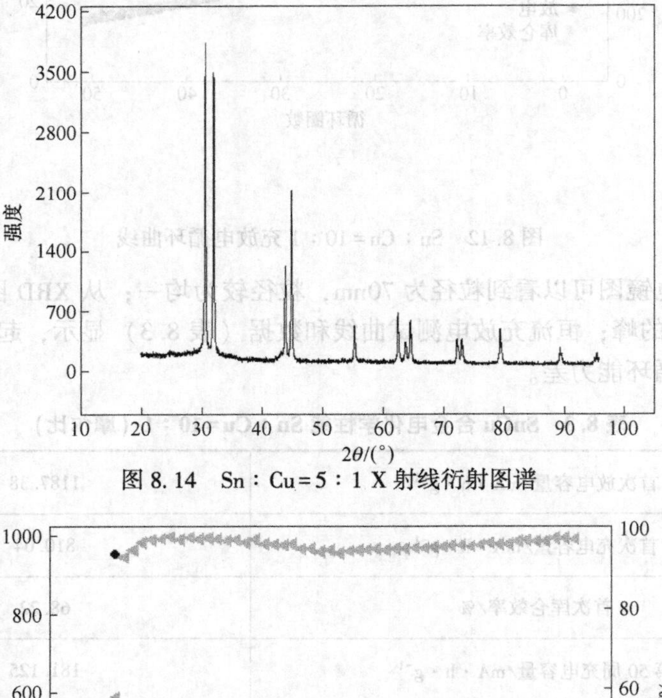
4200
3500
2800
2100
1400
700
0
强度
10
20
30
40
50
60
70
80
90
100
2θ/(°)

图 8.14　Sn：Cu=5：1 X 射线衍射图谱

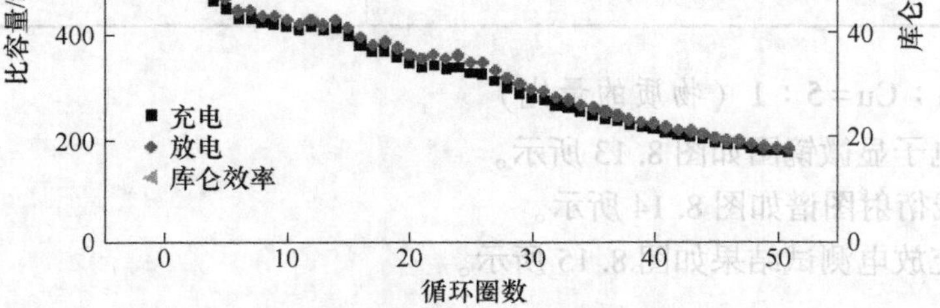
1000
800
600
400
200
0
比容量/mA·h·g⁻¹
100
80
60
40
20
0
库仑效率/%
0
10
20
30
40
50
循环圈数
充电
放电
库仑效率

图 8.15　Sn：Cu=5：1 充放电循环曲线

从扫描电镜图可以看到粒径为 80nm，粒径较为均一；从 XRD 图谱观察到此时已经有 Cu_6Sn_5 的峰出现，但基本还是 Sn 的峰；恒流充放电测试曲线和数据（表 8.4）显示，首次充放电容量降低，循环性有所上升，整体仍然较差。

表 8.4 SnCu 合金电化学性能 Sn∶Cu=5∶1（摩尔比）

首次放电容量/mA · h · g^{-1}	1041.78
首次充电容量/mA · h · g^{-1}	668.78
首次库仑效率/%	64.2
第 50 周充电容量/mA · h · g^{-1}	184.04
第 50 周容量保持率/%	27.5

C Sn∶Cu=2∶1（物质的量比）

扫描电子显微镜图如图 8.16 所示。

200nm

图 8.16 Sn∶Cu=2∶1 扫描电子显微镜图

X 射线衍射图谱如图 8.17 所示。

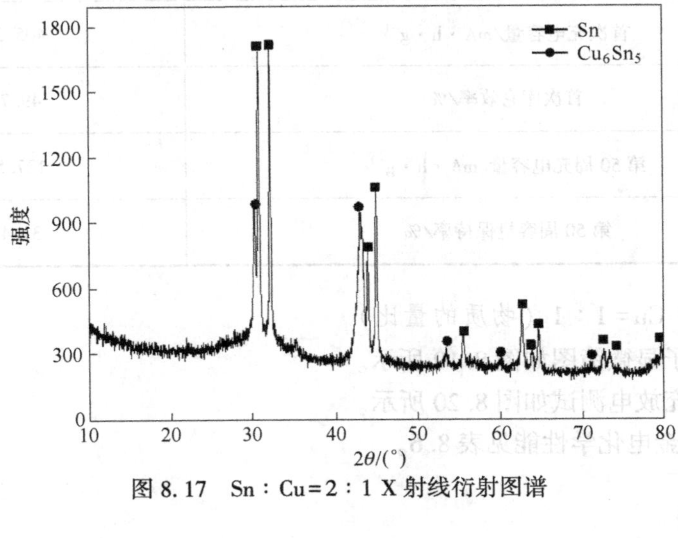
1800
1500
1200
900
600
300
0
强度
10
20
30
40
50
60
70
80
2θ/(°)
Sn
Cu6Sn5

图 8.17 Sn∶Cu=2∶1 X 射线衍射图谱

恒流充放电测试结果如图 8.18 所示。

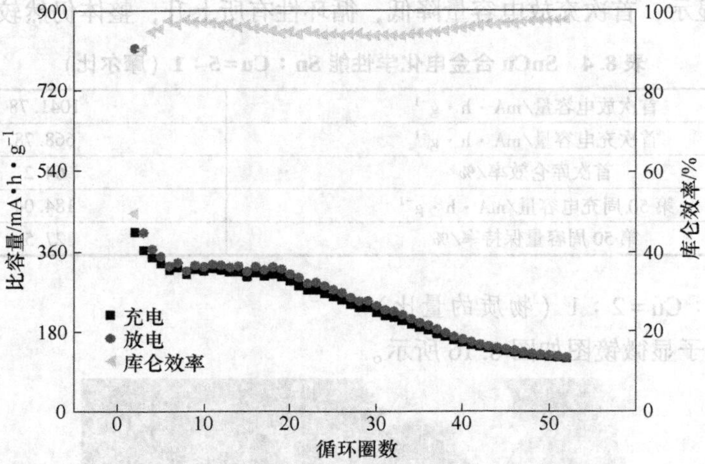
900
720
540
360
180
0
100
80
60
40
20
0
0
10
20
30
40
50
比容量/mA·h·g-1
库仑效率/%
循环圈数
充电
放电
库仑效率

图 8.18　Sn：Cu=2：1 充放电循环曲线

从扫描电镜图可以看出粒径不均，小粒径为 5nm，大粒径为 50～100nm；XRD 图谱显示此时已经有大量 Cu_6Sn_5 的峰出现；恒流充放电测试曲线和数据（表 8.5）显示，随着 Cu 的量增加，首次充放电容量降低，循环性能有一定改善，粒径不均也对性能造成一定影响。

表 8.5　SnCu 合金电化学性能 Sn：Cu=2：1（摩尔比）

首次放电容量/$mA \cdot h \cdot g^{-1}$	815.59
首次充电容量/$mA \cdot h \cdot g^{-1}$	405.31
首次库仑效率/%	49.70
第 50 周充电容量/$mA \cdot h \cdot g^{-1}$	127.56
第 50 周容量保持率/%	31.47

D　Sn：Cu=1：1（物质的量比）

扫描电子显微镜图如图 8.19 所示。

恒电流充放电测试如图 8.20 所示。

SnCu 合金电化学性能见表 8.6。

500nm

图 8.19 Sn∶Cu=1∶1 扫描电子显微镜图

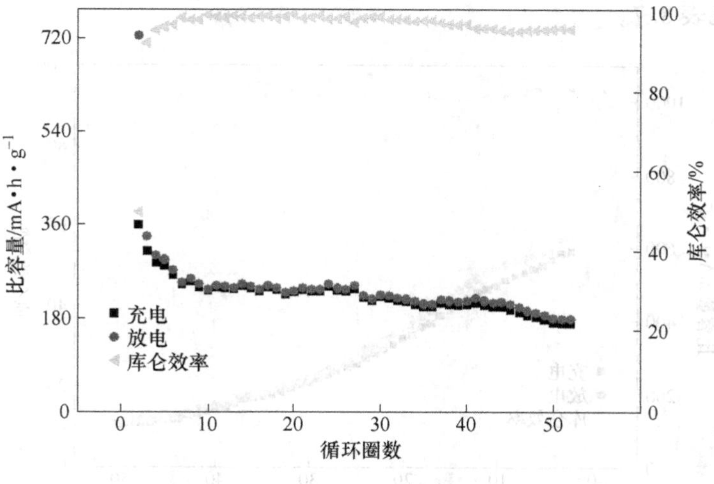
比容量/mA·h·g^{-1}
库仑效率/%
循环圈数
充电
放电
库仑效率
0
180
360
540
720
20
40
60
80
100
10
30
50

图 8.20 Sn∶Cu=1∶1 充放电循环曲线

表 8.6 SnCu 合金电化学性能 Sn∶Cu=1∶1（摩尔比）

首次放电容量/mA·h·g^{-1}	725.92
首次充电容量/mA·h·g^{-1}	360.04
首次库仑效率/%	49.59
第 50 周充电容量/mA·h·g^{-1}	178.68
第 50 周容量保持率/%	49.63

从扫描电镜图可以看出粒径在 50nm 左右，较为均一；XRD 图谱显示全部是

$Cu_{6.26}Sn_5$；恒流充放电测试曲线和数据显示，循环性能良好，但容量较低，首次不可逆容量偏大。

Sn 含量较多时，Sn：Cu = 10：1 或 5：1 时，容量较高循环性能较差，30 周时容量衰减至 350mA · h/g。Cu 含量较多时，Sn：Cu = 1：1 时，循环性能较好，在 30 周时容量衰减为 200mA · h/g，50 周容量衰减为 178mA · h/g。

8.2.4.2　掺杂石墨烯对材料性能的影响

由于在前面的实验中得到的数据并不是很理想，于是考虑在 Sn：Cu = 10：1 保持较高的首次充放电的基础上，选用石墨烯做载体材料缓冲体积变化，提高循环性能，同时减少容量衰减。

石墨烯的制备：用棒状石墨烯未原材料利用 Hummers 一步氧化法制备氧化石墨，再用 5%H_2/Ar 混合气于 450℃ 高温还原 3h。

恒流充放电测试曲线如图 8.21 所示，SnCu 合金电化学性能（用棒形石墨烯做载体）见表 8.7。

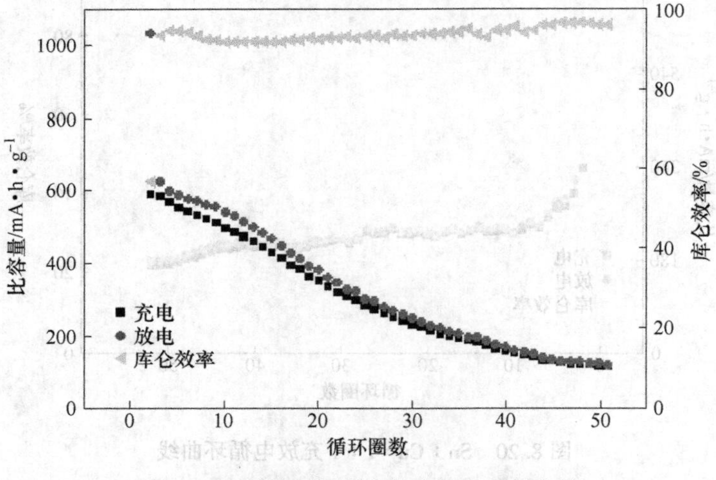
比容量/mA·h·g⁻¹
库仑效率/%
循环圈数
充电
放电
库仑效率
0
200
400
600
800
1000
20
40
60
80
100
10
30
50

图 8.21　掺杂石墨烯产物充放电循环曲线

表 8.7　SnCu 合金电化学性能（用棒形石墨烯做载体）

化学性能	数值
首次放电容量/mA · h · g^{-1}	1238.54
首次充电容量/mA · h · g^{-1}	734.14
首次库仑效率/%	59.27
第 50 周充电容量/mA · h · g^{-1}	118.23
第 50 周容量保持率/%	16.1

由电子扫描显微镜图（图 8.22、图 8.23）可以看出，选用棒状石墨制备的石墨烯结构没有球形石墨制备得开放，锡铜粒子只是分布在基体表面并没有嵌入石墨烯片层中，所以基体对缓冲材料体积变化贡献较小；从恒流充放电测试结果可以看出，首次充放电容量虽然较大，但电池循环性能仍然较差，基本上没有改善材料的循环性能。

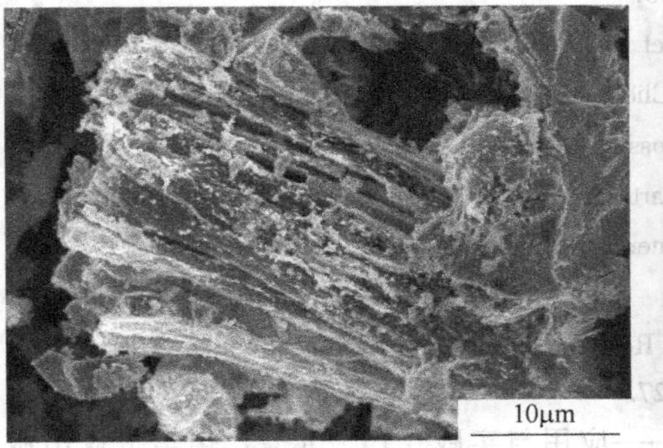
10μm

图 8.22 掺杂石墨烯产物电镜扫描图（一）

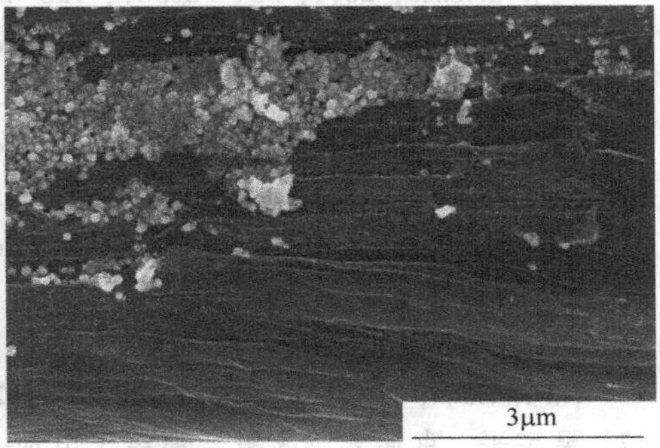
3μm

图 8.23 掺杂石墨烯产物电镜扫描图（二）

改变氯化铜的量可以改变电池的循环性能，如果 Sn 多余，易于团聚，导致循环性能不好；如果 Cu 多余，有利于形成 Cu_6Sn_5 相，循环性能最好。选棒状石墨烯做载体，锡铜粒子只是分布在基体表面并没有嵌入石墨烯片层中，所以基体对缓冲材料体积变化贡献较小，基本上没有改善材料的循环性能。加大 PVP 的量并未改变材料形貌，下一步应尝试做减小 PVP 的量，进行进一步研究。减小硼氢化钠的量并未制备出空心结构，但在 0.88g 时制备的粒子粒径较小，且均一，有待进一步研究。

参 考 文 献

[1] 穆献中，刘炳义．新能源和可再生能源发展与产业化研究［M］．北京：石油工业出版社，2009.

[2] Dunn B, Kamath H, Tarascon J M. Electrical Energy Storage for the Grid: A Battery of Choices [J]. Science, 2011, 334 (6058): 928-935.

[3] Badwal S P S, Giddey S S, Munnings C, et al. Emerging Electrochemical Energy Conversion and Storage Technologies [J]. Frontiers in Chemistry, 2014 (2): 79.

[4] Gaines L, Nelson P. Lithium-Ion Batteries Possible Materials Issues [J].

[5] Palomares V, Casas-Cabanas M, Castillo-Martinez E, et al. Update on Na-Based Battery Materials. A Growing Research Path [J]. Energy & Environmental Science, 2013, 6 (8): 2312-2337.

[6] Kim H, Hong J, Park K Y, et al. Aqueous Rechargeable Li and Na Ion Batteries [J]. Chemical Reviews, 2014, 114 (23): 11788-11827.

[7] 吴宇平，袁翔云，董超．锂离子电池——应用与实践［J］．北京：化学工业出版社，2013.

[8] Whittingham M S. Electrical Energy Storage and Intercalation Chemistry [J]. Science, 1976, 192 (4244): 1126-1127.

[9] Mohri M Y, Tajima Y. Rechargeable Lithium Battery Based on Pyrolytic Carbon as a Negative Electrode [J]. Journal of Power Sources 1989, 26 (3-4): 545-551.

[10] James A G, Goodenough J B. Defect Thiospinels: A New Class of Reversible Cathode Material [J]. Journal of Power Sources, 1989, 26 (3-4): 277 -283.

[11] Tarascon J M, Armand M. Issues and Challenges Facing Rechargeable Lithium Batteries [J]. Nature, 2001, 414 (6861): 359-367.

[12] Tarascon J G, Schmutz C, et al. Performance of Bellcore's Plastic Rechargeable Li-Ion Batteries [J]. Solid State Ionics, 1996, 86-88: 49-54.

[13] Crompton K R, Landi B J. Opportunities for Near Zero Volt Storage of Lithium Ion Batteries [J]. Energy & Environmental Science, 2016, 9: 2219-2239.

[14] 廖文明，戴姚耀．4种正极材料对锂离子电池性能的影响及其发展趋势［J］．材料导报，2008，22（10）：45-52.

[15] Xu G, Liu Z, Zhang C, et al. Strategies for Improving the Cyclability and Thermo-Stability of $LiMn_2O_4$—Based Batteries at Elevated Temperatures [J]. Journal of Materials Chemistry A, 2015, 3 (8): 4092-4123.

[16] Whittingham M S. Lithium Batteries and Cathode Materials [J]. Chemical Reviews, 2004, 104 (10): 4271-4301.

[17] Goodenough J B, Kim Y. Challenges for Rechargeable Li Batteries [J]. Chemistry of Materials, 2010, 22 (3): 587-603.

[18] 黄可龙，王兆翔，刘素琴．锂离子电池原理与关键技术［M］． 北京：化学工业出版

社，2008.

[19] Antolini E. $LiCoO_2$: Formation, Structure, Lithium and Oxygen Nonstoichiometry, Electrochemical Behaviour and Transport Properties [J]. Solid State Ionics, 2004, 170 (3-4): 159-171.

[20] Yi T F, Zhu Y R, Zhu X D, et al. A Review of Recent Developments in the Surface Modification of $LiMn_2O_4$ as Cathode Material of Power Lithium-Ion Battery [J]. Ionics, 2009, 15 (6): 779-784.

[21] Armstrong A B, et al. Synthesis of Layered $LiMnO_2$ as an Electrode for Rechargeable Lithium Batteries [J]. Nature, 1996, 381 (6582): 499-500.

[22] Kalyani P, Kalaiselvi N. Various Aspects of $LiNiO_2$ Chemistry: A Review [J]. Science and Technology of Advanced Materials, 2016, 6 (6): 689-703.

[23] Yang L, Xi G, Xi Y. Recovery of Co, Mn, Ni, and Li from Spent Lithium Ion Batteries for the Preparation of $LiNi_xCo_yMn_zO_2$ Cathode Materials [J]. Ceramics International, 2015, 41 (9): 11498-11503.

[24] Yuan L X, Wang Z H, Zhang W X, et al. Development and Challenges of $LiFePO_4$ Cathode Material for Lithium-Ion Batteries [J]. Energy & Environmental Science, 2011, 4 (2): 269-284.

[25] Moradi B, Botte G G. Recycling of Graphite Anodes for the Next Generation of Lithium Ion Batteries [J]. Journal of Applied Electrochemistry, 2015, 46 (2): 123-148.

[26] Guo P, Song H, Chen X. Electrochemical Performance of Graphene Nanosheets as Anode Material for Lithium-Ion Batteries [J]. Electrochemistry Communications, 2009, 11 (6): 1320-1324.

[27] News S P. SONY' s New Nexelion Hybrid Lithium Ion Batteriesd to Have Thirty-Percent More Capacity than Conventional Offerine. Industry's First Tin-Based Anode Battery to be Initially Used with Handycam Camcorders. 2005.

[28] Wu S, Du Y, Sun S. Transition Metal Dichalcogenide Based Nanomaterials for Rechargeable Batteries [J]. Chemical Engineering Journal, 2017, 307: 189-207.

[29] Li Z, Huang J, Yann Liaw B, et al. A Review of Lithium Deposition in Lithium-Ion and Lithium Metal Secondary Batteries [J]. Journal of Power Sources, 2014, 254: 168-182.

[30] Zhang K, Lee G H, Park M, et al. Recent Developments of the Lithium Metal Anode for Rechargeable Non-Aqueous Batteries [J]. Advanced Energy Materials, 2016, 6 (20): 1600811.

[31] Reddy M V, Subba Rao G V, Chowdari B V R. Metal Oxides and Oxysalts as Anode Materials for Li Ion Batteries [J]. Chemical Reviews, 2013, 113 (7): 5364-5457.

[32] Shu J. Li-Ti-O Compounds and Carbon-coated Li-Ti-O Compounds as Anode Materials for Lithium Ion Batteries [J]. Electrochimica Acta, 2009, 54 (10): 2869-2876.

[33] Panero S, Reale P, Ronci F, et al. Structural And Electrochemical Study On $Li(Li_{1/3}Ti_{5/3})O_4$ Anode Material For Lithium Ion Batteries [J]. Ionics, 2000, 6 (5-6): 461-465.

[34] Chen Z, Belharouak I, Sun Y K, et al. Titanium-Based Anode Materials for Safe Lithium-Ion Batteries [J]. Advanced Functional Materials, 2013, 23 (8): 959-969.

[35] Yang Z, Choi D, Kerisit S, et al. Nanostructures and Lithium Electrochemical Reactivity of Lithium Titanites and Titanium Oxides: A Review [J]. Journal of Power Sources, 2009, 192 (2): 588-598.

[36] Yang Y, Li J, Chen D, et al. Spray Drying-Assisted Synthesis of Li_3VO_4/C/CNTs Composites for High-Performance Lithium Ion Battery Anodes [J]. Journal of The Electrochemical Society, 2016, 164 (1): A6001-A6006.

[37] Yang Y, Li J, He X, et al. A Facile Spray Drying Route for Mesoporous Li_3VO_4/C Hollow Spheres as an Anode for Long Life Lithium Ion Batteries [J]. Journal of Materials Chemistry A, 2016, 4 (19): 7165-7168.

[38] Yin J, Wada M, Yamamoto K, et al. Micrometer-Scale Amorphous Si Thin-Film Electrodes Fabricated by Electron-Beam Deposition for Li-Ion Batteries [J]. Journal of The Electrochemical Society, 2006, 153 (3): A472.

[39] Park C M, Kim J H, Kim H, et al. Li-Alloy Based Anode Materials for Li Secondary Batteries [J]. Chemical Society Reviews, 2010, 39 (8): 3115-3141.

[40] Todd A D W, Ferguson P P, Fleischauer M D, et al. Tin-Based Materials as Negative Electrodes for Li-Ion Batteries: Combinatorial Approaches and Mechanical Methods [J]. International Journal of Energy Research, 2010, 34 (6): 535-555.

[41] Obrovac M N, Christensen L, Le D B, et al. Alloy Design for Lithium-Ion Battery Anodes [J]. Journal of The Electrochemical Society, 2007, 154 (9): A849.

[42] Wang H, Liu S, Yang X, et al. Mixed-Phase Iron Oxide Nanocomposites as Anode Materials for Lithium-Ion Batteries [J]. Journal of Power Sources, 2015, 276: 170-175.

[43] Deng Q, Wang L, Li J. Electrochemical Characterization of Co_3O_4/MCNTs Composite Anode Materials for Sodium-Ion Batteries [J]. Journal of Materials Science, 2015, 50 (11): 4142-4148.

[44] Li H, Wang Z, Chen L, et al. Research on Advanced Materials for Li-Ion Batteries [J]. Advanced Materials, 2009, 21 (45): 4593-4607.

[45] Retoux R, Brousse T, Schleich D. High-Resolution Electron Microscopy Investigation of Capacity Fade in SnO_2 Electrodes for Lithium-Ion Batteries [J]. Journal of the Electrochemical Society, 1999, 146 (7): 2472-2476.

[46] Arora P, Zhang Z M. Battery Separators [J]. Chemical Reviews, 2004, 104 (10): 4419-4462.

[47] Zhang P, Shi C, Yang P, et al. Progress in Functional Separator Materials for Lithium-Ion Batteries [J]. Chinese Science Bulletin (Chinese Version), 2013, 31 (58): 3124.

[48] Yang P, Zhang P, Shi C, et al. The Functional Separator Coated with Core-Shell Structured Silica-Poly (methyl methacrylate) Submicrospheres for Lithium-Ion batteries [J]. Journal of Membrane Science, 2015, 474: 148-155.

[49] Shi C, Zhang P, Huang S, et al. Functional Separator Consisted of Polyimide Nonwoven Fabrics and Polyethylene Coating Layer for Lithium-Ion Batteries [J]. Journal of Power Sources, 2015, 298: 158-165.

[50] Dai J, Shi C, Li C, et al. A Rational Design of Separator with Substantially Enhanced Thermal Features for Lithium-Ion Batteries by the Polydopamine-Ceramic Composite Modification of Polyolefin Membranes [J]. Energy & Environmental Science, 2016, 9 (10): 3252-3261.

[51] S W M. The Role of Ternary Phases in Cathode Reactions [J]. Journal of The Electrochemical Society, 1976, 123 (3): 315-320.

[52] Fong R, Dahn J, et al. Studies of Lithium Intercalation into Carbons Using Nonaqueous Electrochemical Cells [J]. Journal of The Electrochemical Society, 1990, 137 (7): 2009-2013.

[53] M. G D T J. Lithium Metal-Free Rechargeable Lithium Manganese Oxide ($LiMn_2O_4$) /carbon Cells: Their Understanding and Optimization [J]. Journal of the Electrochemical Society 1992, 139 (4): 937-948.

[54] Tarascon J M, Coowar F, Bowner T N, et al Synthesis Conditions and Oxygen Stoichiometry Effects on Li Insertion into the Spinel $LiMn_2O_4$ [J]. Journal of the Electrochemical Society, 1994, 141 (6): 1421-1431.

[55] Xu K. Nonaqueous Liquid Electrolytes for Lithium-Based Rechargeable Batteries [J]. Chemical Reviews, 2004, 104 (10): 4303-4418.

[56] Armand M, Tarascon J M. Building Better Batteries [J]. Nature, 2008, 451 (7179): 652-657.

[57] Ellis B L, Nazar L F. Sodium and Sodium-Ion Energy Storage Batteries [J]. Current Opinion in Solid State & Materials Science, 2012, 16 (4): 168-177.

[58] Slater M D, Kim D, Lee E, et al. Sodium-Ion Batteries [J]. Advanced Functional Materials, 2013, 23 (8): 947-958.

[59] Kang H, Liu Y, Cao K, et al. Update on Anode Materials for Na-Ion Batteries [J]. Journal of Materials Chemistry A, 2015, 3 (35): 17899-17913.

[60] Shacklette L W, Jow T R, Townsend L. Rechargeable Electrodes from Sodium Cobalt Bronzes [J]. Journal of the Electrochemical Society, 1988, 135 (11): 2669-2674.

[61] Bucher N, Hartung S, Gocheva I, et al. Combustion-Synthesized Sodium Manganese (Cobalt) Oxides as Cathodes for Sodium Ion Batteries [J]. Journal of Solid State Electrochemistry, 2013, 17 (7): 1923-1929.

[62] Ong S P, Chevrier V L, Hautier G, et al. Voltage, Stability and Diffusion Barrier Differences Between Sodium-Ion and Lithium-Ion Intercalation Materials [J]. Energy & Environmental Science, 2011, 4 (9): 3680.

[63] Kim Y, Ha K H, Oh S M, et al. High-Capacity Anode Materials for Sodium-Ion Batteries [J]. Chemistry-A European Journal, 2014, 20 (38): 11980-11992.

[64] Palomares V, Serras P, Villaluenga I, et al. Na-Ion Batteries, Recent Advances and Present Challenges to Become Low Cost Energy Storage Systems [J]. Energy & Environmental Science,

2012, 5 (3): 5884.

[65] Stevens D A, Dahn J R. High Capacity Anode Materials for Rechargeable Sodium-Ion Batteries [J]. Journal of the Electrochemical Society, 2000, 147 (4): 1271-1273.

[66] Alcantara R, Jimenez-Mateos J M, Lavela P, et al. Carbon Black: A Promising Electrode Material for Sodium-Ion Batteries [J]. Electrochemistry Communications, 2001, 3 (11): 639-642.

[67] Choi J W, Aurbach D. Promise and Reality of Post-Lithium-Ion Batteries with High Energy Densities [J]. Nature Reviews Materials, 2016, 1 (4): 16013.

[68] Senguttuvan P, Rousse G, Seznec V, et al. $Na_2Ti_3O_7$: Lowest Voltage Ever Reported Oxide Insertion Electrode for Sodium Ion Batteries [J]. Chemistry of Materials, 2011, 23 (18): 4109-4111.

[69] Wang L P, Yu L, Wang X, et al. Recent Developments in Electrode Materials for Sodium-Ion Batteries [J]. Journal of Materials Chemistry A, 2015, 3 (18): 9353-9378.

[70] Delmas C, Braconnier J, Fouassier C, et al. Electrochemical Intercalation of Sodium in Na_xCoO_2 Bronzes [J]. Solid State Ionics, 1981 (3-4): 165-169.

[71] Berthelot R, Carlier D, Delmas C. Electrochemical Investigation of the P_2-Na_xCoO_2 Phase Diagram [J]. Nature Materials, 2011, 10 (1): 74-80.

[72] Bhide A, Hariharan K. Physicochemical Properties of Na_xCoO_2 as a Cathode for Solid State Sodium Battery [J]. Solid State Ionics, 2011, 192 (1): 360-363.

[73] Shu G J, Chou F C. Sodium-Ion Diffusion and Ordering in Single-Crystal P_2-Na_xCoO_2 [J]. Physical Review B, 2008, 78 (5).

[74] Carlier D, Cheng J H, Berthelot R, et al. The P_2-$Na_{2/3}Co_{2/3}Mn_{1/3}O_2$ Phase: Structure, Physical Properties and Electrochemical Behavior as Positive Electrode in Sodium Battery [J]. Dalton Transactions, 2011, 40 (36): 9306-9312.

[75] Lu Z, Dahn J R. In Situ X-Ray Diffraction Study of P_2-$Na_{2/3}Ni_{1/3}Mn_{2/3}O_2$ [J]. Journal of The Electrochemical Society, 2001, 148 (11): A1225.

[76] Yabuuchi N, Hara R, Kajiyama M, et al. New O_2/P_2-Type Li-Excess Layered Manganese Oxides as Promising Multi-Functional Electrode Materials for Rechargeable Li/Na Batteries [J]. Advanced Energy Materials, 2014, 4 (13): 1301453.

[77] Wei W, Cui X, Chen W, et al. Manganese Oxide-Based Materials as Electrochemical Supercapacitor Electrodes [J]. Chemical Society Reviews, 2011, 40 (3): 1697-1721.

[78] Cao Y, Xiao L, Wang W, et al. Reversible Sodium Ion Insertion in Single Crystalline Manganese Oxide Nanowires with Long Cycle Life [J]. Advanced Materials, 2011, 23 (28): 3155-3160.

[79] Kim D, Kang S H, Slater M, et al. Enabling Sodium Batteries Using Lithium-Substituted Sodium Layered Transition Metal Oxide Cathodes [J]. Advanced Energy Materials, 2011, 1 (3): 333-336.

[80] Liu H, Zhou H, Chen L, et al. Electrochemical Insertion/Deinsertion of Sodium on NaV_6O_{15}

Nanorods as Cathode Material of Rechargeable Sodium-Based Batteries [J]. Journal of Power Sources, 2011, 196 (2): 814-819.

[81] Kim S W, Seo D H, Ma X, et al. Electrode Materials for Rechargeable Sodium-Ion Batteries: Potential Alternatives to Current Lithium-Ion Batteries [J]. Advanced Energy Materials, 2012, 2 (7): 710-721.

[82] Lee K T, Ramesh T N, Nan F, et al. Topochemical Synthesis of Sodium Metal Phosphate Olivines for Sodium-Ion Batteries [J]. Chemistry of Materials, 2011, 23 (16): 3593-3600.

[83] Padhi A K. Mapping of Transition Metal Redox Energies in Phosphates with NASICON Structure by Lithium Intercalation [J]. Journal of The Electrochemical Society, 1997, 144 (8): 2581.

[84] Barker J, Saidi M Y, Swoyer J L. A Sodium-Ion Cell Based on the Fluorophosphate Compound $NaVPO_4F$ [J]. Electrochemical and Solid-State Letters, 2003, 6 (1): A1.

[85] Barpanda P, Chotard J N, Recham N, et al. Structural, Transport, and Electrochemical Investigation of Novel $AMSO_4F$ (A = Na, Li; M = Fe, Co, Ni, Mn) Metal Fluorosulphates Prepared Using Low Temperature Synthesis Routes [J]. Inorganic Chemiatry, 2010, 49 (16): 7401-7413.

[86] Gocheva I D, Nishijima M, Doi T, et al. Mechanochemical Synthesis of $NaMF_3$ (M = Fe, Mn, Ni) and Their Electrochemical Properties as Positive Electrode Materials for Sodium Batteries [J]. Journal of Power Sources, 2009, 187 (1): 247-252.

[87] Jiang Y, Hu M, Zhang D, et al. Transition Metal Oxides for High Performance Sodium Ion Battery Anodes [J]. Nano Energy, 2014 (5): 60-66.

[88] Luo W, Shen F, Bommier C, et al. Na-Ion Battery Anodes: Materials and Electrochemistry [J]. Accounts of Chemical Research, 2016, 49 (2): 231-240.

[89] Wen Y, He K, Zhu Y, et al. Expanded Graphite as Superior Anode for Sodium-Ion Batteries [J]. Nature Communications, 2014, (5): 4033.

[90] Wang Y X, Chou S L, Liu H K, et al. Reduced Graphene Oxide with Superior Cycling Stability and Rate Capability for Sodium Storage [J]. Carbon, 2013, 57: 202-208.

[91] Hong K L, Qie L, Zeng R, et al. Biomass Derived Hard Carbon Used as a High Performance Anode Material for Sodium Ion Batteries [J]. Journal of Materials Chemistry A, 2014, 2 (32): 12733.

[92] Zhou X, Guo Y-G. Highly Disordered Carbon as a Superior Anode Material for Room-Temperature Sodium-Ion Batteries [J]. Chem Electro Chem, 2014, 1 (1): 83-86.

[93] Tang K, Fu L, White R J, et al. Hollow Carbon Nanospheres with Superior Rate Capability for Sodium-Based Batteries [J]. Advanced Energy Materials, 2012, 2 (7): 873-877.

[94] Ding J, Wang H, Li Z, et al. Carbon Nanosheet Frameworks Derived from Peat Moss as High Performance Sodium Ion Battery Anodes [J]. ACS Nano, 2013, 7 (12): 11004-11015.

[95] Shin H S, Jung K N, Jo Y N, et al. Tin Phosphide-Based Anodes for Sodium-Ion Batteries: Synthesis via Solvothermal Transformation of Sn Metal and Phase-Dependent Na Storage Performance [J]. Scientific Reports, 2016, 6: 26195.

[96] Liu Y, Zhang N, Jiao L, et al. Ultrasmall Sn Nanoparticles Embedded in Carbon as High-Performance Anode for Sodium-Ion Batteries [J]. Advanced Functional Materials, 2015, 25 (2): 214-220.

[97] Zhu Y, Han X, Xu Y, et al. Electrospun Sb/C Fibers for a Stable and Fast Sodium-Ion Battery Anode [J]. ACS Nano, 2013, 7 (7): 6378-6386.

[98] Wang X, Fan L, Gong D, et al. Core-Shell Ge@ Graphene@ TiO_2 Nanofibers as a High-Capacity and Cycle-Stable Anode for Lithium and Sodium Ion Battery [J]. Advanced Functional Materials, 2016, 26 (7): 1104-1111.

[99] Yue C, Yu Y, Sun S, et al. High Performance 3D Si/Ge Nanorods Array Anode Buffered by TiN/Ti Interlayer for Sodium-Ion Batteries [J]. Advanced Functional Materials, 2015, 25 (9): 1386-1392.

[100] Kim Y, Park Y, Choi A, et al. An Amorphous Red Phosphorus/Carbon Composite as a Promising Anode Material for Sodium Ion Batteries [J]. Advanced Materials, 2013, 25 (22): 3045-3049.

[101] Wang X, Kim H M, Xiao Y, et al. Nanostructured Metal Phosphide-Based Materials for Electrochemical Energy Storage [J]. Journal of Materials Chemistry A, 2016, 4 (39): 14915-14931.

[102] Li D, Zhou J, Chen X, et al. Amorphous Fe_2O_3/Graphene Composite Nanosheets with Enhanced Electrochemical Performance for Sodium-Ion Battery [J]. ACS Applied Materials & Interfaces, 2016, 8 (45): 30899-30907.

[103] Wang L, Zhang K, Hu Z, et al. Porous CuO Nanowires as the Anode of Rechargeable Na-Ion Batteries [J]. Nano Research, 2013, 7 (2): 199-208.

[104] López M C, Lavela P, Ortiz G F, et al. Transition Metal Oxide Thin Films with Improved Reversibility as Negative Electrodes for Sodium-Ion Batteries [J]. Electrochemistry Communications, 2013, 27: 152-155.

[105] Hariharan S, Saravanan K, Balaya P. α-MoO_3: A High Performance Anode Material for Sodium-Ion Batteries [J]. Electrochemistry Communications, 2013, 31: 5-9.

[106] Zhou X, Liu X, Xu Y, et al. An SbO_x/Reduced Graphene Oxide Composite as a High-Rate Anode Material for Sodium-Ion Batteries [J]. The Journal of Physical Chemistry C, 2014, 118 (41): 23527-23534.

[107] Su D, Xie X, Wang G. Hierarchical Mesoporous SnO Microspheres as High Capacity Anode Materials for Sodium-Ion Batteries [J]. Chemistry, 2014, 20 (11): 3192-3197.

[108] Xie X, Su D, Zhang J, et al. A Comparative Investigation on the Effects of Nitrogen-Doping into Graphene on Enhancing the Electrochemical Performance of SnO_2/Graphene for Sodium-Ion Batteries [J]. Nanoscale, 2015, 7 (7): 3164-3172.

[109] Sun R, Wei Q, Li Q, et al. Vanadium Sulfide on Reduced Graphene Oxide Layer as a Promising Anode for Sodium Ion Battery [J]. ACS Applied Materials & Interfaces, 2015, 7 (37): 20902-20908.

[110] Liu Y, He X, Hanlon D, et al. Liquid Phase Exfoliated MoS_2 Nanosheets Percolated with Carbon Nanotubes for High Volumetric/Areal Capacity Sodium-Ion Batteries [J]. ACS Nano, 2016, 10 (9): 8821-8828.

[111] Xie X, Ao Z, Su D, et al. MoS_2/Graphene Composite Anodes with Enhanced Performance for Sodium-Ion Batteries: The Role of the Two-Dimensional Heterointerface [J]. Advanced Functional Materials, 2015, 25 (9): 1393-1403.

[112] Ryu H S, Kim J S, Park J S, et al. Electrochemical Properties and Discharge Mechanism of Na/TiS_2 Cells with Liquid Electrolyte at Room Temperature [J]. Journal of the Electrochemical Society, 2012, 160 (2): A338-A343.

[113] Zhou T, Pang W K, Zhang C, et al. Enhanced Sodium-Ion Battery Performance by Structural Phase Transition from Two-Dimensional Hexagonal-SnS_2 to Orthorhombic-SnS [J]. ACS Nano, 2014, 8 (8): 8323-8333.

[114] Choi S H, Kang Y C. Sodium Ion Storage Properties of WS_2-Decorated Three-Dimensional Reduced Graphene Oxide Microspheres [J]. Nanoscale, 2015, 7 (9): 3965-3970.

[115] Kim T B, Choi J W, Ryu H S, et al. Electrochemical Properties of Sodium/Pyrite Battery at Room Temperature [J]. Journal of Power Sources, 2007, 174 (2): 1275-1278.

[116] Hou H, Jing M, Huang Z, et al. One-Dimensional Rod-Like Sb_2S_3-Based Anode for High-Performance Sodium-Ion Batteries [J]. ACS Applied Materials & Interfaces, 2015, 7 (34): 19362-19369.

[117] Shang C, Dong S, Zhang S, et al. A Ni_3S_2-PEDOT Monolithic Electrode for Sodium Batteries [J]. Electrochemistry Communications, 2015, 50: 24-27.

[118] Park Y, Shin D S, Woo S H, et al. Sodium Terephthalate as an Organic Anode Material for Sodium Ion Batteries [J]. Advanced Materials, 2012, 24 (26): 3562-3567.

[119] Zhu Z, Li H, Liang J, et al. The Disodium Salt of 2, 5-Dihydroxy-1, 4-Benzoquinone as Anode Material for Rechargeable Sodium Ion Batteries [J]. Chemical Communications, 2015, 51 (8): 1446-1448.

[120] Wang C, Xu Y, Fang Y, et al. Extended Pi-Conjugated System for Fast-Charge and-Discharge Sodium-Ion Batteries [J]. Journal of the American Chemical Society, 2015, 137 (8): 3124-3130.

[121] Choi A, Kim Y K, Kim T K, et al. 4, 4′-Biphenyldicarboxylate Sodium Coordination Compounds as Anodes for Na-Ion Batteries [J]. Journal of Materials Chemistry A, 2014, 2 (36): 14986.

[122] Wang S, Wang L, Zhu Z, et al. All Organic Sodium-Ion Batteries with $Na_4C_8H_2O_6$ [J]. Angewandte Chemie-International Edition, 2014, 53 (23): 5892-5896.

[123] Komaba S, Yabuuchi N, Matsuura Y, et al. A Study on Surface Structures of Negative Electrodes for Sodium-Ion Batteries [J]. Hyomen Kagaku, 2013, 34 (6): 303-308.

[124] Kubota K, Komaba S. Review-Practical Issues and Future Perspective for Na-Ion Batteries [J]. Journal of the Electrochemical Society, 2015, 162 (14): A2538-A2550.

[125] Ponrouch A, Monti D, Boschin A, et al. Non-Aqueous Electrolytes for Sodium-Ion Batteries [J]. Journal of Materials Chemistry A, 2015, 3 (1): 22-42.

[126] Dunn B, Kamath H, Tarascon J M. Electrical energy storage for the grid: A battery of choices [J]. Science, 2011, 334 (6058): 928-935.

[127] Pan H, Hu Y S, Chen L. Room-temperature stationary sodium-ion batteries for large-scale electric energy storage [J]. Energy & Environmental Science, 2013, 6 (8): 2338-2360.

[128] Nishi Y. Lithium ion secondary batteries; past 10 years and the future [J]. Journal of Power Sources, 2001, 100 (1-2): 101-106.

[129] Llave E D L, Borgel V, Park K J, et al. Comparison between Na-ion and Li-ion cells: Understanding the critical role of the cathodes stability and the anodes pretreatment on the cells behavior [J]. ACS Applied Materials & Interfaces, 2016, 8 (3): 1867-1875.

[130] Yabuuchi N, Kubota K, Dahbi M, et al. Research development on sodium-ion batteries [J]. Chemical Reviews, 2014, 114 (23): 11636-11682.

[131] Parant J P, Olazcuaga R, Devalette M, et al. Sur quelques nouvelles phases de formule Na_xMnO_2 ($x \leqslant 1$) [J]. Journal of Solid State Chemistry, 1971, 3 (1): 1-11.

[132] Braconnier J J, Delmas C, Fouassier C, et al. Comportement electrochimique des phases Na_xCoO_2 [J]. Materials Research Bulletin, 1980, 15 (12): 1797-1804.

[133] Thomas P, Ghanbaja J, Billaud D. Electrochemical insertion of sodium in pitch-based carbon fibres in comparison with graphite in $NaClO_4$-ethylene carbonate electrolyte [J]. Electrochimica Acta, 1999, 45 (3): 423-430.

[134] 郭晋芝, 万放, 吴兴隆, 等. 钠离子电池工作原理及关键电极材料研究进展 [J]. 分子科学学报, 2016, 32 (4): 265-279.

[135] Hong S Y, Kim Y, Park Y, et al. Charge carriers in rechargeable batteries: Na ions vs. Li ions [J]. Energy & Environmental Science, 2013, 6 (7): 2067-2081.

[136] Han M H, Gonzalo E, Singh G, et al. A comprehensive review of sodium layered oxides: Powerful cathodes for Na-ion batteries [J]. Energy & Environmental Science, 2015, 8 (1): 81-102.

[137] Ma X, Chen H, Ceder G. Electrochemical properties of monoclinic $NaMnO_2$ [J]. Journal of The Electrochemical Society, 2011, 158 (12): A1307-A1312.

[138] Vassilaras P, Ma X, Li X, et al. Electrochemical properties of monoclinic $NaNiO_2$ [J]. Journal of The Electrochemical Society, 2013, 160 (2): A207-A211.

[139] Zhao J, Zhao L, Dimov N, et al. Electrochemical and thermal properties of α-$NaFeO_2$ cathode for Na-ion batteries [J]. Journal of The Electrochemical Society, 2013, 160 (5): A3077-A3081.

[140] Yuan D, Liang X, Wu L, et al. A honeycomb-layered $Na_3Ni_2SbO_6$: A high-rate and cycle-stable cathode for sodium-ion batteries [J]. Advanced Materials, 2014, 26 (36): 6301-6306.

[141] Wang Y, Liu J, Lee B, et al. Ti-substituted tunnel-type $Na_{0.44}MnO_2$ oxide as a negative elec-

trode for aqueous sodium-ion batteries [J]. Nature Communications, 2015, 6: 6401.

[142] Li J Y, Wu X L, Zhang X H, et al. Romanechite-structured $Na_{0.31}MnO_{1.9}$ nanofibers as high-performance cathode material for a sodium-ion battery [J]. Chemical Communications, 2015, 51 (80): 14848-14851.

[143] Guo S, Yu H, Liu D, et al. A novel tunnel $Na_{0.61}Ti_{0.48}Mn_{0.52}O_2$ cathode material for sodium-ion batteries [J]. Chemical Communications, 2014, 50 (59): 7998-8001.

[144] Li C, Miao X, Chu W, et al. Hollow amorphous $NaFePO_4$ nanospheres as a high-capacity and high-rate cathode for sodium-ion batteries [J]. Journal of Materials Chemistry A, 2015, 3 (16): 8265-8271.

[145] Oh S M, Myung S T, Hassoun J, et al. Reversible $NaFePO_4$ electrode for sodium secondary batteries [J]. Electrochemistry Communications, 2012, 22: 149-152.

[146] Jian Z, Zhao L, Pan H, et al. Carbon coated $Na_3V_2(PO_4)_3$ as novel electrode material for sodium ion batteries [J]. Electrochemistry Communications, 2012, 14 (1): 86-89.

[147] Li S, Dong Y, Xu L, et al. Effect of carbon matrix dimensions on the electrochemical properties of $Na_3V_2(PO_4)_3$ nanograins for high-performance symmetric sodium-ion batteries [J]. Advanced Materials, 2014, 26 (21): 3545-3553.

[148] Tripathi R, Wood S M, Islam M S, et al. Na-ion mobility in layered Na_2FePO_4F and olivine Na[Fe, Mn]PO_4 [J]. Energy & Environmental Science, 2013, 6 (8): 2257-2264.

[149] Kawabe Y, Yabuuchi N, Kajiyama M, et al. A comparison of crystal structures and electrode performance between Na_2FePO_4F and $Na_2Fe_{0.5}Mn_{0.5}PO_4F$ synthesized by solid-state method for rechargeable Na-ion batteries [J] . Electrochemistry, 2012, 80 (2): 80-84.

[150] Lu Y, Wang L, Cheng J, et al. Prussian blue: A new framework of electrode materials for sodium batteries [J] . Chemical Communications, 2012, 48 (52): 6544-6546.

[151] Gocheva I D, Nishijima M, Doi T, et al. Mechanochemical synthesis of $NaMF_3$ (M = Fe, Mn, Ni) and their electrochemical properties as positive electrode materials for sodium batteries [J] . Journal of Power Sources, 2009, 187 (1): 247-252.

[152] Wang S, Wang L, Zhu Z, et al. All organic sodium-ion batteries with $Na_4C_8H_2O_6$[J]. Angewandte Chemie International Edition, 2014, 126 (23): 6002-6006.